U0291395

2021年3月26日，水利部党组书记、部长李国英在丹江口水库考察
（席晶　供稿）

2021年5月2日，水利部部长李国英在南水北调东线八里湾泵站调研
（马晓媛　供稿）

2021 年 2 月 5 日，中国南水北调集团公司召开 2021 年工作会议
（宋滢　供稿）

2021 年 4 月 21 日，南水北调工程专家委员会召开南水北调中线
干线工程焦作段沉降原因分析及评判技术咨询会议

2021 年 6 月 16 日，南水北调工程专家委员会召开南水北调东、中线一期工程优化运用方案研究成果技术咨询会议

2021 年 5 月 10 日，北延应急供水工程首次向河北、天津供水（詹力　供稿）

2021 年 12 月 2 日，中线水源公司水质监测人员在采集水样
（蒲双　供稿）

2021 年 12 月 22 日，长江委中线水源公司鱼类增殖放流站首次达产
（蒲双　供稿）

南水北调江苏智慧调度运行系统建成启用（孙哲　供稿）

南水北调东线一期山东段泰安局应急抢险演练活动（李新强　供稿）

2021年3月22日"世界水日　中国水周"期间，南水北调集团中线公司惠南庄水情研学教育走进涿州物探二分校（孙英杰　供稿）

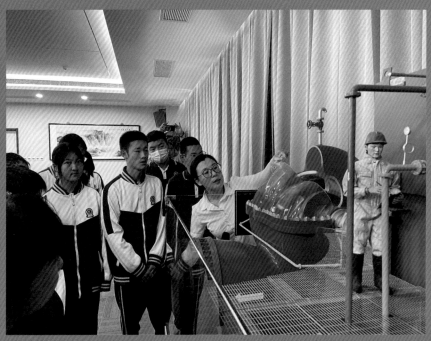

2021年5月26日，南水北调集团中线公司惠南庄管理处开展水情研学教育活动（刘晓林　供稿）

2021年秋汛，丹江口水库首次达到正常蓄水位（中线水源公司　供稿）

南水北调中线工程向白洋淀生态补水，有效改善生态环境（南水北调中线建管局宣传中心　供稿）

2021 年 5 月，南水北调中线焦作市温县段（董保军　供稿）

2021 年 6 月，焦作市南水北调城区段天河公园（赵耀东　供稿）

湖北省引江济汉工程进口段泵站节制闸（曾钦　供稿）

南水北调东线一期工程洪泽站航拍（缪宜江　供稿）

南水北调东线一期工程山东段济平干渠工程（李新强　供稿）

南水北调东线一期工程山东段南四湖至东平湖段调水与航运结合实施工程
（李新强　供稿）

南水北调东线一期工程山东段台儿庄泵站工程（李新强　供稿）

南水北调中线陶岔渠首枢纽工程（赵柱军　供稿）

宿迁骆马湖鸟瞰图（缪宜江　供稿）

中国南水北调年鉴

2022

China South-to-North Water Diversion Project Yearbook

《中国南水北调年鉴》编纂委员会　编

中国水利水电出版社
www.waterpub.com.cn
·北京·

图书在版编目（CIP）数据

中国南水北调年鉴. 2022 / 《中国南水北调年鉴》
编纂委员会编. -- 北京 ：中国水利水电出版社，
2022.12
ISBN 978-7-5226-1235-5

Ⅰ. ①中… Ⅱ. ①中… Ⅲ. ①南水北调－水利工程－
中国－2022x年鉴 Ⅳ. ①TV68-54

中国国家版本馆CIP数据核字(2023)第004626号

书　　名	**中国南水北调年鉴 2022** ZHONGGUO NANSHUI BEIDIAO NIANJIAN 2022
作　　者	《中国南水北调年鉴》编纂委员会　编
出版发行	中国水利水电出版社 （北京市海淀区玉渊潭南路 1 号 D 座　100038） 网址：www. waterpub. com. cn E - mail：sales@ mwr. gov. cn 电话：(010) 68545888（营销中心）
经　　售	北京科水图书销售有限公司 电话：(010) 68545874、63202643 全国各地新华书店和相关出版物销售网点
排　　版	中国水利水电出版社微机排版中心
印　　刷	北京印匠彩色印刷有限公司
规　　格	184mm×260mm　16 开本　37 印张　687 千字　32 插页
版　　次	2022 年 12 月第 1 版　2022 年 12 月第 1 次印刷
印　　数	0001—2000 册
定　　价	**380. 00 元**

《中国南水北调年鉴》
编纂委员会

编　辑　说　明

一、《中国南水北调工程建设年鉴》创办于 2005 年，每年编印一卷，自 2021 卷起更名为《中国南水北调年鉴》。《中国南水北调年鉴》（以下简称《年鉴》）是逐年集中反映南水北调工程建设、运行管理、治污环保及征地移民等过程中的重要事件、技术资料、统计报表的资料性工具书。

二、《中国南水北调年鉴 2022》拟全面记载 2021 年南水北调工程前期工作、建设管理、运行管理、质量安全、征地移民、生态环保和重大技术攻关等方面的工作情况。《年鉴》编纂委员会对 2022 卷编写框架进行了调整，调整后的《年鉴》包括 13 个专栏：综述、特载、政策法规、综合管理、东线一期工程、中线一期工程、东线二期工程、中线后续工程、西线工程、配套工程、党建工作、统计资料、大事记。另有重要活动剪影和索引。

三、《年鉴》所载内容实行文责自负。《年鉴》内容、技术数据及保密等问题均经撰稿人所在单位把关审定。

四、《年鉴》力求内容全面、资料准确、整体规范、文字简练，并注重实用性、可读性和连续性。

五、《年鉴》采用中国法定计量单位。技术术语、专业名词、符号等力求符合规范要求或约定俗成。

六、《年鉴》中中央国家机关和国务院机构名称、水利部相关司局和直属单位、有关省（直辖市）南水北调工程建设管理机构、各项目法人单位等可使用约定俗成的简称；中国南水北调集团有限公司简称南水北调集团。

七、《年鉴》中南水北调沿线各流域管理机构名称均使用简称，具体是：长江水利委员会简称长江委，黄河水利委员会简称黄委，淮河水利委员会简称淮委，海河水利委员会简称海委。

八、限于编辑水平和经验，《年鉴》难免存在缺点和错误。我们热忱希望广大读者和各级领导提出宝贵意见，以便改进工作。

专　　栏

目　　录

叁　政策法规

肆　综合管理

拾贰　统计资料

拾叁　大事记

拾肆　索引

Contents

壹　综述

2021 年中国南水北调发展综述

一、工程概况

南水北调工程是党中央、国务院决策兴建的缓解我国北方水资源严重短缺局面的重大战略性基础设施。工程分别从长江下、中、上游向北方调水，形成东、中、西三条调水线路，与长江、淮河、黄河和海河形成相互连通的"四横三纵"总体格局。

2002 年 7 月，水利部组织编制完成《南水北调工程总体规划》，包括总报告及 12 个附件，以及 45 个专题研究成果。2002 年 8 月 23 日，国务院召开会议，审议了《南水北调工程总体规划》。2002 年年底，国务院批复同意《南水北调工程总体规划》，明确了工程布局方案：分别在长江下游、中游、上游调水，形成东线、中线、西线三条调水线路，与长江、淮河、黄河、海河相互连接，构成"四横三纵"总体格局的中国大水网。

南水北调东、中、西三条调水线路互为补充、不可替代。本着"三先三后"、适度从紧、需要与可能相结合的原则，南水北调工程规划调水规模 448 亿 m^3，其中东线 148 亿 m^3、中线 130 亿 m^3、西线 170 亿 m^3。根据经济社会发展状况，先期实施南水北调东、中线一期工程。

东线工程利用江苏省已建的江水北调工程，逐步扩大调水规模并延长输水线路。从长江下游扬州附近抽引长江水，利用京杭大运河及与其平行的河道逐级提水北送，并连通起调蓄作用的洪泽湖、骆马湖、南四湖、东平湖。出东平湖后分两路输水：一路向北，在位山附近经隧洞穿过黄河，经扩挖现有河道进入南运河，自流到天津，输水主干线全长 1156km，其中黄河以南 646km、穿黄段 17km、黄河以北 493km；另一路向东，通过胶东地区输水干线经济南输水到烟台、威海，全长 701km。东线工程分三期实施。

中线工程从长江支流汉江丹江口水库陶岔渠首闸引水，沿线开挖渠道，经唐白河流域西部过长江流域与淮河流域的分水岭方城垭口，沿黄淮海平原西部边缘，在郑州以西孤柏嘴处穿过黄河，沿京广铁路西侧北上，可基本自流到北京、天津，受水区范围 15 万 km^2。从陶岔渠首闸至北京团城湖，输水总干线全长 1267km，其中黄河以南 477km、穿黄段 10km、黄河以北 780km。天津干线从河北省徐水县分水向东至天津外环河，长 154km。中线工程分两期建设。

西线工程从长江上游通天河和大渡河、雅砻江及其支流调水，与黄河上游距离较近，控制范围大，可向黄河上中游 6 个省（自治区）及西北内陆河部分地区供水，也可向黄河中、下游相机补水，为西部大开发提供水资源保障，改善西部地区的生态环境，有效缓解黄河下游的断流问题。该工程引水的水源点多，调水区的水质好，但因地处长江上游，水量相对有限。为此，远景还可考虑从怒江、澜沧江等河流调水。西线工程规划分三期建设。

东、中线一期工程全面通水 7 年多来，工程质量可靠，运行安全平稳，供水水质稳定达标，经受住了冰期输水、汛期特大暴雨洪水、新冠肺炎疫情冲击等多次重大考验，未发生任何安全事故和断水事件。截至 2021 年 12 月 31 日，工程累计调水 498.68 亿 m^3，其中生态补水累计 76.02 亿 m^3，直接受益人口超过 1.5 亿人，有效提升了受水区城市供水保证率，优化了北方地区供水格局。华北地区地下水超采综合治理取得明显成效，华北地区地下水水位总体回升，2021 年治理区浅层地下水、深层承压水水位较 2018 年平均回升 1.89m、4.65m。白洋淀水生态得到恢复，永定河等一大批断流多年的河流恢复全线通水。

二、工程建设的意义

1. 优化水资源配置，重构受水区供水格局

建设调水工程，是中国目前完成优化水资源配置的手段之一，优化水资源配置也是建设南水北调工程的首要目的。截至 2021 年 12 月，东、中线一期工程累计调水约 500 亿 m^3。东、中线 42 个大中城市受益，受益人口超 1.5 亿人。工程从根本上改变了受水区供水格局，改善了用水水质，提高了供水保证率，"南水"已由原规划的为受水区城市补充水源，转变成为多个重要城市生活用水的主力水源。北京市城区 7 成以上供水为"南水"，天津市主城区供水几乎全部为"南水"，山东省形成了"T"字形水网。南水北调工程有效缓解了华北地区水资源短缺问题，为京津冀协同发展、雄安新区建设等国家重大战略实施提供了有力的水资源支撑和保障。

团结湖

2. 促进产业结构调整，经济效益显著

一渠清水北上，串联起粮食主产区、能源基地、重要城镇。以2016—2021年全国万元GDP平均需水量65.1m³计算，南水北调为北方增加了498.68亿m³水资源，为受水区超7万亿元GDP的增长提供了优质水资源支撑。

南水北调东线工程通水后，有效改善了京杭大运河通航条件，延伸了通航里程，增加了货运吨位，大大提高了航运保障能力，京杭大运河黄河以南航段从东平湖至长江实现全线通航，为南北经济大循环打通了一条重要的水路通道。

引江济汉工程、兴隆水利枢纽工程是南水北调中线一期汉江中下游治理工程。工程建成后极大改善了长江、汉江之间的航运条件，千吨级航道从兴隆往下一直延伸到汉川，截至2021年年底，累计新增航道67.23km，改善航道76.4km，过船数120219只，为地方经济发展和汉江航运事业提供了强有力的保障。丹江口至兴隆段经过整治，基本解决了出浅碍航、航路不畅和航道水流条件较差等状况。

南水北调中线陶岔渠首枢纽工程、兴隆水利枢纽工程、丹江口水利枢纽工程均已发挥发电效益，为地方经济发展提供绿色能源。截至2021年年底，累计发电量289.12亿kW·h，收入超过60亿元，相当于替代约870万t标煤，减排约2300万t二氧化碳，助力能源产业高质量发展和低碳化转型，为中国全面构建绿色低碳、安全高效的现代能源产业体系贡献了力量。

京杭大运河

3. 水源置换，保障群众饮水安全

由于水质优良、供水保障率高，受水区对南水北调水依赖度越来越高。河北省部分地区地质条件特殊，高氟、高盐、缺水并存，水质复杂多样，老百姓饮水安全问题十分突出，河北省抓住南水北调中线工程建成通水的机遇，加快实施农村生活水源置换，2021年新增江水置换人口约800万人，中线工程通水以来，河北省城乡受益人口超3000万人，南水北调水解决了河北省农村人口饮水型氟超标问题，提升了人民的幸福感、获得感和安全感，大大缓解了河北省水资源供需矛盾。

4. 人水和谐，复苏河湖生态环境

全面通水以来，东、中线一期工程累计向沿线多条（个）河流湖泊生态补水76.02亿 m³，沿线地区特别是华北地区，干涸的洼、淀、河、渠、湿地重现生机，初步形成了河畅、水清、岸绿、景美的靓丽风景线。东线工程输水期间，补充了沿线各湖泊的蒸发渗漏水量，确保各湖泊蓄水稳定，改善了各湖泊的水生态环境；中线工程沿线受水区尤其是河北省实施引江生态补水以来，水生态环境得到有效改善，主要补水河道形成了持续稳定的生态基流，河道面貌焕然一新，逐渐恢复了水绿、草旺、鱼游、蛙鸣的生态美景。

丹江口水库——最美公路桥

三、南水北调东、中线工程通水效益

（一）社会效益

1. 调水量❶

截至2021年12月31日，东、中线一期工程累计调水量498.86亿 m³（其中东线调水52.88亿 m³，中线调水445.98亿 m³）。各省（直辖市）累计供水量

---

❶ 数据来源：中线分水口门供水量来源于南水北调集团中线有限公司填报的分水口门供水量，包括河南省、河北省、北京市、天津市各分水口门的供水量；东线一期山东段分水口门供水量来源于东线山东干线公司填报的分水口门供水量。

462.31 亿 m³。其中河南省 150.61 亿 m³，河北省 134.54 亿 m³，天津市 70.54 亿 m³，北京市 73.44 亿 m³；山东省 33.18 亿 m³。

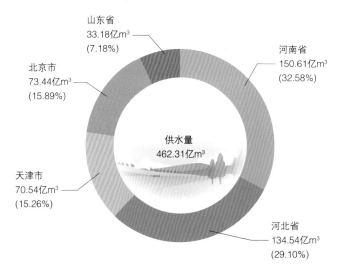

东线一期山东段和中线一期工程累计供水量

2021 年全年东、中线一期工程累计调水量 100.41 亿 m³（其中东线调水 6.31 亿 m³，中线调水 94.10 亿 m³）。各省（直辖市）累计供水量 96.16 亿 m³。其中河南省 30.87 亿 m³，河北省 37.72 亿 m³，天津市 11.47 亿 m³，北京市 12.51 亿 m³；山东省 3.59 亿 m³。

其中，中线一期工程 2021 年累计供水量为 92.56 亿 m³，较 2020 年供水量 87.24 亿 m³ 同比增长 6.10％；东线一期工程山东段 2021 年累计供水量为 3.59 亿 m³，较 2020 年供水量 4.32 亿 m³ 同比降低 16.90％。

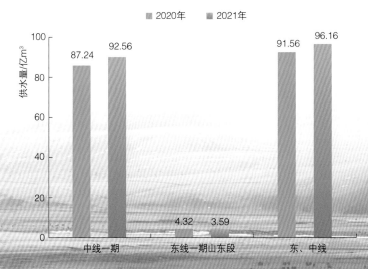

东线一期工程山东段和中线一期工程 2020 年、2021 年累计供水量

2. 受益人口及范围❶

截至 2021 年 12 月底，南水北调东、中线一期工程受益城市 42 个。其中，中线一期工程受益城市 24 个，东线一期工程受益城市 18 个。南水北调东、中线一期工程总受益人口约为 1.53 亿人。相比 2020 年受益人口增加了约 1000.00 万人，增加的原因：一是 2021 年河北省开展了农村饮用水水源置换工程，增加了"南水"受益人口 781.55 万人；二是北京市新增了使用"南水"的受水水厂，增加了受益人口 100.00 万人；三是天津市增加受益人口 100.00 万人。

中线一期工程受益人口为 8520.36 万人。其中，河南省受益人口为 2562.01 万人，河北省受益人口为 3158.35 万人，天津市受益人口为 1400.00 万人，北京市受益人口为 1400.00 万人。

东线一期工程受益人口为 6767.81 万人。其中，江苏省受益人口为 3102.31 万人，山东省受益人口为 3665.50 万人。

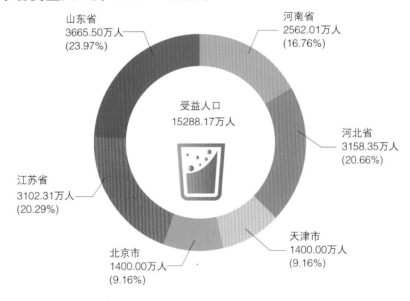

东、中线一期工程累计受益人口数

目前，北京的城市供水 75% 以上为"南水"，超过 73 亿 m^3 的"南水"送入北京，保障了城市水源的充足供应，通过南水北调中线工程，如今北京全市新增了 27 条水道，实现了永定河、潮白河、北运河、泃河、拒马河五大河流的贯通，密云水库的水量更充足，北京地下水水位连续 6 年保持回升；中线工程累计向天津市引调长江水超过 70 亿 m^3，供水范围覆盖天津市中心城区、环城四

❶　数据来源：受益人口及范围来源于河南省水利厅、河北省水利厅、北京市水务局、天津市水务局、江苏省南水北调办、山东省水利厅填报的人口数据及受益范围。

区及滨海新区等 14 个行政区，保障了天津市居民的饮用水安全，向天津市子牙河、海河补水量连年增长，累计超过 14 亿 m³，让河道沿线成为了河畅、水清、

密云水库

岸绿、景美的靓丽风景线；河南省受水区的多个城市主城区 100％使用"南水"，境内分水超 150 亿 m³；中线工程通水以来，河北省境内分水超过 130 亿 m³，在长江水的滋润下，河北省多地水安全保障能力显著提高，水资源短缺局面得到根本缓解，黑龙港流域 500 多万人彻底告别世代饮用高氟水、苦咸水的历史，河北省统筹城镇与农村、饮水工程与地下水超采综合治理，有计划地整体实施农村生活水源江水置换；江苏省形成了双线输水格局，受水区供水保证率提高了 20％～30％，同时提升了苏中、苏北地区防洪排涝抗旱能力；山东省境内南水北调干线及配套工程体系构建起了"T"形的骨干水网格局，成为胶东半岛的供水大动脉。

3. 受水水厂❶

截至 2021 年 12 月底，南水北调东、中线一期工程受水水厂 230 家，其中，河南省 70 家、河北省 128 家、天津市 19 家、北京市 11 家、山东省 2 家。

4. 节水教育❷

截至 2021 年 12 月底，节水教育总人数为 1158.23 万人。

（二）经济效益

1. 供水效益❸

截至 2021 年 12 月底，南水北调工程为受水区提供了可靠的水资源保障，以 2016—2021 年全国万元 GDP 平均需水量 65.1m³ 计算，南水北调为北方增加了 498.86 亿 m³ 水资源，为受水区约 7.66 万亿元 GDP 的增长提供了优质水资源支撑。

---

❶ 数据来源：受水水厂来源于河南省水利厅、河北省水利厅、北京市水务局、天津市水务局、山东省水利厅填报的供水厂数量。

❷ 数据来源：东、中线节水教育人数来源于东、中线工程沿线各单位填报的其他效益指标中的工程现场参观人数和其他受益人数。

❸ 数据来源：中线一期调水量来源于南水北调集团中线有限公司填报的陶岔闸入渠水量；东线一期调水量来源于东线山东干线公司填报的台儿庄泵站抽水量。

2. 发电效益❶

截至 2021 年 12 月底，南水北调中线一期工程累计发电收入为 62.06 亿元。其中，陶岔渠首工程装机容量为 50MW，上网电量 6.68 亿 kW·h，发电收入 2.12 亿元；兴隆水利枢纽工程装机容量为 40MW，上网电量 17.55 亿 kW·h，发电收入 5.72 亿元；丹江口水利枢纽装机容量为 900MW，上网电量 276.72 亿 kW·h，发电收入 54.22 亿元。

陶岔渠首

3. 航运效益❷

截至 2021 年 12 月底，南水北调东、中线一期工程新增航道 85.19km，改善航运 168.85km（山东省京杭运河韩庄运河段航道已由三级航道提升到二级航道），累计货运量为 4.64 亿 t，累计过船数为 120219 只。

（三）生态效益

1. 河道补水❸

截至 2021 年 12 月底，南水北调东、中线一期工程受水区累计河道补水量

---

❶ 数据来源：陶岔渠首工程发电效益来源于南水北调集团中线有限公司填报的陶岔渠首工程发电效益；兴隆水利枢纽工程发电效益来源于湖北省水利厅填报的兴隆水利枢纽工程发电效益；丹江口水利枢纽工程发电效益来源于南水北调中线水源公司填报的丹江口水利枢纽工程发电效益。

❷ 数据来源：航运效益来源于主要为湖北省水利厅、江苏省南水北调办公室、山东省水利厅填报的航运效益指标中的新增航道、改善航运、载货量、过船数等数据。

❸ 数据来源：河道补水量来源于河南省水利厅、河北省水利厅、天津市水务局、北京市水务局、江苏省南水北调办公室、山东省水利厅填报的供河道（湖泊）水量（不含天然河道下渗补水量）。

为 121.54 亿 m³。

中线一期工程受水区累计河道补水量为 120.63 亿 m³，其中，河南省 35.93 亿 m³，河北省 55.65 亿 m³，天津市 14.90 亿 m³，北京市 14.15 亿 m³；东线一期工程山东段受水区累计河道补水量为 0.91 亿 m³。

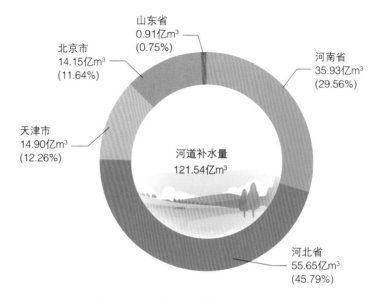

山东省
0.91亿m³
(0.75%)

北京市
14.15亿m³
(11.64%)

河南省
35.93亿m³
(29.56%)

天津市
14.90亿m³
(12.26%)

河道补水量
121.54亿m³

河北省
55.65亿m³
(45.79%)

东、中线一期工程累计河道补水量

中线一期工程 2021 年累计河道补水为 30.74 亿 m³，较 2020 年河道补水量 33.20 亿 m³ 同比降低 7.41%；2018 年 5 月至 2020 年 12 月，东线一期工程山东段受水区河道补水量为 0，2021 年东线一期工程山东段受水区河道补水量为 0.23 亿 m³。

2. 地下水压采❶

截至 2021 年 12 月底，南水北调东、中线一期工程地下水压采量为 89.90 亿 m³。

中线一期工程地下水压采量为 79.46 亿 m³，其中，河南省 7.18 亿 m³，河北省 57.23 亿 m³，天津市 2.16 亿 m³，北京市 12.89 亿 m³；东线一期工程地下水压采量为 10.44 亿 m³，其中，江苏省 4.91 亿 m³，山东省 5.53 亿 m³。

南水北调工程沿线受水区通过水资源置换，压采地下水，有效遏制了地下水水位下降的趋势，地下水水位逐步回升。其中，截至 2021 年年底，河北省超采区浅层、深层地下水位分别同比上升 1.87m、5.12m，浅层超采区有 84 个县（市、区）水位上升，占全部 86 个浅层超采县的 98%，67 个深层超采县（市、区）水位全部上升；北京市地下水水位上升 5.52m；山东省地下水水位上升 1.64m。

------

❶ 数据来源：地下水压采量来源于河南省水利厅、河北省水利厅、北京市水务局、天津市水务局、江苏省南水北调办公室、山东省水利厅填报的其他效益指标中的地下水压采量。

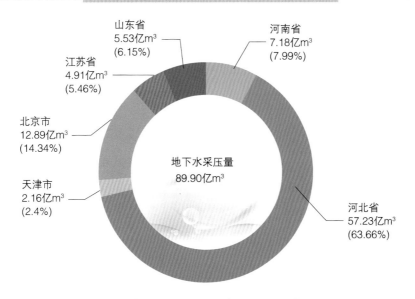

东、中线一期工程累计地下水压采量

截至 2021 年 12 月底，南水北调东、中线一期工程封填井数（含自备井置换数）为 92340 眼。

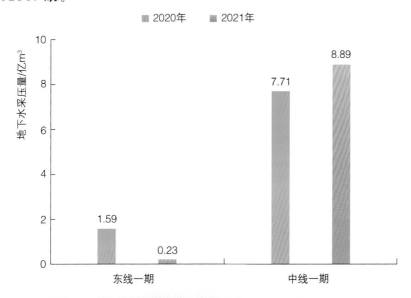

东线一期和中线一期工程 2020 年、2021 年地下水采压量

3. 供水水质❶

截至 2021 年 12 月底，中线一期工程供水水质稳定在Ⅱ类以上，东线一期

---

❶ 数据来源：中线一期供水水质来源于南水北调集团中线有限公司填报的水质情况；东线一期供水水质来源于江苏省南水北调办公室、山东省水利厅填报的水质情况。

工程供水水质大体稳定在Ⅲ类。

滕州湿地

四、南水北调中线一期工程通水效益

（一）社会效益

1. 调水量

截至2021年12月底，陶岔渠首枢纽工程入南水北调中线一期工程总干渠累计调水量为445.98亿 m^3，2021年调水量为94.11亿 m^3，较2020年引调水量88.50亿 m^3 同比增长6.34%。

陶岔渠首枢纽工程

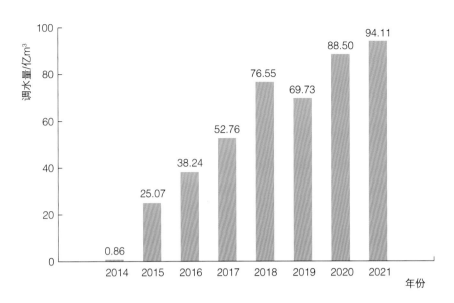

陶岔渠首枢纽 2014—2021 年度调水量

2. 供水量

截至 2021 年 12 月底,中线一期工程累计供水量为 429.15 亿 m³。其中,河南省累计供水量为 150.58 亿 m³,河北省累计供水量为 134.58 亿 m³,天津市累计供水量为 70.54 亿 m³,北京市累计供水量为 73.45 亿 m³。

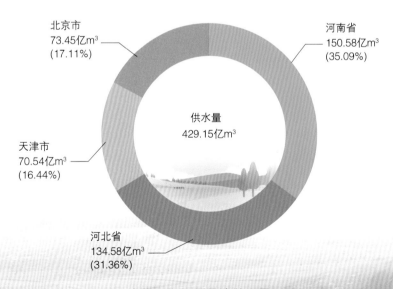

中线一期工程累计供水量

中线一期工程 2021 年累计供水量为 92.56 亿 m³,较 2020 年供水量 85.81 亿 m³ 同比增长 7.87%。

河南省 2021 年累计供水量为 30.87 亿 m³,较 2020 年供水量 28.70 亿 m³

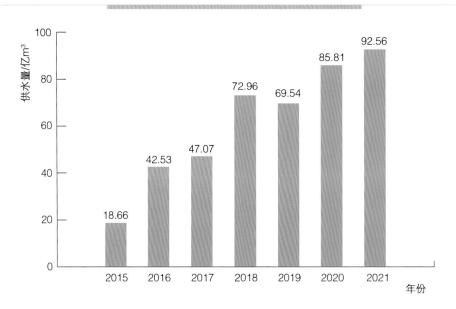

中线一期工程 2015—2021 年度供水量

同比增长 7.56%。

河北省 2021 年累计供水量为 37.72 亿 m³，较 2020 年供水量 35.64 亿 m³ 同比增长 5.84%。

天津市 2021 年累计供水量为 11.47 亿 m³，较 2020 年供水量 12.64 亿 m³ 同比降低 9.26%。

北京市 2021 年累计供水量为 12.51 亿 m³，较 2020 年供水量 8.83 亿 m³ 同比增长 41.68%。

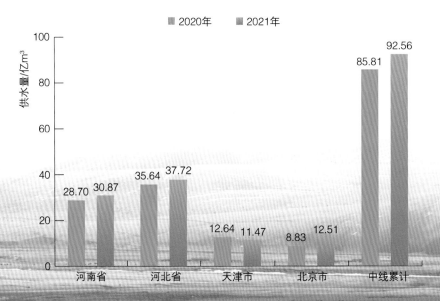

中线一期工程 2020 年、2021 年供水量

湖北省引江济汉工程为汉江兴隆以下河段和东荆河提供可靠的补充水源，工程自通水至 2021 年 12 月底累计补水 259.86 亿 m^3。其中，向汉江补水 206.96 亿 m^3，有效补充汉江中下游河段因南水北调中线调水而减少的水量，改善了生态、灌溉、供水条件；向长湖、东荆河补水 45.37 亿 m^3，解决了东荆河两岸灌溉水源问题；向荆州护城河补水 3.99 亿 m^3，改善了荆州城区水环境；其他补水量 3.61 亿 m^3。

3. 受益人口及范围

截至 2021 年 12 月底，中线一期工程总受益人口为 8520.36 万人。其中，河南省受益人口为 2562.01 万人，河北省受益人口为 3158.35 万人，天津市受益人口为 1400.00 万人，北京市受益人口为 1400.00 万人。

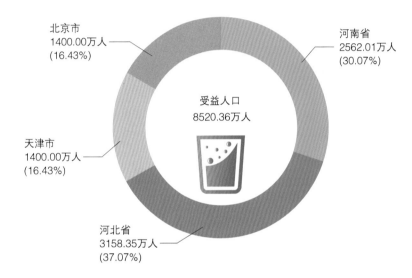

北京市
1400.00万人
(16.43%)

河南省
2562.01万人
(30.07%)

受益人口
8520.36万人

天津市
1400.00万人
(16.43%)

河北省
3158.35万人
(37.07%)

中线一期工程受益人口

截至 2021 年 12 月底，中线一期工程受益城市 24 个。其中，河南省 13 个，分别是南阳市、漯河市、周口市、平顶山市、许昌市、郑州市、焦作市、新乡市、鹤壁市、濮阳市、安阳市、邓州市、滑县；河北省 9 个，分别是邯郸市、邢台市、石家庄市、保定市、廊坊市、衡水市、沧州市、辛集市、定州市；北京市 1 个；天津市 1 个。

焦作市区段渠首

石家庄滹沱河生态公园

4. 受水水厂

截至 2021 年 12 月底，中线一期工程受益水厂 228 家。其中，河南省 70 家，河北省 128 家，天津市 19 家，北京市 11 家。

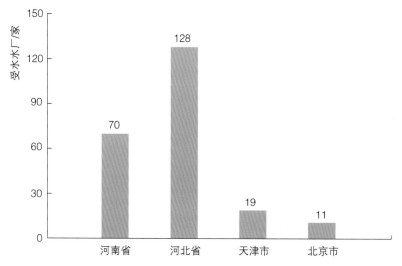

中线一期工程受益水厂数

北京通州水厂

（二）经济效益

1. 供水效益

截至 2021 年 12 月底，南水北调中线一期工程为受水区（河南省、河北省、天津市、北京市）提供了可靠的水资源保障，以 2016—2021 年全国万元 GDP 平均需水量 65.1m³ 计算，南水北调中线一期工程累计调水 445.98 亿 m³，为受水区约 6.85 万亿元 GDP 的增长提供了优质水资源支撑。

2. 发电效益

截至 2021 年 12 月底，南水北调中线一期工程发电效益为 62.06 亿元。其中，陶岔渠首工程装机容量为 50MW，上网电量 6.68 亿 kW·h，发电收入 2.12 亿元；兴隆水利枢纽工程装机容量为 40MW，上网电量 17.55 亿 kW·h，发电收入 5.72 亿元；丹江口水利枢纽装机容量为 900MW，上网电量 276.72 亿 kW·h，发电收入 54.22 亿元。

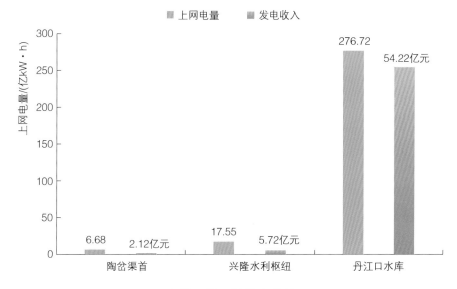

中线一期工程发电效益

丹江口水库

3. 航运效益

截至 2021 年 12 月底，湖北省兴隆水利枢纽工程和引江济汉工程累计新增航道 67.23km，改善航运 76.4km，载货量 0.41 亿 t，过船数 120219 只。

兴隆水利枢纽工程自 2014 年 9 月正式投入运行，航运等效益显著，是汉江沿线最繁忙的通航建筑物，为地方经济发展和汉江航运事业提供了强有力的保障。2021 年，受汉江超长汛期的影响，船闸停航 32 天，水电站停机 57 天，兴隆水利枢纽管理局通过统筹谋划，精准调度，不仅有效应对了汉江超长秋汛，同时，最大化兼顾了工程效益的充分发挥，圆满完成了年度运行目标，全年船闸过船舶总数 10281 艘，载货总量 656 万 t。

引江济汉工程干渠全长 67.23km，兼具通航功能，为限制性Ⅲ级航道，可通航千吨级船舶，工程横贯荆州、荆门、仙桃、潜江等 4 市，是沟通长江和汉江航运、促进地方经济社会发展的捷径航线，通过引江济汉航线，往返荆州和武汉的航程缩短了超过 200km，往返荆州和襄樊的航线缩短了超过 600km。2021 年，通航船舶 4516 艘，载货总量 384 万 t。

（三）生态效益

1. 河道补水

截至 2021 年 12 月底，中线一期工程受水区累计河道补水量为 120.63 亿 m³。其中，河南省为 35.93 亿 m³，河北省为 55.65 亿 m³，天津市为 14.90 亿 m³，北京市为 14.15 亿 m³。

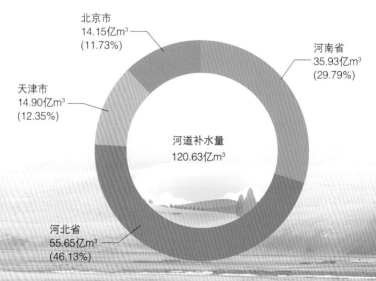

中线一期工程累计河道补水量

中线一期工程通水至 2021 年度受水区河道补水量 　　　单位：亿 m³

时　　间	受 水 区				
	河南省	河北省	天津市	北京市	合计
通水至 2017 年 12 月底	5.78	2.52	4.29	2.45	15.04
2018 年	6.21	11.55	3.16	1.32	22.24
2019 年	5.35	8.72	2.56	2.68	19.31
2020 年	10.47	17.51	3.07	2.15	33.20
2021 年	8.13	15.35	1.82	5.55	30.85

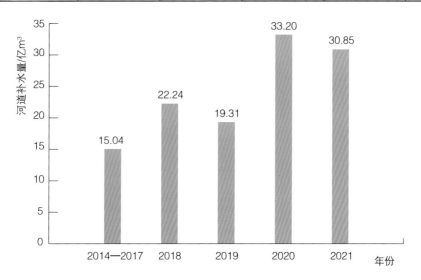

中线一期工程 2014—2021 年度河道补水量

中线一期工程 2021 年累计河道补水为 30.85 亿 m³，较 2020 年河道补水量 33.20 亿 m³ 同比降低 7.08%。其中，河南省 2021 年累计河道补水量为 8.13 亿 m³，较 2020 年河道补水量 10.47 亿 m³ 同比降低 22.35%。河北省 2021 年累计河道补水量为 15.35 亿 m³，较 2020 年河道补水量 17.51 亿 m³ 同比降低 12.34%。天津市 2021 年累计河道补水量为 1.82 亿 m³，较 2020 年河道补水量 3.07 亿 m³ 同比降低 40.72%。北京市 2021 年累计河道补水量为 5.55 亿 m³，较 2020 年河道补水量 2.15 亿 m³ 同比增长 158.14%。

湖北省引江济汉工程每年向荆州护城河供水约 0.5 亿 m³，通过活水搅动，改善了荆州护城河水质和城区环境；通过引长江水入汉江及沿线河流、湖泊，有效改善了汉江下游河道内水环境状况，防止水华发生。

实施引江生态补水以来，河北省水生态环境得到有效改善，主要补水河道形成了持续稳定的生态基流，滹沱河、七里河、滏阳河等常态化补水河道持续得到水源补充，极大地改善了水环境，提升了河道功能，地下水源得到涵养回补，

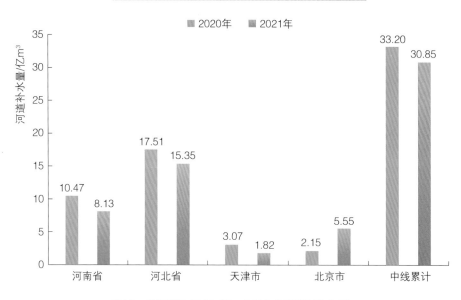

中线一期工程2020年、2021年河道补水量

补水河道沿线地下水水位明显回升，灌溉和饮水水泵恢复了满管出水，位于七里河下游干涸多年的狗头泉、白泉，实现了稳定复涌，生态补水效益日益显著。

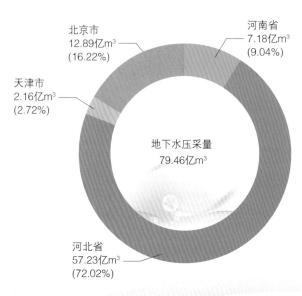

中线一期工程地下水压采量

2. 地下水压采

截至 2021 年 12 月底，中线一期工程地下水压采量达到 79.46 亿 m³。其中，河南省为 7.18 亿 m³，河北省为 57.23 亿 m³，天津市为 2.16 亿 m³，北京市为 12.89 亿 m³。

中线一期工程 2021 年地下水压采量为 10.26 亿 m³，较 2020 年地下水压采量 7.71 亿 m³ 同比增长 33.07%。

河南省 2021 年地下水压采量为 1.27 亿 m³，较 2020 年地下水压采量 0.56 亿 m³ 同比增长 126.79%。

河北省 2021 年地下水压采量为 8.80 亿 m³，较 2020 年地下水压采量 6.64 亿 m³ 同比增长 32.53%。

天津市 2021 年地下水压采量为 0.10 亿 m³，较 2020 年地下水压采量 0.51 亿 m³ 同比降低 80.39%。

北京市 2021 年地下水压采量为 857.75 万 m³，较 2020 年地下水压采量 6.20 万 m³ 同比增长 13734.68%。

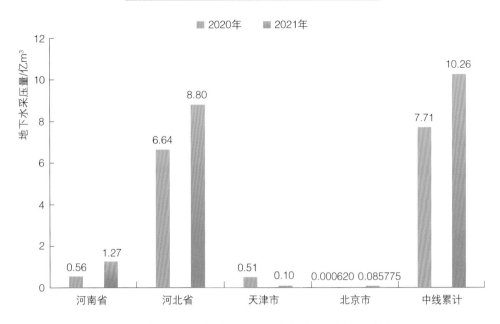

中线一期工程 2020 年度、2021 年度地下水压采量

中线工程沿线受水区通过水资源置换、压采地下水，有效遏制了地下水水位下降的趋势，地下水水位逐步回升。其中，截至 2021 年年底，河北省超采区浅层、深层地下水位分别同比上升 1.87m、5.12m，浅层超采区有 84 个县（市、区）水位上升，占全部 86 个浅层超采县的 98%，67 个深层超采县（市、区）水位全部上升；北京市地下水水位上升 5.52m。

截至 2021 年 12 月底，中线一期工程封填井数（含自备井置换数）为 76655 眼。其中，河南省为 11437 眼，河北省为 63327 眼，天津市为 415 眼，北京市为 1476 眼。

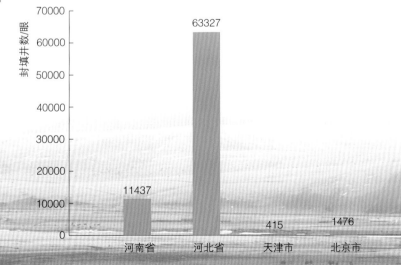

中线一期工程封填井数

3. 供水水质

截至 2021 年 12 月底，中线一期工程供水水质稳定在 II 类及以上。

中线一期工程受水区沿线得益于"南水"的持续补充，河湖水质得到明显改善。天津市 2018 年上半年，"水十条"国考断面优良水体比例已上升至 50%，劣 V 类水体比例下降至 25%，超过国家考核目标。河南省自 2016 年以来，丹江口水库 12 个入库河流监测断面实现 100% 达标，丹江口水库水质长期保持在 II 类，陶岔取水口水质稳定在 II 类或优于 II 类。

丹江口水库开展水质监测

丹江口水库大坝

4. 环境改善

南水北调中线一期工程有效促进了沿线农村生态环境的改善，依托中线水源区和汉江中下游治理等措施，大力开展了农村环境基础设施建设，兴建了一批污水和垃圾处理设施。中线水源区丹江口水库周边所有城镇均实现了污水处理厂和垃圾填埋场全覆盖，污水和垃圾实现全面收集和集中处理。陕西、湖北、河南三省累计治理水土流失面积 1.78 万 km²，整体植被覆盖率明显提升。

河北省实施引江生态补水以来，水生态环境得到有效改善，主要补水河道形成了持续稳定的生态基流，河道面貌焕然一新。滹沱河、七里河、滏阳河等常态化补水河道持续得到水源补充，河道水质优良稳定，极大地改善了水环境，提升了河道功能，改变了河道多年干涸、乱采乱挖、乱垦乱占现象，逐渐恢复了水绿、草旺、鱼游、蛙鸣的生态美景。

为保障东荆河沿线及四湖流域的生态用水需求，2021 年，湖北省引江济汉工程管理局按照湖北省水利厅调度指令，通过开启拾桥河下游泄洪闸向长湖实施应急生态补水 4 次，累计补水量 3.42 亿 m³。引江济汉工程保证了汉江河道的基本生态用水，保证了仙桃段流量不低于 500m³/s，满足河道内生态环境需水要求，为该地区的水生动植物提供了优良的生存场所，有助于恢复河道内的动植物生长繁衍。

2021 年，湖北省引江济汉工程管理局在进口段长江左岸开展了增殖放流活动，投放各类鱼苗近 12 万尾，进一步优化了长江水生生物种群结构，改善了水域生态环境。

滹沱河湿地

（四）陕西省水资源保护情况

陕西省是南水北调中线工程的重要水源地，在南水北调中线工程中占有举足轻重的地位，工程核心水源区涉及汉中、安康、商洛等 3 市 28 个县（市、区），区域总面积 7.02 万 km²，多年平均出境水量为 287.72 亿 m³，为南水北调中线工程提供了 70% 的水量。2021 年，陕西省深入学习贯彻习近平生态文明思想、习近平总书记考察陕西重要讲话和指示批示精神，认真践行"绿水青山就是金山银山"发展理念，扎实推进各项工作，丹江口水源区各项工作取得明显成效，汉江、丹江出境断面始终稳定保持在 Ⅱ 类标准，有效保障"一泓清水永续北上"。

2021 年，陕西省以水土保持项目带动为抓手，以小流域为单元，山水林田湖草系统整治，全口径统计，全年完成陕南三市水土流失治理面积 1159km²，建成绥德县辛店沟、太白县翠矶山等 2 个国家级水土保持科技示范园和汉滨区牛蹄、宁陕县悠然山、旬阳县太极城和岚皋县杨家院子等 4 个省级水土保持科技示范园。依据 2020 年水土流失动态监测成果，陕南水土流失面积 2020 年比 2019 年减少 213km²，实现了水土流失面积和侵蚀强度"双下降"。同时，为当好秦岭生态卫士，2021 年，通过水土保持遥感监管，核查区内 626 个扰动图斑，认定违法违规项目 199 个，下发监督整改意见 195 份。先后开展以秦岭地区为重点的生产建设项目水土保持监督检查，携手省级相关部门开展秦岭生态环境保护联合执法检查。

2021 年，陕西省下达汉江、嘉陵江、丹江等主要支流治理项目（3000km²以上）中央预算内资金 1.88 亿元、省级专项资金 5000 万元，安排新建、加固堤防、护岸 19.15km；下达陕南三市中小河流治理（200～3000km²）中央水利发展资金 4.93 亿元，综合治理河长 177.5km，在全面提高秦巴山区中小河流防洪能力、减小山洪灾害损失的同时，沿河周边生态环境得到极大改善，直接加快了城镇基础设施建设，带动了县域城镇发展，发挥了显著的防洪效益、经济效益、生态效益。

认真落实最严格水资源管理制度，强化水资源刚性约束，加强水生态保护治理，水安全保障能力迈出新的步伐。开展省内水量分配，完善水资源配置体系。按计划完成汉江陕西省内跨市水量分配方案编制，确定陕西省内汉江流域主要断面最小下泄流量、下泄水量控制指标，并印发相关地市，作为陕西省汉江流域水资源配置管理的依据。同时，规范管理，有效保护水资源。一是科学实施水资源调度，组织制定陕西省内汉江流域水量调度方案和调度计划，实施水量统一调度、流域用水总量控制与主要断面下泄水量控制，汉江 6 个断面最小流量保证率均满足水量调度要求，石泉水电站等 4 个水利水电工程最小下泄流量保证率全部达标。二是加强饮用水水源保护，配合出台《陕西省饮用水水源保护条例》，开展长江流域饮用水水源地摸底调查工作，流域内 3 个国家重要水源地安全保障达标建设评估均为优良以上。对包括长江流域 3 个水源地在内的全省 19 个城市集中式水源地开展水质动态监测，结果显示均达到或优于Ⅲ类标准。三是积极配合国家、陕西省做好突发水污染事件有关工作。深入调查了解丹江老君河、王山沟河水文要素、水利工程以及沿线饮用水等有关情况，为水污染事件提供水利支撑服务。按照陕西省发展改革委《关于请提供我省嘉陵江污染及治理有关情况的函》要求，对汉中市嘉陵江流域水污染事件进行调查，并就水利部门在水污染联防联控工作中的职责及开展的工作进行了系统梳理总结，在此基础上提出了下一步工作的考虑。

（五）湖北省其他通水效益情况

1. 引江济汉工程

引江济汉工程为汉江兴隆以下河段和东荆河提供了可靠的补充水源，保障了南水北调中线工程供水安全，并在灌溉、航运、防洪减灾、生态、经济社会等方面发挥了重要作用。

2014 年 8 月，汉江上游来水少，水位偏低，东荆河发生几近断流的历史罕见旱情，引江济汉工程在未完全建成情况下提前 49 天应急调水，20 天共调水量 2.01 亿 m^3，有效解决了汉江下游的水资源短缺问题。

2016 年 7 月，湖北荆门市沙洋县 30h 累计降水 880.7mm、拾桥河洪峰量达 1100m^3/s、长湖超保证水位 0.45m，紧急关头，引江济汉工程两次为长湖撇洪 1.1 亿 m^3，相当于降低长湖最高洪水位 0.4m，为保障人民群众生产生活及财产安全发挥了重要作用。

汉江

引江济汉工程供水范围主要包括汉江兴隆河段以下的 7 个城市（区）和 6 个灌区，工程 2015 年补水 15.7 亿 m^3，2016 年补水 37.8 亿 m^3，2017 年补水 42.5 亿 m^3，2018 年补水 42.6 亿 m^3，2019 年补水 53.3 亿 m^3，2020 年补水 37.1 亿 m^3，2021 年补水 3.53 亿 m^3。

随着引江济汉工程日趋完善，周边环境不断改善，这里已成为周围群众开展文化、旅游、休闲观光活动好去处。

2. 兴隆水利枢纽

兴隆水利枢纽于 2014 年 9 月正式投入运行，灌溉、航运社会效益显著，发电经济效益明显，生态效益得到提升。

2021 年，兴隆水利枢纽水位灌溉供水保证率 100％，其中，灌溉水量约 30.0 亿 m^3，灌溉面积 2184km^2，受益农田约 327.6 万亩❶。

2021 年，受汉江超长汛期的影响，船闸停航 32 天，水电站停机 57 天，通过统筹规划，精准调度，不仅有效应对了汉江超长秋汛，同时，最大化兼顾了工程效益的充分发挥，圆满完成了年度运行目标。

兴隆水利枢纽环境改善面积约 58.66 万 m^2，绿化种植面积约 1 万 m^2，优质的水资源、清新的空气和丰富的水生物吸引了多种珍稀鸟类来枢纽安家落户。

五、南水北调东线一期工程通水效益

(一) 社会效益

1. 调水量

截至 2021 年 12 月底，东线一期工程累计入山东调水量为 52.88 亿 m^3。

2013—2021 年东线一期工程入山东水量分别为 0.35 亿 m^3、1.25 亿 m^3、3.28 亿 m^3、7.19 亿 m^3、10.31 亿 m^3、8.62 亿 m^3、9.50 亿 m^3、6.08 亿 m^3、6.31 亿 m^3。

2021 年 5 月 8 日，水利部办公厅印发了《水利部办公厅关于做好南水北调东线一期工程北延应急供水工程 2021 年 5 月调水工作的通知》。

此次通水利用东线工程北延应急向河北省、天津市输水，5 月 10 日六五河节制闸提闸，输水工作正式启动；5 月 24 日输水水头抵达九宣闸；5 月 31 日六五河节制闸关闭，输水目标顺利完成。此次通水，北延应急工程与东线一期工程鲁北段工程、河北省潘庄引黄工程联合调度运用，持续调水 22 天，累计向受水区供水 3270 万 m^3，通水水质满足地表水Ⅲ类水标准。

2. 受益人口及范围

截至 2021 年 12 月底，东线一期工程总受益人口为 6767.81 万人。其中，江苏省 3102.31 万人，山东省 3665.50 万人。

截至 2021 年 12 月底，东线一期工程受益城市 18 个。其中，江苏省 6 个，分别是徐州市、连云港市、淮安市、盐城市、扬州市、宿迁市；山东省 12 个，

---

❶ 1 亩＝（10000/15）m^2≈666.67m^2。

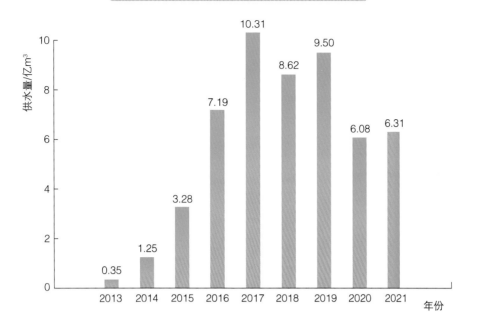

东线一期工程 2013—2021 年入山东调水量

分别是济南市、青岛市、淄博市、枣庄市、烟台市、潍坊市、济宁市、威海市、德州市、聊城市、滨州市、东营市。

东线工程受益人口数

3. 受水水厂

截至 2021 年 12 月底，东线一期工程山东省受益水厂有 2 家，为山东省的章丘众兴水务东湖泵站、淄博市引黄供水有限公司配水厂。

4. 防洪排涝效益

2021 年台风"烟花"过境山东省期间，7 月 27—30 日开启台儿庄泵站为台儿庄城区排涝约 398 万 m³，2021 年 7 月 30 日—8 月 3 日，通过济南市区段工程为济南排涝约 160 万 m³。共计 558 万 m³。

2021 年 9 月下旬，山东省境内出现大范围强降雨。根据地方防汛机构要求，2021 年 9—10 月，利用济平干渠工程为济南市平阴县排涝 0.31 亿 m³，利用鲁北小运河段工程为聊城市排涝 0.91 亿 m³，利用鲁北六五河段工程为德州市武城县排涝 0.38 亿 m³，共计利用南水北调工程排涝 1.61 亿 m³。

2021 年 9 月 30 日至 10 月 25 日，根据山东省防汛抗旱指挥部指令，分别利用济平干渠工程、穿黄河工程和鲁北小运河段工程、柳长河段工程为东平湖分泄洪水 0.69 亿 m³、0.66 亿 m³、1.71 亿 m³，共计利用南水北调工程为东平湖分泄洪水 3.07 亿 m³。

2021 年 7 月底至 8 月初，在江苏省水利厅的统一调度下，南水北调宝应站、金湖站、淮安四站先后投入区域应急排涝，累计抽排涝水 1.25 亿 m³，有效缓解了江苏省里下河地区、白马湖地区、宝应湖地区的涝情。

宝应泵站

（二）经济效益

1. 供水效益

截至 2021 年 12 月底，南水北调东线工程为受水区提供了可靠的水资源保障，以 2016—2021 年全国万元 GDP 平均需水量 65.1m³ 计算，南水北调东线工程累计调水 52.98 亿 m³（不含北延应急供水水量），为受水区约 0.81 万亿元 GDP 的增长提供了优质水资源支撑。

2. 航运效益

截至 2021 年 12 月底，江苏省累计新增航道 17.96km，改善航道 92.45km；

山东省京杭运河韩庄运河段航道已由Ⅲ级航道提升到Ⅱ级航道。江苏省南水北调工程载货量累计为 0.18 亿 t；山东省南水北调工程载货量累计为 4.05 亿 t。

（三）生态效益

1. 河道补水

截至 2021 年 12 月底，东线一期工程山东段受水区累计河道补水量为 0.91 亿 m³。其中，自通水至 2017 年 12 月底，累计河道补水量为 0.52 亿 m³；2018 年 1—4 月累计河道补水量为 0.17 亿 m³；2018 年 5 月至 2020 年 12 月，河道补水量为 0；2021 年河道补水量为 0.23 亿 m³。

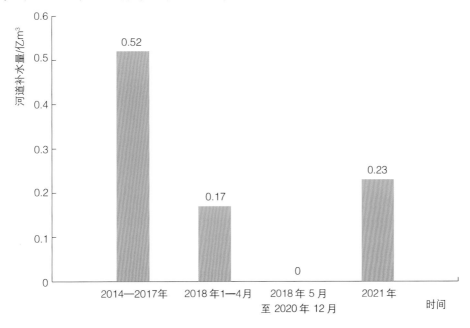

东线一期工程山东段 2014—2021 年河道补水量

洪泽湖泵站

2. 地下水压采

截至2021年12月底,东线一期工程地下水压采总量为10.44亿 m³。其中,江苏省为4.91亿 m³,山东省为5.53亿 m³。

东线一期工程2021年地下水压采量为0.23亿 m³,较2020年地下水压采量1.59亿 m³同比降低85.53%,其中,东线一期工程地下水压采量2018年达最大值3.42亿 m³。

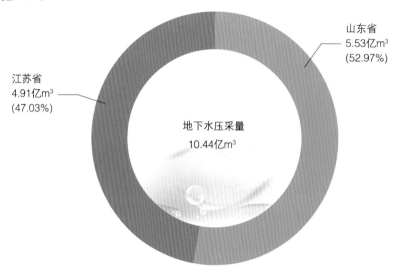

东线一期工程地下水压采量

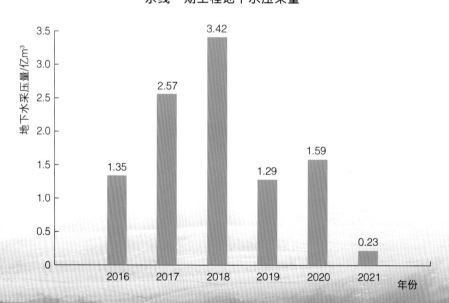

东线一期工程 2016—2021 年度地下水压采量

截至2021年12月底,在地下水水位变化方面,山东省呈现地下水水位回升趋势。

截至 2021 年 12 月底，东线一期工程封填井数（含自备井置换数）为 15685
眼。其中，江苏省为 6342 眼，山东省为 9343 眼。

3. 供水水质

截至 2021 年 12 月底，东线一期工程供水水质大致稳定在Ⅲ类。

4. 环境改善

东线一期工程调水期间，补充了沿线各湖泊的蒸发渗漏水量，确保了各湖
泊蓄水稳定，改善了各湖泊的水生态环境。

江苏省境内工程的建成投运，改变了沿线河网流态和湖泊蓄水情况，扩大
了水域面积，复苏了趋于衰退或基本消失的生态湿地，改善了区域内动植物的
生存环境。

山东省境内，南水北调济平干渠工程先后通过调引长江水、黄河水为小清
河补源，改善了小清河济南市区段水质和生态环境，为小清河岸线环境提升创
造了良好条件。

南四湖流域由于南水北调水的持续补充，水面面积得到有效扩大，水质得
到明显改善，生态和环境得到有效修复，区域生物种群数量和多样性得到明显
恢复，水质达到国家要求的地表水Ⅲ类标准，并逐步趋于稳定。

微山湖

贰　特载

重 要 事 件

习近平总书记主持召开推进南水北调后续工程高质量发展座谈会并发表重要讲话

中共中央总书记、国家主席、中央军委主席习近平 14 日上午在河南省南阳市主持召开推进南水北调后续工程高质量发展座谈会并发表重要讲话。他强调，南水北调工程事关战略全局、事关长远发展、事关人民福祉。进入新发展阶段、贯彻新发展理念、构建新发展格局，形成全国统一大市场和畅通的国内大循环，促进南北方协调发展，需要水资源的有力支撑。要深入分析南水北调工程面临的新形势新任务，完整、准确、全面贯彻新发展理念，按照高质量发展要求，统筹发展和安全，坚持节水优先、空间均衡、系统治理、两手发力的治水思路，遵循确有需要、生态安全、可以持续的重大水利工程论证原则，立足流域整体和水资源空间均衡配置，科学推进工程规划建设，提高水资源集约节约利用水平。

中共中央政治局常委、国务院副总理韩正出席座谈会并讲话。

座谈会上，水利部部长李国英、国家发展改革委主任何立峰、江苏省委书记娄勤俭、河南省委书记王国生、天津市委书记李鸿忠、北京市委书记蔡奇、国务院副总理胡春华先后发言。

听取大家发言后，习近平发表了重要讲话。他强调，水是生存之本、文明之源。自古以来，我国基本水情一直是夏汛冬枯、北缺南丰，水资源时空分布极不均衡。新中国成立后，我们党领导开展了大规模水利工程建设。党的十八大以来，党中央统筹推进水灾害防治、水资源节约、水生态保护修复、水环境治理，建成了一批跨流域跨区域重大引调水工程。南水北调是跨流域跨区域配置水资源的骨干工程。南水北调东线、中线一期主体工程建成通水以来，已累计调水 400 多亿立方米，直接受益人口达 1.2 亿人，在经济社会发展和生态环境保护方面发挥了重要作用。实践证明，党中央关于南水北调工程的决策是完全正确的。

习近平指出，南水北调等重大工程的实施，使我们积累了实施重大跨流域调水工程的宝贵经验。一是坚持全国一盘棋，局部服从全局，地方服从中央，从中央层面通盘优化资源配置。二是集中力量办大事，从中央层面统一推动，集中保障资金、用地等建设要素，统筹做好移民安置等工作。三是尊重客观规律，科学审慎论证方案，重视生态环境保护，既讲人定胜天，也讲人水和谐。四是规划统筹引领，统筹长江、淮河、黄河、海河四大流域水资源情势，兼顾各有关地区和行业需求。五是重视节水治污，坚持先节水后调水、先治污后通水、先环保后用水。六是精确精准调水，细化制定水量分配方案，加强从水源到用户的精准调度。这些经验，要在后续工程规划建设过程中运用好。

习近平强调，继续科学推进实施调水工程，要在全面加强节水、强化水资源刚性约束的前提下，统筹加强需求和供给管理。一要坚持系统观念，用系统论的思想方法分析问题，处理好开源和节流、存量和增量、时间和空间的关系，做到工程综合效益最大化。二要坚持遵循规律，研判把握水资源长远供求趋势、区域分布、结构特征，科学确定工程规模和总体布局，处理好发展和保护、利用和修复的关系，决不能逾越生态安全的底线。三要坚持节水优先，把节水作为受水区的根本出路，长期深入做好节水工作，根据水资源承载能力优化城市空间布局、产业结构、人口规模。四要坚持经济合理，统筹工程投资和效益，加强多方案比选论证，尽可能减少征地移民数量。五要加强生态环境保护，坚持山水林田湖草沙一体化保护和系统治理，加强长江、黄河等大江大河的水源涵养，加大生态保护力度，加强南水北调工程沿线水资源保护，持续抓好输水沿线区和受水区的污染防治和生态环境保护工作。六要加快构建国家水网，"十四五"时期以全面提升水安全保障能力为目标，以优化水资源配置体系、完善流域防洪减灾体系为重点，统筹存量和增量，加强互联互通，加快构建国家水网主骨架和大动脉，为全面建设社会主义现代化国家提供有力的水安全保障。

习近平指出，《南水北调工程总体规划》已颁布近20年，凝聚了几代人的心血和智慧。同时，这些年我国经济总量、产业结构、城镇化水平等显著提升，我国社会主要矛盾转化为人民日益增长的美好生活需要和不平衡不充分的发展之间的矛盾，京津冀协同发展、长江经济带发展、长三角一体化发展、黄河流域生态保护和高质量发展等区域重大战略相继实施，我国北方主要江河特别是黄河来沙量锐减，地下水超采等水生态环境问题动态演变。这些都对加强和优化水资源供给提出了新的要求。要审时度势、科学布局，准确把握东线、中线、西线三条线路的各自特点，加强顶层设计，优化战略安排，统筹指导和推进后续工程建设。要加强组织领导，抓紧做好后续工程规划设计，协调部门、地方和专家意见，开展重大问题研究，创新工程体制机制，以高度的政治责任感和历史使命感做好各项工作，确保拿出来的规划设计方案经得起历史和实践检验。

韩正在讲话中表示，要认真学习贯彻习近平总书记重要讲话和指示批示精神，深刻认识南水北调工程的重大意义，扎实推进南水北调后续工程高质量发展。要加强生态环境保护，在工程规划、建设和运行全过程都充分体现人与自然和谐共生的理念。要坚持和落实节水优先方针，采取更严格的措施抓好节水工作，坚决避免敞口用水、过度调水。要认真评估《南水北调工程总体规划》实施情况，继续深化后续工程规划和建设方案的比选论证，进一步优化和完善规划。要坚持科学态度，遵循客观规律，扎实做好各项工作。要继续加强东线、中线一期工程的安全管理和调度管理，强化水质监测保护，充分发挥调水能力，着力提升工程效益。

为开好这次座谈会，13 日下午，习近平在河南省委书记王国生和代省长王凯陪同下，深入南阳市淅川县的水利设施、移民新村等，实地了解南水北调中线工程建设管理运行和库区移民安置等情况。

习近平首先来到陶岔渠首枢纽工程，实地察看引水闸运行情况，随后乘船考察丹江口水库，听取有关情况汇报，并察看现场取水水样。习近平强调，南水北调工程是重大战略性基础设施，功在当代，利在千秋。要从守护生命线的政治高度，切实维护南水北调工程安全、供水安全、水质安全。吃水不忘挖井人，要继续加大对库区的支持帮扶。要建立水资源刚性约束制度，严格用水总量控制，统筹生产、生活、生态用水，大力推进农业、工业、城镇等领域节水。要把水源区的生态环境保护工作作为重中之重，划出硬杠杠，坚定不移做好各项工作，守好这一库碧水。

位于渠首附近的九重镇邹庄村共有175 户 750 人，2011 年 6 月因南水北调中线工程建设搬迁到这里。习近平走进利用南水北调移民村产业发展资金建立起来的丹江绿色果蔬园基地，实地察看猕猴桃长势，详细了解移民就业、增收情况。听说全村 300 余人从事果蔬产业，人均月收入 2000 元以上，习近平十分高兴。他强调，要继续做好移民安置后续帮扶工作，全面推进乡村振兴，种田务农、外出务工、发展新业态一起抓，多措并举畅通增收渠道，确保搬迁群众稳得住、能发展、可致富。随后，习近平步行察看村容村貌，并到移民户邹新曾家中看望，同一家三代围坐在一起聊家常。邹新曾告诉总书记，搬到这里后，除了种庄稼，还在村镇就近打工，住房、医疗、小孩上学也都有保障。习近平指出，人民就是江山，共产党打江山、守江山，守的是人民的心，为的是让人民过上好日子。我们党的百年奋斗史就是为人民谋幸福的历史。要发挥好基层党组织的作用和党员干部的作用，落实好"四议两公开"，完善村级治理，团结带领群众向着共同富裕目标稳步前行。离开村子时，村民们来到路旁同总书记道别。习近平向为南水北调工程付出心血和汗水的建设者和运行管理人员，向为"一泓清水北上"作出无私奉献的移民群众表示衷心的感谢和诚挚的问候。他祝愿乡亲们日子越来越兴旺，芝麻开花节节高。

习近平十分关心夏粮生产情况，在赴渠首考察途中临时下车，走进一处麦田察看小麦长势。看到丰收在望，习近平指出，夏粮丰收了，全年经济就托底了。保证粮食安全必须把种子牢牢攥在自己手中。要坚持农业科技自立自强，从培育好种子做起，加强良种技术攻关，靠中国种子来保障中国粮食安全。

12日，习近平还在南阳市就经济社会发展进行了调研。他首先来到东汉医学家张仲景的墓祠纪念地医圣祠，了解张仲景生平和对中医药发展的贡献，了解中医药在防治新冠肺炎疫情中发挥的作用，以及中医药传承创新情况。他强调，中医药学包含着中华民族几千年的健康养生理念及其实践经验，是中华民族的伟大创造和中国古代科学的瑰宝。要做好守正创新、传承发展工作，积极推进中医药科研和创新，注重用现代科学解读中医药学原理，推动传统中医药和现代科学相结合、相促进，推动中西医药相互补充、协调发展，为人民群众提供更加优质的健康服务。

离开医圣祠，习近平来到南阳月季博览园，听取当地月季产业发展和带动群众增收情况介绍，乘车察看博览园风貌。游客们纷纷向总书记问好。习近平指出，地方特色产业发展潜力巨大，要善于挖掘和利用本地优势资源，加强地方优质品种保护，推进产学研有机结合，统筹做好产业、科技、文化这篇大文章。

随后，习近平来到南阳药益宝艾草制品有限公司，察看生产车间和产品展示，同企业经营者和员工亲切交流。习近平强调，艾草是宝贵的中药材，发展艾草制品既能就地取材，又能就近解决就业。我们一方面要发展技术密集型产业，另一方面也要发展就业容量大的劳动密集型产业，把就业岗位和增值收益更多留给农民。

丁薛祥、胡春华、何立峰等陪同考察并出席座谈会，中央和国家机关有关部门负责同志、有关省市负责同志参加座谈会。

（来源：中国政府网，责任编辑：于珊）

胡春华在河北考察南水北调中线有关工作——强调深入学习贯彻习近平总书记重要讲话精神扎实做好南水北调后续工程规划建设工作

中共中央政治局委员、国务院副总理胡春华2021年5月29日在河北省考察南水北调中线有关工作。他强调，要深入学习贯彻习近平总书记在推进南水北调后续工程高质量发展座谈会上的重要讲话精神，按照党中央、国务院决策部署，扎实做好后续工程规划设计和建设管理，全面提高工程综合效益，为构建新发展格局、推动高质量发展提供有力的水资源保障。

胡春华先后来到保定市徐水区瀑河安肃镇河段、西大洋水库和曲阳县王快水库、唐河退水闸，实地察看南水北调中线一期工程运行管理和华北地下水超采治理情况，深入了解后续工程研究谋划情况。

胡春华指出，南水北调后续工程是加强和优化我国水资源供给、长远解决北方地区水资源水生态水环境问题的重要支撑，要抓紧开展规划和建设方案的比选论证，科学确定建设规模和总体布局，加快构建国家水网主骨架。要坚持节水优先，持续深入推进各领域、各行业节水。要加强工程运行维护和安全管理，确保工程安全、供水安全和水质安全。要抓住汛前腾空防洪库容的有利时机，充分利用洪水资源，加大生态补水力度，增加常态化补水河道并有计划向东部延伸，加快促进水生态环境改善。要加强水库运行管理，抓紧做好各类病险灾损设施除险修复，确保安全度汛。

（来源：中国政府网，责任编辑：于珊）

胡春华主持召开华北地区地下水超采综合治理工作协调小组第三次会议

华北地区地下水超采综合治理工作协调小组第三次会议 2021 年 6 月 3 日在京召开。中共中央政治局委员、国务院副总理胡春华主持会议并讲话。他强调，要深入贯彻习近平总书记在推进南水北调后续工程高质量发展座谈会上的重要讲话精神，按照党中央、国务院决策部署，以钉钉子精神落实华北地下水超采综合治理举措，持续改善华北地区水生态环境。

胡春华指出，华北地下水超采综合治理取得明显成效，2020 年浅层地下水水位较上年总体回升 0.23 米，持续多年下降后首次实现止跌回升。实践充分证明，党中央、国务院关于华北地下水超采治理的决策部署是完全正确的，只要一年接着一年坚持不懈抓下去，就一定能实现《华北地区地下水超采综合治理行动方案》提出的目标任务。

胡春华强调，下一步治理任务依然艰巨，要坚定不移推进补水，增加常态化补水河道并尽可能向下游延伸，加强河湖管理保护，恢复河湖生态系统。要坚持节水优先，加快推进农业节水增效、工业节水减排、城镇节水降损，严控高耗水产业发展。要全面强化水资源刚性约束，坚持以水定城、以水定地、以水定人、以水定产，严控超采地下水和超用黄河海河水，提高水资源统筹利用水平。要全面落实好海河流域防汛主体责任，把工作做细做实做到位，确保安全度汛。

（来源：中国政府网，责任编辑：李萌）

水利部绿化委员会赴南水北调中线干线工程北京段开展2021 年义务植树活动

2021 年 3 月 29 日下午，水利部副部长、部绿化委员会主任陆桂华带队到南水北调中线干线工程北京段开展义务植树活动，共栽种榆叶梅、国槐等 200 余株。水利部绿化委员会有关成员单位负责同志、南水北调中线干线工程建设管理局负责同志一同参加植树活动。

（来源：水利部网站，略有删改）

南水北调东线一期工程北延应急供水工程通过通水阶段验收

2021 年 3 月 23 日，水利部召开会议对南水北调东线一期工程北延应急供水工程（以下简称"北延应急供水工程"）进行了通水阶段验收。

验收委员会由水利部有关司局和单位、黄委、海委，山东省水利厅，聊城市、德州市有关单位的代表及专家组成。工程建设、设计、监理、施工等有关单位代表参加了通水验收会议。

验收委员实地察看了工程现场，观看了工程建设声像资料，听取了工程建设管理工作报告、质量监督报告，查阅了工程验收资料，认为验收范围内的工程形象面貌满足通水要求，符合国家和行业有关技术标准的规定，工程质量合格，同意北延应急供水工程通过通水阶段验收。

（来源：水利部网站，略有删改）

南水北调东线一期工程北延应急供水工程首次向河北、天津供水工作圆满结束

按照水利部《南水北调东线一期工程北延应急供水工程 2021 年 5 月调水实施方案》安排，2021 年 5 月 31 日 16 时，山东境内六五河节制闸在达到计划调水量后关闭，标志着东线一期工程北延应急供水工程首次向河北、天津供水工作圆满结束。北延应急供水工程为华北地下水超采综合治理增加了新的水源保障。

此次应急供水于 5 月 10 日开始，历时 22 天。5 月 24 日 12 时，水头到达天津市九宣闸。六五河节制闸累计输水 3600 余万 m^3，天津九宣闸累计收水超 700 万 m^3，完成目标交水量。此次调水是贯彻落实习近平总书记关于南水北调重要讲话精神的最新实践，既检验了工程质量和过水能力，也是沿线上下游相关单位协调配合的一次练兵，为今后常态化供水积累了宝贵经验。

（来源：水利部网站，略有删改）

南水北调中线一期工程超额完成2021 年夏季生态补水任务

2021 年 6 月 7 日至 7 月 9 日，水利部为期 33 天的 2021 年夏季滹沱河、大清河（白洋淀）生态补水工作圆满结束。本次夏季补水通过南水北调中线一期工程向滹沱河、瀑河和北易水实施生态补水 1.14 亿 m^3，完成中线补水计划 0.97 亿 m^3 的 117％，占本次全部补水量的 51％。

本次夏季补水是水利部、河北省人民政府贯彻落实习近平总书记在推进南水北调后续工程高质量发展座谈会上重要讲话精神的重要举措，也是

践行"我为群众办实事"实践活动的具体行动。通过实施生态补水，有力推动了滹沱河、瀑河、南拒马河等生态环境持续向好，南水北调中线一期工程的综合效益得到充分发挥，同时为华北地区地下水超采综合治理及雄安新区建设等提供了可靠的水资源支撑。（来源：水利部网站，略有删改）

中线丹江口水库首次达到正常蓄水位170m

2021年10月10日14时，南水北调中线水源丹江口水库蓄水位达到正常蓄水位170m，这是丹江口水利枢纽大坝加高后首次达到正常蓄水位。

丹江口水利枢纽大坝加高工程于2005年9月开工建设，2013年8月通过蓄水验收，2014年汛后开始蓄水，在2017年10月29日最高蓄水位曾达到167m，整体运行良好。近几年，经水利部组织丹江口大坝加高工程蓄水安全评估，丹江口水库大坝总体工作性态正常，具备正常运行条件。此次蓄水至170m，为全面检验丹江口大坝加高工程运行状况，更好地发挥工程效益，同时也为中线一期工程顺利验收奠定了坚实基础。

（来源：水利部网站，略有删改）

南水北调中线一期工程超额完成年度调水计划年度调水超90亿 m³ 创历史新高

2021年11月1日，从中国南水北调集团获悉，南水北调中线一期工程2020—2021年度调水任务结束，向河南、河北、北京、天津四省（直辖市）调水超90亿 m³，为水利部下达年度调水计划74.23亿 m³ 的121%，创历史新高，连续两年超工程规划供水量。通水近7年来，中线一期工程累计调水超430亿 m³，为京津冀协同发展、雄安新区建设等国家战略实施提供了有力水安全保障。

中线一期工程向北京、天津、石家庄、郑州等20多座大中城市、130个县供水，已成为京津冀豫沿线大中城市主力水源，受益人口连年攀升，直接受益人口达7900万人，其中北京市1300万人、天津市1200万人、河北省3000万人、河南省2400万人。工程从根本上改变了受水区供水格局，改善了用水水质，提高了供水保证率，特别是河北省黑龙港地区500多万人告别了苦咸水和高氟水，人民群众的幸福感、安全感、获得感显著增强。

中线一期工程向北方50余条河流进行生态补水，补水总量累计达69亿 m³，全面助力华北地下水超采综合治理和河湖生态环境复苏，部分区域地下水位止跌回升，生态环境得到有效改善，工程生态效益明显。

2021年5月，习近平总书记视察中线工程，并主持召开推进南水北调后续工程高质量发展座谈会，为南水北调工程运行管理工作指明了方向，为后续工程高质量发展提供了根本遵循。在党中央、国务院坚强领导下，在水利部统一指挥下，中国南水北调集团党组深入学习贯彻习近平总书记关于南水北调的重要指示精神，深刻领会"南水北调是国之大事"深刻内涵，牢记"四条生命线""三个事关"初心使命，克服超强降雨、极寒天气、疫情反弹等重重困难，带领集团全体干部职工始终坚守在运行管理、应急抢险一线，以守护生命线的政治高度，确保了工程安全、供水安全、水质安全，向党和人民交出了一份满意的答卷。

防汛抢险筑安澜

2021年以来，南水北调中线一期工程沿线共发生 10 次强降雨过程，降雨量和持续时间均超常年，尤其是郑州地区，降水量突破历史极值，工程经历了建成通水以来降雨强度最大、影响范围最广、破坏力最强的特大暴雨洪水考验。

面对汛情，中国南水北调集团坚决贯彻落实习近平总书记关于防汛救灾工作的重要指示精神，认真落实国务院总理李克强重要批示要求，在国家防总和水利部的统一指挥下，集团各级领导干部身先士卒、靠前指挥，与地方防汛部门沟通协调、密切配合，加强工情水情监测和调度运行管理，强化责任落实和值班值守，保障信息畅通，确保各项指令迅速、及时执行到位；与水利部信息中心、中国气象局建立信息互通共享机制，充分利用工程防洪信息管理系统和自动化

调度决策支持系统等科技手段，精准掌握全线雨水情信息，为积极应对险情、科学精准调度提供了第一手资料。

针对多轮强降雨，中线工程调度工作提前预判、快速反应、灵活应对、动态跟踪，几十座节制闸、退水闸、控制闸全线联调，累计下达调度指令 4300 多门次，稳定控制陶岔渠首入总干渠流量和渠道水位。在强降雨影响区域范围，提前预置抢险资源，布设 87 个驻守点，累计投入抢险人员 7650 余人次、设备 1600 余台次；与沿线省市防汛部门建立联防联动机制，实现了应急抢险互相支援，及时发现险情并快速处置，确保工程安全度汛。

疫情防控保安全

2020—2021调水年度，中国南水北调集团将新冠肺炎疫情防控和保证供水作为压倒一切的政治任务，迅速应对，严格遵守属地疫情防控规定，从严落实疫情防控和运行保障工作措施，做到守土有责、守土担责、守土尽责。

1 月初，河北省石家庄市新冠肺炎疫情反弹，全省全面恢复至 2020 年年初疫情防控级别状态。为确保工程安全平稳运行，中线建管局河北分局在人员到岗率仅有 25% 的情况下，牢记工程安全、供水安全、水质安全的初心使命，充分发扬南水北调精神，以更加精细、更加严格、更加坚决的工作作风确保了一渠清水持续北

送。7月底，河南省郑州市出现超强降雨，同时新冠肺炎疫情出现反弹，中线建管局河南分局迅速制定疫情防控和运行管理工作保障方案，全面加强工程巡查和应急值班值守，全天候24小时监控现场重点部位，有效保障了中线工程输水正常运行。

冰期输水战严寒

2021年极不平凡。1月，我国北方多地出现罕见极寒天气，北京最低气温降至−20℃，为1966年以来最低，中线一期工程全线不连续冰盖总长达37km，最厚处为15cm。河北境内总干渠面临疫情、冰情输水双重压力。

为统筹做好冰期输水和疫情防控工作，中国南水北调集团提前组织开展冰冻灾害突发事件应急演练，充分发挥冰情观测信息化平台作用，及时传递冰情信息，提前预警冰情，抢占防御先机，在多个重要部位驻守应急抢险队伍，通过融冰、扰冰和拦冰等现场一系列应急措施，实现了关键时刻"拉得出、顶得上、抢得住"的应急目标，确保了冰期输水平稳安全。

生态补水美华北

2020—2021调水年度，按照水利部统一安排，中线一期工程加大生态补水力度，为华北地下水超采综合治理发挥了重要作用，6月7日至7月8日，向滹沱河、大清河（白洋淀）夏季生态补水1.14亿 m³，推动了滹沱河、瀑河、南拒马河等河流生态环境持续向好。8—9月，首次通过北京段大宁调节池退水闸向永定河生态补水，助力永定河实现了865km河道自1996年以来首次全线通水。

8月下旬以来，汉江发生秋季大洪水。丹江口水库累计来水量340亿 m³，较常年同期偏多约4倍，为1969年建库以来历史同期第1位，10月10日丹江口水库首次蓄水至正常蓄水位170m。在水利部联合调度和统筹安排下，中线一期工程充分利用洪水资源加大流量向北方调水，推进生态补水常态化。9月3日，中线一期工程开启2020—2021年度加大流量每秒超350m³ 输水；10月7日，陶岔渠首入总干渠流量达400m³/s。

在加大流量输水状态下，本年度生态补水总量达19.89亿 m³，为水利部下达生态补水计划5.8亿 m³ 的343%。其中，向河北生态补水12.81亿 m³，向河南生态补水6.58亿 m³，向北京生态补水0.50亿 m³。

通水以来，中线一期工程累计向沿线多条河流湖泊生态补水达69亿 m³。沿线地区特别是华北地区，干涸的洼、淀、河、渠、湿地重现生机，初步形成了河畅、水清、岸绿、景美的靓丽风景线。

（来源：水利部网站，略有删改）

南水北调中线丹江口大坝加高工程和中线水源供水调度运行管理专项工程通过水利部完工验收

2021年11月18日，水利部主持

成立南水北调中线一期工程丹江口大坝加高工程和中线水源供水调度运行管理专项工程两个设计单元工程完工验收委员会，实地察看了工程现场，观看工程建设声像资料，听取相关工作报告，查阅有关资料，经过充分讨论，一致同意两个设计单元工程通过完工验收，并形成了工程完工验收鉴定书。会后，水利部副部长、验收委员会主任委员刘伟平作了讲话。

刘伟平指出，两项设计单元工程通过完工验收，标志着南水北调中线水源工程全面进入了运行管理阶段。丹江口水利枢纽工程功能地位十分重要。作为南水北调中线水源，是国家水网纲、目、节上的重要节点，中线工程通水以来发挥了巨大的供水效益，为京津冀协同发展、雄安新区建设等国家重大战略实施提供了有力的水安全保障。工程为北方缺水地区复苏河湖生态、助力华北地下水超采治理、保护库区及汉江下游生态，以及提供清洁能源等发挥了重要的生态效益。丹江口水库又是汉江流域不可替代的重要防洪工程，仅 2021 年秋汛就成功防御了 6 次 1.5 万 m^3/s 以上流量的洪水，发挥了重大防洪效益。

刘伟平要求，要统筹发展和安全，加强运行管理。守住底线，确保工程安全、库区安全、供水安全、水质安全以及网络安全。推动新阶段水利高质量发展，提升管理上限，按照水利部李国英部长提出的"六个途径"抓好实施路径，加强数字孪生工

程建设，用智慧化提升管理水平。抓紧做好工程竣工验收的必要准备，为后续工程高质量发展奠定基础。

水利部有关司局单位、长江水利委员会、湖北省水利厅、湖北省交通运输厅、丹江口市人民政府等代表及特邀专家参加验收。

丹江口大坝加高工程自 2005 年开工建设，历时 8 年于 2013 年完成主体工程并通过蓄水验收。中线工程 2014 年 12 月通水以来，为北京、天津、河北、河南、湖北等地提供了生产、生活、生态用水累计超 435 亿 m^3，直接受益人口达 0.8 亿人，供水水质稳定在地表水 II 类及以上。2021 年 10 月，水库水位达到 170m 正常蓄水位。

（来源：水利部网站，略有删改）

水利部组织开展东中线后续工程方案概念设计和多方案比选工作

2021 年 11 月，按照推进南水北调后续工程高质量发展领导小组办公室相关工作安排，水利部会同国家发展改革委、工程院、南水北调集团等单位，组织开展东中线后续工程方案概念设计和多方案比选工作。南水北调集团按要求选派精干力量参加南水北调设计专班，在直接承担相关工作的同时，组织提供工作场地，做好保障服务，全力保障设计专班如期完成东中线后续工程方案概念设计和多方案比选工作。　　（孙平）

调水司参与南水北调后续工程高质量发展有关工作

2021年11月，为探究新形势下经济社会发展对水资源配置格局影响，水利部调水司组织中科院地理所开展了相关分析研究，形成了《新形势下经济社会发展对水资源配置格局影响分析研究报告》（以下简称《报告》）。《报告》从国家发展战略目标变化与新要求，以及社会经济快速发展下水资源需求与预期产生变化、区域发展形成差异、行业用水与用水结构发生改变等方面，剖析了国家经济社会面临的形势，为南水北调后续工程高质量发展提供了科学借鉴和科技支撑。

参与提出实施重大跨流域调水工程的宝贵经验，参与研究后续工程规划建设过程中如何运用。

从科学确定工程规模和总体布局，处理好发展和保护、利用和修复的关系等方面提出咨询意见，参加后续工程可行性研究报告修改完善等审查会并提出意见建议。　　　（调水司）

中国南水北调集团有限公司引江补汉工程项目法人筹备组在武汉成立

2021年10月13日，中国南水北调集团有限公司党组书记、董事长蒋旭光出席在武汉召开的引江补汉工程项目法人筹备组干部大会。南水北调集团党组成员、总会计师余邦利主持会议。

会议首先宣布了南水北调集团党组关于成立引江补汉工程项目法人筹备组的有关决定。

蒋旭光指出，引江补汉工程是南水北调后续工程首个拟开工项目，做好工程建设准备，是贯彻落实习近平总书记在"推进南水北调后续工程高质量发展座谈会"讲话精神的重要举措，具有十分重要的意义。南水北调集团上下必须提高政治站位，站在党和国家战略发展全局的高度，齐心协力、全力以赴高质量推进引江补汉工程建设，努力起好头、开好局。组建引江补汉项目法人筹备组，是南水北调集团党组高度重视和全力推进引江补汉工程建设的重要组织措施和保障，标志着引江补汉工程建设准备进入新的重要阶段。2020年以来，南水北调中线建管局对引江补汉工程建设准备工作高度重视，采取措施积极推进，做了大量富有成效的工作，为后续工作奠定了良好基础。筹备组要与南水北调中线建管局引江补汉办做好工作衔接，充分利用好已有资源，全面加快引江补汉工程建设准备工作进度。

蒋旭光强调，当前推进引江补汉工程要把握好六点要求。一是讲政治、抓党建，业务工作与党的建设必须同步推进、一体落实，充分发挥党组织在工程建设中的政治引领和政治保障作用。二是讲团结、顾大局，团结就是力量，大局就是方向，全集团必须心往一处想，劲往一处使，集中优势资源推动工程建设。三是抓开工、促建设，筹备组要尽快组建到位，发挥项目法人主导作用，统筹协调各方关系、周密做好开工前置要件办理，为开工建设做好充分准备。四是打基础、促发展，大力加强基础管理工作，高度重视内部基础管理建设；基础设施、管理设施要与工程建设同步谋划、同时考虑，为工程顺利开工、快速推进做好充足保障。五是强协调、造氛围，从服务国家战略大局、服务经济社会发展的高度，积极主动与各部委、地方政府及相关单位协调，争取各方支持和帮助，营造和谐良好氛围。六是抓廉政、正风气，工程建设领域是廉政风险高发区，要时刻把纪律、底线挺在前面，狠抓廉政建设，防范廉政风险，确保工程安全、资金安全和干部安全。（韩东方）

蒋旭光带队赴生态环境部汇报座谈

2021年10月22日，中国南水北调集团有限公司党组书记、董事长蒋旭光带队赴生态环境部，就南水北调水质和生态环境保护、引江补汉工程前期开工准备等工作进行汇报座谈。生态环境部部长黄润秋出席座谈并讲话。

蒋旭光对生态环境部长期以来对南水北调工程给予的支持、关心和帮助表示感谢。他表示，东中线一期工程全面贯彻落实"先节水后调水、先治污后通水、先环保后用水"的原则，取得了显著的生态效益。南水北调集团成立以来，深入学习贯彻落实习近平总书记关于南水北调的重要指示批示精神，深刻领会"南水北调是国之大事"的深刻内涵，牢记"四条生命线""三个事关"的初心使命，聚焦主责主业，高标准高质量推进南水北调各项工作。引江补汉工程是贯彻落实习近平总书记推进南水北调后续工程高质量发展座谈会讲话精神的首个拟开工项目，希望生态环境部给予大力指导和支持。下一步，南水北调集团将深入学习贯彻习近平总书记生态文明思想，牢固树立绿色发展理念，切实加强生态环境保护工作，推动南水北调后续工程高质量发展。

黄润秋对南水北调集团组建一年来取得的成绩表示祝贺。他指出，南水北调集团深入学习领会习近平总书记生态文明思想，认真贯彻落实习近平总书记对南水北调"国之大事"的谆谆嘱托，思路明确，成效突出，东中线一期工程运行状况良好，不仅解决了我国北方地区特别是京津冀地区经济社会发展严重缺水的巨大难题，也守住了水生态安全和水环境安全的底线。他强调，下一阶段南水北调集团要以习近平总书记在推进南水北调后续工程高质量发展座谈会上重要讲话精神作为根本遵循，既要讲人定胜天，也要讲人水和谐，既要利用水资源、调控水资源，也要坚持生态优先、绿色发展，要守住生态安全的底线，防止出现影响水环境安全、水生态安全的情况。要贯彻落实十九届五中全会精神，全面系统深入贯彻落实新发展理念，继续按照"三先三后"原则，高水平建设好、运行好南水北调工程。生态环境部将与南水北调集团紧密配合，共同推动南水北调后续工程顺利实施。

生态环境部总工程师、水生态环境司司长张波，办公厅主任田为勇，环评司司长刘志全，土壤司司长苏克敬，生态司司长崔书红；南水北调集团副总经理孙志禹，总会计师余邦利，以及有关部门和中线建管局负责同志参加座谈。

（姚宛艳）

南水北调集团牵头 2 项新增重大专题研究如期完成

2021 年 11 月，按照相关工作安排，南水北调集团牵头负责多业态提升南水北调工程综合效益研究、南水北调工程东、中线成网互济调配及中线扩容总体潜力评估 2 项重大专题研究任务，要求 11 月下旬完成。遵照南水北调集团党组书记、董事长蒋旭光，党组副书记、总经理张宗言的有关批示和副总经理孙志禹的要求，南水北调集团立刻研究制定工作方案，委托水规总院开展南水北调工程东、中线成网互济调配及中线扩容总体潜力评估工作，委托投资研究所开展多

业态提升南水北调工程综合效益研究工作。2 项专题均组建工作专班，集中办公，10 天内形成了两本专题报告（征求意见稿），于 11 月 26 日将研究成果呈送中国工程院，请求给予指导。11 月 29 日经过党组推进南水北调后续工程高质量发展工作领导小组第十三次会议专题审议，原则同意 2 项专题研究成果。11 月 30 日组织完成 2 项专题报告修改工作，按照国务院工作专班的意见，报送领导小组办公室并同步征求国家发展改革委、水利部等有关部委的意见。

（孙平）

蒋旭光带队赴自然资源部汇报座谈

2021 年 12 月 20 日，中国南水北调集团有限公司党组书记、董事长蒋旭光带队赴自然资源部，就南水北调东、中线一期工程征地情况、引江补汉工程前期工作等进行汇报座谈。自然资源部副部长王广华出席座谈并讲话。

蒋旭光对自然资源部长期以来对南水北调工程在用地政策和用地审批等方面给予的支持、关心和帮助表示感谢。他表示，南水北调集团自成立以来，牢记"四条生命线""三个事关"的初心使命，聚焦主责主业，高标准高质量推进南水北调各项工作。引江补汉工程是习近平总书记主持召开推进南水北调后续工程高质量发展座谈会后，南水北调后续工程首个拟

开工项目，希望自然资源部继续给予大力指导和支持。

王广华表示，南水北调工程是国家重大基础设施，在保障华北地区供水安全、遏制生态环境恶化趋势等方面发挥了重要作用，是利国利民的国之大事。自然资源部将深入贯彻落实党中央、国务院的决策部署，全力做好南水北调工程的配合支持，针对会上交流的各项工作，有关司局要积极主动做好服务和协调，保障南水北调有关工程如期开工。

自然资源部自然资源确权登记局局长田文彪、国土空间用途管制司司长赵毓芳、南水北调集团副总经理孙志禹、耿六成，以及有关部门和中线建管局负责同志参加座谈。　　（伊璇）

山东干线公司获首届"山东省全员创新企业"荣誉称号

2021年3月26日晚，2020齐鲁大工匠颁奖典礼暨首届山东省全员创新企业发布仪式在济南举行。山东干线公司获"山东省全员创新企业"荣誉称号。

颁奖典礼通过视频短片、现场采访、嘉宾点评、文艺表演等形式，生动展现了10位齐鲁大工匠立足本职岗位、不忘初心、牢记使命，执着专注、追求卓越的动人事迹和精神风貌。同期发布包括山东干线公司在内的50家"山东省全员创新企业"。山东省总工会对山东省全员创新企业一次性给予30万元创新资金资助。截至发布仪式时，已带动各级培育全员创新企业1621家，创建劳模和工匠人才工作室9430个，取得创新成果13.18万项，创造经济效益317.56亿元，在全社会营造了尊重创新、崇尚创新、鼓励创新的浓厚氛围，为新旧动能转换集聚了强大创新力量。

（丁晓雪）

山东干线公司顺利完成2020—2021年度省界调水任务

2021年5月20日上午11时，南水北调东线工程苏鲁省界台儿庄泵站正式停机，标志着2020—2021年度苏鲁省界调水任务圆满完成，累计调水6.74亿 m^3。根据水利部批复的2020—2021年度水量调度计划，南水北调东线山东段自2020年12月23日开机运行以来，历时104天，完成该年度省界调水工作，向山东枣庄、济宁、聊城、德州、济南、滨州、淄博、东营、潍坊、青岛、烟台、威海等12市净供水4.00亿 m^3。

南水北调东线山东段工程自建成通水以来，顺利完成了8个年度省界调水任务，累计调引长江水52.98亿 m^3。通水8年来，南水北调东线工程始终处于安全稳定运行状态，输水干线水质稳定达标，在保障城市供水、抗旱补源、防洪除涝、河湖生态保护等方面发挥了重要战略作用，经济效益、社会效益、生态效益日益突出。

（丁晓雪）

山东干线公司圆满完成南水北调北延应急供水任务

按照水利部、山东省水利厅的安排部署，2021年5月31日16时，南水北调东线一期北延应急工程六五河节制闸关闭，标志着北延应急供水结束。自2021年5月8日起，山东共调引长江水3618万m³出省，圆满完成既定目标和任务。此次调水检验了北延应急调水工程输水能力，发挥了北延应急供水工程效益，实现了引江、引黄联合调度，有力支撑华北地区地下水超采综合治理。调水期间，山东全力以赴保障工程正常运行，北延应急供水工程与山东潘庄引黄入冀线路联合运行，向河北、天津供水，鲁冀省界计量断面最大过闸流量达到60m³/s。　　　　　（丁晓雪）

山东干线公司全力防洪排涝筑牢灾害防线

2021年山东省雨水较多，山东干线公司各现场管理局组织调用相关机械设备和防汛物料，及时对济平干渠、聊城小运河、七一·六五河、双王城水库等抢险处置，及时控制了防汛险情。2021年全年，山东干线公司济南局、济宁局、枣庄局、聊城局、德州局等为当地排除内涝超过1.76亿m³。环东平湖三处渠道工程紧急泄洪超过2.85亿m³，约占削减黄河洪峰的1/3，确保了东平湖库区和黄河下游安澜。通过两次开启台儿庄泵站

为地方排涝542万m³，与地方政府搞好配合，解决沿途地区洪涝灾害问题，南水北调工程的防汛排涝作用得到充分发挥，受到地方各级党委政府认可，也受到水利部和山东省委省政府领导的高度肯定，南水北调社会影响力不断提升。　　　　　（丁晓雪）

南水北调东线一期山东境内信息化建设取得重要进展

2021年，山东干线公司按照"需求牵引、应用至上、数字赋能、提升能力"要求，以数字化、网络化、智能化为主线，以数字化场景、智慧化模拟、精准化决策为路径，全面推进算据、算法、算力建设，加快构建具有预报、预警、预演、预案功能的智慧水利体系。山东干线公司2021年年初提出"强化智慧水利转型体系"的建设南水北调东线智慧山东段的奋斗目标和任务。于2021年12月9日提前完成调度运行管理系统验收任务，解决了现地闸（泵）站监控系统闸门控制模型运行条件优化、建立冰期输水调度控制模型、基于数字地球技术的二维一体水量调度运行管理平台等多项技术问题，通过调度运行管理系统建设，全线建成了信息自动化基础设施、实体环境及应用系统，为南水北调东线智慧山东段建设夯实了基础。

围绕智慧水利转型体系，山东干线公司高起点规划、高标准设计、高

质量建设南水北调东线山东段智能安全防护项目，提出了"水库（泵站）智慧园区、无人值班智能闸站、标准渠道智能安防、无电无网环境安防、应急指挥协同应用"5 个应用场景和建设目标，最终形成了以工程安全运行管理为主体，以标准化、信息化建设为根本，融合云计算、大数据、物联网、人工智能、网络安全、信息通信多项技术的实施方案。邓楼泵站自动化系统改造于 2021 年 12 月顺利完成合同验收工作，实现了机组运行信息、控制实时信息"一张图"管控，远程一键泵站开关机、一键主变投电，控制与视频联动，机组运行状态监测与诊断，泵站运行经济性分析，调度辅助决策、报表自动生成定时打印等功能。此外，2021 年 4 月 23 日，山东干线公司与华为技术有限公司在济南举行全面合作框架协议签订仪式。双方将进行全面合作，从外在形象和内在管理等各方面对山东段工程进行全面提升，把山东南水北调工程打造成全国调水样板工程。

（丁晓雪）

南水北调东线一期山东境内调度运行系统及安全防护工程通过完工验收

2021 年 12 月 8—9 日，受水利部委托，山东省水利厅组织对南水北调东线一期山东境内调度运行管理系统及安全防护工程进行完工验收。会议成立了工程完工验收委员会，由山东省水利厅、南水北调工程山东质量监督站、干线公司代表及特邀专家等组成。项目法人、建设管理、设计、监理、施工及主要设备（软件）制造（供应）等单位代表参加会议。工程验收委员会察看了山东省调中心、备调中心和穿黄工程安全防护工程现场，观看了工程建设声像资料及系统演示，听取了建设、运行管理、质量监督及技术性初步验收工作报告，查阅有关档案资料，经一致讨论，同意调度运行管理系统及安全防护工程通过完工验收。

（丁晓雪）

南水北调东线一期山东段工程验收工作全部完成

2021 年 12 月 23—24 日，受水利部委托，山东省水利厅组织开展东湖水库完工验收工作。由山东省水利厅、济南市城乡水务局、南水北调工程山东质量监督站、干线公司代表及特邀专家组成工程验收委员会，查看了东湖水库工程现场，观看了工程建设声像资料，听取了建设管理、运行管理、质量监督、技术性初步验收及建成阶段验收工作汇报，审查了有关工程档案。经过讨论，同意东湖水库工程通过设计单元工程完工验收。至此，山东干线 54 个设计单元工程完工验收全部完成，提前半年完成水利部下达的验收工作任务。

（丁晓雪）

韩庄泵站、穿黄河工程、双王城水库、万年闸泵站获中国水利工程优质（大禹）奖

2021年12月27日，2019—2020年度中国水利工程优质（大禹）奖获奖名单正式公布，南水北调东线一期工程韩庄泵站、穿黄河工程、双王城水库、万年闸泵站枢纽工程等4个设计单元工程荣获2019—2020年度中国水利工程优质（大禹）奖。中国水利工程优质（大禹）奖是水利工程行业优质工程的最高奖项，主要以工程质量为主，兼顾工程建设管理、工程效益和社会影响等因素评选优秀工程。山东干线公司迄今为止已有济平干渠、大屯水库、八里湾泵站、韩庄泵站、穿黄河工程、双王城水库、万年闸泵站枢纽工程等7个设计单元工程获得了这一水利工程的最高荣誉。

（丁晓雪）

检查南水北调河西支线工程和永定河生态补水工程安全工作

2021年2月7日，北京市水务局采用"四不两直"方式对南水北调河西支线工程、永定河生态补水工程和永定河管理处的安全工作进行了检查。实地查看了施工现场、工人宿舍与食堂，并对安全工作和新冠肺炎疫情防控进行检查，现场询问了工人施工情况，了解了安全生产、留京人员保障及疫情防控措施等方面工作的落实情况。最后，现场检查了永定河拦

河闸水闸的运行情况。检查组现场强调，春节前要进行安全隐患排查，施工人员一定要做好安全防护，落实好各项安全措施，确保施工安全；节日期间要加强值班，加强对安全工作的巡查检查，确保不发生问题；要安排好节日期间伙食，确保大家吃饱吃好；要落实好疫情防控措施，做好疫情防控工作。

（宋江群）

南水北调蔺家坝泵站、睢宁二站工程荣获2019—2020年度中国水利工程优质（大禹）奖

2021年12月27日，经中国水利工程优质（大禹）奖评审委员会评定，南水北调蔺家坝泵站、睢宁二站两项工程荣获2019—2020年度中国水利工程优质（大禹）奖。自2005年起，中国水利工程优质（大禹）奖共评审11次，江苏省34个项目获奖，江苏水源公司占10项，占比29.4%。

在南水北调东线一期江苏境内工程建设之初，江苏水源公司提早布局，积极策划，明确创优意识，确定创优目标，制定创优规划，成立创优机构，落实创优措施，着力将南水北调东线江苏境内每项工程都建设成为建设管理规范、设计理念先进、施工技术创新、工程质量优良、工程运行可靠、生态环境优美的品牌工程；在建设过程中，以"项目法人负责、监理单位控制、施工单位保证与政府监督相结合"的质量管理体系为基础，

成立了由总经理牵头负责的质量管理领导小组，严格规范质量管理行为，注重源头控制，强化过程监管，突出问题整改，严格责任追究，始终保持质量管理高压态势，切实保障了工程质量。除大禹奖外，刘老涧二站荣获2018—2019年度第二批国家优质工程奖；管理设施专项工程南京一级管理设施装饰工程荣获2019—2020年度中国建筑工程装饰奖。

在南水北调一期工程建设期间，江苏水源公司紧贴建设与管理需要，组织开展重大技术攻关和专项研究，积极运用和推广"四新技术"，引领行业技术革新，以大型灯泡贯流泵关键技术研究与应用、大型竖井贯流泵装置研究与应用、大型调水工程泵装置理论及关键技术研究与应用等科技创新为支撑，积极组织技术攻关，工程实体质量优良，泵站装置效率优于同类泵站水平。获得国家科技进步二等奖1项，先后获得省部级科技进步奖14项，其中一等奖8项。

（花培舒）

南水北调东线一期江苏境内工程管理设施专项工程设计单元工程通过完工验收

2021年6月22—24日，受水利部委托，江苏省水利厅、江苏省南水北调办在南京组织召开南水北调东线一期江苏境内工程管理设施专项工程设计单元工程完工验收会议。省水利厅党组成员、省南水北调办副主任郑在洲出席验收会议。江苏水源公司董事长荣迎春、副总经理吴学春参加验收。

会议成立了完工验收委员会。验收委员会成员先后查看了徐州、宿迁、淮安、扬州4个二级管理设施工程现场，听取了工程建设管理、技术性检查、装饰工程质量鉴定、质量监督及运行管理工作报告，查阅了工程档案资料。经充分讨论，认为管理设施专项工程已按批准的建设规模基本完成；工程施工、设备及安装质量符合设计和国家相关技术标准的规定；历次验收遗留问题已解决和落实；工程质量合格；概算执行情况良好，投资控制合理；同意南水北调东线一期江苏境内工程管理设施专项工程通过设计单元工程完工验收。

郑在洲指出，管理设施专项工程是南水北调一期江苏境内工程第39个通过设计单元完工验收的工程。经过8年的建设，工程圆满实现了建设规模、建设标准和总体投资"三个不超"的目标。对下一步工作，郑在洲强调，一要加强设施运行维护，各级都要切实担负起运行管理职责，健全管理制度，使用好、维护好管理设施设备，实现投资效益最大化。二要抓好后续有关工作，按照验收委员意见建议，尽快落实、及时销号，为东线一期工程整体竣工验收打下坚实基础。三要紧盯一期工程扫尾，认真总结本工程建设中的成功经验，加快推进南水北调东线一期江苏境内调度运行管理系统工程建设。四要深入谋划后续工程，全面总结一期工程的成效，积极配合国家发改委、水利部深化后续工程规划和建设方案。五要强化工程运行管理，提高工程标准化、规范化、智能化管理水平，充分发挥南水北调东线江苏境内工程效益。

荣迎春代表江苏水源公司向指导和关心管理设施工程建设的领导和专家，以及为工程建设做出贡献的各相关部门、参建单位表示衷心的感谢。对后续工作，荣迎春表示，一是江苏水源公司将认真对待本次验收专家提出的问题，确保不折不扣整改到位，保障工程安全、稳定运行。二是要以本次验收为起点，推动一期工程圆满收官，加快推进剩余调度运行管理系统工程建设，在管理标准化基础上，继续提升信息化水平。三是江苏水源公司作为项目法人，要认真落实习近平总书记视察南水北调重要讲话精神，加强工程管理，确保高效运行，力争在畅通"生命线"上争做示范，做好工程经验总结及问题研究，力争在推动后续工程建设上走在前列。

水利部调水局、江苏省水利厅、江苏省财政厅、江苏省生态环境厅、江苏省住房城乡建设厅、南水北调东线总公司、江苏省水旱灾害防御调度指挥中心、江苏省河道管理局、南水北调工程江苏质量监督站、南京市建邺区水务局、完工验收技术检查专家代表及各参建单位的有关负责同志参加了验收会议。

（花培舒）

江苏南水北调工程 2020—2021年度第一阶段向山东调水任务圆满完成

2021年1月28日上午8时，江苏南水北调工程2020—2021年度第一阶段向山东调水任务圆满完成。本阶段调水期间，各泵站累计运行35天，入骆马湖2.77亿 m^3，调水出省2.14亿 m^3，工程运行安全高效，河湖水位平稳可控，调水水质稳定达标。

2020—2021年度向山东调水是习近平总书记2020年11月视察南水北调东线工程后的首次调水运行。江苏省委省政府高度重视江苏南水北调向省外调水工作，省委书记娄勤俭在省委常委扩大会议上传达学习习近平总书记视察江苏重要讲话指示精神时指出，要深刻领会江苏南水北调在全国"一盘棋"中举足轻重的地位和作用，更加自觉地听从习近平总书记和党中央号令，为全国发展大局作出新的贡献。省长吴政隆专门批示要求认真落实好年度向山东调水工作。作为江苏南水北调工程运行管理责任主体，江苏水源公司深入贯彻落实习近平总书记重要指示精神，按照水利部和江苏省委省政府的决策部署，把年度调水工作作为重中之重，切实加强组织协调和统筹安排，全力确保第一阶段调水各项工作安全、平稳推进。一是常抓不懈，做好疫情防控。调水期间各泵站严格实行封闭管理，加强人员出入管控和健康状况监测，实现"一人一档"，对公共场所进行定期消杀，并做好防疫物资储备工作。进一步优化新冠肺炎疫情防控形势下的安全运行应急预案，专门组建应急机动组和技术专家组，提高突发情况应急应变能力，严格执行值班值守制度，加密检查巡查频次，确保突发事件及时响应、有效处理。二是统筹协调，科学优化调度。坚持"就近调水降成本、适当蓄水增水源、灵活配水提效率"原则，及时协商省防指中心，对接山东方面调水需求，超前谋划调度方案和水文监测方案，优化调水线路，确定各泵站抽水指标，确保安全运行、经济运行。三是强化检查，确保安全运行。运行前加强设施设备保养，组织开展工程巡查，重点针对历次检查发现问题进行再排查，凡涉及影响工程安全运行的立即整改到位，确保工程"拉的出，打得响"。运行期间公司领导多次带队赴工程现场，就站区防疫、机组工况、问题整改等方面开展检查指导，确保工程运行始终安全平稳。

根据水利部年度水量调度计划，2020—2021 年度计划向山东调水 6.74 亿 m^3。第二阶段计划调水出省 4.60 亿 m^3，预计 2021 年 3 月初开机，5 月初完成调水任务。　　（贾璐）

江苏南水北调工程
2020—2021 年度第二阶段
向山东调水正式启动

根据水利部年度水量调度计划和江苏省防指中心调度指令，2021 年 3 月 2 日 9 时，江苏南水北调工程正式启动 2020—2021 年度第二阶段向山东调水工作。本阶段计划向山东调水 4.6 亿 m^3，预计 5 月上旬完成年度向山东调水 6.74 亿 m^3 任务。

江苏水源公司深入贯彻落实习近平总书记视察南水北调工程重要指示精神，把畅通南水北调"生命线"作为最大的政治任务，严格抓好落实。切实加强组织协调和统筹安排，全力保障年度第二阶段调水工作有序开展。一是持续抓好疫情防控。深入贯彻落实国家和江苏省关于新冠肺炎疫情防控的最新部署要求，细化落实疫情防控措施，严格站区封闭管理，加强人员管控，妥善安排站区值班工作，认真做好人员返工筛查，持续开展站区防护消杀，切实保障员工健康安全，确保第二阶段调水不受疫情影响。二是统筹做好设施设备维修养护。利用春节前后短暂的调水间歇期，认真开展设备维养，重点针对历次检查发现的问题进行再排查，凡涉及影响工程安全运行的问题立即整改到位，确保工程"拉得出，打得响"。三是科学优化调度。及时协商江苏省防汛抗旱指挥中心，对接山东方面调水需求，超前谋划调度方案和水文监测方案，优化调水线路，确定各泵站抽水指标，确保安全运行、经济运行。

（贾璐）

江苏水源公司圆满完成
2020—2021年度向江苏省
外调水任务

2021年5月20日，江苏水源公司圆满完成2020—2021年度向省外调水任务，向山东供水6.74亿 m³。

调水运行期间，主动与水利部、江苏省水利厅、南水北调办、水文局及东线总公司等单位的沟通联系，坚持新老工程"统一调度、联合运行"，优化调度方案，加强区域水资源精准调度。推动工程管理提档升级，加强工程管理标准化和数字化建设，加强设施设备保养，始终保持工程良好运行状况。时刻绷紧新冠肺炎疫情防控这根弦，毫不松懈做好常态化防控工作，做到疫情防控与调水运行"两不误两促进"。公司领导多次带队赴工程现场开展工程巡查，及时协调解决调水运行中存在的问题，保证工程安全平稳运行。参加调水工作的党员骨干以党史学习教育为动力，成立调水先锋队、突击队，充分发挥战斗堡垒作用和先锋模范作用。此次调水任务涉及宝应站、金湖站、洪泽站、泗洪站、睢宁二站、沙集站、邳州站6个梯级7个泵站，在400多 km 东线工程上，共有120多名员工全力做好调水工作。

2021年是南水北调东线江苏段高质量完成向省外调水的第8年，南水北调工程已经安全运行1225天，调水出省54亿 m³，省内抗旱排涝103亿 m³，工程的社会效益、经济效益、生态效益得到显著发挥。　（卞新盛）

南水北调江苏水源公司首获
国家科学技术进步奖

2021年11月3日上午，中共中央、国务院在北京隆重举行国家科学技术奖励大会。南水北调江苏水源公司与河海大学合作的一项科技成果"大型泵站水力系统高效运行与安全保障关键技术及应用"荣获国家科学技术进步奖二等奖，这是公司成立以来首次获得的国家级科技奖项。

江苏水源公司作为南水北调江苏境内工程项目法人承担着工程建设和运行管理职能，始终坚持"科学技术是第一生产力"。针对南水北调一期江苏段工程建设重点难点，在国家"948""十一五""十二五"国家科技支撑计划等课题支持下，立足于泵站效率提高、工程质量控制、土地资源节约和工程综合效益发挥，积极开展科技攻关，取得多项创新性成果，先后获得省部级科技进步奖14项（一等奖8项）。　（王希晨）

南水北调江苏集中控制中心
建成启用

2021年11月13日，在江苏省水利厅统一组织下，江苏水源公司在扬州举行南水北调江苏集中控制中心启用仪式，深入贯彻落实习近平总书记视察南水北调东线工程重要讲话指示精神和推进南水北调后续工程高质量发展座谈会重要讲话精神，站在守护生命线的政治高度，高标准建成安全、实用、高效的南水北调工程调度运行信息化系统，提升南水北调东线江苏境内工程管理智能化水平。江苏省水利厅党组书记、厅长陈杰，江苏水源公司党委书记、董事长荣迎春在主会场参加启用仪式，省水利厅副厅长张劲松主持活动。公司党委副书记、总经理袁连冲等领导班子成员在分会场参加启用仪式。

启用仪式上，陈杰与荣迎春通过远程集中控制中心控制按钮分别开启宝应站、邳州站机组，宝应站、邳州站顺利开机调水，标志着南水北调江苏集中控制中心正式投入使用，江苏省南水北调工程具备了"远程集控、智能管理"的能力，江苏水源公司数字化、信息化发展迈入新阶段。

袁连冲在分会场作了相关情况介绍。2020年11月13日，习近平总书记亲临南水北调东线源头江都水利枢纽视察以来，江苏水源公司在省委省政府的坚强领导下，锚定"四个生命线"目标，牢记嘱托、笃行实干，奋力推动南水北调事业高质量发展。一年来，公司牢记嘱托，全力配合开展总体规划评估，积极参与二期工程前期工作，编制完成一期工程水价执行报告，深入开展工程"补短板、强管理"，持续推进"标准化＋信息化"建设，圆满完成年度调水出省任务，连续8年实现了工程安全、供水安全、水质安全。公司获评水利部"安全生产标准化一级单位"，一项科技成果荣获"国家科学技术进步奖"二等奖。坚定不移把党的领导融入公司治理，扎实开展党史学习教育，持续加强"三支队伍"建设，强力推进国企改革三年行动，深入开展对标一流管理提升，加快搭建经营性资产运营平台，推动补链强链取得新成效。站在守护生命线的政治高度，按照需求牵引、应用至上、数字赋能、提升能力的要求，建成调度运行管理信息系统，云大物移智等智能化技术探索成效初显，实现了大型梯级泵站群远程集中监控，具备了"远程集控、智能管理"能力，集控中心已具备投入运行条件，加速推动工程管理标准化向信息化蝶变升级。

南水北调江苏集中控制中心的启用，标志着南水北调东线江苏段长距离、超大型梯级调水泵站群探索"远程集控、智能管理"进入新阶段，工程管理统一调度、上下联动，工程数据互联互通、共享并用，运用云计算、大数据、物联网等现代信息技术，建立多对象、多要素、全覆盖的动态监测网络，提高了泵站安全运行管理水平，有力保障工程、供水、水质安全。

（张谦颖）

南水北调江苏水源公司顺利取得"三标管理体系"认证证书

2021年12月29日，南水北调江

苏水源公司取得了GB/T 9001、GB/T 14001 及 GB/T 45001 "三标管理体系"认证证书，这标志着江苏水源公司在推进治理体系和治理能力现代化方面又迈上了一个新台阶。

江苏水源公司高度重视本次"三标管理体系"贯标认证工作，年初就将此项工作列入公司 2021 年度内重点工作目标。在公司主要领导亲自部署、管理者代表具体指导下，公司各部门（中心）、分公司积极参与、密切配合，严格按照质量、环境和职业健康安全管理体系国家标准的要求，本着通过贯标活动促进公司治理体系和治理能力全面提升、将各项经营管理工作有机融入管理体系贯标活动的理念，积极组织开展各项贯标工作、脚踏实地做好规定动作，认真准备申报材料，为顺利通过外部专家审核提供了较为完备的体系资料。

通过"三标管理体系"认证，体现了江苏水源公司三标管理能力，同时也提升了公司形象，增强了市场竞争力，更好地强化了内部管理活动，使企业运转更加规范。江苏水源公司将以此为契机，在今后的经营管理活动中，严格遵守管理体系的标准，真正把体系认证转化为公司的核心竞争力。

（张如晨）

兴隆水利枢纽设计单元工程档案通过专项验收

2021 年 5 月 11—13 日，水利部调水局在湖北潜江主持进行南水北调中线一期汉江中下游兴隆水利枢纽设计单元工程档案专项验收。验收组由水利部调水局领导和特邀专家组成。湖北省水利厅党组成员刘文平参加了验收会。

为确保验收工作质量，2 月，水利部调水局组织开展了兴隆水利枢纽设计单元工程档案的检查评定工作，兴隆水利枢纽管理局根据检查评定意见督促参建单位完成了相应的整改工作并将整改落实情况上报水利部。

11 日上午，水利部调水局在潜江市组织召开了验收工作会。验收组观看了兴隆水利枢纽工程验收汇报片，听取了项目法人关于工程概况及档案管理工作情况介绍，监理单位代表汇报了工程档案质量审核情况，水利部调水局介绍有关检查评定工作情况，专家就会议汇报的情况进行了现场质询。12—13 日，验收专家组实地察看了兴隆水利枢纽工程现场，查勘并检查档案存放设施情况，分组检查档案实体，各参建单位现场对档案情况进行答疑。

13 日下午，验收工作会在潜江继续进行。验收组梳理了档案检查意见，对工程档案质量进行综合评议。最后，验收组认为，按照南水北调东中线第一期工程档案管理规定有关要求，南水北调中线一期汉江中下游兴隆水利枢纽设计单元工程档案基本符合验收要求，验收合格，同意通过验收。

下一步，兴隆水利枢纽管理局将

督促参建单位尽快按照验收意见完成整改，为后期的兴隆水利枢纽工程完工验收提供保障。

湖北省水利厅南水北调处、兴隆水利枢纽管理局及本设计单元工程的设计、监理、施工等参建单位参加了此次验收。

（袁静 郑艳霞）

汉江兴隆水利枢纽设计单元工程通过完工验收

2021年6月22—23日，湖北省水利厅对南水北调中线一期工程汉江兴隆水利枢纽设计单元工程进行了完工验收。湖北省水利厅党组成员、省水利事业发展中心党委书记、主任刘文平参加验收并讲话。

会议首先成立了验收委员会，与会委员和代表查看了工程现场，观看了工程声像资料，听取了工程建设管理、运行管理、质量监督和技术性初步验收等工作报告。验收委员会在查阅验收资料的基础上，进行了充分讨论，一致同意兴隆水利枢纽设计单元工程通过完工验收，并形成了《南水北调中线一期工程汉江兴隆水利枢纽设计单元工程完工验收鉴定书》。

刘文平对兴隆水利枢纽工程通过完工验收表示祝贺，对工程运行以来所发挥的经济、生态、社会效益给予了充分肯定。完工验收后，兴隆枢纽全面转入运行管理，刘文平希望兴隆枢纽管理局提高政治站位，深入学习并贯彻落实习近平总书记在推进南水北调后续工程高质量发展座谈会上重要讲话和指示精神，勇于担当，认真作为，确保工程安全平稳运行，效益长期发挥，并对后续的工作提出四点要求：一是要加强科学调度，认真梳理制定完善调度运行体系。二是加强安全生产工作，深刻汲取十堰燃气爆炸事故教训，把安全生产和防汛安全放在首位，时刻绷紧安全生产这根弦，压实责任，确保工程安全。三是加强运行管理体制机制研究，适应从南水北调并入大水利行业的体制变化，做好后续发展规划。四是做好顶层设计，针对"十四五"国家规划以及湖北省规划，做好兴隆新文章，为下一步枢纽运行管理创造良好条件。

湖北省水利厅南水北调处负责人对与会专家和参会代表的辛苦工作表示感谢，同时要求兴隆枢纽管理局按照厅领导要求，把主要精力从验收转到运行管理上来，认真研究运行管理规范要求，狠抓安全生产落实，把运行管理工作抓实做牢。

湖北省交通运输厅、国网湖北省电力有限公司荆州供电公司、钟祥市水利和湖泊局、沙洋县水利和湖泊局、天门市水利和湖泊局、潜江市水利和湖泊局、省汉江河道管理局、南水北调工程湖北质量监督站、兴隆水利枢纽管理局以及设计、监理、施工、主要设备供应、安全监测、质量抽检、安全评估等有关单位的代表参加了此次验收会议。

（胡克斌 姜晓曦）

湖北省水利厅第六巡回指导组深入兴隆水利枢纽管理局指导党史学习教育

按照湖北省水利厅党史学习教育巡回指导工作安排，2021年6月15日，湖北省水利厅党组成员、省水利事业发展中心党委书记、主任，第六巡回指导组组长刘文平一行，深入兴隆水利枢纽管理局指导党史学习教育并讲授党史专题党课。兴隆水利枢纽管理局党委班子、全体党员和入党积极分子及部分群众代表参加党课学习。

刘文平以"重温革命奋斗史　砥砺奋进新征程"为题，重温古田会议、湘江战役和南水北调背后的党史故事。通过讲述三个"红色"故事的发生背景、事实过程和产生的重大历史意义，让大家深刻感受革命先烈革命理想高于天的崇高理想，深刻认识到党的百年奋斗史创造了中华民族发展史、人类社会进步史上的伟大奇迹。

刘文平指出，当前我们站在"两个百年目标"的历史交汇点上，回望过往的奋斗路，眺望前方的奋进路，我们要进一步传承弘扬党的光荣传统、优良作风和革命奋斗精神，接力走好新时代长征路。

刘文平强调，要确保党史学习教育取得实际效果，一是要进一步坚持和加强党的全面领导。要把政治建设摆在首位，深入贯彻新发展理念，坚持水灾害防控、水资源调配、水生态保护、水安全保障和水文化建设一体推进，加快构建新发展格局，树牢大水利观念。二是要进一步抓紧开展党史学习教育。坚持把学懂弄通做实习近平新时代中国特色社会主义思想与学习"四史"结合起来，引导全体党员干部不断提高政治"三力"，做到守正创新抓机遇，锐意进取开新局。三是要进一步推进南水北调后续发展。要认真学习贯彻习近平总书记在推进南水北调后续工程高质量发展座谈会上的重要讲话精神，按照高质量发展要求，统筹发展和安全，全面推进标准化建设，促进南水北调工程运管水平大幅提升，特别是当前已进入汛期，要以如临大敌的紧迫感，抓实抓细抓好各项度汛措施落实，确保工程安全度汛。

会后，指导组一行先后深入机关、船闸、电站、泄水闸，通过听取汇报、查阅资料、召开座谈会、现场视察等方式，对兴隆水利枢纽管理局党史学习教育开展情况和"我为群众办实事"实践活动开展情况进行实地督导检查。

（袁家栋）

汉江首轮洪峰安全通过兴隆枢纽

2021年8月29日，汉江中下游第一轮洪峰安全通过汉江兴隆枢纽。

8月29日10时，汉江兴隆段流量达到$8950 m^3/s$，是此轮洪峰出现以来的极值。此后，洪水流量慢慢下降。8月30日14时，江水流量降至$8500 m^3/s$。

兴隆水利枢纽位于汉江下游潜江、天门市境内，是南水北调中线一期汉江中下游四项治理工程之一，同时也是汉江中下游水资源综合开发利用的一项重要工程。

受汉江上游强降雨影响，汉江发生洪水过程。8月20日，湖北省水利厅部署全省防汛工作，预报强降雨和汛情。

不同于一般水库、堤防，在汛情面前，大型水利枢纽工程首要职责是最大限度减少洪涝灾害带来的水毁破坏，维护工程设施设备完整。

收到汛情预报时，正值兴隆枢纽电站一台机组A级检修，一台机组临时检修，由于来水突然，根据预报推算的坝前涨水过程，如果按常规检修模式，机组存在进水风险。

兴隆水利枢纽管理局于8月22日连夜制定机组抢修计划，采取"三班倒"模式，按小时倒排抢修工期，人员吃住都在检修现场，在24日10时完成抢修任务，比预计完工时间提前14个小时。

上游强降雨加上区间来水，汉江多个站点相继超设防水位。8月24日10时，兴隆水利枢纽管理局决定启动防汛Ⅳ级应急响应，并按照度汛预案要求，做好值班、巡查、监测、检修、协调等各项工作，24日23时45分，兴隆枢纽泄水闸56孔闸门提出水面，实现敞泄。

兴隆水利枢纽管理局在汛前落实枢纽防汛各项责任措施，及时收集汉江流域水雨情信息，强化沟通协调，

推进兴隆枢纽工程防汛与地方防汛工作协调对接，与水文、海事、水利、环保、电力等各相关单位密切沟通，有序开展船闸停航、电站停机、过鱼监测等工作，对水工建筑物、堤防、滩地、防汛设备设施进行巡查，沟通地方海事、航道部门加大锚地船舶管控和航道巡查力度，防止船舶或大型漂浮物撞击枢纽建筑物。

随着丹江口大坝加大下泄流量，预计汉江兴隆流量将达到$11500\,\mathrm{m^3/s}$。8月30日17时30分，兴隆水利枢纽上调防汛应急响应至Ⅲ级，严阵以待应对汛情。

（来源：《湖北日报》，记者：艾红霞、宋效忠，通讯员：郑艳霞；略有删改）

汉江中下游四项治理工程完工财务决算全部获水利部核准

2021年10月27日，水利部办公厅以《关于核准南水北调中线一期工程汉江兴隆水利枢纽工程完工财务决算的通知》（办南调〔2021〕311号），同意核准兴隆水利枢纽工程完工财务决算。至此，南水北调中线一期汉江中下游四项治理工程的6个设计单元工程的完工财务决算已全部获得核准，这标志着汉江中下游四项治理工程完工财务决算工作已全部按水利部要求完成。

下一步，湖北省水利厅将继续抓好湖北省南水北调工程竣工财务决算

相关前期工作，按水利部规定的时间节点完成竣工财务决算，为工程的竣工验收奠定基础。

（湖北省水利厅南水北调处）

汉江中下游部分闸站改造工程完善项目最后一个标段圆满收官

2021 年 12 月 20—21 日，湖北省汉江兴隆水利枢纽管理局组织襄阳、钟祥、天门、仙桃、汉川等地闸站改造工程建设管理单位及设计、监理等单位代表赴合肥日建工程机械有限公司，对南水北调中线一期汉江中下游部分闸站改造工程完善项目履带式液压反铲挖掘机采购项目进行设备出厂验收。南水北调工程湖北质量监督站对本次验收过程进行了监督。

验收代表听取了合肥日建工程机械有限公司关于 5 台日立 ZX210LC - 5A 型履带式液压反铲挖掘机制造质量情况的汇报和驻厂监造工程师的监造报告。随后按照合同和相关规范要求组织人员对验收资料进行认真查看，并随机抽检了 1 台挖掘机进行模拟测试。验收组认为 5 台挖掘机制造质量和主要功能均满足相关要求，资料齐全，同意出厂。下一步，供货单位将在 24 日之前将 5 台设备分别运至襄阳、钟祥、天门、仙桃、汉川等地指定位置，并由监理单位组织交付验收。该设备交付使用后，将有效缓解闸站运行过程中遇到的泥沙淤堵问题。

作为南水北调中线汉江中下游四项治理工程之一，闸站改造项目已正常运行多年。2019 年年底，该工程项目法人利用工程投资结余资金对部分闸站改造工程在运行中发现的问题进行了完善，随着履带式液压反铲挖掘机项目通过出厂验收，标志着施行的部分闸站改造工程完善项目全部圆满收官。

（姜晓曦）

湖北省汉江兴隆水利枢纽管理局举行 2021 年秋季汉江放流

为改善汉江水域生态环境，加大水生生物资源保护力度，增强社会各界对鱼类资源和环境保护意识。2021 年 10 月 19 日，湖北省汉江兴隆水利枢纽管理局和湖北省引江济汉工程管理局共同主办的 2021 年秋季鱼类增殖放流活动在汉江潜江段兴隆一闸上游码头举行。来自湖北省水利厅南水北调处、潜江市农业农村局、潜江市公证处、高石碑水陆派出所等相关部门负责人，以及库区渔民、志愿者、群众代表参与了活动。

举行汉江增殖放流活动，是践行生态文明建设理念，落实长江大保护战略，执行长江流域重点水域 10 年禁渔计划的生动实践，落实兴隆水利枢纽工程和引江济汉工程环评批复文件的具体举措。近年来，由于水域环境污染等因素，改变了鱼类生长环境，加之渔民违法捕捞、过度捕捞等情况，汉江渔业资源不断衰退，水域生态环境不断恶化。为扩大鱼类种群规模，恢复渔业资源，保护水生生物多样性，维护水生态平衡，兴隆水利枢纽管理局迄今已连续 6 年开展汉江鱼类增殖放流活动。

兴隆水利枢纽管理局负责人表示，将坚决贯彻落实习近平总书记提出的加强生态文明建设必须坚持的六条原则，把建设美丽中国、灵秀湖北转化为自觉行动，坚持实施渔业资源人工增殖放流活动，打造多元共生的生态系统，构建地球生命共同体，还老百姓清水绿岸、鱼翔浅底的景象。

据了解，此次增殖放流活动共计投放规格每尾 4cm 以上的胭脂鱼、蒙古鲌、翘嘴鲌、团头鲂、黄颡鱼、鳜鱼、青鱼、草鱼、鲢鱼、鳙鱼等珍稀特有鱼类及经济类鱼苗 41 万尾，放流鱼苗价值约 30 万元。　　（陈奇）

全面做好引江补汉开工建设准备

在党中央、国务院的坚强领导下，在各方面的支持和共同努力下，各相关部委和湖北省各级地方政府、部门对引江补汉工程尽早开工建设重要意义的认识逐步加深，理解和支持力度进一步加大，引江补汉工程前期工作有序推进，开工准备进一步夯实。中国南水北调集团有限公司加快推进引江补汉工程项目法人组建，先后成立由南水北调集团直管的项目法人筹备组、江汉水网建设开发有限公司。加强人员力量配置，从南水北调集团内外抽调 60 名精干人员，常驻武汉，及时开展现场工作，落实项目法人主体责任。2021 年 8 月 30 日水利部将引江补汉工程可行性研究报告修订成果及其审查意见报送国家发展改革委，项目法人积极推进开展相关勘察设计工作。自 2021 年 10 月 13 日引江补汉工程项目法人筹备组正式成立以来，编制了公司章程、组织机构方案，明确了公司名称、性质、注册资本。经积极协调，引江补汉工程可行性研究及先期开工项目 20 项前置要件办理取得实质性进展，停建通告于 2021 年 11 月 11 日正式对外发布，为推动后续工程开工实施迈出了关键一步。先后完成了停建通告、地震、地灾、节能、水土保持、文物保护、资金筹措、出口段项目招标等 8 项要件办理；取水许可已完成专家评审并报送审批部门，洪水影响评价已完成专家评审，修改后即报送审批部门；剩余 10 项前置要件的报告编制等基础性工作已基本完成。

（孙平　宁昕扬）

南水北调东线一期工程启动2020—2021 年度第二阶段水量调度工作

为确保南水北调东线一期工程 2020—2021 年度水量调度工作按计划顺利完成，针对新冠肺炎疫情防控常态化影响，南水北调东线总公司精心部署各项防疫措施与开机准备工作，计划于 2021 年 3 月 2 日全面启动第二阶段年度调水。南水北调东线一期工程 2020—2021 年度计划调水入山东省 6.74 亿 m³。第一阶段调水时间为 2020 年 12 月 23 日至 2021 年 1 月 28 日，调水入山东 2.14 亿 m³。第二阶段调水计划于 2021 年 3 月 2 日启动，台儿庄泵站开机后，江苏境内长江—骆马湖段各梯级泵站随之逐级启动，预计于 2021 年 5 月底前完成全部调水任务。

（邵文伟）

《南水北调东线二期工程规划（2021 年修订）》修改完成

2021 年 6—8 月，水利部淮河委员会同水利部海河委员会开展了南水北调工程总体规划（东线部分）评估、东线后续工程规划评估重点问题论证、东线后续工程方案论证等工作。在上述工作基础上，水利部淮河委员会同水利部海河委员会结合中咨公司咨询评估报告，对《南水北调东线二期工程规划》进行了修改完善，于 2021 年 10 月编制完成了《南水北调东线二期工程规划（2021 年修订）》。其间，水利部副部长魏山忠两次召开部长专题办公会，听取并研究部署南水北调东线二期工程规划工作，南水北调集团副总经理孙志禹带队参会。

按照目前规划成果，东线二期工程的开发任务为：以城乡生活、工业、白洋淀和大运河补水为主，兼顾农业灌溉、地下水超采治理补源和航运，并为其他河湖、湿地补水及黄河水量优化调整创造条件。工程建成后，可有效解决黄淮海平原东部和山东半岛缺水问题，在支撑经济社会高质量发展和复苏河湖生态环境等方面将发挥重要作用。

（孙平　常春晓）

南水北调工程总体规划评估基本完成

2021 年 6 月 7—11 日，国家发展改革委牵头组织东、中、西三条线路评估调研工作，并形成了有关调研报告。南水北调集团总部有关部门、中线建管局、东线总公司参加。6 月 21 日，中国国际工程咨询有限公司组织召开《南水北调工程总体规划》实施情况评估会议。6 月 22 日，中国国际工程咨询有限公司按照国家发展改革委的要求，组织开展了东线、中线、西线和《南水北调工程总体规划》实施情况、黄河"八七"分水等 5 个评估报告的研究起草工作。南水北调集团配合中国国际工程咨询有限公司准备相关资料、参与报告编写工作。6 月 30 日，配合评估工作已基本完成，评估报告已通过中国国际工程咨询有限公司地区和农业发展部部门评审和公司评审会 2 个层次的审议。7 月，南水北调集团向国家发展改革委完成总体规划评估相关意见建议反馈。

（孙平）

南水北调中线工程经受"7·20"特大暴雨考验

2021年7月17—23日，南水北调中线工程郑州至石家庄段遭遇持续强降雨。南水北调集团第一时间启动应急响应，有序开展水体跟踪观测，结合水量、流速等因素，建立浑浊水体变化趋势模型，分析研究浑浊水体变化趋势及演化规律，预估浑浊水体到达主要分水口门时间、水质指标及影响程度，及时回应沿线受水单位关切的问题，同时摸排河北省岳城水库、岗南水库、黄壁庄水库等备用水源水质情况，做好水源切换及水质监测相关准备。

应急响应期间，南水北调集团共编制《南水北调中线水质工作简报》25份，出具应急监测报告30份，水质自动监测频次由平时6小时1次调整为5～30分钟1次，监测数据达28000余个。经过上下共同努力，中线工程经受住了"7·20"特大暴雨对水质安全保障工作的严峻考验。

（伊璇）

江苏南水北调工程2020—2021年度向省外调水任务圆满完成

2021年5月20日，苏鲁省际台儿庄泵站抽水量达到年度调水计划并停机，标志着2020—2021年度江苏省南水北调工程向省外调水任务圆满完成。

根据水利部印发的南水北调东线一期工程2020—2021年度水量调度计划和时任江苏省省长吴政隆同志关于认真落实好年度调水的批示要求，江苏省南水北调工程按照南水北调新建工程和江水北调工程"统一调度、联合运行"的原则，自2020年12月23日起，正式启动年度调水工作。至2021年5月20日，顺利完成向山东供水6.74亿 m^3 的任务。江苏省生态环境、水文部门监测数据显示，年度调水水质符合国家考核要求，实现了调水水量与水质的双达标。

据统计，江苏南水北调工程自2013年正式通水以来，已累计向省外调水约54亿 m^3，有效缓解了北方水资源的短缺状况，充分发挥了工程效益。

（江苏省南水北调办）

南水北调东线一期江苏境内工程管理设施专项设计单元工程通过完工验收

2021年6月24日，受水利部委托，江苏省水利厅、省南水北调办在南京市组织召开南水北调东线一期江苏境内工程管理设施专项设计单元工程完工验收会议。

会议成立了完工验收委员会。验收委员会成员先后查看了徐州、宿迁、淮安、扬州等4个二级管理设施现场，听取了工程建设管理、技术性检查、装饰工程质量鉴定、质量监督及运行管理工作报告，查阅了工程档案资料。经充分讨论，一致同意南水北调东线一期江苏境内工程管理设施专项工程通过设计单元工程完工验收。

工程批复总投资 4.45 亿元，2012 年 12 月开工，2020 年 9 月完成。南京一级管理设施装饰工程曾荣获 2019—2020 年度中国建筑工程装饰奖。

（江苏省南水北调办）

南水北调中线观音寺调蓄
工程开工建设

河南省南水北调中线第一座调蓄水库——南水北调中线观音寺调蓄工程局部场地平整及大坝试验工程近日开工建设。工程建成后，可充分发挥南水北调工程效益，保障工程沿线受水区供水安全，为郑州及下游安全稳定供应南水北调水增加"安全阀"和"稳定器"。

观音寺调蓄工程位于新郑市南部、沂水河上游，距南水北调中线工程总干渠左岸 2.5km。主要包括上、下调蓄水库和抽水蓄能电站及引输水工程，规划工程总库容 3.28 亿 m³，规划抽水蓄能电站装机规模超过 100 万 kW，工程静态总投资约 175 亿元。

观音寺调蓄工程通过参与丹江口水库丰枯调节和总干渠调度调节，可有效提高郑州及其下游河南沿线受水区的供水保障率，同时可保障断水期间郑州等城市生活应急用水安全，为经济社会高质量发展提供有力的水资源支撑。此外，在电力供应不足时，

观音寺调蓄工程规划建设的抽水蓄能电站可利用水能发电，通过抽水蓄能发电调节峰谷，维护电网安全稳定运行。（来源：《中国水利报》）

河南等地多条河流发生
暴雨洪水

2021 年 7 月 17 日以来，华北、黄淮西部、江南中北部、西南东南部及湖北东部、内蒙古东北部、黑龙江西北部等地降了大到暴雨，其中河南中部北部、河北南部、山西南部等地部分地区降了暴雨到大暴雨，局部降了特大暴雨，累积最大点雨量河南郑州尖岗 884mm。全国 14 个省份的 46 条河流发生超警以上洪水，最大超警幅度 0.01～2.50m，其中有 7 条超保证、4 条超历史。第 7 号台风"查帕卡"20 日 21 时 50 分在广东阳江沿海登陆，登陆时中心附近最大风力 12 级，21 日 6 时位于阳江境内，风力 8 级。

17 日 8 时至 21 日 6 时，河南省累积面平均降雨量 108mm，其中郑州 345mm，最大点雨量尖岗 884mm；焦作 218mm，最大点雨量焦作气象站 314mm；新乡 211mm，最大点雨量延津气象站 324mm；平顶山 180mm，最大点雨量鲁山中汤 363mm。受强降雨影响，河南省黄河中游支流伊河、淮河中游沙颍河上游支流贾鲁河、海河南系漳卫南运河支流大沙河、共产主义渠、卫河等河流发生超警洪水，其中贾鲁河发生超历史洪水。7 月 21 日

7时，贾鲁河中牟水文站水位涨至79.40m，超过历史最高水位1.71m，相应流量600m³/s，水位、流量均列1960年有资料以来第1位；大沙河、共产主义渠、卫河超警0.22～0.96m。

（来源：水利部网站，略有删改）

南水北调中线工程金水河倒虹吸输水恢复正常 郑州郭家咀水库风险解除

2021年7月22日，随着南水北调中线工程沿线强降雨过程逐步减弱，郑州段总干渠上游郭家咀水库风险基本解除，金水河河道过水平稳，南水北调中线金水河倒虹吸工程输水恢复正常。

郭家咀水库位于郑州市二七区侯寨乡郭家咀村贾鲁河支流金水河上游，总库容487.6万m³，是一座以防洪为主，兼顾农业灌溉、涵养地下水及水产养殖等综合利用的小（1）型水库。该水库兴建于20世纪50年代，于2013年完成除险加固工作。

自7月16日以来，中线工程河南段沿线大部分地区突降暴雨到大暴雨，郑州等地为特大暴雨，受灾最为严重。7月18日8时到21日12时，郑州多站降水量超过有气象记录以来的极值，郑州段工程金水河倒虹吸出口节制闸累计降雨量达826mm。 （许安强）

中线水源公司与淅川县签署库区协同管理试点工作协议

2021年3月22日，中线水源公司与淅川县签署库区协同管理试点工作协议。试点工作启动后，双方将充分发挥政企优势，在丹江口库区消落区管理、水域岸线管理、水资源保护等多方面开展更深层次的合作，共同维护好南水北调中线核心水源区的水质安全。 （中线水源公司）

湖北"美丽长江·青春行动"启动仪式暨丹江口鱼类增殖放流活动在丹江口库区举行

2021年4月22日，湖北"美丽长江·青春行动"启动仪式暨丹江口鱼类增殖放流活动在丹江口市举行，中线水源公司鱼类增殖放流站培育的20余万尾优质鱼苗被放归丹江口水库。长江委党组成员、副主任杨谦，共青团湖北省委书记周森锋出席活动并讲话。中线水源公司领导王威、舒俊杰、齐耀华出席活动。

杨谦在致辞中指出，习近平总书记高度重视长江治理与保护工作。管护好丹江口水库，是长江委、沿库地区政府和人民义不容辞的责任。丹江口水库鱼类增殖放流站运行以来，累计放流鱼苗255万余尾，有效促进了水库水生态环境修复。长江委将进一步加强与各方在长江大保护领域的合作，为流域生态文明建设作出应有的贡献。

周森锋在讲话中指出，建设美丽长江，是我们共同的使命担当。他强调，建设美丽长江，需要广大青年接续奋斗，全省广大团员青年要立足岗位，努力在推动长江经济带高质量发展中争当表率、争做示范。

启动仪式上播放了《青春守护美丽长江》长江大保护宣传片和《团团环保小课堂——长江保护法》动画宣传片，发布了湖北共青团投身长江大保护IP形象和"团团爱长江"微信表情包，现场向第一批6名长江保护宣讲员颁发聘书。

本次活动由长江委、共青团湖北省委、湖北省生态环境厅共同主办，中线水源公司、汉江集团、水工程生态研究所、团十堰市委联合承办，长江委直属机关团委、丹江口市团委协办。长江委相关部门和单位、共青团湖北省委相关处室、湖北省生态环境厅、十堰市、丹江口市党委和共青团组织的领导及近300名青年志愿者代表参加活动。

活动通过青春湖北斗鱼直播间、央视新闻＋、央视频、《湖北日报》客户端，长江云、头条、视频号等平台同步直播。 （中线水源公司）

南水北调中线一期丹江口大坝加高工程通过设计单元工程完工验收项目法人验收

2021年7月23—25日，中线水源公司在丹江口组织召开了南水北调中线一期工程丹江口大坝加高工程设计单元工程完工验收项目法人验收会

议。验收工作组实地查看了工程现场，听取了建设管理、设计、运行管理等单位的工作报告，查阅了工程建设相关报告和资料，经充分讨论，验收组认为：丹江口大坝加高工程主要建设内容已按批准的设计建设完成，工程质量满足规范和设计要求，历次验收遗留问题均已处理完成，验收资料齐全，满足完工验收项目法人验收条件，安全监测成果分析表明工程运行性态正常，同意该工程通过设计单元工程完工验收项目法人验收。

（中线水源公司）

丹江口大坝加高工程坝区征地移民安置通过总体验收

2021年9月8日，水利部水库移民司在丹江口组织召开南水北调中线一期丹江口水利枢纽大坝加高工程坝区建设征地移民安置总体验收（终验）行政验收会，会议通过了坝区建设征地移民安置总体验收（终验）。

验收委员会查看了湖北省移民安置、企业（单位）复建及档案管理情况，并召开行政验收会议，听取了湖北省移民安置实施情况，项目法人（中线水源公司）、规划设计、监理等单位及南水北调规划设计管理局技术预验收工作情况的汇报。经验收委员会充分讨论，一致同意通过行政验收。

（中线水源公司）

南水北调中线一期工程丹江口大坝加高工程顺利通过设计单元工程完工验收技术性初步验收

2021 年 9 月 14—16 日，水利部南水北调规划设计管理局在丹江口市组织完成南水北调中线一期丹江口大坝加高工程设计单元工程完工验收技术性初步验收。

验收专家组及参会人员查看了工程现场，观看了工程建设声像资料，听取了建设管理、设计、安全监测、运行管理、补充安全评估、质量监督等工作报告。经查阅有关工程资料和充分讨论，验收专家组形成《南水北调中线一期工程丹江口大坝加高工程设计单元工程完工验收技术性初步验收工作报告》，同意丹江口大坝加高工程通过本次完工技术验收。

（中线水源公司）

实现今年汉江防秋汛和蓄水双胜利——丹江口水库首次实现 170m 满蓄目标

2021 年 10 月 10 日 14 时，丹江口水库水位蓄至 170m 正常蓄水位，这是水库大坝自 2013 年加高后第一次蓄满。在设计条件下，丹江口水库多年平均蓄满率约为 11%，这意味着大约平均每 10 年左右丹江口水库才能蓄满一次。此次蓄至 170m，标志着今年汉江秋汛防御与汛后蓄水取得双胜利，为南水北调中线工程和汉江中下游供水打下了坚实的基础，也为丹江口枢纽工程整体竣工验收创造了有利条件。

2021 年 8 月下旬以来，汉江发生超过 20 年一遇的秋季大洪水。据统计，秋汛以来，汉江上游降水量 520mm，较常年偏多 1.5 倍，为 1960 年以来历史同期第 1 位。丹江口水库发生 7 次流量超过 10000 m^3/s 的入库洪水过程，其中 3 次洪水洪峰流量超过 20000 m^3/s，9 月 29 日最大洪峰流量达 24900 m^3/s（为 2011 年以来最大）；丹江口水库秋汛累计来水量约 340 亿 m^3，较常年同期偏多约 4 倍，为 1969 年建库以来历史同期第 1 位。

水利部深入贯彻习近平总书记关于防汛救灾重要指示精神和推进南水北调后续工程高质量发展重要讲话精神，认真落实李克强总理重要批示和胡春华副总理、王勇国务委员要求，国家防总副总指挥、水利部部长李国英多次主持会商，分析研判汉江流域水雨情、丹江口水库蓄水形势，强化丹江口等干支流水库群联合调度，统筹安排部署秋汛洪水防御和汛末蓄水工作。长江水利委员会科学精细调度以丹江口水库为核心的汉江上中游干支流控制性水库群，在确保防洪安全的前提下，充分利用洪水资源，实现了丹江口水库首次蓄水至正常蓄水位的调度目标。

（中线水源公司）

中线水源调度运行管理专项工程
档案通过水利部专项验收

2021年10月19—22日，水利部南水北调规划设计管理局在丹江口组织开展了中线水源调度运行管理专项工程档案专项验收。

验收组听取了中线水源公司有关档案管理工作情况和监理单位有关档案质量审核情况的汇报；水利部调水局介绍了工程档案检查评定工作情况；验收组和参会代表察看了中线水源调度运行管理专项工程管理码头及趸船、工程管理用房及配套工程等工程现场，分组对工程档案进行了检查。

经验收组综合评议，认为中线水源调度运行管理专项工程档案总体符合《南水北调东中线第一期工程档案管理规定》的要求，验收结果为合格，同意通过验收。

（中线水源公司）

南水北调中线工程年度供水量
超90亿 m³

截至2021年11月1日，南水北调中线一期工程2020—2021供水年度结束，中线水源公司以超90亿 m³的供水量为供水任务的完成画上圆满句号。本年度下达年度调水计划74.23m³，年度供水量为调水计划的121%，创历史新高，连续两年超工程规划供水量。

（中线水源公司）

加强生态保护　确保碧水北送
150万尾增殖鱼苗放流
丹江口水库

2021年11月16日，中线水源公司联合长江委机关各部门在丹江口水库开展鱼类增殖放流活动，150万尾优质鱼苗放归库中，水库鱼类家族再添新生力量，为改善库区水生态环境，确保一库清水永续北送将发挥重要的作用。长江委机关各部门相关人员，中线水源公司领导王健、齐耀华及各部门相关人员参加放流活动。

此次中线水源公司联合长江委机关各部门共同开展放流活动，是对公司增殖鱼类种群、改善水生态环境的又一次成果检验，也是长江委通过生态实践增强生态保护意识的具体举措。中线水源公司表示，将秉承职责和使命，为保护丹江口水库水质，维护水生生物资源平衡、保持生物多样性、实现水域生态安全作出不懈努力。

（中线水源公司）

丹江口水库鱼类增殖放流首次达到
设计规模　325万尾鱼苗
在水库"安家"

2021年12月22日，随着中线水源公司今年第五批80万尾增殖鱼苗放流至水库，长江委丹江口水库鱼类增殖放流站首次达到年度放流325万尾设计规模。长江委副主任金兴平，中线水源公司领导王健、齐耀华，以及来自长江委相关部门和单位，流域

各省（直辖市）水利厅、水库运行管理单位等共 70 余人共同参与并见证了这一历史时刻。 （中线水源公司）

重 要 会 议

水利部召开推进南水北调后续工程高质量发展工作领导小组第一次全体会议

2021 年 5 月 24 日，水利部党组书记、部长、部党组推进南水北调后续工程高质量发展工作领导小组组长李国英主持召开领导小组第一次全体会议，传达学习习近平总书记在推进南水北调后续工程高质量发展座谈会上的重要讲话精神，研究部署近期重点工作任务。部党组成员、副部长、领导小组副组长魏山忠出席会议。

李国英指出，深入学习贯彻习近平总书记重要讲话精神，是当前和今后一个时期水利系统的首要政治任务。要反复学、深入学，学深悟透、对表对标习近平总书记重要讲话精神，不断提高政治判断力、政治领悟力、政治执行力，确保南水北调后续工程高质量发展始终沿着习近平总书记指引的方向前行。

李国英强调，推进南水北调后续工程高质量发展使命光荣、责任重大，各单位各部门要以高度的政治责任感和历史使命感高质量完成各项工作任务。要压实责任、确保质量，主要负责同志要亲自抓，调集最强的专业力量，提供最有力的要素保障，开展最广泛深入的研究论证，拿出经得起历史和实践检验的成果。要建立台账、动态管理，所有工作任务全部列入部重点督办事项，及时掌握工作进度、加强节点控制，确保各项工作有力有序有效推进、各项任务保质保量完成。 （来源：水利部网站）

南水北调东线一期苏鲁省际工程管理设施专项工程设计单元工程通过完工验收

2021 年 10 月 21—22 日，水利部在江苏省徐州市组织召开南水北调东线一期苏鲁省际工程管理设施专项工程设计单元工程完工验收会议，水利部南水北调工程管理司司长、南水北调工程验收委员会主任李鹏程主持会议，南水北调东线总公司党委副书记、副总经理胡周汉出席会议。

会议成立了完工验收委员会，验收委员会成员实地查看了工程现场，观看了工程影像资料，听取了建设管理、运行管理工作报告和完工验收条件调研报告，查阅了工程验收资料，进行了充分讨论，一致认为苏鲁省际管理设施专项工程已按照批准的初步设计完成建设内容，验收遗留问题已解决和落实，工程质量合格，概算执行良好。同意苏鲁省际管理设施专项工程通过设计单元工程完工验收。

水利部办公厅、规划计划司、财务司、水利工程建设司、水土保持司、水库移民司、监督司、南水北调工程管理司、南水北调规划设计管理局、水利水电规划设计总院、河湖保护中心、淮河水利委员会、山东省水利厅、江苏省南水北调工程建设领导小组办公室、南水北调东线总公司的代表、验收专家，以及工程设计、监理、施工等单位代表参加了验收会议。

（郑逸雯）

中国南水北调集团有限公司召开安全生产委员会成立暨2021年第一次会议

2021年6月18日，中国南水北调集团有限公司在北京召开安全生产委员会成立暨2021年第一次会议。南水北调集团党组副书记、总经理张宗言作重要讲话，党组副书记、副总经理于合群主持会议并作总结讲话，党组成员、副总经理孙志禹、赵登峰、耿六成，党组成员、纪检监察组组长张凯出席会议。

会上，赵登峰宣读了《中国南水北调集团有限公司关于成立安全生产委员会的通知》，宣布成立南水北调集团安全生产委员会，明确了安全生产委员会组成人员。会议审议通过了《中国南水北调集团有限公司安全生产委员会工作规则（试行）》（送审稿）。张宗言与各职能部门和综合服务中心签署了2021年安全生产责任书，明确了安全生产职责和2021年安全生产目标。

张宗言指出，成立南水北调集团安全生产委员会是贯彻落实习近平总书记重要指示精神和中央决策部署的重要举措，是强化安全生产管理、提升安全生产决策水平的必然要求，是控制安全生产风险、实现南水北调高质量发展的重要保障。

张宗言强调，南水北调集团安全生产委员会要深入学习贯彻落实习近平总书记关于安全生产重要论述，切实把思想和行动统一到中央的决策部署上来。树立忧患意识，保持警钟长鸣。从分析安全生产形势和部署安全生产重点工作、组织制定企业安全生产方针和工作规划、研究决策企业安全生产重大事项和解决重大问题、督促安全生产工作落实和安全考核评价等五个方面有效发挥作用。

张宗言要求，各部门要对照安全生产责任书，强化使命担当，主动认领责任，采取有力举措，共同确保企业安全生产形势稳定可控。要牢固树立安全生产红线意识，聚焦聚力安全生产工作重点，建立健全高效应急联动机制，压紧压实安全生产管理责任，确保南水北调工程安全、供水安全、水质安全，扎实做好"四预"工作确保防洪度汛安全。

于合群在总结讲话中就落实张宗言总经理重要讲话精神和会议要求提出了具体要求。一是要充分认识安全工作的极端重要性，预而后立，切实做好南水北调安全保障工作。二是要充分认识2021年防洪度汛的复杂局面和严峻形势，决不能松懈麻痹，严控防汛风险，做好防汛工作。三是要牢固树立安全发展理念，扛起安全责任、强化安全管控、坚守安全红线，抓细抓实抓好安全生产工作，切实发挥中央企业安全生产工作示范带头作用，全力确保南水北调安全生产工作万无一失。

南水北调集团、中线建管局、东线总公司有关负责同志参加会议。

（鹿星）

中国南水北调集团有限公司召开
防汛专题会议

2021年8月23日，中国南水北调集团有限公司在北京召开会议专题研究防汛工作。会议由董事长蒋旭光主持，南水北调集团总经理张宗言、副总经理孙志禹、总会计师余邦利、副总经理赵登峰、副总经理耿六成、纪检组长张凯出席会议。

会议传达和学习了习近平总书记关于防汛救灾工作的重要指示，传达了李克强总理在河南考察并主持召开灾后恢复重建专题会议上的重要讲话精神，听取了中线建管局和东线总公司关于防汛抗洪工作最新情况的汇报，与会人员发言讨论。

会议指出，2021年入汛以来，南水北调工程沿线多次遭受强降雨影响，南水北调集团党组高度重视防汛抗洪抢险工作，多次开会研究部署。中线建管局在成功应对"7·20"超

强降水大考之后，再次成功应对8月22—23日强降雨过程。东线总公司积极检查监督，加强风险防控确保了防汛安全。

会议要求，各部门、各单位要再接再厉、加强统筹，齐心协力夺取2021年防汛抗洪工作的全面胜利。当前应重点抓好以下几项工作：一是要提高政治站位，把防汛保安全放在一切工作的首要位置；二是要认清当前防汛形势，树立连续作战的精神状态；三是要层层压实责任，持续抓好防汛抗洪工作；四是要突出重点，抓好关键环节盯防；五是要统筹抓好新冠肺炎疫情防控与防汛抗洪；六是要深入细致抓好水毁部位修复和总结提升工作。

相关部门负责人，中线建管局、东线总公司有关同志出席会议。

（鹿星）

中国南水北调集团有限公司
召开南水北调工程年度
调水工作会议

2021年11月5日，中国南水北调集团有限公司在北京召开南水北调工程年度调水工作会议，总结分析2020—2021年度调水情况，安排部署2021—2022年度调水工作。南水北调集团党组书记、董事长蒋旭光主持会议，党组副书记、总经理张宗言，党组成员、副总经理孙志禹，党组成员、总会计师余邦利，党组成员、副

总经理赵登峰，党组成员、副总经理耿六成，党组成员、纪检监察组组长张凯出席会议。

会议听取了质量安全部、中线建管局、东线总公司关于东、中线调水情况及下一步工作安排的汇报，研究分析工程调水面临的新形势新要求，对做好下一步调水工作进行部署和安排。

蒋旭光充分肯定了东、中线过去一个年度的调水工作，在克服新冠肺炎疫情和极端天气等重大困难情况下，工作有序有效、不等不靠，超额完成水利部下达的年度调水计划，再创历史新高，工程效益显著发挥。他指出，要提高政治站位，从"国之大者""国之大事""三个事关""四条生命线"的高度充分认识调水工作的极端重要性和艰巨性；要强化政治担当和使命责任，确保工程安全、供水安全、水质安全，向党中央和人民交上满意的答卷；要坚持以问题为导向，充分研判风险，从最不利情况出发，做好最充分准备，全力保障受水区用水安全。

蒋旭光强调，要强化领导、夯实责任、紧盯重点、精准实施、狠抓落实，确保圆满完成 2021—2022 年度调水工作任务。要统筹协调、精心组织、科学调度，会同沿线相关省（直辖市）、流域管理机构和有关单位认真做好水量调度实施工作；要提前谋划、周密部署，确保冰期、北京冬奥会和残奥会等国家重大活动期间的安全供水保障；要多措并举、合理安排，抓紧水毁修复，保障年度调水顺利进行；要充分挖潜、科学调配，在确保工程运行安全和满足正常供水的基础上，统筹实施好生态补水，为国家生态文明建设贡献力量；要加强研究、积极沟通，推进完善南水北调工程水价体系。

蒋旭光要求，加强运行管理系统安排，提升东、中线现代化水平。要持续开展工程运行管理标准化、规范化建设；要推动优化东、中线水量配置和调度方案，充分发挥已建工程供水潜力，探索建立生态补水长效机制；要坚持创新驱动，利用好现代科技手段，加强工程调度运行信息化、数字化、智能化建设，努力打造数字南水北调、智慧南水北调；要切实加强水质保护工作，对重大问题列题目、列清单，进行科技攻关；要统筹完成好东、中两条线的调水任务和引江补汉工程的建设实施，实现年度调水和工程建设双丰收。

张宗言对落实本次会议精神提出了要求。南水北调集团各相关部门和单位负责同志参加会议。

（来源：南水北调集团官网，略有删改）

中国南水北调集团有限公司召开中线工程 2021—2022 年度冰期输水安全工作专题会议

2021 年 11 月 17 日，中国南水北调集团有限公司在北京召开南水北调中线工程 2021—2022 年度冰期输水安全工作专题会议。南水北调集团党组书记、董事长蒋旭光主持会议，党组副书记、总经理张宗言，党组副书记、副总经理于合群，党组成员、总会计师余邦利，党组成员、副总经理耿六成，党组成员、纪检监察组组长张凯出席会议。

会议听取了中线建管局关于 2021—2022 年度冰期输水准备工作的汇报，研究分析了中线工程冰期输水保安全面临的严峻形势，对下一步安全工作进行了部署和安排。

蒋旭光指出，在刚刚结束的十九届六中全会上，习近平总书记要求，"统筹发展和安全，坚持稳中求进工作总基调，迈上更为安全的发展之路"。南水北调集团各部门、各单位务必深入学习贯彻落实习近平总书记的谆谆教诲，不负殷殷嘱托，坚持"人民至上、生命至上"，把保障中线工程冰期输水安全作为一项重要的政治任务，进一步提高政治站位，强化责任落实，提前做好部署，严防冰期风险，确保冰期和重大活动期间供水安全。

蒋旭光要求，无论是否出现极寒天气，都要按照最不利情况做好各项准备工作，精心组织，突出细节，再部署、再检查、再落实、再督促。南水北调集团各部门、各单位要按分工抓好相关工作，认真落实好工作组织、应急预案、设备设施、人

员队伍、工程防护等准备工作。全力以赴，狠抓落实，加强监管，确保冰期输水期间"三个安全"万无一失。

蒋旭光强调，要深入抓好各项工作，系统确保冰期输水安全平稳。进一步抓好水情冰情预报预警、冰情险情应急响应、信息沟通与上报、安全生产等工作，结合水情冰情和运行工况优化输水调度，多措并举提升巡查值守人力资源运用，在系统总结冰期输水调度技术成果基础上开展科技攻关和标准化建设，打造南水北调集团核心竞争力，引领行业冰期输水能力提升。

南水北调集团各有关部门、中线建管局相关负责同志参加会议。

（来源：南水北调集团官网，略有删改）

中国南水北调集团有限公司召开安全生产委员会 2021 年第四次会议

2021 年 12 月 28 日，中国南水北调集团有限公司召开安全生产委员会 2021 年第四次会议暨应急管理领导小组第一次全体会议，研究部署近期安全生产与应急管理工作。南水北调集团党组书记、董事长蒋旭光出席会议并讲话，党组副书记、总经理张宗言主持会议，党组成员、副总经理孙志禹，党组成员、总会计师余邦利，党组成员、副总经理赵登峰，党组成员、

副总经理耿六成出席会议，党组成员、纪检监察组组长张凯列席会议，各部门、各单位负责同志参加会议。

蒋旭光指出，扎实做好安全生产工作，既是落实党和国家"统筹发展和安全"的要求，也是促进南水北调事业高质量发展、构建国家水网的内在需要，更是南水北调集团发展最根本、最基础的前提条件。

蒋旭光强调，当前正值岁末年初，各类风险隐患交织叠加，各部门、各单位要提高政治站位，特别是各级领导干部一定要牢固树立总体国家安全观，不断强化安全红线意识和底线思维，全面落实安全管理责任，对安全生产工作进行再部署、再总结、再检验、再督促、再落实，做到警钟长鸣、未雨绸缪。在新单位组建、新项目筹备的过程中，要把安全工作置于首要位置，在深入细致调查研究基础上，同步构建安全生产管控体系，落实安全生产机构、制度、技术、装备、管理、监督等关键要素，充分运用现代化、信息化、智能化手段提升安全管理水平。

蒋旭光要求，一是要加强组织领导，发挥好应急管理领导小组的作用，深入贯彻落实习近平总书记重要指示精神和中央决策部署，组织做好应急管理体系健全完善和应急管理能力提升，开展重大突发事件应急处置，加强应急管理工作监督指导。二是各部门、各单位要保持高度警惕，严格落实冰期输水安全措施，抓细安全风险隐患防控处置，加强应急值守和应急准备工作，毫不放松做好疫情防控工作，加强网络安全工作，抓好近期各项安全生产工作。三是各部门、各单位要强化体系建设，认真筹划明年安全工作，加强党建引领以切实提高安全生产意识，加强体系建设以提升集团安全管控水平，系统梳理总结以完成专项整治三年行动，聚焦重点领域以全力保障工程安全，抓好自然灾害和生产安全事故应急管理，持续做好专项安全工作。

孙志禹传达了中共中央办公厅、国务院办公厅《关于做好 2022 年元旦春节期间有关工作的通知》中关于安全生产和应急管理的要求，赵登峰宣读了《中国南水北调集团有限公司关于成立应急管理领导小组的通知》。会议审议通过了中国南水北调集团有限公司《突发事件总体应急预案》《突发环境事件应急预案》，质量安全部、中线建管局、东线总公司、水务公司、新能源公司、引江补汉筹备组分别汇报了近期安全生产、应急管理工作情况及下一步安排。与会人员重点就冰期输水安全、重大活动期间供水安全、工程施工安全、应急预案演练、安全生产费用及其他安全生产工作等进行了讨论。

（鹿星）

北京市水资源配置和联合调度及应急保障规划专题进展调度会

2021 年 4 月 2 日，北京市水务局召开南水北调后续规划水资源配置与调度专题进展调度会，听取了水利设计院和城市规划院的阶段性成果汇报。专班工作小组办公室、市水务局相关处室、技术工作营相关单位参加了会议。会议强调，水资源配置分析和方案是南水北调后续规划的基础工作，要按照先细后粗的工作思路，不断深化细化，久久为功。会议要求：①基于现状，结合北京城市总体规划，持续做好需水测算工作的多方案比较，征求相关部门意见、邀请行业专家审定后报市领导审定；②要强化基础工作，深挖人口、用地、建筑面积、产业、绿地、林地等基础数据，结合城市总体规划、分区规划、专项规划做好基于街道、社区（村）等最小单元的需水量预测；③要通过对实际案例数据的深入分析，结合首都功能服务保障，从需水、供水、水源端提出诸如弹性保障系数等需水预测相关创新性规划术语，推动规划更加科学、规范、精细；④按照首都农业、畜牧业发展新要求，分析其刚性及弹性需水要求，深入分析研究绿地、林地的需水与节水的平衡工作，多渠道分析北京瞬时人口数量，为深入做好需水预测工作提供支撑。　　　　（刘畅）

北京市水务局党组专题会议传达习近平总书记关于南水北调重要讲话精神

2021 年 5 月 19 日，北京市水务局召开局党组扩大会议，传达学习贯彻习近平总书记在推进南水北调后续工程高质量发展座谈会上重要讲话精神和十二届市委常委会第 288 次会议有关会议精神，指出习近平总书记重要讲话精神是对北京水务人的巨大鼓舞，同时也是对北京水务工作的激励和鞭策，要不折不扣地深入学习、全面领会、坚决贯彻好习近平总书记提出的各项要求，为首都率先实现社会主义现代化作出水务贡献。会议指出，习近平总书记的重要讲话，站在党和国家事业战略全局和长远发展的高度，深入分析了南水北调工程面临的新形势新任务，深刻总结了实施重大跨流域调水工程的宝贵经验，系统阐释了继续科学推进实施调水工程的一系列重大理论和实践问题，再次明确和强调了"节水优先、空间均衡、系统治理、两手发力"的治水思路，为推进首都水务工作高质量发展指明方向。首都水务系统要把深入学习贯彻习近平总书记重要讲话精神作为当前和今后一个时期的首要政治任务，把学习习近平总书记重要讲话精神与党史学习教育结合起来，与学习习近平生态文明思想结合起来，党组率先垂范，各级党组织迅速跟进，持续学习、深刻领会、深入研讨，狠节水、治差水、保好水、多调水，高质量推进南水北调后续工程建设及首都水务各项工作的开展，切实把思想和行动统一到习近平总书记重要讲话精神上来。要坚持节水优先，大力实施节水行动。

严格用水总量控制，建立耗水负面清单，开展高耗水行业的专项调研、专项执法，抓好农业节水，推进再生水利用，做好《北京节水条例》立法的各项工作，不断增强全社会节约用水意识。要深入推进水环境治理和水污染防治。发挥河长制作用，强化源头防控、溯源治理、水岸共治。启动劣Ⅴ类水体整治工作，继续加强小微水体治理，抓紧补齐城乡污水处理设施短板。要加强水环境治理和水生态保护修复。统筹山水林田湖草沙一体化保护，守护好密云水库这盆首都的生命之水，持续推进永定河、潮白河、北运河、拒马河等重点河道综合治理与生态修复，完善水生态区域补偿机制。要加强水资源战略储备，增强水资源保障韧性。健全地下水储备机制，持续推进地下水超采治理。要抓好南水北调市内配套工程的建设，扎实做好南水北调后续相关规划工作。要切实维护南水北调工程安全、供水安全、水质安全。围绕积极主动做好南水北调对口协作工作，实现水源区和受水区互利共赢。会议要求，制定贯彻落实工作方案，对重大问题开展专题研究，对重要任务实行清单管理，明确工作内容、目标、措施、责任领导及处室，以高度的政治责任感和历史使命感做好各项工作，确保习近平总书记重要讲话精神不折不扣全面落实到位。

（李凌）

南水北调东干渠管理处工程运行管理工作现场会

2021 年 5 月 20 日，北京市水务局开展南水北调东干渠管理处工程运行管理工作调研，并召开现场会。会议听取了东干渠管理处关于工程运行管理情况的汇报，就下一步南水北调配套工程运行管理工作进行了研究部署：①关于南水北调配套工程管理单位改革发展工作，南水北调配套工程管理单位要积极探索、主动作为，谋划适应首都新发展格局的水利工程管理思路，加强制度创新、技术创新和管理创新，逐步实现工程运行管理专业化、标准化、智能化，不断提高工程管理效能；②关于南水北调配套工程管理保护范围划定工作，要加快完成南水北调配套工程管理保护范围划定工作，积极同市政府法制办沟通协调，努力将北京市南水北调配套工程纳入《北京市南水北调工程保护办法》适用范围，为南水北调配套工程保护和执法提供法律依据；③关于南水北调配套工程建设遗留问题，要加快推进东干渠、通州支线等南水北调配套工程建设遗留问题解决；④关于南水北调配套工程永久供电建设工作，要梳理南水北调配套工程永久供电建设存在的问题，加强与供电部门的沟通协调，加快推进永久供电建设工作；⑤关于亦庄调节池扩建工程场区拆迁遗留房屋工作，要梳理亦庄调节池扩建工程场区拆迁遗留房产权、手续等相关情况，提出后续使用处置计划，并将相关情况向市政府报告。

（王新春）

南水北调中线向永定河生态补水工程河西支线工程调度会

2021 年 6 月 2 日，北京市水务局召开南水北调中线向永定河生态补水工程、河西支线工程调度会。会议指出，南水北调中线向永定河生态补水工程不仅承担着永定河生态补水的任务，还对大宁水库防汛有着重要作用，要优化施工方案，加快施工，尽早投入使用。河西支线工程正在进行一衬暗挖、盾构施工，要加快推进，减少永定河补水引起地下水位升高对工程建设的影响，尽早完工。会议强调，根据气象部门预测，2021 年汛期华北大部分地区降水量比常年同期偏多。相关单位要提高认识，组织参建单位扎实做好南水北调配套工程汛期各项工作。要与工程沿线有关运行管理单位建立好联络机制，做好汛期 24 小时值班，畅通信息传递通道，确保施工安全和工程安全。

（成钰龙）

南水北调环线用水户供水工作会

2021 年 10 月 21 日，北京市水务局组织召开南水北调环线用水户供水工作会。会上，环线管理处介绍了管理处的工作职能、服务范围及向各水厂的输水情况；北京水务投资中心介绍了 2020—2021 年度供水协议执行情况及 2021—2022 年度供水协议的主要内容；自来水集团及各水厂负责人介绍了水厂运行及下阶段工作计划。环线管理处主要负责人与北京水务投资中心、郭公庄水厂、黄村水厂、亦庄水厂签订了供水协议。会议在肯定南水北调环线输水供水工作的同时，表示各单位要进一步强化安全输水保障、做好水费核实、提升供水服务水平、做好供水应急应对等工作，最大限度地发挥南水的产能。希望各单位各司其职，按照北京"十四五"规划纲要明确的首都供水工作"扩大优质供水覆盖"的要求，以保障人民群众用水安全为出发点和落脚点，以更高标准积极谋划好"十四五"时期输水供水工作，不断提高市民供水用水获得感和满意度。

（于淼淼）

江苏省委常委会：切实履行好南水北调东线水源地责任毫不松懈抓实抓牢新冠肺炎疫情防控各项工作

2021 年 5 月 17 日，江苏省委常委会召开会议，传达学习贯彻习近平总书记在推进南水北调后续工程高质量发展座谈会上和在河南考察时的重要讲话精神，传达学习贯彻习近平总书记对做好新冠肺炎疫情防控工作的重要指示和中央有关领导同志的批示精神，研究部署有关工作。江苏省委书记娄勤俭主持会议。

会议指出，习近平总书记在推进南水北调后续工程高质量发展座谈会上的重要讲话，站在实现中华民族永续发展的战略高度，从南水北调工程面临的新形势新任务出发，对事关工程高质量发展的思想认识、宝贵经验、总体要求、重点任务等一系列重大问题，作了深刻阐述和系统部署，使我们对做好这项工作的认识更深、方向更明、动力更足。要认真学习领会，坚决贯彻落实，努力为新时代南水北调事业作出新的更大贡献。要站在守护生命线的政治高度，坚决服从服务国家大局，进一步完善新建工程与江水北调"统一调度、联合运行"的调水体系，进一步加强精确调度、节省灌溉，进一步健全防洪减灾机制。要坚定践行新发展理念，更大力度加强源头保护，更大力度治理面源污染，更大力度抓好河道整治，全力保水源保水质。要强化忧患意识，落实节水优先方针，坚持以水定城、以水定业，合理规划城市规模和产业布局，以水资源的可持续利用支撑经济社会持续健康发展，积极探索丰水地区节水优先之路。要坚持系统观念，坚持人与自然和谐共生，妥善协调调水和城乡用水、灌溉、防汛、抗旱、航运、生态的关系，加强同大运河文化保护传承的衔接，加强工程的管理维护，统筹推进东线工程高质量发展。

（江苏省南水北调办供稿，摘自中国江苏网，略有删改）

江苏省水利厅召开全省南水北调工作视频会议

2021年4月1日，江苏省水利厅召开全省南水北调工作视频会议。会议强调，要深入学习贯彻习近平总书记视察江苏重要讲话指示精神，努力把南水北调工程打造成水源优化配置的民生工程、水质保护有力的生态工程、运行机制高效的示范工程、人文景观富集的文化工程。江苏省水利厅党组成员、省南水北调办副主任郑在洲出席会议。

会议充分肯定了"十三五"以来江苏南水北调工作成效。5年来，累计调水出省41.7亿 m^3，圆满完成国家下达的调水任务；积极助力省内抗旱排涝，累计运行453天、8.21万台时，为成功抗御2019年苏北地区60年一遇气象干旱、2020年淮河流域严重干旱及苏北地区应急排涝做出积极贡献。

对2021年南水北调工作，会议要求：一要加强调水组织，加强干线口门控制和沿线用水管理，加强部门联动确保调水水质，完善新冠肺炎疫情防控措施和突发事件应急处置预案；二要加强监督管理，加强工程运行监管，做好工程维修养护和设备运行管控，严格防汛监督检查，加强安全生产监管，狠抓安全隐患整改，推动安全生产标准化达标创建；三要加强工程扫尾，全面完成工程建设扫尾和年度验收目标，做好征迁后续完善，加快征迁安置档案收集整理；四要加强协调监督，强化污染源综合治理，完善监测网络，及时掌握调水水质，及时处理突发事件，重视尾水导流工程运行管理，确保工程充分发挥效益；五要加强二期研究，按照继续推动南水北调东线工程建设和构建国家水网布局的总体要求，深化东线二期工程研究，主动与国家部委和规划编制单位汇报沟通；六要加强政治建设，扎实开展党史学习教育，持续改进作风，注重一线调查研究，加强廉政防控，紧盯重点领域，筑牢反腐防线。

徐州市水务局、淮安市水利局、扬州市水利局、宿迁市水利局、江苏省洪泽湖管理处、江苏水源公司淮安分公司作会议交流发言。

（江苏省南水北调办）

河南省副省长武国定主持召开南水北调中线观音寺调蓄工程领导小组会议

2021 年 4 月 6 日，河南省副省长武国定主持召开南水北调中线观音寺调蓄工程领导小组会议，听取观音寺调蓄工程建设进展情况汇报，研究解决存在的困难和问题，安排部署加快推进前期工作。

武国定指出，建设观音寺调蓄工

程对保障南水北调中线工程供水安全、建设郑州国家中心城市建设、改善当地生态环境、优化河南能源结构、稳投资拉内需都有着十分重要的意义。

武国定要求，各级各部门各单位要提高政治站位，加强领导、统筹部署、协调联动、上下发力、强化落实，抓紧推进各项前期工作，为尽快全面开工建设创造有利条件；要明确责任分工，加快组建项目法人公司、进一步优化设计方案、协调解决永久基本农田补划问题和林地占压、抽水蓄能电站选点规划等工作；要细化节点目标，进一步明确工程各项前期工作时间节点；要加快组织实施，切实强化组织领导，密切沟通协调，针对存在的问题，制定推进措施，确保如期完成目标任务。

河南省政府副秘书长陈治胜，中线建管局，河南省水利厅、发展改革委、自然资源厅、林业局、文物局和郑州市政府、新郑市委市政府等单位负责同志参会。

（耿新建）

河南省水利厅党组书记刘正才主持召开党组（扩大）会议

2021 年 5 月 17 日，河南省水利厅党组书记刘正才主持召开党组（扩大）会议，专题传达学习贯彻习近平总书记在推进南水北调后续工程高质量发展座谈会上的重要讲话精神，强调要深入领会学习好、坚决贯彻落实好习近平总书记重要讲话精神,加快推进南水北调后续工程高质量发展,为谱写新时代中原更加出彩的绚丽篇章作出新的更大贡献。厅长孙运锋、在郑厅领导出席会议。

会议传达学习了习近平总书记在推进南水北调后续工程高质量发展座谈会上的重要讲话和视察时的重要指示精神,以及5月15日全省领导干部会议和5月16日省政府党组扩大会议精神。与会人员围绕落实习近平总书记重要讲话和指示精神作了发言。

会议指出,习近平总书记的重要讲话,站在党和国家事业战略全局和长远发展的高度,充分肯定了南水北调工程的重大意义,科学分析了南水北调工程面临的新形势新任务,深刻总结了实施重大跨流域调水工程的宝贵经验,系统阐释了继续科学推进实施调水工程的一系列重大理论和实践问题,为做好南水北调等各项水利工作指明了方向,提供了根本遵循,对推进中华民族治水兴水大业,具有重大而深远的意义。

一要深入学习领会,把准精神实质。全省水利系统要把学习贯彻习近平总书记重要讲话和指示精神作为当前和今后一个时期的重大政治任务,进一步提高政治站位,深入领会讲话精神实质、丰富内涵、实践要求,统筹指导和推进南水北调后续工程建设。要认真学习贯彻全省领导干部会议和省政府党组扩大会议精神,更加自觉地服从大局、服务全局,展现水利人

的新担当新作为。

二要细化工作措施,狠抓任务落实。要准确理解把握习近平总书记重要讲话精神,心怀"国之大者",坚持先节水后调水、先治污后通水、先环保后用水的原则,从守护生命线的政治高度,坚定不移做好各项工作,确保南水北调工程运行安全、节约集约用水、移民稳步发展、水质持续达标、后续工程早日开工、供水效益持续扩大,切实把习近平总书记的各项要求变成抓落实的具体行动。

三要紧盯关键环节,确保取得成效。要坚定践行"节水优先、空间均衡、系统治理、两手发力"的治水思路,遵循确有需要、生态安全、可以持续的重大水利工程论证原则,进一步完善河南省《南水北调水资源综合利用规划》,统筹指导和推进后续工程建设。要加快南水北调调蓄工程前期工作,加大与国家有关部委的沟通协调,力争纳入国家水安全保障规划,为早日开工创造条件。要推动南水北调管理机构改革,进一步增强运行管理活力。

河南省水利厅总规划师、总会计师、总经济师,驻厅纪检监察组、机关各处室及南水北调运管机构主要负责同志参加会议。　　　　（耿新建）

河南省南水北调工作会议
在郑州召开

2021年4月15日,河南省2021

年南水北调工作会议在郑州召开,省水利厅党组副书记、副厅长王国栋出席会议并讲话。会议传达水利部部长李国英考察南水北调中线工程座谈会上的讲话精神,总结2020年南水北调工作,安排部署2021年和"十四五"时期河南省南水北调重点工作。

王国栋指出,在省委省政府坚强领导下,2020年河南省南水北调各项工作圆满完成,工程运行安全平稳,供水范围逐步扩大,后续工程建设快速推进。工程的经济、社会、生态效益十分显著。

王国栋强调,各单位要认真谋划"十四五"规划,扎实做好各项工作。一要加强配套工程运行管理规范化、标准化、精细化建设,不断提升运管水平,确保工程运行安全;二要抓紧完成配套工程保护范围划定和标识标牌架设,严格"穿跨邻"工程的审批管理,认真落实防汛地方行政首长负责制,确保工程安全;三要加快工程收尾,如期完成验收计划,要统一谋划泵站和阀井提升措施方案,提升工程形象面貌;四要担当有为,多措并举,做好水费征缴工作,按时足额缴纳水费;五要进一步细化《南水北调水资源综合利用规划》,积极推进南水北调后续工程建设,加速消纳南水北调供水指标,充分发挥工程效益;六要强化理论武装,不断提升能力。认真学习贯彻习近平总书记"3·14""9·18""10·3"重要讲话精神,扎

实开展党史学习教育,加强队伍建设,提高"政治三力",加强作风建设和廉政建设,勠力同心,圆满完成各项工作任务,为建党100周年献礼。

河南省水利厅南水北调处,南水北调工程沿线11个省辖市、2个直管县(市)水利局、南水北调运行中心(办),5个南水北调建管处等单位负责人参加会议。

(耿新建)

《河南省南水北调饮用水源保护条例》立法工作推进会召开

2021年7月12日,《河南省南水北调饮用水源保护条例》立法工作推进会在郑州召开。河南省人大常委会副主任赵素萍、李公乐,省政府副省长陈星出席会议并讲话,省人大常委会秘书长吉炳伟主持。河南省人大常委会办公厅、法工委,省政府办公厅、省司法厅、省生态环境厅、省水利厅,省法学会南水北调政策法律研究会,郑州市、鹤壁市、焦作市、南阳市人大常委会负责同志等参加会议。

会议指出,南水北调饮用水源保护立法是贯彻落实习近平总书记重要讲话精神,扛稳保护南水北调水安全河南责任的必然要求,要提高政治站位,在法治轨道上推进南水北调饮用水源保护,加强南水北调中线工程安全、供水安全、水质安全,保障"一泓清水永续北送"。

要坚持立法为民，把"以人民为中心"的立法思想落实到条例制定的全过程。要充分考虑河南省南水北调饮用水源保护的特殊性、前瞻性和复杂性，立务实有效管用的高质量之法。要提升立法质量和效率，健全立法责任机制，倒排工期、加快进度，确保各项任务按时高质量完成。　　　　　　（河南省水利厅）

南水北调中线一期工程 2021—2022 年度水量调度计划 审查会在丹江口市召开

2021 年 10 月 14 日，水利部南水北调规划设计管理局在湖北省丹江口市召开南水北调中线一期工程 2021—2022 年度水量调度计划审查会。水利部南水北调司司长李鹏程、南水北调规划设计管理局局长鞠连义；长江委副主任吴道喜参加会议。

会议听取了长江设计集团对《南水北调中线一期工程 2021—2022 年度水量调度计划》编制情况的汇报。经专家组充分讨论后形成审查意见，同意水量调度计划。　　　　（蒲双）

兴隆水利枢纽工程水闸安全鉴定 审查会在武汉召开

2021 年 5 月 6 日，湖北省水利厅组织召开兴隆水利枢纽工程水闸安全鉴定审查会，湖北省水利厅二级巡视员江焱生出席会议，省水利水电规划勘测设计院和省水利水电

科学研究院 9 位特邀专家，厅湖泊处、监督处、南水北调处、兴隆水利枢纽管理局及鉴定承担单位等代表参加了会议。

会议听取了鉴定组织单位有关情况介绍和鉴定承担单位的安全评价报告汇报，与会专家按照《水闸安全鉴定管理办法》和《水闸安全鉴定导则》要求，就运行管理情况、防洪标准、渗流安全、结构安全、抗震安全、金属结构安全、机电设备安全等方面对兴隆水利枢纽工程水闸现场调查报告、安全复核报告、安全检测报告和安全评价报告进行了充分分析和讨论，提出了意见和建议，形成了初步鉴定评审结论。

会议要求鉴定承担单位按照专家意见完善相关报告，及时报专家组审定，要求工程管理单位进一步强化日常管理，加强工程安全监测工作，确保工程运行安全。　　　（陈雪阳）

湖北省汉江兴隆水利枢纽管理局 在武汉召开危险源辨识及风险 评价报告审查会

2021 年 12 月 2 日，湖北省汉江兴隆水利枢纽管理局在武汉组织召开了兴隆水利枢纽运行危险源辨识及风险评价报告审查会，会议邀请了来自高校及行业领域的五位专家学者参加评审。

会上，兴隆水利枢纽管理局介绍了危险源辨识及风险评价工作整

体情况，项目组围绕评估目的、评估范围、兴隆局安全管理现状、评估方法、危险源辨识及风险评价情况和安全管控措施及应急预案等方面进行了成果汇报。专家们依次对《汉江兴隆水利枢纽运行危险源辨识及风险评价报告》进行认真审阅，从不同角度、不同层面对《汉江兴隆水利枢纽运行危险源辨识及风险评价报告》提出了切实可行的意见和建议。

下一步，兴隆水利枢纽管理局和项目组将按照评审专家意见，进一步修改完善《汉江兴隆水利枢纽运行危险源辨识及风险评价报告》，为兴隆水利枢纽管理局建立健全安全风险分级管控和隐患排查治理双重预防机制，实现把风险控制在隐患形成之前、把隐患消灭在事故前面提供强力保障。

（兴隆水利枢纽管理局）

湖北省汉江兴隆水利枢纽管理局推进安全生产标准化一级达标创建工作

2021年12月7日，湖北省汉江兴隆水利枢纽管理局组织召开了安全生产标准化达标工作推进会议，开展创建阶段性培训，总结交流经验，对安全生产标准化创建工作进行再动员、再推动、再部署。

会议首先结合兴隆水利枢纽管理局实际情况，开展安全生产标准化一级达标创建宣贯培训，并结合前阶段

现场调研和资料收集整理情况，对目前安全状态进行评估和总结，分析创建过程中遇到的问题，研讨提出整改措施。

会议强调，一是要肯定成绩、找出差距，切实压实创建责任，力求创建效果有名有实。各单位要把标准化创建与落实安全生产主体责任、风险分级管控、隐患排查治理等工作相结合，查找问题、建立台账、列出清单、摸索经验、精准施策、督促整改，使创建工作见突破、见真章、见实效。二是要统一思想、提高认识，增强安全生产标准化一级创建意识。创建工作是贯彻新《安全生产法》、践行习近平总书记关于加强安全生产工作重要指示批示精神的关键举措，各单位要加大学习宣贯力度，确保安全生产标准化工作始终沿着正确轨道有序高效进行。三是要明确责任、精心组织，加强安全生产文化建设，营造浓厚的标准化创建氛围。各单位要立足本职岗位，着力发挥自身职能作用，发动全员参与，增进沟通交流，协调解决创建中遇到了重点难点问题，形成齐抓共管、凝心聚力的创建格局，高质量推动安全生产标准化创建工作。

（陈雪阳）

湖北省汉江兴隆水利枢纽管理局召开竣工财务决算工作会议

为切实落实水利部竣工财务决算工作安排，2021年12月23日湖北省

汉江兴隆水利枢纽管理局召开竣工财务决算工作会议。

会议首先传达了南水北调东中线一期工程竣工财务决算工作方案和兴隆水利枢纽管理局决算工作方案，并对征迁、档案、验收、结算、清理等相关工作提出了具体要求。各相关建办负责人就资金情况、尾工情况及存在问题作了介绍。会上还宣布成立了潜江、天门、沙洋等9个工作专班，配合兴隆水利枢纽管理局竣工财务决算工作开展。

会议最后，兴隆水利枢纽管理局主要负责人要求决算工作领导小组和各相关建办发扬"规矩出方圆"的精神，抓住工作基本原则；发扬"打虎亲兄弟"的精神，加强协作配合；发扬"有序才不乱"的精神，落实分工责任；发扬"敢向虎山行"的精神，克服工作困难。各有关人员应紧盯工作节点、细致做好清理、认真编制工作，用对历史负责、对事业负责、对工程负责的态度，为三项工程建设画上圆满的句号。

（黄栎宇）

兴隆水利枢纽通航建筑物运行方案通过专家审查

2021年12月29日，湖北省港航局在武汉主持召开了《兴隆水利枢纽通航建筑物运行方案》专家审查会。湖北省交通运输厅、省水利厅、省港航局相关处室负责人、天门市地方海事局、潜江市港航管理局、沙洋航道管理局、沙洋国利交投有限公司及特邀评审专家出席审查会。

此次审查会是自2019年4月《通航建筑物运行管理办法》正式实施以来，湖北省交通主管部门针对水利枢纽通航建筑物运行方案进行审查的首个会议。在听取了报告编制单位湖北省汉江兴隆水利枢纽管理局对《兴隆水利枢纽通航建筑物运行方案》的汇报后，与会专家和代表对方案进行了详细的分析和讨论，一致认为该方案内容完整，资料齐全，符合交通运输部《通航建筑物运行管理办法》《通航建筑物运行方案编制导则》相关要求，基本同意方案中有关船闸运行计划、开放时间、养护停航安排、运行调度、应急调度方案及运行保障方案的主要内容。

审查会上，结合报告编制单位的汇报和专家意见，对《兴隆水利枢纽通航建筑物运行方案》提出了非常宝贵的建议或意见。下一步，该局将结合此次专家审查会相关意见，进一步完善《兴隆水利枢纽通航建筑物运行方案》，为船民朋友提供更优质的服务，促进汉江航运更好发展。

（兴隆水利枢纽管理局）

江苏水源公司召开2021年度全面从严治党暨年度工作会议

2021年2月25日，江苏水源公司召开2021年度全面从严治党暨年度工作会议，会议以习近平新时代中国特色社会主义思想为指导，深入学习习近平总书记视察江苏重要讲话指示精神和江苏省委十三届九次全会精神，传达贯彻十三届江苏省纪委六次全会精神、2021年江苏省国资系统全面从严治党会议精神，落实全省国资监管工作会议、全国、全省水利工作会议要求，总结公司"十三五"和2020年工作，谋划"十四五"发展蓝图，部署2021年重点任务。公司党委书记、董事长荣迎春出席会议并讲话。党委副书记、总经理袁连冲主持会议并作会议小结。

荣迎春从强党建、促融合，公司全面从严治党不断向纵深发展，抢工期、建精品，南水北调一期工程冲刺收官，补短板、强弱项，工程管理不断提档升级，抓经营、促发展，公司高质量发展迈出坚实步伐，强队伍、促创新，科技创新成果不断涌现，综合政务工作有力有序，团委工会、后勤保障等工作成效凸显等6个方面，全面回顾了"十三五"期间公司取得的主要成绩、发展经验及存在的问题和不足。从年度调水任务圆满完成、涉水经营不断提质增效、科技创新成绩显著、员工幸福指数不断提升、全面从严治党得到加强等5个方面，简要总结了公司2020年取得的主要成效。

围绕公司"十四五"发展蓝图，荣迎春深入分析了面临的形势和要求，全面阐述了发展思路与目标，明确提出了实现目标的路径与方法，

强调要自觉立足南水北调国家战略和江苏省发展大局，准确把握公司改革发展面临的新形势新要求，按照"两争一前列"要求，精心谋划"十四五"工作，下好"先手棋"，打好"主动仗"，争当全国南水北调系统"排头兵"。

围绕做好2021年重点工作，荣迎春从聚焦主业担使命，着力提升工程运行管理水平；聚焦经营强发展，着力提升企业发展效益；聚焦改革强动能，着力提升改革发展活力；聚焦科技强创新，着力提升科技创新能力；聚焦安全促发展，着力提升安全发展水平；聚焦管理增效能，着力提升公司治理能力；聚焦发展惠民生，着力提升员工幸福指数等7个方面提出要求，强调要牢记习近平总书记嘱托，按照江苏省委省政府、水利部决策部署和省国资委、水利厅工作安排，深入践行新发展理念和"节水优先、空间均衡、系统治理、两手发力"的治水思路，迈好第一步、见到新气象、收获新成效。围绕推进2021年全面从严治党工作，荣迎春要求围绕"六个突出"，实施"六大工程"，深化以"两新两力"为主要内涵的"水源红"党建品牌创建，促进党的建设与生产经营深度融合，推动全面从严治党不断向纵深发展。荣迎春强调，公司全体同志要以江苏省委书记娄勤俭发出的"时间不等人、机遇不等人、发展不等人"动员令为号角，以开局就是决战、起步就要冲刺的精神状态，

奋进新征程、再创新辉煌，奋力谱写水源公司高质量发展新篇章。

会上，濮学年通报了近年来江苏省国资系统违纪违法案例，从紧盯职责定位、自觉践行"两个维护"，紧盯首要责任、切实履行监督职责，紧盯"政治体检"、持续深化政治巡察，紧盯执纪问责、保持高压反腐态势，紧盯制度建设、提升自身业务水平等5个方面总结了 2020 年公司纪检监察工作取得的成绩，指出了存在的不足和努力方向。

袁连冲就贯彻落实会议精神，提出三点要求。一要全力以赴，奋力夺取开门红。二要狠抓落实，突出重点求实效。三要放大格局，提升境界争一流。在落实习近平总书记重要讲话指示精神中提升境界，牢记习近平总书记谆谆嘱托，坚决扛起使命，将江苏南水北调打造成行业标杆。

（王晨　张卫东）

江苏水源公司召开 2021 年安全生产领导小组会议

2021 年 4 月 2 日上午，江苏水源公司召开 2021 年安全生产领导小组第一次会议，学习传达全国安全生产电视电话会议、江苏省深化安全生产三年专项整治暨 2021 年安全生产工作推进会及省属企业安全生产工作推进会精神，分析当前安全生产工作形势，研究部署安全生产工作。公司党委书记、董事长荣迎春出席会议并讲话，党委副书记、总经理袁连冲主持会议。公司安全生产领导小组全体成员参加会议。

荣迎春指出，2021 年是中国共产党成立 100 周年，也是"十四五"开局之年，做好 2021 年安全生产工作责任重大、任务艰巨。

他强调，一是讲大局、讲政治，以更高站位统筹安全与发展。公司安全生产领导小组全体成员、各单位主要负责同志要进一步提高政治站位，充分认识到安全是最大的政治，是企业最大的效益，是员工最大的福利，要坚决扛起防范化解重大安全风险的政治责任，统筹好发展与安全。二是强落实、聚合力，严格压实安全生产责任。要继续对标对表、压实责任，把安全主体责任融入各岗位安全行动中。各部门、各单位要牢固树立"一盘棋"思想，协同发力、齐抓共管，做到年初有指标、全程有督查、年终有考核，各项安全生产目标落到实处。三是夯基础、立标杆，推进专项整治和标准化建设。要巩固拓展"一年小灶"成果，以更高起点推进"三年大灶"工作。持续推进隐患排查治理走深走实，坚持问题闭环销号。要把专项整治和标准化创建成果转化为安全管理的制度、规范、方法、流程，将安全发展的理念和制度机制融入日常、严在经常、管在平常。四是早谋划、从"头"抓，以安全无虞为公司发展保驾护航。要开个好头，以安全生产持续稳定向好保障公司高质量发展；要领导带头，以身作则，做安全生产责任落实的表率；要抓住苗头，开展常态化隐患排查，抓住关键、找出弱点、综合施策、精准发力；要管到人头，发挥好考核指挥棒引领导向作用，做到安全生产底数清、责任明、有人抓、有人管。

袁连冲在会议小结时要求：一要进一步提高政治站位，在责任落实上再压实。二要进一步加强风险防控，在健全机制上做文章。三要进一步扣紧重点难点，在抓细节上下功夫。四要进一步强化科学管理，在信息化建设上求突破。

（王瑶）

江苏水源公司召开 2021 年度工程管理暨防汛工作会议

2021 年 4 月 16 日，江苏水源公司在南京组织召开 2021 年度工程管理暨防汛工作会议，迅速贯彻全国防汛抗旱工作电视电话会议和江苏省防汛抗旱工作会议精神，细致部署 2021 年度工程管理和防汛各项工作任务，确保在安全度汛、安全运行的基础上，实现工程管理能力的不断突破提升。江苏水源公司防汛领导小组副组长、副总经理刘军、徐向红出席会议。

会议分防汛应急响应模拟演练以及工作部署视频会议两阶段进行。此次防汛应急响应模拟演练以 2006 年里下河地区暴雨为调度会商场景，先后启动了 IV 级防汛应急响应，并在江苏水源公司云服务中心完成宝应站三台机组的远程开停机操作，起到了检验预案、磨合机制、锻炼队伍的作用，检验了突发情况下各单位的应急管理水平。

在随后的视频会议中，刘军充分肯定了公司在 2020 年工程管理与防汛抗洪工作中取得的成绩，深入分析了当前工程管理工作面临的新形势，并对 2021 年相关工作提出了具体要求。一是强化安全守底线。要持续抓好疫情防控，强化隐患治理和问题整改，确保工程防疫安全、防汛安全、运行安全；要进一步修订完善防汛应急预案、规范防汛物资管理，切实提升防汛应急处置能力。二是聚焦主业担使命。要确保圆满完成 6.74 亿 m^3 调水出省任务，积极参与省内抗旱排涝、生态调水、发电运行和北延应急供水，进一步实现降本增效，补齐"水文测报、工程观测、人员综合能力"短板。三是创新管理再升级。要加强"标准化＋信息化"研究和应用，大力推进智慧泵站建设，高标准完成洪泽站远程集控试点；持续开展"五小"创新创效活动，营造创新创效氛围。

（王晓森）

江苏水源公司迅速传达学习习近平总书记在推进南水北调后续工程高质量发展座谈会上的重要讲话精神

2021 年 5 月 19 日上午，江苏水源公司党委召开中心组学习第五次（扩大）会议，认真传达学习贯彻习近平总书记在推进南水北调后续工程高质量发展座谈会上的重要讲话精神。公司党委书记、董事长荣迎春主持会议，公司领导袁连冲、刘军、李松柏、徐向红、吴学春等参加学习交流。

荣迎春在主持学习会时强调，习近平总书记高度重视南水北调工程，半年之内两次调研，亲自推动南水北调后续工程高质量发展。江苏水源公司作为东线江苏段工程项目法人，作为江苏段工程的建设者、运营者，倍感使命光荣、责任重大。公司各级党组织要把学习贯彻习近平总书记关于南水北调的重要讲话指示精神作为党史学习教育的重要内容，作为当前各项工作的头等大事，进一步提高政治站位，明确发展思路，找准努力方向，创造性地想办法、出举措、解难题，不折不扣地把习近平总书记的重要讲话精神落实落地。

荣迎春要求，一是要全面准确深入学习领会。要全面准确、深刻领会习近平总书记"节水优先、空间均衡、系统治理、两手发力"的治水思路和"确有需要、生态安全、可以持续"的论证原则，牢固坚持"一盘棋"思想，真正把江苏南水北调工程放在南水北调高质量发展全局和全省经济社会高质量发展大局中统筹谋划、一体推进；要牢固坚持系统观念，既要评估论证一期工程设计功能的发挥，也要统筹兼顾江水北调工程潜力的挖掘，在充分发挥新老工程作用下，坚持多方比选论证，深化后续工程规划和建设方案，努力实现江苏段工程综合效益最大化。二是要精确精准抓好调水运行。要从守护生命线的政治高度，进一步管理好、运行好江苏南水北调工程。继续巩固工程管理10S成果，持续推动江苏段工程提档升级，始终保持工程良好运行状况，确保工程随时"拉得出、打得响"。要着力提升工程数字化水平，结合调度运行系统和泵站自动化改造，力争在构建大型泵站群集控模式上形成特色、打造亮点。要进一步完善新建工程与江水北调"统一调度、联合运行"的调水体系，加强区域水资源精准调度，持续推动江苏段工程安全高效运行。三是要主动深入开展重大问题研究。要科学评估南水北调工程总体规划，系统总结江苏南水北调工程建设管理运行的成功经验，坚持问题导向，认真分析研判东线一期工程与后续工程、新工程与老工程、调水出省与省内供水、工程规模与投资效益等关系，主动深入开展江苏段工程体制机制、资产评估、投资核算、重大技术攻关等重要问题研究，为推动江苏段工程重大问题解决打好基础。 （尹子茜　张卫东）

重要文件

水利部重要文件

序号	文 件 名 称	文 号	发布时间
1	水利部办公厅关于印发 2021 年度永定河生态水量调度计划及调度责任人名单的通知	办调管〔2021〕11 号	2021 年 1 月 14 日
2	水利部关于明确过渡期内水利部对中国南水北调集团有限公司管理职责的通知	水人事〔2021〕258 号	2021 年 8 月 25 日
3	水利部关于印发《关于大力推进智慧水利建设的指导意见》《智慧水利建设顶层设计》《"十四五"智慧水利建设规划》的通知	水信息〔2021〕323 号	2021 年 11 月 1 日
4	水利部关于印发《"十四五"期间推进智慧水利建设实施方案》的通知	水信息〔2021〕365 号	2021 年 11 月 30 日
5	水利部关于建立健全节水制度政策的指导意见	水资管〔2021〕390 号	2021 年 12 月 14 日
6	水利部办公厅关于印发《"十四五"时期建立健全节水制度政策实施方案》的通知	办资管〔2021〕375 号	2021 年 12 月 15 日
7	水利部办公厅关于印发《"十四五"时期复苏河湖生态环境实施方案》的通知	办资管〔2021〕376 号	2021 年 12 月 22 日
8	水利部关于复苏河湖生态环境的指导意见	水资管〔2021〕393 号	2021 年 12 月 22 日
9	水利部办公厅关于印发《"十四五"时期强化水利体制机制法治管理重点工作实施方案》的通知	办政法〔2021〕380 号	2021 年 12 月 24 日
10	水利部关于强化水利体制机制法治管理的指导意见	水政法〔2021〕400 号	2021 年 12 月 24 日
11	水利部关于实施国家水网重大工程的指导意见	水规计〔2021〕411 号	2021 年 12 月 28 日
12	水利部办公厅关于印发《"十四五"时期完善流域防洪工程体系重点工作实施方案》的通知	办规计〔2021〕390 号	2021 年 12 月 30 日
13	水利部办公厅关于印发《"十四五"时期实施国家水网重大工程实施方案》的通知	办规计〔2021〕388 号	2021 年 12 月 30 日
14	水利部关于完善流域防洪工程体系的指导意见	水规计〔2021〕413 号	2021 年 12 月 30 日

沿线各省（直辖市）重要文件

序号	文 件 名 称	文 号	发布时间
1	北京市水务局关于做好 2021 年南水北调工程冰期输水安全运行管理工作的通知	便函〔2021〕68 号	2021 年 1 月 12 日
2	关于北京市首都公路发展集团有限公司京哈高速（东五环—东六环）加宽改造工程穿越南水北调通州支线工程审批结果的报告	京东管字〔2021〕4 号	2021 年 1 月 19 日
3	关于通州区萧太后河景观提升及生态修复一期工程穿越南水北调通州支线工程审批结果的报告	京东管字〔2021〕6 号	2021 年 1 月 25 日
4	北京市南水北调后续规划建设工作专班办公室关于转发《卢映川同志对"关于水利部报送南水北调东线二期工程可行性研究报告及其审查意见的情况报告"的批示》的通知	京南水规建办〔2021〕4 号	2021 年 2 月 1 日
5	关于北京地铁 12 号线穿越南水北调东干渠工程有关事宜的通知	京水务管文发〔2021〕4 号	2021 年 2 月 2 日
6	北京市水务局关于印发《南水北调中线南水北调中线京石段应急供水工程（北京段）惠南庄至大宁段、卢沟桥暗涵、团城湖明渠设计单元工程完工验收鉴定书》的通知	京水务调〔2021〕3 号	2022 年 3 月 25 日
7	北京市水务局关于开展南水北调后续配套工程等重点项目前期工作的通知	便函〔2021〕489 号	2021 年 3 月 30 日
8	北京市水务局关于南水北调中线干线（北京段）调压设施设计方案征求意见的函	便函〔2021〕525 号	2021 年 4 月 6 日
9	北京市水务局关于北京地铁 3 号线体育中心站——平房村站区间穿越南水北调东干渠工程的批复	京水务管〔2021〕43 号	2021 年 4 月 13 日
10	北京市水务局关于北京地铁 17 号线工程（望京西站—勇士营站区间）穿越南水北调东干渠工程的批复	京水务管〔2021〕47 号	2021 年 4 月 15 日
11	北京市水务局安委会办公室关于南水北调中线工程向永定河生态补水工程安全隐患整改的通知	京水务安文发〔2021〕10 号	2021 年 4 月 20 日
12	关于朝阳路（东五环—双桥东路）DN600 给水管线工程穿越南水北调配套工程东干渠工程审批结果的报告	京东管字〔2021〕33 号	2021 年 6 月 17 日

续表

序号	文 件 名 称	文　号	发布时间
13	北京市水务局关于报送北京市《南水北调东中线一期工程受水区地下水压采总体方案》近期任务实施情况自查的报告	京水务地〔2021〕6 号	2021 年 6 月 22 日
14	北京市水务局关于反馈《2021 年北京市南水北调对口协作工作要点》意见的函	便函〔2021〕1057 号	2021 年 6 月 22 日
15	关于北京市南水北调工程 2021 年上半年度质量安全大检查工作情况的报告	质监〔2021〕12 号	2021 年 6 月 23 日
16	北京市水务局关于征询南水北调对口协作事项的函	便函〔2021〕1094 号	2021 年 6 月 28 日
17	关于上报南水北调中线干线北京段工程穿跨邻接项目清单和重点监管项目清单的报告	京干线文〔2021〕81 号	2021 年 6 月 30 日
18	关于上报排查统计下穿南水北调中线干线工程专项迁建项目情况的报告	京干线文〔2021〕82 号	2021 年 6 月 30 日
19	关于印发《北京市水务局贯彻习近平总书记在推进南水北调后续工程高质量发展座谈会上的讲话精神 推进北京市南水北调后续工程高质量发展工作方案》的通知	京水务规〔2021〕17 号	2021 年 7 月 7 日
20	关于京雄高速公路（北京段）工程为南水北调扩能工程预留线位意见的复	便函〔2021〕1172 号	2021 年 7 月 8 日
21	关于报送《北京市南水北调工程实施情况评估报告》的复函	便函〔2021〕1231 号	2021 年 7 月 22 日
22	关于上报穿越南水北调中线干线北京段工程燃气（含油气）管理项目安全检查发现问题的整改报告	京干线文〔2021〕91 号	2021 年 7 月 23 日
23	北京市水务局关于姚家园北街（东四环—东五环）道路工程跨越南水北调东干渠工程的批复	京水务管〔2021〕67 号	2021 年 8 月 11 日
24	北京市水务局关于反馈《北京市南水北调对口协作工作实施方案（2021—2035 年）》意见的复函	便函〔2021〕1521 号	2021 年 8 月 23 日
25	北京市水务局关于加快推进南水北调干线巡线路房山段征地工作的函	便函〔2021〕1602 号	2021 年 9 月 3 日
26	北京市水务局关于北京市南水北调干线管理处 PCCP 调压塔项目调整计划的批复	京水务管〔2021〕79 号	2021 年 9 月 13 日

序号	文 件 名 称	文 号	发布时间
27	北京市水务局关于北京地铁十六号线工程榆宛区间下穿南水北调中线干线北京段工程卢沟桥暗涵的批复	京水务管〔2021〕92号	2021年10月15日
28	关于南水北调中线干线北京段工程安全防护提升改造工程项目实施计划的报告	京干线管〔2021〕160号	2021年10月22日
29	关于推进南水北调后续工程高质量发展领导小组办公室第三次会议情况的报告	京水务规〔2021〕40号	2021年11月2日
30	北京市水务建设管理事务中心关于南水北调来水调入密云水库调蓄工程 密云区西田各庄镇范围内施工临时用地复耕相关工作情况的报告	京水建管〔2021〕86号	2021年12月3日
31	北京市水务局关于"十二五"水专项"南水北调京津受水区供水安全保障技术研究与示范"课题配套经费说明情况的函	京水务规函〔2021〕32号	2021年12月8日
32	北京市南水北调后续规划建设工作专班办公室关于商请提供南水北调后续工程规划向市领导汇报有关资料的函	京南水规建办〔2021〕12号	2021年12月10日
33	关于印发《北京市南水北调对口协作"十四五"规划》的通知	京援合办发〔2021〕20号	2021年12月10日
34	北京市水务局关于北京市南水北调环线管理处2021年水利工程日常维修养护费全年结余资金项目安排及采购方式计划的批复	京水务管〔2021〕109号	2021年12月13日
35	关于州通一二220千伏线路入地(通州文化旅游区)工程新建电力隧道穿越南水北调通州支线工程反馈意见的报告	京环线管〔2021〕24号	2021年12月14日
36	北京市水务局关于地铁十六号线工程榆宛区间下穿南水北调中线干线北京段工程卢沟桥暗涵工程调整施工安全专项方案和第三方监测方案的批复	京水务管〔2021〕111号	2021年12月14日
37	北京市水务局关于北京地铁3号线体育中心站—平房村站区间右线实施南水北调东干渠工程穿越施工的批复	京水务管〔2021〕114号	2021年12月16日
38	北京市水务局关于北京市南水北调团城湖管理处水利工程日常运行与维护项目运行管理合同变更的批复	京水务管〔2021〕75号	2021年12月21日

序号	文 件 名 称	文 号	发布时间
39	北京市水务局关于北京市南水北调团城湖管理处2021年水利工程日常维修养护费全年结余资金项目安排的批复	京水务管〔2021〕116号	2021年12月21日
40	北京市水务局关于京良路西段（京昆联络线高速—京港澳高速）工程穿越南水北调中线干线北京段工程的意见	京水务管〔2021〕117号	2021年12月21日
41	北京市水务局关于北京市南水北调大宁管理处2021年水利工程日常维修养护费全年结余资金项目安排及采购方式计划的批复	京水务管〔2021〕118号	2021年12月22日
42	北京市水务局印发《关于加强北京市南水北调工程穿跨邻接工程安全管理的指导意见》的通知	京水务管〔2021〕115号	2021年12月24日
43	北京市水务局关于北京市南水北调团城湖管理处工控系统网络安全等级保护定级结果认定的批复	京水务规〔2021〕51号	2021年12月30日
44	关于深入贯彻习近平总书记重要指示精神推进南水北调事业高质量发展的意见	苏水南调〔2021〕2号	2021年4月7日
45	中共河南省水利厅党组关于印发《〈关于深入贯彻落实习近平总书记在推进南水北调后续工程高质量发展座谈会上重要讲话和视察河南重要指示的实施方案〉任务分工及落实措施》的通知	豫水组〔2021〕74号	2021年9月22日
46	河南省水利厅关于印发《河南省南水北调配套工程维修养护预算定额（试行）》的通知	豫水调〔2021〕3号	2021年4月27日
47	河南省水利厅办公室关于印发我省南水北调2021年防汛责任人及防汛重点部位的通知	豫水办调〔2021〕2号	2021年5月26日
48	河南省南水北调中线工程建设管理局关于成立反恐防暴维稳工作领导小组的通知	豫调建〔2021〕2号	2021年2月10日
49	关于对资料室仓库等安全隐患进行排查整改的通知	豫调建综〔2021〕22号	2021年8月2日
50	关于尽快实施完成郑州市贾鲁河综合治理工程跨越郑州供水配套工程23号口门至白庙水厂输水管线防护工程的通知	豫调建投〔2021〕52号	2021年8月16日
51	关于河南省南水北调受水区供水配套工程黄河北维护中心、鹤壁管理处及市区管理所合建项目增加消防水池变更设计报告的批复	豫调建投〔2021〕68号	2021年11月22日

序号	文 件 名 称	文 号	发布时间
52	关于河南省南水北调受水区供水配套工程水毁工程修复实施方案的批复	豫调建投〔2021〕75号	2021年12月6日
53	关于河南省南水北调爱国教育展示中心项目可行性研究报告的批复	豫调建投〔2021〕86号	2021年12月28日
54	关于印发河南省南水北调受水区供水配套工程黄河南仓储中心及维护中心建设项目施工调差咨询意见的通知	豫调建投〔2021〕89号	2021年12月31日
55	关于对安阳市申请拨付南水北调配套工程防汛应急抢险救灾资金请示的批复	豫调建财〔2021〕52号	2021年10月12日
56	关于配套工程站区环境卫生专项整治2021年3月暗访情况的通报	豫调建建〔2021〕6号	2021年4月6日
57	关于配套工程站区环境卫生专项整治2021年7月第1次暗访情况的通报	豫调建建〔2021〕7号	2021年7月27日
58	河南省南水北调中线工程建设管理局关于开展2021年水利"安全生产月"活动的通知	豫调建建〔2021〕12号	2021年6月15日
59	关于开展南水北调工程防洪度汛检查的通知	豫调建建〔2021〕15号	2021年7月30日
60	关于我省南水北调配套工程防汛物资管理有关事宜的通知	豫调建建〔2021〕16号	2021年8月16日
61	关于做好河南省南水北调配套工程灾后恢复安全防范工作的紧急通知	豫调建建〔2021〕17号	2021年8月16日
62	关于加快推进我省南水北调配套工程水毁修复工作的通知	豫调建建〔2021〕18号	2021年9月18日

项目法人单位重要文件

序号	文 件 名 称	文 号	发布时间
1	中国南水北调集团有限公司关于印发《发展战略和规划管理办法（试行）》的通知	南水北调战略〔2021〕30号	2021年4月12日
2	中国南水北调集团有限公司关于印发《中国南水北调集团有限公司"十四五"发展规划编制工作方案》的通知	南水北调战略〔2021〕42号	2021年5月20日
3	中国南水北调集团有限公司关于印发《中国南水北调集团有限公司改革三年行动实施方案（2021—2022年）》的通知	南水北调企管〔2021〕47号	2021年6月3日

续表

序号	文 件 名 称	文 号	发布时间
4	中国南水北调集团有限公司关于成立安全生产委员会的通知	南水北调人事〔2021〕51号	2021年6月17日
5	中国南水北调集团有限公司关于印发《中国南水北调集团有限公司固定资产投资管理办法（试行）》的通知	南水北调战略〔2021〕54号	2021年6月18日
6	中国南水北调集团有限公司关于印发《中国南水北调集团有限公司安全生产管理办法（试行）》等2项制度的通知	南水北调质安〔2021〕61号	2021年7月13日
7	中国南水北调集团有限公司关于进入应急状态全力做好应对超强降雨的紧急通知	南水北调质安〔2021〕63号	2021年7月22日
8	中国南水北调集团有限公司关于学习贯彻习近平总书记对防汛救灾工作作出的重要指示精神的情况报告	南水北调办〔2021〕64号	2021年7月22日
9	中国南水北调集团有限公司关于全力做好近期防汛抗洪抢险工作的阶段总结报告	南水北调办〔2021〕68号	2021年8月10日
10	中国南水北调集团有限公司关于做好常态化防汛工作的通知	南水北调质安〔2021〕72号	2021年8月23日
11	中国南水北调集团有限公司关于报送南水北调东中线后续工程2022年中央预算内投资建议计划的报告	南水北调战略〔2021〕75号	2021年8月25日
12	中国南水北调集团有限公司关于全力迎战新一轮暴雨洪水袭击有关情况的报告	南水北调办〔2021〕78号	2021年8月27日
13	中国南水北调集团有限公司关于报送南水北调东线一期工程北延应急供水工程运行状况及2021—2022年度工程运行总体安排建议的报告	南水北调质安〔2021〕98号	2021年9月28日
14	中国南水北调集团有限公司关于中国南水北调集团有限公司成立一周年工作总结的报告	南水北调办〔2021〕118号	2021年11月2日
15	中国南水北调集团有限公司关于报送南水北调东线一期工程2020—2021年度水量调度工作总结的报告	南水北调质安〔2021〕122号	2021年11月3日
16	中国南水北调集团有限公司关于报送南水北调中线一期工程2020—2021年度水量调度工作总结的报告	南水北调质安〔2021〕125号	2021年11月9日
17	中国南水北调集团有限公司办公室关于同意河南省新乡市"四县一区"南水北调配套工程东线项目立项的通知	办战略〔2021〕111号	2021年12月21日
18	中线水源公司关于报送南水北调中线一期丹江口大坝加高工程完工财务决算报告的报告	中水源财〔2021〕14号	2021年2月9日

续表

序号	文 件 名 称	文 号	发布时间
19	南水北调中线水源有限责任公司关于报送 2020 年度企业财务会计决算报表的报告	中水源财〔2021〕18 号	2021 年 2 月 25 日
20	关于印发《丹江口水库 2021 年汛期水库地质灾害巡查监测责任制》的通知	丹防指〔2021〕10 号	2021 年 6 月 21 日
21	南水北调中线水源有限责任公司关于报送南水北调东中线一期设计单元工程竣工财务决算范本（征求意见稿）修改意见的报告	中水源财〔2021〕94 号	2021 年 6 月 30 日
22	南水北调中线水源有限责任公司关于报送完工财务决算基准日调整准备工作情况的报告	中水源财〔2021〕95 号	2021 年 6 月 30 日
23	南水北调中线水源有限责任公司关于报送南水北调东中线一期工程征地补偿和移民安置项目竣工财务决算范本（征求意见稿）修改意见的报告	中水源财〔2021〕101 号	2021 年 7 月 9 日
24	南水北调中线水源有限责任公司关于报送南水北调中线水源调度运行管理系统工程完工财务决算的报告	中水源财〔2021〕120 号	2021 年 7 月 24 日
25	中线水源公司网信办关于印发《核心机房管理制度和信息系统运行管理制度》的通知	源库发〔2021〕2 号	2021 年 8 月 20 日
26	南水北调中线水源有限责任公司关于报送南水北调中线一期丹江口大坝加高工程完工财务决算报告的报告	中水源财〔2021〕152 号	2021 年 9 月 15 日
27	中线水源公司关于管理用房及配套工程共建方案的报告	中水源计〔2021〕161 号	2021 年 9 月 30 日
28	中线水源公司关于印发《水费结算管理规定（试行）》的通知	中水源财〔2021〕164 号	2021 年 10 月 14 日
29	中线水源公司关于印发《南水北调中线水源工程丹江口水库巡库管理办法（修订）》的通知	中水源库〔2021〕189 号	2021 年 11 月 25 日
30	关于印发《南水北调中线水源有限责任公司网络安全管理办法（试行）》的通知	中水源库〔2021〕190 号	2021 年 11 月 26 日
31	南水北调中线水源有限责任公司关于印发《合同结算管理办法》的通知	中水源计〔2021〕211 号	2021 年 12 月 23 日
32	南水北调中线水源有限责任公司关于印发《合同管理办法》的通知	中水源计〔2021〕212 号	2021 年 12 月 23 日
33	南水北调江苏水源公司关于进一步做好 2021 年度防汛工作的通知	苏水源调〔2021〕7 号	2021 年 3 月 1 日

续表

序号	文件名称	文号	发布时间
34	南水北调江苏水源公司领导班子成员2021年安全生产重点工作清单	苏水源安〔2021〕3号	2021年3月3日
35	江苏水源公司关于下达2021年度工程观测任务的通知	苏水源调〔2021〕8号	2021年3月12日
36	南水北调江苏水源公司关于报送《南水北调东线江苏境内工程2021年度工程管理标准化建设实施方案》的报告	苏水源调〔2021〕21号	2021年4月16日
37	江苏水源公司关于印发《2021年度南水北调江苏段工程度汛方案及防汛抗旱应急预案》的通知	苏水源调〔2021〕34号	2021年5月12日
38	南水北调江苏水源公司关于印发《泵站工程运行管理企业标准》的通知	苏水源调〔2021〕35号	2021年5月21日
39	南水北调江苏水源公司生产安全事故综合应急预案	苏水源安〔2021〕6号	2021年8月25日
40	南水北调江苏水源公司关于印发《南水北调东线江苏段工程突发水污染事件应急预案》的通知	苏水源调〔2021〕67号	2021年10月24日
41	南水北调江苏水源公司关于印发《工程管理考核办法（2021年修订)》的通知	苏水源调〔2021〕75号	2021年11月15日
42	南水北调江苏水源公司安全生产责任追究管理办法（试行）	苏水源安〔2021〕10号	2021年12月22日
43	南水北调江苏水源公司关于南水北调东线一期江苏境内调度运行管理系统设计单元工程完工验收项目法人验收的通知	苏水源工〔2021〕59号	2021年12月28日
44	关于南水北调中线一期汉江兴隆水利枢纽取水许可证电子化转换工作的报告	鄂汉兴局〔2021〕1号	2021年1月29日
45	关于2019年度预算执行和财务收支情况审计问题整改报告	鄂汉兴局〔2021〕5号	2021年3月2日
46	关于南水北调中线一期兴隆水利枢纽蓄水影响整治工程（沙洋部分二）姚集中闸泵站机组试运行方案备案的报告	鄂汉兴局〔2021〕6号	2021年3月2日
47	关于南水北调中线一期工程汉江兴隆水利枢纽设计单元工程项目法人验收有关事项的请示	鄂汉兴局〔2021〕8号	2021年3月12日
48	关于2021年度工程运行管理经费支出预算的备案报告	鄂汉兴局〔2021〕9号	2021年3月15日
49	关于印发《湖北省汉江兴隆水利枢纽管理局2021年工作要点》的通知	鄂汉兴局〔2021〕10号	2021年3月22日

续表

序号	文 件 名 称	文 号	发布时间
50	关于2021年度兴隆水利枢纽防汛工作信息的报告	鄂汉兴局〔2021〕12号	2021年3月30日
51	关于湖北省汉江兴隆水利枢纽工程过鱼设施建设运行情况的报告	鄂汉兴局〔2021〕13号	2021年3月30日
52	关于审查兴隆水利枢纽工程水闸安全鉴定报告的请示	鄂汉兴局〔2021〕14号	2021年4月6日
53	关于申请进行南水北调中线一期工程汉江兴隆水利枢纽设计单元工程完工验收的报告	鄂汉兴局〔2021〕15号	2021年5月14日
54	关于水利厅防汛检查发现问题整改情况的报告	鄂汉兴局〔2021〕16号	2021年5月18日
55	关于兴隆水利枢纽设计单元工程档案专项验收存在问题的整改情况报告	鄂汉兴局〔2021〕17号	2021年5月24日
56	关于调整领导班子成员分工的通知	鄂汉兴局〔2021〕18号	2021年5月25日
57	兴隆管理局安全生产月活动实施方案	鄂汉兴局〔2021〕19号	2021年5月31日
58	关于审核《湖北省汉江兴隆水利枢纽2021年度防洪度汛预案》的请示	鄂汉兴局〔2021〕20号	2021年6月3日
59	湖北省汉江兴隆水利枢纽管理局关于审批《兴隆水利枢纽船闸运行方案》的请示	鄂汉兴局〔2021〕22号	2021年6月9日
60	关于印发《湖北省汉江兴隆水利枢纽管理局网络安全工作责任制考核实施细则（试行）》的通知	鄂汉兴局〔2021〕25号	2021年6月21日
61	关于调整安全生产领导小组的通知	鄂汉兴局〔2021〕26号	2021年6月23日
62	兴隆水利枢纽管理局关于印发《食堂财务管理办法（试行）》的通知	鄂汉兴局〔2021〕27号	2021年6月30日
63	关于清理与完工财务决算基准日调整有关的专项费用清理报告	鄂汉兴局〔2021〕29号	2021年6月30日
64	关于调整完工财务决算基准日项目清单及计划建议的专题报告	鄂汉兴局〔2021〕30号	2021年6月30日
65	湖北省汉江兴隆水利枢纽管理局关于护岸护堤林林木资源调查统计情况的报告	鄂汉兴局〔2021〕31号	2021年7月9日
66	湖北省汉江兴隆水利枢纽管理局关于报送水闸安全鉴定情况的报告	鄂汉兴局〔2021〕32号	2021年7月13日
67	关于南水北调中线一期兴隆水利枢纽蓄水影响整治工程动用基本预备费的报告	鄂汉兴局〔2021〕33号	2021年8月26日

续表

序号	文 件 名 称	文 号	发布时间
68	关于修订上报南水北调中线一期工程汉江兴隆水利枢纽工程完工财务决算的报告	鄂汉兴局〔2021〕34号	2021年8月27日
69	湖北省汉江兴隆水利枢纽管理局关于水利部监督司对兴隆水利枢纽工程运行管理专项检查发现问题整改情况的报告	鄂汉兴局〔2021〕35号	2021年9月1日
70	关于2021年度工程运行管理经费支出预算调整的报告	鄂汉兴局〔2021〕38号	2021年10月14日
71	关于2020—2021年度水量调度执行情况的报告	鄂汉兴局〔2021〕39号	2021年11月3日
72	兴隆水利枢纽管理局关于审批鱼道改造设计报告的请示	鄂汉兴局〔2021〕40号	2021年11月25日
73	关于报送汉江兴隆水利枢纽工程2021年度取用水总结和2022年度取水计划的报告	鄂汉兴局〔2021〕41号	2021年12月24日
74	湖北省汉江兴隆水利枢纽管理局关于省水利厅对兴隆水利枢纽工程运行管理监督检查发现问题整改情况的报告	鄂汉兴局〔2021〕42号	2012年12月31日
75	湖北省汉江兴隆水利枢纽管理局关于南水北调中线一期汉江中下游兴隆枢纽工程、部分闸站改造工程和局部航道整治工程专项清理工作报告	鄂汉兴局〔2021〕43号	2021年12月31日

考察调研

水利部部长李国英调研南水北调中线工程

2021年3月26—28日，水利部党组书记、部长李国英调研南水北调中线工程。他强调，要心怀"国之大者"，对标习近平总书记重要指示和党中央决策部署，从守护生命线的高度，以永不懈怠的精神状态和一往无前的奋斗姿态，维护南水北调工程供水安全、水质安全、运行安全，为全面建设社会主义现代化国家提供有力保障。

李国英先后深入湖北、河南、河北、北京等地，沿线考察了丹江口水库、引江补汉工程、陶岔渠首、膨胀土渠段、沙河渡槽、穿黄工程、滹沱河、西黑山枢纽、雄安调蓄水库、惠南庄泵站、团城湖调节池和中线干线总调度中心，就中线工程建设运行管理情况、后续工程建设情况和华北地区地下水超采综合治理情况等进行调研，并在实地考察结束后召开了座谈会。

李国英指出，南水北调工程是党

中央决策部署的一项重大水利基础设施工程。在广大建设者、管理者的艰辛努力下，在沿线各级政府和广大人民群众的大力支持下，中线工程不仅建设得好，而且运行管理得好、作用和效益发挥得好。中线工程建设攻克了一系列水利工程建设领域世界级技术难题，建立了纵向到底、横向到边、责任到人的运行管理体系，惠及了沿线广大地区和6700万群众，经受住了6年多的实践检验，发挥了巨大的供水效益、经济效益、生态效益。

李国英强调，南水北调工程是生命线工程。确保工程安全运行、长久发挥效益，是必须扛牢的重大责任。要在做好阶段性总结的基础上，深入分析研判中线工程面临的新形势、新任务、新要求，充分认识中线工程正在经历供水地位由"辅"变"主"、目标达效由"慢"变"快"、用水需求由"弱"变"强"、工程网络由"缺"变"全"的重大变化。要学深悟透落实习近平总书记"节水优先、空间均衡、系统治理、两手发力"的治水思路和南水北调"四条生命线"的重要指示，认真贯彻落实党的十九届五中全会精神，完整准确全面贯彻新发展理念，坚持统筹发展和安全，着力推进工程管理体系和管理能力现代化，更好地服务和保障新阶段高质量发展。

李国英指出，当前和今后一个时期，要加大力度、加快进度做好有关重点工作。一要确保安全，强化风险

意识、忧患意识和底线思维，采取有力有效措施，保证供水、水质、工程安全。二要依法管理，及时修订完善有关法规制度，确保工程管理于法有据。三要强化水权管理，逐级完善水权管理体系。四要提升信息化、数字化、智能化水平，完善预报、预警、预演、预案措施。五要抓好调蓄工程和后续水源工程建设，增强供水保障能力。

（来源：水利部网站，略有删改）

水利部部长李国英调研
南水北调东线工程

2021年5月1—3日，水利部党组书记、部长李国英深入南水北调东线工程沿线调研。他强调，要深刻领会习近平总书记关于治水工作特别是南水北调的重要讲话指示批示精神，全面总结东线一期工程建设运行实践，积极加快后续工程前期工作进度，为构建新发展格局、推动高质量发展提供更加有力的支撑保障。

李国英先后来到南四湖二级坝水利枢纽工程、东平湖八里湾泵站和出湖闸、穿黄工程、北延应急供水工程邱屯枢纽、九宣闸、北大港水库等地，详细了解南水北调东线一期工程运行管理及后续工程前期工作情况，并在实地调研结束后在天津召开座谈会，听取有关方面对进一步做好南水北调工作的意见建议。

李国英指出，建设南水北调东线

工程是党中央、国务院的重大决策部署。在沿线各级党委、政府和广大人民群众的大力支持下，经过全体建设者、管理者的奋发努力，南水北调东线一期工程顺利建成、安全运行，发挥了巨大的经济效益、社会效益、生态效益。要认真总结一期工程建设和运行管理经验，为扎实做好后续工作、确保工程安全运行奠定坚实基础。

李国英强调，南水北调东线工程是事关国计民生的战略性基础设施，要牢牢把握"国之大者"，高度重视、接续推进有关重点工作。一是有序实施北延应急供水，扎扎实实做好水源调配、输水安全、功效发挥等工作，确保善作善成、可以持续。二是加快后续工程前期工作，深入进行方案论证、科学比选，抓紧研究完善管理体制、投融资政策、初始水权分配和管理制度、水资源价格形成机制。三是继续绷紧安全弦，落实责任、强化措施，确保工程安全、供水安全、水质安全。

（来源：水利部网站，略有删改）

水利部副部长叶建春检查南水北调中线建管局冰期输水工作

2021年1月11日，水利部党组成员、副部长叶建春到南水北调中线建管局检查冰期输水工作。中国南水北调集团有限公司党组书记、董事长蒋旭光，党组副书记、总经理张宗言，党组副书记、副总经理、中线建管局局长于合群陪同检查。

叶建春听取了中线建管局关于中线工程运行管理及冰期输水情况的汇报，并通过视频监控系统逐一查看了沿线冰情，对中线建管局冰期输水各项工作和落实措施给予了肯定。他指出，中线工程已经经历了12次冰期输水工作，积累了一定的冰期输水经验，冰期运行总体平稳。

叶建春指出，南水北调中线供水已经发展成为沿线部分省（直辖市）的生命线，中线建管局要高度重视冰期输水工作，密切关注天气变化及寒潮预警，做好极端寒潮应对工作，认真总结冰期输水经验教训，积极做好应对准备，进一步细化冰期输水应急方案，加固工程防护措施，科学实施冰期输水调度工作，确保生命线不断。

叶建春强调，当前仍处于三九寒冬季节，也是新冠肺炎疫情防控关键时期，中线建管局要统筹做好冰期输水和疫情防控工作，认真落实疫情防控责任，严格执行国家和属地各项疫情防控要求，完善疫情防控应急预案，落实突发异常情况应对处置措施，确保人员安全。中线建管局要进一步压实责任，各级负责同志要履行好第一责任人职责，做到守土有责、守土担责、守土尽责。各级党组织和党员干部要发挥战斗堡垒作用和先锋模范作用，走在前、作表率，以实际行动践行初心使命、体现责任担当。

（来源：水利部网站，略有删改）

陆桂华赴大宁水库调研南水北调中线工程向永定河生态补水项目进展情况

2021年3月24日，水利部副部长陆桂华率队调研永定河平原段生态补水工作。

在大宁水库工程现场，陆桂华了解了南水北调中线工程向永定河生态补水项目进展，要求施工单位在确保工程质量的前提下，采取有效措施，优化缩短工期，使工程尽快具备向永定河补水条件。

水利部规计司、调水司，海委，北京市水务局、天津市水务局、河北省水利厅，永定河流域投资有限公司及沿线地方人民政府相关负责同志参加调研。

（邱立军）

蒋旭光检查指导南水北调中线工程防汛工作

2021年8月6日，中国南水北调集团有限公司党组书记、董事长蒋旭光到南水北调中线建管局检查指导防汛工作，会商雨情、水情、工情、险情，并通过视频的方式检查沿线重点水毁项目后续处置情况。他强调，要坚决贯彻落实习近平总书记对防汛救灾工作的重要指示和党中央、国务院部署要求，始终把保障人民群众生命财产安全放在第一位，站在守护生命

线的政治高度，统筹好工程防汛和供水工作，确保工程安全、供水安全、水质安全。

2021年入汛以来，南水北调中线一期工程经历了建成以来降雨强度最大、范围最广、历时最长、损失最大的特大暴雨洪水考验。蒋旭光通过视频系统了解了惠南庄、汤阴、卫辉、辉县、涞涿、鹤壁管理处辖区工程险情处置进展，分析研判了工程沿线当前雨情、气象预报等情况，以及岳城水库、小南海水库、盘石头水库等工程沿线超警汛限水库的水情，安排部署了工程防汛抗洪及水毁项目修复工作。

蒋旭光强调，目前正处在"七下八上"防汛关键期，中线工程沿线可能反复出现强降雨，防汛形势十分严峻，要克服麻痹侥幸思想，全力以赴做好各项防汛工作。一是加快推进险情处置和水毁项目修复处理工作，分级分类做好险情处置，逐项明确应急措施，落实好永久性处置方案，尽快尽早实施。二是进一步落实暴雨洪水防御各项措施，加强预测预报和雨水情会商研判，确保工程运行安全。三是加强与河北省、北京市的联防联动，协调地方政府开展河道治理，确保工程安全。四是广大干部职工要继续以迎接大战大考的状态，坚守岗位，统筹好防汛和供水工作，坚决打赢2021年防汛抗洪这场硬仗。五是提前做好冰期输水各项准备工作，确保冰期输水安全。

南水北调中线建管局党组书记李

开杰、副局长曹洪波陪同检查。

（张小俊）

蒋旭光调研河南段工程水毁
修复及安全生产工作

2021年9月23日，中国南水北调集团有限公司党组书记、董事长蒋旭光赴河南段工程调研汛后水毁修复及安全生产工作，强调要深入贯彻落实习近平总书记在推进南水北调后续工程高质量发展座谈会上的重要讲话精神，进一步强化建好守好"生命线"的使命担当，深入总结2021年防汛抢险工作经验，切实抓好水毁修复项目设计、质量、安全及进度管控，按时完成水毁项目处置，确保工程安全、供水安全、水质安全。南水北调集团党组成员、总会计师余邦利参加调研。

蒋旭光先后来到郑州十八里河倒虹吸、金水河上游郭家咀水库、嵩山路桥、淮河路桥、密垌分水口、贾鲁河倒虹吸，荥阳马金岭左排渡槽进口、左岸绕城高速桥下游和陇海铁路桥上游，穿黄李村北干渠渡槽上游左岸、司马路跨渠桥右岸，温博大沙河倒虹吸进口等汛期出险现场，查看水毁修复项目施工进展，了解永久处理方案及计划工期，询问汛期雨水情和险情信息，分析险情发生的原因，勉励大家要充分发扬南水北调人的过硬作风，发挥建设期项目管理经验优势，高质量完成水毁修复工作，全力保障

工程安全、供水安全、水质安全。

蒋旭光指出，2021年南水北调中线工程经历了工程建成以来覆盖范围最广、降雨强度最大、持续时间最长的特大暴雨洪水考验。广大干部职工坚决贯彻落实习近平总书记、李克强总理关于防汛救灾工作的重要指示批示精神，不畏艰险，顽强奋斗，连续作战，取得了防汛抢险保供水的重大胜利，中线工程质量经受住了检验、中线干部队伍经受住了考验。

蒋旭光强调，水毁修复是当前一项重点工作，也是一项系统工作，各单位要坚持问题导向、辩证思维，保质保量完成修复任务。要把好设计关，加强统筹指导，抓好试验论证，确保修复方案科学可行；要把好质量关，加强现场施工管理，落实旁站监理等监管措施，坚持进度服从质量，确保质量安全可靠；要把好责任关，逐级落实责任，强化问题倒查机制，用工程运行实践检验水毁修复效果。

蒋旭光强调，现在虽已过了主汛期，但中线沿线仍出现了多次强降雨，防汛形势依然较为严峻。各单位要坚决克服麻痹大意思想，统筹抓好防洪度汛和水毁修复工作，始终以迎接大战大考的状态应对接下来强降雨考验。要坚决落实党中央、国务院有关决策部署，充分利用当前有利条件，加强与地方政府协调，合力消除上下游安全风险隐患。同时，要统筹抓好围网加固、视频系统升级、水质保障能力提升等各项工作，确保安全

更牢、效益更好。

调研期间，蒋旭光还考察了解了南水北调中线工程安全运行实训项目基地、南水北调中线穿黄工程科技教育试验项目规划情况，并到南水北调中线建管局河南分局分调度中心视频查看叶县澧河渡槽导流墩试验项目实施成效。

南水北调集团办公室、质量安全部、南水北调中线建管局负责同志陪同调研。

（杨媛）

蒋旭光调研东线江苏段工程

2021 年 10 月 13—16 日，中国南水北调集团有限公司党组书记、董事长蒋旭光一行调研南水北调东线江苏段工程。南水北调集团党组成员、副总经理孙志禹，党组成员、总会计师余邦利，党组成员、副总经理赵登峰参加调研。江苏省副省长储永宏会见蒋旭光一行，就有关工作交换意见。

蒋旭光一行先后到江苏水源公司调度指挥中心、江都水利枢纽、洪泽站、解台站、徐州分公司管理设施等实地调研，并调研了东线总公司直属分公司管理设施，现场观摩了工程智能化调度运行系统演示，详细了解江苏水源公司在经营拓展、企业管理、人才培养、队伍建设等方面情况，考察了工程运行管理、维修养护、安全生产、标准化建设和水生态资源开发利用成效等。蒋旭光指出，多年来江苏省南水北调工程建设管理出经验、

出办法、出成果，工作走在前列。一是体现在"高"，在工程建设、工程管理、企业运营等方面始终坚持高标准、高效率、高质量。二是体现在"新"，勇于探索新思路、新办法，广泛应用新经验、新技术，不断创新、特色鲜明。三是体现在"好"，工程建设质量好，运行管理效果好，企业转型、管理水平好，企业文化建设和队伍培养有力。四是体现在"实"，工程建设、运行管理和企业经营等多方面基础扎实、工作抓实、展现实效。

对于进一步提升南水北调东线工程运行管理和推进后续工程高质量发展，蒋旭光强调，一是要提高政治站位，紧紧围绕习近平总书记强调的"南水北调工程事关战略全局、事关长远发展、事关人民福祉"，落实南水北调后续工程高质量发展要求。二是加快推进东线二期工程实施，全力配合有关部委做好总体规划评估修编、工程规划设计和有关重大专题研究，促进东线二期工程早日开工上马。三是要加强组织协调，完善调水工作各项机制，保障年度调水任务圆满完成，充分发挥工程效益。四是要守好安全底线，从守护生命线的政治高度，切实落实习近平总书记"工程安全、供水安全、水质安全"要求。五是要提升管理水平，在工程管理标准化、信息化、智能化等方面与时俱进，进一步实现工程管理提质增效。六是要坚持党的领导，发挥党建对业务工作的推动作用，加强廉政建设，

确保工程、资金、干部三个安全。七是要对标一流企业，加快品牌资源、技术资源、水土资源、市场资源开发利用，加强项目协作，共同推动优质项目落地见效，促进企业高质量发展。

南水北调集团办公室、企业管理部、组织人事部负责同志陪同调研。

（来源：南水北调集团官网，略有删改）

蒋旭光赴中线穿黄管理处检查工程安全工作

2021 年 12 月 16 日，中国南水北调集团有限公司党组书记、董事长蒋旭光一行赴中线穿黄管理处党支部宣讲十九届六中全会精神，检查中线干线工程安全工作。

在中线穿黄管理处，蒋旭光宣讲了十九届六中全会精神，听取中线建管局、河南分局、穿黄管理处等单位学习贯彻落实党的十九届六中全会精神情况，与基层党员干部群众进行深入交流座谈。他指出，党的十九届六中全会，是我们党在迈向全面建成社会主义现代化强国第二个百年奋斗目标重大历史关头召开的一次具有重大历史意义的会议。深入学习贯彻十九届六中全会精神是我们当前和今后一个时期的重大政治任务。一是要把"两个确立"转化为做到"两个维护"的思想自觉、政治自觉、行动自觉，从党的百年奋斗历史意义中强化构建国家水网的历史担当。二是要牢记

"十个坚持"，用十九届六中全会精神指导工作。三是要立足本职岗位，胸怀国之大者。

蒋旭光强调，学习贯彻好十九届六中全会精神，要做到"五个结合"，实现"五个转化"，务求"五个体现"。一是要与党史学习教育紧密结合，把学习成果转化为强大的政治定力，体现在拥护"两个确立"，践行"两个维护"上。二是要与贯彻习近平总书记在推进南水北调后续工程高质量发展座谈会上的重要讲话精神紧密结合，把学习成果转化为强大的开拓能力，体现在办实事、开新局上。三是要与弘扬伟大建党精神紧密结合，把学习成果转化为强大精神动力，体现在兴文化、强企业、塑品牌上。四是要与贯彻中央经济工作会议精神紧密结合，把学习成果转化为抓机遇、促发展、攻坚克难的能力，体现在推动南水北调事业高质量发展上。五是要与学习习近平总书记关于国有企业党的建设、改革发展的一系列重要讲话精神紧密结合，转化为完成国企改革发展的动力和能力，体现在促进完成国企改革三年攻坚行动任务上。

蒋旭光指出，保证十九届六中全会精神学习成果落地，要做到"六个认清"。一是认清责任，要找准定位，守正创新。二是认清形势，要知进退，布好局、谋好篇。三是认清任务，要扛起责任，硬核担当。四是认清自身条件，要查找短板，提升能力。五是认清规则，要合法合规、安

全高效。六是认清方法，要立足岗位，灵活思辨。要做好"六项工作"。一是保障安全，安全是前提，是生命线，是立身之本，要始终守牢"三个安全"底线。二是强化管理，要在做好基础管理的同时，加强精准化、规范化、信息化的管理，提质增效。三是绿色调水，要做好水质保护，保证绿色低碳发展。四是促进创新，要用创新解决实际问题。五是勇于改革，要加快建立现代企业制度。六是廉洁自律，要加强党风廉政建设，筑牢思想防线，严守纪律底线。

在郑州河南分局分调中心调度大厅，蒋旭光详细听取了河南分局关于工程运行调度模式优化试点情况的汇报，现场检查了调度中控室安全生产监控和水质监测实验室情况。他对中线调度生产优化模式、调度中控室安全监控提升工作给予了充分肯定，指出要在确保运行安全的前提下，不断总结经验，逐步进行推广。

蒋旭光一行先后赴穿黄、郑州段和荥阳段工程，现场检查了水毁工程修复进展和总干渠供水安全运行情况。他强调，水毁工程修复工作事关冰期输水安全和冬奥会等重大活动期间供水安全，更关系 2022 年迎汛保安全，要加快相关工作进度，确保"三个安全"。要科学合理安排工期，在确保施工质量的前提下，赶在汛期来临之前全面完成水毁工程的修复加固，确保沿线人民群众用水安全。

南水北调集团有关部门、单位负责同志陪同检查。　　　　（王乃卉）

张宗言赴南水北调中线河北段检查调研安全度汛和生态补水工作

为深入学习贯彻习近平总书记在考察南水北调中线工程和推进南水北调后续工程高质量发展座谈会上的重要讲话精神、副总理胡春华关于南水北调中线有关工作要求，进一步督促落实好工程安全运行、防汛备汛、生态补水等工作，2021 年 6 月 8 日，中国南水北调集团有限公司党组副书记、总经理张宗言带队赴河北检查调研。

张宗言一行来到石家庄管理处滹沱河倒虹吸、滹沱河退水闸，实地查看安全运行、防汛备汛、生态补水及生态效益情况。张宗言指出，中线工程自 2014 年通水以来，工程运行安全，水质稳定达标，效益充分发挥，为经济社会发展和国家重大战略实施提供了有力的水资源保障，做出了突出贡献。

张宗言强调，习近平总书记的重要讲话为推进南水北调后续工程高质量发展指明了方向，提供了根本遵循。全体干部职工要认真领会、深入贯彻落实，切实把思想和行动统一到总书记重要讲话精神上来。一是要持续学、深入学、反复学，不断提高政治判断力、政治领悟力、政治执行力，以高度的政治责任感和历史使命感，切实抓好各项工作落实，确保习近平总书记重要讲话精神不折不扣落实落地。二是要着力加强工程运行管理，站在守护生命线的政治高度，切实维护好工程安全、供水安全、水质安全，为经济社会发展提供强有力的水资源支撑和保障。三是要全力抓好防洪度汛，立足防大汛、抗大洪、抢大险，抓好预报、预警、预演、预案，全力确保安全度汛、平稳度汛。四是要切实抓好生态补水，把生态补水作为贯彻落实习近平总书记重要讲话精神的重要举措，更好地发挥工程在复苏河湖生态环境、提升生态效益方面的重要作用。五是要毫不动摇加强党的建设，认真贯彻新时代党的建设总要求，扎实推进党史学习教育和全面从严治党，抓好组织建设、队伍建设和作风建设，实现党建工作与业务工作深度融合，以高质量党建引领高质量发展，以优异成绩迎接建党 100 周年。

南水北调集团党组成员、副总经理耿六成，南水北调集团有关部门负责同志，中线建管局有关负责同志参加调研。 　　　　　（王乃卉）

张宗言检查指导南水北调中线北拒马河暗渠抗洪抢险工作

2021 年 7 月 23 日，中国南水北调集团有限公司党组副书记、总经理张宗言来到南水北调中线北拒马河暗渠工程现场，检查指导抗洪抢险工作。南水北调集团党组成员、副总经理耿六成陪同检查。

张宗言一行先后来到北拒马河中支南岸和北岸，查看了南水北调北拒马河暗渠工程险情处置情况，现场听取了中线建管局主要负责同志关于工程度汛情况的汇报，详细询问当前的水情、工情，仔细分析工程存在的风险隐患。张宗言鼓励现场抢险施工的负责同志和技术人员，要加强施工组织，确保作业安全有序。要求中线建管局抓住当前天气晴好、流量减小的大好时机，加强组织协调，尽早排除安全隐患，确保工程安全和供水安全。

现场检查结束后，张宗言主持召开有关单位和专家座谈会，进一步研究部署下阶段工作。他要求，一是提高政治站位，深入学习贯彻习近平总书记关于防汛救灾工作的重要指示精神，切实把各项要求落到实处；二是进一步压实防汛主体责任，抓实抓细各项防汛措施；三是坚持永临结合，精心设计，确保处理方案科学合理；四是要精心组织施工，提高工作效率，确保处理质量，保障施工安全；五是加强与地方政府的沟通协调，及时掌握水情信息；六是加强思想教育和引导，确保队伍稳定。 　　　（王乃卉）

中国南水北调集团有限公司到河南省调研南水北调鱼泉调蓄工程

2021 年 4 月 8 日，中国南水北调集团有限公司党组副书记、副总经理于合群及党组成员、副总经理孙志禹调研河南省南水北调鱼泉调蓄工程。调研组一行听取调蓄工程、抽水蓄能工程规划设计方案，实地查看调蓄水库坝址及周边环境，解了水文地质情况。河南省水利厅党组书记刘正才一同调研。

调研组指出，鱼泉调蓄工程可为南水北调总干渠分段停水检修提供水源保障，同时可进行抽水蓄能、风能、太阳能发电等开发利用，对保障南水北调中线沿线受水区供水安全，全面提高中线工程供水保障能力，改善区域生态环境，促进地区经济高质量发展具有重要意义，是一项民生工程、安全工程、生态工程。要牢固树立绿色发展理念，坚决把好事办好、实事办实，充分发挥工程效益，实现经济社会与生态环境的和谐共生、良性循环、协调发展，更好更多造福人民。要坚持规划引领，进一步优化设计方案，科学把握工程特点，加强统筹协调，强化要素保障，搞好工作衔接，共同推进鱼泉调蓄工程项目前期工作，争取列入国家"十四五"规划，促使项目早日实施，早日发挥效益。河南省水利厅南水北调处负责人随同调研。

（河南省水利厅）

水利部监督司调研南水北调东线总公司监督检查工作

2021年4月16日，水利部监督司负责同志带队调研南水北调东线总公司监督检查工作，东线总公司负责同志和有关部门负责人参加座谈。

东线总公司介绍了近两年监督工作开展情况，双方就新时期的南水北调工程建设及运行监督重点、方式等座谈交流。曹纪文副司长对东线总公司近年来开展的监督工作给予肯定，尤其是东线北延工程建设开工以来，公司克服新冠肺炎疫情困难，强化监督检查，确保了工程运行和建设各项任务顺利完成，成效显著。但在肯定成绩的同时，也要清醒看到，当前安全生产形势严峻，隐患排查不容忽视。

曹纪文副司长强调，新时期的南水北调工程监督要着力在统筹发展和安全，防范化解风险上下功夫。一是紧盯风险，对建设维修项目要加强危险源辨识、实体质量等过程管控；对运行管理工程要加强消防系统、金属结构设备等安全运行关键部位的运行监管。二是落实责任，严格落实现场安全生产责任，尤其应关注现场对吊装等危险作业是否遵守操作规程；严格落实建管和参建单位合同责任，依据合同条款实施处罚，并组织整改落实。三是强化监督，东线总公司要继续采取"四不两直"方式，加强对重点区域、重点时段、重点岗位的暗访；监督司也将对前期发现问题整改情况开展回头看，及早发现问题、及时消除隐患。

（水利部监督司）

水利部南水北调司组织赴湖北郧阳区调研对接定点帮扶工作

2021年5月12—14日，水利部南水北调司带队赴湖北郧阳区调研对接 2021 年定点帮扶工作,并主持召开对接帮扶座谈会。会上,郧阳区介绍了巩固脱贫成果与乡村振兴工作情况,水利部南水北调司介绍了 2021 年定点帮扶郧阳区工作计划,帮扶组同郧阳区有关部门就定点帮扶重点工作进行了深入对接交流。

南水北调司司长李鹏程指出,水利部将深入贯彻习近平总书记关于实施乡村振兴战略和定点帮扶工作重要指示精神,持续发扬务实的作风,继续组织做好定点帮扶郧阳区各项工作,八项重点工作牵头单位要与郧阳区进一步细化对接,制定具体帮扶工作方案并扎实推进实施,助力巩固拓展脱贫攻坚成果同乡村振兴有效衔接。

李鹏程强调,郧阳区要完整准确全面贯彻落实新发展理念,统筹协调好保护与发展,创新发展方式,加快产业转型升级,推动特色产业可持续发展,扎实做好乡村振兴各项工作,为"十四五"时期郧阳区经济社会高质量发展开好局、起好步。

根据帮扶对接工作需要,八项重点工作牵头单位分三个小组,现场调研考察了郧阳区水利工程建设项目、产业园区和部分企业发展情况,以及玉皇山村红色美丽村庄建设项目。

(来源:水利部网站,略有删改)

水利部南水北调司率队检查指导南水北调中线河南省境内部分工程防汛工作

2021 年 7 月 14—16 日,水利部南水北调司率队检查指导南水北调中线河南省境内部分工程防汛工作,河南省水利厅副厅长王国栋、中线建管局副局长曹洪波参加检查。

检查组先后现场查看了中线禹州长葛段、淅川段和陶岔渠首工程,了解工程防汛工作情况,并召开座谈会,与有关地方政府及中线建管局研究讨论防汛工作。

南水北调司司长李鹏程指出,据气象预测,近期河南省境内降雨量偏大,防汛形势严峻,要立足最不利情况,切实做好南水北调工程防汛各项工作,全力保障工程安全度汛。一是要提高政治站位,充分认识习近平总书记提出的南水北调工程事关战略全局、事关长远发展、事关人民福祉的重要论述,压紧压实防汛责任,总结运用好历年防汛工作经验,分析研判防汛形势、科学调配人员力量、合理配备防御物资、优化工程运行调度。二是要坚持底线思维,以问题为导向,认真排查工程防汛存在的风险和隐患。三是要以时不我待的精神做好防汛安全风险隐患应对处置,对发现的问题隐患要及时采取措施,确保工程度汛安全。

(来源:水利部网站,略有删改)

水利部南水北调司率队检查调研南水北调苏鲁省际工程

2021 年 9 月 23—25 日,水利部南水北调司带队检查调研南水北调东线苏鲁省际工程运行管理以及《南水北调工程供用水管理条例》执行情况。淮委二级巡视员（副司级）徐英三、沂沭泗局副局长郑胡根，山东省水利厅二级巡视员徐希进陪同调研。

南水北调司副司长袁其田一行先后调研了骆马湖水资源控制工程、台儿庄泵站、韩庄泵站、二级坝泵站、潘庄引河闸、杨官屯河闸、大沙河闸、姚楼河闸等工程现场及南四湖水资源监测中心，详细了解苏鲁省际工程运行管理、南四湖水质保护等情况，关切询问管理单位职工生产生活和学习情况，同干部职工座谈交流。袁其田就下一步工作提出具体要求，一要认真学习贯彻落实习近平总书记对南水北调工作的重要指示精神，从守护生命线的政治高度，加强南水北调工程安全、供水安全、水质安全保障；二要贯彻好《南水北调工程供用水管理条例》，以条例为重要抓手，全面做到依法调水、依法管水、依法用水；三要强化党建引领，促进党建工作与生产经营深度融合，以党建学习教育聚力聚能，努力建设高素质干部队伍，着力增强干部职工的使命感、责任感和积极性；四要充分发挥流域管理机构在省际水资源管理工作中的应有作用，强化省际断面水资源管理、水质监测和保护，确保清水北送、润泽北方。

（来源：水利部网站，略有删改）

水利部南水北调司调研北大港水库运行情况

2021年4月13日，水利部南水北调司到天津市北大港水库调研南水北调东线一期北延应急供水及工程安全运行工作情况。南水北调司司长李鹏程一行实地查看了北大港水库围堤、马圈闸等工程现场，详细听取大清河中心关于南水北调东线一期北延应急调水及相关工程运行管理情况的汇报。

李鹏程要求，天津市市水务局要提前做好南水北调东线一期北延应急供水工程准备工作，加强工程设施的巡查维护及应急管理，确保通水安全。

张志颇强调，北大港水库扩容改建工程是南水北调东线供水工程的重要一部分，将有效改善北大港水库调蓄能力不足、生态水量缺乏等问题。一是积极配合相关部门完成工程前期工作，进行水库土地树木权属等相关信息调查，推进项目顺利开展。二是做好调水路线中相关工程设施运行管理工作，严格按照要求开展水库、河道、闸站运行管理，对影响工程运行情况的部位及时维修养护，确保工程运行安全。三是加大巡视巡查力度，加强关键点位和薄弱环节的巡视巡查，紧盯水库河道堤防、闸站等工程设施安全运行情况，保证输水安全。

（天津市水务局建管处）

天津市委常委会召开扩大会议
传达学习贯彻习近平总书记
在推进南水北调后续工程
高质量发展座谈会上
重要讲话精神

2021年5月18日，天津市委常委会召开扩大会议，传达学习习近平总书记在推进南水北调后续工程高质量发展座谈会上重要讲话精神，研究部署天津市贯彻落实工作。市委书记李鸿忠主持并讲话，市委副书记、市长廖国勋，市人大常委会主任段春华，市政协主席盛茂林出席。

会议指出，南水北调是造福民族、造福人民的民生工程，充分体现了中国特色社会主义制度的优越性。习近平总书记在推进南水北调后续工程高质量发展座谈会上的重要讲话，深入分析南水北调工程面临的新形势新任务，总结经验，指出问题，提出重要要求，为做好"十四五"时期水利工作指明了前进方向、提供了根本遵循，要认真学习领会，坚决贯彻落实。一是深入学习贯彻习近平生态文明思想和习近平总书记关于治水工作的重要论述，增强"四个意识"、坚定"四个自信"、做到"两个维护"，坚持系统观念，树牢全国一盘棋思想，立足国家发展大局，坚决服从中央层面统一推动，全力服务南水北调工程全局，认真实施好南水北调后续工程。二是确保城市供水安全。坚持引江、引滦双水源保障并重，加强引滦水源地保护，提前谋划南水北调东线配套工程，加快推进于桥、北大港等水库扩容工程规划建设。加强海河流域综合治理，积极推进海水淡化。加强生态环境保护，扎实推进重大生态工程建设，充分涵养修复水源生态。三是坚持和落实节水优先方针。深化节水型城市建设，根据水资源承载能力优化城市空间布局、产业结构、人口规模，以水定城、定地、定人、定业。倍加珍惜水资源，强化优水优用，分层分级管理，提高水资源集约节约利用水平。突出法规政策引领，加强宣传引导，增强全民节水意识，在全社会形成节约用水的文明风尚。

（天津市水务局建管处）

水利部南水北调司调研天津市
南水北调东线一期北延
应急供水工作

2021年8月31日至9月1日，水利部南水北调司带队到天津市实地调研东线北延调水工作。市水务局党组书记、局长张志颇陪同调研。

南水北调司一行就南水北调东线北延调水计划制定等工作与天津市进行座谈，并实地检查了西钓台节制闸控制节点工程和静海区地下水超采区域地下水压采情况。

南水北调司司长李鹏程充分肯定了天津市南水北调东线北延应急供水工作，指出南水北调东线北延供水是天津城市应急供水的重要水源，也是实施地下水超采综合治理的重要水源，持续做好东线北延应急供水意义重大。天津市要进一步优化水资源配置，将东线北延水源纳入多水源供水保障体系，合理统筹布局东线北延供水区域，不断完善供水工作，充分发挥供水工程效益，确保地下水超采综合治理任务圆满完成，切实提高供水保障率。

张志颇对水利部南水北调司一直以来对天津市供水给予的大力支持表示感谢，表示将按照水利部的部署要求，持续加力，全力以赴做好南水北调东线北延应急调水各项工作，用好来之不易的水资源。

（天津市水务局建管处）

南水北调集团公司董事长蒋旭光调研天津市南水北调工程和水利基础设施

2021 年 11 月 2 日，中国南水北调集团有限公司党组书记、董事长蒋旭光，党组副书记、总经理张宗言实地调研考察了天津市南水北调主体工程和配套工程，以及于桥水库、尔王庄水库、北大港水库和津滨水厂二期工程等水利基础设施，拜会了天津市市长廖国勋，天津市副市长李树起，集团公司党组成员、副总经理耿六成出席。

廖国勋对蒋旭光一行来天津调研考察南水北调和水利基础设施表示欢迎，对南水北调工程为天津经济社会发展做出的贡献表示感谢。廖国勋指出，南水北调是造福民族、造福人民，更是造福天津的民生工程。通水以来，南水北调工程累计向天津调水超 68 亿 m^3，供水范围覆盖天津市中心城区、环城四区及滨海新区等 14 个行政区，1200 多万天津人民直接受益。其中，南水北调工程向天津市子牙河、海河累计实施生态补水超过 14 亿 m^3，使全市水环境质量显著提升，极大改善了津城百姓的人居环境，天津市建成区全部消除黑臭水体，12 条入海河流全部消劣。廖国勋表示，天津是资源型缺水的特大城市，要构建新发展格局、实现高质量发展，离不开强力的水资源支撑。作为中央直接管理的唯一跨流域供水工程开发运营集团化企业，希望南水北调集团深度参与天津市重大水利基础设施建设，为天津市经济社会发展，为京津冀协同发展提供更加充足的水资源支撑，贡献新的更大的力量。

蒋旭光对天津市委、市政府长期以来对南水北调工程的重视、关心和支持表示衷心感谢。蒋旭光表示，南水北调集团组建一年多来，始终坚持以习近平总书记关于南水北调工程的系列重要讲话和指示批示精神为指引，牢记使命，担当作为，奋力推进南水北调工程建设运行管理高质量发展，各项工作高起点起步。作为中央直接管理的唯一跨流域、超大型供水企业，建设运营好南水北调工程，当好国家水网建设的国家队、主力军，是中央赋予南水北调集团的历史使命。目前，正加快推进南水北调后续工程建设各项工作，天津是南水北调东、中线工程最主要的受水区之一，南水北调集团希望与天津市一起共同努力，加快推进后续工程早日开工建设，加快构筑国家水网大动脉、主骨架。与此同时，南水北调集团也愿意发挥国资央企的优势，为天津市区域水网构建、城乡供水一体化、水生态环境保护治理等水利建设贡献力量，希望双方加强合作，共同为京津冀协同发展重大战略实施和天津市经济社会持续健康发展作出积极贡献。

张宗言表示，通过此次调研考察，进一步加深了双方的了解，达成了许多共识，双方有着十分广泛的合作空间。下一步，南水北调集团将进一步加强与天津市的沟通对接，在强化一期工程运行管理、做好供水保障工作的同时，积极参与有关重大水利基础设施建设和涉水业务开发，以实际行动为天津市经济社会发展贡献力量。 （天津市水务局建管处）

水利部调研湖北省南水北调工程完工财决审计情况

2021 年 4 月 14—16 日，水利部南水北调司副司长谢民英一行 5 人调研湖北省南水北调工程完工财务决算审计情况。调研组实地察看了兴隆水利枢纽工程、引江济汉工程，并通过现场座谈方式详细了解工程完工财务决算审计及整改情况。调研组对审计中发现的重难点问题逐条进行了梳理，为项目法人下一步的审计整改工作指明了切实可行的工作思路。

湖北省水利厅党组成员、省水利事业发展中心党委书记、主任刘文平对调研组的指导与帮助表示感谢，并对工程完工财务决算审计工作提出后续工作要求：一是项目法人要发扬"不推、不等、不靠"的工作作风，体现职责担当；二是对审计提出的各项问题，进一步进行梳理，结合审计意见，理清整改思路，群策群力攻克重难点问题，扎实做好工程完工财务决算审计整改工作；三是按水利部南水北调司的财决工作要求，加快审计整改及财决报告的完善修改工作，保证按时间节点完成任务。

湖北省水利厅南水北调处、工程设计、监理等单位的有关人员参加了此次调研。 （谢录静）

江苏省副省长刘旸巡查徐洪河邳州站段

2021 年 3 月 6 日上午江苏省副省长刘旸率队巡察徐洪河，察看了徐洪河邳州站段。省南水北调办副主任郑在洲、江苏水源公司副总经理吴学春和相关部门负责人参加活动。

在邳州站运行现场，刘旸认真听取了沂沭泗流域水系概况、徐洪河河道概况、徐洪河徐州段河长制工作开展情况以及南水北调东线一期工程江苏境内工程情况汇报，详细了解了江苏省南水北调徐州境内工程运行体系情况和邳州站工程运行管理情况。他肯定了徐州境内徐洪河河长制执行情况以及南水北调工程管理工作。强调要严格按照河长制工作要求，压实主体责任，加大巡河力度，提高水环境质量，改善水生态环境；南水北调邳州站要扎实做好调水运行安全，确保完成年度调水任务及工程安全度汛，为打造幸福徐洪河作出积极贡献。

（贾璐）

江苏省南水北调办副主任郑在洲到江苏水源公司调研座谈

2021年9月2日上午，江苏省水利厅党组成员、省南水北调办副主任郑在洲率办相关处室负责同志到江苏水源公司调研座谈。公司党委副书记、总经理袁连冲，副总经理刘军、吴学春出席座谈，相关职能部门负责同志参加座谈。

在三楼云服务中心，调度运行管理系统建设处汇报了调度运行管理系统建设及智能化开发情况，现场演示了系统建设阶段性成果，过程中郑在洲详细了解了工程监控、工程管理、工程安全管理、三维可视化等系统开发情况。

在听取有关情况交流与汇报后，郑在洲对江苏水源公司各方面工作给予肯定。他指出，全省水利是"一盘棋"，为进一步推动江苏省南水北调

工程高质量发展，当前要重点抓好三方面工作。一是全力推进调度运行管理系统建设。上半年，在江苏省南水北调办和江苏水源公司共同努力下，圆满完成了管理设施验收任务。调度运行管理系统作为江苏省南水北调最后一个在建的专项工程，公司要进入抢工模式，进一步梳理工作任务，细化专项时间节点，加强安全管理，江苏省南水北调办和公司要建立定期会商机制、周报制度，推进协调解决，确保调度运行管理系统建设任务按期完成。二是认真抓好智能化建设工作。智能化建设是践行习近平总书记"高质量发展""守护生命线"要求的重要举措，是提升江苏省南水北调运行管理水平的有力措施。公司要按照"两争一前列"的要求，坚持"实事求是、可靠安全、实用实效、分步推进"原则，进一步厘清目标、任务、措施和成果，不断提升信息化、数字化、智能化水平。三是共同做好其他各方面工作。江苏省南水北调办和公司拥有共同目标，要优化机制，协调配合，抓好工程管理、防汛工作及管理设施遗留问题处理，提前做好调水准备，落实安全生产常态化管控措施，多途径多方面协调水费问题，进一步强化落实管理体制。

袁连冲对江苏省南水北调办长期以来的关心与支持表示感谢。他指出，公司和江苏省南水北调办是"一家人"，江苏省南水北调办对公司发展给予指引和帮助，对遇到的问题和

困难做出了很好的回应，下一阶段要共同推动江苏省南水北调发挥更大效益，围绕江苏省南水北调多水源河湖水网、大型泵站集群供水的特点，开展智能化建设，进一步提炼建设成果，力争江苏省南水北调工程智能化建设走在前列。

与会同志围绕南水北调体制机制、工程管理和防汛抗旱、科技创新、调水水费水价、新冠肺炎疫情防控与安全生产等方面内容进行了广泛深入的讨论。 （王晨 张卫东）

荣迎春董事长赴一线检查指导调水运行工作

根据水利部年度水量调度计划和江苏省防汛抗旱指挥部中心调度指令，3月2日9时，江苏省南水北调工程正式启动2020—2021年度第二阶段向山东调水工作。3月3—4日，江苏水源公司董事长荣迎春先后赴宝应站、金湖站、洪泽站检查指导调水运行工作，副总经理吴学春参加检查活动。

荣迎春一行认真察看了工程运行现场，听取了有关调水运行情况汇报，详细询问机组运行情况，叮嘱现场管理人员要抓好新冠肺炎疫情防控工作，严格执行站区疫情防控措施，强化值班巡查，保证设备及人员安全，确保第二阶段调水运行工作圆满完成。

在宝应站和金湖站清污机捞草现场，荣迎春要求现场管理单位加大站前水草清理力度，组织相关单位加大科研创新，针对清污机捞草、站前漂浮物等问题，在现有处理措施基础上，加大科研攻关，加强调研学习，跳出行业和思维局限，拓展新的改进处理措施，切实解决捞草难题。在洪泽站现地自动化改造现场，荣迎春要求现场管理单位切实发挥主人翁意识，高标准、严要求、细把关，组织项目实施单位认真做好现地自动化改造工作。

在洪泽站，荣迎春专题听取了淮安公司工作汇报，并就相关工作进行了调度。荣迎春要求，淮安公司要拉升工作标杆，勇于争先进位，按照"两争一前列"要求，全力打造洪泽站"中心站"样板工程。

（1）将党建工作与中心工作、业务工作高度融合，全面履行"三重一大"决策程序，切实发挥党组织"把方向、管大局、促落实"作用。

（2）大力推动"信息化＋标准化"，主动发挥洪泽站试点作用，积极探索开展"远程监控、少人值守"，完成硬件改造和软件提升，全力打造现代化智慧泵站。

（3）高度重视文化建设，因地制宜加强景观建设，打造特色绿化小品，突出南水北调底蕴和地方文化，提升洪泽站"示范窗口"形象。

（4）坚持为民发展思想，扎扎实实开展为民办事活动，办好员工食堂，改善员工宿舍，完善职工之家，不断提升员工幸福感、获得感、安全感，凝聚干事创业良好环境。

（王晨　张卫东）

江苏水源公司总经理袁连冲调研徐州分公司

2021年9月9—10日，江苏水源公司总经理袁连冲在南京新冠肺炎疫情得到控制后，结合党史学习教育"我为群众办实事"实践活动，赴徐州分公司开展调研，慰问一线运行管理人员，察看新冠肺炎疫情常态化防控、工程管理、机组大修等情况，指导分公司坚持双轮驱动加快发展，确保年度目标任务全面完成，奋力实现"十四五"开局之年开门红。

袁连冲先后到蔺家坝站、刘山站、解台站、邳州站察看工程现场，与泵站运行一线员工座谈交流，代表公司领导班子向坚守调水运行和防疫防汛员工表示感谢。袁连冲认真听取了各泵站调水运行、防疫防汛、工程管理、安全生产等工作汇报，详细询问基层一线员工工作、生活、学习等情况，关切询问现场人员存在哪些困难需求，听取大家的意见建议。他要求，各泵站运行单位要牢记使命、履职尽责，强化党建引领作用，激发干事创业活力，以高度负责的态度、敬业的精神和专业的能力抓好工程管理，强化工程安全，加快岁修养护，超前谋划新一年度调水出省各项准备工作，确保东线"生命线"安全畅通。

在察看徐州片区四座泵站后，袁连冲来到徐州分公司，察看了分公司党员活动室、职工之家、管理设施加固工程等，听取徐州分公司工作汇报，对徐州分公司今年以来工作给予充分肯定，并就下一步改革发展工作提出6个方面要求。一是加强顶层设计，注重发展谋划。要根据公司"十四五"发展规划，立足自身实际，坚持在服务公司高质量发展中找准自己的坐标定位，找到体现徐州特色、适合自身发展的有效路径，努力以高质量规划引领徐州公司高质量发展。二是坚守主责主业，充分发挥工程效益。要深入学习贯彻习近平总书记视察南水北调工程重要讲话指示精神，站在守护生命线的政治高度，大力推动工程管理"标准化＋信息化"实践应用，持续开展工程"补短板"和"五小"创新活动，主动配合公司加快构建"远程集控、智能管理"工程运行管理体系，不断推动徐州分公司工程管理提档升级。三是加强涉水经营，打造自身特色。要充分发挥区位优势，围绕自动化等特色定位，继续发挥优势，内强管理、外塑形象，练好内功、创出特色，持续打造自动化技术服务品牌。四是加强安全管理，守牢发展底线。要以新修订的《安全生产法》宣贯为契机，推动落实全员安全生产责任制，推进安全生产标准化工作，继续巩固深化一年"小灶"成果，持续开展安全生产专项整治三年行动，积极构建安全生产双重预防机制，不断提升本质安全水平。五是加强队伍建设，厚植人才优势。要认真学习习近平总书记在中央党校（国家行政学院）中青年干部培训班开班式上的重要讲话精神，结合徐州分公司年轻人多的实际，教育引导员工树立终身学习意识，不断练就干事创业过硬本领；要加强青年干部培养使用，主动为青年干部搭建平台、创造机会，让每一位员工都能"独当一面""出头露面"；要加强人文关怀，打造企业文化，把关爱员工激发热情的文化软实力，提炼成为企业发展的硬实力；要弘扬"真抓实干、马上就办"的工作作风，确保分公司年度目标任务顺利完成。六是加强党建引领，凝聚发展力量。要认真组织学习习近平总书记"七一"重要讲话精神，不断推动党史学习教育和"我为群众办实事"活动落地见效，确保实现"学党史、悟思想、办实事、开新局"目标；要按照江苏省委部署和公司党委要求，切实抓好分公司"两在两同"建新功行动，鼓励广大党员干部立足本职、干事创业，鼓励大家撸起袖子加油干，为江苏省南水北调"争当表率、争做示范、走在前列"作出新的更大贡献。 （王馨冉）

湖北省防办检查指导兴隆水利枢纽防汛备汛工作

2021年4月14日，由湖北省应急管理厅副厅长、省防办常务副主任杨光武带队的省防办防汛抗旱工作第七检查组赴兴隆水利枢纽开展2021年度汉江防汛备汛工作检查。

检查组察看了汉江水势，了解兴隆水利枢纽运行工况，兴隆水利枢纽管理局相关负责人向检查组汇报了防汛组织体系、汛前水毁修复和设备检修保养等方面的工作，检查组深入水利枢纽防汛重点部位，对防汛应急预案、物资储备、应急抢险队伍建设、防汛备汛值班安排等工作开展检查。

杨光武强调，防汛无小事，安全大于天，汉江即将迎来汛期，兴隆水利枢纽管理局思想上务必高度重视，要周密部署，切实做好2021年度防汛备汛各项工作，确保工程安全度汛。一要全力抓好风险隐患排查治理，针对薄弱环节进行整治修复，确保水利枢纽安全无虞；二要及时开展防汛应急演练，做好应急突发事故处置，主动防范化解重大风险；三要积极做好与地方政府的沟通接洽，进一步压实防汛责任，形成防汛合力。

（胡小熊）

水利部调水管理司赴兴隆调研江汉平原水资源调配规划

2021年5月15日，水利部调水管理司司长朱程清一行赴兴隆水利枢纽调研江汉平原水资源调配规划。

上午11时，雨后初晴，调研组来到水利枢纽现场，查看了泄水闸、电站、鱼道等各部位运行状况，听取了兴隆水利枢纽管理局的汇报，详细调查了解兴隆水利枢纽历年水量调度及水环境情况，肯定了水利枢纽建设运行取得的成绩。在水利枢纽现场，调研组听取了湖北省水利设计院雷新华副总工关于"一江三河""引隆补水"等江汉平原水资源调配工程规划的汇报，提出了指导意见。长江水利委员会水资源局和湖北省水利厅代表参加了此次调研。

南水北调工程是中国调水工程的经典成功案例，兴隆水利枢纽作为南水北调中线工程汉江中下游4项补偿工程之一，对其他调水工程的规划设计实施都有很好的借鉴指导意义。

（江盛威）

湖北省政协调研兴隆水利枢纽生态保护与修复工作

2021年5月20日，湖北省政协副秘书长、人口资源环境委员会主任周向阳一行赴兴隆水利枢纽现场调研。天门市政协、市政府办、市水利和湖泊局、市生态环境局等单位陪同调研。

湖北省政协此次主要围绕"加强湖北汉江流域江河湖库和湿地生态保护与修复"工作开展专项民主监督和调研。调研组依次察看了水利枢纽主体建筑物、汉江水位和生态鱼道，兴隆水利枢纽管理局负责人向调研组一行汇报了水利枢纽当前下泄流量、

水库水资源调度、鱼道运行和汉江非法捕捞等情况，并希望省政协能协调地方部门对打击汉江非法捕捞给予大力支持。

调研组强调，汉江流域江河湖库和湿地生态保护与修复工作事关人民群众的生产生活质量，事关湖北经济社会的发展。当前汉江生态经济带已上升为国家战略，要认真贯彻落实习近平总书记提出的"共抓大保护、不搞大开发""走生态优先、绿色发展之路"理念，切实加强汉江流域水资源调度和利用，切实保护过鱼设施，畅通鱼类洄游通道，保护水生态平衡，共同维护汉江流域良好生态环境，为湖北高质量发展作贡献。

（郑艳霞）

水利部南水北调规划设计管理局调研兴隆水利枢纽

2021年7月14日，水利部南水北调规划设计管理局局长鞠连义一行调研兴隆水利枢纽工程档案和财务完工决算等工作。湖北省水利厅党组成员、省水利事业发展中心党委书记、主任刘文平陪同调研。

鞠连义一行察看了泄水闸主体建筑物和汉江水情，检查了电站4号机组检修和泄水闸、电站、船闸现场运行值班情况，听取了兴隆水利枢纽管理局负责人关于工程概况、工程煞尾相关工作和工程综合效益的情况汇报。鞠连义对今年兴隆水利枢纽工程

档案专项验收后的相关工作和财务完工决算工作进行了详细了解。

鞠连义对兴隆水利枢纽现场整洁的外观和规范的运行管理工作表示赞赏，他表示，兴隆水利枢纽运行几年来，在南水北调中线汉江中下游生态补偿方面发挥了积极作用，工程的安全平稳运行离不开兴隆水利枢纽管理局全体干部职工严谨务实的工作态度和爱岗敬业的奉献精神。2021年5月兴隆水利枢纽设计单元工程档案顺利通过专项验收，财务完工决算工作也快进入尾声，希望兴隆水利枢纽管理局继续保持良好的工作势头，精心谋划、一鼓作气，圆满完成水利部下达的工程煞尾各项任务。　　（郑艳霞）

廖志伟调研指导兴隆水利枢纽管理局工作

2021年6月25日，湖北省水利厅党组副书记、副厅长（正厅长级）廖志伟一行赴湖北省汉江兴隆水利枢纽管理局调研指导工作，厅办公室、人事处负责同志陪同调研。

廖志伟依次察看了兴隆水利枢纽泄水闸、电站、鱼道、船闸现场，了解水库运行调度、机组发电和船闸通航情况，检查泄水闸启闭设施、电站工作票记录台账，并询问了现场各运管单位人员配备和运行值班工作。

随后，廖志伟与兴隆水利枢纽管理局班子成员进行了座谈，听取了兴隆水利枢纽管理局负责人关于工程概况、工程验收、党建、防汛、安全生产、标准化运行管理工作和近年来在各项工作中存在的困难和问题等情况汇报。厅办公室、人事处负责同志就兴隆水利枢纽管理局相关工作进行了指导和答疑。

廖志伟首先对兴隆水利枢纽管理局近7年来的安全平稳运行，工程发挥的综合效益给予了充分肯定。他指出，兴隆水利枢纽作为汉江中下游四项治理工程之一，地位特殊、作用重要，充分体现了习近平总书记"节水优先、空间均衡、系统治理、两手发力"的治水思路，有力支撑了南水北调中线主体工程"一江清水北送"。兴隆水利枢纽管理局克服了机构改革带来的重重困难，勇担汉江中下游三个项目项目法人职责，抓验收、运行、安全和能力建设，工作卓有成效，兴隆水利枢纽管理局积极践行新时代水利精神，党委班子有担当，干部奋勇当先，体现了良好的精神风貌。

同时，廖志伟对兴隆水利枢纽管理局下一步的工作提出几点建议。一是要以高度的政治感和责任感做好兴隆水利枢纽运行管理工作，要让兴隆水利枢纽的巨大效益得到全社会的认同，提高南水北调工程的美誉度。二是高度重视防汛和安全管理工作。防汛工作不能掉以轻心，要提前做好防汛预案和防汛演练，强化极端天气安全应对措施，营造良好的安全生产氛围。三是做好"十四五"规划顶层设计，稳步有序推进后续工作，提升运行管理"制度化、标准化、规范化、信息化"水平。四是加强党的建设工作。兴隆水利枢纽管理局党委要做好引领表率，带头改进工作作风、加强干部队伍建设，积极倾听职工心声，增加全体干部职工的归属感、幸福感。

（郑艳霞）

讲话、文章与专访

立足新发展阶段　贯彻新发展理念构建新发展格局　以全面从严治党引领保障南水北调事业高质量发展
——在南水北调集团 2021 年工作会议暨党风廉政建设工作会议上的讲话

蒋旭光

（2021 年 2 月 5 日）

同志们：

这次会议的主要任务是：高举习近平新时代中国特色社会主义思想伟大旗帜，全面贯彻党的十九届五中全会、中央经济工作会、中央农村工作会议、十九届中央纪委五次全会以及中央企业负责人会议、全国水利工作会议精神，认真落实习近平总书记关于南水北调重要指示和国有企业改革发展重要论述精神，总结中国南水北调集团有限公司成立以来各项工作，分析南水北调事业发展面临的形势，进一步统一思想、明确目标、落实责任，立足新发展阶段、贯彻新发展理

念、构建新发展格局，充分发挥全面从严治党的引领保障作用，高质量做好各方面工作，奋力开创南水北调事业新局面，朝着打造国际一流跨流域供水工程开发运营集团化企业扬帆起航，为"十四五"开局起步、全面建设社会主义现代化国家做出积极贡献。

下面，我讲四点意见。

一、深入贯彻落实中央决策部署，南水北调集团顺利成立并实现良好开局

在党中央的坚强领导下，在中央领导同志的亲切关怀下，在各有关部门、单位和地方政府的大力支持下，南水北调集团于 2020 年 10 月 23 日在京正式挂牌成立。习近平总书记亲自审定南水北调集团组建方案和章程，李克强总理对南水北调集团成立作出批示，胡春华副总理、王勇国务委员为南水北调集团揭牌，胡春华副总理发表讲话。

组建南水北调集团，是党中央、国务院为提高我国水资源支撑经济社会发展能力、优化国家中长期发展战略格局做出的重大决策，是加强南水北调工程运行管理、完善工程体系、优化我国水资源配置的重大举措。2020 年 7 月初筹备组一成立，我们就按照国务院批复的组建方案和水利部党组工作要求，坚持党建引领，抓重点、促落实，确立了 137 项重点工作任务，加班加点昼夜鏖战。10 月南水北调集团正式成立后，我们深入学习贯彻习近平总书记重要指示、李克强

总理批示和胡春华副总理讲话精神，一手抓南水北调建设运行管理，一手抓南水北调集团自身建设，实现了公司架构初成体系、工程运行安全平稳、业务工作逐步展开的良好开局。

（一）南水北调集团组建工作稳步推进

一是组织架构初步建立。南水北调集团党组和经理层已到位并履职。董事会组建工作提上日程。根据公司组建方案和近中期发展需要，研究制定"三定"方案，明确内设 11 个部门的基本构架，目前已初步成立了办公室、财务资产部等 7 个部门，人员选调、薪酬待遇标准制定及发放等各方面工作稳步推进。纪检监察组同步成立，纪检监察体制改革有序实施。

二是治理机制正在理顺。研究制定《"三重一大"决策制度实施办法》，明确组建初期"三重一大"81 项具体事项的权责划分清单；研究制定《党组议事规则》，明确党组在决策、执行、监督各环节的权责和工作方式；研究制定《董事会议事规则》，董事会组建期间暂由党组会代替董事会行使职权；研究制定《总经理工作规则》《经理层专题会议规则》《月度工作例会规则》，组织召开了第一次月度工作例会。

三是产权关系逐步明晰。积极与水利部沟通协商，提出明确南水北调集团实收资本的建议，并按水利部发文精神及时向中线建管局、东线总公司发文明确投资产权关系。同时组织

开展南水北调工程投资分摊及资产界定专题研究，为进一步理顺产权关系奠定基础。

四是财务体系加快完善。研究提出南水北调集团重要会计政策，制定实施南水北调集团财务管理办法、预算管理办法、资金管理办法等一系列规章制度，强化全面预算管理，做好资金归集管理，基本满足南水北调集团组建初期工作需要，同时组织研究制定财会内部控制建设工作方案，有序做好财会信息化、会计核算规范化等相关工作。

（二）南水北调业务工作有序开展

一是统筹做好新冠肺炎疫情防控和安全生产工作。及时成立疫情防控工作领导小组，研究制定常态化疫情防控工作方案和应急处置工作流程。纪检监察组及时跟进监督检查，督促问题整改。南水北调集团高度重视东、中线工程安全运行管理工作，多次召开专题会议研究，督促各部门、各单位层层压实安全生产责任，加强风险隐患排查，细化应急管理方案和措施，切实保障供水安全、工程安全、水质安全。党组成员带头，深入东、中两线飞检、调研。经过不懈努力，东、中两线圆满完成年度供水任务，累计调水 94.63 亿 m^3，工程运行安全平稳，设备设施正常，水质稳定达标。东线一期北延应急供水工程克服诸多不利影响，提前超额完成年度计划任务。

二是积极配合推进东、中线后续工程前期工作。在水利部统一安排部署下，督促中线建管局、东线总公司加强与国家发改委、中咨公司沟通，做好规划评估解释和资料补充，协同有关部委加紧可行性研究及先期开工项目前置要件办理；积极组织开展后续工程筹融资研究，加强与有关部委、银行对接，为资金筹措提供支持。目前，东线二期工程、中线引江补汉工程可行性研究报告已报送国家发展改革委。中线雄安调蓄库于2020年年底正式开工，观音寺调蓄库前期工作正有序推进。

三是加强公司发展战略谋划和有关专题研究。深入研判内外部形势，梳理影响南水北调集团长远发展的重大专题，初步明确南水北调集团战略规划编制工作思路、基本原则和框架体系。积极探索"两手发力"的实现途径，配合协调推进水价政策研究，组织编制完成南水北调工程水价体系改革研究工作方案。

（三）以政治建设为统领，全面加强党的建设

一是坚持把政治建设摆在首位。深入学习贯彻习近平新时代中国特色社会主义思想和党的十九届五中全会精神，引导党员干部进一步树牢"四个意识"，坚定"四个自信"，做到"两个维护"。建立党组第一议题制度和党组（扩大）学习制度，2020年共组织召开10次党组（扩大）学习会，及时跟进学习习近平总书记最新讲话精神，重点学习习近平总书记关于南水北调、国企改革发展的重要论述精神，始终同以习近平同志为核心的党中央保持高度一致。

二是认真落实全面从严治党责任。严格落实党组管党治党主体责任，充分发挥党组把方向、管大局、保落实的重要作用，南水北调集团重要制度制订、重要人事任免、重要安全工作必经党组会研究决定，重大经营管理事项必经党组会前置研究讨论。夯实基层党组织基础，南水北调集团设立机关临时党委和6个临时党支部，及时编制出台《党支部工作实施细则》，开展好"三会一课"等组织生活，基层党组织在疫情防控、安全生产等工作中充分发挥了战斗堡垒作用。

三是建立健全基本制度。突出制度建设这条主线，截至2020年年底，南水北调集团党组共审议通过《"三重一大"决策制度实施办法》《公务用车管理暂行办法》《人员选调管理暂行规定》《财务支付管理规定》等近30项基本制度，涉及党建、综合、人事、财务等各个方面。纪检监察组强化监督检查，切实增强纪律约束力和制度执行力，树立用制度管人、管事、管财、管物的标杆。

四是推进人才队伍建设。始终把政治标准放在选人用人的首位，坚持个别酝酿、会议提名、党组集体研究决定。及时制定出台《人员选调管理暂行规定》，坚持事业为上，突出岗位

需求，扩大选人用人视野，严把选人用人政治关、品行关、作风关、廉洁关，主动接受纪检监察组全过程监督。截至目前，南水北调集团正式入职或正在办理调入的共 50 人，分别来自水利部系统、中线建管局、东线总公司和其他 16 个不同的单位，充分体现了五湖四海、择优选用的原则。

五是全面加强作风建设。及时制定出台《南水北调集团党组关于贯彻落实中央八项规定精神实施办法》《企业负责人履职待遇、业务支出管理办法》等一系列规章制度，班子成员率先垂范，严格遵守各项规定；深入落实水利部"四风"问题专项整治有关要求，采取"四不两直"方式开展飞检、调研；对精简会议、文件等作出严格要求，南水北调集团成立大会按照规范、高效、廉洁的原则，应省尽省，会议实际支出费用较预算节省 71%。

六是着力加强纪律建设。组织党员干部深入学习党章党规，牢固树立红线意识、规矩意识。建立党组与纪检监察组工作会商机制，邀请纪检监察组参加或列席有关会议，"三重一大"事项充分听取纪检监察组意见，并强化过程监督。严格执行重大事项请示报告制度、个人有关事项报告制度、述职述廉制度、干部任前谈话制度等。加强重要节假日廉政提醒，始终做到警钟长鸣。

良好的开端是成功的一半。南水北调集团起步伊始，我们就坚持政治引领、把准正确的政治方向，坚持严的主基调、强化全面从严治党，坚持新时代党的组织路线、广开门路引进各方人才，坚持主动作为、积极争取多方面支持，坚持求真务实、力戒形式主义官僚主义，坚持高起点谋划、高标准推进、高质量落实，在成立不长的时间里，南水北调集团开局顺利、各项工作扎实有效。这些成绩的取得，得益于习近平新时代中国特色社会主义思想的引领指导，得益于党中央、国务院对南水北调工作的高度重视，得益于各有关部门和地方的鼎力支持，也得益于全体干部职工的辛勤付出。在此，我代表南水北调集团党组向广大干部职工表示诚挚的问候和衷心的感谢！

二、全面贯彻落实党的十九届五中全会精神，科学谋划南水北调集团发展总体思路

"十四五"时期是我国全面建成小康社会、实现第一个百年奋斗目标之后，开启全面建设社会主义现代化国家新征程、向第二个百年奋斗目标进军的第一个五年。党的十九届五中全会通过的《中共中央关于制定国民经济和社会发展第十四个五年规划和二〇三五年远景目标的建议》（以下简称《建议》），为未来发展擘画了宏伟蓝图、作出了战略部署，其中与南水北调和南水北调集团发展直接相关的工作就达 20 多项。我们要把学习贯彻党的十九届五中全会精神与学习贯彻"节水优先、空间均衡、系统治理、两手发力"的治水思路有机贯通起来，与学习贯彻习近平总书记关于南水北调的重要指示紧密结合起来，找准发展定位，把准发展方向，科学谋划发展思路。

（一）深刻认识"十四五"时期南水北调集团发展面临的形势和任务

南水北调工程是大国重器。2013年东线一期工程通水时，习近平总书记作出重要指示，强调"南水北调工程是事关国计民生的战略性基础设施"；2014年中线一期工程通水时，习近平总书记再次作出重要指示，强调"南水北调工程是实现我国水资源优化配置、促进经济社会可持续发展、保障和改善民生的重大战略性基础设施""南水北调工程功在当代，利在千秋"；2020年11月，习近平总书记在江苏视察东线工程时，强调"南水北调是国之大事"，确保南水北调工程成为优化水资源配置、保障群众饮水安全、复苏河湖生态环境、畅通南北经济循环的生命线。习近平总书记的一系列重要指示，充分彰显了南水北调工程的战略地位和重要作用，赋予了南水北调事业新的内涵和使命。作为南水北调人，我们要提高政治站位，胸怀两个大局，深悟"国之大事"，全力以赴做好新时代南水北调各项工作，不辜负习近平总书记期望和人民群众重托。

1. 立足新发展阶段，深刻认识新使命。新发展阶段明确了党和事业发展所处的历史方位和发展阶段，是做好包括南水北调在内的一切工作的着眼点和立足点。一是新发展阶段提出了全体人民共同富裕取得更为明显实质性进展的目标。作为关系广大人民群众饮水安全的重大战略性基础设施，这就要求我们在全方位做好南水北调供水安全工作的基础上，不断促进工程提质增效，进一步扩大城乡供水范围，增加供水规模，促进工程发挥更大效益，让更多的人民群众喝上优质可靠的水。二是新发展阶段强调生态文明建设实现新进步。作为生态之基，水资源将更加注重总量控制、科学配置、全面节约、循环利用，在改善生态环境、构建生态安全屏障中发挥更加重要的作用。这就要求我们落实好习近平总书记"调水、节水两手都要硬"的指示，切实把"三先三后"原则落实落地，充分发挥好南水北调工程的生态效益，为华北地区地下水超采治理和沿线地区生态环境改善多做贡献。三是新发展阶段强调更高质量的发展。这就要求我们充分利用好南水北调集团的独特优势，通过体制机制创新、政策制度创新、方式方法创新、科学技术创新，全面提升创新整体效能，有力发挥好国有经济顶梁柱、稳定器、压舱石的重要作用，为经济社会高质量发展提供更加坚强有力的水资源支撑和保障。

2. 贯彻新发展理念，准确把握新要求。习近平总书记强调，必须完整、准确、全面贯彻新发展理念，确保"十四五"开好局、起好步。我们要准确把握新发展理念与"四条生命线"之间的契合关系，优质高效做好各方面工作。一是从根本宗旨上把握。满足人民群众对优质水资源、健康水生态、宜居水环境等日益增长的美好生活需要是我们一切工作的根本出发点和落脚点。东、中线一期工程全面通水以来，累计调水近 400 亿 m³，中线通水运行 6 年就达到设计输水规模，沿线京津冀豫四省市对南水的需求量不断增加，近几年用水计划均大大超过丹江口水库可调水量。随着人民群众生活水平的不断提高，对南水北调已建工程安全运行、效益发挥和后续工程规划建设都提出了更高更迫切的需求。二是从问题导向上把握。经过几代人接续奋斗，南水北调"四横三纵"国家骨干水网格局初具规模，但规划 3 线 8 期才仅仅完成了 2 线 2 期。加快补齐水资源配置工程的短板，加快推进后续工程建设刻不容缓。但目前，东、中线后续工程前期工作还存在较多困难，西线相关专题也亟待我们深入研究论证。后续工程筹融资模式、水费收缴机制、建设运行管理体制也需加快研究确定。三是从忧患意识上把握。南水北调作为民族复兴的命脉工程，在未来发展中也面临一系列重大挑战，特别是东、中线一期工程运行将长期面临洪水、冰冻、地震、突发水污染事件等风险考验，随着受水区对南水的依赖越来越大，保障供水安全的任务更加艰巨，抵御重大风险隐患的能力需要持续巩固提升。

3. 构建新发展格局，牢牢把准主攻方向。构建以国内大循环为主体、国内国际双循环相互促进的新发展格局，是我们党立足当前、着眼长远的战略决策，是今后工作的主攻方向，也是我们工作的着力点和突破口。一是从拓展投资空间上看，构建新发展格局要立足于扩大内需这个战略基点。重大水利工程具有覆盖面广、吸纳投资大、产业链长、创造就业机会多的特点。据中国宏观经济研究院研究成果，重大水利工程每投资 1000 亿元可以带动 GDP 增长 0.15 个百分点，可以新增就业岗位 49 万个。东、中线后续工程可行性研究投资规模约 4000 亿元，对于稳定经济增长和增加就业具有十分重要的现实意义。二是从畅通南北经济循环上看，构建新发展格局强调各类市场要素在生产、分配、流通、消费各环节循环畅通无阻。目前我国水资源超载、临界超载区面积已占全国的 53%，主要集中在黄淮海流域。加快南水北调后续工程建设，进一步增加黄淮海流域水资源承载能力，对增强水资源要素与人力、土地、矿产等其他经济要素之间的适配性，促进优化产业结构和产业布局，畅通南北经济循环具有十分深远的战略意义。三是从促进协调发展上看，构建新发展格局将坚持实施区域重大战略、区域协调发展战略、主体功能区战略，全面实施乡村振兴战略，逐步形成城市化地区、农产品主产区、生态功能区三大空间格局。作为基础性的自然资源和战略性的经济资源，进一步优化水资源配置布局，对构建高质量发展的国土空间布局和支撑体系至关重要。

总之，贯彻落实党的十九届五中全会精神，立足新发展阶段、贯彻新发展理念、构建新发展格局，都迫切需要我们在新的历史起点上赓续南水北调千秋伟业。这是习近平总书记的殷殷嘱托，也是党中央、国务院赋予我们的神圣使命。习近平总书记多次就推动南水北调后续工程建设作出重要指示，东线一期工程通水时强调"优质高效完成后续工程任务"，中线一期工程通水时强调"做好后续工程筹划，使之不断造福民族、造福人民"，2020年在视察东线工程时明确指示"要继续推动南水北调东线工程建设，完善规划和建设方案"。李克强总理、胡春华副总理连续两年主持召开后续工程工作会议，要求各有关部门和地方统一思想、凝聚共识，并就相关工作做出全面安排。《建议》首次提出"实施国家水网""推进重大引调水项目建设"。全国水利工作会议也作出了"十四五"期间要以国家水网建设为核心，系统实施水利工程补短板的安排部署。我们要坚决贯彻落实习近平总书记重要指示和党中央、国务院决策部署，努力在"四横三纵"国家骨干水网建设中发挥核心作用，在构建国家水网中发挥主力军作用。

（二）准确把握南水北调集团发展思路、基本原则和主攻方向

今后一个时期南水北调集团的发展总思路是：坚持以习近平新时代中国特色社会主义思想为指导，全面贯彻党的十九大和十九届二中、三中、四中、五中全会精神，深入贯彻习近平总书记关于南水北调重要指示和关于国企改革发展的重要论述精神，以全面从严治党为引领，以"优化水资源配置、保障群众饮水安全、复苏河湖生态环境、畅通南北经济循环"为遵循，以推动构建国家水网、保障国家水安全为主题，以改革创新为根本动力，坚持稳中求进总基调，统筹发展与安全，聚焦主责主业，充分发挥南水北调战略性、基础性功能，坚定不移做强做优做大南水北调集团和国有资本，加快建设国际一流跨流域供水工程开发运营集团化企业，切实履行经济责任、政治责任、社会责任，为促进经济社会持续健康发展、全面建设社会主义现代化国家做出积极贡献。

要重点把握好以下原则：一是坚持全面从严治党。持之以恒深化科学理论武装，不断提高政治判断力、政治领悟力、政治执行力，为南水北调事业高质量发展提供政治引领保障。二是坚持以人民为中心。积极顺应人民群众对优质水资源、健康水生态、宜居水环境日益增长的美好生活需要，多供水供好水，促进社会公平，增进民生福祉。三是坚持问题导向。紧扣破解我国水资源时空分布与经济社会发展布局不相匹配这一主要矛盾，坚持调水、节水两手都要硬，全面提高南水北调整体效能和效益。四是坚持创新驱动。全面提升创新能力，塑造发展新优势，提高企业核心竞争力。五是坚持底线思维。把安全作为事业发展的生命线，全面筑牢安全保障体系。

要重点聚焦以下方向。一要加快构建国家水网，优化水资源配置。围绕建好管好南水北调工程这一中心任务，科学排兵布阵，加强与有关方面沟通协调，加强投融资方案和项目建设管理模式研究落实，调动一切有利资源，凝心聚力推进南水北调后续工程建设，加快建设"四横三纵"国家骨干水网，扎实推进构建国家水网。二要全面提升供水安全保障能力，保障群众饮水安全。牢固树立总体国家安全观，牢牢守住供水安全、工程安全、水质安全的底线，不断推进已建工程规范化、标准化、现代化建设，落实好应急管理和安全监管工作方案，全面提升应急管理能力和水平。三要打造生态文明样板，复苏河湖生态环境。深入贯彻落实习近平生态文明思想，通过水源置换、实施生态补水、参与沿线河湖生态环境治理、开展生态文化旅游带建设等多种措施，充分发挥南水北调在生态文明建设中的重要作用，努力打造新时代的"都江堰""大运河"。四要全面提升供水效能，畅通南北经济循环。主动服务于京津冀协同发展、雄安新区建设、

黄河流域生态保护和高质量发展、长江经济带建设等国家重大战略，主动与国家大城市群、大都市圈、能源基地、粮食基地对接，更加精准高效地满足经济社会发展的合理用水需求，为加快构建双循环格局提供支撑。五要立足保值增值，努力做强做优做大南水北调集团和国有资本。立足主责主业，积极争取国家政策支持，推进水价政策调整，加大水费收缴力度。以水资源开发利用为主线，不断向产业链两端延伸，争做水产业链的链长，通过多业态发展增加收入来源。加强战略投资管理、资本运营管理、运营监控管理和风险控制管理，着力提升投资收益和效率，切实减少投资风险、降低运营成本。六要坚持两手发力，调水节水两手都要硬。始终把节水作为调水的重要前提，配合水利部等有关部委加强水资源管理，严格取水许可审批和调水工程前期论证，充分发挥水资源的刚性约束作用。积极参与国家节水行动，在公司业务板块中积极拓展节水技术及设备设施研发、节水工程建设、供水管网改造、污水处理再生回用等相关业务。七要对标对表先进，打造国际一流企业。按照国企改革三年行动要求，健全完善法人治理结构，建立科学的组织管理体系、财务管理体系、成本管控体系、业绩考核体系、风险管控体系，推动建立权责明确、政企分开、管理科学的现代企业制度。坚持创新驱动发展，推动产业发展高端化、智能

化、绿色化，努力建设系统完备、高效实用、智能绿色、安全可靠的现代化国家水网。

三、高质量做好 2021 年工作，确保"十四五"开好局起好步

2021 年是"十四五"开局之年，是全面建设社会主义现代化国家新征程启程之年，是中国共产党建党 100 周年。站在新起点上，迈好第一步、启好新征程至关重要。2021 年南水北调集团要重点做好以下几方面工作。

（一）推动南水北调事业高质量发展

1. 坚持总体国家安全观，统筹做好疫情防控和安全生产工作。认真落实疫情防控和安全生产主体责任，牢牢守住安全底线，在做好常态化疫情防控工作的基础上，确保安全平稳完成年度供水任务。一是严格执行属地疫情防控各项要求，进一步建立健全常态化疫情防控机制，深化细化各类防控措施，做到外防输入不松劲，内防反弹不懈怠，全力确保疫情防控安全。二是全面贯彻落实全国安全生产电视电话会议精神，在水利部强监管的统一部署下，强化落实安全生产专项整治三年行动部署要求，持续推进安全风险分级管控和隐患排查治理双重预防机制，针对重点部位、关键环节研究制定针对性措施，加强监测预警和应急管理。要按照防大汛、抗大洪、抢大险、救大灾的要求，早准备、早部署、早落实，确保度汛安全。要强化监督检查和责任追究，南

水北调集团质量安全部门要拿出具体方案，研究制定行之有效的监管办法，把检查、稽查、飞检作为日常监督和过程管控的重要手段，始终保持高压严管态势。

2. 不断推进东、中线运行管理标准化、规范化建设，提升现代化管理的能力和水平。要按照建设标准、学习标准、制定标准、贯彻标准、落实标准的思路，树立建设运行管理标杆，打造调水工程样板。一是持续开展东、中线运行管理标准化、规范化建设，建立运行管理全业务流程，实现技术标准、管理标准、工作标准全覆盖。二是积极整合东、中两线标准化、规范化建设成果，尽快形成长距离跨流域调水的统一技术标准和管理标准，并积极推进标准化渠道试点建设。三是综合运用大数据、云计算、物联网等现代科技手段，全面提升水量调度、运行管理、预警预报的信息化、智能化水平，着力打造数字南水北调、智慧南水北调。四是强化工程精细化、现代化管理，打造"美观大方、安全可靠、绿色生态、智能高效"的国际一流工程形象。

3. 扎实推进东、中线后续工程建设和西线工程前期工作。严格落实南水北调工程前期工作、资金筹措和开发建设的主体责任，全力抓好构建"四横三纵"国家骨干水网的主责主业。一是在加强协调沟通的基础上，按计划扎实推进东线北延应急供水工程建设，确保如期实现通水目标，有

序实施中线雄安调蓄库、观音寺调蓄库项目，确保优质高效规范完成年度建设任务。二是要加强与国家发改委、中咨公司沟通，做好东、中线后续工程规划评估解释和资料补充，协同有关部门加紧可行性研究及先期开工项目前置要件办理；积极做好先期开工项目建设准备；深入开展后续工程筹融资方案专题研究，积极协调有关部委争取提高国家投资比例，加强与银行等金融机构对接协调；科学制定工程建设年度进度计划、投资计划，加强进度管理、投资控制和施工管理，全力推进后续工程建设。三是组织有关科研机构对西线调水的战略意义、巨大作用和多方面影响开展专题研究；组织对沿黄各省开展深入调研、主动对接，对供水目标、供水范围、水价承受能力等进行全面摸底，凝聚发展共识；积极与国家发展改革委、水利部、中咨公司等有关部委和单位对接沟通，主动做好相关基础工作，促进加快西线工程前期工作进度。

4. 立足当前、着眼长远，做好南水北调集团高质量发展的顶层谋划。谋划好、组织好、编制好南水北调集团发展战略和"十四五"规划。一是坚持开门问策，积极对接国家经济社会发展规划、重大发展战略规划、主体功能区规划和有关行业发展规划等，充分听取各方面意见建议，参考借鉴有益经验，提高规划编制工作的参与度和覆盖面，强化规划编制工作的全局性和方向性。二是坚持问题导

向、目标导向、结果导向，系统谋划企业发展思路、工作目标、任务举措，科学测算各项发展指标，强化规划编制工作的针对性、科学性和可操作性。三是坚持进度质量统一，在确保质量的基础上，倒排工期、控制节点、压茬推进，确保年底前拿出站位高、视野广、聚焦准、谋划深、落点实的规划报告。

5. 加强投资管理和成本管控，促进提质增效，积极拓展业务布局，实现国有资产保值增值。在促进主责主业提质增效的基础上，扩大企业经营规模和产业规模，为做强做优做大南水北调集团和国有资本夯实基础。一是通过优化水量配置和调度方案等措施，充分挖掘已建工程供水潜力，积极参与完善地方配套工程，探索建立生态补水长效机制，充分发挥已建工程效益。二是主动加强与国家有关部委和受水区地方政府沟通协调，加强水价政策落实，确保水费及时足额收缴。在做好水价政策、工程投资分摊及资产界定等研究工作的基础上，提出完善现行水价政策的意见建议，积极争取国家政策支持，促进水价实现"还贷、保本、微利"的规划目标。三是围绕调水工程开发建设、节水工程建设改造、水资源开发利用、生态修复和水环境治理、水务项目建设与运营、土地开发与清洁能源等方面，建立项目储备，加强可行性研究和技术经济论证，加强与地方政府和有关单位沟通协作，积极探索

拓展有关业务，努力实现多业态发展。四是加强资金管理，切实提高资金使用效率，增加资金收益；优化筹融资结构，降低融资成本和利息支出；优化人员配备和建设运行管理，提升现代化、精细化管理水平，降低运行成本。

6. 强化创新主体地位，坚持创新驱动发展，提升发展优势。在继承南水北调已有创新成果的基础上，主动对标对表"百户科技型企业深化市场化改革提升自主创新能力专项行动""深化世界一流企业创建示范工程"等，发挥好南水北调集团在关键核心技术攻关中的重要作用。一是全面总结东、中线一期工程建设期间积累的大型渡槽、大口径隧洞、大流量泵站、膨胀土施工等科技创新成果，积极申报国家科技进步奖。二是全面总结东、中线一期工程建设期间积累的建管模式、投资控制、质量监管、征地移民等创新成果，为后续工程建设管理提供支持。三是紧密结合工程建设运行所需，搭建南水北调科技创新平台，增强产业链供应链自主可控能力，切实把关键技术掌握在自己手中。四是综合运用完善公司治理、推动兼并重组、加大国有资本投入、健全激励机制、引进高端人才等多项措施，形成集成效应，全面提升南水北调集团发展能力。

（二）着力加强南水北调集团自身建设

1. 加快推进总部建设。一是按照公司组建方案和章程，进一步完善并实施南水北调集团"三定"方案，科学合理设置总部机构，明晰岗位职责和工作要求，尽快实现从临时工作组向正式部门过渡。二是分批次做好各方面人才选用，充实总部人才队伍。三是加强与有关部委和地方沟通协商，积极争取各方面支持，推进有关战略协议签署并落地。四是依法合规、节约高效做好临时办公楼租用、装修、入驻等事宜。五是统筹各方面需求，高标准做好总部信息化建设。

2. 进一步完善公司治理结构。一是按照中央最新文件精神修订完善《"三重一大"决策制度实施办法》，进一步细化"三重一大"事项清单，厘清各治理主体权责边界，制定规范化流程，推动把党的领导融入公司治理各环节，实现制度化、规范化、程序化。二是配合出资人尽快完成董事会组建，按要求组织召开董事会会议，落实董事会职权，同时做好组建董事会专门委员会等相关工作。三是根据公司业务发展情况，制定董事会授权行使规则，依法明确董事会对董事长、经理层的授权原则、管理机制、事项范围、权限条件等主要内容，切实提高工作效率。四是及时组织召开总经理办公会、月度例会、专题办公会，保障经理层依法行权履职，严格落实总经理对董事会负责、向董事会报告的工作机制，强化工作监督。

3. 建立完善组织架构和内控体系。一是建立完善组织体系，妥善处理好已建工程资产清理划转，有序推动中线建管局、东线总公司向现代公司制企业转型；科学谋划南水北调集团业务板块和子公司架构。二是建立完善综合管理体系，建立健全督办、公文、机要、保密、档案、会议、新闻宣传、信息报送、印章管理等制度，努力实现标准化、规范化。三是建立完善财务体系，逐步理顺与中线建管局、东线总公司的投资产权纽带关系，探索建立符合南水北调工程实际的财务、预算、资金、资产运行管理机制；基本建立南水北调集团财务会计制度体系，确保财务管理、预算管理、资金管理等财务基本制度落地实施；规范南水北调集团总部预算管理流程，统一预算方法、口径和编制格式，做好预算的批准、下达、执行控制、跟踪分析、滚动调整和考核等工作；扎实推进集团财会管理信息化建设。四是建立完善业绩考核体系，按照精确定位、精细管理、精准考核的要求，坚持对标一流，责任倒逼，努力形成一套科学规范、运转有效、体现特色、充满活力的业绩考核体系。五是建立完善风险管控体系，对标世界一流企业管理提升行动，加强各类风险管控，逐步完善合规内控体系，强化实时监测预警，及时排查处置风险隐患。

4.实施人才强企战略。一是科学编制人力资源战略三年规划及专项规划。二是协调人力资源和社会保障部落实南水北调集团招聘立户，建立正常的人才引进、调配、流动渠道。三是研究制定南水北调集团公开招聘管理办法，规范毕业生招聘、社会招聘等工作，按程序分期分批调入所需人员。四是研究制定南水北调集团薪酬管理办法和内部分配制度，妥善做好新入职员工职级确定、薪酬发放、社保和公积金转移接续工作，建立企业年金和补充医疗保险，保障落实职工应有的薪酬待遇。五是研究制定集团总部员工考核管理办法和南水北调集团所属单位领导班子和班子成员综合考核评价办法，激励担当作为。六是制定人才引进制度，做好集团高层次人才管理工作，落实相关政策、待遇，吸引人才、留住人才、用好人才，为高层次人才发展创造良好环境。

四、坚定不移推进全面从严治党向纵深发展，为南水北调事业高质量发展提供坚强引领和保障

全面从严治党是以习近平同志为核心的党中央治国理政的鲜明特征。前不久，习近平总书记在十九届中央纪委五次全会上发表重要讲话，全面总结了党风廉政建设和反腐败斗争取得的重大成果，深刻阐述了全面从严治党新形势新任务，突出强调全面从严治党首先要从政治上看，要求一刻不停推进党风廉政建设和反腐败斗争，充分发挥全面从严治党引领保障作用，确保"十四五"时期目标任务落到实处。习近平总书记重要讲话高屋建瓴、统揽全局、思想深邃、内涵丰富，进一步深化了我们对管党治党规律的认识，为新时代新阶段推进全面从严治党向纵深发展提供了重要遵循和行动指南。2021年是南水北调集团正式运行的第一个完整年度，是迎来快速发展的关键时期。越是快速发展，越要全面从严，坚持严字当头，强"根"固"魂"。我们要全面落实新时代党的建设总要求，旗帜鲜明讲政治，坚定政治信仰、增强政治意识、提高政治能力，坚定不移推进全面从严治党向纵深发展。

（一）旗帜鲜明讲政治，坚决做到"两个维护"

"两个维护"是我们党最高的政治原则、最根本的政治要求、最重要的政治纪律和政治规矩，南水北调集团要在践行"两个维护"上树立标杆、争当表率。一是要深入学习贯彻习近平新时代中国特色社会主义思想，牢牢把握党中央关于全面从严治党的重大方针、重大原则、重点任务的政治内涵，善于从讲政治的高度思考和推进南水北调事业和南水北调集团发展。二是要完善第一议题制度，建立完善跟进督办制度，确保习近平总书记重要指示和党中央决策部署在南水北调集团得到坚决贯彻落实，确保理解不走偏、贯彻不打折、执行不走样。三是要严格遵守党的政治纪律和政治规矩，严格执行党内政治生活、重大事项请示报告等制度，抓好意识形态工作，切实做到党中央提倡的坚决响应、党中央决定的坚决执行、党中央禁止的坚决不做，以实际

行动践行"两个维护"。

（二）加强理论武装，强化思想政治建设

强化理论武装是党员干部贯彻落实党的方针政策的重要基础。一是要坚持用习近平新时代中国特色社会主义思想武装头脑、指导实践、推动工作，建立完善各级党组织学习制度，以理论中心组学习为龙头，示范带动广大党员干部持续深化政治理论学习，切实把学习成果转化为坚定理想信念、破解工作难题、忠诚履职尽责的思想自觉和实际行动。二是要在全体党员中大力开展党史学习教育，不忘初心、牢记使命，为南水北调事业创新发展凝聚强大精神力量。三是要把职工思想政治工作作为一项经常性、基础性工作来抓，在思想上解惑，在精神上解忧，在文化上解渴，在心理上解压，把广大职工的思想认识统一到推动党的事业及企业生产经营上来。

（三）加强党的领导，推进党建与生产经营融合发展

牢牢把握党对国有企业全面领导这一重大政治原则，把党的领导融入公司治理各环节，把企业党组织内嵌到公司治理结构之中，把党建工作融入生产经营全过程，推动党建工作与生产经营深度融合、同频共振。一是要严格落实责任，进一步落实中央《党委（党组）落实全面从严治党主体责任规定》，制定全面从严治党主体责任清单，压紧压实各级党组织管

党治党主体责任。二是要健全党的工作体系和工作机制，通过"双向进入、交叉任职"的方式，充分发挥党组在公司治理中把方向、管大局、保落实的作用，严格执行《"三重一大"决策制度实施办法》《党组会议事规则》，有效将党组发挥领导作用与经营班子依法依章程履行职责相统一。三是要建强基层党组织，在尽快理顺党组织关系，推动成立南水北调集团总部直属机关党委、纪委和党支部的基础上，坚持重心下移，夯实基层，打牢基础，切实做到一线有支部、班组有党员、党建进项目、先锋进基层，实现党的工作、党的组织"双覆盖"。推进党建标准化、规范化建设，切实发挥好基层党组织战斗堡垒作用和党员先锋模范作用。四是要紧紧抓住党建工作责任制这个"牛鼻子"，积极推动党建责任制与生产经营责任制有效联动。在中线建管局、东线总公司开展党建与业务工作深入融合试点工作，探索党建业务"一盘棋"工作模式。五是要抓紧组建南水北调集团总部工青妇等群团组织，为党建工作筑牢群众基础。

（四）突出抓好政治监督，严明政治纪律和政治规矩

要以强有力的政治监督，保障"十四五"规划工作顺利实施。一是要加强对党中央重大决策部署、重大战略举措和习近平总书记重要指示精神落实情况的监督检查，一项一项盯住抓、抓到位，督促落实落地。二是要加强对履行职责使命情况的监督检查，要紧紧围绕党中央国务院批复的南水北调集团组建方案和章程，监督检查公司组建和主责主业落实情况，善于从政治上发现问题、纠正偏差。三是要加强对党章党规党纪和宪法法律法规执行情况的监督检查，把政治纪律作为最根本、最关键的纪律挺在最前面，坚决纠正一切偏离"两个维护"的错误行为，坚决纠正上有政策、下有对策，有令不行、有禁不止等行为。

（五）坚定不移深化反腐败斗争，一体推进"三不"机制

南水北调工程浩大，投资巨额，社会关注度高，无论是南水北调集团组建还是工程建设运行，都存在较大的腐败风险隐患，要把确保工程安全、资金安全、干部安全作为一项长期的政治任务牢牢抓在手上。一是要坚持无禁区、全覆盖、零容忍，坚持重遏制、强高压、长震慑，精准运用监督执纪"四种形态"，着重运用好"第一种形态"，在日常监督上下功夫，抓早抓小抓苗头。二是要突出"三重一大"决策和重点经营环节的监督，紧盯资金管理、合同管理、招投标等重点领域和关键环节的腐败问题，充分发挥巡视、审计、纪检监察的利剑作用，加强对工程建设运行管理和资金使用各环节的全过程监管。三是要推进纪检监察体制改革，按照中央纪委国家监委批复要求，加快组建纪检监察组，深化集团各级单位纪

检机构改革，推进党内监督和国家监察全覆盖。四是要对违法违纪案件坚决彻查、一查到底、绝不姑息，做实以案促改、以案促建、以案促治，持续深化标本兼治，推动"三不"贯通融合。五是要畅通、拓宽信访举报渠道，统筹推进纪检监察信访举报平台建设，促进形成全方位、多层面的监督模式。

（六）持续正风肃纪，把坚持严的主基调贯穿始终

我们这支队伍一定要始终站稳人民立场，不断强化宗旨意识，永葆党的先进性和纯洁性。一是要锲而不舍落实中央八项规定及其实施细则精神，坚决反对"四风"，深化整治形式主义、官僚主义顽瘴痼疾，严查享乐主义、奢靡之风。二是要督促落实规范领导干部配偶、子女及其配偶经商办企业行为规定，推动以上率下、严格执行。三是要教育引导党员领导干部正确处理好党纪、国法与家庭、亲情的关系，自觉净化"朋友圈"，严格家风家教，切实做到"恋亲不为亲徇私，念旧不为旧谋利"。进一步加强对身边工作人员的教育管理，研究制定南水北调集团领导秘书、联系人、司机等身边工作人员行为规范。四是要继续发扬深入一线"飞检"的工作作风，深入基层、沉到一线，察实情、听真话，紧密结合实际破解南水北调事业发展难题。五是要继续发扬务实高效的工作作风，建立完善督办制度，强化责任落实，确保优质高效完成各项工作任务。

（七）落实新时代党的组织路线，加强干部队伍建设

坚持国有企业领导人员"对党忠诚、勇于创新、治企有方、兴企有为、清正廉洁"20字标准，深入学习贯彻全国组织部长会议精神，健全党管干部、党管人才、选贤任能制度。一是要严把选人用人关，突出政治标准，坚持"凡提四必"，自觉接受纪检监察组监督，坚决防止选人用人上的不正之风，营造风清气正的选人用人环境。二是要进一步优化干部队伍年龄结构和专业结构，加大年轻干部培养力度，研究制定年轻干部监督教育机制。三是要建立完善能者上、庸者下、劣者汰的选人用人机制，加强干部监督管理，坚持严管与厚爱相结合，落实"三个区分开来"要求，制定尽职合规免责清单，为干事者撑腰鼓劲，弘扬企业家精神，激励担当作为。

（八）加强企业文化建设，凝聚思想共识

企业文化是企业的灵魂。作为新成立的公司，我们要在传承发展中不断凝练企业精神和价值观，为南水北调事业发展凝聚强大精神力量。一是要传承发展好南水北调建设和运行过程中积累的"负责、务实、求精、创新"的南水北调精神以及"顾全大局、舍家为国、自力更生、勇于担当、以人为本、求真务实、众志成城、团结一心"的伟大移民精神，凝练南水北调精神文化和企业文化，加强"中国南水北调"品牌建设，切实增强广大干部职工的政治责任感、历史使命感和价值认同感。二是要充分利用南水北调工程设备设施，协调沿线地方政府积极推进相关博物馆、科普馆建设，积极开展国情、水情教育，讲好南水北调故事。三是要建立完善南水北调集团新闻舆论工作平台，开通南水北调集团官网、衔接并完善南水北调"两微一端"新媒体、中国南水北调报等平台建设和管理工作，创建微视频传播端口，为工程建设运行营造良好的舆论氛围。

同志们，新时代呼唤新作为，我们重任在肩，责无旁贷。让我们更加紧密地团结在以习近平同志为核心的党中央周围，高举习近平新时代中国特色社会主义思想伟大旗帜，不忘初心、牢记使命，协力推动南水北调集团扬帆起航、行稳致远，奋力开创新时代南水北调事业新局面，为"十四五"开好局起好步、为实现第二个百年奋斗目标做出积极贡献，以优异成绩庆祝建党100周年！

扎实推进南水北调后续工程 高质量发展

蒋旭光

习近平总书记在推进南水北调后续工程高质量发展座谈会上的重要讲话中，充分肯定南水北调工程的重大意义，系统总结实施重大跨流域调水工程的宝贵经验，明确提出继续科学推进实施调水工程的总体要求，对做好南水北调后续工程的重点任务作出全面部署。习近平总书记的重要讲话，为扎实推进南水北调后续工程高质量发展指明了方向、提供了根本遵循，中国南水北调集团有限公司（以下简称"南水北调集团"）要深入贯彻落实。

切实增强政治责任感和历史使命感

南水北调工程是实现我国水资源优化配置、促进经济社会可持续发展、保障和改善民生的重大战略性基础设施。党的十八大以来，南水北调东线、中线一期主体工程建成通水，已累计调水近500亿 m^3，直接受益人口达1.4亿人，在经济社会发展和生态环境保护方面发挥了重要作用。

习近平总书记指出："进入新发展阶段、贯彻新发展理念、构建新发展格局，形成全国统一大市场和畅通的国内大循环，促进南北方协调发展，需要水资源的有力支撑。"推进南水北调后续工程高质量发展，对于进一步提高我国水资源支撑经济社会发展能力，优化国家中长期发展战略格局具有重要意义。南水北调集团在保障国家水安全、改善生态环境等方面肩负着重要责任、发挥着重要作用。我们一定要不断提高政治判断力、政治领悟力、政治执行力，切实增强做好南水北调工作的政治责任感和历史使命感，心怀"国之大者"，在高质量推进南水北调后续工程、加快构建国家水网中发挥好国家队、主力军作用，确保向党和人民交出一份满意答卷。

牢牢把握推进南水北调后续工程高质量发展的内在要求

推进南水北调后续工程高质量发展，必须完整、准确、全面贯彻新发展理念，统筹发展和安全，坚持"节水优先、空间均衡、系统治理、两手发力"的治水思路，遵循确有需要、生态安全、可以持续的重大水利工程论证原则，立足流域整体和水资源空间均衡配置，科学推进工程规划建设。

坚持以人民为中心。当前，人民群众对美好生活的需要日益增长，对优质水资源、健康水生态、宜居水环境的需求也在不断提升。近年来，居民生活用水和生态环境用水呈增长态势，受水区对南水北调的供水需求进一步提升。必须坚持加强供需趋势分析研判，更加精确精准调水，促进已建工程提质增效，推进后续工程规划建设，让人民群众享有更加安全、更加可靠、更加优质的水资源。

全力服务国家战略。这些年，我国经济总量、产业结构、城镇化水平等显著提升，京津冀协同发展、长江经济带发展、长三角一体化发展、黄河流域生态保护和高质量发展等区域重大战略相继实施，这些都对加强和优化水资源供给提出了新的要求。我们要准确把握南水北调东线、中线、西线的各自特点，加强顶层设计，优

化战略安排，统筹推进后续工程建设。

坚决守住安全底线。推进南水北调后续工程高质量发展，必须牢固树立总体国家安全观，坚定不移把安全作为重中之重，坚持底线思维，增强风险意识，把安全工作做深入做扎实，确保南水北调工程安全、供水安全、水质安全。

统筹调水节水。高质量推进南水北调后续工程，调水、节水同等重要。要积极响应国家节水行动，在工程规划论证中加强节水评估，积极协调推进南水北调供水价格改革，着力促进优水优用、节约用水，不断提高水资源集约节约利用水平。

坚持绿色发展。推进南水北调后续工程高质量发展，必须牢固树立绿色发展理念，充分尊重自然、顺应自然、保护自然，加强水源区和沿线地区生态环境保护，科学布局调水线路、合理确定调水规模、精准把握调水时序，促进生态环境改善。

做到"两手发力"。推进南水北调后续工程高质量发展，必须做到政府和市场两手发力，充分发挥市场在资源配置中的决定性作用，更好发挥政府作用。建立完善现代企业制度，理顺南水北调工程建设运营体制机制，推进水价和水费收缴机制改革，建立合理回报机制，引导和支持更多社会资本参与工程投资运营。

坚持创新驱动发展。习近平总书记指出："抓住了创新，就抓住了牵动经济社会发展全局的'牛鼻子'。"

南水北调东、中线一期工程在建设期间积累了一大批科技创新成果。推进南水北调后续工程高质量发展，必须坚持把创新作为引领发展的第一动力，全面加强科技创新、管理创新、制度创新，努力培养造就一批战略科技人才、科技领军人才、青年科技人才和创新团队。

在推进南水北调后续工程高质量发展中积极担当作为

南水北调集团成立以来，深入学习贯彻习近平总书记重要讲话、重要指示批示精神和党中央决策部署，全面对接国家重大发展战略，对接水利部总体工作安排，找准目标定位和发展方向，积极担当作为，扎实推进南水北调后续工程高质量发展。

办好"国之大事"。习近平总书记指出："南水北调工程事关战略全局、事关长远发展、事关人民福祉。"南水北调是"国之大事"，推进南水北调后续工程高质量发展，必须以政治建设为统领，坚持和加强党的全面领导，切实增强"四个意识"、坚定"四个自信"、做到"两个维护"，进一步加强顶层设计，优化战略安排，统筹推进后续工程建设。

把安全责任扛在肩上。牢固树立总体国家安全观，坚定不移把维护南水北调工程安全、供水安全、水质安全的责任扛在肩上，既重视已建工程运行安全，又重视后续工程建设安全，建立健全统一高效的水资源配置和调度运行机制，探索建立生态补水

长效机制，充分发挥南水北调工程的社会、经济、生态效益。

加快构建国家水网。南水北调集团以全面提升水安全保障能力为目标，以优化水资源配置体系、完善流域防洪减灾体系为重点，加快构建国家水网主骨架和大动脉。充分利用自身优势，不断延展水网布局，积极参与区域水网、地方水网建设，助力形成"系统完备、安全可靠，集约高效、绿色智能，循环通畅、调控有序"的国家水网。

聚焦主责主业。围绕推进南水北调后续工程高质量发展，着力延长水产业链、生态环保产业链、工程建设运营产业链，不断做大做强南水北调集团和国有资本。充分利用新技术提高数字化、网络化、智能化能力水平，构建数字赋能平台，推动数字化与水产业链、工程建设运营产业链等深度融合。

建设国际一流企业。以打造国际一流跨流域供水工程开发运营集团化企业为目标，全面盘活存量资产、优化增量配置，高标准推进国企改革三年行动，建立健全中国特色现代企业制度。努力打造调水行业龙头企业、国家水网建设领军企业、水安全保障骨干企业，全面提升企业竞争力、创新力、控制力、影响力和抗风险能力，锻造一流工程、一流企业、一流品牌，充分展现水资源宏观配置的中国速度和中国力量。

南水北调工程是功在当代、利在

千秋的重大战略性基础设施，也是国家水网的重要主骨架和大动脉，是重大战略性基础设施，事关战略全局、事关长远发展、事关人民福祉。

进入新发展阶段，完整、准确、全面贯彻新发展理念，深入践行"节水优先、空间均衡、系统治理、两手发力"的治水思路，统筹考虑南水北调工程面临的新形势新任务、南水北调工程战略性基础设施的特点和进一步深化水利投融资改革的要求，系统研究在土地、税费、投融资、水价机制等方面的支持政策，以及如何推动南水北调东中线一期工程提质增效、后续工程建设、西线工程前期工作开展等，对加强南水北调工程运行管理、完善工程体系、优化我国水资源配置格局等具有重要作用，对推进南水北调工程高质量发展具有重要意义。

（来源：《人民日报》 2021 年10 月 22 日第 10 版）

高质量推进南水北调工程管理
努力建设"世界一流工程"
——访水利部南水北调
工程管理司司长李鹏程

2021 年是具有里程碑意义的一年。习近平总书记视察南水北调工程，亲自主持召开推进南水北调后续工程高质量发展座谈会并发表重要讲话，为南水北调事业发展谋篇布局、举旗定向。南水北调各有关单位围绕贯彻落实"3·14""5·14"重要讲话

精神和部党组工作部署，在疫情和重大汛情考验下，迎难而上、担当作为，奋力推进各项工作，确保了工程运行安全平稳、综合效益持续发挥，人民群众获得感、幸福感和安全感不断增强，南水北调高质量发展的基础进一步巩固。日前，本刊记者专访了水利部南水北调工程管理司司长李鹏程。

中国水利：请您介绍一下 2021年南水北调工程管理方面都开展了哪些工作？

李鹏程：习近平总书记非常重视和关心南水北调工程，多次作出重要指示批示，2020 年 11 月、2021 年 5月先后到东、中线一期工程视察，亲自主持召开推进南水北调后续工程高质量发展座谈会并发表重要讲话，为做好南水北调工作提供了根本遵循。围绕贯彻落实习近平总书记重要讲话指示精神，我们进一步提高政治站位，深刻领会讲话蕴含的战略思维、科学方法、实践要求，学深悟透重要讲话丰富内涵和精神实质，把思想和行动统一到重要讲话精神上来，从守护生命线的政治高度全力做好南水北调工作。

一是认真学习贯彻"5·14"重要讲话精神，扎实开展"三对标、一规划"专项行动。习近平总书记视察南水北调中线工程，主持召开推进后续工程高质量发展座谈会并发表重要讲话后，我们迅速组织传达学习近平总书记重要讲话指示精神，根据部党组安排研究制定贯彻落实方案，深入

开展专题学习研讨，认真落实分工任务，确保讲话精神落地见效。同时，认真组织开展"三对标、一规划"专项行动，多次组织全员专题学习，深入交流研讨，进一步提高了政治判断力、政治领悟力和政治执行力，认清了水利和南水北调工作面临的新形势、新目标和新任务，制定了《南水北调工程管理司"十四五"工作计划》，明确了"十四五"时期南水北调工作的目标、思路、举措和保障措施，为做好下一步工作奠定了基础。

二是强化工程运行管理，切实保障供水安全。持续强化运行管理，发挥层级化安全监管体系作用，不断完善并推广"视频飞检"等信息化监管方式，强化预报、预警、预演、预案"四预"措施，保障工程安全。针对2021年河南、山东等地特大暴雨带来的严峻汛情，我们靠前指挥、加强协调、科学调度，有效应对险情，工程安全运行能力和管理水平得到全面检验。不断加强水质管理，完善水质监管体制机制，强化水质安全保障措施，推进水质监测基础能力建设，水质监测系统信息化、自动化水平明显提高。全面通水七年来，工程运行安全平稳，水质稳定达标，中线工程水质一直优于Ⅱ类，东线工程水质持续稳定保持Ⅲ类。

三是强抓一期工程收尾，大力推进配套工程建设。尾工建设进一步加快。东线一期北延应急供水工程顺利通水并圆满完成交水量目标。雄安新区供水保障相关工作有序实施，利用中线工程供水的雄安1号供水厂正式运行，雄安调蓄库开工，雄安干渠前期工作加快推进。左岸防洪影响处理工程体系进一步完善，配套工程建设任务基本完成，有效保障工程效益更充分发挥。

四是加大组织协调力度，确保验收和决算工作进度。强化验收组织领导，完善验收领导体系和工作体系，坚持问题导向、目标导向和效果导向，以有力举措、有效监管全力保障验收进度。截至目前，累计完成设计单元工程完工验收145个，占94%；核准完成全部177个完工财务决算。同时深化研究东、中线一期工程竣工验收组织方案，做好竣工验收各项前期准备工作。

五是深化党建业务融合，综合保障能力得到加强。严格落实党建工作责任，扎实开展党史学习教育，深入推进"三对标、一规划"专项行动，干部队伍作风进一步优化。组织总结凝练南水北调精神，为筑牢共同精神家园打好基础。围绕庆祝中国共产党成立100周年、学习贯彻"5·14"重要讲话精神、抗击特大暴雨等开展有声有色宣传，营造了良好发展环境。深入宣传贯彻《南水北调工程供用水管理条例》，研究制定穿跨邻接中线工程项目管理办法等，依法管理能力不断加强。加强科技管理，专家委员会作用得到充分发挥。做好巩固脱贫成果与乡村振兴有效衔接，在助力湖北省十堰市郧阳区如期打赢脱贫攻坚战基础上继续做好助力郧阳乡村振兴相关工作。

中国水利：2021 年，南水北调东、中线一期工程运行情况如何，效益怎样？

李鹏程：2021 年，水利事业进入新发展阶段，高质量发展成为水利工作主题和主轴。南水北调工程管理面临新的重要形势和机遇，工程管理体制机制深化调整，后续工程高质量发展，各项工作加快推进。为适应新变化、推进南水北调工程高质量发展，我们继续加强工程管理，科学精准调度，成功应对突发特大暴雨、新冠肺炎疫情点状散发等风险挑战，确保了南水北调工程安全、运行安全和水质安全，工程综合效益持续稳定发挥并进一步提升，为推进经济社会高质量发展提供了有力支撑。

一是我国北方地区供水格局不断完善。截至 2021 年 12 月 21 日，东、中线一期工程累计向北方地区供水 496.67 亿 m³（其中东线调水 52.88 亿 m³，中线调水 443.79 亿 m³），直接受益人口超 1.4 亿人。南水北调东中线一期工程进一步优化了水资源配置，从根本上缓解了我国北方地区水资源短缺的局面。受水区 40 多座大中城市、280 多个县用上了南水北调水，北京市主城区城市供水 7 成以上为南水北调水，天津市城区用水基本全为南水北调水，南水北调已经成为多个城市的重要生命线。

二是群众获得感、幸福感和安全感持续增强。通水以来，丹江口水库和中线干线供水水质长期稳定在Ⅱ类标准及以上；东线水质稳定在Ⅲ类标准，沿线受水区群众喝上优质甘甜长江水的愿望得以实现。其中，河北省黑龙港区域 500 多万人告别了饮用高氟水、苦咸水的历史。

三是工程沿线河湖生态环境有效复苏。通过科学精准调度，充分利用汛前腾空库容有利时机，加大流量向北方多调水、增供水，实现优质水资源综合有效利用。2021 年 8—9 月首次通过中线工程北京段大宁调压池退水闸向永定河生态补水，助力永定河实现了自 1996 年以来首次全线通水。截至目前，工程累计生态补水超 75.66 亿 m³，有效遏制了华北地区地下水水位下降、地面沉降等生态环境恶化趋势，永定河、滹沱河、白洋淀等一大批河湖重现生机，河湖生态环境明显改善，水质明显提升。

四是促进受水区经济社会高质量发展。工程打通了水资源调配互济的"堵点"，解决了北方地区水资源短缺的"痛点"，将南方地区的水资源优势转化为北方地区的经济优势，促进各类生产要素在南北方的优化配置，实现生产效率效益最大化，为京津冀协同发展、雄安新区建设、黄河流域生态保护和高质量发展等重大战略实施提供了强有力的水资源保障。工程受水区实行区域内用水总量控制、用水定额管理等措施，淘汰限制了高耗水、高污染产业，带动了高效节水行业发展，促进了沿线地区产业结构调整和优化升级。如北京市 16 个市辖区全部建成节水型区。

中国水利：请结合"三对标、一规划"专项行动开展情况，谈谈 2022 年南水北调工程管理工作的思路及重点。

李鹏程：按照部党组工作部署，我们扎实开展"三对标、一规划"专项行动，通过深入研讨、科学谋划、务实工作，全司上下政治站位更高、工作思路更清晰、目标任务更明确。围绕建设"世界一流工程"，2022 年我们将牢固树立"一流意识"，以全面提升水安全保障能力为目标，以优化水资源配置、保障群众饮水安全、复苏河湖生态环境、畅通南北经济循环为重点，统筹存量和增量，在制定更高水准战略、保障更高水平安全、发挥更高质量效益、实现更现代化管理等方面深谋细化、精耕细作，加快构建国家水网主骨架和大动脉，为全面建设社会主义现代化国家提供有力水安全保障。

一是聚焦更高水准的战略谋划，进一步强化南水北调功能。南水北调工程事关战略全局、事关长远发展、事关人民福祉，是重大战略性基础设施。围绕发挥南水北调工程战略功能加强重大课题研究，深入思考分析在推动"江河战略"落地、推进新阶段水利高质量发展进程中南水北调工程面临的形势任务、肩负的职责使命，

谋划推进南水北调工程高质量发展，更好发挥南水北调工程战略功能的目标方向和实施路径。

二是聚焦更高水平的安全保障，确保南水北调"三个安全"。统筹好发展和安全，把确保供水安全、水质安全、工程安全作为根本前提。组织分析处置防汛抢险及应急处置工作中存在的问题，科学安排水损工程修复，针对问题举一反三，精准补齐短板弱项；强化重点部位和风险点管控，适时组织应急抢险演练，确保汛期、冰期输水安全。督导推动中线年度安全风险评估，以问题为导向重点评估焦作高填方段和长葛段沉降段安全状况，深入分析研判沉降变形原因，督促加强观测，研究落实解决措施。加强穿跨邻接项目管理，以燃气管线穿越项目、跨渠桥梁等为重点，探索建立部际协调机制，探索将有关工作纳入河湖长制体系，继续开展穿跨邻接项目专项检查。强化沿线水质安全保障，畅通水质监测信息共享渠道，完善水质监测信息共享机制，督导组织运管单位加强水质管理，确保水质安全。

三是聚焦更高质量的综合效益，充分发挥南水北调作用。持续稳定的效益发挥是推进南水北调后续工程高质量发展的重要前提和保障。围绕全面完成 2021—2022 年度水量调度计划和生态补水目标，在科学管理方面，继续推进标准化、规范化建设，夯实工程制度化管理基础；在精准调

度方面，充分建好、用好信息化平台，实现源头、渠道、调蓄、分水口门、用水户等全流程的数据监测与管控，实时动态精准掌握供给端和需求端的不同情况，做到"依供引水、按需调水、精准分水、节约用水"，确保工程效益最大化。

四是聚焦更现代化的工程管理，加快建设数字和法治南水北调。一方面，紧跟信息化前沿，把握数字时代大型水利工程建设的新形势、新要求，加快构建健全完善的立体信息化监测检测和预警系统，动态、灵敏捕获潜在风险隐患，防微杜渐；以加强数字化建设为基础，完善预报、预警、预演、预案体系；对标先进国家及行业的先进标准和技术体系，抓紧补齐短板。另一方面，深入推进依法管理，与时俱进健全完善相关法规；加强管理队伍法治意识和法治能力建设；强化水权管理意识，积极运用经济手段，提升工程管理体系和管理能力现代化水平，在更高水平上实现优质水资源的优化配置和高效运用。

五是聚焦更高品质的品牌塑造，努力打造"世界一流工程"。坚持开放视野和全球眼光，立足于建设"世界一流工程"，在文化建设上，充分挖掘好、宣传好南水北调工程 70 年规划、建设、运行历史中所蕴含的丰富文化内涵；在精神引领上，展现南水北调工程建设管理中蕴含的时代精神和价值观，强化南水北调系统的集体荣誉感、责任感和归属感；在影响

力提升上，注重依托专业化平台，利用好南水北调工程发挥的综合效益、建立的系列标准、积累的重要经验，加强交流协作，充分发挥示范引领作用。积极组织开展南水北调工程品牌研究，为建设"世界一流工程"品牌提供必要理论支撑。

六是聚焦更可持续的发展目标，加快推进后续工程建设。结合深入贯彻落实"3·14""5·14"重要讲话精神，深化一期工程经验的总结运用。做好后续工程前期准备工作，全面完成一期工程完工验收任务，为竣工验收和后续工程开工打好基础。以全面提升水安全保障能力为目标，以优化水资源配置体系、完善流域防洪减灾体系为重点，统筹存量和增量，加强互联互通，加快构建国家水网主骨架和大动脉，加快形成"系统完备、安全可靠，集约高效、绿色智能，循环通畅、调控有序"的国家水网，为推动新阶段水利高质量发展、保障国家水安全提供坚实支撑。

（来源：《中国水利》杂志 2021 年第 24 期，记者：王慧，通讯员：袁凯凯）

水利部南水北调工程管理司司长李鹏程：全力守护"生命线"奋力打造"一流工程"

2021 年 3 月 26—28 日，水利部党组书记、部长李国英调研南水北调中线工程。他强调，要心怀"国之大

者"，对标习近平总书记重要指示和党中央决策部署，从守护生命线的高度，以永不懈怠的精神状态和一往无前的奋斗姿态，维护南水北调工程供水安全、水质安全、运行安全，努力打造"一流工程"，为全面建设社会主义现代化国家提供有力保障。这为我们深入贯彻习近平总书记视察南水北调重要讲话和党的五中全会精神、在新发展阶段加快建设南水北调"四条生命线"作出了明确要求，提供了重要指导。

李国英部长调研南水北调中线工程后，南水北调司迅速组织传达学习李国英部长的工作要求，并就抓好贯彻落实作出安排；同时，紧密结合正在开展的"三对标、一规划"专项行动和党史学习教育活动等，深入抓好工作要求的落地落实，为下一步按照部党组工作部署，全力推进南水北调各项工作打下坚实基础。

一、进一步坚定持续深入推进南水北调事业的信心和决心

南水北调东、中线一期工程的建成通水谱写了新时代我国治水事业的精彩篇章，初步构筑了我国南北调配、东西互济的水网格局。通水六年多来，累计调水超 420 亿 m^3，其中中线累计调水超 370 亿 m^3，东线累计调水超 50 亿 m^3，发挥了显著的经济、社会和生态效益。这是我们做好南水北调各项工作的深厚基础和最大底气。

工程建设质量过硬。建设过程中工程建设者们直面问题、勇克难关，突破了很多世界性技术难题，积累了丰富经验。以丹江口大坝加高、膨胀土处理、穿黄工程等为代表的建设项目成为南水北调光辉建设历程的生动写照。工程创造了若干项世界第一，无数建设者为此付出了艰辛努力、贡献了聪明才智。

工程管理科学高效。通水运行以来，工程管理体制机制不断健全、完善。目前，中线工程已建立了纵向到底、横向到边、责任到人的安全运行责任保障体系，工程干渠的每一米输水渠道、每一座建筑物、每一个重要监测断面都有人负责。六年多来，工程克服了寒潮、汛期、超标准洪水、加大流量输水等各种极端条件的考验，保持了运行安全平稳。

工程效益发挥显著。我国水资源配置格局持续优化，沿线供水水质逐步改善。通过实行区域内用水总量控制，加强用水定额管理，带动发展高效节水行业，淘汰限制高耗水、高污染行业，有力倒逼产业转型升级。通过实行"两部制"水价，有力推动受水区水价改革，促进节水型社会建设。通过实施生态补水，有效缓解城市生产生活用水挤占农业和生态用水、超采地下水的局面，部分地区地下水水位止跌回升，河湖生态环境有效复苏。

二、深刻认识南水北调工作的新形势、新变化、新要求

"十四五"时期是开启全面建设社会主义现代化国家新征程、向第二个百年奋斗目标进军的第一个五年。党的十九届五中全会明确了"十四五"时期经济社会发展目标和 2035 年远景目标，对水利和南水北调工作作出相应部署。实现"十四五"规划和 2035 年远景目标，必须深刻认识新发展阶段的内涵和特点，准确把握机遇和挑战，贯彻新发展理念，构建新发展格局，实现高质量发展。

南水北调工程是生命线工程。确保工程安全运行、持久发挥效益事关重大，是必须扛牢的重大政治责任。我们要在做好阶段性总结的基础上，深入分析研判工程面临的新形势、新任务、新要求。

主动适应中线工程供水地位由"辅"到"主"的重大变化，供水主力军和生命线的新角色定位带来了新的责任、压力和挑战，需要我们加紧研究提高保障能力和水平的相关规划方案。

深刻认识中线工程目标达效由"慢"到"快"的深刻变化，中线工程运行六年即达效，提前实现规划供水目标，后续工作任务、标准和节奏相应发生新的变化，对工程建设和管理者提出了一系列新的课题。

准确把握工程沿线用水需求由"弱"到"强"的重要变化，一方面研究通过提高调入水量来满足人民群众对优质水资源、优美水环境、健康水生态的用水需求，另一方面，研究通过加强水资源的高效利用、强化节水管理和水权管理措施，有效化解工程面临的"供需矛盾"。

聚焦应对工程供水网络体系由"缺"到"全"的结构变化，充分认识到，健全的供水体系意味着更强的水量调度与消纳能力，如何实现可调水量与调度能力相匹配是需要着力解决的重大问题。

为更好推进下一步工作，必须统筹研判以上变化，科学谋划南水北调"十四五"乃至更长时期的发展。加强前瞻性思考、系统性谋划，高看一层、多谋一层、深研一层，确保习近平总书记最新要求全面体现到南水北调"十四五"规划的基本思路、目标任务、方法路径中。放眼长远，对标世界最高标准，准确把握工程建设和管理现代化规律，统筹"发展与安全""近期与远期""质量与效益"，谋划好南水北调后续工作的思路和重点，围绕建设"四条生命线"，不断探索和丰富完善大型引调水工程管理的现代化形态，奋力打造"一流工程"，努力为高质量发展和国家治理体系和治理能力现代化贡献南水北调力量。

三、全面推进南水北调工作，为国家重大战略实施提供保障

随着运行进入常态化，南水北调工程已深度融入我国经济社会发展大局，为重大国家战略实施提供重要支撑，工程已成为事关国家安全的"命脉工程"。明确南水北调工作目标，厘清南水北调工作思路，意义重大。今后要重点聚焦工程安全和信息化建设，聚焦健全工程设施网络，聚焦完善工程管理体系，聚焦工程形象塑造，全力推进工作落实。

守住安全底线。统筹好发展和安全，把供水安全、水质安全、工程安全作为根本前提，强化风险意识、忧患意识和底线思维。

一是确保供水安全。既要科学实施好正常年份的水量调度，也要研究保证有些枯水年份的供水安全，提出应对极端情况的方案、预案。

二是确保水质安全。"南水北调成败在于水质"，把水质安全摆在更突出的位置。要关口前移，设置好进入首都地域、城区和水厂的三道防线。要超前布局分析研判技术，提前预知水质问题。

三是确保工程安全。完善检测监测系统，盯紧重要节点工程、关键部位，做到在线及时预警，将隐患消灭在萌芽状态。

聚焦信息化建设。目前，南水北调工程管理信息化短板明显。要确保工程紧跟形势发展需要、不出重大安全问题，就必须要有建立在信息化基础之上的预测性、预演性和预判性。要健全完善立体信息化监测检测和预警系统，动态、灵敏捕获可能存在的安全隐患。要对标先进国家及行业的先进标准和技术体系，抓紧补齐短板。要注重防微杜渐、抓早抓细抓小，把问题解决在萌芽状态。要通过信息化、数字化、智能化建设，完善预报、预警、预演、预案，实现现代化管理。

健全工程功能。南水北调工程功能的完善和作用的充分发挥有赖于完备的工程体系。应突出抓好水源工程和调蓄工程建设。在水源工程上，要着眼破解越来越突出的供需矛盾，推动引江补汉等水源工程上马，为工程后续发展提供"源头活水"；在调蓄工程上，要着眼提高工程的"弹性"和供水安全保障水平，积极推动雄安调蓄水库等工程建设，适时适地规划建设其他调蓄工程，完善南水北调的调蓄系统和功能，让工程能够"缓缓气""歇歇脚"。同时要根据需要加快配套工程建设和退水闸升级等工作。

完善管理体系。一方面，要推进依法管理。既要与时俱进健全完善相关法规，及时推进修改不适应当前需要的法规，更要加强管理队伍的法治意识和法治能力建设。另一方面，要强化水权管理。强化水权管理意识，善于运用经济手段，从国家、省、市、县层面逐级完善水权管理体系，提升工程管理体系和管理能力现代化水平，实现水资源科学、合理分配。

注重形象塑造。在队伍上，强化专业化建设，着力打造"政治过硬、业务过硬、作风过硬"的管理队伍。在管理上，要树立一流意识，朝着世界一流工程、一流管理、一流水平的目标，国内层面要巩固好大国重器、国之大事的形象；国际层面要加强对外合作，研究建立必要的交流合作机制，分享我国重大工程建设和管理经验。

（来源：《中国水利》杂志2021年第8期，责任编辑：王慧）

开创江苏南水北调事业新局面

2020 年 11 月 13 日，习近平总书记在江苏视察期间，到江都水利枢纽详细了解工程建设历程和功能发挥情况，对南水北调东线工程作出重要指示、提出殷切期望。江苏作为南水北调东线的源头省份和工程基础，要牢记习近平总书记谆谆嘱托，深入贯彻省委十三届九次全会精神，在新征程上奋力开创江苏南水北调事业新局面，更好发挥江苏在全国南水北调一盘棋中的重要作用。

深刻理解习近平总书记重要指示精神实质

习近平总书记对南水北调工程十分关心，多次作出重要指示批示。在江都水利枢纽视察时，他充分肯定了南水北调东线工程取得的重大成就，全面部署了南水北调事业发展，这是我们做好南水北调工作的根本遵循。

阐明了南水北调工作的目标定位。习近平总书记强调，要确保南水北调东线工程成为优化水资源配置、保障群众饮水安全、复苏河湖生态环境、畅通南北经济循环的生命线。这一关于生命线的重要论述，明确了新发展阶段南水北调工作的根本目标。

指出了南水北调工作的基本要求。习近平总书记强调，要把实施南水北调工程同北方地区节约用水统筹起来，一方面要提高向北调水能力，另一方面北方地区要从实际出发，坚持以水定城、以水定业，节约用水，不能随意扩大用水量。这一关于坚持调水节水两手都要硬的重要论述，明确了新发展阶段南水北调工作的总体要求。

明确了南水北调工作的重点任务。习近平总书记强调，"北缺南丰"是我国水资源分布的显著特点，党和国家实施南水北调工程建设，就是要对水资源进行科学调剂，促进南北方均衡发展、可持续发展，要继续推动南水北调东线工程建设，完善规划和建设方案。这一关于东线工程建设的重要论述，明确了新发展阶段南水北调工作的紧迫任务。

准确把握江苏南水北调工程的基础性地位

早在 1957 年，江苏省就确立了江水北调规划构想，经过 40 多年建设，形成了较为完善的工程体系和高效运转的管理体系。在江水北调基础上建设的东线一期工程，历经 10 年圆满完成建设任务，持续 8 年有效发挥工程效益。江苏境内世界最大的多功能泵站集群和网络化河湖水系，是东线的工程之基、调水之源，也是苏北地区的命脉所系、关键所在。

江苏境内工程是东线的建设基础。1961 年以来，江苏自主规划、建设、管理，建成了以运河为主通道，以河湖水网为脉络，以江都、淮安、泗阳、皂河等 9 级枢纽为台阶，以大小数千座工程为支点，融灌溉、航运、排涝、供水于一体的江水北调工程体系。在此基础上，通过完善运河调水线路、新辟运西调水线路、新建扩建大型泵站 14 座，形成了南水北调东线一期江苏境内工程，以较小的建设投资，实现了较大的调水能力。可以说，江水北调工程，为东线工程实施奠定了坚实基础。

江苏境内工程是东线的运行基础。江苏境内工程充分利用水系发达、河网密布的优势，沟通长江、淮河、沂沭泗三大水系，连接洪泽湖、骆马湖、微山湖三大湖泊。通过江淮沂沭泗来水和本地水源的统筹调度，形成灵活运行、高效协同的水资源配置体系。长江水通过 9 级泵站逐级提升，抬高 40m 送至微山湖，实现东线工程调水目标。可以说，江苏境内水利工程的统筹调度，为东线工程调水出省提供了坚强保障。

江苏境内工程是东线的发展基础。江苏境内工程效益涉及苏北地区 4300 万亩耕地、4000 万人民群众。通过调水工程建设，省内供水保证率进一步提高，沿线水质持续向好，水环境容量逐年提升，运河航运条件得到改善，江苏境内工程已成为苏北地区经济社会发展的命脉。东线一期工程运行 8 年来，已累计向山东调水 47 亿 m³，沿线河湖生态有效恢复，鲁北地区和胶东半岛水资源短缺局面有效缓解。可以说，一期工程的成功实施，为东线后续工程提供了有力支撑。

全力推进江苏南水北调事业高质量发展

南水北调东线工作正处于充分发挥既有工程效益、扎实推进后续工程建设的关键期。站在开启全面建设社会主义现代化国家新征程历史起点上，我们要牢记习近平总书记对南水北调工作的殷切期望，按照省委省政府统一部署，努力把南水北调工程建设成为水资源保护有力、水工程运行协同、水文化内涵丰富、水经济产出高效的世纪工程。

着力建设节约用水示范区。统筹本地水、外调水和地下水，合理规划沿线城市规模和产业布局，严格水资源论证和节水评价，加强区域用水总量控制，强化水资源刚性约束，保障合理用水、抑制不合理用水。全面落实最严格水资源管理制度，大力实施国家节水行动，积极推进节水型社会和城市建设，严格节水产业准入，深化水价和水权改革，完善节水财税政策，发挥市场配置资源的作用。建立覆盖全、标准高、执行严的用水定额体系，推动节水技术和节水工艺的创新与普及，推进农业节水增效、工业节水减排、城镇节水降损等行动，提高新技术节水贡献率。

着力构筑生态文明新高地。实行更严格的污染排放标准，加强沿线地区水环境治理基础设施建设，强化产业生态化集聚改造，推行工业园区和开发区循环用水，因地制宜推进城镇污水处理厂尾水生态净化。严格落实南水北调沿线地区水质保护责任，全面开展工业、生活、农业等污染源治理和沿线入河排污口排查整治，突出调水源头区环境保护和生态修复，巩固水源地达标建设成果，健全长效管护机制。大力推进水系连通、退圩还湖、生态清淤、滨河滨湖生态缓冲带建设，合理确定沿线主要河湖生态流量、水位，优化水工程运行，促进水体有序流动，恢复河湖生态净化能力和水源涵养功能。

着力打造文化呈现富集带。完善江淮明珠、淮河安澜等水利展示馆，融合水情教育基地、节水科普基地、水利风景区等载体，加强南水北调工程历史见证物的收集、征藏与展示。统筹考虑功能实现和文化表达，丰富呈现方式和途径，让水利枢纽成为校外教育的重要选择，以青少年为重点对象，普及水利文化知识，培育节水、护水、兴水的思想意识和行动自觉。契合水韵江苏主题，常态化开放水利工程场所，引入文旅、研学机构参与展陈场馆，开展寻找大运河记忆系列活动，创作南水北调文化作品，提炼水利人文精神，传播水知识、讲述水故事。

着力形成服务发展新格局。推行管理标准化，加快自动化建设，探索建立智能远程控制模式，融通大数据、物联网、人工智能等新技术，实现工程精准调度和优化运行。按照"属地管理、省界交水"规划思路，进一步完善南水北调新建工程和江水北调工程"统一调度、联合运行"机制，兼顾公益性和经营性特点，发挥政府保障托底与市场运作高效相结合

的优势，为内河航运发展和粮食生产打牢基础，为苏北地区经济社会发展提供支撑。积极配合国家相关部门开展南水北调后续工程规划，深入分析用水需求，合理确定调水规模，依托既有工程体系，充分发挥现有调蓄湖泊、输水河道和枢纽工程作用，深入比选线路布局、工程布置和管理模式，力争建设方案最优，为南水北调国家战略目标实现提供保障。

（来源：江苏省委《群众》杂志2021年第1期，作者：江苏省水利厅厅长陈杰，编辑：苏胜利）

行走在兴隆大坝上

万古奔流的汉江，起源于陕西秦岭，一路昂扬三千里穿山越野，几番激越数万年湍急磅礴，浩浩荡荡而来，进入丹江口水库才停下匆忙的脚步，在华夏儿女巧妙谋划下，分出一泓清水，温顺而欢畅地流向干渴的北方，水润京华。川流不息的汉江依然眷恋着熟悉而肥沃的荆楚大地，经过短暂的歇息和聚集，如养足精神、蓄势而发的奔腾之马，跳下大坝，又奔袭300km来到美丽的兴隆水利枢纽库区；在这里，它恋恋不舍地作了入长江前的最后停顿，继续向东滋润广袤无垠的江汉平原，于武汉龙王庙汇入长江，给这片生机盎然的热土送来幸福和希望。

兴隆水利枢纽像一颗璀璨的明珠镶嵌在江汉平原腹地。行走在兴隆大

坝上，望着一无际崖的浩瀚江面，环顾两岸稻浪飘香、鱼虾跳跃的丰收场面，人们往往会惊叹大坝的巍峨与神奇，但对她又知道多少呢？

兴隆大坝，官方名称为汉江兴隆水利枢纽工程，地处汉江下游河段，坝右岸位于湖北省潜江市、左岸在天门市境内，上距丹江口大坝378.3km，下距河口273.7km。

兴隆水利枢纽是南水北调中线一期工程的重要组成部分，建设的主要原因是：丹江口水库为保证"一库清水永续北送"，必然减少下泄水量，从而引起汉江中下游供水、航运、生态等水安全问题；为缓解这些难题，兴隆作为主要工程措施之一，其主要功能就是灌溉、航运，兼顾发电。

兴隆水利枢纽坝址以上流域面积144200km^2，多年平均流量1060m^3/s（2010水平年）。设计、校核洪水流量为本河段最大安全泄量19400m^3/s，最高防洪水位为41.75m，对应水库总库容4.85亿m^3，正常蓄水位36.20m，相应库容2.73亿m^3。库区回水长度76.4km。

初秋时节，天高云淡，稻熟橙黄，我再一次从潜江的右岸沿着大坝，向左岸走去，走进这座恢宏工程，仔细看看她的构造、她的伟岸、她的前世今生。

走过长长的右岸连接交通桥，首先看到的是船闸，由主体段和上、下游引航道组成，顺水流向长1456m。规划航道等级达到Ⅲ级，通航标准为

1000t级船舶（队）。

在船闸与电厂之间，为了保障洄游性野生鱼类能够从下游上溯产卵，设置了生态鱼道，鱼道为横隔板式，池室净宽2m，进出口间总长约为400m。

再往前行，我们可以看到具有现代气息的建筑，这是发电厂的控制中心。电站安装四台贯流式水轮发电机组，总装机容量4万kW，电站多年平均发电量为2.25亿kW·h。待引江补汉工程建成之后，年均发电量会有较大增加。

涛声轰鸣，浪花翻腾，长长的泄水闸段正吸引着我快步走来，别急，慢下脚步，数一数，1孔、2孔……共有56孔，单孔净宽达14m，闸段总长953m。主要作用是科学有序泄洪，同时参与汉江联合生态调度。

行进到此，已经走了2km，正前方还有858.5m长的交通桥。凭栏远眺，眼前的汉江水天一色，滔滔远去，好似涌流天地之外。伟人有诗句"沉沉一线穿南北"，兴隆大坝可比武汉长江大桥那根线又长又沉呀。作为水利人，职业习惯让我不断查阅相关资料，努力探寻这个宏大而复杂的工程当年是如何建设的。

水利工程的规划、设计、施工及运行管理工作极其专业而且周期长，用大型战役都无法形容其复杂性和高难度。兴隆水利枢纽工程前期论证从1998年开始，到2009年开工，大致花了12年。从2009年2月26日正式

开工，到 2014 年 9 月 26 日主体工程完工，又是 6 年时间。18 年时光，许多兴隆人的职业生涯都在这里度过。

兴隆水利枢纽是南水北调工程中唯一的新建河川枢纽工程，轴线全长 2830m，与三峡工程相当。枢纽位于汉江下游平原地区，以深厚粉细砂层为主要特征的工程地质条件特殊，施工技术难度大，防渗处理非常困难。建设伊始，湖北省南水北调建设管理局局长郭志高率领他的管理团队（包括天门、沙洋、潜江、钟祥等县市专门成立的建设办公室），就坚持高标准严要求，特别重视质量与管理，广泛运用科技创新解决技术难题、群策群力建造精品工程。共集合设计单位 7 家，监理单位 6 家，施工单位 27 家，设备供应商 20 家，还有质检、生态、航运、安全等配合单位，历时 5 年多，不管烈日炎炎，还是数九寒天，日夜奋战在工地上。涉及的主要建设内容有枢纽土建、金属结构、机电设备安装、导流明渠、堤岸防护、库区浸没治理、水保绿化、环保措施、蓄水影响整治、信息化等，每一项工程涉及的流程有资金筹措、招投标、进度、质量、支付、验收、检查等，难以计数的分部、单元、单位工程的分类管理，有时上十家施工单位一同工作，这是需要多大的组织能力、协调能力和系统调度能力呀！省南水北调管理局及现场管理单位的同志们，以高度的事业心和责任感，以顽强拼搏的精神和毅力，把很多的不可能变成了现实，在这条古老的河流上绘制了一幅壮丽的画卷，创造了多项"兴隆速度""兴隆效率"。

兴隆水利枢纽工程刷新了我国多项水利施工纪录。其中围堰混凝土防渗墙是最显著的。兴隆水利枢纽工程围堰设计为全封闭、全截渗的塑性混凝土防渗墙，墙深超过 60m，墙厚 0.8m，总工程量达 25 万 m^2。为保证在当年实现截流，施工方创造了防渗墙单月施工 5 万 m^2 的纪录，是当年国内记录的 1.5 倍，有力保障了 2009 年 12 月 26 日龙口顺利合龙，截流成功。

第二项施工纪录是创造了我国内河土方开挖最高纪录。导流明渠长度约 5000m，比三峡工程导流明渠还长 1000 多 m，开挖土方量达 1150 万 m^3。通过挖掘机明挖、采砂船开挖、挖泥船吹填等多种工艺同时施工，实现了单日最大开挖达 12 万 m^3。

枢纽中两岸交通桥的基础是直径 1.5m、深度 55m 的桩基。而地基在 30m 以下多为大粒径、高硬度的卵石层，要将直径达 1.5m 的钻机打穿 25m 巨厚的卵石层，这是极高难度的。那些年，汉江的涛声与十几架钻机的隆隆声日夜和鸣。

在水利工程施工中，多家单位同时作业，工序交叉等难题并不可怕，这些可以通过有效管控做到繁忙有序；而最可怕的是大洪水的突至，2011 年兴隆的防汛抢险，其惊心动魄、扣人心弦的一幕幕，至今人们回忆起来，依然心有余悸。

史料记载，2011年9月，受汉江上游大范围持续强降雨影响，丹江口水库水位迅速抬升，按照长江水利委员会调度指令，丹江口水库从9日17时30分开始泄洪，到14日15时，下泄流量达到10700m³/s；到15日15时，下泄流量已达13500m³/s，泄洪量急剧增加。汉江的形状是上游宽阔、下游狭窄，似一个漏斗，上游的泄洪，加上区间支流的汇入，让汉江下游防汛形势陡然严峻起来。

汉江兴隆河段属游荡性河道，水下为深厚的粉细砂，覆盖层总厚度达60多m。粉细砂抗冲流速小，抗冲刷能力低，在深厚粉细砂覆盖层上填筑的围堰正经受着前所未有的严峻考验；波涛汹涌的洪水像桀骜不驯的野马，肆无忌惮地撕咬着兴隆水利枢纽工程上游围堰……

9月18日16时，上游围堰在长时间的冲刷、浸泡下发生重大崩岸，围堰坡脚崩塌近1/3，情况十分危急。如果围堰冲毁、基坑进水，两年多来的施工将全部淹没报废，经济损失以数亿计，工期将延后至少两年，那是不可想象的。险情发生后，省南水北调管理局迅速成立现场抢险指挥部，全力以赴组织抢险。施工单位的抢险队员赶来了，附近的农民群众赶来了，工地上呈现出众志成城降洪魔的激烈场景。江面上，洪流滚滚，风急浪高；围堰上，江风呼啸，泥泞难行。豆大的雨点裹夹着细沙吹打在抢险队队员的脸上，江中飞溅的浪花拍击着抢险队员的身子，他们浑然不顾，在风雨中奋战，在泥泞中坚守。时间就是生命，岂能错过分分秒秒。"争分夺秒，誓死保卫围堰！"的铮铮呐喊，不时地在抢险现场响起。他们跟洪水赛跑，他们跟洪水做殊死的拼搏！先后投入人力600余人，机械设备90余台套，抛投块石超万方，在英勇无畏的荆楚儿女面前，肆虐的洪水终于被降服，到23日17时，水位回落退出警戒水位，连续奋战了7天7夜，终于取得抗洪抢险全面胜利。

这一段抗洪抢险故事已经过去十年了，今天读来仍让我们非常震撼，耳边仿佛回荡着滔天洪水的咆哮声……

经过5年艰难的建设时光，兴隆水利枢纽终于在2013年4月1日实现下闸蓄水，此后库区水位常年保持在35m以上。兴隆大坝的建成，彻底改变了沿库两岸的灌溉历史，即从过去枯水期靠机械抽水变为自流，保障了327.6万亩农田灌溉引水需要，为天门年年棉铃满枝、潜江小龙虾养殖红遍全国提供了根本保障；蓄水后库区渠化航道78km，截至2021年9月，累计过闸船舶超7万艘，货运量超3300万t；在改善灌溉、通航的同时，生态效益也逐步显现，库岸周边29条河流水质得到整体提升。

人们说，有了兴隆，鱼米之乡，处处美如画。

兴隆水利枢纽作为南水北调中线工程幕后的重要功臣，她虽不那么有名，但同样是伟大的。兴隆的建成凝聚着无数水利人的付出与奉献，有许多人数年如一日，在远离城市的偏远江边忘我工作，将青春才华全部献给了兴隆；工程建成后，他们又继续留下来，开展运维管理工作，用智慧和汗水建设美丽的家园，他们的奋斗精神是值得弘扬的，他们的牺牲是值得崇敬的，他们是最美水利人群体，我们不能也不应该忘记她们。

有诗云：

行走在兴隆大坝上面

清澈的汉水远接天边

碧波微澜，飞鸟点点

秋水长天，无限思念

金黄的稻田

涓涓的甘甜

都是兴隆人

用爱与创造

写在汉江上的美丽诗篇。

（作者简介：宾洪祥，男，生于1964 年，湖南衡山县人；1986 年毕业于武汉水利电力学院农田水利系，现为湖北省水利水电规划勘测设计院党委副书记、纪委书记）

叁　政策法规

南水北调法治建设

【相关法规】 为加强穿跨邻接南水北调中线干线工程项目管理和监督检查，确保南水北调中线干线工程安全，依据《中华人民共和国水法》和《南水北调工程供用水管理条例》等法规，水利部制定了《穿跨邻接南水北调中线干线工程项目管理和监督检查办法（试行）》，办法自 2021 年 3 月 1 日起施行。 （闵祥科）

【法治宣传】 2021 年，南水北调司深入学习贯彻习近平总书记关于南水北调重要讲话及指示批示精神，以推动南水北调工程高质量发展、建设"四条生命线"和"世界一流工程"为重点，深入开展法治宣传工作。

（1）深入学习贯彻习近平法治思想和中央全面依法治国工作会议精神。把学习贯彻习近平法治思想同学习贯彻习近平总书记关于南水北调重要讲话及指示批示精神和党的十九届六中全会精神结合起来，加快完善南水北调制度体系，扎实推动新阶段南水北调工程高质量发展。利用全民国家安全教育日深入开展普法宣传活动，在参与活动的过程中，树立安全法治意识，营造安全法治氛围，掌握安全法治知识，提高安全自救能力，并以此为契机进一步强化各项安全工作。

（2）深入宣传贯彻《南水北调工程供用水管理条例》。组织深入宣传贯彻《南水北调工程供用水管理条例》（以下简称《条例》），充分利用南水北调系统宣传平台和工程体系，进一步增强了对加强南水北调工程管理和保护工作的认同与支持；组织专题调研《条例》执行情况，积极协调推进《条例》修订工作，相关工作已纳入政法司工作计划。 （闵祥科）

南水北调政策研究

【重大课题】 "十四五"时期，是在全面建成小康社会基础上，开启社会主义现代化国家建设新征程、谱写丹江口库区及上游地区对口协作高质量发展的关键阶段。2021 年 6 月 23 日，经国务院同意，国家发展改革委、水利部印发《关于推进丹江口库区及上游地区对口协作工作的通知》（发改振兴〔2021〕924 号），明确对口协作工作期限延长至 2035 年，对口协作关系和政策措施保持不变。科学编制并有效实施南水北调对口协作"十四五"规划，对做好对口协作、促进双方实现资源优势互补、构建南北协调发展新格局具有重要现实意义和历史意义。

为进一步明确"十四五"期间北京市南水北调对口协作工作任务，推动对口协作工作再上新台阶，促进水源区经济社会转型发展与中线工程水资源配置总体目标相协调，确保"一库清水永续北送"，特编制《北京市南水北调对口协作"十四五"规划（2021—2025 年）》。该规划发布后，将作为"十四五"期间开展南水北调对口协作工作的重要指导性文件，是制定年度计划的基础依据。 （郭锐）

为深入贯彻落实习近平总书记在推进南水北调后续工程高质量发展座谈会上的重要讲话精神，科学推进南水北调工程规划建设，保障工程安全、供水安全、水质安全，南水北调集团组织开展了 5 项南水北调重大课题研究。即高质量推进南水北调工程支持政策建议研究，南水北调东、中线一期工程提质增效研究，推动南水北调东、中线后续工程建设策略研究，深化南水北调西线工程方案比选论证策略研究，南水北调集团建设国家水网骨干工程策略研究。截至 2021 年年底，各研究课题均已完成报告编写，尚未验收。 （侯保俭）

【主要成果】

1. 高质量推进南水北调工程支持政策建议研究课题　在总结南水北调工程实施现状及后续规划的基础上，通过对政策环境分析，并参考其他行业经验，提出南水北调工程在投融资、水价机制、税费、土地等方面的政策支持建议。

2. 南水北调东、中线一期工程提质增效研究课题　在系统梳理南水北调东、中线一期工程运行现状的基础上，对南水北调东、中线一期工程实施与运行情况进行评价，总结东、中线一期工程调水成效；从东、中线一期工程运行管理存在的主要问题、受水区经济社会高质量发展和生态文明建设要求等方面，分析了南水北调东、中线一期工程提质增效需求形势；从增强工程调配能力、合理优化调整水价、探索水权交易路径、理顺东线一期工程运行管理体制等方面提出了东、中线一期工程提质增效的对策与建议，为推进南水北调工程高质量发展提供基础支撑。

（1）南水北调东、中线一期工程作为跨流域跨区域配置水资源的骨干工程，通水以来极大缓解了受水区水资源短缺状况，有效改善了生态环境质量，充分发挥了调水工程的经济效益、生态效益和社会效益。

（2）黄淮海流域经济总量将继续保持平稳增长，用水需求仍将保持在较高水平。南水北调东、中线一期工程提质增效对保障受水区"十四五"时期高质量发展意义重大。

（3）充分发挥工程供水能力和优化调整水价是南水北调东、中线一期工程提质增效的关键。结合南水北调东、中线一期工程运行状况评价和存在的问题，提出了增强工程调配能力、优化调整水价、探索水权交易路径、理顺运行管理体制等一期工程提质增效的对策措施。

3. 推动南水北调东、中线后续工程建设策略研究课题　在基础资料收集整理及专题调研基础上，系统梳理南水北调东、中线工程前期工作现状，总结东、中线后续工程推动存在的问题，分析后续工程推动实施需求，提出东、中线后续工程推进策略与建议。

（1）南水北调东、中线一期工程运行通水，极大缓解了受水区水资源短缺状况，经济效益、社会效益和生态效益显著。随着京津冀协同发展、雄安新区建设、黄河流域生态保护和高质量发展等重大战略的深入实施，华北地区地下水超采综合治理、大运河文化带建设等重大行动的落地，对加强和优化水资源供给提出了新的更高的要求，有关省市迫切希望南水北调后续工程多调水以提高区域水安全保障。加快推进南水北调东、中线后续工程建设具有重大意义。

（2）南水北调东、中线后续工程扎实的前期工作为后续推进打下了良好基础，但后续工程推进过程中依然存在制约因素。

（3）立足后续工程已有工程方案，借鉴南水北调东、中线一期工程实施效果及经验教训，提出南水北调东、中线后续工程的推进对策。

4. 深化南水北调西线工程方案比选论证策略研究课题　全面总结了西线工程初步研究阶段、超前期研究阶段、规划阶段、一期工程项目建议书阶段、重大问题及规划方案比选论证阶段等不同阶段的前期工作进展及存在的不同认识，深入分析了新形势下黄河流域和西线工程水源区规划条件的变化，综合分析了西线工程方案论证的影响因素，研究了西线工程方案论证需协调的十大关系，提出了西线工程方案比选的论证思路与对策。

5. 南水北调集团建设国家水网骨干工程策略研究课题　在总结国内外重大引调水工程建设实践经验启示的基础上，分析国家水网建设的总体布局和建设市场机会，提出南水北调集团参与国家水网建设的总体思路和战略方向，分析南水北调集团参与水网建设的推进策略与保障措施。

（侯保俭）

肆　综合管理

概　述

【运行管理】　2021 年，南水北调东、中线一期工程已全面通水、安全运行 7 周年，南水北调司深入学习贯彻习近平总书记关于南水北调重要讲话及指示批示精神，落实关于推动新阶段水利高质量发展和做好南水北调工作的相关要求，以推动南水北调工程高质量发展、建设"四条生命线"和"世界一流工程"为重点，认真做好水量调度、工程安全、防汛、水质保障、专项核查等工作，坚持和完善科学调度工作机制，年初印发年度工作要点、运行管理督办事项和重点工作有关工作安排，明确责任分工、细化工作任务、建立目标清单，规定时间节点；全年创新工作方式方法，实施水量调度精准化管理，强化安全运行管理监管力度，建立水质安全保障各项制度，及时加强调研会商，新冠肺炎疫情防控与工作成效两手抓；年末组织做好工作总结，总结经验教训、查找弱项短板、研究提出改进措施，提升管理效能。通过提前谋划、狠抓落实、充分总结，实现了运行管理工作忙中有序、有效推进。

（陆帆　董玉增　宋晓东）

2021 年，南水北调集团高度重视南水北调工程运行管理工作，对标"三个一流"目标，围绕保障"三个安全"要求，持续推进工程管理标准化建设，全力抓好安全生产，不断规范工程运行，努力打造"高标准样板"调水工程。

在标准化建设方面，南水北调集团持续督导协调南水北调工程规范化、标准化建设工作。南水北调中线建管局围绕工程安全、调度精准、水质保障、管理规范、智慧协同、文化卓越等 6 个方面，研究提出"高标准样板工程"内涵及标准，编制了《南水北调中线建管局运行管理标准化建设工作规划（2021—2025 年）》，制修订技术标准 27 项，主编或参编团体标准 4 项，不断完善运行管理标准体系；巩固水利安全生产标准化一级达标创建成果，推荐 18 个建设成果参加水利部成果评选展示活动；基于输水调度智能化和业务数据集成的需求，聚焦中线核心业务发展，同步推动传统基础设施向数字基础设施转型，实现业务数字化优化重塑。东线总公司在前期工作的基础上，根据工程管理实际，制定了年度工作实施方案，编印了东线泵站工程运行管理标准化表单，制定了团体标准《大中型泵站运行管理规程》（T/CHES 51—2021），探索和利用先进信息技术，有序开展标准化建设工作。

在安全生产方面，南水北调集团成立安全生产委员会和应急管理领导小组，不断完善安全生产和应急管理制度体系。严格落实安全生产责任制，逐级签订年度安全生产责任书。落实各项安全生产措施。扎实推进安全生产专项整治三年行动，奋力取得防汛抗洪抢险重大胜利，努力防范冰期输水风险，统筹推进首都安全专项工作，确保冬奥会、冬残奥会及全国"两会"期间用水安全。

在工程运行方面，南水北调东、中线一期工程经受住极端天气及严峻的新冠肺炎疫情考验，总体运行安全，输水调度平稳，设备设施运行状况良好，水质稳定达标，综合效益发挥显著，保障了受水区用水安全，助力了沿线河湖生态环境复苏，改善了河道通航条件，发挥了"四条生命线"的重要作用。　　（盛旭军　鹿星）

【综合效益】　南水北调东、中线一期工程通水 7 年来，工程运行安全平稳，综合效益显著。截至 2021 年 12 月 31 日，累计调水超 498 亿 m³，"南水"成为沿线多个城市的主力水源，已惠及河南、河北、北京、天津、江苏、安徽、山东等 7 省（直辖市）沿线 40 多座大中城市和 280 多个县（市、区），直接受益人口达到 1.4 亿人，发挥了优化水资源配置、保障群众饮水安全、复苏河湖生态环境、畅通南北经济循环的生命线作用。水质方面，东线水质持续稳定保持在Ⅲ类水标准，中线水质持续优于Ⅱ类水标准。

（1）超额完成年度水量调度计划。2021 年 5 月 20 日，东线一期工程提前完成调水入山东省 6.74 亿 m³ 的年度任务；中线 2020—2021 年度

正常供水 69.14 亿 m³，完成年度计划的 106%；生态补水 19.90 亿 m³（其中河南省 6.58 亿 m³、河北省 12.82 亿 m³、北京市 0.50 亿 m³），其中向华北地区生态补水 13.32 亿 m³，完成华北地区地下水超采综合治理年度生态补水任务的 230%。中线年度累计供水 89.03 亿 m³（中线一期工程规划多年平均年供水量为 85.4 亿 m³，对应陶岔渠首入渠水量为 95 亿 m³），超过中线一期工程规划多年平均供水规模，标志着中线一期工程已经连续两个年度达效。

（2）我国北方地区供水格局得到了完善。东、中线工程进一步优化了水资源配置，从根本上缓解了我国北方地区水资源短缺的局面。受水区河南、河北、北京、天津、江苏、安徽、山东等 7 省（直辖市）沿线 40 多座大中城市的 280 多个县都用上了南水，其中，北京城市用水量占七成以上，天津 14 个行政区居民用上了南水。南水北调已经成为多个城市供水新的生命线。

（3）群众的获得感、幸福感持续增强。东、中线一期工程通水以来，丹江口水库和中线干线供水水质稳定在Ⅱ类标准及以上，很多时间是Ⅰ类。东线水质稳定在Ⅲ类标准。沿线群众喝上优质甘甜的南水的愿望得以实现，特别是河北省黑龙港区域有 500 多万人告别了饮用高氟水、苦咸水的历史。

（4）开展生态补水，生态效益显

著。统筹考虑丹江口水库蓄水情况及华北地区地下水超采综合治理补水需求，组织有关单位，利用丹江口水库汛前消落有利时机，加大生态补水流量和补水范围，积极助力滹沱河、大清河、永定河生态补水，实现全线贯通，复苏沿线河湖生态环境。2020—2021年度，中线工程全年不间断向沿线相关河流实施生态补水，累计补水河流达50余条，向华北地区生态补水13.32亿 m³（其中河北省12.82亿 m³、北京市 0.50亿 m³），地表水和地下水得到有效恢复，生态环境显著好转。河湖生态环境得到了复苏。东、中线一期工程向沿线累计实施生态补水超过73亿 m³，有效遏制了华北地区地下水位下降、地面沉降等生态环境恶化趋势，滹沱河、白洋淀、子牙河等一大批河湖重现了生机，生态环境得以改善。

（5）航运条件改善助力经济发展。南水北调持续调水还稳定了航道水位，改善了通航条件，延伸了通航里程，增加了货运吨位，大大提高了航运安全保障能力，促进了当地经济发展。东线一期工程建成后，京杭大运河黄河以南航段从东平湖至长江实现全线通航，1000～2000t 级船舶可畅通航行，新增港口吞吐能力1350t，成为仅次于长江的第二条"黄金水道"。

（董玉增　陆帆　宋晓东　盛旭军　朱吉生）

【水质安全】　南水北调东线在2020—2021年度调水期间，共对沿线34个断面进行了常规监测。其中，江苏省境内断面主要监测水温、pH 值、溶解氧、氨氮、高锰酸盐指数等 5 项指标；山东省境内断面主要监测水温、pH 值、溶解氧、高锰酸盐指数、化学需氧量、氨氮、总磷、总氮、氟化物、石油类、硫酸盐、氯化物、电导率、浊度等 14 项指标；北延应急供水段主要监测水温、pH 值、溶解氧、电导率、浊度、高锰酸盐指数、化学需氧量、氨氮、总磷、总氮、氟化物、石油类、硫酸盐、氯化物等 14 项指标。

南水北调中线干线在 2020—2021 年度调水期间，根据《南水北调中线一期工程水质监测方案》要求，对全线 30 个固定监测断面进行 14 次采样监测（含汛期 2 次加密监测），监测指标为《地表水环境质量标准》（GB 3838—2002）24 项基本项目与集中式生活饮用水地表水源地补充项目硫酸盐。所有监测参数均在规定时限内完成监测，参照《地表水环境质量评价方法（试行）》（环办〔2011〕22号），采用单因子评价法对水质进行评价。全线 30 个固定监测结果、14次实验室监测结果表明，该调水年度水体均达到或优于地表水 Ⅱ 类水质标准，满足调水水质要求。对照水利部南水北调司印发的水污染防治（水质安全保障）重点工作文件要求，立足安全和发展两大主题，狠抓核心业务，紧抓关键环节，稳步推进水质监测、水质保护、风险防控等水质保障工作，确保工程成功经受住了"7·20"郑州至石家庄段持续强降雨的严峻考验。

本年度调水期间，南水北调东线共完成常规监测30余批次，共获取水质监测数据5404组。其间，多次适时开展沿线水质比对监测、补充监测和监督监测。监测结果表明，南水北调东线一期工程沿线基本保持在地表水Ⅲ类水质标准。南水北调东线一期工程本年度调水运行期间，水质稳定、持续向好，未受疫情影响，满足调水水质要求。

（陆帆　董玉增　宋晓东　伊璇　马万瑶）

【移民安置】　为贯彻落实习近平总书记在推进南水北调后续工程高质量发展座谈会上重要讲话精神，在认真总结一期工程移民安置工作经验基础上，深入分析后续工程面临的形势与挑战，研究提出移民安置工作总体要求及对策措施，编制形成《南水北调后续工程高质量发展移民安置工作对策措施专题报告》。本着"依法合规、尊重历史、应汇尽汇、动态调整"的原则，组织建立南水北调集团土地资产台账，明确土地资产统计指标和制度，摸清南水北调集团土地资产情况。制定并印发《中国南水北调集团集团有限公司土地资产登记管理规定（试行）》，规范南水北调集团土地权证登记的职责分工、权证办理、信息统计和档案管理等工作，明确土地资产台账动态调整机制。　　（徐志超）

【收尾及配套工程】

1. 配套工程建设　2021年度，南水北调工程沿线北京市、天津市、河北省、江苏省和河南省共5个省级行政区开展了配套工程建设工作。北京市在建配套工程9项，其中，输水工程3项，配套水厂4项，生态补水和调节池工程各1项，具备通水条件或投产运行的配套工程共5项。天津市在建配套工程共1项，为天津市南水北调中线市内配套工程管理信息系统，总投资0.95亿元。该工程已完成全部主调备调中心及5个分中心7处实体环境装修、全部设备采购、全部设备安装、网络搭建工作。相关子系统软件已开发完成，并开展试运行调试优化工作。河北省在建配套工程共5项，其中石津干渠改造提升项目和雄安调蓄库项目，部分工程实现开工建设。定州、固安、宁晋等南水北调配套供水工程、雄安干渠项目和廊坊市北三县供水工程稳步推进项目建设前期工作。2021年农村生活水源江水置换工程投资已全部完成，新增置换人口818万人，全省累计达到2172万人。江苏省在建配套工程仅宿迁尾水导流工程1项，2021年3月该项工程完成剩余工程投资52万元，江苏省配套工程已全部建设完成，共累计完成投资额233726万元。河南省配套工程建计涉及37个市、县，其中舞钢市、淮阳、范县、台前县、濮阳县等5个配套工程已实现完工通水；南阳市、周口市、驻马店市、开封市、新乡市、焦作市、安阳市、滑县境内合计18个配套工程已开工建设；南阳市、西华县、新乡市"四县一区"及巩义市境内合计9个配套工程开展前期工作；商丘5个市（县）配套工程正开展水资源和工程可行性论证。截至2021年年底，累计规划分配水量78590万 m^3，累计受益人口1343.98万人，累计规划水厂设计规模达258.5万 m^3/d。

2. 强化监督指导东、中线一期工程尾工建设　2021年，南水北调司通过组织梳理完善尾工年度工作计划，以司局函的形式明确了尾工建设目标和工作要求，为2021年度尾工工作提供了指导和依据。同时按部督办事项要求实施建设目标及投资完成情况月度"双督导、双考核"。曾先后分多次派员赴北京、河南、江苏等省（直辖市）实地督导推动尾工建设，并于7月、12月分别开展年中、年度检查。截至2021年年底，江苏境内调度运行管理系统工程、中线水源调度运行管理系统工程、中线穿黄孤柏嘴控导工程及中铝河南分公司取水补偿工程、北京段工程管理设施、北京分公司自动化调度系统工程等5项尾工项目已建设完成。

3. 稳步推动东线一期北延应急供水工程建设　2021年，东线一期工程北延应急供水主体工程完工，累计完成投资4.02亿元，占批复总投资比例84.23％。5月，工程正式向河北、天津等地供水。　　　　（南水北调司）

4. 中线穿黄工程孤柏嘴控导工程及中铝河南分公司取水补偿工程　孤柏嘴控导工程为穿黄工程的一部分，其主要作用是稳定黄河河势，防止洪水进一步冲蚀南岸山湾，影响穿黄工程的正常运行。中国铝业河南分公司孤柏嘴提水站取水口位于孤柏嘴控导工程附近，其主要任务是提取黄河水，满足中铝河南分公司生产和生活用水的需求。各参建单位克服冬季施工、春节假期工人不足、新冠肺炎疫情防控、黄河汛期、郑州"7·20"特大暴雨等不利影响，攻坚克难，确保了工程于9月底顺利完成。

5. 保定管理处调度指挥中心项目　保定管理处调度指挥中心项目位于保定市满城经济开发区漕河科技创新示范园内，建设内容包括调度指挥中心、综合楼和警卫室。调度指挥中心主体建设已于2020年度完成，2021年8月完成全部验收工作。保定管理处调度指挥中心项目顺利完成，为河北工程管理专题工程建设、验收等工作奠定了基础提供了保障。

6. 北京段工程管理设施　南水北调中线北京段工程管理设施属于中线一期工程北京段工程管理专题设计单元，建设内容包括北京分公司、惠南庄管理所、大宁管理所和团城湖管理所办公用房和附属设施的建设。经水利部批准北京分公司、大宁管理所和团城湖管理所等 3 处管理设施合并选址建设。北京段工程管理设施于 3 月正式开工建设，7 月完成办公楼主体结构封顶，12 月工程建设完成。

7. 京石段自动化调度系统建设

京石段自动化调度系统建设内容主要是北京分公司自动化调度系统的建设。2021 年 9 月正式开工，2021 年度完成应用系统、计算机网络系统、程控交换系统、通信传输系统、通信电源系统及动环监控系统的主要设备到货安装工作，完成调度会商实体环境、机房工程及综合布线系统建设。

（南水北调中线建管局工程维护中心）

【东、中线一期工程水量调度】　2021 年，南水北调司以确保完成年度水量调度计划、生态补水任务为目标，规范和强化南水北调工程水量调度工作，强化逐月滚动精准调度、动态监管工作，建立生态补水长效机制，加强协调沟通，全面提升水量调度管理水平，东、中线一期工程运行安全平稳，水质稳定达标，全面超额完成水量调度计划，经济、社会和生态效益显著提升。截至 2021 年年底，东、中线一期工程累计调水量 498.86 亿 m^3，其中东线调水 52.88 亿 m^3、中线调水 445.98 亿 m^3。

（1）会同东线运行管理单位，积极协调有关地方，统筹东线一期工程和东线北延应急供水工程调水，实时动态调整水量调度方案，于 5 月 20 日提前完成东线一期工程向山东省调水 6.74 亿 m^3 的年度任务。

（2）会同调水局和中线运行管理单位，积极协调各有关流域管理机构和地方水行政主管部门，不断完善常态水量调度月会商、特殊时段周会商、调度计划旬批复等工作机制，实施精准调度。截至 10 月 31 日，中线一期工程年度正常供水 69.14 亿 m^3，完成年度计划的 106%；年度累计供水 89.03 亿 m^3，超过中线工程规划多年平均供水规模，标志着中线一期工程已经连续两个年度达效。

（3）主动研判丹江口水库水情，制定汛前消落计划，汛期加强优化调度，利用多余水量为沿线实施生态补水。截至 10 月 31 日，生态补水 19.90 亿 m^3，其中河南省 6.58 亿 m^3、河北省 12.82 亿 m^3、北京市 0.50 亿 m^3；其中向华北地区生态补水 13.32 亿 m^3，完成华北地区地下水超采综合治理年度生态补水任务的 230%。

（4）圆满完成南水北调东线一期工程北延应急供水工程调水任务。通过协调组织各有关单位，根据沿线水情实际，按照水资源节约集约利用、经济就近等原则，科学制定东线北延应急供水工程 5 月供水实施方案并督促执行。此次北延应急供水工程调水时间为 5 月 10—31 日，共计 22 天，六五河节制闸累计输水 3600 余万 m^3，天津九宣闸累计收水 720 万 m^3，各监测断面水质稳定在 III 类水及以上，完成目标交水量。在调水实施前和实施过程中，开展相关调研检查 3 次，有力加强水量调度监管。此次调水不仅检验了北延应急供水工程的过水能力，为天津市、河北省地下水超采综合治理增加了新的水源保障，也为北延供水常态化积累了宝贵经验。

（5）科学编制年度水量调度计划。调研东、中线及东线北延沿线省（直辖市）水量需求有关情况，加强与长江委、调水局、南水北调集团等单位，以及北京、天津、河北、河南、江苏、山东、湖北等省（直辖市）的沟通交流，组织编制了南水北调东、中线一期工程及东线北延应急供水工程 2021—2022 年度水量调度计划，并按规定及时印发实施。

（董玉增　陆帆　宋晓东）

1. 2021—2022 年度水量调度计划制定情况　2021 年，南水北调司深入调研南水北调工程受水区各省（直辖市）用水需求情况，加强与长江委、淮委、调水局、中国南水北调集团有限公司、中线建管局、东线总公司等单位，以及江苏、山东、北京、天津、河北、河南、湖北等省（直辖市）的沟通交流，组织编制了南水北调东、中线一期工程和北延应急供水工程 2021—2022 年度水量调度计划，并按规定及时印发实施。

（1）东线一期工程。2021 年 8 月 9 日，水利部办公厅发文要求各有关单位开展南水北调东线一期工程 2021—2022 年度水量调度计划编制工作。

8 月 25 日，江苏省水利厅报送了江苏省南水北调东线一期工程 2021—2022 年度水量调度计划建议；8 月 30 日，南水北调东线总公司报送了东线一期工程运行状况分析的报告；9 月 2 日，山东省水利厅报送了山东省南水北调东线一期工程 2021—2022 年度水量调度计划建议。9 月 10 日，淮委依据东线总公司报送的东线一期工程运行管理状况、江苏省和山东省的年度用水计划建议和《南水北调东线一期工程水量调度方案（试行）》，编制完成《南水北调东线一期工程 2021—2022 年度水量调度计划（送审稿）》。

9 月 17 日，水利部调水局组织专家对年度水量调度计划进行了审查，会后会同淮委等有关单位，根据专家意见修改完善了年度水量调度计划，并于 9 月 18 日将审查意见和修改后的年度水量调度计划报水利部。水利部于 9 月 26 日批复下达了东线一期工程 2021—2022 年度水量调度计划。

（2）东线一期工程北延应急供水工程。2021 年 9 月 13 日，水利部办公厅发文要求各有关单位开展南水北调东线一期工程北延应急供水工程 2021—2022 年度水量调度计划编制工作。

9 月 28 日，黄委报送了东平湖水量调度过程成果；9 月 29 日，淮委报送了东线一期工程穿黄工程出口断面可调水量及过程，中国南水北调集团有限公司报送了南水北调东线一期工程北延应急供水工程运行状况及2021—2022年度工程运行总体安排建议的报告；10月9日，河北省水利厅报送了2021—2022年度与东线一期北延应急供水水量调度相关引黄输水计划的报告；10月19日，山东省水利厅报送了2021—2022年度与东线一期北延应急供水水量调度相关引黄输水计划的报告。10月18日，海委依据《南水北调东线一期工程北延应急供水工程水量调度方案（试行）》规定，结合淮委提出的穿黄工程出口断面可供水量、天津市水务局和河北省水利厅提出的用水需求及中国南水北调集团有限公司提出的工程运行总体安排，编制完成《南水北调东线一期工程北延应急供水工程2021—2022年度水量调度计划（送审稿）》。

10月26日，水利部调水局组织专家对年度水量调度计划进行了审查，会后会同海委等有关单位，根据专家意见修改完善了年度水量调度计划，并于11月2日将审查意见和修改后的年度水量调度计划报水利部。水利部于11月5日批复下达了东线一期工程北延应急供水工程2021—2022年度水量调度计划。

（3）中线一期工程。2021年9月1日，水利部办公厅发文要求有关单位开展南水北调中线一期工程2021—2022年度水量调度计划编制工作。

9月16日，汉江水利水电（集团）有限责任公司和中线水源公司报送了丹江口水库运行管理状况的报

告；9月18日，湖北省水利厅报送了湖北省用水计划建议；9月28日，长江委报送了中线一期工程2021—2022年度可调水量；9月30日，中国南水北调集团有限公司报送了中线总干渠工程运行管理状况报告。

9月18日、23日、28日，天津、北京、河南、河北等4省（直辖市）水利（水务）厅（局）分别报送了2021—2022年度用水计划建议。

10月12日，长江委依据各省（直辖市）报送的用水计划建议、丹江口水库可调水量、中线一期总干渠工程运行管理情况、丹江口水库运行管理情况和《南水北调中线一期工程水量调度方案（试行）》，编制完成《南水北调中线一期工程2021—2022年度水量调度计划（送审稿）》。

10月14日，水利部调水局组织专家对年度水量调度计划进行了审查，会后会同南水北调司及长江委，根据专家意见修改完善了年度水量调度计划，并于10月18日将审查意见和修改后的年度调度计划报水利部。水利部于10月25日批复下达了中线一期工程2021—2022年度水量调度计划。

2. 2020—2021年度水量调度计划执行情况　2021年，在南水北调司的领导下，各相关单位克服新冠肺炎疫情的不利形势，坚持新冠肺炎疫情防控和水量调度工作两手抓，积极谋划工作安排，创新工作方式，确保水量调度计划顺利实施。2020—2021年

度东、中线一期工程运行安全平稳，东线一期工程圆满完成向山东省调水 6.74 亿 m³ 的任务；中线一期工程向受水区调水 89.03 亿 m³，圆满完成正常供水和生态补水任务。

（1）东线一期工程。2020—2021 年度，南水北调东线一期工程计划向山东省供水的抽江水量为 7.72 亿 m³，入山东省的水量为 6.74 亿 m³，向山东省的净供水量为 4.00 亿 m³，调水时间为 2020 年 11 月至 2021 年 5 月。

南水北调东线一期工程向山东省调水工作于 2020 年 12 月 23 日启动，于 2021 年 5 月 20 日完成省际年度调水任务，6 月 15 日鲁北段工程完成年度调水任务，6 月 20 日胶东干线工程完成年度调水任务。东线一期工程 2020—2021 年度实际调入山东省 6.74 亿 m³，入南四湖下级湖 6.60 亿 m³，入南四湖上级湖 6.27 亿 m³，入东平湖 5.44 亿 m³，向胶东调水 4.25 亿 m³，向鲁北调水 1.09 亿 m³。2020—2021 年度，累计向山东省各受水地市供水 4.32 亿 m³，其中枣庄 3320 万 m³、济宁 1664 万 m³、德州 3466 万 m³、聊城 5084 万 m³、济南 8462 万 m³、滨州 1401 万 m³、淄博 1339 万 m³、东营 1500 万 m³、胶东四市 16989 万 m³。

（2）中线一期工程。南水北调中线一期工程 2020—2021 年度计划向受水区各省（直辖市）正常供水 65.79 亿 m³，其中北京市 12.28 亿 m³、天津市 11.03 亿 m³、河北省

19.93 亿 m³、河南省 22.55 亿 m³。按照 2021 年度华北地区地下水超采综合治理河湖生态补水方案，中线一期工程计划向受水区生态补水 5.80 亿 m³。

中线一期工程 2020—2021 年度陶岔渠首实际供水量 90.54 亿 m³。向受水区各省（直辖市）正常供水 69.13 亿 m³，完成年度正常供水计划 65.79 亿 m³ 的 105.1%。其中北京市 12.66 亿 m³、天津市 11.35 亿 m³、河北省 21.72 亿 m³、河南省 23.41 亿 m³，分别完成年度计划供水量的 103.1%、102.9%、109.0%、103.8%。向受水区生态补水 19.90 亿 m³（含总干渠汛期应急退水 0.17 亿 m³），完成生态补水计划 5.80 亿 m³ 的 343.1%。其中，向河北省补水 12.82 亿 m³；向河南省补水 6.58 亿 m³；向北京市补水 0.50 亿 m³。

3. 年度水量调度计划执行情况调研及监督检查　2021 年，南水北调司和调水局会同有关单位于 1 月 19 日、3 月 17—19 日、5 月 19—21 日、5 月 26—28 日、6 月 9—11 日、6 月 22—25 日、7 月 14—16 日、8 月 31 日至 9 月 1 日先后 8 次对东、中线一期工程 2020—2021 年度水量调度计划执行情况和 2020—2021 年度用水计划建议编制有关情况进行了监督检查。重点检查了中线总干渠冰期输水、中线一期工程生态补水情况，北延应急工程输水情况，东、中线受水区各省（直辖市）水量调度工作开展情况和水量

调度计划执行情况等，对检查中发现的问题及时向有关单位反映并协商解决办法，保证了年度调水工作的顺利开展。　（张爱静　丁鹏齐　陈悦云）

【东、中线一期工程受水区地下水压采评估考核】　根据《国务院关于南水北调东中线一期工程受水区地下水压采总体方案的批复》（国函〔2013〕49号）要求，水利部会同国家发展改革委、财政部、自然资源部等部门，于2021年9—10月组织对北京、天津、河北、江苏、山东、河南等6省（直辖市）《南水北调东中线一期工程受水区地下水压采总体方案》近期目标完成情况进行了现场评估，并将评估结果纳入实行最严格水资源管理制度考核。

根据评估，截至2020年年底，受水区城区累计压采地下水30.17亿m^3，占总体方案近期压采量目标的136.5%。其中，北京市4.46亿m^3、天津市1.23亿m^3、河北省14.91亿m^3、江苏省1.67亿m^3、山东省2.84亿m^3、河南省5.06亿m^3。

截至2020年年底，受水区城区累计封填自备井38508眼，其中，北京市1631眼、天津市3751眼、河北省16592眼、江苏省2189眼、山东省4085眼、河南省10260眼。

在评估基础上，评估工作组编写完成《水利部等4部门关于2020年度南水北调东中线一期工程受水区地下水压采情况的报告》，以水资管

〔2021〕408号文由水利部等4部委联合上报国务院。报告已经国务院主要领导圈阅。

　（袁浩瀚　李佳　王仲鹏）

【东线一期北延应急供水工程】　北延应急供水工程是《华北地区地下水超采综合治理行动方案》中的新增水源重点项目。工程利用南水北调东线一期工程和位山及潘庄引黄部分线路输水入河北和天津。自穿黄工程出口经邱屯枢纽分东线和西线双线输水，并于杨圈闸汇合后，沿南运河继续向下游输水至九宣闸。自穿黄沿北延西线输水至天津九宣闸总长约441km，自穿黄沿北延东线输水至天津九宣闸总长450km。北延应急供水工程于2019年9月26日经水利部批复初步设计，当年11月28日开工，于2021年3月23日通过水利部组织的通水阶段验收并具备通水条件。可增加向津冀地区供水能力约4.9亿m^3（过黄河）。2019年4月21日至6月25日，利用东线一期工程现有输水线路及已有河道实施了工程试通水，2021年5月10—31日，北延应急工程通水阶段验收后首次试通水22天，第三店（山东、河北省界断面）入河北累计供水3270万m^3，天津九宣闸累计收水超700万m^3，完成目标交水量。2021年10月后，经统筹考虑工程能力和地方用水需求，确定北延应急供水工程年度水量调度计划：第三店入河北累计供水6896万m^3（天津市

2200万m³，河北省1400万m³）。自此北延应急供水工程进入了常态化供水的新阶段。

（朱吉生 陆帆 宋晓东）

【东线二期工程】 为贯彻落实习近平总书记2021年5月14日在推进南水北调后续工程高质量发展座谈会上的重要讲话精神，按照水利部工作部署，2021年6—8月，淮委会同海委开展了南水北调工程总体规划（东线部分）评估、东线后续工程方案论证和东线后续工程规划评估重点问题论证等工作，并结合中咨公司咨询评估报告，对《南水北调东线二期工程规划》进行了修改完善。9月8—9日，水利部水规总院组织对《南水北调东线二期工程规划（2021年修订）》进行审查，10月21日水利部召开部长办公会，听取东线二期规划修改情况，并部署下一步工作。10月底，结合《黄河"87"分水调整方案》、水规总院修改意见，淮委会同海委编制完成《南水北调东线二期工程规划报告（2021年修订）》。 （常春晓）

南水北调东线二期工程利用一期工程，扩大规模，向北延伸。规划从长江干流三江营引水，利用京杭大运河及与其平行的河道输水，连通洪泽湖、骆马湖、南四湖、东平湖，经泵站逐级提水进入东平湖后；出东平湖分两路输水，一路向北穿黄河后经位临渠、小运河提升工程、临吴渠、南运河，通过沧州绕城段至北京边界；

另一路经东平湖陈山口泵站提水入黄河，利用黄河向胶东、黄河三角洲地区供水。东线二期工程供水范围涉及天津市、北京市、安徽省、山东省、河北省。

东线二期工程供水目标是：补充北京市、天津市、河北省、山东省及安徽省等省（直辖市）的输水沿线生活、工业、城镇生态环境用水，安徽省高邮湖周边农业灌溉用水、萧县和砀山高效农业果木林灌溉用水；向白洋淀等重要湿地生态供水，补充黄河以北地下水超采治理补源的部分水量，补充大运河生态和航运用水，并置换部分黄河水量。

东线二期工程建成后可进一步完善我国水资源配置格局，提高南水北调供水保障能力，缓解华北地区和山东半岛水资源供需矛盾，保障北京、天津等重要区域的供水安全，改善区域生态环境，南水北调东线工程将成为优化水资源配置、保障群众饮水安全、复苏河湖生态环境、畅通南北经济循环的生命线。 （周正昊）

【安全生产】 南水北调司深刻领会习近平总书记关于安全生产重要论述的精神实质及核心要义，全面贯彻落实国务院安全生产委员会和水利部安全生产领导小组全体会议及直属单位安全生产视频会议精神，统筹发展和安全两件大事，组织南水北调工程运行管理单位，进一步完善和落实水利安全生产责任制，严格落实各项安全生产加固措施，健全安全风险分级管控和隐患排查治理双重预防机制，强化基础能力、提高监管水平、消除事故隐患、化解重大风险，坚决防范和遏制各类安全运行事故发生，确保工程安全、运行安全和水质安全。

（1）重点强化安全运行管理顶层设计，精细化提升安全运行管理水平。以长江、黄河、淮河、海河四大流域管理机构为主力，以南水北调工程安全运行督查人员库和专家库的监管力量为抓手，通过加大加密联合检查和自查、专题专项检查、东中线交叉互查、整改问题复查等措施，形成层次分明、上下联动、紧密协作、共同推进的工作格局。

（2）提早部署安全生产各项工作。2021年年初印发《水利部南水北调司关于印发2021年南水北调工程安全运行工作要点的通知》（南调便函〔2021〕40号）、《水利部南水北调司关于切实做好南水北调工程2021年防汛工作的通知》（南调便函〔2021〕43号）等文件，进一步完善和落实安全生产责任制，健全安全风险分级管控和隐患排查治理双重预防机制，指导运管单位强化基础能力、提高监管水平、消除事故隐患、化解重大风险，防范和遏制各类安全事故发生。

（3）持续推进重点工作落实。在加强运行安全监管日常工作的同时，紧盯重点工作落实，扎实推进各项重点工作落地落实。督导推动南水北调工程年度安全评估，动态实施重要建筑物要害部位安全风险管控工作，确保工程始终健康在线；组织开展南水北调中线一期工程退水闸及退水通道运行管理情况专项核查，精准掌握各退水闸及退水通道相关数据，建立动态管理台账，为持续推进退水闸改造及退水通道疏通工作提供决策依据；组织开展《南水北调工程安全防范要求》落实情况专题核查，进一步提高工程应对突发风险事故、反恐怖袭击、防范化解重大风险的能力；指导运行管理单位科学应对防汛险情，妥善处置外水入渠、郭家嘴水库潜在溃坝威胁、沿线多处雨毁等不利状况，加快水损项目修复处理，保证工程处于良好状态，深入开展中线工程防汛查弱项补短板；持续跟进焦作-长葛段沉降问题处置、惠南庄泵站停机隐患处置、冰期输水准备等工作；严格落实中办督查室有关要求，围绕首都供水安全，细化落实工作，统筹考虑非传统安全风险隐患，全方位确保安全。按照《水利部关于明确过渡期内水利部对中国南水北调集团有限公司管理职责的通知》（水人事〔2021〕258号）及《水利部南水北调司关于协商南水北调工程管理有关事项的函》（南调综函〔2021〕4号）有关文件精神，与南水北调集团公司积极对接相关工作，研究梳理运行管理移交工作清单，指导督促压实安全生产主体责任。　　（董玉增　陆帆　宋晓东）

【引江补汉工程】 引江补汉工程输水线路拟采用坝下方案，建设项目包括输水总干线工程和汉江影响河段综合整治工程两部分，并在输水总干线预留向湖北汉江右岸丘陵区补水的分水口门。

引江补汉工程作为南水北调中线工程的后续水源工程，从长江三峡库区引水入汉江，提高汉江流域的水资源调配能力，增加南水北调中线工程北调水量，提升中线工程供水保障能力，为引汉济渭工程达到远期调水规模、向工程输水线路沿线地区城乡生活和工业补水创造条件。 （周正昊）

为加快推动南水北调后续工程建设，充分发挥中线一期工程效益，增加中线调水量、增强北方受水区城市供水安全系数，2021年水利部组织对《引江补汉工程可行性研究报告》进行了修改完善。8月30日，水利部以水规计〔2021〕262号向国家发展改革委报送《水利部关于引江补汉工程可行性研究报告修订成果及其审查意见的函》。

8月25日，《引江补汉工程建设用地地质灾害危险性评估报告》通过了湖北省自然资源厅组织的专家评审。9月27日，编制单位按照专家意见完成评估报告局部修改并提交，地质灾害要件办理完成。

11月6日，湖北省人民政府印发《关于禁止在引江补汉工程和输水沿线补水工程建设控制范围内新增建设项目及迁入人口的通告》（鄂政函

〔2021〕142号），停建通告要件办理完成。

11月25日，水利部下发《引江补汉工程水土保持方案审批准予行政许可决定书》（水许可决〔2021〕69号），水土保持要件办理完成。

12月15日，湖北省文化和旅游厅印发《关于引江补汉工程文物保护工作的意见》（鄂文旅函〔2021〕34号），文物保护要件办理完成。

（宁昕扬）

【中线调蓄工程】 2021年12月28日，水利部办公厅印发《"十四五"时期实施国家水网重大工程实施方案》，提出由南水北调司负责、规计司参与，指导观音寺、鱼泉、沙陀湖、雄安等中线调蓄工程建设。在水利部等相关部委及地方政府的关心支持下，南水北调集团积极有序推进中线调蓄工程，依法合规开展各项工作。并积极向国家发展改革委、财政部、水利部申请投资计划和国家建设资金。 （刘羽）

【西线工程】 根据国家推进南水北调后续工程高质量发展领导小组部署和要求，结合中国南水北调集团有限公司职责定位和发展战略，2021年南水北调集团持续推进西线工程前期工作，组织开展新形势下深化西线工程方案比选论证对策研究，与沿黄省（直辖市）、有关规划设计单位就调水线路、调水规模、用水需求等进行深入研讨，加强有关项目对接和战略合

作，为深化西线前期工作奠定基础。

（侯保俭）

投资计划管理

【投资控制管理】 2021 年，根据水利部工作安排，水利部调水局共组织完成项目法人上报水利部的完工财务决算中的投资控制分析初步审核 11 个；复核项目法人按照审计意见和初步审核意见修改的完成财务决算项目 30 个。截至 2021 年 12 月底，南水北调东、中线一期工程完工财务决算工作全部完成。

（田野 李楠楠 张颜 孟路遥）

【南水北调工程征地补偿和移民安置项目调整决算基准日范本编制研究】
2021 年，根据水利部工作安排，水利部调水局组织开展了南水北调工程征地补偿和移民安置项目调整决算基准日范本编制研究工作，分析调整基准日需要解决的有关问题，提出相关问题处理建议，结合相关规定和办法，研究提出调整基准日范本初步成果；根据相关项目法人和征地移民机构意见和建议，对研究初步成果进行修改完善，为竣工决算编制奠定基础。

（田野 李楠楠 张颜 孟路遥）

【南水北调工程通水效益统计分析】
2021 年，调水局按照水利部有关工作安排，扎实开展南水北调工程通水效益统计分析工作。全年沟通联系 15 家单位填报了通水效益数据，并进行核对，编制完成 2020 年度通水效益统计分析报告，并上报南水北调司；组织对通水效益指标信息化管理系统运维；组织行业专家对下一步做好通水效益统计分析工作进行了咨询，专家从完善工作责任制、优化完善通水效益指标信息化管理系统、提高数据可靠性及时性全面性等方面提出了意见建议；为南水北调司相关文件提供或核对了 3 次通水效益数据，撰写了南水北调工程全面通水 7 周年效益宣传口径材料。

（柳晗 王文丰）

资金筹措与使用管理

【水价水费落实】 2021 年，中线建管局、东线总公司切实履行南水北调工程水费收缴主体责任，受水区相关省（直辖市）水利部门积极协调落实资金，多措并举完善水费收缴机制，水费收缴率逐步提高。

2021 年中线建管局共收取中线 4 省（直辖市）水费 75.05 亿元（包含生态补水 2.15 亿元），占年度应收水费 86.85 亿元的 86.41%。截至 2021 年年底，中线建管局累计收取水费 435.12 亿元，占累计应收水费 510.59 亿元的 85.22%，较 2020 年的 84.98% 提高了 0.24 个百分点。

2021 年东线总公司未收到东线山

东省交纳水费，江苏省南水北调办向江苏水源公司拨付水费 3.51 亿元。截至 2021 年年底，东线总公司累计收取水费 73.68 亿元（均为山东省交纳水费），江苏省南水北调办向江苏水源公司累计拨付水费 10.53 亿元，两项合计 84.21 亿元，占累计应收水费 133.65 亿元的 63.01％。

2021 年 4 月东线总公司与天津市、河北省商谈签订了 2021 年东线北延应急供水工程供水协议，约定了水量、水价、交费时间及方式等内容，其中水价沿用了 2019 年东线北延应急试通水的价格，即河北（第三店）水价为 0.91 元/m³，天津（九宣闸）水价为 1.39 元/m³。

（沈子恒　王梓瑄）

【资金筹措供应】　资金筹措与供应是确保扫尾工程建设顺利进行的重要条件。

1. 一般公共预算落实情况　2021年，南水北调东、中线一期工程未新增下达投资计划，财政部未安排一般公共预算用于工程建设。

2. 国家重大水利工程建设基金落实情况　2021 年，北京、天津、河北、河南、山东、江苏、上海、浙江、安徽、江西、湖北、湖南、广东、重庆等 14 个南水北调和三峡工程直接受益省份征收上缴中央国库的国家重大水利工程建设基金（以下简称"重大水利基金"）为 125.26 亿元。

2021 年，南水北调东、中线一期工程未新增下达投资计划，财政部未安排拨付重大水利基金用于南水北调工程建设。

截至 2021 年年底，财政部累计拨付用于南水北调工程的重大水利基金（含利用一般公共预算弥补的基金收入 48.34 亿元）为 1699.87 亿元，其中直接用于南水北调主体工程建设 896.71 亿元，用于偿付南水北调工程过渡性融资贷款利息、印花税及其他相关费用支出 170.77 亿元，用于偿还过渡性资金融资贷款本金 620.07 亿元，直接拨付河北省、河南省用于地方负责实施的中线干线防洪影响处理工程 12.32 亿元。

（沈子恒　王梓瑄）

【资金使用管理】　2021 年，南水北调东、中线一期工程未新增下达投资计划，各单位无新增到账工程建设资金。截至 2021 年年底，南水北调东、中线一期主体工程累计到账工程建设资金 25686904 万元（不含地方负责组织实施项目、南水北调工程过渡性融资费用和财政贴息资金，下同），其中中央预算内资金（含国债专项）3605986 万元、南水北调工程基金 2154200 万元、重大水利基金 15167819 万元（含南水北调工程过渡性资金 6200710 万元）、银团贷款 4758899 万元。各项目法人的累计到账资金情况分别为：东线总公司 3356617 万元（其中江苏水源公司

1156156 万元、山东干线公司 2177882 万元），安徽省南水北调项目办 37493 万元，中线建管局 15564033 万元，中线水源公司 5489284 万元，湖北省汉江兴隆枢纽管理局 450448 万元，湖北省引江济汉工程管理局 711868 万元，淮委建设局 60161 万元（陶岔渠首枢纽工程，不含电站）。此外，调水局（原设管中心）累计到账 17000 万元。　　（沈子恒　王梓瑄）

【完工项目财务决算】　2021 年是南水北调东、中线一期工程完工财务决算的收官之年。面对决算任务重、剩余变更索赔分歧大、合同收口难、决算人员少、地方机构改革影响等诸多困难，以及新冠肺炎疫情影响，南水北调司组织各有关单位全力推进财务决算工作，加强组织领导，细化落实工作责任，充分利用信息化技术，建立沟通协调机制，加快决算编报进度，提高决算编报质量，于 2021 年年底圆满完成核准剩余的 30 个完工财务决算（累计核准 177 个决算），并扎实推进竣工财务决算有关工作。

1. 组织完成完工财务决算　为确保 2021 年年底完成完工财务决算目标，南水北调司全力组织推进完工决算编报、审计、核准工作，督促指导有关单位做好合同收口、征地移民遗留问题处理、审计整改、决算修订等，顺利完成核准剩余 30 个决算的年度目标任务（详见表1），累计核准 177 个决算，为南水北调系统全面

转入竣工决算阶段奠定了基础：①梳理制定 2021 年完工决算工作计划；②组织完成审计中介机构招标，及时委托开展审计；③组织调水局做好决算初审、审计复核工作；④采用现场调研、召开视频会等方式，督促有关单位推进合同收口和征地移民遗留问题处理，按期编报决算，指导做好审计整改、决算修订等工作；⑤审核各单位修订的决算和中介机构审计报告，依据审计结果及时办理具备条件的决算核准手续；⑥组织有关单位在决算系统中录入完工决算数据；⑦编发决算进展月报推进决算工作进度；⑧梳理总结完工决算工作有关情况。

2. 协调推进竣工财务决算　2021年，南水北调司在组织完工决算工作的同时，督促指导各有关单位做好竣工决算相关准备，研究明确并指导南水北调集团公司组织各单位推进编制竣工决算相关工作：①督促各项目法人开展批复投资、投资计划、资金预算、专项费用及资产清理，研提决算基准日调整项目清单及计划，加快推进解决完工决算遗留问题等竣工决算准备工作，并组织开展研讨，形成有关成果；②组织研究编制设计单元工程、征地移民项目竣工决算范本，提高决算编制质量；③致函财政部商请明确竣工决算有关事项，并重点就过渡性融资费用核销问题与财政部相关司局多次沟通协调；④结合研究理顺政企职责边界工作，于 11 月初研究

印发《水利部办公厅关于做好南水北调东、中线一期工程竣工财务决算工作的通知》（办南调〔2021〕324号）明确由南水北调集团公司组织编制竣工决算，并将近年来组织竣工决算准备工作的相关成果资料提供集团公司参考；⑤指导南水北调集团公司组织各单位研究推进竣工决算工作，包括制定印发工作方案、印发竣工决算范本、组织开展培训等。

表1　　2021年度南水北调东、中线一期工程完工财务决算核准情况

序号	项　目　名　称	核准文号	核准日期
一、中线建管局			
1	河北段工程管理专项	办南调〔2021〕36号	2021年2月10日
2	方城段工程	办南调〔2021〕45号	2021年2月25日
3	新郑南段	办南调〔2021〕53号	2021年3月8日
4	辉县段工程	办南调〔2021〕63号	2021年3月16日
5	宝丰至郏县段工程	办南调〔2021〕66号	2021年3月17日
6	禹州和长葛段工程	办南调〔2021〕80号	2021年3月26日
7	沙河渡槽工程	办南调〔2021〕94号	2021年4月2日
8	北京段永久供电工程	办南调〔2021〕116号	2021年4月21日
9	邯郸市至邯郸县段工程	办南调〔2021〕148号	2021年5月17日
10	中线干线文物保护专项	办南调〔2021〕160号	2021年5月24日
11	穿黄工程	办南调〔2021〕212号	2021年7月9日
12	中线干线安防项目	办南调〔2021〕221号	2021年7月21日
13	中线干线自动化调度与运行管理决策支持系统工程（京石段以南）	办南调〔2021〕248号	2021年8月10日
14	汤阴段工程	办南调〔2021〕261号	2021年8月26日
15	南阳市段工程	办南调〔2021〕282号	2021年9月7日
16	中线干线自动化调度与运行管理决策支持系统工程（京石应急段）	办南调〔2021〕291号	2021年9月22日
17	鹤壁段工程	办南调〔2021〕332号	2021年11月1日
18	新乡和卫辉段工程	办南调〔2021〕377号	2021年12月1日
二、东线总公司			
19	东线苏鲁省际工程调度运行管理系统	办南调〔2021〕84号	2021年3月30日
三、江苏水源公司			
20	东线江苏段管理设施专项工程	办南调〔2021〕26号	2021年1月29日
四、山东干线公司			
21	东线山东段管理设施专项工程	办南调〔2021〕54号	2021年3月8日

续表

序号	项 目 名 称	核准文号	核准日期
22	东线山东段调度运行管理系统工程	办南调〔2021〕149 号	2021 年 5 月 17 日
23	山东境内安全防护体系项目	办南调〔2021〕150 号	2021 年 5 月 17 日
五、中线水源公司			
24	丹江口大坝加高工程	办南调〔2021〕312 号	2021 年 10 月 1 日
25	中线水源调度运行管理系统工程	办南调〔2021〕371 号	2021 年 12 月 1 日
六、河北省水利厅			
26	邯石段（河北）征迁	办南调〔2021〕310 号	2021 年 10 月 1 日
七、河南省水利厅			
27	中线干线（河南）征迁	办南调〔2021〕247 号	2021 年 8 月 10 日
八、湖北省水利厅			
28	引江济汉调度运行管理系统工程	办南调〔2021〕226 号	2021 年 7 月 26 日
29	引江济汉主体工程	办南调〔2021〕274 号	2021 年 9 月 2 日
30	兴隆水利枢纽工程	办南调〔2021〕311 号	2021 年 10 月 1 日

（沈子恒　王梓瑄）

【南水北调工程经济问题研究】 2021年，南水北调司根据工作需要和有关任务分工，继续做好南水北调工程经济问题研究有关工作，取得了显著成效。

1. 开展南水北调工程水价政策执行情况分析 根据做好东、中线一期工程竣工验收有关专题评价准备工作需要，南水北调司委托中国国际工程咨询有限公司承担并完成了该课题。该课题梳理了现行东、中线一期工程水价政策及执行情况，分析了水费收缴及运管单位经营状况，总结了水价执行成效、经验与不足，测算了受水区承受能力和调价潜力，研究提出了完善一期工程和后续工程水价机制的有关建议。

2. 开展后续工程水价机制研究 根据贯彻落实"5·14"推进南水北调后续工程高质量发展座谈会和"11·18"南水北调后续工程工作会议精神有关任务分工，开展水价相关问题研究。

（1）指导调水局继续开展后续工程水价机制系列问题研究，2021 年完成了引江补汉工程成本构成及分摊相关问题研究。

（2）指导南水北调集团研究提出《推进南水北调后续工程高质量发展有关水价水费、筹融资工作落实方案》。

（3）配合对国家发展改革委《南水北调工程水价机制专题研究报告》《南水北调后续工程投资融资机制研

究报告》等专题研究报告研提意见。

（沈子恒　王梓瑄）

建 设 与 管 理

【工程进度管理】

1. 配套工程建设

（1）北京市配套工程建设。北京市 2021 年在建配套工程共 9 项。其中，输水工程 3 项，河西支线 18.7km，负责从大宁调蓄水库向丰台河西地区、石景山和门头沟区输水，沿线为丰台河西三水厂、门城水厂输水，为丰台河西一水厂、石景山水厂和城子水厂提供备用水源，总工程量已完成 81%；团城湖至第九自来水厂输水管线二期工程 4km，负责将团城湖调节池水与团九一期相连，总工程量已完成 90%；大兴支线 47.8km，负责将南干渠的水输向大兴区，沿线预留分水口向大兴国际机场输水，同时与河北廊涿干渠相连，实现北京市和河北省南水北调水互联互通、联合调度，主体管线已完成，具备通水条件。4 座配套水厂中亦庄、石景山水厂建成并投产运行；门城水厂已完成工程量 92%；丰台河西第三水厂已具备通水条件。生态补水和调节池工程各 1 项，永定河生态补水工程于 2021 年 8 月底完工；亦庄调节池二期主体工程已完工。

（2）天津市配套工程建设。天津市 2021 年在建配套工程共 1 项，为天津市南水北调中线市内配套工程管理信息系统，总投资 0.95 亿元。该工程结合天津市供水格局，立足南水北调市内配套工程，根据供水及管理需求，开发建设覆盖市内配套工程的自动化调度、工程管理、综合决策支持软件系统以及与调水业务相应的电子政务系统；建设覆盖调度中心（备调中心）、分调中心的应用支撑平台和数据存储与管理系统；建设覆盖调度中心（备调中心）、分调中心、各级管理单位及各信息采集点的通信系统、计算机网络系统、系统运行实体环境。充分利用数据计算平台技术、数据分析技术、计算机网络技术、通信技术、自动控制技术、水质监测技术，建立完整、有效的配套工程管理信息系统。截至 2021 年年底，该工程已完成全部主调备调中心、5 个分中心 7 处实体环境装修、全部设备采购、全部设备安装、网络搭建工作。水调系统、信息监测系统、工程管理系统等全部子系统软件已开发完成，并按照使用单位要求开展试运行调试优化工作。根据天津水务集团要求与各分公司商定运行管理单位的移交事宜。

（3）河北省配套工程建设。河北省 2021 年开展配套工程建设共 5 大项。石津干渠改造提升项目实施，部分工程实现开工建设；定州、固安、宁晋等南水北调配套供水工程建设，通过印发《河北省重点地区江水置换供水工程推进方案》《关于加强河北省南水北调供水工程建设管理工作的通知》等制度，强化了定州、固安、宁晋等南水北调供水工程的资金使用、建设程序、材料选购和工程质量监管；南水北调雄安调蓄库项目建设完成国防工事处置、现场灌浆试验、移民征迁安置工作协议签订等工作，截至 2021 年 12 月，现场灌浆试验已经完成；雄安干渠项目建设可行性研究报告、接口审批等问题经河北省发展改革委、保定市政府研究，并报河北省领导批示，组织修改完善可行性研究报告；廊坊市北三县供水工程建设，按照河北省政府要求，对工程规模、投融资方式、水价政策等问题进行深入研究、科学论证。截至 2021年年底，2021 年农村生活水源江水置换工程投资已全部完成，新增置换人口818 万人，全省累计达到 2172 万人。

（4）江苏省配套工程建设。江苏省 2021 年在建配套工程仅宿迁尾水导流工程 1 项，2021 年 3 月该项工程完成剩余工程投资 52 万元。截至 2021年年底，江苏省配套工程全部建设完成，共累计完成投资额 233726 万元。

（5）河南省配套工程建设。2021年河南省配套工程建设涉及 37 个县，其中舞钢市、周口市淮阳区、范县、台前县（市、区）、濮阳县等 5 个配套工程已实现完工通水；南阳市、周口市、驻马店市、开封市、新乡市、焦作市、安阳市、滑县境内合计 18个配套工程已开工建设；南阳市、西华县、新乡市"四县一区"、巩义市

境内配套工程合计 9 个正在开展前期工作；商丘 5 个县（市、区）配套工程正开展水资源和工程可行性论证。截至 2021 年年底，累计规划分配水量 78590 万 m³，累计受益人口1343.98 万人，累计规划水厂设计规模达 258.5 万 m³/d。

2. 强力推动东、中线一期工程尾工建设　2021 年，南水北调司通过组织梳理完善尾工年度工作计划，以司局函的形式明确了尾工建设目标和工作要求，为该年度尾工工作提供了指导和依据。同时按水利部督办事项要求实施建设目标及投资完成情况月度"双督导、双考核"。曾先后分多次派员赴北京、河南、江苏等省（直辖市）实地督导推动尾工建设，并于 7月、12 月分别开展年中、年度检查。截至 2021 年年底，江苏境内调度运行管理系统工程、中线水源调度运行管理系统工程、中线穿黄孤柏嘴控导工程及中铝河南分公司取水补偿工程、北京段工程管理设施、北京分公司自动化调度系统工程等 5 项尾工项目已建设完成。

3. 稳步推动东线一期北延应急供水工程建设　2021 年，东线一期工程北延应急供水主体工程已完工，累计完成投资 4.02 亿元，占批复总投资比例 84.23%。5 月，工程正式向河北省、天津市等地供水。

4. 加快协调雄安新区供水保障事宜　南水北调司坚决贯彻落实中央领导同志和水利部领导关于保障雄安新

区供水安全有关指示要求，多次赴雄安新区现场协调保障1号水厂供水有关工作并监督跟进落实，加快协调推进雄安调蓄库开工和雄安干渠前期工作。截至2021年年底，1号水厂已正式向容东片区供水，正在开展竣工验收工作。雄安调蓄库已完成灌浆试验及研究报告，并请南水北调工程专家委咨询指导。针对雄安干渠水源接口方案有关事宜，南水北调司梳理明确了建设意见。

5. 谋划开展南水北调信息化智慧化建设　南水北调司为落实水利部党组有关要求，联合信息中心、中线建管局举办智慧南水北调交流活动，分享成果经验、启发工作思路、建立沟通机制。同时积极谋划顶层设计，在《智慧水利建设顶层设计》《"十四五"期间推进智慧水利建设实施方案》中进一步推动明确南水北调的重要地位，并按照文件精神协调指导中国南水北调集团公司、调水局等单位谋划落实智慧南水北调具体工作。

6. 配合开展南水北调后续工程前期工作　南水北调司积极配合规计司开展后续工程前期工作，先后参加汉江流域规划审查会、引江补汉工程技术审查会、东线工程规划评估及后续工程方案论证报告技术审核会、中线工程规划评估及后续工程方案论证报告技术审核会、总体规划西线部分评估报告及方案论证报告技术审核会，为南水北调后续工程前期工作提供支撑性意见。

7. 持续强化穿跨邻接项目日常管理　南水北调司以《穿跨邻接南水北调中线干线工程项目管理和监督检查办法（试行）》（以下简称《办法》）出台和正式实施为契机，逐条落实《办法》条文，提升穿跨邻接项目日常备案管理水平。2021年，共办理穿跨邻接中线干线工程项目36项（含穿越项目10项，跨越或跨越邻接项目24项，邻接项目1项，爆破1项）。日常管理中指导中线建管局依照《办法》完善项目备案报告内容，增加备案清单，优化备案说明结构。面向中线建管局、地方水行政主管部门和其他有关各方开展《办法》专题培训，提升管理人员专业能力。利用水利部官网、《中国南水北调报》等平台发布《办法》全文和相关解读性文章，主动推进政务公开。指导中线建管局修订完善与《办法》相配套的规范性文件，完善穿跨邻接项目管理制度体系。

8. 扎实开展燃气管线穿越项目专项工作　按照党中央有关部署和水利部领导有关批示要求，南水北调司制定加强燃气管线穿越项目管理工作方案并扎实落实，组织中线建管局、国家能源局油气司、国家管网集团进行专题座谈，起草完善加强油气管道与中线工程交汇项目的安全管理意见；与住房城乡建设部、应急管理部沟通加强燃气管线穿越项目管理，逐步畅通部际沟通渠道。商请北京市、天津市、河北省、河南省等四省（直辖市）

人民政府排查统计下穿越中线干线工程专项迁建项目情况，摸清燃气管线穿越项目底数。督导中线建管局扎实开展燃气管线穿越项目自查和编制有关专项技术标准。同时积极与北京市城市管理委员会、北京燃气集团座谈，研讨北京至天津高压燃气管线穿越天津干渠项目施工方式，抓住契机打造样板工程。平时以"四不两直"方式检查北京市、天津市、河北省部分燃气管线穿越项目，并将检查发现问题形成问题清单反馈有关地方和中线建管局，推动消除安全隐患。（王新雷）

【工程技术管理】

1. 南水北调工程建设评价准备工作　2021年，按照南水北调工程建设评价准备工作要求，水利部调水局组织开展了南水北调中线一期工程（河南省境内）左岸排水建筑物防洪影响评价专题分析工作，专题梳理了南水北调中线一期工程（河南省境内）左岸排水建筑物各阶段（总体规划、总体可行性研究、初步设计、实施及运行阶段）工程布置及有关阶段的防洪影响评价情况，并结合运行管理情况及现场调查等，总结了存在的问题，提出了有关措施建议，为后期开展南水北调中线一期工程建设评价提供基础支撑，同时为南水北调后续工程建设和运行管理提供借鉴。

2. 南水北调工程总体规划创新点凝练　2021年，根据南水北调工程报奖有关工作准备安排，水利部调水局总结中外调水工程规划经验教训，梳理南水北调工程总体规划历程及主要成果，对南水北调已建工程相关效益进行分析，在此基础上，总结提炼南水北调工程总体规划创新点与重大意义，编制形成《南水北调工程总体规划创新点凝练专题研究报告》，为南水北调工程申报国家科学技术进步奖提供了技术支撑。

（田野　李楠楠　张颜　孟路遥）

3. 落实研究南水北调体制机制、生态效益、品牌建设等重大问题　根据习近平总书记南阳座谈会精神，南水北调司结合部内分工，完成《南水北调后续工程完善项目法人治理结构建议方案》；按照国家发展改革委工作部署编制《南水北调工程建设运营体制研究》报告，并根据水利部领导、国务院办公厅专班专咨委、国家发展改革委等单位意见不断完善研究成果。配合国科司推动在"十四五"有关规划中提升对南水北调有关科研需求的支持力度。指导研究单位，就南水北调体制机制、生态效益、品牌建设等重大问题开展研究工作。指导调水局和南水北调专家委有效开展各项工作，举办专家委落实南阳会议精神研讨会。

（王新雷）

【安全生产】

1. 推动构建南水北调安全监管体系　指导中国南水北调集团公司进一步补强安全生产管理力量，加快推进安全生产制度体系建设。中国南水北调集团公司召开安委会会议，强调要进一步坚决贯彻落实习近平总书记有关安全生产重要指示，建设本质安全型企业，围绕党和国家重大活动，抓好安全生产、防汛防凌、夯实安全基础等工作。

2. 加强穿跨邻接项目安全生产管理

（1）起草了《关于强化南水北调中线干线与石油天然气输送管道交汇工程安全管理的意见》。指导中国南水北调集团公司组织中线建管局印发了《穿跨邻接南水北调中线干线工程项目申报办事指南》，并在中线建管局官网首页发布相关信息；审定并印发实施了《穿跨邻接南水北调中线干线工程项目施工和运行监管规定（试行）》，进一步完善穿跨邻接工程管理规定和技术标准体系，并组织开展穿跨邻接项目检查。

（2）指导中国南水北调集团公司制定《中国南水北调集团安全生产制度体系表》，强化安全生产制度体系顶层设计、任务分解和计划安排，印发《安全生产管理办法（试行）》《突发事件应急管理办法（试行）》《安全生产委员会工作规则（试行）》，制定《工程建设安全生产管理规定（试行）》等相关制度；开展《生产安全事故报告和调查处理规定（试行）》的编制工作，逐步形成完善的安全生产制度体系。

3. 督促相关单位切实履行安全生产主体责任 从行业监管和指导角

度，督促中国南水北调集团公司建立健全并不断完善自身的安全生产监管体系，强化安全生产制度建设和现场监管；逐层压实安全生产责任，督促各项目法人落实参建各方安全生产责任，提升安全管理水平，抓好过程管控和现场检查；将生产安全事故情况纳入经营业绩考核和供应商管理，并建立问责追责制度，通过责任追究促进责任落实，严防生产安全事故。安全生产风险可控在控，未发生生产安全责任事故，安全生产形势稳定向好。

（王新雷）

【验收管理】 2021 年超计划完成年度完工验收工作，竣工验收准备工作进展顺利。2021 年 11 月 25 日，水利部副部长刘伟平主持召开南水北调验收工作领导小组全体会议，研究竣工验收组织方案，安排完工验收后续工作。会议认为，南水北调东、中线一期工程完工验收工作总体进展富有成效，要求各有关单位加强工作协同，破解验收难题，确保 2022 年 6 月底按计划完成全部设计单元完工验收。

1. 提前谋划部署，强力协调推动 根据总体验收计划安排，2021 年年初及时制定全年验收工作目标，明确各相关单位分工责任、时间节点，形成上下联动合力攻坚的工作机制。树立验收目标底线、红线意识，提出验收工作进度只能超前、不能滞后的目标要求，以问题为导向，构建纵向到底、横向到边的责任体系网络。

充分发挥验收领导小组组织优势，强化领导小组研究决策功能，各职能部门加强沟通协调，做好验收政策性保障，有关单位主动作为、协同发力，按时保质完成验收各项任务。

2. 加强过程监管，坚持实事求是 强化验收条件把关，实行验收条件联检工作制，严格把控核查各项验收前置条件，不具备条件的不进入验收程序；集中处理验收遗留问题，建立遗留问题台账逐一销号保证闭环；强化过程控制，严格对照时间节点和工作质量目标要求，督促推进；加强市场主体监管，规范市场主体行为，保障验收工作顺利进行。

3. 合力破解难题，保障进度质量 为克服新冠肺炎疫情影响，在严格遵循基本建设制度和程序要求的基础上，探索施行线上与线下相结合的验收组织方式，保证程序不减、标准不降，保证了验收质量，提升了验收效率。

定期召开验收调度会，查找验收制约问题、研究工作路径，全年组织线上和线下调度会 27 次、约谈会 2 次，印发催办、督办单 79 份。进一步强化验收主体责任，强力破解制约验收问题。

4. 筑牢基础工作，稳推竣工验收 先后委托中国电建水电水利规划设计总院、中国国际工程咨询有限公司、江河水利水电咨询中心有限公司开展专题研究，并在借鉴三峡工程、京沪高铁、西气东输等国家重点项目

竣工验收经验及广泛征求各方意见的基础上，起草了《南水北调东、中线一期工程竣工验收组织方案》（以下简称《方案》）。《方案》经两次水利部内部征求意见并经水利部南水北调验收领导小组讨论后，形成了《方案》（建议稿）。

在编制《方案》的同时，同步组织编制了《南水北调东、中线一期工程竣工验收工作大纲》。

5. 按期保质保量，完成验收任务 南水北调工程验收工作领导小组各成员单位和各有关方面高效协同，合力推进完工验收，超额完成年度任务。

2021 年计划完成 28 个设计单元完工验收，实际完成 30 个（其中东线 7 个、中线 23 个）。累计完成 146 个（其中东线 65 个、中线 81 个），占总数 155 个（其中东线 68 个，中线 87 个）的 94%。

此外，南水北调东、中线一期工程涉及水土保持、环境保护、消防、征地移民、档案等 5 类专项验收总数 648 个。2021 年完成 13 个，累计完成 644 个，完成率为 99%，其中水土保持、环境保护、征迁专项验收全部完成。

（原雨 李伟东 杨虎）

【科技工作】 2021 年，按照水利部工作安排，水利部调水局针对南水北调运行管理、后续工程建设关键技术及装备研发等方面科研需求，研究提出了深埋超长隧洞工程施工关键技术

及装备研发、东线二期穿黄河工程重大关键技术难题研究、后续工程泵站关键技术研究、PCCP 水下多物理场无损检测技术及装备研发、PCCP 运行水锤影响及空气监测方案研究、基于宏细观耦合分析的大型输调水建筑物运行期损伤演化机制研究等需求建议并报水利部；在成熟适用水利科技成果推荐方面，推荐了预应力钢筒混凝土管断丝电磁无损检测、拖曳式瞬变电磁巡检、水下衬砌及其基础结构破坏检测等 3 项技术，其中预应力钢筒混凝土管断丝电磁无损检测技术纳入水利部发布的《2021 年度成熟适用水利科技成果推广清单》。

（田野　李楠楠　张颜　孟路遥）

征 地 移 民

【工作进度】

1. 南水北调中线一期丹江口水利枢纽大坝加高工程坝区建设征地与移民安置总体验收（终验）　水利部收到《湖北省水利厅关于申请对丹江口水利枢纽大坝加高工程坝区移民安置进行总体验收终验的请示》（鄂水利文〔2021〕106 号）、《中线水源公司关于丹江口水利枢纽大坝加高工程坝区建设征地与移民安置总体验收终验的请示》（中水源库〔2021〕6 号）后，委托水利部调水局开展南水北调中线一期丹江口水利枢纽大坝加高工程坝区建设征地与移民安置总体验收（终验）技术预验收。根据水利部调水局《关于报送南水北调中线一期丹江口水利枢纽大坝加高工程坝区建设征地与移民安置总体验收技术预验收报告的报告》（调水建设〔2021〕17 号），工程坝区建设征地与移民安置具备了开展行政验收的条件。2021 年 9 月上旬，水利部移民司会同湖北省水利厅开展了坝区建设征地与移民安置总体验收（终验）行政验收工作。

验收结论为：南水北调中线一期丹江口水利枢纽大坝加高工程坝区农村移民搬迁全部完成，居民点基础设施配套，公共服务设施齐全；移民生产安置已经落实，生产资料数量得到恢复或质量得到提高；移民个人补偿资金全部兑付；土地复垦完成并移交；移民生产生活条件得到显著改善，收入水平达到或超过原有水平，移民安置达到了规划确定的目标，移民安居乐业，社会总体稳定；单位搬迁和企业迁建全部完成，一次性补偿的单位和企业资金全部拨付；专业项目复建已完成，功能全面恢复，并通过验收和移交；移民资金管理制度完善，移民资金使用管理比较规范；移民档案应归档文件材料收集较齐全，整理较规范，基本满足验收要求；移民后期扶持政策已经落实；征地手续已经办理完毕；验收委员会一致同意南水北调中线一期丹江口水利枢纽大坝加高工程坝区建设征地与移民安置通过总体验收（终验）。至此，南水北调东、中线一期工程征地移民完工验收任务全面完成。

2.河南省丹江口水库库周地质灾害防治处理　2017年秋季，受强降雨和丹江口水库高水位蓄水试验影响，库周淅川县老城镇穆山、大石桥乡西岭等两个后靠安置移民村发生塌岸、山体滑坡，部分房屋损坏无法居住，给群众生命财产安全带来威胁，尽快实施库周地质灾害防治非常必要。河南省移民办将《关于申请我省丹江口水库库周地质灾害防治投资的请示》（豫移办〔2021〕3号）报送水利部。根据原国务院南水北调办《关于南水北调中线一期工程丹江口水库初步设计阶段建设征地移民安置规划设计报告的批复》（国调办征地〔2010〕74号）等规定，以《水利部办公厅关于河南省丹江口水库库周地质灾害防治投资事宜的复函》（办移民函〔2021〕444号）同意从南水北调中线一期工程丹江口水库移民特殊预备费中列支3242.44万元，用于库周地质灾害防治，保障受灾移民群众生命财产安全，维护库区社会稳定。

3.河南省南水北调丹江口库区移民村特大暴雨灾害补助　2021年7—8月，河南省郑州、新乡等地遭遇历史罕见特大暴雨，有25个南水北调移民村不同程度遭受损失，部分基础设施和生产设施损毁。河南省移民办立即组织有关市（县）开展抗灾自救工作，保障移民生命财产安全，并对受灾情况统计上报，涉及移民村基础设施和生产设施恢复重建项目50个。河南省移民办以豫移安〔2021〕12号向水利部报送了关于申请南水北调丹江口库区移民村特大暴雨灾害补助的请示。根据原国务院南水北调办《关于南水北调中线一期工程丹江口水库初步设计阶段建设征地移民安置规划设计报告的批复》（国调办征地〔2010〕74号）等规定，以《水利部办公厅关于河南省南水北调丹江口库区移民村特大暴雨补助事宜的复函》（办移民函〔2022〕114号）同意从南水北调中线一期工程丹江口水库移民特殊预备费中列支1500万元，用于移民村基础设施和生产设施重建，要求抓紧组织实施项目，保障受灾移民群众生命财产安全，促进移民生产恢复发展，维护库区社会稳定。

（唐东炜）

【政策研究及培训】　南水北调丹江口水库移民搬迁至今，仍然存在收入水平偏低，发展缓慢，移民缠访闹访件时有发生等问题，移民安稳发展仍面临较大困难。水利部水库移民司委托河南黄河移民经济开发有限公司承担湖北省、河南省南水北调丹江口水库移民发展和安稳情况第三方评估课题，通过调查两省丹江口水库农村移民2020年的收支与生活状况、就业创业开展情况、外迁移民融入安置区及信访维稳等内容，持续跟踪了解移民安置效果、后续发展及社会稳定情况，并做出客观、公正的评价，提出意见和建议，为决策提供技术支持。

评估结论表明，移民收入高于原有水平，与当地平均水平差距逐步缩小。外迁移民收入超过库区移民，库区移民虽起步低，但增速快于外迁移民。随着移民群众生活水平不断改善，消费水平、消费结构在逐年变化。移民居住环境及村容村貌持续改善，库区和移民安置区的基础设施、公共服务设施建设水平进一步提高。各地因地制宜、依托资源优势，探索产业发展新模式，样本村"一村一品"产业发展逐步形成，产业结构不断优化，朝着绿色、生态、可持续方向转型。多元化的移民培训，使移民更好地适应了市场需求，提升了移民就业质量；对创业带头人的培训，使其带领更多移民探索致富之路。外迁移民基本适应了安置区生产环境，对生活环境满意度较高。当前丹江口水库移民总体稳定可控，信访形势平稳向好，库区和安置区社会总体和谐稳定。

（唐东炜）

【移民帮扶】　自党史学习教育开展以来，水利部党组扎扎实实学习党史知识的同时，紧密结合工作实际，把"我为群众办实事"实践活动作为转化党史学习教育成果的生动实践，真心实意为群众办实事，力求真正做到学党史、悟思想、办实事、开新局。河南省南阳市淅川县南水北调丹江口库区美好移民村示范村建设作为部党组直接组织和推动的"我为群众办实事"项目之一，移民司党支部加强组织和协调，通过制定和完善项目实施方案，推动项目的落地落实，并及时协调解决实施中的问题。12月7—8日，移民司党支部到河南省南阳市淅川县，开展"我为群众办实事"实践活动调研南水北调丹江口库区美好移民村示范村建设的实施情况。

截至2021年11月底，该项目已全部完工并取得初步成效。

（1）改善人居环境，通过该项目环村道路和路灯安装的实施，极大改善了村内交通和村民出行条件，有效提升了村内人居环境。

（2）提升产业发展，通过该项目产业基础设施的建设，可带动本村移民群众就地打工，拓宽移民群众增收渠道，壮大村集体经济。

（3）密切联系群众，项目确定时充分征求了移民群众意愿，项目完成后给移民群众带来了实实在在的实惠，随机走访移民群众都对该项目的实施非常满意。该项目立足群众需求，为群众办好事、办实事，不断增强移民群众获得感、幸福感、安全感的同时，显著增进了党和群众关系。

为进一步落实水利部党组党史学习教育要求，水库移民司党支部于12月9日赴湖北省十堰市郧阳区，与郧阳区水利和湖泊局党支部、玉皇山村党支部进行支部共建，开展"我为群众办实事"主题党日活动。结合党史学习教育"我为群众办实事"项目，水库移民司党支部为玉皇山村捐赠了价值4万元的图书近500册，用于充实村图书室用书、丰富村民的文化活动。水库移民司作为郧阳区定点帮扶成员单位之一，认真研究移民后续发展问题，为郧阳区发展提供政策支持。　　　　　　　　（唐东炜）

2021年，水利部定点帮扶郧阳区工作组认真学习贯彻习近平总书记关于巩固拓展脱贫攻坚成果同乡村振兴有效衔接的重要论述精神，按照水利部党组统一部署，结合工作实际，深度对接沟通，创新方式方法，精准组织实施水利行业倾斜支持、水利技术帮扶等8项重点工作，全面完成了年度工作任务，助力郧阳区巩固提升脱贫攻坚成果，促进乡村振兴扎实推进、生态建设持续向好。

1. 2021年定点帮扶工作情况

（1）领导高度重视，全面安排部署。水利部党组高度重视并高位推动水利定点帮扶工作。水利部部长李国英在6月24日水利部定点帮扶工作座谈会（视频会议）上，认真听取了定点帮扶县（区）工作情况汇报，亲自部署2021年水利定点帮扶有关工作。驻部纪检组组长田野于3月28—30日带队赴郧阳区实地考察水利部定点帮扶郧阳区的有关情况，就"十四五"期间水利后续帮扶工作进行调研，督促指导郧阳切实巩固拓展脱贫攻坚成果、担负起推进乡村振兴政治责任，不断推动高质量发展。水利部副部长

刘伟平于12月16日接见郧阳区委书记胡先平一行，听取了郧阳区巩固脱贫攻坚成果和乡村振兴有效衔接工作情况汇报，就郧阳区统筹发展与安全、定点帮扶工作重点等提出要求。

（2）落实工作责任，深入对接推进。4月30日，南水北调司组织各帮扶组各单位研究制定印发了水利部定点帮扶郧阳区2021年度工作计划，将八个方面的重点帮扶工作分解落实到帮扶组各成员单位，要求各成员单位切实履行帮扶责任，抓好各项工作落实；郧阳区要切实扛起乡村振兴主体责任，坚定工作目标，加大工作力度，确保如期圆满完成各项任务。5月12日，南水北调司司长李鹏程带队赴郧阳区调研对接2021年定点帮扶郧阳工作，组织帮扶组有关牵头单位负责同志与郧阳区区委区政府及有关部门就定点帮扶重点工作进行深入对接交流，并考察郧阳区水利工程建设项目、产业园区及部分企业发展等情况。定点帮扶组各单位及有关司局结合本单位实际，组织赴郧阳区深入调研、推进落实定点帮扶郧阳区各项工作。3月27日，监督司司长王松春赴郧阳区调研水利帮扶工作，并看望水利部派驻郧阳区第一书记。4月14—15日，水利部人事司派员赴郧考核挂职干部韩小虎。4月27日，移民司司长卢胜芳带队赴郧阳区，同南化塘镇玉皇山村党支部开展支部共建活动，并组织捐款捐物5万元。7月14日，监督司副司长曹纪文带队赴郧阳

区，调研基层水利部门监督工作开展情况。7月中旬，水利部人事司完成水利部赴郧阳区挂职干部及驻村第一书记的轮换工作。8月11日，长江委纪检组组长任红梅督查暗访郧阳区中小水库安全度汛，调研乡村振兴情况，并看望水利部派驻玉皇山村第一书记。9月13日中水淮河公司副总经理马东亮率专家组一行、9月16日水规总院书记陈伟率专家组一行赴郧阳区，组织开展水利技术帮扶相关工作。10月19日，水利部节水中心副主任张继群带队，赴郧阳区了解节水型社会达标建设进展，提供技术指导，同时开展节水进校园等节水宣传活动。10月24日，防御司正司级督察专员王翔一行赴郧阳区山跟前村开展支部共建活动。11月10日，湖北省水利厅厅长周汉奎一行赴郧调研巩固拓展脱贫攻坚成果同乡村振兴水利保障有效衔接和定点帮扶工作。11月19日，长江委离退局班子成员、一级调研员殷晓群带队专题调研水利部定点帮扶玉皇山村乡村振兴工作情况，看望驻村第一书记。12月8—9日，卢胜芳赴郧开展"我为群众办实事"主题党日活动。据统计，各单位全年先后组织13批80余人次到郧阳区指导调研，研究落实定点帮扶郧阳区相关工作，为郧阳区推进乡村振兴提供水利支撑。

（3）强化精准帮扶，实施八项重点工作。

1）持续实施水利行业倾斜。按照年度工作计划，湖北省水利厅牵头负责，继续在项目安排、资金安排、前期工作等方面予以优先保障，安排郧阳区省级以上水利投资高于全省县级平均水平20%以上。湖北省水利厅高度重视，在水利部相关业务司局及相关单位的支持下，2021年安排中央和省级水利投资38218万元，其中中央水利发展资金5033万元、中央预算内资金12860万元、中央水库移民扶持基金18693万元、省级水利改革发展资金1403万元、水资源费返还229万元。主要用于节水改造、水土保持、农村供水工程维修养护、中小河流治理等项目。

2）持续做好水利技术帮扶。水规总院牵头负责，在完善郧阳区"十四五"水安全保障规划、指导智慧水利建设、开展水库安全评价及鉴定、节水型社会建设等方面给予技术帮扶。6月11日，水规总院印发了《水利部定点帮扶湖北郧阳区2021年度水利技术帮扶工作方案》，从郧阳区"十四五"水安全保障规划、节水示范县建设、马龙河水库工程前期工作开展、水利风景区建设、河道工程治理等10个方面，在项目梳理策划、规划编制、技术指导、技术审查等方面给予帮扶指导，加快推进郧阳区水利工程建设。2021年完成郧阳区"十四五"水安全保障规划、"十四五"巩固拓展水利扶贫成果同乡村振兴水利保障有效衔接规划编制、马龙河水库可行性研究报告咨询、水利风景区项目指导、病险水库安全鉴定、工程质量检测、"一河一策"编制修订、智慧水利河湖长制信息化平台建设方案等技术帮扶工作。此外，为郧阳区申报"2022年全国水系连通和水美乡村建设试点"提供技术指导，助力郧阳成功入选试点县名单。

3）持续开展水利人才培训。中国水科院牵头负责，计划培训50人次以上，切实提高郧阳区专业技术人员的能力和水平。2021年度累计培训水利技术干部79人次。倾斜支持13名技术干部参加部办水利培训班。中国水科院于2021年10月19—22日在郧阳举办水利专业技术人员培训班，培训人次50人。水利部人事司组织郧阳区16名技术干部参加援助重点帮扶地区水利干部在线培训。

4）继续实施职业技能培训。长江委牵头负责，2021年帮助培训劳动力100人次以上，举办1期50人以上致富带头人培训班，培训新型职业农民，助力稳岗就业。2021年累计完成职业技能培训335人次。5—6月，长江委投入资金12万元帮助开展3批次（5个班）袜业产业技能培训班，共培训劳动力280人次。汉江集团于9月底举办致富带头人培训班，指导培训新型农民55人次，圆满完成致富带头人培训工作。

5）实施党建促乡村振兴。防御司牵头负责，帮扶单位党支部与郧阳区2个以上乡村振兴示范村党支部开展"支部共建"活动，着力加强村

"两委"班子建设。4月26—28日，移民司赴湖北郧阳区玉皇山村开展"缅怀革命先烈、助力乡村振兴"为主题的定点帮扶支部共建活动，捐赠了价值5万元的设备，帮助玉皇山村做好党建硬件设施建设。10月24日，防御司赴郧阳区柳陂镇山跟前村开展支部共建活动，向山跟前村捐款5万元。12月8—9日，移民司赴郧阳区开展"我为群众办实事"主题党日活动，助力山跟前村建强基层党组织。

6）创新开展消费帮扶。调水司牵头负责，淮委等成员单位参加，组织帮助销售郧阳区农产品，推动特色产业发展。调水司先后印发了《水利部调水司关于定点帮扶郧阳区开展消费帮扶的函》《水利部调水管理司关于"中秋""国庆"定点帮扶郧阳区开展消费帮扶的函》，要求各成员单位积极购买郧阳区农产品。7月12日，调水司组织定点帮扶郧阳区工作组各成员单位、郧阳区人民政府，专题推进定点帮扶郧阳区2021年消费帮扶工作。2021年，水规总院、中线建管局、中线水源公司、中水淮河公司、汉江集团等帮扶组成员单位累计购买郧阳区农产品367.62万元、完成率919.0%，借助南水北调对口协作平台通过郧阳区龙头企业帮助郧阳区在京销售农产品1287.21万元。

7）推广以工代赈促进稳岗就业。郧阳区负责，在农业基础设施领域积极推广以工代赈方式，充分吸纳农村低收入人口就近就地就业增收。南水

北调司督促郧阳区按照《国家发展改革委关于印发〈全国"十四五"以工代赈工作方案〉的通知》（发改振兴〔2021〕1019号）、《水利部办公厅关于进一步做好农村水利基础设施领域积极推广以工代赈方式有关工作的通知》（办规计函〔2021〕435号）等文件要求，积极落实推广以工代赈促进稳岗就业工作。2021年实施以工代赈项目22个，投入中央资金830万元，主要用于乡、镇、村产业配套设施建设，村级道路硬化修复及漫水桥修建和村庄环境流域治理，带动低收入人口1536人增收。此外，中线建管局吸纳郧阳区低收入人员40人从事南水北调工程安保工作，助力巩固脱贫成果。

8）实施内引外联帮扶。移民司牵头负责，帮助协调国家有关部委争取在政策、项目和资金上给予郧阳区更大的倾斜支持。经报国务院同意，6月国家发展改革委会同水利部联合印发通知，继续推进丹江口库区及上游地区对口协作工作，明确对口协作期限延长至2035年，并提出了相关工作要求。按照工作安排，北京市东城区继续与郧阳区开展对口协作。根据北京市支援合作办《关于同意实施湖北省2021年南水北调对口协作项目计划的复函》（京援合办函〔2021〕35号），2021年北京市投入郧阳区对口协作资金1800万元，用于支持郧阳区神定河水环境综合治理、优质橄榄油三产融合示范园、区县结对等3

个项目。

2. 典型经验与做法

（1）压实工作责任。帮扶组各单位高度重视帮扶郧阳区工作，单位主要负责同志亲自抓工作落实，切实担负起帮扶郧阳区的工作责任；郧阳区及时组织对接各项帮扶工作，切实扛起了乡村振兴的主体责任。帮扶组各单位根据年度帮扶工作计划及重点工作责任分工，在深入调研了解郧阳区实际存在困难的基础上，研究制定了本单位具体实施方案，明确时间节点目标、责任人和保障措施，确保年度帮扶工作落到实处。

（2）加强统筹指导。为减轻郧阳区接待或配合压力，确保调研帮扶工作质量与效率，南水北调司统筹协调帮扶组各单位赴郧阳区调研时间、任务及人员，合理安排工作节奏，防止扎堆或接茬调研。指导郧阳区充分利用多种媒体介质宣传创业致富典型，倡导勤劳致富精神，加强典型示范引领作用。加强政策指导，帮助郧阳区知晓政策、理解政策、用好政策，不断增强巩固拓展脱贫攻坚成果有效衔接乡村振兴的积极性、主动性、创造性。

（3）创新帮扶模式。

1）完善顶层设计。将郧阳区相关水利建设项目纳入国家相关规划的重点项目，优先提供技术指导。如湖北省水利厅编制了《湖北省"十四五"水安全保障规划》，将郧阳区1条主要河流治理、3条中小河流治理、

2座中型水库除险加固、1座中型水库建设、2座小型水库建设和郧阳区"水美乡村"试点建设等12个重点项目列入省级规划。

2）创新消费帮扶。坚持"输血"与"造血"相结合，在直接完成购买郧阳区农产品任务基础上，注重激发产业内生动力。如调水司组织各消费帮扶成员单位通过各种形式支持郧阳优质农产品拓展市场，进入北京市东城区委区政府、北京首开中晟置业有限责任公司等机关企事业单位食堂等，推动特色产业发展。

3）坚持线上线下相结合。坚持非必要不聚集，始终紧绷新冠肺炎疫情防控这根弦。如在水利技术帮扶上，利用腾讯视频会议等形式组织召开马龙河水库可行性研究报告等技术审查会议，在履行疫情防控措施的基础上，对郧阳区提供技术帮扶；提高现场调研效率，水规总院利用现场帮扶机会，查勘了丹江庙沟河三省交界河段治理工程、水美乡村南化塘镇拟实施工程现场、丹江口库区库岸带崩岸治理工程，讨论了郧阳区"十四五"水安全保障规划、"十四五"巩固拓展水利扶贫成果同乡村振兴水利保障有效衔接规划有关工作成果，解决了"一揽子"技术帮扶问题。

（4）加强督促检查。根据定点帮扶年度工作计划，帮扶组组长和副组长单位负责对各成员单位帮扶任务进展、作风建设及郧阳区落实乡村振兴主体责任情况进行督促检查，确保工作责任落实。南水北调司要求各单位认真做好帮扶信息统计报送工作，每月报送本单位月度帮扶工作进展情况，并在全国防返贫监测信息系统中进行填报，实现了帮扶工作全程跟踪。

　　　　　　　　　（沈子恒　王梓瑄）

【信访维稳】　2021年，丹江口水库群众到部信访主要涉及企业补偿问题，经核实处理，督促地方做好信访稳定工作。同时，积极配合做好有关移民安置方面的信息公开、政策咨询、监督举报等工作，未发生重大影响的群体性事件和极端上访事件，矛盾问题显著降低，维护了库区和移民安置区社会稳定。　（唐东炜）

监督稽察

【运行监管】　（1）持续强化南水北调工程运行安全监管工作。对运行管理单位开展全方位安全运行及防汛检查，实施"清单式"防汛监管，发挥层级化安全监管工作体系监管作用。通过推广并不断完善"视频飞检"等信息化监管方式，持续推进安全监管方式创新和技术进步的广泛应用，丰富信息化监管手段；加强南水北调工程汛前、汛中、汛后全过程防汛安全监管力度，督促指导运管单位强化预报、预警、预演、预案四项措施，确保工程度汛安全；组织调水局及相关流域管理机构，分别对东、中线一期工程累计开展各项检查 35 次，实现了全年三级管理机构监管全覆盖。

（2）狠抓问题隐患整改落实。持续坚持"以问题为导向、以整改为目标、以问责为抓手"，对工程安全运行监管发现的各类问题，印发整改通知，督促举一反三整改落实，加大整改力度，坚持"整改不完成绝不放过、整改不达标绝不放过"，确保监管工作见实效。

（董玉增　陆帆　宋晓东）

1. 监督工作综述　2021 年，水利部监督司全面贯彻落实习近平总书记"守护生命线"的重要指示精神，牢牢把握南水北调高质量发展要求，聚焦安全发展，坚持守正创新，践行"致广大而尽精微"，全年组织开展监督检查 16 组。在监督部署方面，做到力量下沉、重心下移、精准滴灌、靶向施策；在监督事项方面，延伸覆盖到东、中线全部 80 个现地管理处和湖北境内各项目，涉及建设运行各重点环节；在监督服务方面，既以问题为导向，严肃追责，促进完善安全风险防控和应急管理体系，又现场指导、帮助提高，加强对工程设施的监测、检查、巡查、维修、养护，全力保障"工程安全、供水安全、水质安全"，有力推动工程发挥战略性、基础性、公益性作用。

（1）尽锐出战，助力处置外部风险。2021 年，极端天气、输配电故障等突发性外部风险成为南水北调工程安全运行风险之一，郑州"7·20"特大暴雨洪水发生后，监督司组织检查组冒雨对中线工程水毁情况和供水安全开展核查，强化预报、预警、预演、预案指导，重点抽查水下衬砌面板修复、防洪堤加高加固、深挖方边坡修复、左排建筑物进出口疏浚等工程薄弱部位，为中线工程增强超标洪水应对能力，经受特大暴雨洪水严峻考验提供支持保障。

（2）砥砺前行，助力特殊工况运行安全。2021 年，南水北调工程经历了特大暴雨、大流量输水、新冠肺炎疫情防控、北京冬奥会等特殊工况和特殊时期的叠加考验，安全运行彰显"韧劲"。通过开展中线安全监测监督检查，督促完善各项工作，前移安全关口，提高了安全监测预警的准确度、灵敏度。通过开展东、中线消防安全暗访排查和东线北延建设暗访，查找差距不足，摸清现状"底牌"，拧紧责任"发条"，并对共性问题提出整改建议，进一步加强了安全运行人防、物防、技防建设。

（3）循序而进，"回头看"助力提升监督效率。按照工程安全运行要求，全年开展随机抽查复查 7 组，对问题整改缓慢、屡查屡犯的 2 家责任单位实施责任追究。通过抓典型、督整改，形成工程安全运行监督检查问题整改和责任落实两条压力"传导链"，推动工程管理单位建立简单问题立即改、严重问题马上改、台账督促限时改、普遍问题整体改、苗头问题指导改的整改机制。监督司连续 3

年紧盯中线工程渠道重点部位，督促工程管理单位采用先进设备和技术进行监测，确保工程运行安全。

（4）以民为本，助力受水区生态补水。南水北调东、中线一期工程通水 8 年来，累计调水突破 500 亿 m^3，不仅成为许多大中城市的主力水源，还成为华北地区复苏河湖生态环境的"生命线"。2021 年，监督司加大对南水北调受水区涉及省（直辖市）生态补水、水源置换工程的检查力度，督促完成补水任务、充分发挥供水效益，提高水资源集约节约利用水平，切实将"我为群众办实事"落到实处。

（5）完善链条，助力形成良性监管体系。2021 年，监督司先后出台《加强水利行业监督工作的指导意见》《水利工程责任单位责任人质量终身责任追究管理办法》，为监督检查夯实了制度基础。组织召开工程安全运行监督工作座谈会，对中国南水北调集团有限公司安全运行监督"授权赋能"，健全监督体系、联系机制、整改机制，构建基础更牢固、保障更有力、功能更优化的安全运行监督体系。 （李笑一 韩小虎）

2. 工程建设监督 2021 年 3 月，水利部监督司克服新冠肺炎疫情影响，对南水北调东线北延应急供水工程施工现场开展暗访检查，现场检查以"四不两直"形式开展，直击施工现场不安全行为，深挖工程实体问题背后参建各方的违规行为，铸就南水北调"大国重器"高质量发展基础。

通过监督检查，督促各参建单位为现场人员配备使用安全防护设备用品、加强隐患排查与治理的台账管理，要求施工单位严格按照设计图纸和规定标准施工，保证施工工艺工序满足规范标准，规范开展施工材料试验检测工作，对不达标的工程返工重建。

通过追责问责，强力纠正参建各方违规行为，督促施工单位增强安全生产和建设质量管理责任意识，明确责任，规范行为，强调安全，保障了主体工程按期完工，向河北省东部和天津地区供水。 （韩小虎 石天豪）

3. 运行管理监督 2021 年，水利部监督司着眼工程安全平稳运行，在监督领域不断拓展宽度、提升深度、增加厚度、加大力度，促进南水北调工程经历极寒天气、新冠肺炎疫情反弹、强降雨洪涝灾害、丹江口水库 170m 设计最高蓄水水位运行等多重考验，顺利实现安全平稳运行目标。

（1）拓展监督领域宽度，全面覆盖监督压力。2021 年监督检查覆盖南水北调东、中线全线和北京市内工程及湖北境内工程所有现地管理处，查找缺陷不足、杜绝侥幸心理、强化监督震慑。其中，首次对东线工程 36 个管理处消防安全开展全面排查，对照法律规范逐项查找消防管理制度、消防设施器材、应急预案演练、生产场所消防管理、人员管理等系统性问题，督促责任单位提出整体性改进计划和实施方案，有效提升东线工程整体消防安全水平。安全运行监督检查和问题复查持续覆盖北京市大宁水库、湖北境内引江济汉、兴隆枢纽等工程，监督到边到拐，不留死角。

（2）提升监督专业深度，研究专业系统性问题。开展中线干线工程安全监测专项监督检查，帮助梳理监测设施检定校准、仪器设备运行维护、数据采集和分析研判、委托业务管理监管考核等全业务流程，落实安全监测主体责任和合同责任。进入冬季，组织开展中线京津冀段工程安全运行监督检查，督促中线运管单位做好冰期输水和应急管理等安全运行，为冬奥会加油助力。2021年中，又对中线干线消防安全开展"回马枪"监督，巩固2020年中线消防检查对中线现地管理处消防设施设备维护、消防培训演练、易燃物品管理等消防工作的检查成果。

（3）增加监督时间厚度，推动监督工作常态化。持续对中线干线渠道衬砌板损坏这一风险隐患紧盯不放，综合考虑2021年中线持续性大流量输水、强降雨极端天气等风险累加因素，采取外观和安全监测排查、水下机器人复查、蛙人定点核查等方式，对安全监测数据开展复核和专项抽查，避免运行风险。

（4）加大成果应用力度，有效提升监督效率。"教育十次不如问责一次"，通过开展2020年监督检查发现问题整改情况"回头看"和严肃问责，充分发挥"查、认、改、罚"环

节体系作用，监督检查首尾呼应、前后照应，以责任追究循环有效保障问题整改责任闭环，促进2021年发现的、具备整改条件的问题整改超9成，监督成果加速落实，以质保量，提升效率。　　　　　（韩小虎）

4. 华北地下水超采综合治理监督
华北地下水超采综合治理是水利部为深入贯彻落实关于生态文明建设和保障国家水安全的重要讲话精神、着力解决华北地下水超采问题的重要举措，水源置换是地下水超采治理工作的前提关键。2021年，水利部监督司组织对华北地区河湖生态补水、水源置换等重点工作开展了监督检查。

（1）生态补水情况。根据《水利部办公厅关于印发2021年度华北地区地下水超采综合治理河湖生态补水方案的通知》安排，组织对滹沱河、滏阳河、南拒马河、七里河—顺水河、唐河、沙河—潴龙河、北拒马河—白沟河、白洋淀、瀑河、泜河等10条（个）河（湖）生态补水目标完成情况进行监督检查，主要检查南水北调中线补水和上游水库补水情况。监督司以明察、暗访等形式，对中线各生态补水口门放水情况、生态补水河流入渗情况等开展核查。截至检查时，南水北调中线向河北地区完成年度补水7.99亿 m^3，为计划补水量的137.8%，已超额完成年度补水任务。

（2）水源置换情况。南水北调中线工程是华北地下水超采综合治理重要置换水源。根据河北省水源置换工

程工作开展情况，监督司对河北省临漳县、定兴县等 2 个农村生活水源置换项目进行了检查。检查认为，部分使用"南水"的城区水厂管网正在向农村地区进一步延伸，一批新建水厂及管道埋设工程正在施工，水源置换有序进行。

（3）情况分析。华北地下水超采综合治理实施已连续 3 年完成目标任务，河北等地区河湖水域面积持续增大，地下水位呈现稳步上升趋势，生态环境和居民用水水质同步改善。2021 年，监督司加大对南水北调受水区涉及省（直辖市）生态补水、水源置换工程的检查力度，督促补水任务按计划完成，强化禁采限采管理，督促持续开展机井关停和水源置换，确保华北地下水超采治理早见成效。

（李青　张哲）

5. 汛期监督　2021 年，南水北调中线干线工程沿线渠首分局方城段至北京分局惠南庄泵站普降暴雨、大暴雨、特大暴雨，工程沿线郑州至磁县多地出现了严重内涝，中线干线工程供水安全受到严重威胁。监督司（部督查办）强化"四预"（预警、预报、预案、预演）监督，紧盯"四情"（雨情、水情、险情、灾情）发展，适时开展水毁核查，全力保障南水北调中线干线工程安全、供水安全、水质安全。

（1）及时开展水毁核查。水利部监督司（部督查办）克服新冠肺炎疫情影响，及时开展南水北调中线工程水毁核查工作。累计安排 8 个检查组、16 人次对渠首分局方城段至北京分局惠南庄泵站 40 个管理处，近 1000km 渠道水毁情况实地查勘。督促责任单位对水毁类型、数量进行统计分析，研究制定水毁修复方案，及时补充抢险物资，总结水毁原因，迅速开展水毁应急抢险修复，全面监督到位，保障供水安全。

（2）持续督促水毁修复工作。水利部监督司（部督查办）将南水北调中线工程水毁项目修复纳入重点监督范围，持续对应急修复项目、日常修复项目、清单管理项目和防洪加固项目开展现场监督，重点对水下衬砌面板修复、防洪堤加高加固、深挖方边坡修复、左排建筑物进出口疏浚等项目进行抽查，指导责任单位有序有效开展水毁项目修复，保障水毁修复项目施工质量。

（毕生　李垂）

【质量监督】

1. 编制设计单元工程完工验收质量监督报告　2021 年，水利部河湖保护中心（以下简称"河湖保护中心"）共编写并提交了南水北调中线一期工程总干渠黄河北—羑河北鹤壁段等 11 个设计单元工程的完工验收质量监督报告，保障了验收工作的顺利开展。此外，河湖保护中心还组织编写提交了焦作 1 段丰收路跨渠桥等 2 座跨渠桥梁的竣工验收质量监督意见，确保了桥梁顺利竣工移交。

2. 开展质量监督专项巡查　2021

年，河湖保护中心共组织开展质量监督专项巡查 7 组次。其中，对 2021 年的在建工程开展 5 组次专项巡查，分别为穿黄工程孤柏嘴项目 2 组次、丹江口水库综合管理平台 1 组次和中线京石段应急供水工程（北京段）工程管理专题 2 组次；对穿黄工程设计单元的施工资料，开展 1 组次专项巡查；对郑州"7·20"大雨极端天气导致的水毁项目，开展了 1 组次专项巡查。各类巡查共发现问题 91 项，均督促各参建单位整改到位。此外，河湖保护中心还核备质量技术资料 873 份，保障了质量文件和资料的齐备。

3. 监督和参加各类验收　2021 年，河湖保护中心共监督各类法人验收、合同验收 7 次，检查了历次验收遗留问题处理情况、验收人员组成是否合理等，保障验收程序符合规范要求；参加完工验收技术性初步验收 11 次，作了相应设计单元的质量监督情况报告；参加水利部组织的完工验收 10 次，出具了各设计单元的工程质量评价意见。　　　　（李鑫　岳松涛）

【制度建设】　2021 年，水利部进一步加强监督体系建设，强化工程建设与运行监督，印发《加强水利行业监督工作的指导意见的通知》（水监督〔2021〕222 号）、《水利工程责任单位责任人质量终身责任追究管理办法（试行）》（水监督〔2021〕335 号）、《水利安全生产监督管理办法（试行）》（水监督〔2021〕412 号）等监督检查和安全生产规范性文件，支撑南水北调工程安全运行监督规范高效开展。

《加强水利行业监督工作的指导意见》共包含 6 部分 24 条，从制度体系、工作体制、工作机制、成果运用、组织保障等 5 个方面规范水利监督工作，进一步明确综合监督、专业监督、专项监督、日常监督的职能定位，为南水北调安全运行监督工作提供政策指导。

《水利工程责任单位责任人质量终身责任追究管理办法（试行）》构建起对建设、勘察、设计、施工、监理等参建方责任单位和责任人终身责任体系，严格水利工程质量管控，进一步约束水利建设市场主体违规行为，压实压紧南水北调后续工程参建人员质量责任，丰富南水北调工程高质量发展政策保障手段。

《水利安全生产监督管理办法（试行）》明确各级水行政主管部门、流域管理机构的监督管理任务，督促建立南水北调工程安全生产管理责任体系，加强安全生产应急管理能力建设，以问题为导向促进南水北调工程安全、运行安全和供水安全。

　　　　　　　　　　　　　（李祥炜）

【南水北调安全运行检查】　根据《水利部南水北调司关于印发 2021 年南水北调工程安全运行工作要点的通知》（南调便函〔2021〕40 号）要求和南水北调司工作安排，水利部调水局积极开展各类监督检查工作。

1. 防汛检查 2021 年 3—4 月，南水北调司、调水局、长委、黄委、淮委、海委、湖北省水利厅 7 家单位共组织 7 批次检查，涉及 24 个运行管理单位，主要检查内容是防汛应急预案编制，防汛物资储备及调运保障工作落实，防汛演练安排及效果，防汛重点区域、重点部位、重点环节动态等情况。

2. 安全运行检查 2021 年度南水北调司、长委、黄委、淮委、海委及调水局共组织工程安全运行检查 39 次，三级管理单位全覆盖，主要检查内容是运行管理、安全生产、标准化建设等情况。

3. 2020 年未整改问题专项核查 2021 年年初在新冠肺炎疫情紧张情况下，南水北调司会同调水局、东线总公司，组织对东线山东境内 3 个运行管理单位开展视频核查；3—4 月，在国内疫情形势缓和、允许现场检查的情况下，组织专家赴现场对中线保定、禹州、东线台儿庄泵站等 14 个运行管理单位开展核查，同时通过微信、电话等线上方式对东线江苏境内 3 个运行管理单位进行核查。通过各类监督检查，及时发现存在的隐患和问题，切实保障工程运行安全、供水安全。

（佟昕馨　李永波）

【南水北调工程运行监管问题台账管理】 建立检查发现问题台账，并按安全运行检查和防汛检查分类规范管理。按照《水利工程运行管理监督检查办法（试行）》等规定，建立检查发现问题台账报送机制，规范问题台账格式、问题分类、印证资料、问题整改等报送要求；重点围绕做好台账管理，及时核查督促检查发现问题整改，实现闭环式、销号制管理。

针对发现问题整改落实情况，结合问题的性质和类别，灵活采取包括线上电话联系、微信蓝信、视频飞检，以及线下资料核查、分析研判、补充提交相关整改材料、现场核查等方式，及时了解整改进展、督促整改进度、核查整改效果。2021 年 7 月调水局赴现场对中线水源公司开展问题核查，10 月赴现场对东线台儿庄泵站、万年闸泵站等运行管理单位开展问题核查，其余时间受新冠肺炎疫情影响，灵活采取线上方式进行核查。截至 2021 年年底，除未到整改时限问题外，整改率为 94.2%。通过对台账问题整改进度、整改效果核查，以台账促整改，以整改完善台账，做好检查成果汇总分析，对重点工作、系统性问题提出整改意见及建议，确保监督检查效果。

（佟昕馨）

【南水北调中线退水闸及退水通道专项核查】 根据《水利部南水北调司关于开展南水北调中线一期工程退水闸及退水通道运行管理情况专项核查的通知》（南调便函〔2021〕80 号）要求，黄委、海委统筹年度安全运行及防汛监管工作计划，于 2021 年 5 月重点安排核查《水利部南水北调司关于持续推进南水北调中线工程退水闸及退水通道有关问题整改的通知》（南调便函〔2020〕144号）整改要求落实情况及退水闸和退水通道的运行管理现状。黄委对中线河南境内工程退水闸及退水通道运行管理情况进行了专项检查，从管辖范围内30座退水闸中抽取了沙河退水闸、北汝河退水闸、穿黄退水闸等12座进行了检查；海委对中线北京市境内、天津市境内、河北省境内工程退水闸及退水通道运行管理情况进行了专项检查，从管辖范围内27座退水闸抽取了七里河退水闸、子牙河退水闸、永定河退水闸等8座进行检查；南水北调司、调水局派员参加了部分现场核查工作。调水局对本次专项核查情况进行了统计汇总分析，并向南水北调司提交了专项核查情况报告。本次核查督促了问题整改落实，同时及时发现了新增问题，为工程运行安全、生态补水安全和人民群众生命安全，充分发挥工程生态效益提供了保障。根据《水利部南水北调司关于推进南水北调中线工程退水闸及退水通道有关问题整改工作的通知》（南调便函〔2021〕150号）要求，各流域管理机构、省级水行政主管部门和工程运行管理单位在对抽查发现问题进行整改的基础上，进一步组织有关单位复核辖区内退水闸及退水通道的过水能力，发挥职能优势形成合力，共同协作联动，明确整改时间节点，加

大退水闸及退水通道存在问题整治力度。

　　　　　　　　（佟昕馨　范士盼）

技术咨询与重大专题

【专家委员会工作】　2021年，南水北调工程专家委员会紧紧围绕水利部党组的工作要求，履职尽责，担当实干。习近平总书记2021年5月14日，在推进南水北调后续工程高质量发展座谈会上发表重要讲话后，专家委员会及时组织召开了专家委员会主任会议及全体委员大会，调整了工作重点；全年共开展技术咨询、专题研究等活动16项（其中技术咨询13项、专项研究3项）；针对南水北调工程相关舆情和通水7周年宣传，组织专家积极发声，充分发挥了专家委权威、客观、公正的独特作用，为南水北调工程运行安全、优化调度等重点工作作出了积极贡献。

　　组织专家积极发声、建言献策，树立南水北调工程良好形象。针对河南汛情所产生的工程安全运行舆论担忧，组织多位专家研究提出应对答问材料；在南水北调工程全面通水7周年之际，为做好宣传工作，组织专家从工程技术、工程效益等角度撰写了署名宣传文章，为南水北调工程高质量发展营造了良好舆论环境。

　　　　　（钟慧荣　陈阳　王文丰）

【咨询活动】　南水北调工程专家委

员会紧紧围绕南水北调工程年度中心工作任务，针对南水北调已建工程运行管理、后续工程建设及水利干部学习培训教材调水管理相关内容等方面，组织开展了重大技术咨询活动13项，为已建工程优化运行、安全平稳运行和高质量推进后续工程建设提供了技术支持。　　　　　（陈阳）

【工程档案专项验收】　2021年，水利部南水北调规划设计管理局共完成9个工程档案专项验收任务。

（1）南水北调中线干线工程自动化调度与运行管理决策支持系统设计单元工程档案专项验收。2021年1月27日至2月5日，水利部调水局对南水北调中线干线工程自动化调度与运行管理决策支持系统设计单元工程档案进行了检查评定，认为该工程档案质量满足验收条件。经水利部办公厅同意，在综合评议的基础上，形成了《南水北调中线干线工程自动化调度与运行管理决策支持系统设计单元工程档案专项验收意见》。3月4日，水利部办公厅以办档函〔2021〕153号文印发了该设计单元工程档案专项验收意见。

（2）南水北调东线一期山东境内工程管理设施专项工程档案专项验收。2021年3月25—27日，调水局对南水北调东线一期山东境内工程管理设施专项工程档案进行了检查评定，认为该工程档案质量满足验收条件。经水利部办公厅同意，在综合评议的基础上，形成了《南水北调东线一期山东境内工程管理设施专项工程档案专项验收意见》。4月13日，水利部办公厅以办档函〔2021〕287号文印发了该设计单元工程档案专项验收意见。

（3）南水北调中线一期汉江中下游兴隆水利枢纽设计单元工程档案专项验收。2021年2月20日至3月2日，调水局对南水北调中线一期汉江中下游兴隆水利枢纽设计单元工程档案进行了电子文件检查，并提出检查意见。5月11—13日，调水局对该设计单元工程进行了档案专项验收，并形成了《南水北调中线一期汉江中下游兴隆水利枢纽设计单元工程档案专项验收意见》。6月8日，水利部办公厅以办档函〔2021〕495号文印发了该设计单元工程档案专项验收意见。

（4）南水北调东线一期山东境内调度运行管理系统工程档案专项验收。2021年6月28—30日，调水局对南水北调东线一期山东境内调度运行管理系统工程档案进行了检查评定，认为该工程档案质量满足验收条件。经水利部办公厅同意，在综合评议的基础上，形成了《南水北调东线一期山东境内调度运行管理系统工程档案专项验收意见》。8月6日，水利部办公厅以办档函〔2021〕713号文印发了该设计单元工程档案专项验收意见。

（5）南水北调中线一期引江济汉设计单元工程档案专项验收。2021年

3月1—11日，调水局对南水北调中线一期引江济汉设计单元有关管理报告和案卷目录等电子文件开展了检查，并提出了检查意见。7月13—16日，调水局对南水北调中线一期引江济汉设计单元工程档案进行了档案专项验收，并形成了《南水北调中线一期引江济汉设计单元工程档案专项验收意见》。8月6日，水利部办公厅以办档函〔2021〕714号文印发了该设计单元工程档案专项验收意见。

（6）南水北调中线京石段应急供水工程河北段工程管理专题工程档案专项验收。2021年6月7—10日，调水局对南水北调中线京石段应急供水工程河北段工程管理专题工程档案进行了专项验收前的检查评定，并提出了该设计单元工程档案检查评定意见。8月19—25日，调水局开展了该设计单元工程档案专项验收，并形成了《南水北调中线京石段应急供水工程河北段工程管理专题工程档案专项验收意见》。9月22日，水利部办公厅以办档函〔2021〕860号文印发了该设计单元工程档案专项验收意见。

（7）南水北调中线京石段应急供水工程（石家庄至北拒马河段）总干渠及连接段工程档案专项验收。2021年9月7—10日，调水局对南水北调中线京石段应急供水工程（石家庄至北拒马河段）总干渠及连接段工程档案进行了专项验收，并形成了《南水北调中线京石段应急供水工程（石家庄至北拒马河段）总干渠及连接段工程档案专项验收意见》。10月12日，水利部办公厅以办档函〔2021〕903号文印发了该设计单元工程档案专项验收意见。

（8）南水北调中线水源工程供水调度运行管理专项工程档案专项验收。2021年8月26日至9月3日，调水局对南水北调中线水源工程供水调度运行管理专项工程有关管理报告和案卷目录等电子文件开展了检查，并提出了检查意见。10月19—22日，调水局开展了该设计单元工程档案专项验收，并形成了《南水北调中线水源工程供水调度运行管理专项工程档案专项验收意见》。11月1日，水利部办公厅以办档函〔2021〕969号文印发了该设计单元工程档案专项验收意见。

（9）南水北调中线一期穿黄工程档案专项验收。2021年11月21—25日，调水局对南水北调中线一期穿黄工程档案进行了专项验收前的检查评定，并提出了该设计单元工程档案检查评定意见。12月10—13日，调水局开展了该设计单元工程档案专项验收，并形成了《南水北调中线一期穿黄工程档案专项验收意见》。12月31日，水利部办公厅以办档函〔2021〕1206号文印发了该设计单元工程档案专项验收意见。

（闫津赫　王昊宁　张健峰）

【专项课题】 聚焦南水北调工程关键技术难题及后续工程高质量发展重大问题，在充分依靠南水北调工程专家委员会技术力量的同时，与国内的科研院所、设计单位合作开展了"黄河远期输沙需水量研究""南水北调东线一期工程山东段两湖三站联合调度与经济稳定运行研究"等3项专题研究，为后续工程高质量发展、东线工程优化调度提供了理论指导和技术支撑。
　　　　　　　　　（陈阳　侯永军）

【南水北调工程运行安全检测技术研究与示范研究】 "十三五"国家重点研发计划项目——南水北调工程运行安全检测技术研究与示范于2018年在科技部立项，项目研究周期为2018—2021年。2021年，项目牵头单位调水局进一步加强新冠肺炎疫情期间项目研究管理工作，组织完成各项研究任务，通过3年科技攻关，研发南水北调工程检测技术装备8台套，编制监测检测技术标准2项，形成运行安全评估方案2套，搭建预警处置系统1套和泵站智能故障诊断系统1套，公开发表论文93篇，申报发明专利54项，出版专著7部。2021年年初，编制2021年度工作方案，明确项目2021年度工作任务、责任分工及时间节点安排；3—4月，在南水北调工程郑州段、新乡段首次开展了空、地、水多维多场智能化检测装备联合应用，完成项目研发装备和预警系统集成示范；6月，项目牵头单位组织相关技术和财务专家通过现场考察、资料核查等完成了6个课题的绩效评价，评分均达94分及以上；7—9月，项目牵头单位开展项目综合绩效自评价报告、科技报告编写，项目汇报PPT、成果展示视频制作，科技数据汇交计划编制，知识产权和技术标准完成情况、第三方检测报告梳理总结，协调审计单位完成项目经费审计，并于9月底向科技部中国21世纪议程管理中心提交了项目各项成果报告。截至2021年年底，项目牵头单位按照中国21世纪议程管理中心要求，做好了项目综合绩效评价答辩各项准备工作。

　　　（田野　李楠楠　张颜　孟路遥）

国际（地区）交流与合作

　　南水北调集团积极推动外事工作开展，促进对外交流合作。

　　（1）对国家有关外事工作的方针政策进行系统梳理和学习，特别是对外交部、国资委等上级主管单位关于中央企业外事管理的要求进行深入研究，提出外事工作的组织体系、制度体系框架。

　　（2）赴水利部国科司、水利部国际交流中心、三峡集团等单位开展专题调研，初步提出推进南水北调集团外事工作的工作思路。

　　（3）就申请取得外事审批权及

"四小权"〔即护照自办权、签证自送权、开具出国（境）证明权、邀请外国人来华权〕事宜，积极主动与外交部外管司、领事司对接，明确了办理路径、申请要件及相关工作要求，扎实推进有关准备工作。

（4）受邀参加由商务部主办的"发展中国家水资源管理及社会经济发展部长级研讨班（线上）"并做题为"中国南水北调工程及其社会经济效益"的专题报告，通过总结提炼南水北调工程在保障民生、服务社会经济高质量发展上取得的显著效益，介绍在解决世界性水利工程技术难题上取得的突破，对外树立"中国南水北调"品牌形象，展示新时代中国治水理念与方针及水利改革发展成就。

（5）组织对因公临时出国（境）证照（含因公护照、因公往来香港澳门特别行政区通行证和APEC商务旅行卡）情况进行梳理统计，商请水利部完成对15项因公临时出国（境）证照的注销或转移统一管理。（高宇）

宣 传 工 作

【南水北调司宣传工作】 2021年是中国共产党成立100周年，是实施"十四五"规划、开启全面建设社会主义现代化国家新征程的第一年。按照全国宣传部长会议和全国水利工作会议部署要求，南水北调宣传工作坚持以习近平新时代中国特色社会主义思想为指导，深入学习贯彻党的十九大和十九届二中、三中、四中、五中全会精神，认真贯彻落实习近平总书记关于治水工作的重要论述和视察南水北调工程时的重要指示精神，紧紧围绕南水北调中心工作，强化正面宣传和舆论引导，积极传播南水北调声音，讲好南水北调故事，塑造南水北调品牌形象，传播南水北调文化，扩大南水北调影响，不断开创南水北调事业新局面。

1. 持续深入宣传习近平总书记重要治水论述和十九届五中全会精神

（1）广泛宣传贯彻落实习近平总书记"节水优先、空间均衡、系统治理、两手发力"的治水思路和"3·14""5·14"等重要讲话精神，把南水北调工作放到事关中华民族伟大复兴战略全局的高度，大力宣传南水北调作为国之大事、国之重器的战略支撑保障地位和作用，深度宣传南水北调工程在保障长江经济带、京津冀协同发展、雄安新区建设、黄河流域生态保护和高质量发展等国家战略实施中起到的基础性、战略性作用。

（2）紧紧围绕习近平总书记关于把南水北调工程建设成为"优化水资源配置、保障群众饮水安全、复苏河湖生态环境、畅通南北经济循环的生命线"的重要指示精神，开展专题报道，深入挖掘"四条生命线"的表现形态与战略价值，指导开展重大战略、公共传播课题研究，组织中央和地方媒体采风活动，策划"构建骨干水网、畅通经济循环"等多个专题报道。

（3）紧紧围绕习近平总书记关于"坚持调水、节水两手都要硬"的重要指示要求，强化法治和节水宣传。充分利用"国家宪法日""世界水日""中国水周"等节点，开展"节水护水""饮水安全""工程保护"等主题宣传活动，积极报道南水北调受水区进一步提高南水北调受水区群众全民节约用水和保护工程意识；大力宣传依法保护南水北调工程的典型案例和实践经验，推动《南水北调工程供用水管理条例》和《穿跨邻接南水北调中线干线工程项目管理和监督检查办法（试行）》等的宣传普及。

（4）充分依托南水北调工程本身，积极开展国情和水情教育，引导干部群众特别是青少年增强节约水资源、保护水生态的思想意识和行动自觉，加快推动生产生活方式绿色转型。

（5）深入挖掘南水北调工程在构建国家水网，统筹新发展阶段、贯彻新发展理念和构建新发展格局中的地位和作用。统筹好中央、地方及行业媒体宣传平台，积极对外发声，组织开展专题调研、主题征文、文艺创作、系列展览等活动，突出宣传南水北调工程在"十四五"开篇助力国家水网建设、优化水资源配置、保障水安全、保护水生态、推进经济社会发

展等方面发挥的积极作用。

2. 广泛开展中国共产党成立100周年宣传工作

（1）组织力量，精心策划，高标准、高质量地配合完成重大主题宣传、大型主题展览等任务，强化党史学习教育相关宣传，突出宣传历代中央领导集体对南水北调的重视和关怀，以及近70年来南水北调的工程规划论证、建设和运行的光辉历程和巨大成就。

（2）配合做好全面建成小康社会系列宣传，形成合力、引起共鸣。深入宣传南水北调在助力脱贫攻坚、坚持"四个不摘"、推进乡村振兴和提升饮水安全中发挥的重要作用，积极宣传水利扶贫工作中的创新举措、典型经验和先进事迹。

（3）结合各级优秀共产党员、优秀党务工作者和先进基层党组织的评选表彰，集中宣传党建先进典型，发掘一线善于创新、精于管理、甘于奉献、感人肺腑的"百人百事"，以小切口、大视角讲好系统内党建故事，树立典型和榜样，传播红色正能量。

（4）组织开展建党100周年献礼活动，邀请近70年来不同时期南水北调工程设计者和建设者撰写专题文章，创作、传唱南水北调主题歌曲，讴歌党的正确领导和深切关怀，跟进"永远跟党走""我心向党""党旗在基层一线高高飘扬""青春献给党红心向祖国"等主题活动进展，认真

组织宣传报道。

3. 宣传南水北调精神，打造南水北调品牌

（1）大力弘扬南水北调精神，向全社会集中宣传南水北调精神内容，组织交流研讨、深挖精神内涵，通过访谈对话、文学作品创作、制播远程教育课件、演讲比赛等形式，传播南水北调文化，推动社会各界对南水北调精神的感知、理解和认同。

（2）深入研究和大力宣传南水北调品牌内涵、树立品牌形象、提升品牌价值、传播品牌声音，拍摄制作展示南水北调品牌形象的短视频，在互联网端推广传播。

（3）全面挖掘、深入策划沿线文化专题宣传，全方位、有情怀、有温度、有深度地宣传工程沿线水利、历史、地理等知识及其人文内涵，丰富南水北调文化底蕴，提升南水北调文化影响力。

（4）做好工程运行管理宣传，围绕打造"高标准样板"工程，深入宣传南水北调工程在健全运行安全监管工作体系、强化日常监督和过程监管、持续推进工程运行管理标准化和规范化等方面的先进举措和典型成果。

4. 抓好重要节点宣传

（1）推动工程沿线各有关单位加强新闻宣传，把握工程年度任务完成、调水整数关口、后续工程开工建设及重点工程突破性进展等重要节点，积极对外发声，充分展现南水北调工作的亮点与成效。

（2）在习近平总书记视察东线 1 周年、全面通水 7 周年之际，组织中央、地方媒体和系统内宣传平台策划专题宣传报道，协调拍摄宣传片、专题片，制作公众喜闻乐见的新媒体产品等，突出宣传工程的综合效益。

（3）继续在央视播出南水北调系列公益广告，协调指导相关展示片制作和审核，与中央电视台、北京卫视等主流媒体合作推广新媒体专题短视频。

5. 创新宣传方式，统筹传统媒体和新媒体宣传　大胆创新宣传形式和内容，更多尝试用宽视域、新视野、多视点，发挥新媒体宣传独特优势，做好传统与现代、线上与线下结合文章，打造高端南水北调融媒体中心，释放南水北调宣传的影响力和塑造力。

（1）优化门户网站建设，适应新技术的快速变化，拓展选题层面，优化内容生产机制。

（2）完成系统内平台客户端的迭代升级，在《中国南水北调报》和手机报的阅读方式上创新，升级功能，实现电子数字报移动端可视化，使读者阅读报纸更加方便快捷。

（3）加大南水北调微博、微信、"学习强国"等客户端宣传推广力度，实现与水利部官微的良性互动。

（4）完善数字化移动直播平台建设，借助手机客户端，开发完成运行管理现场突发事件直播系统，提升应

急宣传能力。

（5）继续编制《中国南水北调工程效益报告》，编纂出版《中国南水北调年鉴 2021》，编辑出版《南水北调 2020 年新闻精选集》等。

（梁祎　闵祥科）

【北京市宣传工作】　2021 年，北京市水务局围绕水务重大民生工程和中国共产党成立 100 周年、习近平给建设和守护密云水库的乡亲们的回信一周年等重大纪念活动，积极开展水务新闻宣传，截至 2021 年，北京市水务局局内外网发布稿件 13756 条、"水润京华"微博发布博文 3924 条、微信公众号发布文章 790 条，抖音发布短视频 64 条，《北京水务报》出版报纸 38 期；《北京日报》《北京晚报》《北京青年报》《新京报》等市级媒体发布稿件 4328 篇，《人民日报》、新华社、中央电视台等中央媒体发布稿件（新闻）2604 篇（条）。

主要宣传内容如下：

（1）以"习近平给建设和守护密云水库的乡亲们的回信一周年"为主题，宣传报道一年来生态涵养等方面的工作成效。

（2）以生态补水为主题，宣传报道生态补水后地下水位明显回升、水鸟翱翔的生态效益。与北京电视台共同制作的生态补水宣传片冲上热搜榜。

（3）以跨流域多水源生态补水为主题，宣传报道京城五大河流全线水流贯通入海，通过生态补水措施新增扩大了有水河道，有效回补了地下水，使地表水环境质量和水生态健康水平得到有效改善。

（4）以加强节水管理、建设节水型城市为主题，向社会公众普及市情水情、普及节水知识、倡导节约用水，进一步提高社会各界的节水意识。

（5）以假日引导市民文明游河为主题，宣传报道节日期间水务干部职工专项巡河保安全的执政为民的典型形象及节日期间政民携手共同营造良好河湖水环境的社会氛围等。

（6）充分发挥南水北调团城湖调蓄池爱国主义教育基地宣传科普作用，全年共接待社会各界 214 批共 5398 人次参观。　　　（周英豪）

【天津市宣传工作】　2021 年 2 月初，配合南水北调中线建管局天津分局开展引江向天津市供水超 60 亿 m³ 新闻宣传，全面展示南水北调工程对保障供水安全、优化天津市水资源结构、改善水生态环境等方面的重要作用，在中央驻天津和本地媒体刊登（播发）相关宣传报道 20 余篇。5 月下旬，为深入学习贯彻习近平总书记在推进南水北调后续工程高质量发展座谈会上重要讲话精神，在中央电视台、《中国水利报》、《天津日报》、北方网等重点媒体刊发《扎实推进南水北调后续工程高质量发展　为天津构建新发展格局贡献水务力量》等重要报道，宣传天津市推动南水北调后续工程高质量发展思路举措。结合南水北调东线一期向天津市应急调水，组织新闻媒体开展全程跟踪报道，累计刊发相关新闻 10 余篇。2021 年 12 月中旬，组织开展引江通水 7 周年宣传报道，在《天津日报》、北方网等重点媒体刊发《南水北调中线通水七周年累计向天津市供水近 70 亿 m³》等新闻报道，大力宣传引江供水对保障城乡供水安全的重要作用。

（天津市水务局办公室）

【河南省宣传工作】 2021 年，郑州南水北调建管处把宣传工作摆在突出位置，坚决贯彻落实中央和河南省委关于宣传工作的决策部署，保持南水北调系统宣传工作总体形势向上向好。党支部明确要求领导班子对宣传工作负主体责任，领导班子全年专题研究宣传工作 4 次。落实党管宣传原则，支部书记是第一责任人，带头抓宣传教育工作，带头管阵地把导向强队伍，重要宣传工作亲自部署、重要宣传问题亲自过问、重大宣传事件亲自处置。其他班子成员坚持"谁主管、谁负责"的原则，根据班子成员分工，按照"一岗双责"的要求，将宣传工作进行细化分解，做到人人肩上有担子，工作有压力，有力地推动了宣传工作的落实。

在舆论引导和对外宣传中，始终坚持正面宣传为主，积极组织《河南日报》等省内主流媒体对南水北调工程各项效益开展宣传报道，为南水北调工作营造良好舆论环境。注重网络舆情监测，加强网络信息监控，对苗头性、倾向性问题及时引导纠偏，及时回应和解决人民群众关心的热点问题。对重大事件及突发性问题提前介入、防患未然，掌握舆论引导主动权。加强门户网站管理，严格审核网站各栏目上传内容。建立网络信息审核制度，网络信息需由相关领导签字审核才能发布。下发通知要求各地市南水北调机构、机关各处室明确 1 名信息员管理本单位（处室）的信息专区，规范信息发布流程和格式要求，严禁发布涉密信息、政治敏感信息等。不断对官方网站进行维护优化，升级改版后的网站页面设计更加简明大方，板块设计更加科学规范，内容涵盖更加全面具体，网站引导舆论、巩固阵地、向社会全方位展示河南省南水北调建管局各项工作的职能的作用更加突显。不断拓展宣传渠道和宣传领域，抓住工作中的亮点和特色，把反映单位发展、展现职工风采、工作中好的经验做法作为信息宣传的主要内容，通过新闻媒体、门户网站、宣传橱窗、信息简报等形式积极对外宣传。

2021 年宣传"六文明""中国水周""全民健身运动"等活动，在河南省南水北调网站上传宣传信息 40 余条，制作安装宣传橱窗 20 余块。3 月 24 日到郑州市地铁 5 号线河南省骨科医院站开展"世界水日""中国水周"志愿宣传活动。活动有展板宣传，志愿者讲解和派发宣传册、物品等方式，宣传节水理念、节水知识及科普南水北调工程，提倡爱水、护水、节水、惜水。共发放宣传手册近300份，宣传物品400余份。

南水北调中线工程自2014年12月12日通水以来，河南省作为南水北调中线工程既是水源区又是受水区，工程运行安全平稳，经济、社会、生态效益日益显著，居民的幸福感、获得感增强。南水北调供水成为河南省城市供水"主力"水源，为河南省深入实施粮食生产核心区、中原经济区、郑州航空港经济综合实验区、郑洛新国家自主创新示范区、中国（河南）自贸区等国家战略规划提供有力保障。　　　　　（崔堃）

【湖北省宣传工作】

1. 组织新闻宣传，服务水利发展

2021年，湖北省水利新闻稿件在主要媒体发布1079篇次，其中在央媒及其网站发布162篇次、省级主要媒体发布443篇次、行业媒体495篇次。联系《中国水利报》对湖北省河湖长制工作以"湖北：千湖之省河湖长制走深做实""湖北：创新竞相涌 河美入画来"为题进行典型报道，推出五峰、咸丰、郧阳区等3个脱贫攻坚先进集体专题报道。组织《人民日报》、中央电视台、《湖北日报》、湖北电视台等主要媒体，多次对农村饮水安全、水利工程补短板、湖泊保护、鄂

北水资源配置工程等典型经验进行介绍和新闻报道。汛期，组织《中国水利报》《湖北日报》在头版对湖北省5座小型水库成功抗御漫坝险情经验进行报道并配发评论，产生广泛影响。

2. 聚焦大事要事，营造良好氛围

策划"庆祝建党100周年"主题宣传，在《湖北日报》的《奋斗百年》专栏，以"荆江分洪工程：不朽的为民丰碑""巍巍大堤锁洪流"为主题，进行水利发展成就宣传。配合《中国水利报》《湖北日报》、湖北卫视对湖北省水利厅深入学习中央及湖北省委精神贯彻落实情况进行专访。联合水利部宣教中心，策划开展"走进重大水利工程"系列宣传报道活动。组织开展"我的入党故事"主题作品征集活动，有3部作品获奖。联合中国水利报社新媒体中心，组织赴远安、东宝、应城、京山等地拍摄制作湖北省水系连通及"水美乡村"试点建设专题片《人和水美润荆楚》，并由学习强国、新华网推送。组织报送荆江分洪工程和漳河水利工程参加水利部组织的"人民治水·百年印迹"推荐宣传活动。"世界水日"当天，《湖北日报》推出湖北省水利厅领导署名文章，并在《中国水利》杂志同步发表。两次协调湖北省政府网站在《厅局长访谈》栏目分别解读《湖北省水库管理办法》和《鄂北地区水资源配置工程与供水管理办法》。组织新闻媒体对中国十六届水博览会进行集中宣传报道。配合中央电视台、湖北电

视台、《湖北日报》等，多次协调机关处室对贯彻落实中央和湖北省委重要决策部署进行采访报道。配合《湖北之声》制作全国先进基层党组织系列报道。关键时间节点在湖北省水利厅门户网站开辟《党史学习教育》《深入贯彻实施长江保护法》《践行国家总体安全观》《县委书记谈节水》《宪法宣传周》等专栏推介工作，营造良好氛围。　　　　　　（孟梦）

【山东省宣传工作】　2021年，山东省南水北调宣传工作坚持以习近平新时代中国特色社会主义思想为指导，深入学习贯彻党的十九大和十九届历次全会精神，认真贯彻落实习近平总书记关于治水工作重要论述，紧紧围绕习近平总书记关于把南水北调工程建设成为"四条生命线"的重要指示精神，大力宣传南水北调作为国之大事、国之重器的战略支撑保障地位和作用。

（1）广泛开展中国共产党成立100周年宣传，突出宣传中国共产党的英明决策和坚强领导，宣传近70年来山东省南水北调工程规划论证、建设和运行管理的光辉历程和巨大成就。

（2）宣传南水北调精神，打造南水北调品牌，积极传播南水北调文化，推动社会各界对南水北调精神的感知、理解和认同。

（3）结合"世界水日"、"中国水周"、东线通水八周年3个时间节点，突出宣传工程综合效益，展示南水北调在构建国家水网和建设"四条生命线"过程中取得的明显成效。

（4）强化法制和节水宣传，积极开展水情教育，为工程安全运行营造良好社会环境。

（5）创新宣传方式，做好传统与现代、线上与线下结合文章，释放南水北调宣传的影响力和塑造力。

（6）注重舆情管理，做到关口前移，积极发声，主动回应社会关切，及时处置负面舆情，正向引导舆论。

　　　　　　　　　　　（郑洪霞）

【江苏省宣传工作】　2021年，江苏省紧紧围绕习近平总书记视察江苏省重要讲话指示精神，以及习近平总书记在推进南水北调后续工程高质量发展座谈会上的重要讲话精神，在主题宣传、年度调水、效益发挥等方面，不断提升南水北调工程社会影响。

1. 开展重大主题宣传　习近平总书记在河南省南阳市视察南水北调中线工程、主持召开推进南水北调后续工程高质量发展座谈会后，江苏省主流媒体及时转载新华社、《人民日报》、中央电视台等中央媒体新闻报道。在习近平总书记考察江都水利枢纽一周年之际，江苏省委机关报《新华日报》连续刊发"践行嘱托开新局"系列报道，生动描绘江苏省水利系统贯彻落实习近平总书记重要讲话指示精神的丰硕成果。

2. 开展年度调水宣传　克服新冠肺炎疫情防控压力，江苏省按时启动年度调水，调水启动及调水完成新闻先后登上《现代快报》、荔枝新闻等省内主流媒体；随着年度调水完成，南水北调东、中线累计调水超 400 亿 m³，新闻联播、《人民日报》等中央主流媒体聚焦报道。在江苏省水利厅官网改版南水北调专题，累计编发、推送稿件信息 200 余条。

3. 开展舆情危机应对　密切关注门户网站、社交媒体等平台上涉及江苏省南水北调的信息，及时预判处置可能会造成负面影响的舆论信息；建立健全矛盾纠纷排查化解机制，协调处置徐洪河睢宁段沉船可能影响水质事故，协同处理政务咨询 2 件、江苏省 "12345" 平台交办件 1 件，未发生信访事件。　　　　　（宋佳祺）

【中国南水北调集团有限公司宣传工作】　2021 年是 "十四五" 开局之年，是南水北调集团组建成立起步之年，也是推进南水北调后续工程高质量发展关键之年。一年来，在南水北调集团党组领导下，新闻宣传工作机制逐步建立、管理制度不断健全、宣传平台陆续搭建、舆论引导正面积极、重大活动宣传有力，南水北调工程和南水北调集团品牌影响力不断扩大，为扎实推进南水北调工程高质量发展和做强、做优、做大南水北调集团营造了良好氛围。

1. 落实上级要求，弘扬主旋律传播正能量

（1）积极配合中共中央宣传部和中国共产党历史展览馆，完成 "不忘初心、牢记使命" 主题展南水北调工程布展，充分展示了南水北调工程国之重器、世纪工程、民心工程形象。

（2）积极配合国务院国有资产监督管理委员会（以下简称 "国资委"）开展南水北调工程专题宣传，按照要求提供相关照片、文字素材，从总体布局、工程概况、工程规模、工程特点、效益发挥等多个角度展示南水北调工程；配合国资委录制《信物百年》纪录片，发扬红色传统，传承红色基因。

（3）配合水利部宣教中心开展 "走进重大水利工程——南水北调工程" 宣教科普、南水北调主题摄影展；参与《中国南水北调年鉴 2021》编写等工作。

（4）通过国资委新闻中心和中央广播电视总台等讲述南水北调故事，提炼南水北调精神，让更多人了解南水北调，提高南水北调社会影响力。

2. 完善工作机制，夯实宣传管理基础

（1）强化管理苦练内功。根据上级有关宣传工作管理要求，结合南水北调集团实际，在充分调研学习基础上，建立健全宣传管理制度，制定印发《信息工作暂行办法》《新闻宣传工作管理办法》《突发热点舆情响应工作规定》《网站信息发布管理规定》等多项管理制度，逐步建立宣传管理制度体系。

（2）理顺宣传管理机制。按照水

利部工作安排，及时理顺南水北调集团与水利部、东中线宣传管理关系，建立日常沟通联络机制，统筹集团内部宣传资源，统一宣传工作目标，在水利部指导下统筹协调开展南水北调宣传工作。

（3）畅通内外宣传渠道。主动与水利部、国资委等上级单位请示汇报，畅通新闻宣传、政务信息等报送渠道；成立了由南水北调集团各部门、各单位，以及江苏水源公司、山东干线公司组成的30多人的特约通讯员和信息联络员队伍，畅通内部信息共享机制。

3. 搭建宣传平台，打造新媒体矩阵　依托既有《中国南水北调报》、手机报、微信公众号、官方微博等宣传平台，积极搭建新的宣传平台。

（1）建设南水北调集团官方网站，9月1日起正式上线运行，围绕工程重大节点和集团重点工作，先后设计制作"南水北调后续工程高质量发展""百年党史学习""聚焦十九届六中全会""防汛抗洪"等多个宣传专题，集中开展相关宣传报道。

（2）将微信公众号、官方微博管理主体变更为南水北调集团。采取图文并茂、影像结合等方式，灵活展现南水北调工程形象和南水北调集团改革发展进程。

（3）持续发挥《中国南水北调报》和手机报作用，加强对报纸版面、刊发内容的指导，加快推进传统媒体和新媒体相融合。

4. 把握重大节点，持续提升品牌形象　着重把握党和国家重大活动、党和国家领导人关于南水北调的重要指示批示、已建工程效益发挥、后续工程高质量推进等宣传重点，围绕学习宣传贯彻习近平总书记"5·14"重要讲话精神、党史学习教育、学习宣传贯彻党的十九届六中全会精神、集团成立1周年、取得防汛抗洪重大胜利、超额完成2020—2021年度调水任务、全面通水7周年等重大宣传节点，组织系列专题报道，制定策划方案、组织宣传材料、联络各级媒体，在中央电视台、《人民日报》、新华社等主流媒体及行业、地方媒体进行深入宣传，浏览转载近百万次，营造了良好舆论氛围，南水北调工程和南水北调集团形象大幅提升。同时，还组织集团各部门、各单位及江苏水源公司、山东干线公司联合录制南水北调庆祝中国共产党建党100周年合唱视频，组织开展节水答题、普法宣传、美术摄影作品征集、"四条生命线"媒体采风、南水北调公民大讲堂、中小学生研学实践等活动，社会反响较好。

5. 加强舆情监测，舆论态势积极正面　党的十九届四中全会《决定》指出，"健全重大舆情和突发事件舆论引导机制"，对突发事件舆论引导工作提出明确要求。南水北调集团党组高度重视舆情监控和引导，整理舆情关键词库，搭建舆情监控平台，实施全天候24小时监测，建立与水利部、中线建管局、东线总公司舆情应急响应联动机制，不断加强舆情管控和舆情分析，舆情态势总体积极正面。针对重要舆情加密监测频次，确保舆情安全。自 2021 年 6 月开展舆情监测以来，共编报舆情周报 26 期、急报 2 期、专报 1 期。

6. 注重政务信息编报，提高信息报送水平　政务信息是上情下达、下情上报的重要渠道，是领导科学决策、推动工作的重要依据，也是展现工作风貌和成效的重要窗口。自 2021 年 5 月以来，南水北调集团开始编报政务信息，陆续与水利部、国资委建立了信息报送渠道，既注重政务信息报送重点，又注重政务信息报送质量，针对推进南水北调后续工程高质量发展、开展党史学习教育、促进工程效益发挥、保障工程"三个安全"等工作中的新举措、新经验、新成绩等及时编报政务信息，共报送政务信息 20 期。

（李季　王升芝）

【南水北调东线江苏水源有限责任公司宣传工作】　2021 年是中国共产党成立 100 周年，是实施"十四五"规划、开启全面建设社会主义现代化国家新征程的第一年，也是江苏水源公司开启对标一流管理提升计划起步之年。宣传思想工作紧紧围绕公司党委中心工作，以学习宣传习近平总书记视察南水北调工程重要指示精神为主题主线，全方位融入公司改革发展全局，为公司"十四五"开好局、起好步，为公司推进高质量跨越式发展营造良好环境，在新征程上争当表率、争做示范、走在前列凝聚强大力量。

1. 强化思想政治引领，严格落实意识形态责任制　公司党委把意识形态工作摆在重要位置，作为党的建设重要内容，严格落实意识形态工作责任制，党委主要领导履行"第一责任人"职责，分管领导落实"一岗双责"，牢牢把握意识形态工作正确方向。

（1）坚持"第一议题"制度。全年在公司党委会上列入"第一议题" 11 个，对基层党组织落实"第一议题"情况进行检查，提升运用新思想、新理念指导工作能力和素质。发挥中心组领学促学作用，全年集体学习 13 次，高质量开展巡学旁听 6 次，实现全覆盖，确保学习质量和成效。

（2）落实意识形态责任制。制定印发《2021 年度宣传思想（意识形态）工作方案》《基层党组织意识形态工作责任清单》《关于贯彻落实党委（党组）网络意识形态工作责任制实施方案》，完善宣传思想（意识形态）工作领导小组。公司党委定期研究意识形态工作，完善舆情应急处置机制，建立意识形态工作责任制督查和考核机制。

（3）强化党史学习教育引导。做到规定动作不走样、自选动作有特色，党史学习教育经验做法被江苏党史学习教育、江苏国资党史学习教育简报刊载 20 余次。开辟党史学习教育网上专栏，在南水北调东线源头和各泵站工程现场开设 16 个"走进大国重器，感受中国力量"党史学习教育台。《百炼成钢·党史上的今天》南水北调东线一期工程正式通水运行 8 周年节目在湖南卫视主时段播出。《奋斗百年路　启航新征程》庆祝建党 100 周年作品被评为江苏省属企业"百年风华"大赛三等奖。组织拍摄的《唱支山歌给党听》被评为第二届江苏省国企好新闻优秀"三微"类作品。

2. 坚持正面宣传引导，凝聚改革发展正能量　坚持围绕中心、服务大局，聚焦公司改革发展大事要事，加强对重点工作的跟踪，展示江苏水源发展成就，发挥正面宣传鼓舞人、激励人的作用，为公司"十四五"开好局、起好步营造良好氛围。

（1）超前谋划专题宣传。突出全局性，紧扣重大主题，把做好习近平总书记视察南水北调东线源头工程一周年宣传作为头等大事，开展"牢记嘱托　扛起使命——书写推动南水北调高质量发展新答卷"系列宣传，稿件被新华报业交汇点、学习强国等 5 家主流媒体转载；策划开展"水源红·感动水源"线上直播，积极营造干事创业的良好氛围；围绕调水运营、涉水经营、工程管理、党的建设等开设专栏和专题 20 个。

（2）发挥平台载体功能。与中国江苏网开展新闻宣传合作，提升宣传水平，扩大社会影响。落实习近平

总书记视察南水北调工程强调要依托大型水利枢纽设施积极开展国情和水情教育，高标准建成南水北调江苏水情教育室；持续丰富江苏省南水北调工程规划馆内容，2021 年开展各类水情教育 1000 批次、2 万人次。不断优化公司网站和微信公众号功能，网站发稿 850 余篇，微信公众号发稿 600 余篇，全年访问量 15 万余人次。

（3）推动企业文化建设。坚持问题导向，立足群众需求，探索实践企业文化建设，开展问卷调查、定性访谈，全面梳理企业文化建设的意见建议，形成以"源远流长"为核心的企业文化体系。组织开展"学先进、抓落实、促改革""水源红·奋进的水源人""传递榜样力量"等专题，推动广大党员干部牢记南水北调工程和公司初心使命。

3. 构建协同运行机制，形成意识形态工作合力　进一步加强队伍建设，完善工作体系，提升业务能力，强化保障措施，形成工作合力，为江苏水源公司宣传思想意识形态工作扎实有效开展提供保障。

（1）构建上下统一的工作格局。建立完善公司意识形态工作机制，由江苏水源公司党委宣传部具体负责，明确各部门（单位）、分子公司宣传工作分管负责人和具体工作人员，形成横向到边、纵向到底的宣传工作网络。建立基层信息宣传联系点，明确基层联络员，加强沟通交流，形成上下联动、交流互动的工作机制。

（2）提升宣传思想工作能力。加强对工作人员培训，通过专家授课、专题培训、新闻写作等多种形式，提高通讯写作、新闻摄影、信息捕捉等实际能力。12月，结合党务干部培训，安排意识形态工作相关课程进行教授，开阔视野、增长见识。加强公司政策措施和水利知识宣贯，全面了解公司和水利行业发展情况，把准公司大事要事和行业重点工作。

（3）落实考核激励保障措施。加大对宣传工作投入，确保经费保障到位，确保项目按计划实施。对各部门、分公司、子公司宣传信息发布情况，按季度通报，年底统一考核，考核结果计入年度党建综合考核。召开年度宣传思想工作会议，对宣传工作情况进行总结，评选优秀稿件，对先进单位、个人进行表彰奖励。

（张谦颖）

【南水北调东线山东干线有限责任公司宣传工作】　按照水利部南水北调司和山东省水利厅的部署要求，南水北调东线山东干线有限责任公司（以下简称"山东干线公司"）新闻宣传工作坚持以习近平新时代中国特色社会主义思想为指导，深入学习贯彻党的十九大和十九届六中全会精神，认真贯彻落实习近平总书记关于治水工作的重要论述和视察南水北调工程时的重要指示精神，紧紧围绕山东省南水北调中心工作，突出宣传重点，创新宣传形式，加强策划，创新思路，

整合资源，为南水北调工程建设和运行管理提供了思想保证、舆论支持、精神动力和良好氛围。

1. 深入开展党史学习教育宣传
建党百年之际，为推动党史学习教育各项部署在山东省南水北调深入落实、取得实效，山东干线公司建立健全了宣传工作运行机制，统筹谋划、多点发力，实现了同频共振、整体推进的良好态势。

（1）坚持聚合力。成立党史学习教育小组办公室，统一部署宣传活动。着眼厚植广大干部职工爱党、爱国的真挚情感，组织和策划推出"庆祝建党100周年大型文艺汇演"和"红色经典诵读"活动，其中文艺汇演在网站进行了同步直播。在公司网站开设党史学习教育主题页面，策划《红色传承》《党旗飘扬》《一线行办实事》《启航新征程》等4个栏目，持续报道党史学习教育活动开展情况，全年累计报道相关新闻100余篇。

（2）坚持抓推动。精心研究制定党史学习教育工作机制，做到分组明确、任务明确、人员责任明确，建立部署、安排、落实的完整闭环体系，形成公司上下宣传报道促党史学习教育、促业务工作的进度持续提升。

（3）坚持求创新。山东干线公司积极探索创新方法、手段、载体、内容、形式，谋划打造凸显特色的宣传方式。推出"庆祝建党100周年南水北调成就展"、拍摄《庆祝建党100

周年》党建宣传片和《保卫黄河》《不忘初心》MV、在平台上推出"党史上的今天"栏目每日更新、开展"七一重要讲话""十九届六中全会精神"学习心得体会系列报道和"省派加强农村基层党组织建设"系列报道。

2. 加强策划，搞好重大活动宣传在"世界水日""中国水周"期间制作了一支公益广告片在山东新闻频道播出，以德州武城为主会场、全线各地为分会场组织开展主题宣传活动。"安全生产月"期间，设计印制了 11 万册《安全生产练习册》，在"安全知识进校园"宣传活动中发放。南水北调东线一期工程通水八周年之际，组织在《中国水利报》连续刊发 3 期专题报道，在《大众日报》连续刊发 3 期专题报道，制作了一支 45 秒南水北调公益广告片在山东新闻频道播出，承办"关爱山川河流　保护大运河"志愿服务活动，制作了 4 个"大禹奖"申报片、2 个"泰山奖"申报片和 2 个工程验收片。

3. 通过媒体融合做好日常宣传2021 年"江水润齐鲁"微信公众平台发表图文消息 730 余篇，"山东南水北调"网站发表消息 4000 余条，《南水北调·山东》报纸刊发 12 期。在"山东水利"微信公众号刊发 20 余篇，在《中国南水北调报》刊发文章 50 篇。组织编纂《大江高歌入鲁来——山东南水北调工程新闻集》。在《中国水利年鉴》刊登企业风采主题文章。组织

拍摄制作《看山东·话南水北调》工程形象宣传片。策划制作《山东南水北调工作新成效》《人人做尖兵　热烈庆祝中华人民共和国成立 72 周年》《江河筑梦利千秋——南水北调东中线一期工程全面通水七周年》等 3 组新媒体组图广泛传播。设计打造"江水润齐鲁"网络虚拟展馆，展示山东南水北调从工程建设到运行管理的历史与成就，镌刻南水北调人用心血和汗水凝结成的工程成就。

4. 积极打造具有山东南水北调特色的企业文化　山东干线公司把打造南水北调特色文化作为推动高质量发展的重要抓手，把"企业文化认知体系建设"纳入年度重点工作，加强规划引领，进一步激发企业文化的内生动力，凝聚员工合力，为企业高质量发展赋能。

（1）坚持战略导向，重视整体规划。编制完成《企业文化体系建设规划（2021—2023）》，确立了通过三年规划，对内实现 CIS 企业识别系统（企业理念识别系统、企业行为识别系统、企业视觉识别系统）的全面落地，对外树立企业文化品牌，进一步提升企业知名度、美誉度，彰显国有企业的社会责任和担当，为企业文化体系建设落实落地打下坚实基础。

（2）坚持以人为本，重视文化巩固。起草编制了《企业文化手册》，作为指导性文件，普及企业文化建设成果和形象提升路径，提高全员参与的积极性。策划设计《形象标识系统

及室内外文化系统标准化手册》，进一步提升南水北调工程的外在形象。

（邓妍）

【南水北调中线水源有限责任公司宣传工作】 2021年，中线水源公司宣传工作把握主线，突出正面宣传。做到了重大信息不漏报、不误报。全年公司网站刊发稿件百余篇；验收工作月报自报送以来，累计编报28期、8万余字。

在服务工程验收工作上，提前谋划，策划制作了《初心如磐 丹心筑梦》公司宣传片、大坝加高工程验收纪实片、档案专项验收专题片、运行管理专项工程概况短视频等，为验收工作提供影像、文字宣传服务支撑。2021年年初，在大坝加高设计单元工程档案通过水利部验收之际，精心策划，在水利部和长江委的报纸、网站及微信公众号上推出《档案话巨变 水源飞壮歌》，反映了公司全力推进、提前完成水利部督办任务的成绩。结合"世界水日"、"中国水周"、"全国科普日"、节水机关建设等重要节点，围绕节水护水、饮水安全、工程保护等主题，开展丰富多彩的活动，策划推出新媒体文章《有水就有希望》《夺笋，能改造的地方他们一处也不放过……》《开"源"节流 科技惠民》，反映公司在引导水源地树立节水观念的意识及积极发挥节水机关示范引领作用的举措。在回应社会关注热点上，策划推出《"水中大熊猫"桃花水母是怎么C位出道的？》，以社会关注热点——生态文明为切入点，设计包装水母、水源人等动漫形象，生动展现公司守护源头水脉的初心使命，并以此向党庆生。

在新冠肺炎疫情防控形势急剧变化中，提高宣传工作站位，持续深入、多维度推进。及时采写消息《公司强化疫情防控工作》，反映公司高度重视、迅速响应、及时部署。《"中线水源"疫情管控持续升级》反映公司逐条落实、科学应对之举。《现场直击：防疫隐生产 "水源"这样做》，以还原现场视角，反映公司一手抓防疫一手抓生产，各项工作平稳有序。宣传工作渗透在重点工作的部署、落实、检查、成效中，形成组合报道形式，彰显了宣传工作的传播力、影响力和公信力。

公司拓宽宣传工作渠道，上线微信视频号，打造推送快、内容新、传播广的短视频，全方位推介公司。运行以来，先后制作推出鱼类增殖放流活动、档案技能比武、验收工作纪实、防疫工作纪实、2021年迎新春趣味活动、公司年度工作巡礼等作品。

（蒲双）

【湖北省引江济汉工程管理局宣传工作】 2021年是中国共产党成立一百周年和"十四五"规划开局之年，也是引江济汉工程完全进入运行管理阶段的转承之年。一年来，湖北省引江济汉工程管理局围绕发扬"忠诚、干净、担当，科学、求实、创新"的新时代水利精神，聚焦法人履职、工程运行、效益发挥，积极与湖北省水利厅宣传中心、《湖北日报》、《中国南水北调报》等主流媒体联系，全年共投稿 150 篇；在"全民国家安全教育日""宪法宣传周""中国水周""国际档案日"等重要时间节点，均制作了宣传海报和宣传教育手册。为配合引江济汉工程档案专项验收和完工验收，拍摄了专题宣传片并获得一致好评，充分展现了引江济汉工程及引江济汉工程管理局干部职工的时代风采。

（曾钦）

【湖北省汉江兴隆水利枢纽管理局宣传工作】 2021 年 3 月，湖北省汉江兴隆水利枢纽管理局（以下简称"兴隆局"）组织各部门负责人和宣传员召开座谈会，就如何激发宣传队伍活力，抓出宣传工作亮点开展交流讨论。制定了 2021 年宣传工作方案，4 月组织了一期新闻写作技能培训。

2021 年在极目新闻发《汉江兴隆水利枢纽强力推进验收工作》报道 1 篇；8—10 月，结合防汛工作严峻形势，积极跟踪报道防汛一线工作动态，组织职工在《湖北日报》《中国南水北调报》和荆楚网、长江云等媒体平台发表了 16 篇防汛新闻，有效展示了兴隆局干部职工临危不惧、科学调度的良好工作风貌及取得的防汛成果。9 月 24 日，完成兴隆水利枢纽运行 7 周年综合报道《兴隆枢纽：安全运行，效益彰显》，在《中国南水北调报》上发表。在长江云上发表《南水北调中线唯一枢纽工程：兴隆水利运行 7 年，综合效益突破千亿》。

2021 年向湖北省水利厅门户网站报送新闻稿件 106 篇，在全省水利系统 17 个厅直属单位中排名第 5 位；全年在《中国南水北调报》发稿 14 篇。在人民网、新华网、荆楚网、《湖北日报》、湖北机关党建网、长江云等平台积极宣传兴隆局的党建工作，全年在各媒体平台上发稿 22 篇，不断扩大兴隆水利枢纽影响力。

2021 年完成《中国南水北调年鉴 2021》中有关兴隆水利枢纽、闸站改造、船道整治等 3 个设计单元工程相关内容的撰稿工作；完成《中国水利年鉴 2021》中兴隆水利枢纽宣传文稿；为《中国河湖年鉴》提供兴隆局河湖保护管理经验宣传材料。

根据水利部宣教中心、南水北调集团"国之大事·南水北调"主题摄影作品征集活动要求，整理兴隆水利枢纽和闸站改造相关照片并上报。应 2021 年度兴隆水利枢纽完工验收的需要，完成了兴隆水利枢纽对外形象宣传片的制作。

（郑艳霞）

伍　东线一期工程

概　述

【工程管理】　南水北调东线一期工程从长江干流三江营引水，通过 13 梯级泵站逐级提水，利用京杭大运河及与其平行的河道输水，经洪泽湖、骆马湖、南四湖、东平湖调蓄后，分两路：一路向北穿黄河，经小运河接七一·六五河输水至大屯水库，同时具备向河北和天津应急供水条件；另一路向东通过济平干渠、济南市区段、济东明渠段工程输水至引黄上节制闸，再利用引黄济青工程、胶东地区引黄调水工程输水至威海米山水库。调水线路总长 1466.50km，其中长江至东平湖 1045.36km、黄河以北 173.49km、胶东输水干线 239.78km、穿黄河段 7.87km。

南水北调东线一期工程由调水工程和治污工程两大部分组成。其中，调水工程主要包括泵站工程、水库工程、河（渠）道工程、穿黄河工程等。治污工程分为城市污水处理及再生利用设施、工业综合治理、工业结构调整、截污导流、流域综合治理等。工程目前管理现状如下：治污工程为地方管理，调水工程管理单位主要为江苏水源公司和山东干线公司。

按照《关于将南水北调东线一期工程中央投资（资产）委托南水北调东线总公司统一管理的通知》（水财务〔2019〕122 号）要求，水利部授权东线总公司统一管理南水北调东线一期工程，负责工程中央投资（资产）监管职责。

东线一期新增主体工程 2002 年 12 月开工建设，2013 年 3 月完工，2013 年 8 月 15 日通过全线通水验收，2013 年 11 月 15 日正式通水。

（李院生　雷昕然）

【运行调度】　根据东线一期工程 2020—2021 年度水量调度计划，结合受水区水情和工情，各段工程由北向南依次开启运行。2020 年 12 月 23 日，下达调度指令，正式启动年度调水，其中胶东段、鲁北段和两湖段已在全线调水启动前开始供水，调水量纳入年度供水计划。2021 年 5 月 20 日，东线一期工程完成调水入山东省 6.74 亿 m^3 的年度任务。6 月 15 日，鲁北段工程完成年度调水任务。6 月 20 日，胶东段工程完成年度调水任务，除部分调蓄水库仍在供水外，2020—2021 年度调水工作全部完成。

（朱吉生）

（1）加强组织协调，圆满完成年度水量调度计划。在东线运行管理模式尚未落地、工程尚未正式移交等背景下，积极同江苏省、山东省保持联络，共同谋划克服调水难题；提早部署，做好调水启动准备，编制年度水量调度实施方案，开展流量计底数确认和调水前安全专项检查；强化调度过程管控，及时下达调度指令，组织编制月水量调度方案，强化运行检查和现场监管，加强水量计量管理，做好水质水量监测及数据报送和调度值班值守等工作；统筹东线一期工程和北延工程水量调度工作，编制《南水北调东线一期工程北延应急工程 2021 年 4—5 月调水实施方案》，成功开展了东线一期工程、北延工程和引黄工程的联合调度。

（2）推进运行管理标准化、规范化建设，努力提升现代化管理水平。深入推进东线泵站工程运行管理标准化表单应用，形成东线泵站工程运行管理标准化表单试点创建范本；全面推进东线水量调度、运行管理、防汛管理等核心业务从标准化、规范化向信息化、智能化转变，为东线工程调水高效运行和公司快速有序发展奠定基础；配合水利部南水北调司开展南水北调相关团体标准的制定和推行，形成《大中型泵站运行管理规程》（T/CHES 51—2021）团体标准，促进东线泵站标准推广提升。

（3）坚持"预"字当先，确保工程安全度汛。以"四预"工作为抓手，调整东线工程安全生产委员会、防汛领导小组组织机构与工作职责，组织召开安全生产委员会会议及防汛专题会议，层层压实防汛主体责任；充分准备，科学防汛，研判防汛形势，汇编工作信息，修订防汛预案，印发工作要点，严格值班管理，督促江苏省、山东省做好防汛度汛各项工作；实时预警，强化监管，采用智能化手段，建设防汛态势感知系统，多

平台集成研判汛情险情，报送汛期每日雨水情、防汛周报，发布重要天气预警，以"现场＋视频"形式加密检查，实现防汛检查全覆盖；立足实战，提升能力，督导江苏水源公司、山东干线公司、北延应急供水工程及直属分公司组织开展防汛应急演练，组织召开应急专题培训班，进一步提升员工应急处置能力。

（4）筑牢网络安全防线及关键信息基础设施保护。圆满完成建党百年、服贸会、法定节假日等期间的网络安全重保任务，及公安部、水利部组织的攻防演习；持续落实等级保护 2.0 标准要求，开展网络安全测评整改，全面消除中、高风险 75 项，持续降低风险隐患；组织网络安全应急演练和网络安全意识培训；东线总公司全年未发生网络安全事件，其中直属分公司获评"徐州市网络安全等级保护工作先进单位"。

（邵文伟　于茜　张明希）

【经济财务】

1. 资金保障

（1）水费收缴。2021 年 4 月，东线总公司分别与天津市水务局、河北省水利厅签订《南水北调东线一期工程北延应急试通水（天津市）供水协议》《南水北调东线一期工程北延应急试通水（河北省）供水协议》，合同期限均为 1 年。全年收缴北延应急供水工程水费 1274 万元，其中收缴天津市水费 1001 万元，收缴河北省

水费 273 万元。

（2）基建拨款。全年获取北延应急供水工程一般公共预算收入 2.17 亿元。

（3）资金拨付。全年向江苏省、山东省项目法人拨付运行维护和偿还贷款资金共计 12.02 亿元，其中拨付江苏省 3.02 亿元，拨付山东省 9 亿元。全年向北延应急供水工程沿线单位支付直接调水费用 1465 万元。

（4）二期筹资。配合南水北调集团开展南水北调后续工程筹资方案研究，提交调研报告，该督办事项完成情况被东线总公司评价为优秀。

2. 预算管理

（1）全面预算。完成 2020 年度全面预算执行情况分析，完成 2021 年度全面预算的编制、下达、分析、调整等工作，积极贯彻过"紧日子"精神，大力压减非急需、非刚性支出，全年成本费用支出 14394 万元，较预算节约 13%。

（2）部门预算。完成 2021 年度项目库清理、项目立项、支出预算编制、绩效目标编制、预算调整等工作，全年下达预算 2.17 亿元。每月按时统计、分析预算执行情况，对北延应急供水工程开展绩效运行监控和年度项目支出绩效自评。

3. 财务决算

（1）企业财务决算。按照《中国南水北调集团有限公司关于做好 2020 年度国有企业财务会计决算报告工作的通知》（南水北调财务〔2021〕6

号）要求，开展 2020 年度企业财务决算工作，按期、保质完成了年度企业决算工作任务。

（2）部门决算。按照《水利部办公厅关于编报 2020 年度决算的通知》（办财务〔2021〕6 号）要求，按时完成了南水北调东线一期工程部门决算报告的编制、上报工作。

（3）完工财务决算。3 月取得南水北调东线一期苏鲁省际工程调度运行管理系统工程完工财务决算核准文件。

4. 税务管理　依照税法有关规定，完成 2020 年税务审计和所得税汇算清缴，以及 2021 年印花税等各项税种的申报与缴纳，全年缴纳税款 881 万元。

5. 财务监管　9 月对江苏省、山东省项目法人水费资金使用管理情况开展年度检查，出具检查报告，提出问题整改意见与管理建议。　　（戴菲）

【工程效益】　南水北调东线一期工程北延应急供水工程 2021 年验证性通水阶段，东线总公司分别与天津市、河北省签订了供水协议，并足额收缴天津市水费 1000.8 万元、河北省水费 273 万元。

东线一期工程通水运行 8 年来，工程运行安全平稳、水质稳定达标，有效缓解了受水区水资源短缺、水生态损害和水旱灾害问题，发挥了优化水资源配置、保障群众饮水安全、复苏河湖生态环境、畅通南北经济循环的生命线作用，社会、经济和生态效益显著。

1. 供水生命线：水资源保障能力持续增强 东线一期工程改善了受水区水资源配置格局，为受水区开辟了新的水源，提高了沿线城市的供水保证率，保障了城市生活、工业和环境用水，持续发挥重要的水资源保障作用。2021年东线一期工程向山东省供水 6.74 亿 m^3，截至 2021 年年底，已累计抽江超 480 亿 m^3，向山东省供水 52.9 亿 m^3，缓解了江苏省北部、山东省北部和南部及胶东半岛的用水短缺问题。

2. 水安全保障线：防汛抗旱减灾作用发挥显著 东线一期工程大多具有供水兼顾防洪排涝的功能，增强了沿线区域的防汛抗旱减灾能力，为区域经济社会发展和水事安全发挥了重要作用。

（1）通过新建泵站、控制建筑物、河道等工程参与各地排涝，保障防汛安全。自 2005 年宝应站投运以来，江苏省境内新建工程参与省内排涝总计运行超 7 万台时，排泄洪水总量超 110 亿 m^3；2021 年，宝应站、金湖站、淮安四站等工程累计抽排涝水 1.25 亿 m^3，刘山、解台节制闸累计泄洪 11.9 亿 m^3；2021 年山东省境内工程仅秋汛为地方排涝、泄洪累计 4.61 亿 m^3，确保了东平湖和黄河下游干支流安澜。

（2）增强了苏北农业灌溉保障能力。2013 年通水以来，长江—洪泽湖

段的农业用水基本得到满足，其他地区供水保证率也达到 75%～80%，比规划基准年提高 20%～30%。

3. 生态改善线：良好水生态与优美水环境彰显 东线一期工程通过调水和生态补水，为输水沿线河湖补充了大量优质水源，增加了沿线河湖水网的水体流动性，打造"清水廊道"，有效提高了区域水环境容量和承载能力。

（1）补充了优质水源，改善了区域河网的水流动力条件。东线一期工程通水后，输水河道以及沿线的洪泽湖、骆马湖、南四湖等湖泊水质显著改善，环境容量明显增加，输水干线水质优良，稳定达到Ⅲ类标准。

（2）改善了工程沿线水环境，提高了区域水环境承载力。东线一期工程累计向南四湖、东平湖生态补水 3.74 亿 m^3，避免了湖泊干涸的生态灾难；为济南市小清河补水 2.45 亿 m^3、保泉补源 1.65 亿 m^3，保障了济南泉水持续喷涌。2021 年 3 月，东线一期工程北延应急供水工程完成通水验收，5 月向河北省、天津市调水 3270 万 m^3，助力华北地区地下水超采综合治理。

4. 经济发展线：绿水青山转化为金山银山 东线一期工程有效推动了工程沿线产业结构调整和经济发展方式转变，促进产业升级；通过水路将长江经济带与江苏和山东两大经济强省互联互通，助力京杭大运河航运、生态和文化复苏。

（1）促进产业结构不断优化升级和绿色发展。为确保一泓清水北上，沿线地区积极践行供给侧结构性改革，环保治污倒逼经济转型，加强技术创新，大力淘汰落后产能，实施工业治理"再提高"工程，实现了经济与环保的双赢。

（2）极大改善了航运条件和促进了航运发展。东线一期工程新增通航里程 62km，打通了京杭运河东平湖—南四湖段航道（Ⅲ级航道），改善了京杭运河济宁—长江段的通航条件（Ⅱ级航道），新增港口吞吐能力1350 万 t，大大提高了区域水运能力，成为国内仅次于长江的第二条"黄金水道"。

（3）助力京杭大运河生态复苏和焕发生机。东线一期工程使千年京杭大运河焕发新的生机，助力京杭大运河成功申报世界文化遗产。

（4）2021 年江苏省充分利用丰水资源，组织江苏省境内洪泽站、泗阳站、刘老涧二站、皂河二站等工程及时投入发电运行，年发电量超过 1000万 kW·h，洪泽站超 800 万 kW·h，均创历史新高。　　（刘志芳　郭建邦）

【创新发展】　2021 年，东线总公司在南水北调集团的领导下，深入贯彻落实党中央、国务院深化国有企业改革的重大决策部署，凝聚推动改革的浓郁氛围和磅礴力量，全力打好深化改革攻坚战，扎实开展东线总公司改革 3 年行动（2021—2022 年）。截至

2021 年年底，已完成了 70％的改革任务，取得了一系列重要的阶段性成果。

在此次改革中，东线总公司始终坚持"两个一以贯之"，把党的领导有机融入公司治理各环节，推进完善中国特色现代企业制度。12 月 14 日，东线总公司公司制改制方案和公司章程获得南水北调集团正式批复，公司制改制将为东线事业高质量发展增添强劲动力。　　　　　　（刘志芳）

【安全风险隐患处置】　重点对境内跨渠桥梁和穿跨总干渠燃气管线项目进行了检查，建立了问题台账，并持续督促整改。对总干渠施工期间下穿总干渠项目进行了摸排，建立了下穿总干渠项目台账，为安全监管提供保障。　　　　　　　　　　（包辉）

【安全度汛】　将南水北调工程纳入全省防汛工作重点，落实中线工程沿线市、县、乡、村防汛责任人，督导中线建管局落实各分局、各渠段安全运行责任人，形成工作合力，并组织开展了河北省境内南水北调干线工程和配套工程防汛检查。重点协调解决了唐县报废的显口水库处置、北拒马河临时退水工程处置、天津干线大清河倒虹吸应急防护工程施工等一批影响南水北调干线工程防汛的突出问题，保障了工程安全度汛。　　（包辉）

【工程验收和遗留问题处理】　配合水利部开展南水北调京石段应急供水

工程河北段其他设计单元工程完工验收，共涉及河北 47 个施工标段。积极协调国土部门配合中线建管局开展京石段永久占地土地权证办理工作。协调解决干线工程沿线群众 2020 年因南水北调工程影响造成淹地损失补偿问题，维护了沿线社会稳定和群众合法利益。

（包辉）

【东线一期北延应急供水工程供水成本补偿机制研究】 为保证北延应急供水工程建成后能够持续良性运行，推动解决北延应急试通水阶段暴露出的供用水双方在供水价格方面的分歧，提升受水区和工程运行管理单位供用水的积极性，充分发挥工程效益，东线总公司于 2021 年 6 月委托国家发展改革委价格认证中心开展了"东线一期北延应急供水工程供水成本补偿机制研究"。该课题从分析北延应急供水工程沿线省（直辖市）置换农业用地下水和生态用水的需求出发，通过研究农业供水和生态供水价格现状及水价政策沿革、目标和方向，从成本补偿及南水北调集团统筹角度提出北延应急供水工程向河北、天津供水的具体补偿措施及政策建议。研究成果为解决供用水双方在价格方面的分歧、保障北延应急供水工程综合效益发挥奠定了基础。同时，为下一步开展东线一期工程运行初期供水价格政策调整，以及后续工程水价政策制定提供了借鉴。

（刘志芳 彭辉）

江苏境内工程

【工程管理】 2021 年，江苏省水利厅、江苏省南水北调办按照南水北调新建工程和江水北调工程"统一调度、联合运行"的原则，统筹省外供水和省内用水，完善体制机制，强化运行监管，实现工程安全运行。

1. 完善体制机制

（1）完善管理体制。按照"南水北调东线江苏境内工程管理体制暂维持现状不变"的新精神，紧紧围绕把江苏省整体作为"水源地"继续实行"属地管理、省界交水"，进一步完善省政府统一领导、省水利厅会同南水北调工作机构统筹组织协调，省水利厅统一调度，省有关单位和沿线各地分工负责的管理模式。

（2）完善运行机制。进一步完善部省协调会商、省市协作联动、职能部门协同配合、南水北调新建工程与江水北调工程"统一调度、联合运行"的江苏南水北调工程调水工作机制，有效实现水质监督监测、危化品禁运监管、养殖水体污染防治、电力保障，以及输水干线用水口门管控、尾水导流工程运行管理。

（3）优化水价政策。进一步优化"收益区负担、省财政奖补"的江苏南水北调水费征缴机制，江苏省受水区 6 市 2021 年度南水北调基本水费 3.51 亿元及时、足额征收到位，拨付各市水费奖补资金 10548 万元，连续 4 年顺利完成水费征缴任务，有效保障工程良性运行。

（4）优化机构设置。进一步优化输水沿线机构设置，徐州市整合重组成立南水北调工程管理中心，编制数大幅增加，内设机构更加完整；扬州市水利局新设南水北调处，划为公务员编制；淮安市、宿迁市保持南水北调专门机构和队伍。

2. 加强运行监管

（1）强化调水运行监管。南水北调安全生产监督检查纳入江苏省水利工程安全监管计划，在汛期、调水前后组织专项检查 10 余次，全年投入 4200 余万元用于南水北调工程维修养护。

（2）推进标准化建设。江苏省南水北调工程全面完成 13 座泵站工程运行管理"标准化"建设，形成泵站工程运行管理的 10 大类系列标准，新建泵站工程群已初具"远程控制、少人值守"能力。

（3）保障尾水导流工程运行。落实尾水导流工程和里下河水源调整工程列入省级维修养护范围，7 次赴徐州、宿迁开展尾水导流工程运管情况调研，及时整改风险隐患，工程效益良好。　　　　　　　　（宋佳祺）

3. 稳步提升工程管理水平　紧紧围绕主责主业，坚定不移地走高质量发展道路，不断提升工程管理水平。

（1）精准发力补短板。加强顶层设计，从管理职责、任务书等各方面

规范工程观测和水文测报。完善硬件设施，多次组织开展专项培训，定期组织专业力量进行现场检查指导，积极开展省级专用水文站报批，争取将江苏水源公司水情分中心纳入江苏省水文系统进行行业业务管理。加强管理技能人才培养，首次组织开展技能等级评定，有针对性地组织专业人员外出学习调研，提升业务管理水平。

（2）标准化建设成效显著。全面完成江苏省 13 座新建泵站标准化建设，正式印发泵站工程运行管理系列"10S"标准；完成河道、水闸工程"10S"标准化试点创建，形成江苏省南水北调工程标准化全覆盖，在行业内得到应用推广。通过"标准化＋信息化"应用研究，持续拓展巩固标准化建设成果，提升工程运行管理规范化水平。

（3）常态化开展"五小"创新活动。形成"五小"创新奖励激励机制，持续鼓励基层员工在日常工作中创新创造。结合自动化控制、智能巡检及两票改进等工程管理实际需求，年度累计开展 40 个创新项目。

（4）开展水管单位达标创建。刘老涧二站、解台站高分通过省一级水管单位复核验收；泗洪站、睢宁二站和邳州站完成省二级水管单位创建。

4. 大力推进工程管理智能化　围绕"全面完成标准化，重点提升信息化，积极探索智能化"的工作思路，着力打造工程管理行业标杆。

（1）加快推进信息化建设。按照

"需求牵引、应用至上、数字赋能、提升能力"要求，建成了南水北调江苏调度运行管理信息系统，基本实现东线江苏境内工程"远程集控、智能管理"运管能力。"南水北调东线一期江苏境内调度运行管理应用软件系统"获江苏省优秀水资源成果特等奖。

（2）集中控制初见成效。坚持以信息化手段提高运营效率，研究制定《南水北调江苏段工程集中控制管理方案》。2020年11月13日，南水北调江苏集中控制中心正式启用，成功实现大型泵站群"111"远程监控新模式。

（3）大力推进智能化研究。围绕水量调度管理科学化、泵站集控自动化、运行管理智能化、考核管理信息化，开发工程管理、安全标准化管理、水文水质监测等系统，建设完成物联网平台；开发8种视频AI算法分析平台，基本实现调度运行管理各类数据共享共用、分析挖掘与信息化管理，探索工程管理智能化研究应用。

5.全力确保工程防疫安全　2021年，新冠肺炎疫情防控形势依旧严峻复杂，特别是7月起连续在南京、扬州爆发的疫情，给正值汛期的南水北调江苏段工程带来了较大隐患。江苏水源公司坚决压实责任、严格管理，全力筑牢疫情防控铜墙，确保防疫和工程双安全。

（1）做好日常防疫管理。严格执行各级疫情防控要求，第一时间完成疫苗接种和多轮核酸检测，严格办公区域管控，高度关注国内疫情信息，加强人员出行管控。

（2）加强工程防疫管理。修订完善各级工程管理机构疫情防控应急预案；每日统计各工程现场疫情防控信息，全面、及时关注各级工程管理单位疫情防控情况；组织各工程服从地方管控要求，于8月4—25日期间执行站区封闭管理，杜绝防疫隐患。

（3）加强宣传教育引导。主动做好疫情防控舆论引导，加大宣传力度，坚决做到不造谣、不信谣、不传谣。2021年，江苏省南水北调工程管理范围内未出现确诊及疑似病例。

（周晨露　刘菁）

【建设管理】　南水北调东线一期工程江苏段建设内容包括调水工程和治污工程两大部分，调水工程总投资约134亿元，治污工程总投资约133亿元。工程自2002年起开工建设，2013年5月建成试通水，2013年8月通过原国务院南水北调办组织的全线通水验收，2013年11月正式投入运行，实现了江苏省委、省政府确定的"工程率先建成通水，水质率先稳定达标"的总体目标。

2021年，江苏南水北调工程建设主要包括南水北调东线一期江苏境内调度运行管理系统工程，以及第二阶段新增治污工程中的南水北调宿迁市尾水导流工程等，全年共计完成投资

2500万元。截至2021年年底，调水工程累计完成投资134亿元，占总投资的100%。治污工程建设分两阶段实行，第一阶段102项治污项目已全面建成，实际完成投资70.2亿元；第二阶段203项治污项目已建设完成，总投资约63亿元，其中由江苏省南水北调办组织实施的4项尾水导流工程已基本建成，总投资15.05亿元。

（1）南水北调东线一期江苏境内调度运行管理系统工程。工程监控与视频监视应用软件系统、监控安全应用软件系统、调度运行管理应用软件系统、系统总集成等4个标段进入试运行阶段，累计8个标段单位工程暨合同项目通过验收，累计18个标段完成财务结算审计。完成水情教育室项目建设和南京调度中心改造，江都集控中心建成并投入正式启用；宝应站、金湖站、淮阴三站、淮安四站实现流量数据实时上传。工程年度完成投资2500万元，占年度投资计划的100%；累计完成投资58211万元，占概算总投资的100%。

（2）南水北调宿迁市尾水导流工程。工程12个标段中已有10个标段完成审计，并出具审定单。完成征迁移民验收、水土保持验收，环境保护专项验收中的应急预案已完成审查。工程档案资料整理工作基本完成，全部归档。　　　　（薛刘宇　宋佳祺）

2021年，江苏水源公司克服新冠肺炎疫情影响，紧紧围绕年度目标，统筹工程建设和验收关系，各项工作稳步推进，为一期工程完美收官奠定良好基础。

1. 制定年度实施计划　根据2021年建设目标，结合江苏南水北调工程扫尾的关键点，年初，江苏水源公司组织分析了建设形势，针对各自工程，有重点地编制2021年度实施方案，明确了关键工期完成时间，同时也对变更处理、合同验收、合同结算、完工验收等明确了节点，另外在工程年度建设目标和形象进度的基础上，公司结合工程实际情况，对调度运行管理系统工程明确了月度完成工程投资和形象进度，确保圆满完成年度建设任务。

截至2021年12月底，江苏南水北调调水工程累计完成投资132.9亿元，占批复总投资的100%。其中，年度完成投资2500万元，全部为调度运行管理系统投资。主要完成调度运行管理应用系统、监控安全应用系统等开发，初步实现了全流程管理的可视化、实时化与数据化；完成工程监控与视频监视系统部署，在两个中心实现了工程远控操作和控制，具备实时监视江苏南水北调14座大型泵站及沿线河道工程的工情、雨情、水情的能力。"远程集控、智能管理"新运行管理模式初步形成。

2. 严格落实责任分工　在细排工作计划的基础上，江苏水源公司认真组织梳理合同内和额外工程，建立了工程扫尾、合同结算、完工验收责任网络，将每一项工程责任到人，各责任人严格按照分工抓落实，确保工程扫尾、合同变更、合同结算、验收工作按时间节点完成。

3. 加强现场督查指导　根据工程各项工作的实际进展情况，各责任人制订工作方案，加强组织指导，督促扫尾进度，协调解决问题，一抓到底，确保合同变更处理的质量要求；同时定期召开调度会，由各责任人汇报工作进展情况和下一步工作安排，商讨解决存在的问题，研究落实措施，定期检查工程现场，督促落实解决问题。同时树立高标准扫尾的目标，建设中遗留问题不留死角，及时解决影响管理运行的功能性问题，为工程更好地投入运行管理创造了条件。

4. 加快推进完工验收　在工程建设扫尾阶段，影响工程建设的矛盾就显得尤为突出，江苏水源公司重点协调解决制约工程扫尾的关键性问题。多次召开建设推进会，督促工程进度，按期完成施工任务。所有遗留问题都已理清责任，落实整改到位，有效地保证了工程进度。同时，根据完工验收计划，提前组织召开完工验收启动会，邀请江苏省南水北调办、南水北调工程江苏质量监督站及各工程参建单位负责人参加会议，研究分析完工验收存在的问题和需要协调解决的困难，提出推进工作的各项措施办法，部署下一步验收重点工作任务，明确完成时间节点和要求，落实责任单位和责任人，确保完工验收工作的

有序开展。

5. 质量和安全管理不放松　2021年，江苏省南水北调仅剩余调度运行管理系统工程在建，江苏水源公司在加强质量安全检查的同时，结合工程验收，强化质量安全问题整改，确保工程质量安全。认真抓好质量监管力度。江苏水源公司针对南水北调质量管理重点，加强工程质量监管，会同南水北调工程江苏质量监督站开展质量专项检查。认真做好验收遗留问题整改和质量总评工作，江苏省南水北调工程涉及验收的遗留问题均梳理完成，并已落实相关责任。紧抓安全管理不放松，针对2021年江苏省安全生产新形势，江苏水源公司及时组织召开安全生产领导小组会议，宣贯新要求，落实新责任。扎实开展全国第20个"安全生产月"活动，同时重点对调度运行工程安全体系建设、现场安全生产管理进行检查，培训分公司和各参建单位人员，定期登录填报水利部安全生产基础信息，每月定期组织检查和整改安全隐患，有力地确保工程安全生产无事故。

6. 加快变更处理工作　2021年，江苏水源公司围绕剩余调度运行管理系统工程进行责任分工，明确各标段相关责任人和批复完成时间，各工作项目责任人要严格按照分工抓好落实，确保合同变更处理按时间节点完成，完成情况作为年度考核重要依据。完成调度运行管理系统剩余所有变更处理，为工程按期完成结算、完

225

工验收打下了坚实的基础。

7.工程报奖工作　2021年，江苏水源公司根据中国水利协会相关要求，积极申报2019—2020年度中国水利工程优质（大禹）奖，蔺家坝、睢宁二站等2项工程获奖。

8.建设管理总结　为总结江苏省南水北调工程建设管理的经验，江苏水源公司组织有关单位进行了多次专题研究，完成《江苏南水北调工程建设管理工作技术总结》的编写工作。

（花培舒）

【运行调度】　按照南水北调新建工程和江水北调工程"统一调度、联合运行"的原则，江苏省水利厅、省南水北调办在江苏省政府统一领导下，通过"优化水源配置、优化线路安排、优化工程调度"，坚持属地管理、省界计量交水原则，有效保证了调水出省目标完成和省内综合效益的正常发挥。

根据水利部下达的年度调水计划和江苏省政府批准的组织实施方案，江苏省自2020年12月23日至2021年5月20日，分两阶段实施2020—2021年度南水北调东线江苏段向山东省调水工作。2020—2021年度南水北调东线江苏段向山东省第一阶段调水工作于2020年12月23日开机，2021年1月28日停机，调水出省2.1亿m³。2020—2021年度南水北调东线江苏段向山东省第二阶段调水工作于2021年3月2日开机，2021年5月

20日停机，调水出省4.6亿m³。两个阶段调水以运西线为主线、运河线为备用线路，由长江引水，沿途启用宝应站、邳州站等6个梯级泵站，通过洪泽湖、骆马湖等两湖调蓄，经由金宝航道、徐洪河、骆北中运河等河道调水出省。

工程累计运行92天，累计抽水31.2亿m³，调水入骆马湖7.01亿m³，调水期间工程运行安全稳定，水情工情指标正常，出省水质稳定达标，圆满完成2020—2021年度向山东省供水任务。2020—2021年度累计向山东省调水6.74亿m³。据统计，自2013年正式通水以来，江苏南水北调工程已累计向省外调水超54亿m³。

（宋佳祺）

2020—2021年度调水呈现出以下几个特点：①新冠肺炎疫情防控压力持续存在，虽然新冠肺炎疫情防控形势总体向好，但是疫情传播的风险仍然客观存在，国内部分地区疫情出现反弹，境外疫情仍在蔓延；②调水启动时间相对偏晚，江苏省境内调水启动时间为2020年12月23日，按时完成调水任务面临考验；③泗阳站、皂河二站、洪泽站、睢宁二站等4座新建泵站4台机组完成大修，机组性能将受实践检验。

针对存在的挑战，江苏水源公司不畏困难、砥砺奋进，精心组织、科学调度，圆满完成了年度调水任务。

1.上下齐心协力，保障任务完成　把年度调水工作作为首要政治任务

来抓。

（1）统一思想，明确工作部署。江苏水源公司领导多次召开会议，对调水工作进行精细化部署，始终要求各级各有关部门将思想认识提高到保障"生命线"畅通的高度，增强责任感和使命感，通力协作，认真履职，确保完成年度调水任务。

（2）深入现场，保障工程安全。调水开始前，公司主要领导及分管领导带队，多次组织开展工程现场检查，充分掌握各泵站运行能力和人员、物资落实情况，指导现场做好疫情防控和开机准备工作。各分公司和现场管理单位及时落实各项保障措施，加强设备养护，对存在的安全隐患第一时间进行整改，确保工程安全。

（3）专题研究，指导解决问题。调水过程中，针对疫情防控形势下调水运行遇到的困难和问题，特别是人员调配、工程大修、供电线路维保等方面，加强组织协调，召开专题会议研究决策，解决现场一线存在的突出问题，确保调水顺利实施。

2. 加强组织协调，确保工作有序

加强与相关单位沟通协调，为工程运行创造良好外部条件。

（1）加强与南水北调司、东线总公司的沟通联系。针对江苏省调水运行实际，多次协调南水北调司和东线总公司加大山东境内省际泵站抽水流量，保障省内持续大流量连续运行，减少输水损失。

（2）加强与江苏省水利厅的沟通联系。与江苏省水利厅建立协调联络机制，就机组大修、电缆整改、电气试验、供电线路维保等影响工程运行的项目进行提前沟通，妥善对接工程运行和维护工作，确保工程安全运行和效益的及时发挥。

（3）加强与江苏省南水北调领导小组成员单位的沟通联系。与江苏省南水北调办、省防汛抗旱指挥中心等单位和部门保持密切联系，共同制定水量调度方案，明确调水线路、水量、时间等要求。综合考虑调水进度、人员、设备维养、危化品运输等因素，结合节假日统筹安排间歇调水，其间累计停机 16 天，有效保障了工程安全和水质安全。

3. 狠抓关键环节，力争降本增效

优化管理，实现工程效益最大化。

（1）密切关注水雨情变化。抓住淮水较丰的时机，通过动态优化调整，安排洪泽湖以南 3 个梯级泵站提前 35 天停机，累计少抽水 12.79 亿 m^3，大量节约电费成本的同时，避免了"打循环水"的资源浪费现象。

（2）积极争取优惠电价。积极协商江苏省发展改革委等单位争取电价优惠，累计降低电价 0.0794 元/（kW·h）。

（3）做好站内运行优化。针对各站实际，在泗洪站采用变频、工频混合运行，在满足流量调节的前提下，部分机组切换至工频运行，降低泵站用电量。对金湖站、睢宁二站等泵站下游安全栅进行定期清洁，减少水头损失。开展邳州站安全栅吊起运行试验、功率因数调节试验等工作，提高运行效率。　　　　（卞新盛　贾璐）

【工程效益】　2021年，江苏省南水北调工程圆满完成年度调水出省、省内运行任务，综合效益显著发挥。圆满完成2020—2021年度向山东省供水6.74亿 m^3 任务，各泵站累计运行92天，累计抽水31.2亿 m^3，调水入骆马湖7.01亿 m^3，连续8年实现工程安全、供水安全、水质安全。

1. 向省外调水　自2020年12月23日至2021年5月20日，通过"优化水源配置、优化线路安排、优化工程调度"，分两阶段组织向山东省调水，累计调水出省6.74亿 m^3，调水期间沿线各断面水质持续稳定达到国家考核标准。

2. 省内调水运行　2021年汛期，南水北调宝应站、金湖站、淮安四站及江都水利枢纽等及时参与江苏省内排涝运行，累计抽排里下河、宝应湖、白马湖等地区涝水7.6亿 m^3，为战胜流域洪水和有气象记录以来登陆江苏省时间最长、雨量最大、影响最广的超强台风"烟花"的袭扰做出积极贡献。

3. 工程防汛效益　2021年汛期，淮河及沂沭泗流域发生多次暴雨洪水，淮北地区雨量居有统计数据以来历史第二位，流域内多处河湖水位超警，叠加新冠肺炎疫情常态化严防严控要求，总体防汛压力较大。江苏水源公司奋力应对全流域防汛严峻形势，科学修订各级防汛预案，扎实开展防汛知识培训及抢险实操演练，统筹加强物资管理，完善防汛物资代储机制，确保应急调运畅通无阻，强化问题整改，确保有汛情，无汛灾；台风"烟花""灿都"过境，公司先后及时启动Ⅳ级和Ⅲ级应急响应，每天200余名员工值守，累计超过千次巡查，组织宝应站、金湖站和淮安四站抽排涝水1.25亿 m^3，组织刘山闸、解台闸泄洪约4.25亿 m^3，为保一方安澜做出了积极贡献。

（王晓森　宋佳祺）

【科学技术】　江苏水源公司始终坚持以科技创新引领公司高质量发展，持续推进公司科技进步和增强公司自主创新能力。围绕"建体系、强投入、创平台、求成效"的科学技术发展思路，强化顶层规划，加大项目投入，优化科研平台，使科技创新成为助推公司高质量发展的最强动力。

1. 抓好顶层设计、进一步完善管理体系　抓好科技创新顶层规划，以更高起点和更远站位谋划公司科技创新发展定位，将创新发展纳入公司"十四五"规划和国企改革三年行动实施方案中，并明确任务目标和具体举措。

（1）完善科技创新管理体制。制定公司科技创新管理办法，明确科技创新管理部门和有关职能部门职责，从规划、投入、项目、平台、人才、交流、成果、考核等方面进一步完善科技创新管理体系。

（2）建立创新人才培养机制。坚持以"人才第一资源"推进"科技第一动力"，始终把人才建设作为公司发展的着力点。建立了分层分类的人才培养体系，全力抓好科技创新人才队伍建设。

（3）完善公司体制体系。制定公司综合考核实施方案，设立创新发展考核指标体系，与子企业负责人年度考核、任期考核结果挂钩。建立创新容错机制，明确尽职合规免责清单和程序。

2. 加大经费投入、进一步增添强劲动能　研发投入是科技发展的有力保证。公司持续保持科技研发投入增长，提升自主创新能力，为推动科技创新高质量发展增添强劲"动能"。将研发经费纳入年度专项预算，同时加大经费投入，紧扣南水北调和江苏省水利发展需求，围绕主责主业积极开展科技攻关，年度立项科技项目 10 项，共获得财政经费支持 110 万元、自有资金计划投入 513 万元，研发投入较 2020 年度增长 10.24%。

3. 建强科研平台、进一步打造创新阵地　建强"联盟＋中心＋工作站"科技创新平台方阵，打造科技创新和人才培养主阵地。

（1）建立了高水平的行业联盟。联合河海大学、中国水利水电科学研究院、华为、科大讯飞等 12 家单位，

牵头组建了南水北调江苏数字孪生技术创新联盟，汇聚行业智力资源、谋划数字孪生南水北调建设，联合布局智慧水利数字新基建。

（2）建立高层次的协同创新平台。依托国家博士后科研工作站、江苏省泵站工程技术研究中心、江苏省优秀研究生工作站、研究生培养基地，与河海大学、江苏大学、扬州大学、南京水利科学研究院等高校科研机构建立联合培养机制。江苏省泵站工程技术研究中心顺利通过省科技厅第一期绩效考核，国家博士后科研工作站成功引进 1 名博士后，江苏省研究生工作站获评江苏省优秀研究生工作站。

（3）建立高质量的人才培养基地。加大工程管理型、专业技术型、技能工匠型人才队伍建设，成立江苏南水北调干部学院和泵站技能学院，提档升级基层泵站技师工作室，培育卓越水利工程师。

4. 发力成果转化、进一步推动成果落地　系统梳理科技成果，精心组织各类科技奖项申报、成果评价。与河海大学合作的"大型泵站水力系统高效运行与安全保障关键技术及应用"荣获国家科学技术进步奖二等奖，为江苏省南水北调系统首次获得该级别殊荣；针对长距离复杂调水系统中水量预测预报等难题，与中国水利水电科学研究院团队合作，开发智能调度系统，获评 2021 年度"智慧江苏十大标志工程"；先后获得淮委

科学技术奖二等奖、江苏省水资源优秀成果特等奖、江苏省地下空间学会科学技术奖二等奖，调度运行管理应用软件系统获江苏省优秀水资源成果奖；1项成果被水利部推荐为水利先进实用重点推广技术，2项"五小"成果分别获评水利工程优秀质量管理小组Ⅰ、Ⅱ类成果；取得地方标准1项、团体标准1项；3项科技项目成果通过江苏省工业和信息化厅和江苏省水利厅验收，完成2项科技成果评价，为南水北调事业高质量发展提供强有力的科技保障。

（王希晨　夏臣智　李绍丽　吴志峰）

【征地移民】　截至2021年年底，江苏省境内南水北调东线一期工程征迁安置工作全部结束，完工财务决算全部通过水利部或原国务院南水北调办核准，所有征迁安置项目全部通过完工验收。征迁安置共涉及永久用地3133hm²、临时用地2200hm²、拆迁房屋64万m²、搬迁人口2.22万人、生产安置人口1.66万人，征迁安置资金共39亿元。

1. 开展征迁档案数字化整理　根据2010年明确的《江苏省南水北调工程征地移民档案管理实施细则》要求，江苏省南水北调办需移交的征地移民档案共计7300卷。截至2021年年底，市、县档案已扫描完成，共计完成6900卷；新增收集省本级档案，将前期批复、实施管理到竣工验收全过程档案纳入设计单元工程档案，另增加招投标、用地手续办理、课题等3个专项一并进行数字化扫描。

2. 开展征迁安置资金使用清理　为做好南水北调东、中线一期工程竣工财务决算编制工作，江苏省南水北调办商江苏水源公司，要求沿线征迁5个市、23个县及江苏省文物局、2个厅属管理处等共计33个单位派专人查找历史档案，完成征迁安置资金购置固定资产的账面清查和实物盘点，详细清理完工财务决算基准日后债权债务，全面梳理完工财务决算预留费用使用和尾工实施情况。

3. 开展征迁安置群众生产生活情况调研　为了解安置群众生产生活情况，江苏省南水北调办组织赴扬州市宝应县大三王河工程涉及的柳堡镇、夏集镇实地调研。经调研协商，扬州市同意将市级征迁结余资金521万元用于补助宝应县大三王河征迁群众生产生活条件改善，切实解决安置小区屋面防水、道路停车、物业管理等民生问题。

（王其强　宋佳祺）

【环境保护】　为保障南水北调调水水质，2021年，江苏省加快截污导流工程建设，多部门联动加强调水水质监管，年度调水水质指标均达到国家考核标准。

为保障南水北调调水水质，江苏省注重完善多部门联动机制，注重调水水质监管，通过强化危化品船舶禁运监管、加强沿线城镇污水处理厂运行考核、做好渔业养殖污染防控等工作，全力保障南水北调输水干线水质，年度调水水质指标均达到国家考核标准。

（1）江苏省南水北调办充分发挥监督协调职能，不断完善与各相关职能部门建立的系列水质保障机制，强化干线水质保护监管，强化尾水导流工程安全稳定运行。

（2）江苏省生态环境厅每月发布22个南水北调断面的水质监测与评价结果，并在调水期间加密监测频次，出具加密监测数据2016个。

（3）江苏省交通运输厅加强航运船舶安全监管与管控。及时发布调水期间的航行通告，严格落实调水期间危化品船舶禁航措施，加大电子、现场巡查力度，做好联防联控和应急值班工作。加强船舶港口污染防治，组织开展船舶和港口污染防治"三号行动"，全省港口持证码头企业和辖区水域航行的船舶全部纳入长江经济带船舶水污染联合监管和信息服务系统进行监管，各级交通运输综合执法机构累计检查船舶防污染情况共28514艘次，污染物接收设施检查3272艘次，完成400总吨以上船舶排污口铅封4110艘。

（4）江苏省住房城乡建设厅持续推进城镇污水处理能力建设，从源头控制干线污染源，充分发挥设施污染物减排效益。2021年，江苏省南水北调沿线地区新增城镇污水处理能力21.9万 m³/d。以达标区建设为抓手，深入推进城镇污水处理提质增效精准攻坚"333"行动，印发《城镇污水处理提质增效系列工作指南》等文件。开展城市污水处理工作和城镇污水处理厂运行管理工作考核评价，对问题突出城市进行压茬式督办、约谈。江苏省约40%的城市建成区建成污水处理提质增效达标区，全省基本消除建成区污水直排口和管网空白区。

（5）江苏省农业农村厅持续深入开展"中国渔政亮剑系列"专项执法行动，重点开展内陆重点水域禁渔、清理取缔涉渔"三无"船舶、打击跨区作业渔船、渔业安全生产、水产苗种产地检疫和水产养殖用投入品规范使用等执法工作，对湖区草害和违法违规网具实施长效整治，推广渔业养殖用水循环再利用，优化调整养殖结构，推进养殖尾水达标排放。

（聂永平）

【工程验收】　2021年，江苏省南水北调办会同江苏水源公司、南水北调工程江苏质量监督站，组织完成南水北调东线一期江苏省境内工程管理设施专项工程验收。截至2021年年底，南水北调东线一期江苏省境内40个设计单元工程已有39个通过完工验收，其中由江苏省负责组织完工验收的34个设计单元工程有33个通过完工验收，完工验收完成率达97.5%。

（宋佳祺）

1.合同项目完成验收　2021年江苏水源公司及时组织完建工程的合

同项目完成验收工作，全年共完成调度运行管理系统水质实验室设备采购、分公司数据中心机房工程总承包项目（宿迁）、监控安全应用软件系统、调度运行管理应用软件系统、工程监控与视频监视系统总承包、总集成、信息采集总承包、省公司数据中心机房工程（展示设施）、泵站工程监控系统完善提升项目、泵站工程监视系统提升项目等 10 个标段合同项目的验收工作。

2. 完工验收　江苏水源公司严格按照水利部印发的设计单元工程完工验收计划表，2021 年年初科学编排验收工作计划，按合同分解年度任务，及时启动工程完工验收准备，同时加强验收过程控制，确保工程验收质量。2021 年，管理设施专项工程在水利部计划节点前完成设计单元工程完工验收，调度运行管理系统完成设计单元工程完工验收项目法人验收。

（花培舒）

【工程审计与稽察】　2021 年是南水北调东线一期工程竣工财务决算关键之年，既要完成剩余完工财务决算，又要做好竣工财务决算前各项准备工作。为全面客观总结一期工程建设成果，推动工程后续高质量发展，江苏水源公司紧紧围绕水利部和南水北调集团公司部署的年度工作计划，全力推进竣工财务决算相关工作。

1. 资产清查　根据水利部工作要求，江苏水源公司对南水北调东线一期工程投资建设形成的资产进行全面清查。一期工程建设类型多、时间长，江苏水源公司全力组织有关部门和分、子公司及管理站所上下联动，协同推进，克服重重困难，按时保质完成对南水北调东线一期工程建设期投资形成的资产清查盘点工作，并形成专题报告。

2. 竣工财务决算工作方案　根据南水北调集团公司部署的竣工财务决算工作计划，以 2021 年 12 月 31 日为竣工财务决算基准日开展南水北调工程竣工财务决算的编报工作。为准确核定工程交付使用资产价值，确保工程竣工财务决算及时高效完成，促进工程验收工作顺利开展，江苏水源公司制定了《南水北调东线一期工程竣工财务决算工作方案》。

3. 调度运行管理系统工程竣工财务决算　调度运行管理系统工程作为南水北调东线一期江苏省境内最后一个工程，同时又是东、中线一期第一个编报竣工财务决算的工程，承担着工程建设收尾、工程成本完整归集，以及作为一期工程竣工财务决算范本的重任。江苏水源公司根据完工验收时间、决算上报时间，按周编排工作计划；各部门加强组织领导，落实工作责任，克服新冠肺炎疫情影响，按时完成调度运行管理系统工程竣工财务决算编报工作。

（章亚琪）

【创新发展】　2021 年，江苏省南水北调办和江苏水源公司围绕行业发展、泵站技术、管理手段等方面，探索创新发展路径。

1. 行业发展创新 制定《江苏南水北调"十四五"专项规划》和江苏水源公司"十四五"发展战略蓝图，形成《江苏南水北调工程实施情况评估》《江苏省南水北调工程水价执行情况分析报告》《江苏南水北调工程现状供水能力评估及增供水潜力分析报告》等多项研究成果。

2. 泵站科技创新 "大型泵站水力系统高效运行与安全保障关键技术及应用"荣获国家科学技术进步奖二等奖，实现江苏省南水北调科技成果国家科学技术进步奖零的突破。南水北调蔺家坝站、睢宁二站获"中国水利工程优质（大禹）奖"，南水北调江苏智能调度系统同时入选2021年"智慧江苏重点工程"和"十大标志性工程"，江苏省南水北调新建泵站工程已初具"远程控制、少人值守"能力，江都集控中心成功实现新建泵站远程开机。

3. 精心描绘"十四五"发展蓝图 在前期确定的规划思路基础上，精心打磨规划成果，广泛征求江苏省国有资产监督管理委员会、水利系统及专业院校等外部专家意见和公司各级员工建议，形成了公司"十四五"发展战略蓝图，并配套形成6个专题子规划，确立了公司发展思路和定位，深化了公司"双轮驱动"内涵，清晰地指明了公司"十四五"的奋进方向。

4. 打赢国企改革三年行动攻坚战 牢牢把握公司当前发展阶段特点，研究制定国企改革三年行动方案，形成了8个方面、30个分项任务和124项具体落实措施。建立"一把手"抓改革长效机制，强化各层级改革主体责任，全面推进国企改革各项任务落地见效，截至2021年年底，公司124项改革任务累计完成103项，占总体改革任务的83%，改革总体工作进度达到95%，任期制契约化等改革举措的落地为公司高质量发展进一步赋能增效。

5. 持续实施对标一流管理提升 制定2021年度对标管理提升重点并严格落实，重视对标成果总结，选树标杆项目，先后向国务院国有资产监督管理委员会及江苏省国有资产监督管理委员会报送标准化、信息化建设等多个管理对标典型案例。公司年内累计完成46项管理提升工作任务，占年度52项工作重点任务的88.46%，公司整体管理水平提升成效显著。

6. 积极开展南水北调管理体制研究 开展南水北调管理体制专题研究，紧扣公司战略定位和经营基础，研究形成可持续发展的管理体制建议方案，并积极与南水北调集团、江苏省国有资产监督管理委员会沟通协调。

7. 不断完善公司治理体系 加强"三重一大"决策体系建设与规范运行，制（修）订党委前置研究规程、"三规则一清单"、所属企业董事会建设管理办法等9项制度，推动党的领导全面融入公司治理；科学实施董事会授权，有力保证经理层行权履职；加强分子公司体系和流程指导，理清权责边界，规范议事程序、保障科学决策，公司治理体系不断完善。

（王晨　周君宇）

山东境内工程

【工程管理】

1. 健全工程管理标准体系，贯彻落实成效显著

（1）完成工程管理和维修养护标准宣贯及发布实施。

（2）组织完成土建部分维修养护方案指南编制及培训，并在 2022 年度维修养护计划编制中指导运用。

（3）组织梳理渠道工程、房建工程、盘柜整理标准化建设的需求，完成相应的标准化建设方案和标准化建设图集编制、评审、修改、印发执行。

2. 强化智慧水利转型，完成工程管理系统上线运行

（1）调研智慧化水利建设，规划并完成工程管理系统一期信息化模块的开发和上线运行。

（2）首次全覆盖对工程建筑物和设备进行项目划分和全面评级管理，共划分评级单位 5276 个、单元 73594 个，评定工程建筑物完好率 70%、设备完好率 85%。

（3）通过问题清单实现了维修养护计划编制与项目划分的衔接，首次实现在系统中进行 2022 年度工程维修养护计划编制、审核，方便了基层维修养护计划编制，并实现了与预算管理系统的衔接。

3. 持续增强项目监管力度，管控初见成效

（1）开展维修养护和专项项目现场、内业资料检查及实体质量抽检，整改问题 262 项，已整改 256 项，整改率 98%。

（2）组织、督促完成 2021 年以前 124 个专项合同项目，审核计量支付资料 105 份，2021 年度以前合同验收及完工结算审核全部完成；监管 2021 年度 96 个合同项目（维修养护 38 个，专项项目 57 个，尾工项目 1 个），合同金额 1.68 亿元，完成 1.31 亿元，完成比例 78%，支付 9104.24 万元，支付比例 69.5%，完成合同验收 55 个；严把工程造价咨询、完工结算关，2021 年送审项目 130 个（含预结算），送审金额 3.4 亿元，审定金额 2.8 亿元。

（3）加强穿跨邻工程管理，组织审查 3 个穿跨越工程施工方案；协调完成 4 个穿跨越工程的建设监管和委托监管协议的签订；参加 2 个项目监管协议验收；配合山东省水利厅对济南、济宁、滨州、淄博、聊城等 5 个地市 13 个穿跨邻项目进行现场检查；解决了 5 个穿跨邻项目（小清河综合治理、小清河复航、华山片区、济乐高速、济青高速）的边界复核问题。

（4）重视农民工工资支付，督促解决了韩安强欠薪、柳长河段工程航道清淤等4个项目的农民工工资支付问题；开通"山东省农民工工资支付监管平台"，完成平台初始模拟演练。

（5）编制完成12期工程管理月报。

（6）根据桥梁移交方案组织完成全线552座跨渠桥梁的梳理以及"一桥一卡"的建档工作，完成2021年476座桥梁定期检查项目的外业检测工作。

4. 高度重视工程奖项申报，工程奖获得大丰收

（1）根据山东干线公司对韩庄泵站、穿黄工程、双王城水库、万年闸泵站等4个设计单元工程申报2019—2020年度"中国水利工程优质（大禹）奖"的要求，精心组织申报工作、积极协助及时解答和处理现场复核中的问题、认真修改申报片脚本、严格审核申报片制作质量、及时指导问题整改，4个设计单元工程全部通过水利部专家评审，获得2019—2020年度"中国水利工程优质（大禹）奖"。

（2）组织完成济南市区段、邓楼泵站工程山东省工程建设泰山杯奖申报、现场复核等工作，两个项目已通过山东省水利厅初审。　　（郭晓翠）

【运行调度】

1. 2020—2021年度水量计划　2020年9月29日，水利部印发了《水利部关于印发南水北调东线一期工程2020—2021年度水量调度计划的通知》（水南调函〔2020〕136号），2020—2021年度山东省计划用水4.00亿 m^3。各关键节点计划调水量为：入山东省境内6.74亿 m^3，入南四湖下级湖6.47亿 m^3，入南四湖上级湖6.14亿 m^3，出上级湖5.41亿 m^3，入东平湖5.22亿 m^3，入鲁北干线1.14亿 m^3，入胶东干线3.98亿 m^3。

2. 2020—2021年度调度运行情况　2020—2021年度调水期间，根据南四湖、东平湖水位情况相继启动各调水单元。2020年12月中旬启动两湖段、胶东干线工程、鲁北干线工程，12月下旬启动韩庄运河段、南四湖段。

（1）工程调水情况。鲁南段工程运行自2020年12月10日至2021年5月30日。江苏省和山东省省界台儿庄泵站共完成从骆马湖调水入山东6.74亿 m^3，韩庄泵站完成调水入下级湖6.60亿 m^3；二级坝泵站完成调水入上级湖6.27亿 m^3；八里湾泵站完成调水入东平湖5.44亿 m^3。鲁北干线运行分两阶段，第一阶段自2020年12月15日至2021年1月3日，第二阶段自2021年3月23日至6月15日，累计从东平湖引水1.09亿 m^3。胶东干线运行自2020年12月10日至2021年6月20日，累计从东平湖引水4.25亿 m^3。

（2）向各受水市、水库实际供水情况。2020—2021年度，累计向各受水市供长江水4.33亿 m^3；大屯水库

完成入库水量3874万 m³，东湖水库完成入库水量5954万 m³，双王城水库完成入库水量3561万 m³。

3. 2021—2022年度水量计划 2021年12月9日，山东省水利厅印发了《山东省骨干调水工程2021—2022年度第一阶段水量调度计划的通知》（鲁水调管函字〔2021〕32号），调水时段为2021年11月至2022年2月，入鲁北干线0.35亿 m³，入胶东干线1.67亿 m³。

4. 2021—2022年度调度运行情况 2021年11月下旬启动胶东干线工程，12月下旬启动鲁北干线工程，鲁南段工程未运行。

（1）工程调水情况。胶东干线运行自2021年11月22日至12月31日，累计从东平湖引水1.10亿 m³。鲁北干线运行自2021年12月20—31日，累计从东平湖引水0.05亿 m³。

（2）向各受水市、水库实际供水情况。2021年累计向各受水市供水0.78亿 m³；双王城水库完成入库水量1666万 m³。

5. 配套工程调度运行情况 山东省南水北调配套工程共划分为37个供水单元工程。截至2021年12月底，南水北调工程已实现向枣庄、济宁、聊城、德州、济南、淄博、滨州、东营、潍坊、青岛、烟台、威海等12个地市34个配套工程单元供水，占全部配套工程供水单元的92%。聊城大秦水库、陈集水库、莘州水库、张官屯水库、东邢水库、太平水库、烟

店水库、凤凰湖水库，滨州辛集洼水库、博兴水库、锦秋水库、青岛新河水库等多座新建平原水库投入使用。

（焦璀玲）

【工程效益】

1. 南水北调东线一期山东段工程调水情况 2021年1—5月，南水北调东线一期山东段工程顺利完成2020—2021年度水量调度计划，台儿庄泵站（江苏省和山东省省界）调长江水6.31亿 m³，向济南、青岛等12地市供水4.04亿 m³。山东省境内7座泵站调引江水情况见表1，向山东省各地市供水情况详见表2。

表1　　　2021年山东省7座泵站调引长江水量情况

泵站名称	调引长江水量/万 m³	备注
台儿庄泵站	63077	
万年闸泵站	63327	
韩庄泵站	61875	
二级坝泵站	59041	
长沟泵站		未运行
邓楼泵站	49629	
八里湾泵站	49117	

表2　　　2021年向山东省各受水地市供长江水量情况

受水地市	供长江水量/万 m³
枣庄	3251
济宁	1632
聊城	4797

续表

受水地市	供长江水量/万 m³
德州	3335
济南	7691
滨州	1401
淄博	1339
东营	1500
胶东四市（潍坊、青岛、烟台、威海）	15443
合计	40389

2. 省内区域调水情况　2021年11月启动了山东省骨干调水工程2021—2022年度调水，利用当地水资源向省内各地市调水。南水北调山东段工程2021年11—12月引东平湖水源1.14亿 m³，向聊济南、青岛等4地市供水0.78亿 m³。各地市供水情况见表3。

表3　　　2021年向山东省各受水
地市供东平湖水量情况

受水地市	供水量/万 m³
聊城	370
济南	1751
淄博	130
青岛	5543
合计	7794

3. 北延应急供水情况　根据《水利部办公厅关于做好南水北调东线一期工程北延应急供水工程2021年5月调水工作的通知》要求，5月10—31日启动北延应急工程，出东平湖4347万 m³，过六五河节制闸向河北省、天津市供水3618万 m³。

4. 泄洪排涝情况　2021年台风"烟花"过境山东省期间，7月27—30日开启台儿庄泵站为台儿庄城区排涝约398万 m³；2021年7月30日至8月3日，通过济南市区段工程为济南排涝约160万 m³。共计558万 m³。

2021年9月下旬，山东省境内出现大范围强降雨。根据地方防汛机构要求，2021年9—10月，利用济平干渠工程为济南市平阴县排涝0.31亿 m³，利用鲁北小运河段工程为聊城市排涝0.91亿 m³，利用鲁北六五河段工程为德州市武城县排涝0.38亿 m³，共计利用南水北调工程排涝1.61亿 m³。

2021年9月30日至10月25日，分别利用济平干渠工程、穿黄河工程和鲁北小运河段工程、柳长河段工程为东平湖分泄洪水0.69亿 m³、0.66亿 m³、1.71亿 m³，共计利用南水北调工程为东平湖分泄洪水3.07亿 m³。

（焦璀玲）

【科学技术】

1. 技术类奖项获得情况　2021年12月21日，山东干线公司承担的"北方平原水库围坝水损病害立体化感知与诊断关键技术"获得2021年度山东省科学技术进步奖二等奖。《山东省人民政府关于2021年度山东省科学技术奖励的决定》（鲁政发〔2021〕22号）。

2. 获得专利情况　专利作为衡量企业技术含量的一项重要指标，体现着企业的自主创新能力，同时能增强和保持企业的核心竞争实力，抵御各类外在风险的能力，为企业增值增资。2021年山东干线公司共授权各类专利53项。 （李典基）

【山东省辖南水北调调水水质】 2021年，山东省坚持将南水北调调水水质保障作为一项重大政治任务和民生工程，坚决守住生态安全底线。山东省委成立南四湖生态保护和高质量发展工作领导小组，山东省生态环境委员会成立南四湖东平湖流域生态环境保护专项小组，统筹推进生态保护与高质量发展。山东省人大常委会颁布实施《山东省南四湖保护条例》《山东省东平湖保护条例》，推进南水北调治污法制化进程。在51条入南四湖河流建成在线监控设施，实时监测水质状况。完成南水北调沿线各市入河湖排污（水）口排查溯源，并实现"一口一档"。组织开展了两轮南四湖东平湖流域生态环境保护专项执法行动，将南水北调水质保障纳入第二轮省级环保督察重点内容，推动解决了一批突出生态环境问题。山东省和江苏省签订了《行政边界地区生态环境执法联动协议》，跨市界、县界河流断面全部签订完成横向生态补偿协议。2021年，南水北调东线（山东段）水质稳定达到地表水Ⅲ类，圆满完成年度调水水质保障任务。

（山东省生态环境厅南四湖办）

【工程验收】 2021年组织完成管理设施专项、调度运行管理系统和东湖水库工程等3个设计单元完工验收工作，配合水利部完成二级坝泵站工程完工验收，南水北调东线山东干线54个设计单元工程（含21个截污导流工程）完工验收提前半年全部完成。

（1）管理设施专项。督促聊城、济宁管理设施消防专项验收（备案），组织完成档案专项验收、完工验收技术性初步验收、完工验收等共3次验收。

（2）调度运行管理系统及安全防护体系工程。督促完成聊城调度分中心消防验收（备案），起草安全防护体系工程建管报告、协调监理工作报告，组织或配合组织完成档案专项验收、完工验收项目法人验收、完工验收技术性初步验收、完工验收等共4次验收。

（3）组织完成二级坝泵站采煤沉陷2012—2021年度安全监测分析报告编制工作，配合组织完成二级坝泵站设计单元工程完工验收技术性初步验收、完工验收等共2次验收。

（4）组织完成东湖水库扩容增效蓄水结束后安全监测分析报告评审工作、补充安全评估报告编制，配合组织完成东湖水库设计单元工程完工验收。

（于锋学 张东霞）

【工程审计与稽察】

1.工程审计 2021年1月13—27日，根据《水利部南水北调司关于开展南水北调东线一期山东境内调度运行管理系统工程完工财务决算审计的通知》（南调便函〔2021〕2号）要求，河南普华会计师事务所有限公司和河南瑞祥工程造价咨询有限公司联合体，对南水北调东线一期山东境内调度运行管理系统工程（含安全防护项目）完工财务决算进行了审计。2021年3月31日，山东干线公司向水利部报送了《山东干线公司关于修订上报南水北调一期山东境内调度运行管理系统工程和安全防护体系完工财务决算的报告》（鲁调水企财字〔2021〕3号）。2021年5月17日，收到《水利部办公厅关于核准南水北调东线一期山东境内调度运行管理系统工程完工财务决算的通知》（办南调〔2021〕149号）和《水利部办公厅关于核准南水北调东线一期山东段工程安全防护体系完工财务决算的通知》（办南调〔2021〕150号）。

2. 工程稽察

（1）工程运行质量管理监督检查工作。2021年2月、7月，山东干线公司组织18批次安全生产大排查大整治专项行动，对全线7个管理局、20个管理处及3个中心开展安全生产专项整治三年行动结尾工作。共检查问题92项，截至2021年年底全部完成整改，整改率100%。

2021年7月，在全线20个管理处实行风险隐患排查治理工作日调度排查制度，共排查问题42项，截至2021年年底全部完成整改，整改率100%。

2021年6—9月，委托消防检测专业资质机构对南四湖水质检测中心等4个管理设施及19个管理处开展消防设施专项检测，共发现需要提升、整改问题256项，其中整改问题已完成整改，提升问题结合公司消防提升标准列入2022年工作计划。

（2）配合水利部、流域管理机构、东线总公司开展检查等有关工作。配合水利部等上级单位开展各类检查工作17批，下发检查发现问题共计512项。截至2021年年底，完成整改报送17批次，已完成整改468项，正在整改和部分整改问题44项，整改率91.41%；遗留问题包括水闸安全鉴定、防汛仓库、消防设施等3类，已列入2022年度整改工作计划。

（3）稽察检查问题整改信息化工作。聘请专业软件企业开发完成问题整改信息报送系统并上线运行，实现稽察检查问题整改报送全流程、动态化、预警式闭环管理，提升工程运行管理信息化水平。（刘晓娜　刘益辰）

【创新发展】　2021年，山东干线公司大力实施创新驱动发展战略，坚持问题导向，突出调水主业，紧紧围绕工程运行、维修维护、安全生产、管理等工作，强化全员创新工作，建制度、搭平台、强竞赛、重激励、讲实效，着力激发全员创新意识、提升全员创新能力、开展全员创新活动，取得显著成效。

山东干线公司先后荣获国家科学技术进步奖二等奖2项、山东省科学技术进步奖 8 项、水利部大禹水利科学技术奖二等奖 1 项、中国水利工程优质（大禹）奖 3 项、山东省水利科学技术进步一等奖 7 项、二等奖 6 项、三等奖 7 项、山东省农林水系统职工优秀合理化建议和技术创新成果 137 项；取得国家专利 62 项，公司获"山东省农林水系统职工技术创新竞赛示范企业"、济南市"创新发展突出贡献企业"、"山东省五一劳动奖状"、"山东省全员创新企业"、水利部"安全生产标准化一级单位"等多项荣誉。

1. 健全创新体系，夯实管理基础

（1）山东干线公司和各现场管理机构都成立了"岗位创新活动"领导小组，坚持"改善即是创新，人人都能创新、处处皆可创新"的理念，切实加强领导，把激发创新热情、提升创新水平作为开展职工创新工作的一项重点任务，积极营造全员创新、全面创新的浓厚氛围，形成了党委领导、工会组织、部门支持、劳模工匠示范引领、职工广泛参与、各方协同的创新工作体系。

（2）坚持党建带工建，发挥党组织的引领和核心作用，以提升组织力为重点，突出政治功能，强化工会基层党组织建设，把一线运行人员作为重点群体纳入发展党员的结构性倾斜计划，注重在现场一线职工、青年团员、技术能手中发展党员。

（3）突出思想引领。深化"党史学习教育"、"中国梦 劳动美"教育，引导广大职工听党话感党恩跟党走，自觉践行社会主义核心价值观，厚植工匠文化，恪守职业道德，将辛勤劳动、诚实劳动、创造性劳动作为自觉行为，爱岗敬业、甘于奉献，打牢创新创效的思想基础。

2. 完善创新制度，制度保障有力

（1）制定了《干线公司工会会员岗位创新管理暂行办法》，明确了创新组织和创新内容、成果评审、应用等内容。

（2）制定了《干线公司"劳模（高技能人才）创新工作室"管理办法》，明确了各部门和各单位职责、创新工作室创建、创新项目管理、费用管理及考核等内容。

（3）制定了《干线公司科技与全员创新工作规划（2021—2025）》，总结了过去创新工作，分析了面临形势，明确了发展目标和各年度主要任务与重点、保障措施等。

（4）建立了定期调度制度。定期召开会议，研究解决创新工作中存在的难点、堵点等问题，创新管理制度日趋完善。

3. 搭建创新平台，汇聚发展合力

（1）坚持把劳模（工匠）创新工作室作为职工创新的有效平台和提升管理、交流技术、创新发展的基地和窗口，从技术、资金、设备、专家顾问等方面给予大力支持。按照"三个一线"定位（以来自一线的技术工人为主体、重点解决企业生产一线的实际问题、创新成果能在生产一线直接转化应用）和"十有"目标要求（有标志、有场所、有设施、有队伍、有经费、有制度、有计划、有活动、有成果、有创效），加大创新工作室建设力度。充分发挥职工创新工作室在发展、创新、育人等方面的重要作用。山东干线公司现有 9 个创新工作室，其中有 1 个省级示范劳模和工匠人才创新工作室、1 个齐鲁工匠创新工作室、3 个山东省农林水工会创新工作室，实现了单位全覆盖。公司级创新工作室每年安排专项预算资金 20 万元、山东省农林水工会命名的创新工作室每年安排 35 万元专项预算资金、省级和全国命名的创新工作室每年安排 50 万元专项预算资金。

（2）完善创新机制。探索以创新工作室为载体、以创新项目为纽带，在岗位创新、科研课题研究、技能培训、科技成果推广等方面在企业、高校、科研单位之间建立跨区域、跨行业、跨企业的广泛的合作，实现"齐创共享"。公司与中国水利水电科学研究院挂牌成立了"院企合作创新中心"，与扬州大学、山东水利技师学院等在科研合作、技术创新攻关、泵站技术人才培养等方面进行产学研合作。

（3）加强对创新工作室的指导和服务，聘请专家为创新工作室提供政策咨询、技术指导、创新支持、知识产权保护等专业服务。

（4）打造"三基一心"，即"大学生实践基地""员工实训基地""南水北调水情教育基地""职业技能鉴定中心"。

4. 开展技能竞赛，增强业务素质

（1）深入实施劳模、工匠和高技能人才"双创双提升"工程（创建劳模党支部、创建党员先锋岗，提升政治素质、提升业务技能），以创新工作室为载体，设置党员责任区，推动党组织有效嵌入劳模工匠人才创新工作室，创建党员先锋岗；定期组织开展内部技能培训及竞赛，将竞赛活动和岗位培训、岗位练兵技术改进、班组建设等日常管理工作相结合，促进员工管理水平和实际操作能力不断提升。

（2）注重培养发展机制建设，坚持"走出去、请进来"相结合，组织多种方式开展学习交流活动，举办中高层管理人员和泵站运行管理专题研修班，学习企业管理和业务理论，不断增强干部职工整体素质和履职尽责能力。

（3）充分发挥工匠、劳模的先进典型引领和示范带头作用，开展"传帮带""师带徒"等活动，以赛促学、以学促赛、以赛促训，最大限度激发广大职工的创造热情和成长动力，营造尊重劳动、崇尚技能、鼓励创造的社会氛围，培养造就一大批知识型、技能型、创新型职工，为保证工程安全稳定运行和公司创新发展提供技能支撑和人才保证，在各类竞赛中取得优异成绩。

山东干线公司先后有 10 人获得技师资格，20 人获得"山东省技术能

手""山东省水利技术能手"称号，3
人获得"山东省青年岗位能手"称
号，1人获得"山东省职工创新能手"
称号，4人获得"富民兴鲁劳动奖章"
或"山东省五一劳动奖章"。1名同志
被授予山东省"齐鲁工匠"、水利部
"首席技师"称号，1名同志获得第十
一届全国水利技能大奖，1名同志获
评第十一届"全国水利技术能手"、
"全国农林水工会绿色工匠"。

5. 建立激励机制，提升创新能力

（1）制定了《干线公司奖励管理
办法》，设置了创新奖、科研奖、特
别贡献奖、技能大赛奖等个人和团体
奖项，加大对创新成果和优秀个人的
奖励激励。

（2）将创新成果作为职工绩效考
核、技能评价、职级晋升的重要依据。

（3）改革公司组织机构和职位体
系，设置专家顾问、首席工程师、首
席技师等岗位；设立特殊人才津贴和
科研创新专项经费，从政策到资金给
员工创新提供坚实保障。

（4）加大对劳动模范和先进工作
者的宣传力度，讲好劳模故事、讲好
劳动故事、讲好工匠故事，弘扬劳动
最光荣、劳动最崇高、劳动最伟大、
劳动最美丽的社会风尚。 （李玉波）

北延应急供水工程

【建设管理】 南水北调东线一期工
程北延应急供水工程建设任务为充分
利用南水北调东线一期工程潜力，向
河北省、天津市地下水压采地区供
水，置换农业用地下水，缓解华北地
区地下水超采状况；相继向衡水湖、
南运河、南大港、北大港等河湖湿地
补水，改善生态环境；并向天津市、
沧州市城市生活应急供水创造条件。

主要建设内容为衬砌输水河道
42.27km，包括：小运河 12km 边坡
现浇混凝土衬砌，六分干 11.32km 全
断面预制板衬砌，七一河 18.95km 边
坡预制板衬砌；邱屯枢纽拆除现有隔
坝和水闸，新建 1 座分水闸（油坊节
制闸）和 1 座箱涵；周公河左右岸排
污管道末端新建 2 座节制闸；夏津水
库影响处理工程等。

东线总公司紧紧围绕工程建设、
合同工程完工验收等目标任务，凝心
聚力、攻坚克难、真抓实干，全力以
赴做好北延应急供水工程建设各项工
作，3 月 23 日，工程顺利通过水利部
组织的通水阶段验收，标志着工程已
具备通水条件；5 月底，北延工程完
成施工合同内容；11 月 15 日，顺利
完成了 7 个单位工程验收；11 月 18—
20 日，北延工程 3 个施工标段顺利通
过合同工程完工验收。

（郝清华 高定能 郭长起）

【征地移民】 北延应急供水工程共
计征用农田 19.73hm²（其中临清市
境内 3.51hm²、夏津县境内
16.22hm²），由施工单位自行租赁荒

地 11.03hm²（其中临清市境内 6.85hm²、东昌府区境内 4.18hm²），实际砍伐树木 19552 株，迁移坟墓 41 座。

东线总公司扎实开展征迁工作，积极协调推进土地复垦事宜。3 月，因临时用地租赁协议已到期，鉴于工程尚未完工，东线总公司积极协调夏津县白马湖镇、宋楼镇、双庙镇政府，续租临时用地 1 年，保证了工程的顺利实施；10 月底，完成油坊节制闸及箱涵临时用地复垦工作并交付郭庄村村委会。

（郝清华　高定能　陈飞）

【环境保护】　北延应急供水工程的环境保护监测工作持续进行，完成 2021 年度环境保护监测工作。

东线总公司聚焦文明施工，科学组织，始终把环境保护放在重要位置，严格按照《南水北调东线一期工程北延应急供水工程环境影响报告书》，通过采取裸土苫盖、湿法作业、渣土密闭运输、车辆冲洗等合理有效措施，确保工程建设期间环境保护工作到位。同时，委托第三方监测单位对工程环境保护情况进行全面监测，施工期间的各项环保措施均符合国家有关规定，未对周围环境及人民群众日常生活造成影响。

（陈良骥　梁春光）

【工程审计与稽察】　东线总公司积极主动配合水利部水利工程建设质量与安全监督总站对北延应急供水工程建设情况开展工程质量与安全监督巡查 2 次，锚定工程质量安全目标，以问题为导向，全面落实整改主体责任，严把问题整改程序关、进度关、质量关，加大现场核实力度，确保整改效果。

（郭长起）

【投资管理】　2021 年水利部下达投资计划 21725 万元，截至年底累计下达投资计划 47725 万元，2021 年完成投资 10236.45 万元，截至年底累计完成投资 40413.25 万元。

（1）按照零余额账户管理办法，加强用款计划管理。依据工程进度计划安排，组织参建单位每月按时编报项目用款计划，确保资金足额到位，提高资金支付进度和预算执行率。

（2）积极推动变更索赔工作，严格变更审核过程，确保工程变更依法合规，2021 年共处理工程变更 45 项。

（3）紧紧围绕"精准、高效、有序"的工作目标，以合同约定及相关制度办法为依据，以变更项目、措施项目价格审核为重点，优质高效开展工程进度款结算审核工作，2021 年共审核工程进度款 17 笔，结算价款资料完整规范、价款金额计算准确合规。

（4）针对 2021 年项目建设资金上半年未到位的现状，先后两次组织各施工单位进行资金状况统计，采用临时"借支水费"的方式缓解项目资金紧张问题，有效保障了工程建设进度。11 月 19 日，完成北延应急供水

工程完成施工 1 标、2 标、3 标完工结算。 （王宏伟 陈良骥）

【水土保持】 北延应急供水工程的水土保持监测工作持续进行，完成了 2021 年度 4 个季度的水土保持季报和 2020 年度水土保持监测年报。

（王宏伟 陈良骥）

工 程 运 行

扬 州 段

【工程概况】

1. 三阳河潼河河道工程 三阳河潼河河道工程位于宝应夏集、郭桥地区，工程占地 14984.53 亩，全长 44.255km（高邮市三阳河长 28.2km，宝应县潼河长 16.055km），设计流量为 100m³/s。主要任务是通过三阳河、潼河将长江水输送至宝应站下，由宝应站抽水 100m³/s 进入里运河，与江都站抽水 400m³/s 共同实现东线一期工程抽江水 500m³/s 的规模。三阳河、潼河河道工程不仅是南水北调宝应站工程的输水河道，同时具有排涝、引水灌溉、航运、改善沿线生态环境等综合功能。工程于 2002 年 12 月开工，2005 年上半年全线建成运行，2013 年 1 月通过设计单元工程完工验收。

2. 宝应站工程 宝应站工程位于江苏省扬州市境内，是南水北调工程第一个开工、第一个完工、第一个发

挥工程效益的项目。该项工程作为南水北调东线新增的水源工程，宝应站与江都水利枢纽共同组成东线第一梯级抽江泵站，实现第一期工程抽江 500m³/s 规模的输水目标。工程于 2002 年 12 月开工建设，2006 年 3 月通过完工验收。工程建设中，积极引进国外先进的水力模型、水泵核心部件和关键技术并消化、吸收，优化水泵进出水流道设计，开展进出水流道施工工艺攻关，有效提升了泵站效率，使得宝应站工程在国内同类型泵站中处于领先地位。其中，大型虹吸式出水流道优化设计课题获江苏省水利科技进步一等奖、江苏省科技进步三等奖。

3. 金宝航道大汕子枢纽工程 金宝航道工程是南水北调东线江苏省境内运西线的起始河道，工程东起里运河西堤，西至金湖站下，全长 28.2km。大汕子枢纽工程是金宝航道工程的组成部分，位于扬州市宝应县和淮安市金湖县境内、大汕子河与金宝航道交汇处，是保证金宝航道输水安全的配套封闭建筑物，具有挡水、灌溉、排涝和航运的功能。大汕子枢纽工程主要包括节制闸、套闸、补水通航闸、拦河坝、河道堤防及配套的管理设施等。

4. 金湖站工程 金湖站工程位于江苏省金湖县银集镇境内，三河拦河坝下的金宝航道输水线上，是南水北调东线一期工程第二梯级泵站。金湖站的主要功能是向洪泽湖调水 150m³/s，

与里运河的淮安泵站、淮阴泵站共同满足南水北调东线一期工程入洪泽湖流量 450m³/s 的目标，保证向苏北地区和山东省供水要求，并结合宝应湖地区的排涝。金湖站设计流量 150m³/s，安装贯流泵机组 5 台套（其中备用机组 1 台套）。工程于 2010 年 7 月正式开工建设，2013 年 4 月通过设计单元工程通水验收。

（王晨　张俊豪）

【工程管理】

1. 三阳河潼河河道工程　三阳河潼河河道工程采取委托管理模式，三阳河工程委托高邮市水利局下属三阳河管理处管理，潼河工程委托宝应县水务局下属京杭运河管理处管理。

（1）三阳河工程。

1）防汛防旱。开展汛前检查，完善防汛预案，组织开展堤防抢险知识培训及防汛抢险演练。汛中落实领导带班制度，观测水情水位天气情况，认真填写防汛值班日志。台风"烟花"过境期间，受连续强降雨影响，三阳河最高水位达 3.21m，管理处全员上堤，加强薄弱堤段巡查，清理倒伏树木，定人定岗定责。汛后，认真组织沿线汛后检查和总结，排查工程隐患，编制 2022 年度岁修项目方案及预算，为 2022 年防汛工作打下基础。

2）维修养护。严格落实年度维修养护任务，实施了防汛仓库新建及周边地面硬质化项目，按计划完成三阳河绿化养护、排水沟清理维修、堤防保洁等日常养护任务，按照管养分离方式，认真组织实施三阳河管护工作。

（2）潼河工程。

1）巡查管理。对管理河道全线进行责任划分，对河道工程进行每日巡查，在工程运行期间增加巡查频次，认真做好巡查资料立卷归档工作。

2）安全检查。在汛前汛后、调水前后等关键时期组织开展潼河工程沿线堤防、配套设施及码头等安全检查。

3）河道保洁。多次组织人力开展河道水草清理，切实做到河面常态化保洁，保障调水期间工程安全运行。

2. 宝应站工程　2005 年 9 月至 2018 年 4 月，宝应站工程委托江苏省江都水利工程管理处管理。自 2018 年 5 月起，由江苏水源公司扬州分公司直接管理，现场管理单位为南水北调东线江苏水源公司宝应站管理所。宝应站工程管理工作始终处于前列，2009 年被评为江苏省水利风景区，2014 年荣获 2013—2014 年度中国水利工程优质（大禹）奖，2015 年被评为江苏省一级水利工程管理单位。2021 年，宝应站圆满完成了抗旱调水、维修养护、安全管理等各项工作。

（1）防汛防旱防台。2021 年汛期，宝应站经受住了台风、暴雨等极端天气的考验，经统计，宝应站下游水位累计 7 天超警戒水位（2.45m），最高时达 3.08m，超历史最高水位；大汕子枢纽累计 5 天超警戒水位（7.00m），最高时达 7.45m。宝应站根据江苏水源公司防汛应急响应要求，落实防汛应急各项措施，迅速进入战时状态，加强巡视检查、值班值守、信息报送工作，确保了工程及里下河地区安全度汛。

（2）设备设施管理。宝应站在做好规程规范规定的各类检查保养基础上，定期开展班组互查，做细做实设备设施管理，确保工程设备设施完好。开展主变绝缘套管更换和真空滤油，开展年度电气预防性试验和消防系统年度检测等，定期开展安全监测，确保水工建筑物处于安全稳定状态。

（3）维养项目管理。宝应站完成岁修、急办、消缺等16个项目实施，共计263.66万元，确保设施设备完好。

（4）安全生产管理。宝应站深入开展安全专项整治"一年小灶"及"三年大灶"，高度重视各类隐患问题整改整治工作。对照问题清单库自查自纠，确保问题隐患及时有效整改到位，促进了工程管理水平提升。

（5）标准化创建。宝应站紧抓创建质量与进度，争当安全标准化创建排头兵，顺利通过安全标准化创建现场复核验收。

（6）倡导"五小"创新。鼓励倡导结合工程管理需要开展小发明、小创新，完成了检修阀自动启闭装置、叶调机构自动回油系统等"五小"创新项目。

3.金宝航道大汕子枢纽工程　金宝航道大汕子枢纽工程由江苏水源公司宝应站管理所负责现场管理。

（1）运行管理。工程调水运行期

间，大汕子枢纽按指令要求全关节制闸、补水通航闸及套闸闸门，实现挡水功能，保证金宝航道输水安全。值班人员严格执行巡视检查、交接班、操作票等制度，每日报送工情、水情，开展水文报汛。非运行期，节制闸、套闸、补水通航闸全部打开，保证周边水体环境良好。

（2）设备设施管理。定期开展日常巡查、定期检查、经常性检查、设备调试等，认真开展安全监测、建筑物防雷检测、电气预防性试验、设备及水工建筑物等级评定等，规范开展维修养护项目管理，确保工程设备、设施运行不留隐患。

（3）标准化创建。2021年，大汕子枢纽认真开展水闸标准化创建标准化试点及应用，形成水闸运行管理标准化10S手册，实行标准化立标、树牌，并指导实践，提高了工程管理水平。

（4）安全管理。宝应站管理所根据实际及时调整安全生产组织网络，2021年年初组织签订安全生产责任书，将安全责任落实到底。高度重视各类隐患问题整改整治，每月开展隐患大排查大整治，定期开展安全自查，全面梳理隐患及问题清单，编制问题整改动态台账，确保问题隐患整改到位。2021年，组织完成了大汕子枢纽节制闸（中型）、通航套闸、补水闸等3座水闸的安全鉴定工作，综合评定均为一类闸。

4.金湖站工程　金湖站工程采用

委托管理模式，从 2012 年 12 月开始，委托洪泽湖水利工程管理处管理，现场管理单位为南水北调金湖站工程管理项目部。2021 年度，金湖站按照南水北调工程管理要求，进一步加强工程规范化、标准化、精细化管理，组织修订了工程管理细则、操作规程、作业指导书等技术文件，认真开展检查维修保养工作，工程安全运行，调水任务圆满完成。

（1）设备管理。以汛前、汛后检查为抓手，做好设备维护管理工作。对防汛预案、技术管理细则等进行修订完善；对水工建筑物和机电设备进行等级评定；对防雷（静电）设施进行检测；对防汛物资和抢险工具进行盘点和增补；汛后及时对机组设备检查保养。

（2）安全管理。以安全生产专项整治为契机，以安全标准化创建为抓手，对照落实标准化创建 8 大类 126 个子项具体要求，提高工程管理水平，规范管理行为，强化安全风险管控。

（3）档案管理。明确兼职档案管理人员，做好各类资料的收集整理工作。及时记录整理管理大事记，按时向洪泽湖水利工程管理处及江苏水源公司报告安全月报及管理月报。

（王晨　范雪梅　杨红辉）

【运行调度】

1. 三阳河潼河河道工程　科学编制调水工作方案，做好 24 小时运行值班工作，加强每日巡查，及时上报各项调水报表，圆满完成 2020—2021 年度向山东省调水任务，全年三阳河潼河参与调水、排涝运行累计达 50 天。

2. 宝应站工程　2021 年，宝应站分别投入 2020—2021 年度第二阶段调水出省运行，2021 年里下河排涝运行准确执行调度指令 9 条，累计开机 50 天，安全运行 3323 台时，累计抽水 4.02 亿 m^3。

3. 金宝航道大汕子枢纽工程　2021 年，大汕子枢纽参与调水、排涝运行合计 51 天，其中调水 44 天，排涝 7 天，指令执行准确率 100%。

4. 金湖站工程　2021 年，金湖站完成了向江苏省外调水和省内排涝任务，调水、排涝合计运行 51 天、2389.33 台时，抽水量 2.83 亿 m^3。其中调水运行 44 天、1954.33 台时，调水 2.27 亿 m^3，排涝运行 7 天、435 台时，抗旱水量 0.56 亿 m^3。调水期间严格执行"两票三制"，协调做好电力调度和负荷保证并及时打捞水草，保证了工程安全高效运行。

（王晨　刘佳佳　孙建伟）

【工程效益】

1. 三阳河潼河河道工程　2021 年，三阳河潼河河道工程参与调水、排涝运行合计 50 天，其中调水 43 天、排涝 7 天，安全运行无事故。

2. 宝应站工程　2021 年，宝应站准确执行调度指令 9 条，累计开机 50 天，安全运行 3323 台时，累计抽水 4.02 亿 m^3，工程效益与社会效益得到充分发挥。

3. 金宝航道大汕子枢纽工程
2021 年，大汕子枢纽参与调水、排涝运行 51 天，保证金宝航道输水安全，同时也对周边宝应湖地区灌溉、排涝和航运发挥了巨大效益。

4. 金湖站工程 2021 年，金湖站运行 51 天，抽水量 2.83 亿 m^3。其中调水运行 44 天、1954.33 台时，调水 2.27 亿 m^3，排涝运行 7 天、435 台时，抗旱水量 0.56 亿 m^3。机组安全稳定运行，圆满完成了向江苏省外调水和省内抗旱任务，充分发挥了工程效益、生态效益和社会效益。

（辛欣　王怡波）

【环境保护与水土保持】

1. 三阳河潼河河道工程

（1）三阳河工程。持续做好河湖"清四乱"常态化工作，在环境保护与水土保持方面持续走深。加强对沿线多发的建筑垃圾偷倒现象的巡查和管理；有效遏制占堤养殖问题；集中整治三垛集镇段、王家桥段扒翻种植情况，清除面积近 8000m^2。

响应省市江淮生态大走廊建设，开展原砂石码头场地生态恢复工作，完成土方平整近 50 亩。组织人员在沿线地区开展苗木补植，栽植无絮杨树近 3000 株，美化了沿线环境，加大了生态建设力度。

（2）潼河工程。积极推进绿化整体升级。3 月，于潼河大桥东侧南堤开展植树工作，共种植杨树 1400 棵。第二季度加大对潼河南北两堤的加拿大一枝黄花的清理工作。制定《生物防护工程管理制度》，严格按照规定进行细致的苗木检查，取得了明显的效果。工程管理范围内宜绿化面积绿化覆盖率达 95% 以上，工程水土保持效果良好。

2. 宝应站工程 着力提升管理区绿化，做好环境保护和水土保持工作。定期对花草树木进行修剪、施肥，不定期对上下游护坡进行清理维护，避免护坡水土流失。

3. 金宝航道大汕子枢纽工程 大汕子枢纽的功能发挥，使得金宝航道输水水位较稳定，部分河道扩挖和疏浚后，水域面积扩大，水位升高，补充了大量的生态用水，改善了沿线生态环境，优化了宝应湖地区动植物生存条件。

4. 金湖站工程 2021 年，金湖站下游引河南岸新增生态护坡 203m。按照乔灌结合、常青树与落叶树结合、花草结合的原则，优化林木种类，增加林木品种，达到了"四季有花、常年有绿，水土保持与园林景观相结合"的效果。　（王晨　范雪梅）

【验收工作】

1. 三阳河潼河河道工程　工程于 2013 年 1 月通过设计单元工程完工验收。

2. 宝应站工程　工程于 2013 年 1 月通过设计单元工程完工验收。

3. 金宝航道大汕子枢纽工程　工程于 2018 年 12 月通过设计单元工程完工验收。

4. 金湖站工程　工程于 2016 年 6 月通过设计单元工程完工验收。

（王晨　范雪梅）

【科技创新】　近年来，扬州分公司根据公司科技创新管理相关制度要求，切实加强科技创新工作。2021 年组织两项公司内部科技项目实施，成功申报一项公司内部科技项目，同时组织宝应站、金湖站开展"五小"创新活动，取得较好成绩，扬州分公司"提升泵站运行实时预、报警功能研究与应用"项目获得公司 2021 年度"五小"科技创新项目评比一等奖第一名。

（1）宝应站积极营造崇尚发明创造、技术革新、节约能源资源的良好氛围，鼓励员工于工程管理实处谋创新，完成了检修阀自动启闭装置、叶调机构自动回油系统等"五小"创新项目。

（2）金湖站项目部积极参与公司组织的"五小"科技创新活动，"金湖站水位采集系统优化"项目荣获公司 2021 年度"五小"科技创新项目评比三等奖，与此同时，开展了"移动式拦污栅""轨道式简易水位井"等实用新型发明专利研究，职工全年发表相关论文 10 余篇，通过不断地总结与研究，有效推进了工程管理水平的提升。

（严再丽）

淮 安 段

【工程概况】　1. 淮安四站工程　淮安四站工程位于淮安市楚州区境内，与已建成的淮安一站、二站、三站共同组成东线第二梯级抽水泵站，实现抽水 $300\,\mathrm{m^3/s}$ 目标。泵站总装机 4 台套立式全调节轴流泵（1 台备机），配 4 台套立式同步电机，设计调水流量为 $100\,\mathrm{m^3/s}$。工程于 2005 年 9 月正式开工建设，2008 年 9 月通过试运行验收，2012 年 7 月，工程通过国务院南水北调办组织的设计单元完工验收，是江苏省南水北调工程首个通过完工验收的设计单元，也是南水北调系统内首个通过验收的泵站工程。工程建设中，淮安四站通过科技创新，采用地连墙预应力锚固技术等先进手段提高了工程质量，同时，开展的高温季节泵送混凝土温控防裂方法与应用研究，获得 2007 年度江苏水利科技优秀成果一等奖和水利部大禹水利科学技术奖三等奖。

（王晨　卢飞）

2. 洪泽站工程　洪泽站工程是南水北调东线第一期工程的第三梯级抽水泵站，工程的主要任务是抽水入洪泽湖，与淮阴泵站梯级联合运行，使入洪泽湖流量规模达到 $450\,\mathrm{m^3/s}$，以向洪泽湖周边及以北地区供水，并结合宝应湖地区排涝。洪泽站设计流量为 $150\,\mathrm{m^3/s}$，装机 5 台套，其中备用 1 台，总装机容量为 17500kW。工程于 2011 年 1 月正式开工建设，2013 年 3 月 31 日通过试运行验收，4 月顺利通过设计单元工程通水验收。

（王晨　范明业　王颖）

3. 淮安四站输水河道工程　淮安四站输水河道工程位于洪泽湖下游白马湖地区，涉及淮安市淮安区、扬州市宝应县及江苏省白马湖农场，是南水北调东线工程的重要组成部分，设计输水流量100m³/s，站下输水河道连接里运河和白马湖，全长29.8km，由运河西、穿湖段及新河段组成，是淮安四站的输水河道。工程于2005年9月正式开工建设，2012年9月11日通过设计单元完工验收。

（王晨　蒋友生　范雪梅）

4. 淮阴三站工程　淮阴三站工程位于淮安市清浦区境内，与现有淮阴一站并列布置，和淮阴一站、二站和拟建的洪泽站共同组成南水北调东线第三梯级抽水泵站。泵站采用4台直径3.3m的贯流泵，设计调水流量为100m³/s。工程于2005年10月开工建设，2012年10月通过完工验收，已移交管理单位运行管理。2008年，淮阴三站工程荣获"江苏省五一劳动奖状"。　　（王晨　杨俊）

5. 金宝航道工程　金宝航道工程位于江苏省扬州市宝应县和淮安市金湖县、盱眙县、洪泽县和江苏省属宝应湖农场境内，全长30.88km（裁弯取直后全长28.40km），设计输水流量150m³/s。该河道沟通里运河与洪泽湖，串联金湖站和洪泽站，承转江都站、宝应站抽引的江水，是运西线输水的起始河段，具有输水、航运、

排涝、行洪等综合功能。工程于2010年7月正式开工，2013年5月通过设计单元工程通水验收。

（王晨　邹燕　王庆东）

【工程管理】

1. 淮安四站工程　南水北调淮安四站工程采用委托管理模式，2008年9月3日，江苏水源公司与江苏省总渠管理处在南京签署淮安四站工程委托管理合同，南水北调淮安四站工程管理项目部具体负责淮安四站工程的管理工作。

（1）维修养护管理。2021年，淮安四站维修项目包括联轴层地面维修项目和电机层地面维修项目，均已通过完工验收。淮安四站养护项目按季度共分为4期34个项目，项目的实施保证了设施设备的安全可靠，改善提升了工程的形象面貌。

（2）设施设备管理。认真开展常规检查和试运行工作，每周完成一次辅机系统常规检查，每月完成1次专项检查和设备检查性试运行，确保机组随时可以投入运行。认真开展工程设施巡视检查及维护，在非运行期每月完成1次工程例行检查，每月完成2次水政巡查。认真开展工程观测，完成全年垂直位移、河床断面、扬压力和伸缩缝观测。

（3）安全生产。淮安四站积极建立健全安全生产责任网络，始终坚持"安全第一，预防为主，综合治理"的指导思想，将安全生产工作放在第一位。严格实行"两票三制"（工作

票、操作票，交接班制、巡回检查制、设备定期试验轮换制），严格贯彻落实《南水北调泵站工程管理规程》，制定《运行管理规章制度》《工程技术管理办法》《安全管理规程》《防汛预案》《反事故预案》等一系列规章制度和规程规范；持续开展安全标准化建设，2021年8月通过安全标准化现场检查考核。 （王晨 卢飞）

2. 洪泽站工程 洪泽站工程采用直接管理模式，2013年4月15日，江苏省南水北调洪泽站管理所正式成立，由扬州分公司管理。2018年4月26日，淮安分公司与扬州分公司完成洪泽站工程管理交接，洪泽站工程由淮安分公司直接管理。2018年6月20日，江苏省南水北调洪泽站管理所更名为"南水北调东线江苏水源有限责任公司洪泽站管理所"。

（1）综合管理。强化制度建设，加强制度宣贯，强化制度执行，关键制度上墙明示。强化员工教育培训，开展线上学习累计21期，开展线下理论及实操培训近70次。规范公用经费、维修养护经费及安全经费使用，确保专款专用。安排专人管理档案，设施齐全，记录规范，摆放有序。积极应用工程管理系统、OA系统、友报账系统，提升管理信息化水平。

（2）设备管理。细分责任区域，完善设备标识标牌，对站区所有设备建档立卡，按时开展检查保养。开展工程定期检查、经常性检查、运行巡查、特别检查，组织设备等级评定，

完成电气预防性试验。组织对1~5号主机组进行了水下检查，保障工程设备设施随时拉得出、打得响。

（3）建筑物管理。汛前、汛后及时对建筑物开展定期检查，每月开展一次经常检查，做好建筑物水下检查和等级评定工作。扎实做好防汛防台风工作，在台风"烟花""灿都"过境前，针对室外设备等重点环节开展专项检查。开展工程观测和成果整编分析，加强观测设施日常检查维护。不断加强站区环境美化亮化，工程面貌进一步提升。

（4）岁修管理。洪泽站2021年度先后完成10项岁修、专项项目，已全部通过验收。对岁修项目强化实施过程管理，对关键环节全程监督，确保实施质量，主要完成泵站北侧大理石栏杆基础整修、出水池两岸护坡整修等，消除了设备隐患和管理安全问题，提升了工程外观形象。

（5）安全管理。结合安全标准化建设，夯实安全管理基础。及时调整安全组织网络，明确专职安全员，安全责任落实到岗到人。规范安全日常管理，每月召开安全例会，每季度开展安全培训及演练，年度开展各类安全检查16次，扎实开展安全月等宣教活动，营造良好的安全文化氛围。加强现场安全管理，重点加强消防、安全监测、警示标牌等安全设施检查维护，落实施工相关方管理，召开安全技术交底会5次，全年安全无事故。强化危险源分级管控，落实职业病健

康防护，扎实开展安全隐患专项排查整治，年度共消除隐患 21 项。落实防汛防台措施。严格执行汛期值班制度，加强工程巡查，密切关注雨情、水情、工情变化，加强防汛物资储备管理，认真开展预案演练，提升应急管理能力。

（王晨　范明业　王颖）

3. 淮安四站输水河道工程　淮安四站输水河道工程采用委托管理模式，宝应段委托宝应京杭运河管理处管理，淮安段委托淮安市淮安区运西水利管理所负责管理。

（1）日常巡查管理。健全规章制度，明确岗位责任。将河段分段定责管理，每段均聘有专职护堤员，定期督查、巡查，设立管理台账；对险工患段及林木火灾隐患处加大巡查频次，平均每周组织不低于 2 次集中巡查，全年共组织巡查 180 余次。对河道周边进行水利法规政策宣传，张贴宣传告示 280 余张。组织水政执法人员和南水北调治安办民警联合执法 4 次，清除陈年违建 1 处、违章种植 150m²，组织清除堆堤杂草 370 余亩，有力打击了侵占河道管理范围违章行为。

（2）工程维修养护。2021 年，宝应段实施了管理用房进出通道维修项目，项目实施期过程中，加强项目质量与安全管理，按时保质完成；按计划完成绿化养护、堤防保洁等日常养护任务。淮安段工程开展了 2 项维修养护项目，均于 2021 年年内通过完工验收。5 月，参与新河堆堤加固项目实施。高度重视河道养护工作，在河道沿线补植了 2000 多棵雄株意杨。

（3）安全生产。宝应段工程成立了安全生产组织机构，落实安全职责，建立健全安全生产台账，加强安全知识学习，提高员工安全意识，落实公司、分公司"安全月"活动，参加江苏省安全知识网络竞赛，积极开展安全大检查，及时排查消除各类安全隐患，确保工程安全有序运行。淮安段工程扎实开展安全生产工作，全年召开安全生产会议 13 次、安全教育培训 13 次、安全检查 13 次（节前安全检查 6 次）。认真开展汛前检查，编制防汛预案，并组织演练。进入汛期后，每天组织河道巡查，开展 24 小时防汛值班，确保工程安全度汛。

（王晨　蒋友生　范雪梅）

4. 淮阴三站工程　淮阴三站工程采取委托管理模式，受托单位江苏省灌溉总渠管理处成立淮阴三站工程管理项目部，具体负责淮阴三站的运行管理工作。

淮阴三站实行动态、全过程维护管理模式，每年及时安排汛前、汛后检查、开机运行检查、季度考核、年终考核等工作；做好主辅机、电气设备的检查维护工作。对主机及清污机、风机、液压启闭机等辅机设备定期开展试运行，做好巡视检查及检查性试运行的记录，发现缺陷及时处理；江苏水源公司维修检测中心按时对电气设备进行试验，对损坏的仪表、继电器等及时更换。2021 年，完成了上下游翼墙地面维修、行车检修、变频器出风口改造、变频器控制板更换、备品备件购置等岁修项目，及时消除工程安全隐患。

（1）设备维修养护。主要完成淮阴三站上下游翼墙地面维修等 5 个维修养护项目，均已通过完工验收。

（2）安全生产。建立安全生产责任网络，始终坚持"安全第一，预防为主，综合治理"的指导思想，严格实行"两票三制"，确保安全运行无事故。组织签订《安全生产责任状》，坚持每月开展安全例会、安全培训，不定期开展各类演练活动。修订完善运行管理规章制度、防汛预案、反事故预案等一系列规章制度和规程规范，认真做好安全用具检定试验等工作。每月开展安全专项检查，开展扬压力、伸缩缝等观测。积极开展职工安全教育培训。　　（王晨　杨俊）

5. 金宝航道工程　金宝航道工程采取委托管理模式，金湖县河湖管理所受托管理南水北调金宝航道（金湖段）河道工程 23.9km（取直段），部分弯道段 1.8km，沿线配套及影响（闸、涵）工程 6 座。

（1）工程管理。制定完善工程运行管理制度和金宝航道工程管理养护方案，加强管理人员的考勤和考核。对管理范围内的涵闸工程每月按期保洁，对金宝航道沿线堤防管理责任划段到人，实行考核、通报。对金宝航道沿线堤防和涵闸工程均设专人管理。每日进行巡查与检查，及时记录和上报。认真编制上报工程管理月报表和安全生产月报表。

（2）综合管理。强化职工教育管理和业务技能培训，实行每周工作例会、每月业务培训。配备专职档案管理人员，按规定及时收集、整理、归档工程运行管理现场的档案资料，保证档案的真实与完整。

　　　　（王晨　邹燕　王庆东）

【运行调度】

1. 淮安四站工程　严格按照调度指令进行科学调度运行，密切关注水位、流量、水质变化对周边防汛安全、工程安全、供水安全及航运安全等方面的影响。组织做好水情、工情、捞草等情况的收集与报送。

2021 年 7 月以来，沂沭泗流域强降雨重叠度高、降雨时间长、累计雨量大，洪泽湖水位持续走高。按调度指令，淮安四站于 7 月 29—31 日开机排涝运行，累计运行 180 台时，抽排白马湖涝水 2160 万 m^3。运行过程中，克服新冠肺炎疫情影响，合理配置运行班组、狠抓值班纪律，圆满完成抗台风排涝任务。　　（王晨　卢飞）

2. 洪泽站工程　2021 年，洪泽站执行调度指令 41 条，参与向山东省调水运行 51 天，抽水量 2.88 亿 m^3，发电运行 149 天，发电量 1501.4 万 kW·h，充分发挥了工程效益。运行中，严格执行"两票三制"，加强值班管理和巡视检查，妥善处置变频机组碳刷打火和格栅水草阻塞等问题，安全运行率 100%。积极开展降本增效研究，采取调节叶片角度、清理进水格栅、调节主电机功率因素、及时打捞水草杂物等措施，全站能源单耗较2020年降低约3.78%。

（王晨　范明业　王颖）

3. 淮安四站输水河道工程　2021年，淮安四站河道工程共投入8次排涝运行。为保障工程安全高效运行，成立了河道调水运行工作领导小组，加强工程巡查和运行违章处理，严格执行防汛方案和运行规程。

（王晨　蒋友生　范雪梅）

4. 淮阴三站工程　2021年淮阴三站工程未接到开机任务，工程自2009年建成投运至2021年12月底，累计运行17855台时，抽水22.06亿 m^3，为南水北调调水、所在地工农业生产，以及淮北地区的防洪排涝、抗旱灌溉等方面发挥了一定的经济效益和社会效益。

5. 金宝航道工程　2021年调水运行期间，每天组织开展行河道堆堤巡查，严密监视水位，确保运行安全。

（王晨　邹燕　王庆东）

【工程效益】

1. 淮安四站工程　受2021年度第六号台风"烟花"影响，宝应湖、白马湖地区涝情严重，白马湖及新河水位持续上升。7月28日，白马湖水位上涨到7.44m，根据调度指令，淮安四站于29日0时开启3台机组排涝，流量100 m^3/s。此次排涝中，淮安四站共运行3天，开机运行180台时，累计抽排涝水2160万 m^3，切实保障白马湖、宝应湖地区防洪排涝安全。

2. 洪泽站工程　2021年，洪泽站严格执行调度指令，参与2020—2021年度向山东省调水，累计运行51天，抽水2.88亿 m^3，发电运行149天，利用洪泽湖弃水发电1501.4万 $kW \cdot h$，发电量创历史新高，充分发挥南水北调工程效益，为发展清洁能源、实现双碳目标做出积极贡献。

3. 淮安四站输水河道淮安段工程　2021年，淮安四站输水河道淮安段加强河道堤防巡查维护，重点加强淮安四站运行期堤防巡视检查，确保河道输水安全。

4. 淮阴三站工程　2021年，淮阴三站未投入运行，淮阴三站扎实做好工程日常检查观测、试验维养等工作，开展季度带电试运行，切实维护设备设施安全完好，确保工程随时"拉得出、打得响"。

5. 金宝航道金湖段工程　2021年，金宝航道金湖段加强河道堤防维护，每天分段巡查河道，在运西线泵站运行期间加强宝应湖围网区域巡查，及时处理发现问题，确保工程安全、调水安全和水质安全。（王晨　简丹）

【环境保护与水土保持】

1. 淮安四站工程　2021年，淮安四站站区范围内的绿化及水土保持由水源公司成立的绿化公司负责管理。

2. 洪泽站工程　2021年，洪泽站管理范围内绿化由江苏水源绿化公司具体负责，定期对管理范围内的花草树木进行修剪、施肥，不定期对上下游护坡进行清理、维护。

3. 淮安四站输水河道工程　2021年，在河道沿线补栽雄株意杨2000余棵，组织人员对堆堤杂草进行清除，做好河道环境保护及水土保持工作。

4. 淮阴三站工程　2021年，淮阴三站管理范围内绿化由江苏水源绿化公司具体负责，定期对管理范围内的花草树木进行修剪、施肥，不定期对上下游护坡进行清理，维护。

5. 金宝航道工程　2021年，组织对雨淋沟进行修复，对堆堤杂草进行清除，做好河道环境保护及水土保持。　　　　　　　（王晨　简丹）

【验收工作】

1. 淮安四站工程　淮安四站工程于2012年7月29日通过完工验收。

2. 洪泽站工程　洪泽站工程于2019年10月通过完工验收。

3. 淮安四站输水河道工程　淮安四站输水河道工程于2012年9月通过完工验收。

4. 淮阴三站工程　淮阴三站工程于2012年10月通过完工验收。

5. 金宝航道工程　金宝航道工程于2018年12月通过完工验收。
　　　　　　　（王晨　简丹）

宿　迁　段

【工程概况】

1. 泗阳站工程　泗阳站工程位于泗阳县城东南约3km处的中运河输水线上，是南水北调东线第四梯级抽水泵站，距原泗阳一站下游约340m。泗阳泵站设计调水流量198m³/s，设计扬程6.3m，安装6台套3100ZLQ33 - 6.3型立式全调节轴流泵（含备机1台），配10kV TL3000 - 48型立式同步电动机。

2. 泗洪站工程　泗洪站枢纽工程位于江苏省泗洪县朱湖乡东南的徐洪河上，是南水北调东线一期工程第四梯级泵站之一，主要功能是与睢宁泵站、邳州泵站一起，通过徐洪河向骆马湖输水。泵站设计流量120m³/s，安装贯流泵机组5台套，单机设计流量30m³/s，总装机容量10000kW。工程于2009年11月正式开工，2013年4月通过试运行验收，5月通过设计单元工程通水验收。

3. 刘老涧二站　刘老涧二站建于江苏省宿迁市东南约18km处的中运河上，是南水北调东线第一期工程第五梯级泵站，该站主要功能是与刘老涧一站一起，通过中运河并经皂河站向骆马湖输水175m³/s，并向沿线供水、灌溉、改善航运条件。泵站设计流量80m³/s，装机4台套（含备用机组1台），总装机容量8000kW。工程于2009年6月30日开工，2011年9月通过泵站机组试运行验收，2012年12月通过设计单元工程通水验收，2014年9月通过设计单元完工技术性初验。

4. 睢宁二站工程　睢宁二站工程位于徐州市睢宁县沙集镇境内的徐洪

河输水线上，与睢宁一站及运河线上的刘老涧泵站枢纽共同组成南水北调东线工程的第五个梯级。工程主要任务是与睢宁一站共同实现向骆马湖调水 100m³/s 的目标，与中运河共同满足向骆马湖调水 275m³/s 的目标。泵站安装 4 台套立式混流泵，配 3000kW 立式同步电机 4 台，单机流量为 20m³/s，总装机流量为 80m³/s（含一站、二站 20m³/s 共用备机 1 台），总装机容量 12000kW。工程于 2011 年 4 月下旬正式开工建设，2013 年 4 月通过泵站机组联合试运行验收，5 月通过设计单元完工验收。睢宁二站荣获 2019—2020 年度中国水利工程优质（大禹）奖、江苏省二级水利工程管理单位。

5. 皂河二站工程　皂河二站工程位于江苏省宿迁市皂河镇北 6km 处，是南水北调东线第一期工程的第六梯级泵站之一。皂河二站设计抽水流量 75m³/s。设计扬程 4.7m，安装 2700ZLQ25 - 4.7 立式轴流泵配 TL2000 - 40 同步电机 3 台套，水泵叶轮直径 2700mm，单台设计流量 25m³/s，单机功率 2000kW，总装机容量 6000kW，叶轮中心高程 15.00m。工程于 2010 年 1 月正式开工，2012 年 5 月通过泵站机组试运行验收，2012 年 12 月通过设计单元工程通水验收。皂河水利枢纽工程成功创建全省首批水情教育基地，获评"水利部第三届水工程与水文化有机融合案例"（全国共 15 个）及"宿迁市干部培训教

学点"。

（王晨　乙安鹏）

【工程管理】

1. 泗阳站工程　泗阳站工程采取委托管理模式，由江苏省骆运水利工程管理处代为管理，成立了江苏省南水北调泗阳站工程管理项目部进行现场管理工作。

（1）设备管理情况。加强机电设备技术基础管理，保证设备的完好率。按照《南水北调泵站工程管理规程》对设备进行规范标识，按照江苏省《泵站运行规程》对设备进行规范涂色，按照设备类别、等级建档挂卡；在站内显目位置悬挂泵站平面图、立面图、剖面图，高低压电气主接线图，油、气、水系统图，主要技术指标表，主要设备规格、检修情况表等图表。

（2）建筑物管理情况。定期组织对管理范围内建筑物各部位、设施及管理范围内的河道、堤防等进行周期检查，在遭受暴雨、台风、地震和洪水时及时加强对建筑物的检查和观测，记录观测损失情况，发现缺陷并及时组织进行修复。

开展好工程观测，组织做好垂直位移、水平位移、测压管水位、引河河床变形、混凝土建筑物伸缩缝等观测工作，并对观测资料进行及时整理和分析。

（3）运行管理情况。完善制度及预案，加强实操演练，做好职工防汛知识及技能教育培训。进一步完善防

汛预案、反事故预案、综合应急预案等预案及各项规章制度；组织防汛演练，提高防汛的责任意识和危机意识，提高预案的执行力。

（4）安全管理情况。始终把安全生产工作作为一切工作的重中之重，严格执行"安全第一、预防为主、综合治理"安全生产方针，成立安全生产领导小组，层层签订安全生产责任状，健全完善安全生产责任网络，严格落实安全生产责任，抓紧、抓细、抓实各项工程措施，消除安全运行的隐患，改善运行条件，确保工程安全。

2. 泗洪站工程　泗洪站枢纽工程是江苏水源公司直管工程，由江苏水源公司宿迁分公司直接管理。

（1）运行管理情况。全面落实公司 10S 标准化管理要求，强化制度、流程、行为、要求等工作举措。结合工程实际，持续修订工程评级、定期检查、经常性检查、操作票等表单；做好标准化向信息化过渡工作，配合做好自动化改造等工作。

（2）安全管理情况。根据人员变动及时调整安全生产网络，严格落实安全岗位职责，与全体员工签订责任状；定期组织召开安全会议，开展安全检查、培训，做好防汛、反事故、消防等演练，提高员工应急处置能力。开展安全生产月、建言献策、安全生产主题团日、安全生产创新攻关等活动。成功创建宿迁市"青年安全示范岗"，扎实开展防汛工作。严格执行 24 小时值班制度，加强防汛物资管理，与地方防汛主管部门签订物资调配协议。

（3）创新发展情况。开展"五小"创新活动。完成检修门液压顶门装置、运行管理 App 等"五小"创新成果，成功申报 3 项专利和 1 项软件著作权；完成 4 项技术改造。"提高机组一次安装合格率""提高线缆整理接线一次正确率"分获全国水利工程优秀质量管理 I 类成果奖和 II 类成果奖；2021 年 11 月顺利通过江苏省二级水管单位验收。

3. 刘老涧二站工程　刘老涧二站工程采取委托管理模式，委托江苏省骆运水利工程管理处进行管理，现场成立了江苏省南水北调刘老涧二站工程管理项目部进行现场管理工作。

（1）设备管理情况。刘老涧二站严格落实管理规范要求，对照维护清单，及时消除设备质量缺陷及安全隐患。实施动态管理，严格执行"查找问题、发现问题、处理问题、复查问题"四部曲，不断提高设备管理水平，保障设备完好率。抓好问题整改，严格执行"定人、定时、定要求、定复审"的 4 定工作模式，严格执行"查清、查实、查透、查全"的 4 查要求，确保设备处于完好状态。

（2）建筑物管理情况。对建筑物、河道、堤防进行经常性检查，发现问题及时开展维护，保持建筑物完好；按照观测任务书要求开展工程观测，观测项目、频次及精度满足相关要求，观测资料真实可靠。

（3）运行管理情况。立足于"长期运行、常态运行、长效运行"的要求，切实做好技术人员配备、供电线路维护、设备设施养护、运行值班巡查等方面工作，全面执行领导带班、24 小时值班制度，严格按照规范规程操作运行，及时反馈水情信息，认真执行两票三制，为工程安全运行、高效运转提供了坚实的保障。

（4）安全管理情况。深化落实安全生产责任，落实"党政同责、一岗双责、守土尽责、失职追责"的要求，牢固树立"红线意识和底线思维"，进一步健全安全生产组织网络，落实安全生产职责。根据工作实际，有针对性地开展各类检查，及时建立隐患整改台账，安排专人跟踪督促，确保随查随改。购置并配备了足够的工具、器材，提高应对突发事件的处理能力。

4. 睢宁二站工程　睢宁二站工程采取委托管理模式，委托江苏省骆运水利工程管理处进行管理，成立了江苏省南水北调睢宁二站工程管理项目部进行现场管理工作。

（1）设备管理。切实加强机电设备技术基础管理，保证设备的完好率。按照《南水北调泵站工程管理规程》对设备进行规范标识，并按照江苏水源公司企业标准对设备进行规范管理；在站内醒目位置悬挂泵站平面图、立面图、剖面图，高低压电气主接线图，油、气、水系统图，主要技术指标表，主要设备规格、检修情况

表等图表。

（2）建筑物管理。定期组织开展建筑物检查和养护、河岸堤坝检查和养护。在遭受暴雨、台风、地震和洪水等灾害时及时开展特别检查，对发现缺陷及时组织进行修复。开展工程观测工作，组织做好垂直位移、水平位移、测压管水位、引河河床变形、建筑物伸缩缝等观测工作，每季度开展资料整编工作。

（3）运行管理。修订完善睢宁二站工程技术管理实施细则，工程主要技术图表在适宜位置上墙明示；组织开展日常检查、经常性检查、定期检查、特殊检查和工程观测工作；定期对建筑物、主辅机组、电气设备及管理设施进行检查维护；服从江苏水源公司统一调度管理，严格按照控制运用方案进行工程运行。

（4）安全管理。始终坚持"安全第一、预防为主、综合治理"的方针，健全安全生产监督管理的制度与责任体系，全力推进安全生产长效管理，不断完善安全管理制度和责任落实。对主要部位进行安全警示并悬挂放置警告标语。对消防器具、自动报警装置定期检查检验。制定切实可行的防汛预案，健全防汛组织，配备足量的抢险设备。

5. 皂河二站工程　皂河二站工程采取委托管理模式，委托江苏省骆运水利工程管理处进行管理，成立了江苏省南水北调皂河二站工程管理项目部负责具体管理。

（1）设备管理。以"规范管理、标准管理"为思路，严格做好"跑冒滴漏"管控，认真执行设备保养要求，保证设备的完好率。严格按照《南水北调泵站工程管理规程》要求，深入开展设备标准化、规范化和信息化建设。以"图、表、码、人、证、照"齐全为准绳，对设备进行养护，按照设备类别、等级建档挂卡。

（2）建筑物管理。对建筑物设施、河道和堤防定期开展检查，形成详细的隐患记录；面对台风及连续降雨等情况，及时开展特别检查；做好工程观测工作，组织开展垂直位移、水平位移、伸缩缝观测、扬压力测量等工程观测任务。

（3）运行管理。按照规程、规范开展运行期巡视、检查、操作等工作，按规定做好运行值班及交接班，严格执行操作票制度和安全操作规程等规范。严格执行调度指令，运行中及时发现故障缺陷，发现异常紧急情况及时做好处理并向调度人员报告，对危及安全运行的故障立即处理并组织抢修。2021年，邳洪北闸开关闸7次，开闸运行362天。

（4）安全管理。持续做好对工程防汛、安全生产、安全标准化、新冠肺炎疫情防控等多项工作的细化落实，建立健全安全组织网络，签订安全生产责任制，做到责任到人、落实到人；积极组织开展各项教育培训和演练；定期排查安全生产隐患，消除

缺陷，保障运行安全、工程安全。

（王晨 乙安鹏）

【运行调度】

1. 泗阳站工程 2021年，泗阳站未执行南水北调调水任务，执行江水北调抽水任务共计11次，发电19次，每次调度指令均能按要求及时完成。

2. 泗洪站工程 泗洪站枢纽工程认真执行公司调度指令，严格遵守各项规章制度和安全操作规程，做好各项运行记录，及时、准确排除设备故障，保证调水运行工作安全高效进行。

3. 刘老涧二站工程 2021年，刘老涧二站未投入调水运行。

4. 睢宁二站工程 2021年，睢宁二站严格执行调度指令，每次调度指令均能按要求及时完成。

5. 皂河二站工程 2021年，皂河二站未执行调水运行及抗旱运行任务，全年共执行发电开停机指令14次，发电运行73天，累计运行4833台时。

（王晨 乙安鹏）

【工程效益】

1. 泗阳站工程 2021年，泗阳站年度抽水运行94天，抽水3.78亿 m³。发电运行107天，泄水7.58亿 m³，上网电量372万 kW·h。泗阳站自建成以来至2021年年底，共计抽水运行1391天，抽水96.72亿 m³，其中南水北调抽水运行218天，抽水15.47亿 m³；发电运行395天，泄水17.96亿 m³。

2. 泗洪站工程 2021年，泗洪站运行86天，运行7161台时，抽水

7.07亿 m^3。徐洪河节制闸全年执行调令5次。

3. 刘老涧二站工程 2021年，刘老涧二站发电运行共计51台时。工程自2011年9月主机组试运行成功至2021年年底，累计运行19009.5台时，抽水18.76亿 m^3，有效缓解了山东省及宿迁地区旱情，充分发挥了工程抗旱调水效益。

4. 睢宁二站工程 2021年，睢宁二站调水运行3.76亿 m^3，累计运行5420台时，历时80天。

5. 皂河二站工程 2021年，皂河二站发电运行累计4833台时，邳洪河北闸累计开关闸7次，开闸运行362天，全年安全生产无事故。

（王晨 乙安鹏）

【环境保护与水土保持】

1. 泗阳站工程 2021年，泗阳站积极推进总体环境规划建设，保证工程环境干净整洁。完善水资源水环境建设，加大管理区的环境整治力度，增加植被面积，保持水体水质健康。响应国家"五位一体"的总体布局，将治水与治理环境有机结合，统筹上下游、左右岸、地表地下、工程区域内外、工程措施非工程措施等方面，加强稳定、健康、魅力的水利生态环境建设。

2. 泗洪站工程 2021年，泗洪站绿化养护工作委托江苏水源生态环境有限公司负责，按照年度养护工作计划，发挥长期、稳定、有效的水土

保持和改善生态环境的功能。

3. 刘老涧二站工程 2021年，刘老涧二站的绿化工作由专业绿化公司直接负责，充分利用管理范围内的土地资源和工程优势，因地制宜种植树木花草，美化环境。

4. 睢宁二站工程 2021年，睢宁二站积极推进站容站貌环境规划建设，成功创建江苏省水利风景区。将工程调水与水环境治理有机结合，打造人文、水利、环境和谐发展。

5. 皂河二站工程 2021年，皂河二站对环境保护与水土保持工作实行常态化管理，聘请专业保洁队伍对站区内建筑物、室外环境、厂区道路环境进行维护，做好花草树木的修剪、养护工作，保持整体环境整洁优美。 （王晨 乙安鹏）

【验收工作】 （1）泗阳站于2018年11月通过完工验收。

（2）泗洪站于2020年8月28日通过完工验收。

（3）刘老涧二站于2016年1月通过完工验收。

（4）睢宁二站于2018年9月通过完工验收。

（5）皂河二站于2019年6月通过完工验收。 （王晨 乙安鹏）

徐 州 段

【工程概况】

1. 邳州站工程 邳州站工程是南水北调东线一期工程第六梯级泵站，

位于江苏省邳州市八路镇刘集村徐洪河与房亭河交汇处东南角，其作用是与泗洪站、睢宁泵站一起，通过徐洪河线向骆马湖输水 100m³/s，与中运河共同满足向骆马湖调水 275m³/s 的目标。同时通过刘集地涵调度，利用邳州站抽排房北地区涝水。邳州站工程于 2011 年 3 月开工，2017 年 12 月通过设计单元工程完工验收。

2. 刘山站工程 刘山站工程位于京杭运河不牢河段，是南水北调东线工程的第七级抽水泵站，该站主要功能是实现不牢河段从骆马湖向南四湖调水 75m³/s 的目标，向山东省提供城市生活、工业用水，同时改善徐州市的用水和不牢河段的航运条件，工程设计流量 125m³/s，装机 5 台套（含备用机组 1 台）。工程于 2005 年 3 月开工建设，2008 年 10 月 14 日通过试运行验收，2012 年 12 月 19 日通过设计单元工程完工验收。

3. 解台站工程 解台站是南水北调东线一期工程第八梯级泵站，位于江苏省徐州市贾汪区境内的不牢河输水线上。解台站与刘山站、蔺家坝站联合运行，共同实现出骆马湖 125m³/s、入下级湖 75m³/s 的调水目标，同时发挥枢纽原有的排泄徐州地区和微山湖西片 756km² 涝水的排涝效益。

4. 蔺家坝站工程 蔺家坝泵站工程位于徐州市铜山县境内，是南水北调东线工程的第九梯级抽水泵站，也是送水出省的最后一级抽水泵站。其主要任务是抽调前一级解台泵站来水

向南四湖下级湖送水，满足南水北调工程调水要求，同时可以结合郑集河以北、下级湖沿湖西大堤以外的洼地排涝。泵站设计流量 75m³/s，装机 4 台套。

（王晨　张苗）

【工程管理】

1. 邳州站工程

（1）工程管理机构。邳州站采用委托管理模式管理，2013 年工程建成后，由江苏水源公司委托江苏省江都水利工程管理处进行管理。成立了江苏省南水北调邳州站运行管理项目部，负责邳州站的委托管理工作。2021 年开始，受南水北调东线江苏水源有限责任公司徐州分公司（以下简称徐州分公司）的委托，江都水利工程管理处继续承担邳州站的委托管理工作。

（2）工程管理总体情况。按照南水北调泵站工程管理规程要求，结合工程设备的日常巡查、试验、调试，严把每项工作的准备关、进程关、收尾关，不放过每个环节，安排经验丰富的技术人员细致摸排检查，使工程设备始终处于完好状态，保证了泵站运行安全可靠。2021 年邳州站严格执行泵站工程运行管理 10S 企业标准、安全生产标准化及江苏省二级水管单位的要求，切实提高工程运行管理水平，圆满完成各项工程管理工作。

（3）设备管理和维修养护。运行管理严格按照南水北调泵站工程管理规程要求，修订《技术管理细则》

《工程观测细则》《操作规程》《作业指导手册》《巡视指导书》等相关规章制度。

对工程设施各部位，按照"谁检查、谁负责"的原则，组织技术骨干做好例行检查，开展日常机电设备维护保养和试运转工作，确保工程完好率。2021年，邳州站岁修、急办项目共12项，已全部实施完成。经过维修养护项目实施，泵站面貌有了一定改善，设备性能得到了提高。

（4）安全管理。建立健全安全生产组织机构，健全安全生产各项规章制度，组织编写泵站各项设备的操作规程、各专项应急预案，并组织好学习和演练。加强管辖范围的巡视检查，做好上岗职工三级教育。严格站区封闭管理，加强人员进出登记，充分做好新冠肺炎疫情防控物资储备，组织职工应接尽接新冠肺炎疫苗，把疫情防控工作抓严抓实抓细。

（5）建筑物管理。为确保建筑物安全完好，邳州站运行管理项目部定期、不定期开展巡视检查，发现问题及时解决，保障工程完好和度汛安全。邳州站工程观测项目包括垂直位移观测、上下游河床断面观测、建筑物水平位移观测、测压管水位观测。相关测量工作自建设以来保持了数据延续性，专职观测人员按照《南水北调东、中线一期工程运行安全监测技术要求（试行）》相关规定，编制观测细则。测次、测项齐全，数据采集规范完整真实，对观测数据按规定进行科学分析，成果真实客观，各项观测成果测值均在正常范围内，未见异常。

2. 刘山站工程

（1）工程管理机构。刘山站采用委托管理模式，2021年，徐州市润捷水利管理服务公司受托管理并组建了南水北调刘山站工程管理项目部。刘山站工程管理项目部除接受江苏水源公司、徐州分公司的检查、指导、考核和调度外，徐州市水务局也将刘山站纳入正常的管理范围，正常开展汛前、汛后检查，加强业务指导，开展职工教育培训，组织年度目标管理考核。

（2）设备管理和维修养护。2021年，完成电气预防性试验、安全监测、自动化维护等岁修和急办项目；完成钢丝绳保养、行车保养、发电机水箱更换及清污机加油杯改造等养护项目；配合完成节制闸安全鉴定、视频监控系统改造等项目。定期开展经常性检查、工程观测、设备试运行等例行工作，及时消除设备质量缺陷及安全隐患，不断提高管理水平。

（3）安全管理。高度重视安全生产管理，每天进行安全巡视，每周进行安全检查；汛前、汛后开展定期检查，节假日和重要活动前开展安全大检查；安全生产规章制度健全，安全生产网络健全，安全生产责任制层层落实，安全生产形势平稳可控。

（4）建筑物管理。对水工建筑物

定期开展检查养护，保持建筑物完好整洁；按照观测任务书及时开展建筑物伸缩缝、测压管、建筑物垂直位移和河床断面观测，做好观测资料的整理和分析。对部分建筑物缺损进行修补，泵站工程和节制闸工程水工建筑物完好。

3. 解台站工程

（1）工程管理机构。解台站工程自 2017 年 10 月起由江苏水源公司徐州分公司直接管理，解台站管理所作为现场管理机构负责具体管理工作。解台站 2016 年荣获"中国水利优质工程（大禹）奖"，成功创建江苏省一级水利工程管理单位和三星级档案室；2018 年成功创建江苏省水利风景区、荣获"徐州市文明单位"称号；2021 年高分通过江苏省一级水管单位达标复核，获得"2018—2020 年度江苏省文明单位""2020 年度徐州市青年文明号""2021 年度江苏省青年安全生产示范岗"荣誉称号。

（2）设备管理和维修养护。解台站高度重视 10S 标准化建设，以切合实际和稳步提升为宗旨，以软硬兼施为抓手，明确目标，有力推进各项工作，对工程所有设备进行合理划分，明确责任人，确保台台设备有人管。严格执行标准化要求，按时开展设备日常检查和养护，按时开展联调联试，确保设备时刻处于良好的工作状态。为规范员工巡视作业行为，管理所在重要巡视场所设置了巡更点，保证巡视工作不走过场。紧扣维修养护

契机，扎实推进补短板工作，2021 年度解台站实施岁修、工程养护、备品备件等项目共 15 项，项目实施过程中，紧抓质量、安全、进度管理。

（3）安全管理。持续加强安全生产工作，严格执行安全生产一票否决制。积极参与安全标准化达标创建工作，切实做好管理所安全生产工作。调整安全生产领导小组，根据人员变动情况完成管理所安全领导小组调整工作，明确责任分工。强化安全责任落实，根据公司安全标准化建设要求，全员签订安全生产责任状，细化明确安全责任。做好安全巡查工作，除日常巡视检查外，按照工作计划定期进行安全检查、专项检查、重大节假日检查等，自主开发巡视系统 App，确保每个设备巡视到位。加强特种设备监管，做到应检皆检。提高安全意识，营造安全氛围，充分利用早班会、每月安全生产例会加强员工安全意识教育。加强新冠肺炎疫情防控，严格执行徐州分公司及属地防疫要求，确保站区防疫安全。

（4）建筑物管理。严格按照规范要求做好建筑物管理工作。

1）做好工程观测工作，严格按照观测任务书要求，开展筑物伸缩缝、测压管水位观测、垂直位移及引河河床断面测量工作，经观测分析发现建筑物状况良好。

2）做好建筑物、堤防巡查及河道巡查工作，除定期和经常性检查以外，每周开展工程建筑物、堤防、河

道巡查，发现问题及时处理，每天对管理区域进行经常性巡查，及时劝阻无关人员进入站区，劝离违章捕鱼作业人员。

3）扎实做好汛前汛后检查工作，按照"严、高、细、实、全"的要求认真开展汛前汛后检查，邀请有资质的单位对解台站水下建筑物进行了细致检查，确保建筑物完好和度汛安全。

4. 蔺家坝站工程

（1）工程管理机构。2008年11月初，江苏省南水北调蔺家坝泵站工程管理项目部组建成立，由江苏省骆运管理处代为管理；2019年3月19日，徐州分公司接管蔺家坝泵站工程；2020年与南水北调江苏泵站技术有限公司联合管理，2021年由南水北调江苏泵站技术有限公司代为管理。

（2）工程管理总体情况。蔺家坝泵站工程管理项目部从综合管理、设备管理、建筑物管理、运行管理、安全管理等多方面入手，依托《南水北调泵站工程管理规范》，实施高标准、严要求，规范化、标准化、精细化管理。注重对工程的巡视检查，注重工程缺陷的记录积累，做好分析研究，始终保证设备的完好。高度重视安全生产管理，每天进行安全巡视，每周进行安全检查，安全生产规章制度及安全生产网络健全，安全生产责任制层层落实，安全生产形势平稳可控。

（3）设备管理和维修养护。按照工程管理要求定期组织对工程设施、

设备进行检查。注重对各种设备经常性检查、养护，及时更换常规易损件，确保设备处于完好状态。加强对设备、设施、建筑物等每日巡查，每月按时上报工程管理月报。汛前、汛后对设备进行重点检查，每年进行两次设备评定级，每月对辅机设备进行一次试运行，每季度对主机组设备进行一次带电试运行，保障每台设备运转完好。

2021年，蔺家坝站岁修、急办项目共9项，已全部实施完成。项目实施过程中，严格加强项目质量管理、安全管理、进度管理。经过维修养护项目实施，蔺家坝泵站面貌有了一定改善，设备性能得到了提高。

（4）安全管理。高度重视安全生产工作，始终坚持"安全第一，预防为主"的指导方针，将安全生产作为工程管理工作的头等大事来抓。

1）建立安全组织网络，层层落实安全责任制，明确安全生产"无死亡、无重伤、无火灾、无重大事故"的管理目标，制定了蔺家坝泵站安全管理制度、安全用具管理制度、危险品管理制度等一系列安全管理制度，形成了"横向到边、纵向到底"的全方位安全管理网络。

2）加强安全生产教育和培训，加强对职工的安全教育，强化安全意识和防范事故能力。

3）加强值班保卫，促进管理安全，积极与地方派出所沟通协调，设置了蔺家坝泵站警务室，实行24小

时值班保卫，厂房内每天安排值班人员定时巡视。

4）在各消防关键部位配备了消防器材并定期检查，对防雷、接地设施进行定期检测，确保完好。

5）进一步落实安全生产规章制度，加强工程的规范化管理，狠抓"两票三制"执行，坚决禁止和杜绝随意口头命令的发生。

6）做好安全生产月等宣教活动，举行泵站开停机操作演练、反事故演练等。

（5）建筑物管理。针对泵站外围工程制定了日常巡视检查项目，每天进行巡视检查，发现问题及时解决。对所管辖的工程设施每月巡查，并编制日常巡查报表。汛期加大巡查力度，按要求向江苏泵站技术有限公司上报汛期工程设施巡查报表。认真开展工程观测，编制了观测细则和观测任务书。观测过程做到测次、测项齐全，数据采集规范完整真实，对观测数据按规定进行科学分析，做到成果真实客观。　　　　（王晨　于贤磊）

【运行调度】

1. 邳州站工程　邳州站2021年共执行两个阶段调水任务。其中，2020年12月23日至2021年1月25日，完成2020—2021年度第一阶段调水运行任务；2021年3月2日至5月12日，完成2020—2021年度第二阶段调水运行任务，累计运行6021台时，累计抽水总量7.01亿 m^3。

2. 刘山站工程　2021年，徐州地区雨水较多，刘山泵站未开机运行，按要求做好季度带电试运行工作。刘山节制闸共开闸调整126次，下泄洪9.12亿 m^3。工程度汛期间，刘山站工程管理项目部严格执行24小时值班制度、领导带班制度，认真做好防汛值班，保持通信正常、保证防汛调度指令畅通。刘山站工程管理项目部接徐州分公司和徐州市防汛抗旱指挥部办公室调度指令后，半小时以内要按照防汛值班制度和闸门运行操作规程及时启闭闸门，并每小时观测上下游水位。按徐州市防汛抗旱指挥部办公室要求控制好闸上游水位，遇超标准洪涝灾害情况，刘山站工程管理项目部按照徐州市防汛抗旱指挥部办公室要求调度工程运行，并执行全员值班制度，确保工程安全度汛。

3. 解台站工程　2021年，解台泵站收到开机调令0次，节制闸调令87次，启闭189次，泄洪4.66亿 m^3。

（1）严抓设备管理，解台站管理所始终把设备管理放在工作首位，按时开展设备养护，让设备始终处于良好的状态，保证能随时投入运行。

（2）严格执行调度指令，解台泵站在接到预开机指令后，及时开展线路巡查，落实用电负荷，指令执行后及时反馈信息，解台节制闸运行严格执行徐州市防汛抗旱指挥部办公室调度指令，在接到开闸指令后迅速执行并及时反馈。

（3）严格执行运行纪律，运行班

成员严格按照《南水北调泵站管理规程》要求开展巡视，特殊情况加大巡视频次，发现问题及时查明原因并进行处理，同时做好记录和汇报。

4. 蔺家坝站工程　2021 年全年未接到调水指令，每月按照要求进行机组联调联试，每季度按照要求进行机组试运行。　　（王晨　于贤磊）

【工程效益】

1. 邳州站工程　2021 年执行了 2020—2021 年度出省调水任务，累计运行 6021 台时，累计抽水总量 7.01 亿 m^3，圆满完成年度调水任务。工程自 2013 年 2 月试运行以来，邳州站共执行过 11 次运行任务。历次调水累计运行 41056 台时，累计抽水总量 46.89 亿 m^3，充分发挥了工程效益和社会效益。

2. 刘山站工程　2021 年未执行开机调水任务。汛期，节制闸共开闸调整 126 次，下泄洪 9.12 亿 m^3。7 月 29 日，泄洪流量达到 $750m^3/s$，为建成以来历史最大流量，工程防汛效益显著。10 余年来，已累计泄洪 35.52 亿 m^3。刘山泵站建成后先后进行江苏省内抗旱运行、南四湖生态补水、徐州地区抗旱运行，截至 2021 年年底，已累计运行 15355 台时，翻水调水 17.14 亿 m^3。

3. 解台站工程　2021 年未执行开机调水任务。汛期，节制闸共启闭和调整 189 次，泄洪 4.66 亿 m^3，最大泄洪流量为 $473m^3/s$，创历史新高，

工程防汛效益显著。解台站建成后先后多次投入运行，截至 2021 年年底，机组共累计安全运行超过 10000 台时，累计调水 11.25 亿 m^3，经济和社会效益显著。解台节制闸自 2008 年以来，累计启闭 743 次，泄洪水 22.47 亿 m^3，社会效益得到充分发挥。

4. 蔺家坝站工程　2021 年未执行开机调水任务。2012 年 12 月机组试运行验收后，蔺家坝泵站先后 4 次开机运行，分别是 2013 年 5 月南水北调江苏段试通水、2013 年 10—11 月南水北调东线全线试通水运行、2014 年 8 月向南四湖生态调水、2016 年 5—6 月南四湖下级湖抗旱翻水，截至 2020 年年底累计开机 2900.07 台时，抽水 2.63 亿 m^3。　　（王晨　倪春）

【环境保护与水土保持】　邳州站、刘山站、解台站及蔺家坝站均实行分区包干，对整个管理区环境进行责任管理，保证绿化养护到位，环境整洁优美。　　　　（张卫东　倪春）

【验收工作】　邳州站于 2017 年 12 月通过完工验收；刘山站于 2012 年 12 月通过完工验收；刘山站于 2012 年 12 月通过完工验收；蔺家坝于 2019 年 5 月通过完工验收。

（张卫东　于贤磊）

枣　庄　段

【工程概况】　枣庄段工程位于山东

省南部，是连接骆马湖与南四湖省际输水的关键工程，是南水北调东线第一期工程的重要组成部分。主要包括台儿庄、万年闸和韩庄等 3 座泵站及峄城大沙河大泛口节制闸、魏家沟胜利渠节制闸、三支沟橡胶坝、潘庄引河闸等水资源控制工程。泵站均为 5 台套机组（4 用 1 备）、设计流量 $125m^3/s$，3 座泵站总装机容量 35000kW，总扬程 14.17 m，工程总投资 7.6 亿元。

台儿庄泵站是南水北调东线一期工程的第七级抽水梯级泵站，也是进入山东省境内的第一级泵站，位于山东省枣庄市台儿庄区境内。其主要任务是抽引骆马湖来水通过韩庄运河输送，以满足南水北调东线工程向北调水的任务，实现梯级调水目标，同时兼有台儿庄城区排涝和改善韩庄运河航运条件的作用。工程管理范围包括站区和管理区两部分。站区主要包括泵站主厂房、进出水池、进出水渠、110kV 变电站等主要建筑物。管理区设在泵站东面、韩庄运河北侧的弃渣场处，距离泵站约 2.5km，与泵站之间通过韩庄运河北堤连接，主要包括办公生活用房等建筑物。

万年闸泵站是南水北调东线工程的第八级抽水梯级泵站，也是山东省境内的第二级泵站，位于山东省枣庄市峄城区境内（韩庄运河中段），东距台儿庄泵站枢纽 14km，西距韩庄泵站枢纽 16km。其主要任务是通过进水渠道从万年闸下游的韩庄运河引水，再经由泵站和出水渠输水至万年闸上游的韩庄运河，实现南水北调东线工程的梯级调水目标，结合地方排涝并改善韩庄运河航运条件。主要包括泵站主厂房、进出水池、进出水渠、办公生活用房、110kV 变电站等建筑物。

韩庄泵站是南水北调东线一期工程第九级抽水梯级泵站，也是山东省境内的第三级泵站，位于山东省枣庄市峄城区古邵镇八里沟村西。其主要任务是抽引韩庄运河万年闸泵站站上来水至韩庄老运河入南四湖下级湖，实现梯级泵站调水目标，兼顾地方排涝并改善水上航运条件。主要包括主副厂房、进出水池、进出水渠、交通桥等建筑物。

峄城大沙河大泛口节制闸工程位于枣庄市峄城大沙河下游韩庄运河北堤龙口公路桥以北 150m 处，由台儿庄泵站管理处负责管理及维护。主要包括节制闸和管理设施两部分。

三支沟橡胶坝工程位于万年闸上游运河左岸支流三支沟上，由万年闸泵站管理处负责管理及维护。主要包括橡胶坝段、上下游连接段、取水管道、充排水泵站及管理房等建筑物。

潘庄引河闸工程位于南四湖湖东大堤与潘庄引河的交汇处附近，由韩庄泵站管理处负责管理及维护。主要包括节制闸和管理设施两部分。

魏家沟胜利渠节制闸正在进行功能完善升级改造工作，暂未移交至山东干线公司。

（张兆军　邵铭阳　欧阳冠男）

【工程管理】　南水北调东线山东干线有限责任公司枣庄管理局（以下简称"枣庄局"），负责枣庄段工程的运行管理工作。内设台儿庄泵站管理处、万年闸泵站管理处和韩庄泵站管理处，分别具体负责台儿庄泵站工程、万年闸泵站工程和韩庄泵站工程的运行管理工作。

1. 枣庄局　枣庄局机关严格按照山东干线公司党委的部署和要求，坚持以党的建设为统领认真监督指导各管理处相关工作的开展。按照"支部特色品牌"创建要求，结合地域文化特色打造了"古运心调"支部党建品牌，并通过强化政治引领、划分党员责任区、党员量化积分管理等举措将党建和业务工作有机融合。在完成十九届五中全会精神宣贯、承诺践诺、党员责任区划分、党支部品牌初步谋划、廉政风险排查、精神文明建设等规定动作的同时，分层级、多形式落实"三会一课"制度。2021年累计召开党员大会7次、支委会13次、党小组会44次、党课4次，山东干线公司党委委员到现场讲授党课1次。以"两个维护"政治自觉认真落实有关工作，确保了枣庄局意识形态领域绝对安全，团结引领全体干部坚定不移听党话、跟党走、方向正、不走偏。

枣庄局结合山东干线公司2021年度安全生产总目标，制定了2021年度安全生产目标，并分解落实；组织逐级签订了安全生产目标责任书，落实安全生产责任；组织开展各类形式安全生产检查及隐患排查治理活动，共计排查隐患130余处，已全部整改完成；积极组织开展各类安全教育培训工作，累计完成培训教育726余人次；组织全局做好新冠肺炎疫情防控工作，将疫情防控责任落实到每一名员工身上，确保了疫情防控措施落实到位，各项工作在疫情防控常态化之下的顺利开展；组织完成所辖管理处安全监测工作，根据观测结果分析，工程各项数据稳定，无异常变化，工程处于安全稳定性态。

2. 韩庄泵站管理处　2021年，土建及水土保持日常维修养护合同金额为191.04万元，其中工程巡查看护为20.20万元，工程维修养护为170.84万元。工程巡查看护完成投资20.20万元，工程维修养护完成投资175.96万元，累计完成投资196.16万元。

金属结构机电设备维修养护完成投资200.78万元，主要包括金结机电日常类费用38.94万元、金结机电维修费用129.95万元、电气预防性试验费用16.88万元、备品备件及工器具费用15.02万元；金属结构及机电设备安全检测完成投资78.54万元。

专项项目包括枣庄局韩庄泵站管理区界域节点形象提升项目、南水北调东线一期工程110kV峰泵线韩庄泵站T接线塌陷区迁改工程施工合同、南水北调东线一期工程110kV峰泵线韩庄泵站T接线塌陷区迁改工程设计合同、南水北调东线一期工程110kV峰泵线韩庄泵站T接线塌陷区废旧杆塔拆除及其处置协议等7个项目，合同总金额为1431.24万元，累计完成投资1220.96万元。

韩庄泵站管理处制定了2021年度安全生产目标，并分解落实，逐级签订了安全生产目标责任书32余份，落实了安全生产责任制；积极组织开展各类形式安全生产检查及隐患排查治理活动，共计排查隐患20余处，整改完成20项，整改率达100%；积极组织开展安全教育培训工作，累计完成培训教育240余人次；完成了每季度安全监测工作，根据观测结果分析，工程各项数据稳定，无异常变化，工程处于安全稳定性态；开展了消防演练、防汛演练、突发事件演练等一系列演练活动，根据演练结果，总结经验和教训，不断提高全体员工应对防汛险情、工程事故、治安突发事件、溺水事件等的应急处置能力；完成了设备设施清单、作业活动清单、场所区域清单、风险点登记台账、设备设施安全检查表分析评价记录表、作业活动工作危害分析评价记录表、作业活动风险分级管控清单、设备设施风险分级管控清单、基础管理类隐患排查清单、生产现场类隐患排查清单等"双重预防体系"资料的创建工作；经过3次修改完善完成了21项成果资料的编制工作，并通过了

山东省水利厅专家组评估。

3. 万年闸泵站管理处　2021年，土建及水土保持日常维修养护合同金额为130.55万元，其中工程巡查看护为20.62万元，工程维修养护为109.93万元。工程巡查看护完成投资20.62万元，工程维修养护完成投资115.77万元，累计完成投资136.39万元。

金属结构机电设备日常维修养护完成投资159.06万元，包括金属结构机电日常类费用40.05万元、金属结构机电维修费用84.42万元、电气预防性试验费用17.52万元、备品备件及工器具费用17.07万元；金属结构及机电设备安全检测完成投资59.05万元。

专项项目主要包括更换保护装置及工控机项目、引出水闸内观设施改造项目、引出水渠道增设安全监控设施项目、三支沟自动化控制系统升级项目等4个项目，合同总金额为148.38万元，累计完成投资138.13万元。

万年闸泵站管理处制定了2021年度安全生产目标，并分解落实，逐级签订了安全生产目标责任书36余份，落实了安全生产责任制；积极组织开展各类形式安全生产检查及隐患排查治理活动，共计排查隐患36余处，整改完成36项，整改率为100%；积极组织开展安全教育培训工作，累计完成培训教育206余人次；完成了每季度安全监测工作，根据观测结果分析，工程各项数据稳定，无异常变化，工程处于安全稳定

性态；开展了消防演练、防汛演练、溺水救援演练等一系列演练活动，根据演练结果，总结经验和教训，不断提高全体员工应对防汛险情、工程事故、治安突发事件、溺水事件等的应急处置能力；完成了重大危险源清单、重大风险管控清单、重大风险隐患排查清单、设备设施清单、作业活动清单、场所区域清单、风险点登记台账、设备设施安全检查表分析评价记录表、作业活动工作危害分析评价记录表、作业活动风险分级管控清单、设备设施风险分级管控清单、基础管理类隐患排查清单、生产现场类隐患排查清单等"双重预防体系"资料的创建工作；经过 3 次修改完善完成了 17 项成果资料的编制工作，并通过了山东省水利厅专家组评估。

4. 台儿庄泵站管理处　2021 年，土建及水土保持日常维修养护合同金额为 95.95 万元，其中工程巡查看护金额为 10.74 万元，工程维修养护金额为 85.21 万元。工程巡查看护完成投资 10.74 万元，工程维修养护完成投资 84.79 万元，累计完成投资 95.53 万元。

金属结构机电设备维修养护完成投资 158.27 万元，主要包括金属结构机电日常类费用 66.18 万元、金属结构机电维修费用 59.29 万元、电气预防性试验费用 16.47 万元、备品备件及工器具费用 16.33 万元；金属结构及机电设备安全检测完成投资 76.12 万元。

专项项目主要包括副厂房北墙真石漆涂刷、1 号主变压器渗油应急处理、110kV 进线高压开关柜真空断路器采购合同等 4 个项目，合同总金额为 35.12 万元，累计完成投资 34.23 万元。

台儿庄泵站管理处制定了 2021 年度安全生产目标，并分解落实，逐级签订了安全生产目标责任书 32 余份，落实了安全生产责任制；积极组织开展各类形式安全生产检查及隐患排查治理活动，共计排查隐患 36 余处，整改完成 36 项，整改率 100%；积极组织开展安全教育培训工作，累计完成培训教育 226 余人次；完成了每季度安全监测工作，根据观测结果分析，工程各项数据稳定，无异常变化，工程处于安全稳定性态；开展了消防演练、防汛演练、溺水救援演练等一系列演练活动，根据演练结果，总结经验和教训，不断提高全体员工应对防汛险情、工程事故、治安突发事件、溺水事件等的应急处置能力；完成了设备设施清单、作业活动清单、场所区域清单、风险点登记台账、设备设施安全检查表分析评价记录表、作业活动工作危害分析评价记录表、作业活动风险分级管控清单、设备设施风险分级管控清单、基础管理类隐患排查清单、生产现场类隐患排查清单等"双重预防体系"资料的创建工作；经过 3 次修改完善完成了 21 项成果资料的编制工作，并通过了山东省水利厅专家组评估。

（韩业庆　陆发兵　徐涛）

【运行调度】

1. 输水运行 根据山东省南水北调调度中心调度指令，自 2020 年 12 月 23 日开机，2021 年 5 月 20 日停机，台儿庄累计运行 6395 台时，完成调水量 67406.67 万 m³；万年闸累计运行 6391 台时，完成调水量 67636.74 万 m³；韩庄泵站累计运行 6441.39 台时，完成调水量 66019.08 万 m³。

2. 经验总结

（1）调水开始前，充分做好高低压设备、主辅机设备及二次监控设备检查工作，组织维护保养单位认真开展机电设备的维护保养工作，通过维护保养提高机电设备的运行完好率，确保机电设备运行状况始终处于良好状态，降低机电设备的运行故障率及时消除问题。

（2）运行期间，严格遵守规程、细则及"一单两票"制度；认真做好安全防范工作，组织职工认真学习应急预案，能够熟练应对各类突发事件。

（3）根据管理处调水人员的专业及工作分工，结合管理处实际情况，按照安全运行的原则进行分组，通过调水期间各班组之间、各岗位之间默契配合、团结协作，圆满地完成调水任务。（陈伯渠 苏阳 张波 甘凯）

【环境保护与水土保持】 2021 年，枣庄局严格贯彻落实水质巡查制度，切实加强水质保护工作，严格检查是否存在对水质造成污染的污水排放、垃圾堆放等现象，保障了水质安全。枣庄局水土保持与养护单位签订合同，委托专业队伍负责苗木栽植、浇灌、修剪、施肥、治虫等养护管理工作，水土保持条件持续改善，整体景观形象得到提升；同时做好对养护单位各项工作的监督，保证水土保持工作次数足、质量优，其中，韩庄泵站苗木成活率为 99.72%，万年闸泵站苗木成活率为 99.79%，台儿庄泵站苗木成活率为 99.75%，确保了苗木的成活率和良好率符合要求。积极推进山东干线公司园区整体规划项目，从长远角度考虑，为构建"四季常青、三季有花、两季有果、一季彩叶"的园林单位打下基础。

（徐涛 康晴 盛凡珂）

【档案管理】 韩庄泵站运行期档案共归档移交纸制档案 416 卷，包括照片 8 册 514 张、光盘 7 册 7 张。台儿庄泵站运行期档案共归档移交纸制档案 381 卷，包括竣工图 1 卷 27 张、照片 8 册 639 张、光盘 7 册 23 张。万年闸泵站运行期档案共归档移交纸制档案 452 卷，包括照片 7 册 306 张、光盘 8 册 15 张。归档范围包括调度运行、维修养护、机电维护、信息自动化、安全监测、水质保护、安全生产等类别；档案分类清楚，组卷合理，内容完整、准确、系统，所有归档案卷符合《科学技术档案案卷构成的一般要求》（GB/T 11822—2008）及《国家重大建设项目文件归档要求与档案整理规范》（DA/T 28—2002）要求。

【创新工作】 充分发挥枣庄局任庆旺创新工作室的平台作用，为提高设备完好性、提高工作效率，枣庄局充分利用创新工作室的平台，从管理、工程、机电设备及工装、工艺等多方面开展岗位创新工作。主要完成了立式轴流泵机组自动顶车装置的升级改造、枣庄局三座泵站工程设备故障现场处置方案的编制、万年闸泵站清污机自动控制程序优化等工作，努力实现制度完善、流程合理、工程安全稳定、设备运行高效的目标。创新工作室每季度组织对已完成的创新项目进行申报、评审。2021年创新工作室组织评审通过项目 26 项，其中一等 8 项、二等 9 项、三等 9 项。同时，认真梳理往年岗位创新项目进行总结、提炼、升华，积极申报专利、齐鲁水利科学技术奖、山东省优秀创新成果等各种奖项，2021 年度收到实用新型专利证书 18 项；在 2021 年度全省农林水牧气象系统"乡村振兴杯"争先创优竞赛项目中，创新工作室申报的"一种建筑物用板式三向测缝计"项目，荣获技术创新竞赛优秀成果二等奖。

【工程效益】 2020—2021 年度，台儿庄泵站工程累计调水量 67406.67 万 m^3，万年闸泵站工程累计调水量 67636.74 万 m^3，韩庄泵站工程累计调水量 66019.08 万 m^3，保障了山东省工业用水，提升了民众的生活用水质量。结合水土保持工程的开展和实施，已形成渠水清澈、鱼水欢腾、飞鸟翔集、岸绿林荫的生态景观，改善了工程沿线的生态环境。年度调水工作中保持 100% 安全运行，完成了引江水进入下级湖的调水节点任务，发挥了良好的经济效益和生态效益。

受台风"烟花"及持续降雨影响，台儿庄泵站先后于 2021 年 7 月 28 日、2021 年 9 月 5 日两次开机协助台儿庄城区排除内涝，累计运行 64 小时，排涝水量 542 万 m^3；万年闸泵站排除农田涝水 126 万 m^3，保障了调水沿线人民群众生命财产安全，受到了当地政府和人民群众的一致好评，并获赠感谢信和锦旗。

三支沟水资源控制工程为防止调水期间水流向支流倒漾、污染物流入干线河流，造成水资源流失及污染水源，发挥了重要作用。同时，三支沟水资源控制工程通过启闭，保证了上游洪水能够及时、顺利地外泄，对于当地防汛、度汛、调蓄发挥了重要的作用。

【获得荣誉】 枣庄局党支部先后荣获"山东省水利厅过硬党支部"和"示范党支部"荣誉称号，2 名同志获评厅直机关优秀共产党员，1 名同志获评厅直机关优秀党务工作者；"创新工作室"继续被认定为"山东省青年文明号"；韩庄泵站工程和韩庄泵站工程分别荣获中国水利工程优质

（大禹）奖；1 名同志获得山东省水利厅党史知识竞赛二等奖；枣庄局调度运行班组获评枣庄市青年安全生产示范岗。　　　（康晴　韩业庆　徐力）

济 宁 段

【工程概况】　南水北调东线山东干线有限责任公司济宁管理局（以下简称"济宁局"）负责管辖济宁段 5 个设计单元工程，分别为：梁济运河段工程、柳长河段工程、二级坝泵站工程、长沟泵站工程、邓楼泵站工程。济宁局下设 4 个管理处，分别是：济宁市微山县境内二级坝泵站管理处、济宁市任城区境内长沟泵站管理处、济宁市梁山县境内邓楼泵站管理处和济宁渠道管理处。

自 2013 年 11 月正式通水以来，工程运行安全平稳，通水期间无较大事故发生，按时完成上级下达的年度调水任务。

1. **二级坝泵站工程**　二级坝泵站工程是南水北调东线一期工程的第十级抽水梯级泵站，山东省境内的第四级泵站。位于南四湖中部，山东省微山县欢城镇境内。一期工程设计输水流量为 125m³/s，二级坝泵站一期工程规模为大（1）型工程，泵站等别为Ⅰ等，主要建筑物为 1 级，次要建筑物为 3 级。装机 5 台套后置式灯泡贯流泵（4 用 1 备），主要特点是噪声小、效率高、运行平稳，特别适合于低扬程、大流量。二级坝泵站主要建筑物

由南向北依次为引水渠、进水闸、前池、进水池、主厂房、副厂房、出水池、出水渠、出水导流渠等。二级坝泵站概算总投资 2.84 亿元。

2. **长沟泵站工程**　长沟泵站工程是南水北调东线一期工程中第十一级泵站，位于山东省济宁市长沟镇新陈庄村北，梁济运河东岸。该泵站从梁济运河大堤破堤引水，经泵站抽引南四湖水经梁济运河至邓楼泵站，以实现南水北调东线一期工程的梯级调水目标。泵站设计输水规模 100m³/s，设计扬程 3.86m，安装 3150ZLQ 型液压全调节立式轴流泵 4 台（3 用 1 备），单机设计流量 33.5m³/s，单机额定功率为 2240kW，总装机容量 8960kW，批复投资为 27818 万元。泵站工程规模为大（1）型，工程等别为Ⅰ等，主要建筑物级别为 1 级。泵站设计防洪标准为 100 年一遇，校核防洪标准为 300 年一遇。

泵站枢纽工程包括主厂房、副厂房、引水渠、出水渠、引水涵闸、出水涵闸、梁济运河节制闸、110kV 变电站、水泵机组及自动化监控、办公及生活福利设施等。

3. **邓楼泵站工程**　邓楼泵站工程位于山东省梁山县韩岗镇，是南水北调东线一期第十二级抽水梯级泵站，山东省境内干线的第六级抽水泵站，一期设计调水流量 100m³/s，安装 4 台 3150ZLQ33.5 - 3.57 型立式机械全调节轴流泵，配套 4 台 TL2240 - 48 型同步电动机，4 台机组工作方式为

3用1备,泵站总装机容量8960kW。设计年运行时间3770h,设计年调水量13.63亿m³。水泵装置采用TJ04-ZL-06水泵模型,肘形流道进水,虹吸式流道出水,真空破坏阀断流。主要建筑物包括主副厂房、引水闸、出水涵闸、梁济运河节制闸、引水渠、出水渠、变电站、办公及附属建筑物等。邓楼泵站概算总投资2.57亿元。

4. 梁济运河段工程 梁济运河段工程从南四湖湖口至邓楼泵站站下,长58.252km,采用平底设计,设计流量100m³/s,其中:湖口—长沟泵站段,长25.719km,设计最小水深3.3m,设计河底高程28.70m,底宽66m,边坡1:3~1:4;长沟泵站—邓楼泵站段,长32.533km,设计最小水深3.4m,设计河底高程30.80m,底宽45m,边坡1:2.5~1:4。

为防止船行波对河岸的冲刷,该输水河段用混凝土对渠道边坡加以保护,确保施工过程不中断航运,森达美港(南跃进沟)以上部分约18.75km采用水下模袋混凝土形式;其余部分为机械化衬砌护坡。为防止东平湖司垓退水闸泄洪时水流对梁济运河工程冲刷破坏,对司垓闸下0.8km险工段采用浆砌石护底。

沿线共新建、重建主要交叉建筑物25座(处),包括新建支流口连接段7处、拆除重建生产桥13座、新建管理道路交通桥1座、加固公路桥2座。

5. 柳长河段工程 柳长河段工程从邓楼泵站站上至八里湾泵站站下,输水航道长20.984km,其中新开挖河段6.587km,利用柳长河老河道疏浚拓挖14.397km。设计最小水深3.2m,采用平底设计,设计河底高程33.20m,边坡1:3,采用现浇混凝土板衬砌方案,设计河底宽45m,护坡不护底,渠底换填水泥土。

共有新建、重建交叉建筑物26处,包括桥梁工程10座、涵闸11处、倒虹2座、渡槽1座、节制闸1座、连接段1处。

(刘海关 董少华 许舟 田青伍)

【工程管理】

1. 二级坝泵站工程 二级坝泵站管理处是山东干线公司派驻现场的三级运行管理单位,隶属于济宁局管辖。

为讲好南水北调故事,弘扬新时代水利精神,积极推进工程一线的日常宣传工作,每周报送工作要情。

二级坝泵站管理处青年职工在日常工作中积极钻研、勇于创新,并取得了丰硕成果。在2021年全省农林水牧气象系统"乡村振兴杯"争先创优技术创新竞赛中获二等奖1项、三等奖1项。

2021年11月底成立档案移交小组,完成2013—2020年度共计450卷运行档案的移交工作。

二级坝泵站管理处新冠肺炎疫情防控工作小组严控外来人员,坚持进站人员亮出健康码,填写备查登记表,并测量体温。常备防疫物资,截至12月共购置了5个批次的消杀防护用品,建立专门的防疫物资仓库,物资储备充足。公共区域每日消毒并填写消杀记录。积极联系当地卫生院进行疫苗接种工作,二级坝泵站管理处所有同志均完成疫苗接种。

2021年,批复专项预算项目中新增净水房管道敷设及供水系统改造、值班房升级改造及卫生间渗水处理专项、变形监测点优化等项目,均已验收并支付完成,合同金额为40.39万元,支付金额为39.98万元。采煤沉陷影响永久变形监测项目,合同金额478113.00元,正在有条不紊地实施。

2021年度批复预算日常维修养护项目包括工程维修养护、工程巡查看护、金属结构机电日常维护等项目,正按照时间节点推进实施。

另外,二级坝泵站管理处完成了年度资产购置、电梯日常维修保养、消防设施维护保养及起重机械安全检测等项目。

按照山东干线公司工作计划,根据《水利工程管理单位安全生产标准化评审标准(试行)》规定及山东干线公司制定的安全生产管理文件,并结合二级坝泵站管理处实际情况,按时完成每月安全生产例会、安全隐患排查工作,对查出的问题进行列入台账限期整改;完成安全生产费用台账登记、灭火器使用情况更新及各项应急预案、安全生产制度修订更新工作。

完成2021年防汛预案和度汛方案编制;组织完成防汛演练工作;针对2021年汛期雨量大情况与当地应急局、防汛办和二级坝管理局紧密联系,开展联防联控演练,确保安全度汛。

根据"安全生产月"活动部署,利用宣传条幅、LED动态播放,每月开展安全宣传,组织员工参加"水安将军大禹节水杯知识网络竞赛",2021年度竞赛中二级坝泵站管理处4名同志进入山东干线公司前10名。

根据山东干线公司和济宁局要求,进一步规范安全标准化资料,明确安全生产目标,完善机构设置及职责,持续改进质量、环境,进行职业健康安全管理标准化体系建设工作。

安全监测自2013年2月每月进行1次,截至2021年12月,已上报105期工程监测月报。

针对上级检查、济宁局月度安全检查、二级坝泵站管理处自查等各类检查建立问题台账,梳理问题103项。其中,上级检查问题34项,整改31项;"找风险隐患,保运行安全"遗留问题7项,整改5项;济宁局月度安全检查问题29项,整改29项;二级坝泵站管理处自查问题30项,整改30项;剩余问题安排责任人,制定措施,按计划推进整改。

2. 长沟泵站工程 长沟泵站工程的运行管理工作归属济宁局长沟泵站管理处负责。长沟泵站管理处主要职责是按照上级调度指令完成调水任务，定期开展设备维修和日常养护工作，探索高效的泵站运行机制和资产保值增值途径，解决各类工程缺陷和运行管理问题，及时消除安全隐患。长沟泵站管理处持续开展"找风险隐患、保运行安全"活动，形成"人人都是检查员、不漏一时和一事"常态工作机制。

对自查发现的问题进行梳理，按照"能够立即整改、列入日常维修养护预算、需上报山东干线公司统一研究、暂时不做整改"四种类型进行梳理分类，迅速细化分解、落实整改。能够立即整改的问题，尽快安排整改，做到边查边改，立查立改。列入日常维修养护预算、专项预算的问题，按照工作计划，有序开展整改工作。

长沟泵站管理处落实年度维修养护计划，按时间节点完成相关维修养护任务，每月按要求上报维修养护信息月报。开展泵站工程安全监测工作，编制了《长沟泵站工程安全监测细则》，成立了安全监测工作小组，定期召开安全监测工作会议。把安全生产标准化建设基础工作和日常工作结合在一起，开展了"安全生产月""百日攻坚治理行动"等重大活动，并重点抓好通水运行、汛期、冬季、节假日等重要时段和重大活动期间的安全检查工作。

长沟泵站接入城乡供水管网工程项目彻底解决了管理处用水需求，改善了管理处的水质，保障管理处生产、生活用水安全，确保了职工身体健康及泵站机组的安全运行。

2021年，钢闸门防腐专项工程项目圆满完成，主要内容包括：节制闸1～8号闸门、引水闸1～4号闸门、出水闸1～3号闸门门体和导轨防腐，节制闸1～8号闸门、引水闸1～4号闸门、出水闸1～3号闸门主侧轮维修，节制闸上下游、引水闸、出水闸、泵站入口电动葫芦防腐。该工程的实施彻底解决了因闸门门体及轨道锈蚀严重，造成闸门门体强度降低、挡水功能失效的问题，保障了闸门的安全运行。

长沟泵站2号机组大修项目于2021年7月1日进场技术交底后开工，7月23日叶轮返厂维修，完成2号机组解体工作，9月7日叶轮维修完成后运回长沟泵站，10月8日2号机组大修工作全部完成，实际维修总工期65天，于10月29日预试运行1h，各项运行参数正常。本次大修处理的主要技术问题包括：①叶轮部件进水，黄油乳化，返厂处理；②水泵伸缩节轻微渗水；③定子温度B1-1、B3-2显示异常；④水导轴瓦磨损。2021年11月30日对2号机组试运行9.7h，各项运行参数正常，修后4项技术问题全部解决，顺利通过试运行验收。

2021年8月，主、副厂房安装手机信号及无线AP覆盖项目实施完成，实现了工作人员全方位、无死角的实时语音视频沟通，方便问题处理，为下一步泵站数字化、信息化管理打下基础；9月，主厂房 32/10T 起重机吊钩安装摄像机，可通过监控视频图像判断吊钩（重物）的实时位置和状态，并能实现操作人员与指挥人员的实时语音对讲；9月，基于磁致伸缩的双吊点启闭机行程柔性测控系统实现闸门启闭的精确测量，并降低了测控系统成本，提高使用寿命；11月，清污机开发可视化遥控 App 项目实施完成，只需 1 名操作人员手持平板电脑即可控制清污机工作，并能实时预览视频来监视清污机运行情况；12月，构建 QR 码设备维护和自动评级管理系统，实现了泵站设备动态管理、安全操作规程可视、自动人工巡检转换、无纸运行维护记录、自动故障报警推送、设备全寿命自动评级管理和无纸记录电子表单等模块功能。

通过培训及竞赛，充分发挥工匠、劳模的示范带头作用，开展"传帮带""师带徒"等活动，利用"走出去、请进来"的方式寻求技术支持，最大限度激发广大职工的创造热情和成长动力，营造全员学技术、用技术、长本领的浓厚氛围。

加快职工技能培训教育中心建设，长沟泵站管理处按照山东干线公司将长沟泵站打造成"三基一心"中心（即"大学生实践基地""员工实训基地""南水北调水情教育基地"和"职业技能鉴定中心"）的定位，积极做好前期规划设计和实施方案的编制工作，在山东干线公司的统一部署下争取尽快组织建设。长沟泵站管理处将以标识标牌标准化建设、盘柜与线缆整理升级改造、办公类和食堂标准化升级改造等试点完成为契机，按照山东干线公司提出的"打造国内泵站控制先进，稳定提升信息自动化，适当提高智能化，统一组态软件及工作界面，采用一体化平台管控"的泵站自动化系统升级改造工作思路，积极推进长沟泵站自动化升级改造，重点完成好计算机监控系统、视频监视系统、计算机网络系统及中控室环境等方面工作，推动工程运行管理向更高水平迈进，积极申报全国水利行业职业技能竞赛决赛承办单位。

3. 邓楼泵站工程 邓楼泵站工程的运行管理工作归属济宁局邓楼泵站管理处（以下简称"邓楼泵站管理处"）负责。

（1）做好工程维修养护工作。邓楼泵站管理处按照工程检查制度、设备维护与检修规程、泵站运行管理细则等规定，认真组织工程检查和巡查，积极开展工程维修和养护工作。2021 年度日常维护主要完成办公楼洗手盆更换、主厂房楼顶标识安装、办公楼会议室改造、主副厂房手机信号及无线 AP 覆盖、办公楼集成吊顶安装、水位计安装等工程维护项目。同时，严格按照合同开展专项维修养护项目实施工作，已完成邓楼泵站进场道路东侧排水沟整治项目、水泵技术供水系统改造项目、西围堤道路南延专项实施项目、吊梁及启闭设施改造等4个专项项目的实施工作。

（2）工程质量管理规范化水平全面提升。深化工程规范化管理，提升工程标准要求，严格开展工程管理和运行考核，不断提高工程现场管理水平。针对邓楼泵站2号机组大修工作任务，现场成立泵站大修突击队，通过规范操作工艺、标准化管理流程，于2021年11月顺利完成2号机组大修任务并通过试运行验收。通过机组大修，一方面增强了设备可靠性，提高了泵站主机组设备的完好率，确保了泵站的运行安全；另一方面提高了参修人员的技术水平，为泵站运行维护和管理奠定了良好的基础。

邓楼泵站盘柜及线缆整理项目是综合改造提升项目，面对改造过程中交叉牵制等实际困难和问题，管理处科学组织、统筹兼顾，合理布置电缆桥架，优化电缆敷设路径，精简合并电缆型号，提高电缆敷设规范化水平。经4个多月的努力完成全部合同内容，于2021年1月19日顺利完成邓楼泵站盘柜及线缆整理项目合同验收工作；满足了调水任务需求，进一步提升设备设施规范化水平，优化了设计功能，解决了现场多种电力线缆安全隐患问题。

邓楼泵站自动化系统升级改造项目作为山东干线公司试点项目和重点工作任务，得到邓楼泵站管理处的高度重视。邓楼泵站管理处密切配合调度运行与信息化部，编制了邓楼泵站自动化系统升级改造技术方案，现场专门成立自动化升级改造工作组，对项目开展全力配合，对进度实时跟进，经不断精细完善，于2021年12月28日完成合同完成验收工作。该项目的完成，实现了一键开机、信息系统集约、运行状态监测、水量调度决策等远控信息化功能，真正实现自动化远程监控、调度优化功能，提高了邓楼泵站的自动化水平，并提升了泵站的稳定性、可靠性；经过运行检验，系统总体稳定、可靠、智能、高效，满足了泵站运行管理的业务需求，实现"远程控制自动化、业务管理信息化、调度决策智能化、装置运行高效化"的目标。

（3）认真开展工程安全监测。为及时掌握日常和调水期间工程运行状态，邓楼泵站管理处按照《水利工程观测规程》《邓楼泵站安全监测实施细则》及相关规程规范要求，认真组织开展日常和运行期间工程安全监测工作，及时发现工程隐患并开展隐患治理工作，确保工程运行安全稳定。

经对2021年日常观测成果进行分析，历次观测数据反映正常，其中沉陷位移、水平位移、泵房底板应变、渗压值和扬压力值年度测次变化值均在限值以内且趋于稳定，符合设计及规范要求，工程处于稳定可靠状态。

运行过程中，经对邓楼泵站各建筑物定期巡查和工程安全监测，工程外观未发生任何异常，泵站安全监测反映正常，其中沉陷位移、水平位移、泵房底板应变、渗压值和扬压力值年度测次变化值均在限值以内且趋于稳定，符合设计及规范要求，工程处于稳定可靠状态。

（4）抓实安全生产管理工作。邓楼泵站管理处始终坚持"安全第一、预防为主、综合治理"的方针，围绕安全生产、工程维修养护、工程调度运行、工程防汛度汛等工作，及时开展安全隐患排查和整治，严格执行各项安全生产规章制度。2021年未发生安全事故，安全生产保持良好的态势。

1）结合工作实际，从安全生产目标确定、责任制落实、制度修订完善、安全教育培训、应急预案的修订与演练、隐患排查与治理等方面，制定安全生产工作任务计划，并将工作任务落实到泵站每一位员工。

2）根据年度安全生产工作目标，分解安全生产责任，层层签订安全生产责任书，建立"横向到边、纵向到底"的安全生产责任网络体系。

3）依照计划定期组织安全培训及各类演练。上半年共组织6次安全培训，其他培训结合上级要求开展，及时更新职工安全教育培训记录档案。同时，结合培训适时组织开展反事故演练、消防演练、触电救援演练、防汛演练等活动，通过演练大大提高了职工应急处置各类突发问题的能力。

4）定期开展消防维护检查。为方便员工学习和有效使用消防器材，将各类消防器材布放位置示意图上墙公示，及时升级更新安全出口、安全疏散、应急指示灯，对消防检查到已到期或者欠压的灭火器返厂维修，检测合格后重新充装布置使用。

5）安全隐患排查治理常态化、制度化。每月组织专业人员进行安全隐患排查，更新隐患排查治理管理台账，及时消除现场存在的各类生产安全隐患。

6）加强安全巡查及宣传。邓楼泵站管理处定期组织养护公司、安保人员对渠道钓鱼、游泳、乱耕乱种和破坏界桩、护栏等违法行为开展集中联合治理活动，定期在周围村庄、学校开展张贴发放宣传画册等多种形式的安全宣传活动，并定期组织开展《山东省南水北调条例》宣讲活动。

7）定期召开安全生产例会。按月组织召开安全生产例会，传达贯彻上级有关安全生产会议、文件、通知精神，部署安全生产工作，督促隐患排查治理闭合，切实把安全生产工作做细、做实。

（5）积极推进安全生产标准化建设。邓楼泵站管理处根据《水利工程管理单位安全生产标准化评审标准（试行）》的相关规定积极推进开展安全生产标准化建设，从目标职责、制度化管理、教育培训、现场管理、安全风险管控及隐患排查治理、应急管理、事故管理、持续改进等8个方面入手，开展安全生产标准化相关工作，并按照标准化要求定期开展自评工作。

按照山东干线公司总体部署和要求，按节点完成安全生产双重预防体系建设工作。开展了危险源辨识工作，编制了重大危险源清单、重大风险管控清单、重大风险隐患排查清单、设备设施清单、作业活动清单等管控清单，并及时向员工进行了传达和培训，不断推动安全生产管理科学化和标准化。

4. 梁济运河段工程　梁济运河段工程的运行管理工作归属济宁局济宁渠道管理处负责。2021年主要对渠道工程、桥梁工程进行了日常维修养护。顺利推进桥梁工程专业化日常维修养护和定期维修项目管理工作，开展了工程项目驻点监管工作，开展了管理范围内环境卫生清洁及苗木日常养护工作，及时对渠道的衬砌边坡、信息机房等工程进行维修，开展水情水质巡查巡视工作及调水安全保卫工作，为通水运行创造良好的运行管理环境。

5. 柳长河段工程　柳长河段工程的运行管理工作归属济宁局济宁渠道管理处负责。2021年主要对渠道工程、桥梁工程进行了日常维修养护。开展了工程项目驻点监管工作，完成王庄节制闸盘柜及线缆整理项目的改造升级和闸门、启闭机养护工作，完成王庄节制闸的金属结构和电气设备的维修保养工作，顺利推进桥梁工程专业化日常维养和定期维修项目管理工作，渠道标准化渠道试点项目顺利

完工，进行柳长河堤顶道路的环境卫生清洁，完成了管护范围内的苗木日常养护工作，及时对渠道的衬砌边坡、信息机房等工程进行维修；开展水情水质巡查巡视工作及调水安全保卫工作，为通水运行创造良好的运行管理环境。

济宁渠道工程的防汛工作受济宁局、地方和流域防汛机构的领导，济宁渠道管理处负责该辖区内南水北调工程防汛应急工作的组织、协调、监督和指挥。为切实做好南水北调东线渠道工程2021年防汛、度汛工作，确保工程安全度汛、稳定运行，针对可能发生的险情、灾情，制定渠道工程的度汛方案和防汛预案，进一步细化防洪方案的具体实施步骤，规范防汛抗洪调度程序，提高防洪方案的可操作性；并针对不同级别的险情分别制定了应急处置措施。

建立健全安全生产责任制度，成立了安全生产工作组，落实安全生产网格化体系，逐级签订安全责任书，实行24小时值班制度，确保工程运行安全。建立健全应急救援队伍和物资设备外协机制。自2016年起，与梁山县水利工程处达成防汛抢险合作意向，并签订正式协议，确保一旦发生险情能够及时将救援人员和设备调至现场参与救援。另外，与梁山安山混凝土有限公司、梁山县宏达工程机械租赁有限公司等单位签订防汛物资、设备代储协议，确保防汛救援物资、设备的及时供应。与地方防汛部

门加强联动，建立了信息联络渠道。

2021年国庆节期间，协助分泄东平湖洪水，10月2日开始泄洪，至10月20日泄洪结束，历时19天，共分泄东平湖洪水1.74亿m³，其间最大瞬时泄洪流量135.3m³/s。在整个泄洪过程中，南水北调柳长河、梁济运河段工程运行水位始终保持在设计运行水位范围内，泄洪任务进展顺利，工程运行平稳，南水北调工程社会效益进一步显现。

（刘海关　董少华　许舟　田青伍）

【运行调度】

1. 二级坝泵站工程　严格执行调水指令，圆满完成调水任务。调水运行期设置4个运行班组，每天配带班领导1人，每班组配值班长1人、值班员2人，严格按照调水值班制度进行调水值班及巡查维护工作。运行期、汛期及非运行期，严格按照调度运行管理的各项制度，及时准确执行上级调度指令，按规定做好巡查工作、运行记录，确保设备完好、工况稳定，圆满完成调水任务，确保运行安全。

2013年10月23日，二级坝泵站进行试通水运行，11月15日实现正式通水运行。2013—2020年7个年度调水量分别为1.58亿m³、2.91亿m³、5.36亿m³、8.75亿m³、10.29亿m³、7.79亿m³、6.33亿m³，共调水43亿m³。2020—2021年度调水工作于2020年12月25日正式开启，

至2021年5月30日结束，共计运行5570.89台时，累计完成调水6.27亿m³。截至此次调水完成，二级坝泵站机组已安全无故障运行4.32万台时，累计抽调水量49.27亿m³。发挥了南水北调工程作为国家基础战略性工程的重大作用。

2. 长沟泵站工程　2021年3月14日、6月9日、9月29日、11月30日，分别组织开展了每季度的开机维护工作，提前与济宁局调度运行科沟通，提交开机维护申请并报山东干线公司备案，组织长沟管理处科室人员认真按照运行管理规程做好开机前的各项准备工作，三次开机维护机组均正常启停。全面检查了泵站各系统的运行情况，确保每台机组设备均保持在良好状态，时刻为开机做好准备。

3. 邓楼泵站工程

（1）做好工程调度运行管理工作。严格执行调水指令，圆满完成调水任务。调水运行期设置4个运行班组，每班组配值班长1人、值班员2人，严格按照调水值班制度进行调水值班及巡查维护工作。运行期、汛期及非运行期，严格按照调度运行管理的各项制度，及时准确执行上级调度指令，按规定做好巡查工作、运行记录，确保设备完好、工况稳定，圆满完成调水任务，运行安全。

自2013年5月运行以来，邓楼泵站共执行9个年度调水运行任务。根据年度调水计划，2020年12月10日

开机运行，进入 2020—2021 年度调水期，至 2021 年 5 月 30 日 12：12 结束，调水历时 171 天，共计运行 5356.61 台时，抽水 55400.77 万 m^3；截至此次调水完成，邓楼泵站机组已安全无故障运行 39123.88 台时，累计抽调水量 44.159 亿 m^3。

（2）积极开展工程运行状态监测分析工作。

1）主机组及辅机：1～4 号主机组均运行正常，振动、摆度值均在标准要求范围内，轴承温度正常，主电机运行时的温度、电流、电压、功率等各项数据正常。

2）机电设备、变电站及电力设施：主变、站变等设备运行状况正常，控制、保护、数据采集通信系统运行正常。110kV 和 10kV 电力线路运行维护良好。

3）闸站及清污设备：闸站设备完好，闸门启闭灵活可靠；2 台 HD500 抓斗清污机同时工作，全天候作业基本满足捞草需求；同时配备了 1 台长臂挖掘机捞草、1 台 HB150 反铲配合装草、2 辆三轮车运草，将水草及时运至垃圾场堆放区。

计算机监控系统、消防系统、厂区安防、金属结构、土建工程等运行正常。

（3）自动化系统维护质量水平不断提升。邓楼泵站自动化维护中标单位是山东省邮电工程有限公司和中水三立数据技术股份有限公司，分别承担自动化调度系统（通信网络系统、视频监控系统）维护标（南北线）和自动化调度系统（自动化、信息化系统）维护标（7 个泵站）。邓楼泵站管理处严格按照合同协议要求开展对代维单位的管理工作，成立泵站自动化维护工作小组并配备 2 名系统管理员配合维护工作，制定专项维护实施方案，对照合同内容及要求开展资源核查、日常及月度巡检等工作。并通过开展维护队伍的合同执行考核工作，保障了工程维护的质量和故障处理的时效性，保障了自动化设备的正常运行，为调水安全运行及升级改造提供技术保障。

（4）调度运行应急管理工作不断强化。邓楼泵站管理处建立健全调度运行应急救援体系，针对本单位可能发生的事故特点编制修订了系列应急预案，包括综合预案、专项应急预案和现场处置方案，具体包括《年度调水应急预案》《邓楼泵站冰期输水方案应急预案》《邓楼泵站电力突发事件应急预案》《邓楼泵站水污染突发事件应急预案》等调度运行应急预案并向济宁局备案。邓楼泵站管理处根据需要储备了应急防护物资，组建了兼职应急救援队伍，与各专业维护队伍建立了应急联动机制，每年开展应急救援演练，不断强化应急管理工作，提升调度运行应急处置能力。

4. 梁济运河段工程 梁济运河输水航道工程为利用原有河道通过疏浚拓宽后运行调水。设计水位低于沿岸地表，为地下输水河道，加上两岸地下水位较低，梁济运河段工程调水运行安全隐患相对较少。为确保通水运行期间工程安全，济宁渠道管理处成立了专门的巡查宣传队，确定了巡查方案。由济宁渠道管理处主任负总责，设队长2名、队员6名，调水期间增加6名队员以保护南水北调工程，加强宣传贯彻《南水北调工程供用水管理条例》《山东省南水北调条例》，在梁济运河输水沿线以走进村庄、社区等形式多方位、多角度开展宣传巡查活动，有效保障了工程安全、水质安全及沿线群众的生命财产安全，顺利实现调水目标，保证了南四湖上级湖水顺利调入柳长河河道内。

梁济运河段输水航道工程在运行期间，各项运行指标均满足设计要求，已经按照调度指令顺利完成调水、度汛、灌溉等各项任务。2020年12月10日开始2020—2021年度调水，于2021年5月30日完成年度调水5.54亿 m³，发挥了南水北调工程作为国家基础战略性工程的重大作用。

5. 柳长河段工程　柳长河输水航道工程为利用原有河道通过疏浚拓宽后运行调水。设计水位低于沿岸地表，为地下输水河道，加上两岸地下水位较低，柳长河段工程调水运行安全隐患相对较少。为确保通水运行期间工程安全，济宁渠道管理处成立了巡查宣传队，确定了巡查方案。由济宁渠道管理处主任负总责，设队长2名、队员5名，调水期间增加队员5名，以保护南水北调工程，加强宣传

贯彻《南水北调工程供用水管理条例》《山东省南水北调条例》，在柳长河输水沿线以走进村庄、社区等形式多方位、多角度开展宣传巡查活动，有效保障了工程安全、水质安全及沿线群众的生命财产安全，顺利实现调水目标，保证了柳长河的水顺利调入东平湖内。

柳长河段输水航道工程在运行期间，各项运行指标均满足设计要求，已经按照山东省调度中心和济宁调度分中心的指令顺利完成南水北送、引黄补湖、区域灌溉等输水任务。2020年12月10日开始2020—2021年度调水，于2021年5月30日完成年度调水5.436亿 m³，发挥了南水北调工程作为国家基础战略性工程的重大作用。

（刘海关　董少华　许舟　田青伍）

【环境保护与水土保持】

1. 二级坝泵站工程　二级坝泵站管理处对办公、生活区环境加强管理，建立卫生责任制度，责任落实到人，细化保洁人员分工，做到卫生保洁常态化。并委托维修养护单位对工程现场环境进行打扫、清洁，确保管理区道路无垃圾、树叶、杂物等。2020年11月6日顺利通过了市级园林单位的现场核查工作，11月济宁市城市管理局授予其"市级园林单位"荣誉称号并授牌。专业工程养护公司对管理区域栽种的苗木及植被进行浇水、施肥、修剪及病虫害防治等养护

工作。采取工程措施、植物措施和临时措施相结合，保证水土保持效果。

2. 长沟泵站工程 长沟泵站管理处根据"三标一体"相关要求，加强环境保护工作，签订垃圾清理及外运协议，定时清理，并委托维修养护单位对工程现场环境进行打扫、清洁，确保管理区道路无垃圾、树叶、杂物等。定期对建筑物进行检查整治，对站区苗木进行栽植、浇水、施肥、修剪及病虫害防治等养护管理工作，确保了苗木的生长。站区按照乔灌结合、花草结合等原则，植物配置呈现层次感、色彩感、时序感，实现了"四季常青、三季有花、两季有果、一季彩叶"的绿化景观效果，2016年12月长沟泵站被济宁市城市管理局评为"市级花园式单位"。

3. 邓楼泵站工程 邓楼泵站管理处加强办公、生活区环境管理，按计划推进环境保护与水土保持相关项目维护，站区渠水清澈、岸绿林荫，生态环境怡人，被济宁市城市管理局评选为"市级园林单位"。

邓楼泵站管理处在工程巡查和调水过程中，加强水质保障管理，配专人负责配合水质监测工作，水质稳定达到地表Ⅲ类水质标准，保证了工程运行安全、水质安全。

4. 梁济运河段工程 济宁渠道管理处建立环境保护管理体系，加强环境保护工作，对工程现场日常环境进行清洁、打扫，确保闸站设备、管理区环境的整洁卫生，杜绝管理区内排污、粉尘、废气、固体废弃物乱堆乱放等现象。组织专人加强河道巡视检查，严禁外来人员进入渠道范围内放牧、捕鱼、游泳等不安全行为。

梁济运河段工程按照批复的初步设计和水土保持方案完成各项水土保持措施。专业工程养护公司对管理区、弃土区、输水沿线管护区域栽种的苗木及植被进行浇水、施肥、修剪及病虫害防治等养护工作。采取工程措施、植物措施和临时措施相结合，保证水土保持效果。

5. 柳长河段工程 济宁渠道管理处建立环境保护管理体系，加强环境保护工作，对工程现场日常环境进行清洁、打扫，确保闸站设备、管理区环境的整洁卫生，杜绝管理区内排污、粉尘、废气、固体废弃物乱堆乱放等现象。组织专人加强河道巡视检查，严禁外来人员进入渠道范围内放牧、捕鱼、游泳等不安全行为。

柳长河段工程按照批复的初步设计和水土保持方案完成了各项水土保持措施。专业工程养护公司对管理区、弃土区、输水沿线管护区域栽种的苗木及植被进行浇水、施肥、修剪及病虫害防治等养护工作。采取工程措施、植物措施和临时措施相结合，保证水土保持效果。

（刘海关　董少华　许舟　田青伍）

【验收工作】

1. 二级坝泵站工程 二级坝泵站枢纽工程于2007年3月30日开工建

设，2012 年 12 月工程建设完成，2013 年 3 月 15 日完成技术性初步验收，2013 年 10 月 23 日进行试通水，11 月 15 日实现正式通水运行。2020 年 5 月 7—8 日，顺利通过设计单元完工验收项目法人验收工作；11 月 2—4 日，完成设计单元技术性验收准备情况现场核查工作；2021 年 10 月 20—21 日，通过设计单元完工验收。

2. 长沟泵站工程 长沟泵站枢纽工程概算批复总投资 27818 万元，工程于 2009 年 12 月 5 日正式破土动工，2013 年 3 月 31 日全部完工。截至 2017 年，已经完成单位工程验收、合同验收、技术性初步验收、消防工程验收、安全评估验收、国家档案验收、水土保持设施竣工验收。2017 年 10 月 31 日，通过南水北调东线一期南四湖—东平湖段输水与航运结合工程——长沟泵站工程设计单元工程完工验收。

3. 邓楼泵站工程 邓楼泵站枢纽工程概算批复总投资 25723 万元，工程于 2010 年 1 月开工建设，2013 年 5 月建成并通过试运行验收，2013 年 11 月转入正式运行。已经完成单位工程验收、合同验收、技术性初步验收、消防工程验收、安全评估验收、国家档案验收、水土保持设施竣工验收。2017 年 10 月 31 日，顺利通过南水北调东线一期南四湖—东平湖段输水与航运结合工程——邓楼泵站工程设计单元工程完工验收。

4. 梁济运河段工程 2011 年 3 月，梁济运河段工程开工建设，2013 年 11 月正式通水运行，工程总投资 17.92 亿元。2013 年 3 月 28 日，通过山东省南水北调工程建设管理局组织的通水验收；2013 年 10 月 20 日，通过山东省南水北调工程建设管理局组织的设计单元工程完工验收技术性初步验收；2015 年 5 月，通过原国务院南水北调办组织的档案专项验收；2015 年 12 月，通过水利部组织的水土保持专项验收；2016 年 7 月，通过原山东省环境保护厅组织的环境保护专项验收；2016 年 8 月，通过山东省南水北调工程建设管理局组织的征迁安置竣工验收；2020 年 6 月 17 日，通过山东干线公司组织的设计单元工程完工验收项目法人验收；2020 年 11 月 25 日，通过山东省水利厅和山东省交通运输厅组织的设计单元工程完工验收。

5. 柳长河段工程 2011 年 3 月柳长河段工程开工建设，2013 年 11 月正式通水运行，工程总投资 9.53 亿元。2013 年 3 月，通过山东省南水北调工程建设管理局组织的通水验收；2013 年 10 月，通过山东省南水北调工程建设管理局组织的设计单元工程完工验收技术性初步验收；2015 年 5 月，通过原国务院南水北调办组织的档案专项验收；2015 年 12 月，通过水利部组织的水土保持专项验收；2016 年 7 月，通过原山东省环境保护厅组织的环境保护专项验收；2016 年 8 月，通过山东省南水北调工程建设管理局组织的征迁安置竣工验收；2020 年 6 月 18 日，通过设计单元工程完工验收项目法人验收；2020 年 11 月 25 日，通过山东省水利厅和山东省交通运输厅组织设计单元工程完工验收。

（刘海关　董少华　许舟　田青伍）

泰 安 段

【工程概况】　泰安段工程下辖八里湾泵站和穿黄河工程。

八里湾泵站枢纽工程位于山东省东平县境内的东平湖新湖滞洪区，是南水北调东线一期工程的第十三级抽水泵站，也是黄河以南输水干线最后一级泵站。装机流量 133.6m³/s，设计调水流量 100m³/s，安装了立式轴流泵 4 台，配额定功率为 2800kW 的同步电机 4 台（三用一备），总装机容量 11200kW。设计水位站上 40.90m（85 国家高程基准，下同），站下 36.12m，设计净扬程 4.78m，平均净扬程 4.15m。工程主要任务是抽引前一级邓楼泵站的来水入东平湖，并结合东平湖新湖区的排涝。

穿黄河工程是南水北调东线的关键控制性工程。工程建设的主要目标是打通穿黄河隧洞，连通东平湖和鲁北输水干线，实现调引长江水至鲁北地区，同时具备向河北省东部、天津市应急供水的条件。工程建设规模按照一期、二期结合实施，过黄河设计流量为 100m³/s。工程主要由闸前疏浚段、出湖闸、南干渠、埋管进口检修闸、滩地埋管、穿黄隧洞、隧洞出口闸、穿引黄渠埋涵及埋涵出口闸等建筑物组成，主体工程全长 7.87km。工程总投资 6.13 亿元。东阿分水口位于隧洞出口闸下游，主要用于向地方用水单元输水，隶属于穿黄河工程管理处管辖。

（李君　刘英　赵申晟　马涛）

【工程管理】

1. 八里湾泵站

（1）组织机构。八里湾泵站枢纽工程的运行管理工作归属山东干线公司泰安管理局八里湾泵站管理处（以下简称"管理处"）负责。管理处内设综合岗、工程管理岗及调度运行岗，开展工程运行管理各项工作。

（2）党建及宣传工作。按照山东干线公司党委及泰安局党支部工作要求，八里湾泵站党小组认真履行管党治党主体责任，组织研究开展管理处党建各项工作，踏实推进开展业务工作。与泰安局党支部签订党风廉政建设责任书，组织内部层层签订党风廉政建设责任书；认真落实专项述职、日常廉政谈话、述职述廉等工作制度。

（3）培训工作。管理处高度重视业务培训，2021 年培训涉及综合管理、档案管理、运行管理、工程监测、维修养护、操作技能、安全生产等方面。

（4）工程维护工作。管理处以土

建类、金属结构机电类日常维修养护工作为抓手，落实年度维修养护计划，每月上报维修养护信息月报；狠抓工程质量，严格资金支付流程办理；做好 2020 年度维修养护合同的收尾、总结、验收、支付等工作，积极配合山东干线公司做好 2021 年度相关维修养护合同的签订及开工工作。

1）日常维修养护主要工作任务。2021 年，主要完成了渠道损坏衬砌混凝土块拆除重建、破损防护网更换、现场道路统一硬化、院区不锈钢防护栏杆安装、渡槽防抛网更换、混凝土面层损坏部位修补重建、锈蚀钢筋头打磨、金属面除锈喷漆、混凝土标识喷漆、铁艺围墙栏杆刷漆、瓷砖标识修复、界桩更换、拦船设施和安全检测设施维护、防火门和伸缩门更换、冷却风机钢化玻璃盖板更换、隐形纱窗制安、卫生间装修、建筑物散水破损处理、透水砖路面更换等项目。

2）工程专项工作。2021 年 4 月 30 日完成管理处标识标牌标准化项目；2021 年 5 月 26 日与山东水利岩土工程公司签订《泰安管理局八里湾泵站管理处 2 号出水流道渗水处理工程施工合同》，11 月 26 日通过完工验收；2021 年 6 月 7 日开始进行八里湾泵站 2 号机组大修工作，12 月 1 日完成了山东干线公司组织的验收；2021 年 6 月 23 日，八里湾泵站 16 台出水闸门液压启闭机活塞杆返厂重新镀铬处理，9 月 2 日全部安装调试完成；

2021 年 9 月 16 日，进行八里湾泵站 110kV 及 10kV 电压等级电气设备预防性试验项目；2021 年 9 月 24 日，进行闸门开度仪改造工作，10 月 26 日完成全部施工项目；2021 年 12 月 10—22 日，八里湾泵站 1 号机组测振测摆设备升级改造项目完成安装调试；2021 年 12 月 27 日与南水北调（山东）土建工程有限责任公司签订《泰安管理局八里湾泵站管理处泵站出水渠末端东平湖迎水面护坡破损修复项目施工合同》。

（5）岗位创新工作。管理处在工作中注重创新，鼓励员工大胆创新。2021 年主要完成的创新项目包括：大型立式轴流泵填料函润滑系统技术改造项目；泵站机组冷却水系统技术改造项目，已获得使用新型专利；大型立式轴流泵液压盘车检修装置及检修方法，荣获山东省职工创新创效竞赛升级决赛三等奖。

（6）工程安全监测工作。为确保工程观测的数据精确，管理处成立安全监测小组，2021 年安全监测工作顺利进行并按时完成工作任务。主要内容包括泵站测压管安全监测数据采集系统相关数据的采集整理、工程测量、监测设施的定期巡查等。

（7）水政监察辅助执法工作。管理处高度重视，严格按照规章制度执行，积极开展水政监察辅助执法工作，成立了水政监察辅助执法巡视工作组。值班期间定期进行巡视巡查，一旦发现问题及时汇报带班领导后进行处理，并做好记录。

（8）安全生产工作。2021年，管理处全面落实"安全第一、预防为主、综合治理"的方针，紧紧围绕工程安全运行的中心任务，严格执行安全生产标准化规定，保障工程运行安全和人员安全。2021年，管理处积极开展带电作业安全管理隐患排查工作、安全生产隐患大排查大整治专项行动、"安全生产月"、"水安将军"安全知识竞赛、《安全生产法》宣贯，以及安全、防汛度汛、消防应急演练等活动。

（9）质量、环境、职业健康安全管理工作。管理处根据山东干线公司发布的《质量、环境、职业健康安全管理体系程序文件》要求，制定了《八里湾泵站三标一体目标管理制度》并以通知的形式进行发放和宣贯。

2.穿黄工程

（1）机构设置。南水北调东线山东干线泰安管理局穿黄河工程管理处（以下简称"穿黄管理处"）为穿黄河工程现场管理机构，下设综合岗、工程管理岗和调度运行岗，具体负责穿黄河工程的运行管理。

（2）党建工作。根据基层党组织管理办法和泰安局党支部工作安排，穿黄管理处于2021年2月成立穿黄管理处党小组。穿黄管理处党小组自成立以来，认真落实山东干线公司党委和泰安局党支部党建工作部署要求，积极开展集中理论学习，做好党员发展管理和教育工作；定期开展廉政警示教育活动，做好基层党风廉政建设工作。

（3）安全生产工作。根据山东干线公司年度安全生产目标，制定了穿黄管理处2021年度安全生产目标，逐级签订安全生产责任书，成立安全生产领导小组、防洪度汛领导小组。制定年度安全生产投入计划，规范安全生产经费的使用。定期组织安全生产专项整治、安全隐患大排查、消防安全专项检查等活动，建立隐患整改台账。组织开展防汛、防溺水、消防等应急演练。规范工程设施和渠道沿线标识标牌，定期对安防监控进行巡查，增设警示标语。开展"安全生产月"活动，组织职工参加安全生产和水利网络知识竞赛。开展安全生产宣传教育进校园活动。

（4）防汛度汛及协助东平湖分泄洪水工作。根据防汛工作安排，编制了《2021年穿黄河工程管理处度汛方案》，确定了"力查隐患、及时抢险、减少损失、不发生事故"的工作目标；以"查设备、查渠道、查建筑物、查电力线路"为重点，开展汛前、汛中、汛后专项检查工作。2021年5月，山东干线公司防汛应急演练在穿黄河工程举行。2021年10月1日，按照《山东省水利厅关于利用济平干渠小清河分泄东平湖洪水的通知》（鲁水发明电〔2021〕37号），根据泰安调度分中心下达的调度指令，开启东平湖出湖闸泄洪；10月25日16时，分泄洪水结束，穿黄河工程累计分泄东平湖洪水 6602.23 万 m³，首次实现向海河流域分洪。

（5）维修养护工作。穿黄管理处按照批复的维修养护计划及维修养护标准，加强对维护单位的监督考核管理，强化施工质量控制和安全生产措施，认真组织做好现场工程计量、验收和资金支付工作，每月完成维修养护情况月报，落实穿黄河工程维修养护工作。

1）实施完成的专项工程主要包括：启闭机除锈刷漆，出湖闸启闭机钢丝绳更换，进口检修闸清污机改造，破冰锤打捞维修，备调中心柴油发电机房改造，安全监测自动化升级改造，备调中心计算机升级，东阿分水闸自动化升级改造，出湖闸、进口检修闸、隧洞出口闸闸门测量方式升级改造，隧洞出口闸 UPS 不间断电源安装，会商室会议讨论系统升级改造，调度运行系统现场蓄电池维护更换等。

2）实施完成的日常维修养护工作主要包括：渠道堤顶、堤肩、外坡、排水沟整理，渠道衬砌板养护，场区混凝土路面裂缝、破损处理，屋面、室内防水修复，闸室内、外环氧地坪漆修复，启闭机及钢丝绳维护，备用柴油发电机的开机维护，台箱式变压器及安全工器具电气预防性试验等。通过落实日常维修养护工作，确保工程设备始终处于良好的运行状态。

（6）工程安全监测工作。穿黄河工程主要为地下隐蔽工程。为加强安全监测工作，穿黄管理处成立了穿黄河工程安全监测小组，编制了《南水北调东线一期穿黄河工程安全监测实施细则》，按照细则要求完成安全监测工作，及时整理、分析监测数据，并及时反馈。

（7）岗位创新工作。为做好岗位创新工作，穿黄管理处统筹安排，鼓励员工结合工作实际，大胆创新。2021 年完成穿黄河工程出湖闸闸门更换新型滑块、液压式清污机液压系统升级改造、穿黄河工程安全监测数据采集系统自动化升级改造、备调中心柴油发电机房提升改造等一系列创新项目，获得实用新型专利 4 项。

（8）宣传工作。通过悬挂南水北调宣传条幅、设立警示标牌、张贴安全警示标语、发放《山东省南水北调条例》宣传册等方式，认真组织开展工程宣传和《山东省南水北调条例》宣贯工作。

（李君　刘英　赵中晟　马涛）

【运行调度】

1. 八里湾泵站

（1）做好调度运行管理工作。严格执行调水指令，保证调水工作安全运行。调水运行期严格按照山东干线公司值班制度进行调水值班、巡查、水情上报、及时准确执行上级调度指令等工作。运行期、汛期及非运行期，严格按照山东干线公司的各项规章及值班制度，做好巡查及运行记录，确保设备完好、工况稳定，保证运行安全。调水期间主机泵运行平稳、工况良好，八里湾泵站 2020—2021 年度调水自 2020 年 12 月 10 日 16 时 23 分开机，2021 年 5 月 30 日 17 时 40 分停机。泵站 1 号、2 号、3 号、4 号机组均投入了运行，泵站累计运行 5366.65 台时，累计调水 54362.36 万 m³。高、低压配电系统运行正常，自动化系统运行畅通，控制保护系统工作正常准确。

（2）开展水质保障工作。八里湾泵站作为南水北调水质监测重点部位，建设了水质监测点和水质检测站，管理处派专人负责水质监测工作，认真开展巡查巡视，督促督导代维单位加强对水质的监测。

2. 穿黄工程

（1）顺利完成 2020—2021 年度调水工作任务。2020—2021 年度穿黄河工程累计向鲁北地区及河北、天津输水 15404.35 万 m³。调水期间工程运行正常。

（2）严格执行调水工作制度，确保调水平稳运行。严格按照山东干线公司值班制度进行调水值班，做好值班和交接班、日常巡视巡查等工作。严格执行泰安分调中心下发的调度指令，确保工程正常运行。

（3）积极做好调水协调工作，全力保障调水工作。加强与地方政府、流域管理机构和相关部门的沟通协调。做好向地方用水单元输水的水量确认工作。

（4）强化水质保障。安排专人负责水质巡查和水质检测站的巡查看护

工作。根据工程实际制定水污染应急预案，保障调水水质安全。

（李君　刘英　赵申晟　马涛）

【环境保护与水土保持】　2021 年度，八里湾泵站管理处严格贯彻落实山东省水利厅《关于进一步做好水利建设工地扬尘污染及非道路移动机械动态管控工作的通知》要求，将扬尘管控治理纳入日常工作考核范围，对站区周边弃土区及输水渠道两侧苗木绿植等进行定期巡视养护，对损毁处进行适时增补。2021 年度，穿黄管理处做好园区、工程沿线和弃土区的绿化及水土保持工作，对管理区苗木进行了补植，加强管理和养护，对工程沿线的环境保护和水土保持发挥了重要作用。　　（李君　刘英　赵申晟　马涛）

胶 东 段

【工程概况】　南水北调东线山东干线有限责任公司胶东管理局（以下简称"胶东局"）所辖工程途经淄博市高青县、桓台县，滨州市邹平市、博兴县，东营市广饶县，潍坊市寿光市。由济东明渠段工程（胶东段）、陈庄输水线路工程、双王城水库工程等 3 个设计单元工程组成。包括输水渠道工程、双王城水库工程及沿线各类交叉建筑物。

胶东局下设淄博渠道管理处、滨州渠道管理处、双王城水库管理处。渠道工程管理范围自明渠段工程大沙溜倒虹下游章邹边界（明渠段桩号

38＋868）至引黄济青上节制闸，主渠道全长 85.522km，另外利用小清河分洪道子槽加固 12.7km；水库工程管理范围包括引水渠、管理区和水库围坝征边界内工程。输电线路长 92.27km，其中 35kV 线路 30.16km、10kV 线路 62.11km，包括各类建筑物 341 座，其中水库泵站 1 座、水库 1 座、水闸 27 座、渡槽 21 座、桥梁 127 座、倒虹吸 142 座、涵洞 6 座、水质监测站 1 座、管理用房 15 处。

（宋丽蕊　刘川川）

【工程管理】

1. 明渠段工程

（1）工程管理机构。胶东局作为二级机构负责明渠段工程（明渠段桩号 38＋868～76＋590，明渠段桩号 87＋895～122＋470）现场管理工作，下设淄博渠道管理处、滨州渠道管理处等三级管理机构，负责工程的日常管理、维修养护、调度运行等事宜。淄博渠道管理处管辖明渠段桩号 38＋868～76＋590 段长 37.722km 的渠道，滨州渠道管理处管辖明渠段桩号 87＋895～122＋470 段长 34.575km 的渠道。

（2）工程维修养护。2021 年度，完成日常维修养护金额 602.82 万元。其中，维修养护项目完成投资 418.66 万元（合同内投资 415.14 万元，新增项目投资 3.52 万元），巡查看护项目完成投资 184.16 万元。

完成 2020 年度日常维修养护合同验收工作；签订了 2021 年度日常维修养护协议，并完成胶东局管理范围内的日常巡查看护与建筑物、渠道、设备、闸门、树木绿化，以及安全防护设施、重要设备等日常维护保养工作。完成滨州渠道管理处博兴城南节制闸洼地整治项目，淄博渠道管理处衬砌板维修项目；停水期间完成滨州渠道管理处衬砌板沥青砂浆填缝项目，胶东局启闭机吊装孔封堵改造项目，淄博渠道管理处青肓沟、引黄入青沟闸门增设侧轨项目，淄博管理处老化电缆更换改造项目，滨州渠道管理处大张节制闸闸管所电缆更换项目。为提升工程现场管理设施面貌，实施了淄博渠道管理处 10kV 水利Ⅱ线架空线路改造项目，10kV 电力线路隔离开关安装及杆号牌升级改造项目；实施了滨州渠道管理处 10kV 架空线路改造及杆号牌升级改造项目，淄博渠道管理处、滨州渠道管理处窗户更换项目。

（3）安全生产。

1）落实安全生产会议制度。胶东局每季度召开安全生产专题会议，总结安全生产工作开展情况，分析应急管理形势，部署应急管理工作计划；各管理处每月召开安全生产例会，分析工程现场安全风险，落实隐患排查整改。

2）落实安全生产责任制，完善安全管理组织结构。胶东局进一步强化组织领导，建立了"党政同责、一岗双责、失职追责"安全生产责任制，根据山东干线公司 2021 年年初人员岗位调整，及时调整安全生产领导小组、应急管理领导小组等组织机构；划分了安全生产网格，落实职责分工，确定了安全生产目标并层层签署了安全生产责任书。

3）深入开展 2021 年度"安全生产月"系列活动。沿线发放宣传材料，并开展安全警示教育。加强安全隐患排查、安全大检查，落实隐患整改。同时按照上级要求开展危化品专项整治行动、危化品排查行动，所辖工程没有危化品。组织对辖区范围内建筑物、电气设备、电力线路等防雷设施和接地系统进行了专项安全检查。各项措施的实施均收到良好效果，截至 2021 年年底未发生任何安全生产责任事故。

4）新冠肺炎疫情防控。根据山东干线公司要求，坚持实行有效的预防措施，落实各项防控举措，全面做好疫情防控工作，稳步有序复工复产，定期开展疫情防控工作措施落实情况评估检查工作，对发现问题进行通报，督促整改。

（4）防汛度汛。修订完善了《胶东局 2021 年度汛方案及防汛预案》《胶东局 2021 年现场处置方案汇编》。汛前完成 2021 年防汛预案及度汛方案的编制工作，并结合开展防汛演练活动进一步修订完善，重新梳理、分析了防汛重点项目，进一步明确防汛风险点和防汛重点部位，并细化、落实风险项目分管及具体责任人，使应急措施更具针对性和可操作性。

根据 2021 年度演练计划安排，组织各管理处开展防汛度汛应急演练，并完成总结、评估及资料归档工作，通过演练锻炼了队伍，检验了应急预案的可操作性。

2. 陈庄输水线路工程

（1）工程管理机构。胶东局作为二级机构对陈庄输水线路工程（陈庄输水段桩号 0＋000～13＋225）进行工程现场管理；淄博渠道管理处作为三级机构，负责陈庄输水线路工程的日常管理、维修养护、调度运行等事宜。

（2）工程维修养护。截至 2021 年 12 月底，陈庄输水线路工程完成日常维修养护金额 115.35 万元。其中，维修养护项目完成投资 82.62 万元（合同内投资 82.04 万元，新增项目投资 0.58 万元），巡查看护项目完成投资 32.73 万元。

完成了日常维修养护实施方案、技术条款的编写制定及协议的签订工作；并严格按照合同管理办法和程序，做好日常维修养护任务单下发、维修养护月报上报及日常考核工作；做好成本核算及维修养护管理月报编制工作；做好进度、质量、投资控制，严把计量支付审批和结算审计关，积极推进预算执行；做好维修养护档案材料的收集、整理、归档工作。

（3）安全生产。胶东局始终坚持"安全第一、预防为主、综合治理"的安全方针，加强日常巡查检查力度，关注工程重点部位和薄弱环节，积极消除各类安全隐患，确保工程安全运行。

按照安全教育培训计划，组织全体人员有序学习安全法律法规及安全生产标准化相关制度、应急预案、处置方案、操作规程等，通过学习，提高了全员安全意识和应急处置能力。积极组织员工参与全国水利安全生产知识网络竞赛、全国"安全生产月"官网举办的危险化学品安全知识网络有奖答题，参加以争做"水利安全将军"为主题的安全生产知识趣味答题活动；通过系列竞赛答题活动，学习安全生产有关知识。

（4）防汛度汛。组织开展现场安全隐患排查、汛前和汛期检查累计5次。组织编制2021年度汛方案和防汛预案，参加山东干线公司组织的预案审查会，根据审查会提出的意见和建议进行修改完善。召开视频会议，组织人员开展《2021年度汛方案和防汛预案》宣贯学习。按照胶东局和山东干线公司要求，做好防汛物资盘查和补充工作。2021年5月，根据胶东局2021年度防汛重点内容设置5项防汛应急演练科目，包括中心沟排水倒虹（61＋560）入口清淤应急演练、10kV电力线路抢修应急演练、移动发电机应急供电时完成闸门开启和渠道紧急泄水应急演练、内涝抽排应急处置应急演练、排水沟底部出现掏空应急演练。演练参加人数共140余人，其中包括胶东局、养护公司、代

维单位、地方治安办、地方水利局、应急管理局等单位相关人员。

（5）安全监测。按照《南水北调东、中线一期工程运行安全监测技术要求（试行）》（NSBD 21—2015）及相关规程规范要求，胶东局定期开展工程安全监测工作，配合上级部门对相关数据及时分析评估，为工程安全、平稳运行提供技术支撑。

认真组织做好工程安全监测工作，收集整理安全监测设施设备运行及维护保养情况，建立安全监测设施设备台账。2021年度开展安全监测12次，及时上报安全监测月报12份。

3. 双王城水库工程

（1）工程管理机构。胶东局作为二级机构对双王城水库工程进行工程现场管理，双王城水库管理处作为胶东局的下设管理机构负责双王城水库工程的现场管理工作，包括工程的日常管理、维修养护、调度运行等事宜。

（2）工程维修养护。

1）日常维修养护项目。2021年度，完成日常维修养护金额140.26万元。其中，维修养护项目完成投资128.72万元（合同内投资96.56万元，新增项目投资32.16万元），巡查看护项目完成投资11.54万元。调度运行类完成日常维修养护金额115.73万元，其中金属结构机电维修养护完成投资77.2万元、电力线路运维完成投资20.38万元、电气性预防试验及备品备件完成投资18.15万元。

双王城水库管理处按照 2021 年工程维修养护合同组织开展工作，每月根据维修养护年度计划下发维修养护计划，按照维修养护任务书有序开展维修养护管理工作。主要完成闸室看护，渠道巡查，土建、渠道、泵站及水土保持类日常维修养护工作。

2）专项维修养护项目。2021 年度双王城水库管理处专项维修养护项目主要包括双王城水库围坝排水沟两侧铺设透水砖工程、双王城水库围坝护栏倒伏维修工程、安全监测内观设施维护项目、双王城水库 2021 年水毁工程抢修、双王城水库大坝安全鉴定、双王城水库管理处入库泵站变电站 35kV 消弧消谐柜改造工程、双王城水库管理处金结机电维修项目中的闸门大修工程、双王城水库集水廊道长柄闸阀维修项目、双王城水库保护室生产监控磁盘阵列升级改造项目、双王城水库闸门安全监测项目、双王城水库建筑物避雷设施监测等。

（3）安全生产。

1）隐患排查及整改。为强化隐患排查整治工作，做到"隐患排查、督促检查、整改落实"常态化，按照胶东局要求，双王城水库管理处每月定期开展安全隐患排查工作，对所辖工程进行全方位隐患排查。检查内容包括：建筑物的用电安全及消防器材、设施设备的完好情况；金属结构机电设备故障；渠道内坡及两侧道路的卫生及是否存在安全隐患；管理边界范围内有无土地侵占情况；办公

区、生活区的大功率用电及消防安全隐患等。对于排查出的隐患及时进行限期整改。2021 年各类检查发现问题 179 项，整改完成率达 94.4%，对短期无法整改的进行上报维修计划和维修措施。

2）安全生产管理。双王城水库管理处每月召开安全生产会议，学习安全生产文件，并对相关事故通报进行研读反思，举一反三排查现场类似事故隐患。组织管理处职工观看安全警示教育片，并举行消防应急演练、防汛应急演练、防溺水应急演练、反恐演练等，增强了职工安全生产意识和现场处置能力。编制完成双王城水库全员安全生产责任清单，结合工作岗位进一步落实"管生产必须管安全"。

3）安全监测。双城水库管理处成立安全监测领导小组，每季度开展垂直、水平位移测量。测压管非通水期每周 1 次测量，通水期间每周 2 次测量；每日开展蒸发、渗漏监测。2021 年 1 月 1 日至 12 月 31 日降雨量为 522.4 万 m^3，蒸发量 544.45 万 m^3，入库量 5001.67 万 m^3，出库量 1816.25 万 m^3；经计算渗漏量 543.05 万 m^3，平均每天渗漏量为 1.49 万 m^3。

根据双王城水库工程初步设计报告，双王城水库年损失（蒸发、渗漏）水量设计值为 1128 万 m^3。2021 年水库蒸发渗漏损失量为 1087.5 万 m^3，小于年损失量的设计值。

根据双王城水库工程监测资料初步分析，双王城水库整体运行安全稳

定，测压管渗压水位变化在合理范围之内，下游坝坡、5.5m平台、坝脚区域均未出现管涌、渗漏、塌陷等危及大坝安全的隐患。围坝填筑、水库防渗等均满足设计要求。

（时庆洁　赵启伟　周强　黄忠田　李才鹏）

【运行调度】　2020—2021年度胶东输水干线调水工作于2020年11月27日正式开始，12月12日10时开启城南节制闸，正式向胶东地区供水，截至2021年5月31日16时胶东输水干线停止调水，累计向胶东地区供水25152.00万m³。2021年3月16日至4月19日，通过引黄济淄分水闸向淄博供水1339.40万m³；2021年4月19日10时至4月23日8时，通过博兴分水闸向博兴水库供水200.00万m³；2021年3月3日10时至24日7时，通过东营分水闸向高店水库供水500.00万m³；2021年5月11日9时至6月25日5时，东营分水闸向高店水库供水1000.00万m³，累计分水1500.00万m³；2021年5月10—27日，通过辛集洼分水闸向辛集洼水库供水1200.67万m³。双王城水库2020年12月16日18时开启4号机组开始调水，2021年3月12日17时停机，累计充库3561.22万m³，水库水位达到12.35m，圆满完成调水任务。

2020—2021年度胶东局接受并执行山东省调度中心调度指令共计34条，调度指令执行正确率达100%。

根据调度指令，胶东局分调中心编制闸门远程操作指令共计1220余条，完成沿线闸门启闭动作千余次，闸门操作正确率达100%。就辛集洼分水口、引黄济淄分水口、博兴分水口、东营分水口、城南节制闸分水问题与地方相关管理单位多次会晤磋商，通过多次分阶段为引黄济淄供水、低水位高流速、流量调水等方法解决了大张节制闸上游调水对地方生产工作产生影响的问题。

调水过程中多次组织精干力量深入一线，及时进行工程隐患排查整改，保证工程设备设施状况完好。创新现场巡查方式，组织管理队伍、维保队伍同地方公安部门共同进行定期调水治安巡查。有效减少了沿线违反南水北调条例的现象，确保调水期间渠道运行安全。

调水期间，水库、渠道等工程建筑物工程运行平稳，未发现边坡沉降、滑坡、冲刷塌陷等影响调水的问题；机电设备、闸门启闭运行正常，工程运行状况良好，输水稳定，水库设备运行正常。　　（戴昂　隋保忠）

【环境保护与水土保持】

1.明渠段工程　2021年，明渠段工程沿线庭院总面积8.09hm²，其中现存绿化面积4.98hm²、新增绿化面积0.03hm²，庭院绿化覆盖率57.15%。河渠湖库周边现存绿化面积266.82hm²，新增绿化面积2.90hm²。绿化投资共131.41万元。

2021年度，明渠段工程共种植绿篱草皮共计4460m²，种植乔木、灌木共计5271棵。形成宽近70m、长72km的景观绿化带，逐步打造成一条绿色长廊和生态长廊，为改善地方生态环境发挥了一定的积极作用。完成渠道沿线及管理区树木修剪、涂白、草皮修剪、对不合格的树木进行补植替换等管理工作，以及对闸室铺设花砖美化闸区环境、对建筑物进行修缮等工作，进一步提升了南水北调工程形象。

2. 陈庄输水线路工程 2021年度完成陈庄输水线路工程渠道沿线及管理区树木修剪、涂白、草皮修剪、对不合格的树木进行补植替换等管理工作，胶东局淄博渠道管理处通过绿化专项项目完成草皮补植共计1390m²，种植乔木、灌木共计2389棵。项目实施过程中严格考察筛选树种，监督现场种植规格要求，确保树木成活率和完成的整体形象。

3. 双王城水库工程 双王城水库环境保护及水土保持项目主要包括围坝工程防治区、引水渠及泄水渠防治区、弃土区防治区、交通道路复建防治区和入库泵站管理区防治区。管理范围主要包括乔木、灌木、花卉、草皮等植被。在总体布局上，输水渠区、管理区、建筑物区以绿化美化为主，采取乔灌草相结合的方式进行绿化，并实施了土地整治和铺设植草砖等工程措施。

管理区及入库泵站按照景观园林标准进行优化设计，主要增加了景观绿化树种，更新乔木和灌木，并增加观赏性植被数量，本着"适地适树"的原则，结合现场地形条件，对水库管理区微地形进行改造并种植草皮，大大提升园区观赏性。

在管理方面，双王城水库园林绿化由专业公司负责维护管理、双王城水库管理处进行动态监管，并按照水土保持维修养护标准实施及考核。

（王榕 周强）

【获得荣誉】 2021年度，在山东干线公司党委的正确领导下，胶东局紧紧围绕公司发展目标，不断完善"制度学习与执行、问题发现与整改、项目预算与实施"工作机制，持续打造"基层党建、创新发展、面貌提升"工作亮点，保证了胶东段工程运行安全，圆满完成向胶东地区年度调水25152万 m³的工作任务。双王城水库管理处荣获"山东省青年文明号"称号，于涛被授予全国水利"首席技师"与"绿色生态工匠"称号，双王城水库工程荣获中国水利工程优质（大禹）奖。 （贾永圣 宋丽蕊）

济 南 段

【工程概况】 南水北调东线山东干线有限责任公司济南管理局（以下简称"济南管理局"）所辖工程范围自济平干渠渠首引水闸至大沙溜节制闸枢纽下游济南市与滨州市交界处，是南水北调东线山东干线胶东输水干线工程的重要组成部分，全长156.979km。途经泰安市东平县，济南市平阴县、长清区、槐荫区、天桥区、历城区和章丘区。由济平干渠工程、济南市区段工程、东湖水库工程等3个设计单元及济东明渠输水工程设计单元济南段组成。

济平干渠工程是南水北调东线一期工程的重要组成部分，也是向胶东输水的首段工程。其输水线路自东平湖渠首引水闸引水后，途经泰安市东平县，济南市平阴县、长清区和槐荫区至济南市西郊的小清河睦里庄跌水，输水线路全长90.055km。工程等别为Ⅰ等，其主要建筑物为1级，设计输水流量$50m^3/s$，加大流量$60m^3/s$。济平干渠工程是国家确定的南水北调首批开工项目之一，工程总投资150241万元。2002年12月27日举行了工程开工典礼仪式，2005年12月底主体工程建成并一次试通水成功，2010年10月通过国家竣工验收，是全国南水北调第一个建成并发挥效益、第一个通过国家验收的设计单元工程。

济南市区段工程西起济平干渠工程末端睦里庄节制闸，东至济南市东郊小清河洪家园桥下，横穿济南市区，全长27.914km，包括睦里庄节制闸、京福高速节制闸、出小清河涵闸等控制性建筑物。其中自睦里庄跌水至京福高速公路段利用小清河河道输水，长4.324km，自出小清河涵闸至小清河洪家园桥下，在小清河左岸

新辟输水暗涵，长23.59km，全线自流输水。工程设计流量为$50m^3/s$，加大流量为$60m^3/s$。

济东明渠输水工程西接济南市区段工程洪家园桥暗涵出口，东至济东明渠段济南与滨州交界处，输水线路长38.963km，包括赵王河闸、遥墙闸、南寺闸、傅家闸和大沙溜枢纽等控制性建筑物。工程设计流量为$50m^3/s$，加大流量为$60m^3/s$。

东湖水库是南水北调东线一期胶东输水干线工程的重要调蓄水库，位于济南市历城区与章丘区交界处，为围坝型平原水库，水库围坝轴线全长8125m，占地面积8073.56亩，最大坝高13.7m。东湖水库扩容增效工程完成后，水库设计最高蓄水位30.10m，相应最大库容5583万m^3，死水位18.50m，死库容678万m^3。主要建筑物包括水库围坝、分水闸、穿小清河倒虹吸、入库泵站、入（出）库水闸、放水洞、湖心岛、排渗泵站及截渗沟等。

入库泵站安装立式混流泵4台，泵站总装机容量2700kW。主厂房内安装1400HLB-9.5型立式混流泵2台，扬程范围12.70～8.78m，流量范围5.2～$6.8m^3/s$，配套电机型号为TL900-16/900kW；900HLB-9.5型立式混流泵2台，扬程范围13.1～9.25m，流量范围2.35～$3.07m^3/s$，配套电机型号YL560-10/450kW。设计入库泵站最大设计流量为$11.6m^3/s$，最大出库流量为$22.0m^3/s$，济南、章

丘方向出库流量分别为 3.47m³/s、0.54m³/s。主要任务是调蓄南水北调东线分配给济南、滨州和淄博等城市的用水量。

东湖水库设计年入库水量 15685 万 m³，其中长江水 8785 万 m³、黄河水 6900 万 m³；年总供水量 14997 万 m³，其中向济南市年供水 12650 万 m³（济南市区方向 10950 万 m³，章丘区方向 1700 万 m³）向滨州和淄博等城市供水 2347 万 m³。 （刘聪）

【工程管理】 济南管理局作为二级管理机构，负责所辖工程的综合管理、工程管理和调度运行管理。济南管理局下设平阴渠道管理处、长清渠道管理处、济东渠道管理处、东湖水库管理处作为三级管理机构，具体负责工程现场管理。

1. 工程管理机构 平阴渠道管理处负责济平干渠东平、平阴段管理，长清渠道管理处负责济平干渠长清段管理，济东渠道管理处负责济南市区段工程和济东明渠段工程（济南段）管理，东湖水库管理处负责东湖水库工程管理。

平阴、长清、济东渠道管理处及东湖水库管理处管理工作包括工程的日常管理、维修养护、调度运行等事宜。各管理处均下设综合科、工程科、调度科，具体承担管理处的日常管理工作。

2. 工程维修养护

（1）2021 年度日常维修养护项目。完成土建及水保日常维修养护金额 889.69 万元，其中维修养护项目完成投资 574.96 万元、巡查看护项目完成投资 314.73 万元。

各管理处按照 2021 年工程维修养护合同组织开展工作，每月根据维修养护年度计划下发维修养护任务书，按照维修养护任务书有序开展维修养护管理工作，主要完成闸室看护、渠道巡查、土建、渠道及水土保持类日常维修养护工作等。

（2）2021 年度专项维修养护项目。

1）平阴渠道管理处专项维修养护项目主要包括：南水北调东线 2021 年度工程维修养护预算专项项目（一）合同限宽墩分部工程，完成投资 9.96 万元；南水北调东线 2019 年度专项设计项目库第一批项目（一）（施工 4 标），包含平阴渠道渠首闸出水口下游渠道渗水处理和平阴渠道刁山坡排污口改造项目，完成投资 322.55 万元。

2）长清渠道管理处专项维修养护项目主要包括：南水北调东线 2021 年度工程维修养护预算专项项目（一）合同限宽墩分部工程完成投资 9.62 万元；长清渠道管理处玉符河倒虹闸电源线路改造项目完成投资 15.33 万元；长清渠道管理处反控系统（安防监控）升级改造项目完成投资 6.41 万元；南水北调东线山东济南段沿线闸站 2021 年度绝缘垫、设备围挡及安全标识采购安装项目完成投资 4.76 万元；南水北调东线山东干线 2019 年度专项设计项目库第一批项目（二）施工合同（施工 7 标）长清渠道玉符河更换清污机项目完成投资 55.14 万元。

3）济东渠道管理处专项维修项目包括：南水北调东线 2021 年度工程维修养护预算专项项目（一）明渠段工程 2021 年度左岸局部堤顶道路硬化（工商路生产桥—机场路公路桥，完成投资 218.28 万元；南水北调东线山东干线济南管理局 2020 年度济东闸区整治及建筑物维修工程，完成投资 83 万；济东渠道荷花路 1 桥至赵王河倒虹左岸边界增设挡土墙及排水沟项目，完成投资 99.94 万元。

4）东湖水库管理处专项维修项目包括：东湖水库工程章丘、济南放水洞箱涵渗水修复专项项目，完成投资 36.51 万元；2021 年度春季树木补植种植项目，完成投资 12.76 万元；南水北调东线山东干线 2019 年度专项设计项目库第一批项目（一）施工 1 标段，完成投资 856.19 万元；南水北调东线山东干线济南管理局东湖水库闸亭维修工程，完成投资 126.87 万元。

3. 安全生产

（1）安全生产目标职责。济南管理局与各管理处签订安全生产责任书，管理处与辖区内的管理站、各代维单位签订安全生产责任书，落实安全生产责任；管理处每年制定安全生产网格，完善安全生产体系。

安全生产管理以"八大体系四大清单"为框架，做好安全生产标准化工作。根据水利部颁布的《安全生产标准化评审标准》，细化工作分工，责任落实到人。不断健全规章制度，夯实安全生产管理基础，认真开展安全生产标准化建设工作。全员签订 2021 年安全责任书，每月召开安全生产例会，组织开展《安全生产条例》《安全生产法》及相关的法律法规和制度的培训学习活动，开展安全隐患大检查及落实整改。先后组织 2021 年防汛应急演练和消防演练活动，通过实战提高危机意识和应急处理能力。严格保证安全生产费用支出规范，确保资金用在安全生产工作上。

（2）隐患排查及整改。为强化隐患排查整治工作，做到"隐患排查、督促检查、整改落实"常态化，按照济南管理局要求，平阴渠道管理处、长清渠道管理处每月定期开展"大快严"活动，对所辖工程进行全方位隐患排查，着重检查水闸、倒虹吸等重点工程，供电线路、水闸启闭机、工程安全监测、消防等重要设备设施，工程现场办公区、生活区、机房、仓库、档案室、食堂及会议室等重要部位。全年发现隐患 36 处，整改完成 36 处。

（3）安全生产标准化。按照《水利工程管理单位安全生产标准化评审标准（试行）》要求，各管理处成立安全生产标准化自评工作组。按照计划安排，对安全标准化建设和实施情况对照标准的 13 个一级项目、44 个二级项目、122 个三级项目逐项进行全面检查，查评涵盖了安全生产标准化评审的全部范围。评审通过现场查看、查阅资料、询问相关人员等形式开展，针对存在的问题，制定了整改计划，明确责任、限期整改，并将整改计划纳入年度考核指标。整改完成后的效果总体评价良好，能够符合安全生产标准化管理的基本要求。

根据水利部颁布的《安全生产标准化评审标准》，细化工作分工，责任落实到人，不断健全规章制度，夯实安全生产管理基础，认真开展安全生产标准化建设工作。制定全员安全生产责任清单；每月召开安全生产例会，组织开展《安全生产条例》《安全生产法》及相关的法律法规和制度的培训学习活动，2021 年按照年初教育培训计划按时完成安全教育培训活动；开展安全风险管控与隐患排查治理双体系建设工作，根据工程实际，划分风险点，识别危险源，确定风险等级，制定管控措施，建立隐患排查清单，根据隐患排查清单定期组织安全生产检查，积极整改安全隐患；先后组织 2021 年防汛应急演练和消防演练活动，通过演练提高危机意识和应急处理实战能力；实施了运行管理标准化标识标牌建设项目，根据标准化要求及现场实际情况，增加、更换警示标牌和制度标牌；以"落实安全责任、推动安全发展"为主题，开展了 2021 年"安全生产月"活动，开展了防汛预案、度汛方案及"安全生

产月"活动方案的学习活动、"6·16"安全生产宣传日活动、大排查大整治活动、安全宣传"进学校"等活动；各管理站制作的横幅悬挂于重要节点或者交通桥，山东干线公司和管理处印发的安全公告和南水北调条例也沿渠道周边村庄张贴，巡逻车不定期在渠道播放南水北调条例相关宣传语音；密切与渠道沿线各中小学校联系，为防止暑假沿线孩子出现溺水事件，暑期到来之前将安全手册发放到沿线中小学，做好防溺水宣传。日常巡查工作的加强和宣传工作的广范普及为年度通水工作营造了良好的运行环境。严格保证安全生产费用支出规范，确保资金用在安全生产工作上。

（4）安全监测。各管理处按照南水北调工程安全监测技术要求，结合实际情况制定安全监测计划，规范做好渗流监测和表面变形监测工作，加强对水库大坝、水库放水洞、渠道节制闸及倒虹闸等重点部位的巡视检查，按月编制安全监测报告，归档并上报。2021 年各断面渗流监测资料初步分析结果表明，各工程整体运行安全稳定。

4. 防汛度汛　各管理处组织开展现场安全隐患排查、汛前和汛期检查。编制 2021 年度汛方案和防汛预案，参加山东干线公司组织的预案审查会，根据审查会提出的意见和建议进行修改完善。召开视频会议，组织人员开展《2021 年度汛方案和防汛预案》宣贯学习。按照济南管理局和山

东干线公司要求，做好防汛物资盘查和补充工作。

5月20日，济南管理局在长清渠道管理处所辖北大沙河倒虹闸开展了2021年度渠道防汛应急演练。做好汛期值班工作，确保24小时通信畅通。

2021年9—10月，受持续降雨及黄河洪峰影响，济平干渠上游东平湖及渠道沿线出现内涝。受地方政府委托，根据山东干线公司调度指令，平阴管理处开启浪溪河泄水闸分泄浪溪河洪水。9月23日5时浪溪河泄水闸闸门开启，10月18日12时关闭，通过浪溪河泄水闸共分泄浪溪河洪水1087万m³。

根据山东干线公司调度指令，平阴管理处于2021年9月30日14时开启渠首引水闸，向下游分泄东平湖洪水，截至10月19日9时关闭，共计分泄东平湖洪水约5481万m³。

自2021年9月18日起，南水北调济平干渠长清段周边区域出现持续降雨，10日内累积降水量超200mm，同月下旬，黄河出现多次大流量汛情。10月2日，受黄河洪峰及连续降雨影响，南水北调济平干渠长清段孝里河水位达到37.28m，超渠顶高程2.20m，孝里河倒虹闸北大堤及东岸出现渗水现象。发现险情后，长清渠道管理处启动防汛Ⅳ级应急响应，立即组织人员、机械、防汛物资进行了一系列的应急处置工作。利用防汛沙袋在孝里河河堤较低侧垒筑挡水墙；在渗水严重的河堤内坡铺设土工膜防渗，采用抛投防汛沙袋的方式进行固定压实；在孝里河倒虹闸渗水部位铺设土工布反滤，并用防汛沙袋进行固定压实，有效处置了此次险情。

10月1日，受黄河水位持续升高及连续降雨影响，南水北调济平干渠姜沟段出现水毁滑坡险情。平阴管理处采取吊装铅丝笼装块石压顶的方式组织开展水毁抢险作业，10月4日抢险完成。

（刘聪）

【运行调度】　为确保安全高效地完成2020—2021年度调水工作任务，确保调度运行工作安全平稳可控。济南管理局坚决贯彻执行山东干线公司调度中心要求的"二级调度、三级管理"的调度模式，组织全体职工积极学习调度运行有关技术，熟悉并掌握"二级调度、三级管理"的调度模式。主要工作包括：①济南管理局和各管理处分别成立调水运行管理领导小组，执行山东省调度中心传达的调度指令，负责济南段工程调水运行管理，细化分工、明确责任，将各环节及各项工作明确落实到各单位责任人；②各管理处结合工程实际制定并完善工程调水调度运行相关制度，并严格按照相关规定及要求执行，确保调水运行期间24小时有值班人员在岗在位，及时掌握调水情况，确保各项制度落实到位；③落实巡视检查责任制，对输水渠道、控制性建筑物、水库进行安全巡视检查，及时消除各种安全隐患，加强工程安全监测工作，按照有关规定进行检测，及时分析整理观测数据，并作出预测预警；④加强沿线节制闸、分水闸中金属结构和机电设备调度运行管理，保证闸门启闭、拦污栅提升灵活，确保发电、配电系统运行正常，定期对各闸室、泵站、清污机逐一进行隐患排查等工作，对于发现的调水隐患及时进行整改处理。

1. 2020—2021年度调水及泄洪工作

（1）调水情况。济南管理局所辖工程2020—2021年度调水工作自2020年11月27日开始至2021年6月20日结束，累计安全运行204天，共接收执行山东省调度中心调度指令40份（平均5天一次调令），经渠首闸累计引水4.38亿 m^3。

（2）分水情况。2020—2021年度调水工作向济南市供水7815万 m^3，向胶东供水2.78亿 m^3，通过东湖水库向章丘、济南市区供水468万 m^3。

（3）东湖水库充库情况。东湖水库从2020年12月7日开始至2021年6月20日结束，经历7个调水充库阶段，累计运行2162h，累计入库量为5954万 m^3。2021年6月20日，东湖水库首次达到30.10m的设计水位，相应库容5609万 m^3，并在此设计水位安全运行18天。

（4）2021年度泄洪调度工作。2021年度，济南市遭遇了60年以来的最大降雨量，截至10月31日，济南市平均降雨量为1020.7mm，比常

年同期635.4mm多出385.3mm，多60.6%。济南管理局按照各级防汛抗旱指挥部的要求，利用所辖工程积极配合地方政府泄洪排涝。截至2021年10月31日，为东平湖、济平干渠沿线跨流域泄洪排涝共计1.05亿 m^3，执行山东省调度中心泄洪排涝调度指令12份。

2. 主要做法及措施

（1）济南管理局调整完善调度运行组织机构，明确"二级调度、三级管理"调度机制，强化调度运行和巡视巡查的协调机制。

（2）组织专业培训，强化过程管控。定期组织调度专业业务培训；对运行过程中发现的金属结构机电设备、水泵机组、电力线路、调度运行自动化系统等设备设施问题及时消缺整改；更新改造了浪溪河倒虹涵闸、玉符河倒虹涵闸、出小清河涵闸清污机；复核更换了沿渠物理水尺、电子水尺。

（3）积累经验，注重分析总结。建立了闸门开度和流量之间的调度运行数据库；总结了极端严寒天气冰期输水水情数据、应对措施和调度运行经验。

（4）加强沟通，确保防汛度汛与工程调度运行相协调。2021年泄洪排涝工作积累了很多汛期调度经验与资料。

（刘聪）

【环境保护与水土保持】 济南管理局始终坚持"绿水青山就是金山银

"山"的发展理念，在生态文明建设和南水北调水质保障方面不断研究探索，进一步提升南水北调水质保障工作能力，健全完善长效机制，毫不懈怠抓好各项工作落实。加强渠道巡查力度，落实各项措施，杜绝影响水质安全的事件发生；加强政策机制研究，不断推进南水北调事业发展，确保工程发挥生态效益和社会效益。

济平干渠工程沿线 90.055km，共植树 56 万余棵，树种包括柳树、白蜡、国槐、五角枫、杨树、法桐等，绿化草皮超过 300 万 m^2，形成了长近 90km、宽 100m 的景观绿化带，打造了一条绿色长廊和生态长廊，为改善地方生态环境发挥了一定的积极作用。

2021 年，济平干渠工程沿线完成树木补植、病虫害防治、林木修剪、打药除害、树木扩穴保墒、水土保持草管理等生态管理工作，水土保持效果良好。

明渠工程沿线 43.287km，共植树 4.8 万余棵，树种包括柳树、白蜡、国槐、五角枫、杨树、法桐等，绿化草皮超过 80 万 m^3，形成了美丽的景观绿化带，打造了一条绿色长廊和生态长廊，为改善地方生态环境发挥了一定的积极作用。

东湖水库既是南水北调工程形象展示的窗口，也是职工长期工作生活的场所，好的生态环境对外提升了东湖水库的形象，也有利于职工身心健康。近几年东湖水库管理处新栽植、补植各类苗木总计 30 多个品种 6000 余棵，围坝及护堤地的水土保持情况大大改善，管理区形象面貌不断提升。

（刘聪）

【验收工作】　2021 年，济南管理局完成的工程维修养护及专项验收工作如下：

（1）2021 年 1 月 8 日，完成《南水北调东线山东干线济南管理局渠道衬砌板、闸墩桥墩翼墙及堤顶道路混凝土维修工程》合同项目完工验收。

（2）2021 年 1 月 12 日，完成《东湖水库微型（自动）气象站试点》合同项目完工验收。

（3）2021 年 3 月 2 日，完成《南水北调东线山东干线济南管理济东渠道管理处渠道标准化试点》工程一期项目完工验收。

（4）2021 年 5 月 31 日，完成《东湖水库工程水泵技术供水系统改造》项目完工验收。

（5）2021 年 7 月 1 日，完成《运行管理标准化标识标牌建设》项目完工验收。

（6）2021 年 8 月 31 日，完成《东湖水库管理处 2021 年度春季树木补植种植》施工合同项目初步验收；完成《东湖水库管理处 2021 年植树节活动树木种植》施工合同项目初步验收。

（7）2021 年 9 月 13 日，完成《南水北调东线山东干线工程 2020 年工程日常维修养护土建工程标段 1（济南、胶东段）日常维修养护协议》

（济南段）项目完工预验收。

（8）2021年9月28日，完成《东湖水库工程部分钢筋混凝土建筑物对拉螺栓端部封堵》施工合同项目完工验收。

（9）2021年9月29日，完成《东湖水库渗压计、测压管及自动化系统鉴定》合同项目完工验收。

（10）2021年11月30日，完成《东湖水库围坝安防视频监控系统供电改造工程》项目完工验收。

（11）2021年12月21日，完成《济东渠道荷花路1桥至赵王河倒虹左岸边界增设挡土墙及排水沟》项目完工验收。

（12）2021年12月24日，完成南水北调东线一期胶东干线济南至引黄济青段工程东湖水库工程设计单元工程完工验收。　　　　（刘聪）

聊 城 段

【工程概况】　济南管理局是南水北调东线一期工程的重要组成部分，途经聊城市的东阿县、阳谷县、江北水城旅游度假区、东昌府区、经济技术开发区、茌平区、临清市共7个县（市、区），由小运河工程、七一·六五河段六分干工程组成。主要工程内容为输水渠道及沿线各类交叉建筑物。工程范围上起穿黄隧洞出口，下至师堤西生产桥，接七一·六五河段工程。聊城段工程渠道全长110km，其中小运河段长98.3km，设计流量50m³/s，利用现状老河道58.2km，新开挖河道40.1km；临清市境内六分干段长11.7km，设计流量25.5～21.3m³/s。新建交通管理道路111.1km。输电线路全长40.9km。工程沿线各类建筑物（含管理用房）479座（处），其中水闸232座（节制闸13座、分水闸8座、涵闸188座、穿堤涵闸23座）、桥梁153座、倒虹吸44座、渡槽12座、穿路涵10座、暗涵4座、涵管2座、管理用房21处、水质监测站1处。

（孟繁义　张健）

【工程管理】　南水北调东线山东干线有限责任公司聊城管理局（以下简称"聊城局"）负责聊城段工程的运行管理工作。聊城局内设综合岗、工程管理岗科、调度运行岗、东昌府渠道管理处和临清渠道管理处。聊城段工程按管辖范围划分为上游段工程和下游段工程，上游段工程（起止桩号为0+000～66+243）由东昌府渠道管理处管辖，下游段工程（起止桩号为66+243～110+006）由临清渠道管理处管辖。

山东干线公司依据2021年2月23日印发的《南水北调东线山东干线有限责任公司考核管理办法（修订）》，对聊城局实施年度目标管理考核，对管理处实施星级评定考核，对中层正职人员实施季度和年度绩效考核，对其他员工实施月度和年度绩效考核。

山东干线公司于2021年9月1日制定印发了《南水北调东线山东干线有限责任公司现场星级评定与考核管理办法（试行）》。2021年度，聊城局所辖的东昌府和临清两个渠道管理处对照千分制考核指标体系开展工程管理工作，山东干线公司授予东昌府渠道管理处为"三星$^+$级管理处"。

2021年度，完成日常及专项项目投资约2365.72万元。其中，土建日常维修养护费用1053.53万元，金属结构机电设备、电力维护费用及备品备件272.38万元，专项项目费用1039.81万元。

2021年预算批复专项项目包括：①临清渠道管理处钢材市场东侧边界内绿化项目，已完工验收，完成投资23.87万元；②渠道标准化试点项目，已完工验收，完成投资190.29万元；③桥梁标识及应急疏散安全生产项目，已完工验收，完成投资259.12万元。

2021年预算调整专项项目包括：①东昌府渠道管理处赵王河、苏里井节制闸交通桥石栏杆及闸站屋面防水项目，已完工尚未验收，完成投资79万元；②东昌府渠道管理处渠道工程标准化试验段项目，该项目正在施工，完成投资284.93万元；③10kV南水Ⅲ线电缆更换项目，已完工验收，完成投资71.32万元；④临清渠道管理处六分干渠道部分管理道路侧加装路缘石项目，已完工验收，完成投资16.49万元；⑤临清渠道管理处箱式变压器扩容项目，已完工验收，完成投资11.5万元；⑥临清管理处石栏杆更换、道路硬化及道路破损处理项目，正在施工，完成投资103.29万元。

工程维修养护管理措施包括：①完善、细化管理机制，理清管理程序，使工程管理更加顺畅、高效；②细化合同管理和项目采购工作流程，列出流程图，明确各环节办理注意事项和文件格式；③推行工作前置法，加强变更项目管理；④严格工程质量过程控制，提高签证、计量支付资料质量；⑤加强合同相关文件的学习，做好合同、技术、安全交底及业务培训；⑥落实好现场局、管理处两级巡查制度；⑦看护维护项目实行"量化管理"。

2021年度聊城段工程办理穿跨邻项目共计8项。其中已完工验收2项（阳谷县七级镇新建南环桥、聊城羡林—聊城220kV线路工程），正在实施4项（郑济高铁跨越工程、临清10kV魏南线、财金国家能源城区供热主管网工程、聊城市西关街高架桥跨越项目），正在办理审批手续1项（凤凰水厂输配水管道）。

（孟繁义　张健）

【运行调度】　根据水利部印发的《南水北调东线一期工程2020—2021年度水量调度计划》（水南调函〔2020〕136号）及山东干线公司《2020—2021年度鲁北干线水量调度

计划实施方案》，鲁北干线计划于2021年4—6月从东平湖调入鲁北干渠水量11400万 m³。

2021年4月1日10时开启穿黄埋涵出口闸，标志着2020—2021年度聊城段工程调水工作正式启动，6月14日16时关闭阳谷莘县分水闸，标志着聊城段工程完成2020—2021年度调水任务。聊城段工程2020—2021年度调水历时75天，累计调引长江水15277万 m³，向聊城各县（市、区）分水4609.3万 m³（含东阿分水口1143万 m³），向临清市卫运河生态补水475.27万 m³，通过市界节制闸向德州段调水9241万 m³。与2020—2021年度水量调度计划相比，2020—2021年度聊城段工程超计划从东平湖引水3877万 m³，超计划分水484.57万 m³，北延应急供水3618万m³，首次实施向聊城市地方河道生态补水，工程发挥了良好的生态效益、经济效益和社会效益。

聊城局成立调度分中心，负责聊城段工程的调度运行工作。调度分中心服从山东省调度中心统一调度，督导管理处落实执行辖区内工程调度指令。调度分中心实行局长负责制，按调度运行管理规程开展工作，设分调度长、值班员，分调度长由聊城局领导班子成员担任，值班员为聊城局机关及东昌府渠道管理处人员。

调水运行前全面做好有关准备工作：①对沿线两岸涵闸进行关闭，对部分闭合不严或正在改造的涵闸闸门进行封堵，同时对全线渠道内的杂物进行清理；②对沿线水尺及安全监测设施进行检查，对损坏的设施进行维修更换；③对启闭机开度仪、PLC进行检查，逐一对控制性节制闸、分水闸进行远程控制调试；④组织自动化、电力等代维单位对设备、电力线路进行全面系统排查及整改；⑤召开聊城局调水工作专题会议，对2020—2021年度各县（市、区）引水工作作出具体安排；⑥聊城局开展全员调水业务培训，宣贯山东干线公司《2020—2021年度鲁北干线水量调度计划实施方案》《南水北调东线聊城段工程2020—2021年度调水工作实施方案》，对调度流程、指令收发、水情上报、水量确认、闸门开度计算、沿线信息自动化采集、PLC设备常见故障及处置方式等调水业务进行系统培训；⑦进一步开展通水前工程安全检查，对应急抢险物资和后勤保障准备工作开展再检查、再落实。

聊城段工程2020—2021年度调水工作执行山东干线公司"两级调度、三级管理"模式要求。调水期间现场调度权限收归调度分中心，调度分中心严格按照山东省调度中心指令调度沿线闸门，管理处负责现场巡查、设备维护及应急保障工作。调水过程中全面应用各调度业务系统，推行"以自动化调度为主、人工调度为辅"的调度方式，通过信息监测与管理系统上报水情数据，通过闸（泵）站监控系统远程控制现场闸门，通过视频监控系统查看工程现场情况。为避免扬压力破坏、确保工程安全，输水过程中，严格控制水位变化每天（24h）不超过30cm，同时每小时不超过15cm；输水结束后，水位下降速度每天（24h）不超过30cm，同时每小时不超过15cm。

通水运行期间渠内水质稳定达标。在运行前关闭沿线所有口门，及时观察渠内水质情况。通水期间加强水质等情况的巡查，主要巡查水面漂浮物情况、边坡杂物、水体情况、支流涵闸情况、支流水质情况等。对沿线水污染风险隐患、桥梁跨渠情况、入干线河流情况进行排查，对有可能造成水质污染的作为重点进行检查。发现存在影响水质安全事件，及时制止并上报调度分中心。配合水质监测单位进行水样采集，及时了解、监测调水水质。临清渠道管理处安排专人负责德州市与聊城市交界处水质自动监测站的运行环境，保障电源及供水设备运行稳定，定期查看设备运行工况，发现问题及时上报。

加强调水安全宣传教育。调水前向工程沿线村庄、街道等人员密集场所共计发放1000份《致广大家长朋友的一封信》，普及防溺水及南水北调安全知识。在工程沿线节制闸、分水闸、涵闸、桥梁及村庄附近共计张贴300份《南水北调聊城段工程调水运行安全告知书》，告知工程调水运行安全有关事项。开展2021年"世界水日""中国水周"现场志愿宣传活动，通过散发宣传册、张贴标语条幅、发放纪念品等形式，宣传有关水法律法规及安全知识，增强广大群众的水法规意识，营造调水工作良好社会氛围。

（孟繁义　张健）

【环境保护与水土保持】　聊城局明确了局分管领导、水质保障工作人员和所辖东昌府、临清两个管理处的水质保障工作人员，以及市界节制闸水质监测站的具体负责人，保障聊城段工程水质监测工作及市界节制闸水质监测站的正常运转。为及时响应、科学处置、减轻事故对水质的影响及保证工程安全平稳运行，结合安全生产标准化工作，聊城局制定印发了《水质污染事故专项应急预案》，对事故风险分析、应急指挥机构及职责、应急处置程序、应急处置措施等进行了明确。

东昌府、临清渠道管理处为有效组织事故应急处置，及时按照处置程序进行信息上报，保障工程水质安全达标，减少人员伤亡及财产损失，结合各自工程实际，分别制定了《水质污染事故现场处置方案》，对事故风险分析、应急机构职责、应急处置及注意事项等进行了具体明确。

聊城局在《南水北调东线聊城段工程2020—2021年度调水工作实施方案》中对水质监测及应急处置措施等进行了明确规定。东昌府、临清渠道管理处按照"调水期每天巡查两次、非调水期每周巡查一次"的频次要求对工程现场进行巡查。输水环境是工程巡查中的重要组成部分，对工程现场取土、偷水、排污、钓鱼、放牧、倾倒垃圾等非法行为及时发现，并加以制止和说服教育，按要求在渠道日常巡视检查记录中详细记录。

聊城局所辖明渠段工程沿线长110km，沿渠道两岸共植树6万余棵、绿化草皮287hm²，形成宽近30m、长110km的绿化带，与渠道内的江水一起改善了沿线地方生态环境。2021年度，东昌府渠道管理处和临清渠道管理处实施了树木修剪、打药除害、草皮修剪、树木补植等绿化管理措施，并对管理处管理区进行了绿化整体规划。 （孟繁义　张健）

【聊城段灌区影响处理工程】

1. 工程概述　南水北调东线一期鲁北段输水工程利用了流经夏津县、武城县及临清市境内的七一·六五河输水，从而使七一·六五河失去原有的灌溉功能，打乱了原来的灌排体系。灌区影响处理工程旨在消除南水北调东线一期工程利用地方原有河道输水对灌区带来的不利影响。聊城段灌区影响处理工程即临清市灌区影响处理工程，是鲁北段输水工程的重要组成部分。其主要任务是通过调整水源、扩挖（新挖）渠道、改建（新建）建筑物等措施，满足因南水北调东线一期鲁北段输水工程利用临清市境内的七一·六五河段输水而受其影响的39200hm²灌区的灌溉供水需求。

工程主要建设内容为：开挖河道8条共计长度30.5km，新建公路桥9座、生产桥29座，新建水闸11座，新建泵站1座。

2. 运行管理　临清市排灌工程管理处，机构组织健全，管理体系完整，负责临清市引黄及其他工程的运行管理和工程管护，承担临清市灌区影响处理工程的运行管理职责。鉴于临清市灌区影响处理工程只对灌区进行渠系调整，并不扩大灌区规模，没有加重灌区管理任务，为此仍由临清市排灌工程管理处管理。

3. 工程效益　临清市灌区影响处理工程均已按设计内容建设完成。输水渠道已在2012年2月开始担负春灌放水任务，水闸及桥梁等工程均已正常发挥作用。 （孟繁义　张健）

德　州　段

【工程概况】　南水北调东线山东干线有限责任公司德州管理局（以下简称"德州局"）所辖工程主要包括德州段渠道工程和大屯水库工程。

德州段渠道工程自聊城、德州市界节制闸下游师堤西生产桥至大屯水库附近的草屯交通桥（桩号110＋006～175＋224），渠道全长65.218km，沿河设8处管理所；共有各类建筑物128座，其中节制闸8座、穿干渠倒虹吸3座、涵闸76座、橡胶坝1座、桥梁40座（生产桥33座、人行桥5座、公路桥2座）。设计输水规模为 21.3～13.7m³/s；工程防洪、排涝标准分别为"61 年雨型"防洪（对应防洪标准为 20 年一遇）、"64 年雨型"排涝（对应除涝标准为 5 年一遇），六分干及涵闸排涝标准为 5 年一遇。

大屯水库工程位于山东省德州市武城县恩县洼东侧，距德州市德城区 25km，距武城县城区 13km。水库围坝大致呈四边形，南临郑郝公路，东与六五河毗邻，北接德武公路，西侧为利民河东支。工程总占地面积 9732.9 亩，水库围坝坝轴线总长 8913.99m。主要工程内容包括围坝、入库泵站、德州供水洞和武城供水洞、六五河节制闸、进水闸、六五河改道工程等。

（王晓　邱占升　谢峰　鲁英梅）

【工程管理】　德州局作为山东干线公司派驻现场的二级管理机构，负责德州段的干线工程运行管理工作，下设夏津渠道和大屯水库管理处，具体负责渠道和水库工程的运行管理工作。

1. 工程管理机构　德州局机关内设综合岗、工程管理岗、调度运行岗，现有正式员工 12 人（局长、副局长、一级主任工程师和二级主任工程师各 1 人，综合岗 3 人，工程管理岗 2 人，调度运行岗 3 人）。夏津渠道管理处现有正式员工 12 人（主任、副主任、专责工程师各 1 人，综合岗 2 人，工程管理岗 2 人，调度运行岗 5

人），负责德州段渠道工程运行管理工作。大屯水库管理处现有正式员工 17 人（主任、副主任、二级主任工程师、专责工程师各 1 人，综合岗 2 人，工程管理岗 1 人，调度运行岗 10 人），负责大屯水库工程运行管理工作。

2. 工程管理基本情况

（1）积极推进专项项目验收和运行期工程档案整理移交工作。全力推进专项项目实施及验收等工作，共计完成 15 项专项项目合同项目验收、2 项合同竣工验收和 1 项跨局项目通过单位工程验收；2021 年年底完成渠道及水库工程 2014—2020 年运行期工程档案移交。

（2）做好工程防护及边界管理工作。渠道沿线增设安全警示牌 1000 余块；更换水库破损的防护网片 2400m、加装刺绳 2100m，更换"禁止攀爬"警示牌 77 块，安装安全告知卡 22 块；持续加强管理道路与外侧征地红线间悬空地带监督巡查，对沿线界桩进行维护并清理了边界沟，及时制止越界种植、违规建设等行为的发生，确保管理边界清晰。

（3）加强日常巡视和专项检查。做好稽察、自查整改落实工作。通过分段、分组、交叉互查等方式，不定期开展日常巡查或专项检查，建立更新问题台账，明确整改责任人和时限，制定切实可行的整改措施并及时整改。

（4）定期进行安全监测。对监测设施设备及时组织进行维护，确保设施设备齐全完好；定期组织开展渠道、水库等各项安全监测项目，对监测资料整理分析并上报。

（5）积极组织培训，提高人员技能。通过组织不同层次、不同形式、不同专业的培训，采用走出去、请进来的策略，对标先进，认真寻找差距和不足，进一步提高管理人员专业技术水平，切实打造出一支实干实效、团结创优的管理队伍；德州局邵在栋、聂梦爱在2021年"山东省技能兴鲁"河道修防工项目竞赛中分别获得二等奖、优秀奖。

3. 安全生产管理基本情况

（1）做实做细新冠肺炎疫情防控常态化管理，保障工程安全有序推进。新冠肺炎疫情防控常态化以来，持续将各参建单位纳入现场管理范围，组织制定并落实疫情防控方案，建立健全防控体系，及时补充配齐防疫物品，对进驻人员行动轨迹及健康状况实施动态管控，严格落实各项疫情防控措施。

（2）细化目标，强化制度落实。按照2021年度安全生产工作总体部署及目标要求，细化安全生产目标，签订安全生产责任书，形成层层抓落实的安全生产管理格局；严格执行安全生产标准化体系规定，建立健全风险防控与隐患排查治理双重预防体系，积极开展质量、环境、职业健康安全体系认证，组织开展各项安全生产专项活动；按时召开安全生产工作会议，传达学习上级部门会议精神和

文件通知；利用信息平台，及时发布高空、临空、临水和有限空间作业及临时用电等安全生产知识；不定期开展全线安全隐患排查工作，检查安全生产任务落实情况。

（3）严格落实防汛责任主体责任。德州段渠道全部借用地方老河道输水，沿线渠道为地方行洪排涝主要河道，汛期服从地方防汛部门的调度，配合地方防汛部门做好沿线闸门的启闭及渠道工程防汛抢险等工作；积极组织预案培训、汛前、汛中和汛后专项检查，确保发现问题及时处理，安全顺利度汛。

（4）依托地方公安、教育等部门，开拓协调新渠道，搭建安全宣传平台，开展联防联控活动；编制防溺水工作方案及致广大市民、学生及学生家长的一封信，联合夏津县应急局、水利局、教育和体育局等相关单位通过多种渠道做好发放宣传工作；联合夏津广播电视台融媒体中心制作专题宣传片，在新闻黄金时段播出，社会关注度显著提高。

（5）做好现场安全管理工作。建立闸门、启闭机等主要设备台账和安全技术档案，明确各自安全鉴定、检测时间；完善现场安全设施：重要建筑物醒目位置增设安全警示牌，维护涵闸临空栏杆，闸门吊物孔加设不锈钢格栅盖板等。

（6）加强安全生产培训和宣传力度。对闸站值班人员持续开展金属结构机电设备设施操作流程、注意事

项、维修养护要求和事故应急处理等现场操作指导；组织开展《国家安全法》《安全生产法》等法律学习，扎实开展开工"第一课"活动，观看了水利安全生产警示教育片；开展经常性安全生产教育培训 12 期，相关方作业人员安全教育培训 1 期，外来检查人员安全告知 8 批；积极开展 2021年"安全生产月"活动及安全生产宣誓、火灾逃生演练等活动，组织职工学习职业健康管理制度，参加全国水利安全生产知识网络竞赛、"水安将军"安全生产知识趣味活动等。

4. 年度预算管理工作

（1）根据预算管理、招标和非招标项目采购管理办法规定，做好年度预算、采购计划、采购方案的报告编报工作。

（2）建立预算执行信息台账，做好预算项目跟踪管理工作，积极推进2021 年度预算项目执行及前期年度预算项目收尾工作。

（邱占升　王晓　谢峰　鲁英梅）

【运行调度】

1. 水量调度　做好水量调度管理，圆满完成调水任务。德州段工程2020—2021 年度调水自 2021 年 4 月 6日开始至 6 月 1 日结束，历时 57 天。本次调水六五河节制闸北延供水 3618万 m³，大屯水库调水 3873 万 m³，向夏津县分水 300 万 m³。调水期间德州调度分中心共接收山东省调度中心调度指令 15 份，向管理处下发调度指令 12 份，工程运行安全平稳，水质稳定达标。2020—2021 年度大屯水库累计供水 3176 万 m³，年度计划供水2800 万 m³，超额完成供水任务。

2. 调度运行管理

（1）做好调水前准备工作。编报调水实施方案和调水应急预案，开展全员培训；采购油料、备品备件等应急抢险物资；成立调水运行工作小组；对渠道沿线、水库工程及周边可能影响调水的各类因素进行全面排查、整改；对闸站值班人员进行培训和现场操作指导；积极与地方水利、公安、环保等相关部门协调沟通，建立了联动机制。

（2）做实调水安全宣传工作。增设了安全警示牌、警示标语，联合夏津县公安局南水北调治安办公室、大屯水库派出所在调水前向渠道沿线、水库工程周边发放《关于配合做好2021 年度调水工作的函》；在渠道沿线和水库工程周边村庄、学校等人员密集场所发放"调水告知书"和《山东省南水北调条例》等材料，并安排专车利用语音播报设备播放相关宣传语音。

（3）调度系统维护到位，闸门远控作用突出。2021 年德州局共检查自动化调度系统维护情况 12 次，查出问题 23 项，均已整改完毕。德州局2020—2021 年度调水首次全程运用远程控制技术对沿线各闸站进行调度控制，共控制闸门 201 次，成功 195 次，成功率在 97% 以上。闸门远控较大程度节约了人力资源，提高了工作效率，保障了工程运行巡查、维护等工作。

（4）助力地方防洪排涝，工程社会效益凸显。2021年汛期，德州局共配合地方防汛部门启闭沿线涵闸66次、节制闸38次、倒虹闸7次。台风"烟花"期间，利用八支倒虹向六马河分水，有效降低六五河水位，关键时刻发挥关键作用。9月19日，地方强降雨，夏津、武城两县部分区域积水严重。为保障工程沿线群众、农田安全，经李邦彦、范窑、北铺店、史塘倒虹闸联合调度，将地方涝水排入马颊河，至10月7日共排涝约2900万 m³，充分发挥工程行洪排涝功能，确保工程安全运行，进一步凸显社会效益。　　（李庆涛　谢峰　鲁英梅）

【环境保护与水土保持】

1. 德州段渠道工程部分　2021年重点对有危化品车辆通行的祁庄、北铺店和李邦彦节制闸附桥及后屯生产桥共4座桥梁处设置的雨污分流的桥梁危化品泄漏收集设施进行维护保养；对公路部门实施的夏津县境内的G308国道跨渠桥、S323省道西外环跨渠桥、S323省道仁育官庄跨渠桥及武城县境内的侯王庄、户王庄及草屯桥危化品收集设施运行情况进行监管；对未安设危化品泄漏收集设施的桥梁，调水期采用膨胀泡沫胶对桥面排水孔进行临时封堵，确保渠内水质的安全。

根据《水质安全监测管理办法》《水质安全监测管理实施细则》《水质污染事故现场处置方案》，调水期间积极组织开展水质巡查工作，及时发现并组织对渠道沿线及闸前后杂物进行清运，配合水质监测部门完成水样采集等工作。

根据批复的维修养护计划，做好渠道沿线及管理区苗木栽植与日常保养维护等工作。

2. 大屯水库工程部分　水库管理区内土壤盐碱化严重、土质回填压实度高，苗木成活率低，景观效果差。为提高水库管理区苗木成活率和景观绿化效果，组织并实施了管理区土壤改性及绿化调整项目和坝后喷灌建设项目，通过采取深翻土壤、掺加改良肥改良土壤、增加导渗排盐碱设施和敷设喷灌管道等措施改善了水库管理处园区土壤透水、透气性，降低土壤盐分，改善了植物生长条件，为保护坝坡植被、水土提供了保障。

（邱占升　昝圣光　谢峰　鲁英梅）

【工程效益】　2020—2021年度向夏津白马湖水库分水300万 m³，向德州市及武城县累计供水3176万 m³，发挥了良好的生态及经济效益。2021年防汛期间，渠道工程累计排涝近3000万 m³，调蓄水源800余万 m³，保证了工程沿线群众生命财产安全，充分发挥了南水北调工程防洪排涝作用，进一步凸显了社会效益和经济效益。

（邱占升　王晓　谢峰　鲁英梅）

【验收工作】 2021年1月12日，德州局2018年度预算项目土建部分合同项目完成验收。1月13日，通过了德州局2018年度德州段渠道综合经营开发类项目合同竣工验收。

2021年3月10日，通过山东省南水北调工程大屯水库水工钢闸门及启闭机安全检测（第一批招标项目）项目合同项目完工验收。3月25日，通过南水北调东线山东干线2019年度专项设计项目库第一批项目（二）（大屯水库电子围栏项目）初步验收。

2021年4月26日，通过南水北调东线一期大屯水库工程清污设施功能完善项目合同项目完工验收。4月29日，通过南水北调山东干线工程盘柜及线路整理试点项目大屯水库项目合同项目完工验收。

2021年5月21日，通过大屯水库生产视频监控系统升级改造项目合同项目完工验收。5月25日，通过南水北调东线一期工程山东段大屯水库坝坡灌溉工程单位暨合同项目完工验收。

2021年6月18日，分别通过了南水北调德州局2018年度预算项目夏津渠道管理处泥结碎石路面硬化工程德州局标段1和德州局标段2单位工程验收及合同项目完成验收。

2021年7月16日，通过大屯水库工程2020年电力线路维保项目合同项目完工验收。

2021年8月25日，通过南水北调东线2019年度专项设计项目库第一批项目（一）大屯水库修建防汛抢险及安全观测道路施工项目合同项目完工验收。同日，通过南水北调东线2021年度工程维修养护预算专项项目（一）防护网更换、刺绳安装及绿化项目单位工程验收。

2021年9月9日，通过2019年度德州局移植长清玉符河苗圃树木项目施工合同项目完工验收。

2021年10月14日，通过大屯水库工程2020年金结机电工程日常维修养护项目合同项目完工验收。

2021年12月13日，通过大屯水库德州、武城供水洞流量计维修项目合同项目完工验收。12月15日，完成大屯水库2021年备品备件采购合同项目备品备件采购交付验收。12月16日，通过2021年大屯水库电气设备预防试验项目合同项目完工验收。12月30日，通过德州局2018年度预算工程环境面貌规范化部分项目水土保持部分施工合同项目竣工验收。

（邱占升 王晓 谢峰 鲁英梅）

北延应急供水工程

【工程概况】 南水北调东线一期工程北延应急供水工程可增加向天津和河北地区供水能力约4.9亿 m^3，置换地下水超采水量1.7亿 m^3。北延应急供水工程自穿黄工程出口，经东线一期工程小运河输水至邱屯枢纽，线路长 98km。邱屯枢纽以下至杨圈采用西线、东线双线输水，西线通过邱屯枢纽向位山引黄线路分水，经穿卫倒虹吸入河北省，经东干渠、新清临渠、清凉江，于杨圈涵洞入南运河，线路长 208.3km；东线自邱屯枢纽沿一期引江线路即六分干、七一·六五河至六五河节制闸后继续沿六五河向下游输水，通过潘庄引黄穿漳卫新河倒虹吸，于四女寺闸下至南运河杨圈，线路长 217.3km；东线、西线自杨圈汇合后，沿南运河继续向下游输水至九宣闸，线路长 134.7km。工程主要建设内容包括：衬砌输水河道 42km；邱屯枢纽拆除现有隔坝和水闸，新建油坊节制闸和箱涵；周公河左右岸排污管道末端新建 2 座节制闸；夏津水库影响处理工程等。

北延应急供水工程是列入《华北地区地下水超采综合治理行动方案》的新增水源重点项目。工程通过充分利用东线一期工程潜力，向河北省、天津市地下水压采地区供水，置换农业用地下水，缓解华北地区地下水超采状况；相继向衡水湖、南运河、南大港、北大港等河湖湿地补水，改善生态环境；并为向天津市、沧州市城市生活应急供水创造条件。

（郝清华　高定能　郭建邦　王敏羲）

【工程管理】　东线总公司主要从三方面开展调水期间工程管理工作：①坚持上下一盘棋、局部服从整体的大局意识，通水前，组织各参建单位

及运行管理单位召开通水工作座谈会，统一各方思想，理清各方职责，针对调水影响优化调整施工组织，研判存在的安全隐患，提前落实安全防护措施，并制定通水工作方案、应急预案及相关运行管理规章制度；②加强与工程运行管理单位沟通联系，建立了安全巡查、突发事件应急处置等信息联动机制，确保信息畅通、响应迅速；③通水结束后迅速组织复工，按照既定计划落实人员、机械及材料等关键因素，全力以赴加快推进工程建设进度。

北延应急供水工程 2021 年 3 月通过通水阶段验收，具备通水条件。2021 年 4 月，参与东线一期工程鲁北段年度调水；5 月，开展北延工程验证性通水工作，当月累计向河北省、天津市调水 3270 万 m^3，工程效益初显。

北延应急供水工程具有向天津和河北地区供水 4.9 亿 m^3 能力，可置换河北和天津深层地下水超采区农业用地下水，为衡水湖、南运河、南大港、北大港等河湖湿地提供补充水源，有力缓解华北地区地下水超采状况，并促进沿线重要河湖湿地生态修复和改善。

（王敏羲　郝清华　高定能）

【运行调度】　东线总公司积极组织各参建单位克服新冠肺炎疫情、环保、冬季施工等诸多不利因素，于 2020 年 12 月底完成六分干衬砌工程水下工程施工，2021 年 1 月 6 日至 2

月4日配合临清市完成引黄调水任务；根据《水利部办公厅关于印发南水北调东线一期工程北延应急供水工程水量调度方案（试行）的通知》（办南调〔2020〕272号）及东线一期工程鲁北段调水工作方案要求，4—5月参与了东线一期工程2020—2021年度调水任务；5月10—31日，北延应急供水工程验证性通水任务圆满完成，首次承担起向河北、天津供水任务，以河北第三店为计累计向河北、天津供水3270万 m³，其中天津市收水720万 m³。　　　　　（王敏义）

【环境保护与水土保持】　东线总公司以保障工程安全建设为前提，防止水土流失为目标，因地制宜、防治结合，落实合理有效的工程措施，并加强检查，以求实效。根据现场实际情况，对弃土场的位置进行了调整，编制水土保持方案变更报告；按要求在工程施工前，对项目实际占用的耕地全部进行了表土剥离，剥离厚度为50cm，堆放于指定区域，并设置了编织袋拦挡防护和临时苫盖防护；对6个弃渣场的堆土进行了密目网苫盖和土袋拦挡措施，裸露地表进行临时苫盖防护。

北延应急供水工程共完成土地平整74.10hm²，表土剥离7.96万 m³；栽植垂丝海棠962株，小叶黄杨1333株；播撒高羊茅1.80 hm²；布置密目网苫盖 460746m²，编织袋拦挡3744m；完成临时排水沟1450m，临

时硬化1.33hm²。　　　　（梁春光）

【北延应急供水工程投资管理】

1. 投资计划　北延应急供水工程初设批复总投资47725万元。其中，工程部分投资40005万元，夏津水库影响处理工程投资2749万元，建设征地移民补偿投资1220万元，环境保护工程投资2963万元，水土保持工程投资788万元。水利部于2020年、2021年分两批下达了北延应急供水工程投资计划26000万元、21725万元。2020年实际完成投资30177万元，超额完成2021年投资计划；2021年实际完成投资17548万元。截至2021年年底，北延应急供水工程累计下达投资计划47725万元，累计完成投资47725万元。

2. 招标管理　建立健全了工程招标组织体系和制度体系，采用集中管理的模式，依法合规做好招标方案编制、招标文件编制、招标公告发布、答疑澄清、开标评标、中标人确定、合同签订等全过程管理工作，选定了满足工程需要的各类供应商，保证了招标工作质量。截至2021年年底，批复的工程建设内容已全部完成招标采购。及时总结北延工程招标工作经验，提出在施工队伍选择方面对后续工程的启示。

3. 投资控制　采用从招标阶段开始的建设期全过程投资管理模式，及时开展工程变更索赔处理和价款结算审核工作，动态开展投资控制分析，

分析投资使用情况，研究投资管理中存在的问题，针对性提出投资控制措施。截至2021年年底，工程实际投资控制在概算批复范围内并略有节余。

2021年，编制了北延应急供水工程加强变更管理工作方案。加强设计变更技术方案审查，从严控制变更投资，审批了六五河节制闸下游局部衬砌及移动测流系统、油坊节制闸房屋建筑结构设计、七一河右岸防护网、油坊节制闸进场路硬化、施工3标预制混凝土板运距、周公河影响处理工程、水质监测房辅助设施等7项工程变更，指导现场建管机构审批了油坊节制闸及箱涵出口段水泥土回填等16项工程变更。　　　　（郭建邦）

专 项 工 程

江 苏 段

【工程概况】　南水北调东线江苏段专项工程包括江苏省文物保护工程、血吸虫北移防护工程、调度运行管理系统工程、管理设施专项工程共4个专项工程。截至2021年年底，江苏省文物保护工程、血吸虫北移防护工程、东线江苏段管理设施专项工程已完成工程建设及验收；东线江苏段调度运行管理系统工程基本完成建设内容。

1. 江苏省文物保护工程　工程概算投资3362万元，受江苏省南水北调办的委托由江苏省文物局具体组织实施，2012年6月通过验收。

2. 江苏省文物保护工程　工程批复静态总投资9862万元，重点防护项目为高水河整治工程、金宝航道整治工程、高邮段里运河血吸虫防护工程、金湖泵站和洪泽湖泵站工程，于2012年年底完成全部建设内容。

3. 调度运行管理系统工程　调度运行管理系统工程建设内容包括信息采集系统、通信系统、计算机网络、工程监控与视频监视系统、数据中心、应用系统、实体运行环境和网络信息安全等8个部分，主要建设任务是开发建设覆盖南水北调东线工程江苏段的业务应用系统、应用支撑平台和基础设施，为保证工程安全、稳定运行和科学调度管理提供技术支撑，实现南水北调与江水北调工程的"统一调度、联合运行"，充分发挥工程的综合效益。工程批复总投资58221万元，于2012年4月开工建设，2021年12月基本完成建设内容，工程建成后由江苏水源公司负责运行管理。建设过程中，工程荣获国际电联"信息和通信基础设施"奖、2021年"智慧江苏重点工程"和"十大标志性工程"。

4. 管理设施专项工程　管理设施专项工程建设内容包括一级机构江苏水源公司（南京），二级机构江淮、洪泽湖、洪骆、骆北等4个直属分公司（扬州、淮安、宿迁、徐州），以及2个泵站应急维修养护中心（扬州、宿迁），三级机构泗洪站、洪泽站、金湖站等3个泵站河道管理所和19个交水断面管理所。主要建设任务是为南水北调江苏境内工程各级管理单位提供办公、辅助生产、调度中心、工程档案及其他相关管理用房及设施设备，实现对输水沿线提水泵站、河道、水资源控制建筑物等工程的运行维护，以利于统一调度、统筹兼顾，协调发挥工程综合效益。工程批复总投资44505万元，于2013年2月开工建设，2020年9月完成全部建设内容，工程建成后由江苏水源公司负责运行管理。建设过程中，工程荣获2019年南京市装饰装修工程"金陵杯"奖、2019—2020年度中国建筑工程装饰奖。

（王其强　花培舒　黄伟　宋佳祺）

【工程管理】　2021年，江苏省在建专项工程为调度运行管理系统工程和管理设施专项工程。

1. 调度运行管理系统工程　工程由江苏水源公司建设并自主负责运行管理，已于2019年成立江苏水源公司科技信息中心，具体承担运行管理工作。系统试运行期间，各系统试运行时间均大于6个月，运行状态正常稳定，达到初步设计目标。

2. 管理设施专项工程　南京一级机构管理设施已移交江苏水源公司后勤服务中心管理，扬州、淮安、宿迁、徐州二级机构管理设施及交水断面管理用房已分别移交各地分公司管理。工程建成投运，为江苏南水北调一期工程各级管理单位对输水沿线提水泵站、河道、水资源控制建筑物等

工程运行管理提供了保障。（宋佳祺）

【运行调度】　2021年年底，调度运行管理系统工程基本建成，为保证工程安全、稳定运行和科学调度管理提供技术支撑，实现江苏南水北调新建工程与原有江水北调工程的"统一调度、联合运行"。江苏南水北调新建泵站群已初具"远程控制、少人值守"能力，江都集控中心成功实现新建泵站远程开机。　　　（宋佳祺）

【验收工作】　2021年，在建工程包括调度运行管理系统工程和管理设施专项工程两项，其中管理设施专项工程年内通过完工验收。

1. 调度运行管理系统工程　完成水质实验室设备采购、分公司数据中心机房工程总承包项目（宿迁）、监控安全应用软件系统、调度运行管理应用软件系统、工程监控与视频监视系统总承包、总集成、信息采集总承包、江苏省公司数据中心机房工程（展示设施）、泵站工程监控系统完善提升项目、泵站工程监视系统提升项目等10个标段合同项目验收，完成设计单元工程完工验收项目法人验收。

2. 管理设施专项工程　已于2021年6月17—18日通过完工验收技术检查，于6月22—24日通过完工验收。截至2021年年底，南水北调东线一期工程江苏省境内40项设计单元中已完成39项，验收率达97.5%。　　　（花培舒　宋佳祺）

山 东 段

【工程概况】

1.调度运行管理系统 2011年9月,南水北调东线一期山东境内调度运行管理系统工程(以下简称"山东段调度运行管理系统")初步设计获得原国务院南水北调办正式批复,主要建设内容包括通信系统、计算机网络系统、闸(泵)站监控系统、信息采集系统、应用系统等。运用先进的信息采集技术、自动监控技术、通信和计算机网络技术、数据管理技术、信息应用与管理技术,建设一个以采集输水沿线调水信息为基础,以通信和计算机网络系统为平台,以闸(泵)站监控系统和调度运行管理应用系统为核心的南水北调东线山东段调度运行管理系统,保证南水北调东线山东干线工程安全、可靠、长期、稳定经济地运行,实现安全调水、精细配水、准确量水。

2.管理设施专项工程

(1)工程名称及位置。南水北调东线一期山东境内工程管理设施专项工程(以下简称"管理设施专项工程")主要包括1个一级机构、7个二级机构管理局、3个应急抢险维护分中心。其中,一级机构南水北调东线山东干线有限责任公司(以下称"南水北调山东干线公司")、济南管理局和济南应急抢险分中心设在济南市;济宁管理局和济宁应急抢险分中心设在济宁市;聊城管理局和聊城应急抢险分中心设在聊城市;枣庄管理

局、泰安管理局、德州管理局、胶东管理局分别设在枣庄市、泰安市、德州市、滨州市。

(2)工程主要建设内容。2011年8月,原国务院南水北调办以《关于南水北调东线一期山东境内工程管理设施专项工程初步设计报告的批复》(国调办投计〔2011〕221号),批复了管理设施专项工程初步设计方案。

1)管理用房和管理用地。一级管理机构的办公和辅助生产等用房、调度中心工程档案管理用房及其他各类用房的总建筑面积为14592m²(包括地上、地下),管理用地面积18亩。枣庄管理局、济宁管理局、泰安管理局、济南管理局、聊城管理局、德州管理局、胶东管理局等7个管理局的办公和辅助生产、调度分中心、会议和档案管理等用房的建筑面积分别为2154m²、2400m²、2450m²、2404m²、2300m²、2300m²、2350m²,管理用地面积均为4亩。工程应急抢险维护济南、济宁、聊城等3个分中心的办公和辅助生产用房等建筑面积分别为2492m²、3009m²、1958m²,室外维修专用设备布置用地均为1800m²;征地面积分别为8亩、9亩、8亩。3个应急抢险维护分中心总征地面积25亩,按生产建设用地考虑。管理设施专项工程用地指标共141亩,其中一级、二级管理机构管理用地46亩、生产用地25亩,三级管理机构管理用地70亩。其中,济南至引黄济青段工程的济南市区段设计单元工程中

已批复管理机构用地 15 亩。

2）管理设施。办公设备：一级管理机构、7 个二级管理局（分公司）和 3 个应急抢险维护分中心配置办公桌椅、计算机等办公设备。交通设备：一级管理机构、二级管理机构共配置 39 辆车，其中山东干线公司 8 辆，7 个二级管理局（分公司）共 28 辆，济南、济宁、聊城应急抢险维护分中心共 3 辆。维护设施：二级管理局（分公司）和济南、济宁、聊城应急抢险维护分中心配置维护设施。应急抢险维护维修设备：济南、济宁、聊城应急抢险维护分中心配备维修专业设备，济宁应急抢险维护分中心配备电气试验设备。　（黄茹　张东霞）

【工程管理】

1. 调度运行系统

（1）管理机构。为做好山东段调度运行系统建设管理工作，2009 年 4 月 22 日成立了山东省南水北调管理信息系统建设项目领导小组，全面负责协调、指导山东省南水北调调度运行管理和机关电子政务等系统工程的信息化建设管理工作，同时成立了山东省南水北调管理信息系统建设项目办公室（以下简称"信息办"）作为领导小组的办事机构，负责领导小组的日常工作。

山东省南水北调工程建设管理局于 2012 年 5 月 17 日下发了《关于明确调度运行管理系统项目建设组织机构及岗位职责的通知》（鲁调水办字〔2012〕22 号），明确"成立项目建设领导小组和项目建设领导小组办公室，项目建设由领导小组统一领导协调，具体实施以项目建设领导小组办公室、各现场建管机构（运行管理机构）分工合作为主，各处室、干线公司各部门密切配合，各市南水北调办事机构协助协调施工环境。"各现场建管机构（运行管理机构）成立调度运行管理系统建设项目组，具体负责各自工程范围内及相关区域调度运行管理系统的现场组织实施与协调工作。

2014 年，因主体工程由建设管理转向运行管理，管理人员调整较大，为更好地做好调度运行管理系统建设管理工作，山东省南水北调工程建设管理局于 9 月 5 日下发了《关于调整调度运行管理系统项目建设组织机构成员的通知》（鲁调水局办字〔2014〕35 号），对调度运行管理系统组织机构成员进行了调整。2019 年根据组织机构调整，建设管理后期工作由调度运行与信息化部负责，济南应急抢险（信息自动化）中心配合。

（2）工程建设情况。截至 2021 年年底，山东段调度运行管理系统累计完成投资 79434 万元（含安全防护体系）。已完成初步设计批复的全部建设内容及完工结算、合同验收工作。建成了安全可靠的计算机网络系统，稳定运行全线语音调度系统，实现了 OA 综合办公系统、外网门户等办公应用软件和信息监测与管理系统、视频监控系统、三维调度仿真系统、闸（泵）站控制系统、水量调度系统等调度相关业务软件的上线使用；实现泵站、水库、渠道运行信息的集中展示、远程监视、控制等各种业务的功能承载及应急会商支持。

（3）运行维护管理情况。2021年，自动化调度系统的运行维护管理工作进一步规范化，自动化调度系统运行稳定性逐渐提升，基本建成了"统一组织、分级管理""自主维护和专业代维相结合"的运行维护管理体系，初步实现核心业务自主运维。

2. 管理设施专项

（1）组织实施机构设置。山东省南水北调工程建设管理局成立了南水北调管理设施专项工程建设领导小组。山东干线公司成立了山东南水北调管理设施专项工程一级机构管理设施建设项目领导小组及办公室，负责管理设施专项工程一级管理机构（含济南管理局、济南应急抢险分中心）管理设施的建设管理工作。枣庄管理局、济宁管理局、泰安管理局、聊城管理局、德州管理局、胶东管理局先后成立工作小组负责所辖管理设施的建设和购买等工作。

（2）工程主要参建单位。项目法人为南水北调东线山东干线有限责任公司；管理设施专项设计单位为山东省水利勘测设计院；自建管理用房参建单位；管理单位为南水北调东线山东干线枣庄管理局、南水北调东线山东干线泰安管理局；设计单位为济南中建建筑设计院有限公司、山东联创

建筑设计集团有限公司；监理单位为山东建院工程监理咨询有限公司、山东润鲁工程咨询有限公司、山东中慧咨询管理有限公司、青岛水工建设科技服务有限公司；施工单位为山东枣建建设集团有限公司、枣庄环宇建筑工程有限公司、常州市华辰园林绿化工程有限公司、滕州市乾元送变电工程有限责任公司、新泰市新甫建筑安装工程公司、山东大禹水务建设集团有限公司、泰安市水建工程承包有限责任公司、泰安信诚工贸有限公司、山东省禹城市外资机械施工有限公司、中石化胜利建设工程有限公司；质量检测单位为山东省建筑科学研究院、山东胜大消防设施检测有限公司；质量监督机构为泰安市质量监督站、枣庄市建筑工程质量监督站薛城分站。

购买管理用房装饰工程参建单位。管理单位为南水北调东线山东干线济宁管理局、南水北调东线山东干线聊城管理局、南水北调东线山东干线德州管理局、南水北调东线山东干线胶东管理局；设计单位为山东省装饰集团总公司、山东建大工程鉴定加固研究院、北京弘高建筑装饰设计工程有限公司；监理单位为山东润鲁工程咨询有限公司、河南华北水电工程监理有限公司、济宁金泰建设监理有限公司、黄河工程咨询监理有限责任公司、聊城层峰建设监理咨询有限公司、济南市建设监理有限公司；施工单位为深圳市维业装饰集团股份有限

公司、中国通信建设第四工程局有限公司、济南固德建筑加固工程有限公司、山东致中能源科技有限公司、山东润鲁水利工程养护有限公司、深圳市顺洲装饰设计工程有限公司、山东深装总装饰工程工业有限公司、中石化胜利建设工程有限公司、山东水利工程总公司、山东省水利水电建筑工程承包有限公司。

购买管理用房开发单位为山东水发民生商业运营管理有限公司、济宁盛基置业有限公司、聊城市交大科技园有限公司、山东润昌置业有限公司、山东新汇建设有限公司。

购买管理用房质量监督机构为济南市历城区工程质量与安全生产监督站、德州市经济技术开发区建设工程质量监督站、济宁市建设工程质量安全技术中心（原名：济宁市建设工程质量监督站）、聊城市建设工程质量监督站、邹平市房管局质量监督站。

主要设备及材料供应商为上海新冠美家具有限公司、深圳长江家具有限公司、济南巨森丽都实业有限公司、济南好利鑫商贸有限公司、济宁亿维科贸有限公司、山东蓝天厨具有限公司、济南天宁信息技术有限公司、济南市富华办公家具制造有限公司天桥区第一分公司、山东贝迪卫民能源股份有限公司、江苏欣溢五金科技有限公司、江苏弘朗五金机电有限公司、宁波圣达精工智能科技有限公司、山东致中能源科技有限公司、济南润丰佳德科技有限公司、济宁迦南

之家商贸有限公司、济南巨森丽都实业有限公司、山东盛驰家具有限公司、济南富华办公家具制造有限公司、淄博县颖经贸有限公司。

（黄茹　张东霞）

【工程效益】　山东段调度运行管理系统实现了现地流量、水位、开度等水情信息的远程采集、上传、存储和处理；实现了水量调度系统、信息监测与管理系统、工程管理系统、视频监控系统、闸（泵）站监控系统等应用系统在省调中心、已建分中心、备调中心及各管理处的集中展示；实现了输水渠道闸站远程精准控制、调度运行数据实时监测等功能；实现了语音调度、网络通信、30个站点视频会议；实现了调度中心、分中心（备调中心）对各闸泵站的远程监控与视频监视。

（黄茹）

【验收工作】

1. 调度运行管理系统　按照水利部和山东省水利厅要求，山东段调度运行管理系统分为工程档案专项验收、工程技术性初步验收和完工验收，为推进验收工作顺利进行，南水北调东线山东干线有限责任公司于2021年3月30—31日组织了工程档案项目法人验收，水利部于2021年6月27—30日对工程档案进行专项验收；2021年11月9—10日南水北调东线山东干线有限责任公司对山东段调度运行管理系统设计单元进行项目法人验收，12月8—9日山东省水利

厅组织完成山东段调度运行管理系统设计单元的技术性初步验收和完工验收工作。

2. 管理设施专项工程

（1）消防验收。2021年9月，聊城管理局及聊城应急抢险维护分中心管理用房通过消防验收。2021年10月，济宁市住房和城乡建设局为济宁管理局及济宁应急抢险维护分中心管理用房（盛基国际2号商业楼14～18层）出具了《关于对南水北调济宁局盛基国际2号商业楼管理用房消防设施满足消防安全的说明》，认为："盛基国际2号商业楼14～18层消防设施安装质量满足相关规范要求，使用功能正常，满足消防安全需要。"

（2）工程档案验收。2021年3月，管理设施专项工程通过工程档案专项验收。

（3）技术性初步验收。2021年11月，通过山东省水利厅组织的设计单元工程完工验收技术性初步验收。

（黄茹　张东霞）

苏鲁省际工程

【工程概况】

1. 管理设施专项工程　2012年2月，原国务院南水北调办印发《关于南水北调东线一期苏鲁省际工程管理设施专项工程初步设计报告的批复》（国调办投计〔2012〕21号），批复管理设施专项工程建筑面积为4611m²，工程投资3793万元，建设用地

0.47hm²。管理设施专项工程框架为7层结构，设有办公室、档案室、变配电室、调度中心、会商中心、电力机房、通信机房、数据中心和网管中心等功能房间。管理设施专项工程建设内容主要为土建及设备安装工程、配电受电工程。

工程于2016年4月开工建设，2018年完成施工合同验收及徐州市地方组织的消防验收、环保验收和档案验收，2019年10月通过档案项目法人自验和完工财务决算核准，2020年1月通过设计单元工程档案专项验收，2021年6月通过项目法人验收，2021年10月通过设计单元工程完工验收。

2. 调度运行管理系统工程　2012年2月2日，原国务院南水北调办以《关于南水北调东线一期苏鲁省际工程调度运行管理系统工程初步设计报告的批复》（国调办投计〔2012〕20号）批复建设调度运行管理系统工程，总投资14461万元。该工程主要建设内容包括信息采集系统、数据存储与管理系统、计算机网络系统、通信系统、应用系统支撑平台和应用系统集成、应用系统、系统运行实体环境、补充项目、安全体系及技术标准体系等部分。

工程于2013年4月开工建设，2020年6月各施工标合同项目完成验收，2020年11月通过设计单元工程档案专项验收，2021年3月，完工财务决算通过水利部核准，2021年6月完成项目法人验收。

（郑逸雯）

【工程管理】

1. 管理设施专项工程　在工程建设管理过程中，项目法人根据工程需要制定了招投标制度、工程建设管理制度、工程验收制度、工程款结算制度、工程变更制度等。管理设施专项工程由直属分公司负责现场建设的具体管理工作。直属分公司对工程质量、进度、档案、合同、安全生产与文明施工进行全面管理，工程建设期间主动与地方政府沟通和协调，组织各参建单位处理技术问题，并做好外部环境协调等，保证了工程建设顺利实施。管理设施专项工程已于2021年10月通过设计单元工程完工验收，已进入正式运行阶段。

2. 调度运行管理系统工程　在工程建设管理过程中，项目法人根据工程需要制定了招投标制度、工程建设管理制度、工程验收制度、工程款结算制度、工程变更制度等，相关业务部门多次参与监理例会和软件推进会，多次与山东干线公司和江苏水源公司沟通协调；组织相关专家对专业性较强的水量调度系统等软件开发工作进行评审，积极推进工程建设。直属分公司按照东线总公司制定的各项工程建设管理制度，严格履行工作程序，落实工作任务，分工明确、各负其责、各行其职，出现问题及时解决，及时反馈，加强各工程现场管理单位的沟通协调，保证了工程建设顺利实施，2021年6月通过项目法人验收。

（郑逸雯　师厚兴）

【运行调度】

1. 管理设施专项工程　管理设施专项工程初步设计批复内容全部完成建设，工程自启用以来，设施设备能满足运行管理工作需要，各系统设备运行正常，未出现影响使用的工程问题。管理设施专项工程建筑消防设施、供配电系统、功能房间等均委托有资质的第三方单位进行运行维护，并进行定期测试、电气试验等，试验结果均合格。

2. 调度运行管理系统工程　有序开展代维工作，确保调度系统正常运行。直属分公司组织代维单位按照合同及相关管理办法要求，完成调度运行管理系统工程的日常维护和通信线路代维服务。2021年度完成调度中心机房巡检778次，现地站机房巡检50次，通信线路巡查35次，处理日常故障90次，通信线路故障60次，应急抢修15次，完成接地电阻测试、通信传输倒换测试等各类测试6次，对软件系统进行了优化完善，印发了调度系统运行管理相关规程、预案、操作票、工作票等7项管理制度，完成日常代维月度考核18次，通信线路代维月度考核12次，有效保障了调度系统安全、正常、平稳运行。

筑牢网络安全防线，扎实关键信息基础设施保护。2021年，直属分公司圆满完成服贸会、节假日、建党百年等活动期间网络安全保障，在公安部、水利部组织的攻防演习中发挥稳定。按照等级保护标准要求，全面开展测评整改，消除中、高风险 75 项，组织网络安全培训 2 次。关键信息基础设施安全稳定运行，全年未发生网络安全事件。2021 年被评为"徐州市网络安全等级保护工作先进单位"。

（黄金伟　师厚兴）

【工程效益】

1. 管理设施专项工程　管理设施专项工程构建了南水北调东线一期苏鲁省际工程管理的组织机构和工程管理体系，工程的建成和运用为苏鲁省际段调度系统提供了安全稳定的运行实体环境，实现了信息化关键基础设施的安全运行和系统综合功能的正常运用，保障了苏鲁省际工程规范运行管理和效益发挥。

2. 调度运行管理系统工程　调度运行管理系统工程是加强南水北调东线苏鲁省际段水资源调度与保护的重要措施，自调度运行管理系统工程试运行以来，各系统运行稳定，省际调度中心可实时监测省际工程水情、工情和水质等情况，基本实现了省际工程泵站、水闸等远程控制及与山东段、江苏段调度系统的互联互通、数据共享，保障了年度调水任务的顺利完成，为南水北调东线工程统一调度奠定了基础。

（黄金伟　师厚兴）

【验收工作】　2021 年 6 月 3—4 日，南水北调东线总公司在徐州市组织召开苏鲁省际工程管理设施专项工程和调度运行管理系统设计单元工程完工验收项目法人验收会议。会议成立了验收工作组。经现场查看、资料审查和现场询问，验收工作组同意工程通过验收并形成了项目法人验收工作报告。

1. 顺利通过苏鲁省际管理设施专项工程完工验收　2021 年 10 月 22 日，水利部在江苏省徐州市组织召开南水北调东线一期苏鲁省际工程管理设施专项工程设计单元工程完工验收会议。会议成立了完工验收委员会。经现场查看和资料评审，验收委员会同意苏鲁省际管理设施专项工程通过设计单元工程完工验收。

2. 稳步推进苏鲁省际工程调度运行管理系统验收　2021 年 3 月，水利部以《水利部办公厅关于核准南水北调东线一期苏鲁省际工程调度运行管理系统工程完工财务决算的通知》（办南调〔2021〕84 号）同意核准调度运行管理系统工程完工财务决算。2021 年 9 月，水利部组织开展调度运行管理系统初次技术性初步验收。直属分公司按照验收意见制定了整体试运行工作方案及验收整改方案，抽调技术骨干成立专项工作组，组织培训强化人员技术能力，加强系统应用，补充完善了系统第三方测评，核验了省际工程汇聚数据的准确性、完整性，完成了泵闸站远控联调联试，验证了省际工程调度流程等应用系统功能的实现，并对整体试运行中发现的问题进行持续整改和完善，为完工验收奠定了坚实的基础。

（兰晋慧　邵文伟　郑逸雯）

治污与水质

江苏境内工程

【环境保护】　江苏省南水北调工程输水沿线地处淮河、沂沭泗流域下游，承受着自身发展和上游过境客水污染的双重压力，水环境保护压力巨大。2021年，江苏省将水质保护工作放在突出位置，着眼建立长效机制，确保输水水质稳定达标。

1. 坚持依法治水　严格落实《水污染防治法》和《江苏省水污染防治条例》，将沿线各断面水质目标纳入2021年度责任书。将南水北调沿线治污工程纳入《江苏省"十四五"水生态环境保护规划》，完成江苏省南水北调东线江苏段水质保障提升专项工作方案编制并组织实施。做好沿线"十四五"新增国控省控断面水质监测工作，指导督促沿线地区对水质未达标断面编制达标方案并组织实施。

2. 加大系统治理力度　加强沿线环境治理基础设施建设，督促沿线城镇加大污水处理设施、雨污分流管网改造、农村生活污水设施建设和现有污水处理厂提标改造力度。推进沿线地区实施水环境污染综合治理，深入开展工业污染防治，抓好"散乱污"

企业整治，加强园区集中污水处理设施的在线监管。严格控制农业面源污染，推行农业清洁生产，开展农田生态沟渠建设，加强规模化养殖区污染治理设施运维监管。加强沿线水污染防治工作督查督办，发现问题及时交办并跟踪督办整改到位。

3. 加强风险防控　加强饮用水水源地保护，完成水源地保护区划定、水质在线监测监控系统建设和水源地环境状况调查评估。加强沿线地区排污监测监控体系和风险隐患防范能力建设，推进沿线排污单位污染排放自动监测监控系统建设；推进船舶港口污水处理设施建设，落实船舶水污染物接收、转运、处置联合监管制度；开展沿线突发环境事件风险防控工作，推进各类环境应急预案编制、修订、备案，强化预案培训和实战演练。

（聂永平）

【污染工程进展】

1. 尾水（截污）导流工程建设国家南水北调治污规划确定的第一阶段102个治污项目中包含4项截污导流工程项目，分别为徐州、江都、淮安、宿迁市截污导流工程，已全部建成并投入使用。江苏省政府为确保干线水质稳定达标批复的第二阶段203个治污项目中包括4项尾水导流工程项目，分别为丰县沛县、新沂市、睢宁县和宿迁市尾水导流工程。截至2021年年底，丰县沛县、睢宁县尾水导流工程已完成竣工验收并投入运行，新沂市尾水导流工程已完成竣工验收技术性初步验收，正在积极推进竣工验收工作；宿迁市尾水导流工程完成全部工程建设任务，完成征迁移民、水土保持等 2 项专项验收。

2.尾水（截污）导流工程运管 江苏省南水北调沿线建有尾水导流工程的 4 市 17 县（市、区）加强对已投运 7 项尾水（截污）导流工程的运行和安全生产监管。为强化一线岗位人员能力素质，集中组织工程运行管理培训。徐州、宿迁、江都等地尾水导流工程 2021 年实现导流尾水超 1.6 亿 m^3，农灌和企业中水回用约 0.66 亿 m^3，效益充分发挥。

3.城镇污水处理设施建设 2021 年，江苏省南水北调沿线地区新增城镇污水处理能力 21.9 万 m^3/d，截至 2021 年年底，江苏省南水北调沿线地区城镇污水处理能力达 410.8 万 m^3/d。全省约 40% 的城市建成区建成污水处理提质增效达标区，全省基本消除建成区污水直排口和管网空白区。

（聂永平）

【水质情况】 2021 年度例行性水质监测数据显示，江苏省南水北调 22 个控制断面年均水质全部达标。江苏省环境监测部门根据南水北调东线一期 2020—2021 年度调水计划及工作安排，对调水沿线 14 个断面开展加密监测，共计 16 天，出具 2016 个监测数据，各断面各次监测水质均达到调水要求。

（聂永平）

山东境内工程

【工程效益】 南水北调中水截蓄导用工程是南水北调东线一期工程的重要组成部分，是贯彻"三先三后"原则的重要措施。山东省共 21 个中水截蓄导用项目，分布在主体工程干线沿线济宁、枣庄等 7 个地级市、30 个县（市、区）。工程建设的主要目的是将达标排放的中水进行截、蓄、导、用，使其在调水期间不进入或少进入调水干线，以确保调水水质。2012 年工程全部通过竣工验收并投入运行。

2021 年 1 月 26 日，印发文件《关于做好南水北调中水截蓄导用水质在线监测工程建设有关事项的通知》（鲁水南水北调函字〔2021〕2号），督促参建单位认真做好工程建设、档案整理、问题整改、财务决算和资产核查等工作。3 月 9 日，印发《关于开展中水截蓄导用工程水质在线监测工程监督检查的通知》（鲁调水质字〔2021〕1 号），对监督检查工作进行了安排部署。3 月 10—12 日，组织专家开展了中水截蓄导用工程水质在线监测工程监督检查工作，现场查看了鱼台县东鱼河、金乡县老万福河、台儿庄小季河、峄城大沙河等水质在线监测站，查阅了工程技术档案资料。3 月 15 日，印发《关于印发〈南水北调山东段中水截蓄导用工程水质在线监测工程监督检查报告〉的通知》（鲁调水质字〔2021〕2 号），督促参建单位按照行业有关规定完成问题整改落实工作。11月29日，印发《山东省水利厅关于〈开展南水北调山东段中水截蓄导用工程水质在线监测工程合同项目完成验收和完工验收〉的通知》，12月3日组织完成了水质在线监测工程合同项目完成和完工验收工作。

按照计划开展了南水北调中水截蓄导用工程监督检查工作，针对检查发现的问题，印发文件督促责任单位举一反三，限期完成问题整改落实工作。各单位按期完成了问题整改落实工作，并将整改结果报山东省水利厅备案。

【临沂市邳苍分洪道中水截污导流工程】　南水北调东线一期工程临沂市邳苍分洪道截污导流工程，于2008年10月开工建设，2012年10月竣工，工程总投资1.2亿元。该工程涉及临沂市兰山区、罗庄区、郯城县、兰陵县等4个县（区），分布在武河、沂河、邳苍分洪道及其南涑河、陷泥河、吴坦河等有关支流上。工程按照区域分为苍山片区和临沂片区。其中，苍山片区主要有吴坦、芦柞、刘桥、王庄、粮田5座橡胶坝工程及吴粮导流沟渠首闸；临沂片区主要有丁庄、永安、蒋史汪橡胶坝工程，廖家屯拦河闸工程、多福庄拦河闸工程和武沂沟导流工程。

2019年1月，临沂市机构改革，临沂市南水北调中水截蓄导用工程管理处承担的行政职能划入临沂市水利局，保留公益服务职能，与临沂市水土保持委员会办公室（市水土保持监督管理处）、临沂市水利移民管理局（市水利外援项目办公室、市农村公共供水管理办公室）、临沂市东调工程办公室、临沂市滨河景区小埠东橡胶坝管理所、临沂市滨河景区桃园橡胶坝管理所、临沂滨河景区柳杭橡胶管理所整合组建临沂市水利工程保障中心，为副县级单位，2021年1月，改为正县级单位。

根据水利工程标准化管理的各项要求，①完成廖家屯拦河闸、多福庄拦河闸、武沂穿涵闸等4个工程的安全鉴定工作；②投资534.96万元对武沂导流沟进行除险加固，并完成验收工作；③蒋史汪橡胶坝顺利通过2021年省级工程标准化管理评价；④狠抓工程日常管理，加强对闸坝设施的管理，定期对启闭机、备用发电机等设备进行检查调试，对坝袋、坝底板、消力池、海漫、护岸等设施进行检查巡查，确保工程安全运行。加强职工水利专业知识、安全教育等技能培训，提高了职工的业务能力水平；⑤完成3处绿化提升改造任务，提升绿化面积超过2600m²，达到"小花园"标准要求，为干部职工工作生活营造良好生态环境；⑥完成闸坝注册信息变更登记工作。

积极配合环保部门做好水质调配工作，全年累计冲放橡胶坝80余次。严格按照《控制运用计划》及《度汛

《方案》运行，保障工程安全。按照工程初步设计的运行任务和运行指标，对所辖工程进行运行管理及日常维护保养工作，实现了正常运行，发挥了应有的效益。

临沂市邳苍分洪道中水截污导流工程全面发挥"截、蓄、导、用"效益，2021年共截蓄中水7410万 m³，灌溉用水2220万 m³，灌溉面积为51.34万亩，向武河湿地、城内河道提供生态补水5190m³，自工程建成以来，发挥了较大工程效益，有力保证了临沂出省断面水质达标。

（山东省水利厅）

【宁阳县洸河截污导流工程】 宁阳县洸河截污导流工程位于南四湖主要入湖河流洸府河上游，涉及宁阳县境内洸河、宁阳沟两条河流。工程总体布局为：在洸河的后许桥、泗店和宁阳沟的纸房、古城建设4座橡胶坝，拦蓄达标排放的中水及当地径流，通过扩挖洸河8.93km、宁阳沟6.16km，增加拦蓄量，4座橡胶坝可一次性拦蓄中水162万 m³；新建泗店、古城两座提水泵站，铺设泗店至东疏输水管道6.7km，古城至乡饮输水管道9.5km。工程总动用土方156万 m³、砌石2.34万 m³、混凝土及钢筋混凝土1.84万 m³，工程总投资5956万元，建设工期2年。工程于2007年12月开工建设，2009年10月竣工，2011年10月通过竣工验收。

（1）维护基础设施，确保工程良好运行。对泗店、古城泵站泵房楼顶、屋外檐进行防渗透处理，修补房顶塌陷，填补屋顶瓦片，墙角处铺设散水层，粉刷墙面，修复管理房地板砖，更换锁芯、窗套，修理路面塌陷。维修输水管道6.5km，维修玻璃钢管破损4处，完成浆砌石工程36m³。

（2）做好泵站设备检修与运行，保障工程正常运转。全面检修泵站机电设备，更换古城泵站直流屏18组专用蓄电池，聘请专业人员对古城泵站高压设备及线路进行耐压试验等安全测试，对高压软启动设施进行检修、调试；协同乡镇工作人员检查输水管道与阀门井，确保阀门开关正常；8月12日，古城泵站完成调试，年内多次运行，保障了中水不下泄。

（3）加强安全检查，完善安全措施。结合山东省水利厅年度工程安全检查，完善相关安全措施。对10处电机接地扁钢进行规范搭接焊接，对2座提水泵站及橡胶坝电缆桥架进行等电位连接，为配电室配备绝缘手套、绝缘靴等防护工具，进一步保障用电安全；更换消防器材；工作场所增设安全警示标志；在2处提水泵站进水池、2条河道翼墙临水侧设置救生圈、安全绳等防溺水设施4组；对提水泵站2台起重机进行安全检测。

（4）认真做好工程截污导流工作。按照工程设计方案和运行目标，科学合理调度水量，确保洸河、宁阳沟下泄水量水质达标，保证流入下游水质安全，为南水北调东线一期工程安全调水提供保障。

（5）积极应对汛期状况，确保安全度汛。严格落实防汛制度和防汛预案，抓好安全生产工作。在2021年汛期到来前期，增加工程巡查频次，多次进行设备试车，仔细排查安全隐患，及时处置问题状况。台风"烟花"过境后，针对实际雨情与河道水情及时排涝。

2013年9月南水北调东线干线工程正式通水，宁阳县洸河截污导流工程正式运行。在南水北调工程输水期间（10月至翌年5月），拦蓄污水处理厂及沿线工业企业达标排放的中水，通过发挥工程的截、蓄、导、用功能，减少COD、NH_3-N入河量，保障南水北调输水干线水质；河道防洪能力由5年一遇提高到20年一遇，可改善生态环境、扩大灌溉面积，经济、社会效益显著。　（山东省水利厅）

【枣庄市薛城小沙河控制单元中水截污导流工程】　枣庄市薛城小沙河控制单元中水截污导流工程位于滕州市新薛河、薛城区小沙河和薛城大沙河流域。工程主要内容：①薛城小沙河：新建朱桥橡胶坝1座，扩挖薛城小沙河回水段和小沙河故道回水段，开挖堤外截渗沟长2000m；②薛城大沙河：新建挪庄橡胶坝1座，建华众纸厂中水导流管；③新薛河：小渭河新建渊子涯橡胶坝1座，小渭河河道回水段局部扩挖。工程于2008年11月开工建设，2012年10月完成竣工验收。

枣庄市薛城小沙河控制单元中水截污导流工程由枣庄市南水北调工程建设管理局负责，委托枣庄智信瑞安水利工程管理有限公司实施运行管理工作。公司按照工程初步设计的运行任务和运行指标，对所辖橡胶坝等进行运行管理及日常维护、保养等工作，实现了正常运行，发挥了应有效益。

枣庄市薛城小沙河控制单元中水截污导流工程在拦蓄中水、排涝、抗旱、生态环境改善等方面发挥了重要作用，产生了显著的社会、经济和生态环境效益，成为保障南水北调东线工程水质的可靠屏障。

（山东省水利厅）

【枣庄市峄城大沙河中水截污导流工程】　枣庄市峄城大沙河中水截污导流工程位于峄城大沙河上。主要建设内容：①新建大泛口、裴桥2座拦河闸；②在峄城大沙河分洪道处新建良庄橡胶坝1座；③对已建红旗闸和贾庄闸进行维修改造；④铺设3000m管道将台儿庄区中水排放改道入峄城大沙河。工程等别为Ⅲ等，主要建筑物级别为3级，次要建筑物级别为4级，临时建筑物级别为5级。工程概算总投资4465.88万元。工程于2009年3月开工建设，2012年10月完成竣工验收。

枣庄市峄城大沙河中水截污导流

工程由枣庄市南水北调工程建设管理局负责，委托枣庄智信瑞安水利工程管理有限公司实施运行管理工作。公司按照工程初步设计所确定的运行任务和运行指标，对所辖节制闸、橡胶坝及泵站等进行运行管理及日常维护、保养等工作，实现了正常运行，发挥了应有的效益。

枣庄市峄城大沙河中水截污导流工程在拦蓄中水、排涝、抗旱、生态环境改善等方面发挥了重要作用，产生了显著的社会、经济和生态环境效益，成为保障南水北调东线工程水质的可靠屏障。　　（山东省水利厅）

【滕州市北沙河中水截污导流工程】

滕州市北沙河中水截污导流工程主要内容为：在北沙河干流新建邢庄、刘楼、赵坡、西王晁4座橡胶坝，河道扩挖治理8.3km；在4座橡胶坝上游各新建灌溉泵站1座及中水回用配套渠系。工程于2008年11月开工建设，2011年11月7日完成竣工验收。

滕州市北沙河中水截污导流工程由滕州市负责，交付滕州市河道管理处进行运行管理，滕州市河道管理处是2004年9月经滕州市委、市政府批准成立，隶属于滕州市水利和渔业局的纯公益性事业单位。管理处下设界河、北沙河、城河、郭河、十字河管理所和北郊排水站共5所1站，管理处建立了竞评机制，落实了分配激励制度。

滕州市北沙河中水截污导流工程在拦蓄中水、排涝、抗旱、生态环境改善等方面发挥了重要作用。

（山东省水利厅）

【滕州市城漷河中水截污导流工程】

滕州市城漷河中水截污导流工程位于城漷河流域滕州市境内。工程主要内容为：新建6座橡胶坝，其中城河干流新建东滕城、杨岗橡胶坝2座；漷河干流新建吕坡、于仓、曹庄橡胶坝3座；城漷河交汇口下游新建北满庄橡胶坝1座；维修城河干流洪村、荆河、城南橡胶坝3座，漷河干流南池橡胶坝1座；在东滕城、杨岗、北满庄、吕坡、于仓、曹庄6座橡胶坝上游新建灌溉提水泵站各1座；在曹庄橡胶坝上游漷河左岸和杨岗橡胶坝上游城河左岸设人工湿地引水口门各1处；河道扩容开挖工程10.7km。工程于2008年11月开工建设，2011年11月7日完成竣工验收。

滕州市城漷河中水截污导流工程由滕州市负责，交付滕州市河道管理处进行运行管理，滕州市河道管理处是2004年9月经滕州市委、市政府批准成立，隶属于滕州市水利和渔业局的纯公益性事业单位。管理处下设界河、北沙河、城河、郭河、十字河管理所和北郊排水站共5所1站，管理处建立了竞评机制，落实了分配激励制度。

滕州市城漷河中水截污导流工程在拦蓄中水、排涝、抗旱、生态环境改善等方面发挥了重要作用。

（山东省水利厅）

【枣庄市小季河中水截污导流工程】

枣庄市小季河中水截污导流工程位于小季河流域台儿庄区境内。工程主要内容为：小季河、北环城河、台兰干渠河道疏浚、清淤、扩宽；新建小季河季庄西拦河闸，维修赵村拦河闸，在东环城河、小季河、台兰引渠新建4座中水回用灌溉泵站，拆除重建6座生产桥。工程于2009年3月开工建设，2011年11月6日完成竣工验收。2016年利用结余资金103万元实施枣庄市小季河中水截蓄导用工程完善项目台涛河治理工程，工程于2016年6月完工。

工程由台儿庄区城乡水务服务中心统一管理、调度，实现区域产生的中水不进入调水干线、达到零排放标准，确保调水水质。调水期间由区城乡水务服务中心调度，非调水期间（汛期、用水期）服从区防汛抗旱指挥部统一调度。工程运行管理单位为枣庄市台儿庄区南水北调截污导流工程建设管理处，办公地点在季庄西节制闸前截污导流工程管理所。

枣庄市小季河中水截污导流工程利用中水回用泵站提水灌溉，实现了工程中水回用、防洪、排涝、生态、交通等社会预期效益。小季河截污导流工程实施完成后，地方政府投资相继建设了小季河湿地、小季河南堤沥青混凝土路并对小季河全线进行了绿化、亮化工程建设。（山东省水利厅）

【菏泽市东鱼河中水截污导流工程】

工程位于菏泽市开发区、定陶、成武和曹县境内的东鱼河、东鱼河北支及团结河。菏泽市东鱼河中水截污导流工程包括新建雷泽湖水库、入库泵站、中水输水管道，扩挖东鱼河北支，在东鱼河北支新建张衙门、侯楼、王双楼拦河闸，利用袁旗营、刘士宽、杨店、马庄、邵堂、裴河、楚楼、肖楼拦河闸，在团结河新建后王楼、鹿楼拦河闸，利用东鱼河干流徐寨、张庄、新城拦河闸，拦蓄总库容32166km³。灌溉回用工程为：在雷泽湖水库新建李楼、贵子韩提水站，在东鱼河北支新建雷楼、侯楼、邵家庄、周店提水站，在团结河新建宋李庄、前朱庄、欧楼、鹿楼提水站，并开挖疏通站后输水渠道，维修涵洞1座。实际控制总灌溉面积132.4万亩，改善农田灌溉面积62.4万亩。工程于2008年9月开工建设，2011年10月完成竣工验收。

菏泽市南水北调工程建设管理局按照创建规范化闸管所要求，在建立健全工程运行管理制度的基础上，进一步强化管理考核和责任追究制度，加强对工程运行的日常监测和巡查，并落实好相关责任人，坚持"谁检查，谁签字，谁负责"，实行台账式管理，对于检查中发现的问题，当场责令整改，当场整改不了的，限期整改，并落实责任人，及时消除各种隐患，确保工程运行安全。

菏泽市南水北调工程建设管理局利用工程的"截、蓄、导、用"功能，充分发挥工程经济社会及生态环保效益，在确保南水北调输水干线输水期间水质达到规定要求的同时，当地的水源涵养水平得到提升，水生态环境也得到有效改善。

（山东省水利厅）

【金乡县中水截污导流工程】 工程主要利用金济河、金马河、大沙河分别建设橡胶坝、拦河闸，拦蓄达标排放的中水及地表径流，并用于灌溉回用。包括王杰节制闸、刘堂节制闸、莱河橡胶坝、郭楼橡胶坝、朗庄橡胶坝等 5 座拦河闸坝工程。非调水期间开闸泄水，从而保证南水北调工程水质。设计拦截调蓄总库容 799.9 万 m^3。核定概算总投资为 2738.35 万元。2008 年 10 月开工建设，2009 年 11 月完成全部工程。已完成竣工验收，投入运行使用，运行正常。

金乡县水利工程运行服务中心负责工程管理，核定编制 35 人，经费财政全额拨款。各闸坝均配备了专业管理人员进行管理。

工程严格按照金乡县水质控制目标和总量控制目标，利用新建拦蓄工程，在南水北调东线工程输水期将城区工业企业和金乡县污水处理厂达标排放的中水及地表径流，拦蓄在金济河、金马河、大沙河、莱河、东沟河、老万福河，用于城市回用、发展农业灌溉和补充地下水源。2009 年金乡县日拦蓄中水量为 1.2 万 m^3，2021 年金乡县日拦蓄中水量为 6 万 m^3。

工程有效解决中水排入到南水北调东线干线输水渠道问题，达到了"截、蓄、导、用"的目的。设计工程全部完成，设计功能基本达到。工程竣工验收以来运行良好，效益显著。金乡县县城区的工业和生活污水，经过管道网络直接输入金乡县污水处理厂，处理后的中水再经过输水管道和提水泵站排入中水水库，发展农业灌溉，为农业生产提供了充足的水源。满足城区景观用水，利用南水北调中水截污导流工程引水入城，实现金乡县城区水系贯通，水活流清，改善城区环境，具有显著的社会效益和环境效益。

（山东省水利厅）

【曲阜市中水截污导流工程】 工程批复新建橡胶坝 2 座；在橡胶坝上游分别新建提水泵站 1 座，共计 2 座。新增拦蓄库容 127.1 万 m^3，新增灌溉面积 5133.33 hm^2。工程于 2008 年 7 月 1 日开工，2009 年 9 月完成全部工程建设。已完成竣工验收，投入运行使用，运行正常。

曲阜市河湖事务服务中心负责工程的运行管理，为副科级单位，工程经费财政拨款。河湖中心下设沂河管理科，具体负责郭庄、杨庄两座橡胶坝日常管理及维护工作。

工程设计功能已达到。设计灌溉面积 5133.33 hm^2，实际灌溉面积 5133.33 hm^2，总调蓄库容 253.1 万 m^3，新增拦蓄库容 127.1 万 m^3。污水处理厂设计规模为 3 万 t/d，截污导流工程在干线输水期间需拦截 770

万 m³。

工程有效解决中水排入到南水北调东线干线输水渠道问题，达到了"截、蓄、导、用"的目的。设计工程全部完成，设计功能基本达到。曲阜市截污导流工程上游有 2 处污水处理厂，处理后的中水引入到沂河公园、蓼河公园、人工湿地作为公园景观用水。满足公园用水后的下泄水进入截污导流工程郭庄橡胶坝拦截，启动提水泵站进行灌溉，在不灌溉时，下泄水进入截污导流工程由杨庄橡胶坝拦截，打开橡胶坝上游涵闸自流入平原水库，自此截污导流工程没有下泄水排入输水干线。

（山东省水利厅）

【嘉祥县中水截污导流工程】 工程属于新建河道型蓄水库，库容为 202 万 m³，改善灌溉面积 1666.67hm²。主要建设内容为：疏通治理前进河、洪山河两条河道 21.1km，扩挖洪山河低洼区 13.4hm²，新建前进河拦河闸，改建曾店涵闸、洪山河涵闸。批准概算投资 2629.53 万元。工程于 2008 年 6 月 30 日开工，2009 年 11 月全部完成，2012 年 10 月工程竣工验收，运行正常。

嘉祥县南水北调干线灌排影响处理工程：扩挖金庄引河 4.3km；新建及改建建筑物 8 座，新建新杨节制闸（泵站）1 处。项目批复投资 3995.39 万元，其中工程部分投资 3403.74 万元，移民环境补偿投资 591.65 万元。该工程于 2018 年 11 月开工，2019 年 12 月 29 日合同完工验收，运行正常。

运行机构为嘉祥县水利事业发展中心，是县水务局所属的正科级单位，核定编制 55 人，经费实行财政全额预算管理，运行情况良好。

工程设计功能已达到"截、蓄、导、用"目标，设计灌溉面积 1666.67hm²，实际灌溉面积 1766.67hm²，库容 202 万 m³，实际拦蓄 280 万 m³。污水处理厂尾水已全部截住，污水处理厂设计规模为 4 万 t/d，设计回用为 1 万 t/d。剩余 3 万 t 由截污导流工程拦蓄。嘉祥县南水北调干线灌排影响处理工程，涉及梁宝寺、黄垓、老僧堂、孟姑集、大张楼、马村等 6 个镇（街），赵王河以北区域 35 万亩农田满足浇灌要求，同时增加了赵王河以北区域的滞蓄能力。

工程有效解决中水排入到南水北调东线干线输水渠道问题，达到了"截、蓄、导、用"的目的。设计工程全部完成，设计功能基本达到。①农业灌溉用水。利用工程建设的前进河拦河闸、曾店涵闸、洪山涵闸，拦截郓城新河、红旗河、赵王河来水，充分发挥各沿河提水站作用，合理调配全县境内水源，鼓励群众利用中水进行农业灌溉；②生态及景观用水。嘉祥县建有前进河、洪山河、龙祥河景观工程，促进了生物的多样性，保证了沿线景观效果。为更好地回用中水，利用嘉祥县第一污水处理厂处理中水，通过洪山河分别向其补水，作为景观用水使用；③绿化浇灌用水。为绿化城市及周边环境，利用中水对沿河绿化带进行浇灌，为沿线绿化用水提供了便利条件。

（山东省水利厅）

【济宁市中水截污导流工程】 工程新增库容836.4万 m³，新增灌溉面积1333.33hm²。工程建设内容包括：①利用兖矿集团3号井煤矿采煤塌陷区蓄存中水。蓄水区扩挖工程、新建排水泵站1座，出入蓄水区涵洞1座；②在济宁市污水处理厂附近新建中水加压站1座，并铺设5.95km中水输出管道；③为拦蓄济宁城区、高新区污水处理厂中水，在廖沟河、小新河、幸福河支沟、幸福河上新建节制闸各1座；④新开挖小新河与幸福河支沟之间的明渠；⑤新建穿铁路涵洞1座；⑥新建明渠、幸福河支沟上交通桥2座、生产桥4座。工程总投资18603万元，于2010年年底完成主体工程建设，基本具备"截、蓄、导、用"功能，运行正常。济宁市水利事业发展中心为现场管理监督单位，负责截污导流工程及蓄水区人工湿地管理运行。工程采用政府购买服务方式运行，运行管理单位为济宁市德信水利工程质量与安全检测有限公司。

工程设计功能已基本达到，设计灌溉面积1333.33hm²，实际灌溉面积1933.33hm²，调水期间拦蓄中水1200万 m³，库容836.4万 m³，实际库容达1300万 m³。设计任务内污水处理厂尾水已全部截住。济宁污水处理厂设计规模为20万 t/d，设计回用8万 t，工程截污12万 t；高新区污水处理厂9万 t/d，设计回用为2万 t/d，工程截污7万 t。截污导流工程截蓄济宁市污水处理厂和高新区污水处理厂共计19万 t/d。

工程有效解决中水排入到南水北调东线干线输水渠道问题，达到了"截、蓄、导、用"目的。设计工程都全部完成，设计功能基本达到。济宁市截污导流工程将中水引入北湖湖畔的老运河人工湿地，营造成了一座近3000余亩的大型湿地公园，睡莲、香蒲、芦苇等植物生机盎然，鱼儿畅游，鸟类栖息，有效改善了城市周边的水生态环境，逐渐成为附近居民休闲、娱乐、健身的首选地。洸府河人工湿地、蓄水区人工湿地生态效益正凸显成效，蓄水区内的稳定塘水质已稳定达到Ⅲ类水，可建设水上娱乐项目。

（山东省水利厅）

【微山县中水截污导流工程】 工程新增库容167.5万 m³，新增灌溉面积1866.67hm²。工程主要建设内容包括：①老运河渡口桥至杨闸桥段桩号0+239~10+570河槽扩挖工程，桩号10+570~16+443杨庄闸至三孔桥下游综合治理工程；②新建渡口充水式橡胶坝，坝长22m；③新建三河口枢纽工程，包括三河口节制闸和倒虹；④拆除重建三孔桥节制闸；⑤维修夏镇航道闸；⑥维修加固杨闸桥、南外环桥、渡口桥，拆处重建东风桥、小闸口桥、纸厂桥，新建南门口桥。工程总投资 6489 万元，已于 2010 年年底完成，2011 年年底进行试运行，目前运行正常。运行机构为微山县水利工程运行维护中心，经费落实。微山县水利工程运行维护中心为县水务局所属的副科级单位，核定编制 26 人，经费实行财政全额预算管理，运行情况良好。

工程设计功能已达到，设计灌溉面积 1866.67hm²，实际灌溉面积 1866.67hm²，库容 167.5 万 m³。污水处理厂尾水已全部截住，污水处理厂规模为 4 万 t/d，实际运行 2 万 t/d；设计回用为 1 万 t/d。调水期间用水量应为 610.8 万 m³，已回用。截污导流工程实际蓄存中水 576.6 万 m³。

工程有效解决中水排入到南水北调东线干线输水渠道问题，达到了"截、蓄、导、用"目的。设计工程都全部完成，设计功能基本达到。

（山东省水利厅）

【梁山县中水截污导流工程】 工程新增库容 330 万 m³，新增灌溉面积 3000hm²。主要建设内容包括：①对梁济运河邓楼闸至宋金河入口 28.472km 的河道进行开挖；②自污水处理厂至梁济运河铺设输水管道 500m；③新建龟山河提水站；④维修加固龟山河闸；⑤拆除重建任庄、郑那里、东张博等 3 座危桥。工程全部

完成，总投资 5561 万元，2012 年完成竣工验收，投入运行使用。2017 年因梁山港物流中心建设，为方便通航，经部、省有关部门批准，对梁山县截污导流工程进行功能替代，结合铁、水联运规划建设了环城水系工程，中水改为环城水系蓄存、净化、利用，梁济运河不再蓄存中水。工程于 2016 年 3 月开工建设，2018 年 2 月投入运行。工程投资 5.06 亿元，工程利用原龟山河、西环城河、流畅河河道扩宽改造，按承接中水 5 万 t/d 规模设计，水系长 20.8km，设计库容 380 万 m³。完成了新旧中水截污导流功能区的转换，实现了梁济运河向环城水系"中水搬家"。通过该工程实施既实现了中水截污导流功能区的调整，又解决了铁水联运项目航道布局问题。2020 年 10 月，对邓楼节制闸进行功能替代，建设了邓楼通航闸。运行机构为梁山县河湖事务服务中心，为县水务局所属的副科级事业单位，核定编制 6 人，经费实行财政全额预算管理，运行情况良好。

工程设计功能已达到，设计灌溉面积 3000hm²，需拦蓄 730 万 m³，设计库容 330.6 万 m³。污水处理厂尾水已全部截住，设计规模为 5 万 t/d，运行正常，回用设施运行基本正常。工程无尾工。

工程有效解决中水排入到南水北调东线干线输水渠道问题，达到了"截、蓄、导、用"的目的。设计工程全部完成，设计功能基本达到。工程

335

的正常运行，为梁济运河、流畅河下游两岸农业灌溉提供了有力的水源保障。通过与流畅河湿地、运河湿地、梁山泊旅游区山北水库结合，进一步深度处理蓄存的中水水质，从而为生态景观旅游、改善局部小气候建设提供了物质基础，也是中水截污导流工程的延续和提升。通过生态景观的改善，增加了旅游景点，扩大了梁山的知名度，为梁山的经济、社会发展提供了良好的生态保障。　（山东省水利厅）

【鱼台县中水截污导流工程】　工程新建唐马拦河闸（东鱼河干流桩号11＋100）、维修郭楼林庄两处涵洞，铺设玻璃钢输水管道等建筑物。核定工程总投资为 4214 万元。工程于2008 年 12 月 29 日正式开工建设，2010 年 1 月完成全部工程建设内容，完成竣工验收，投入运行使用，运行正常。运行机构为鱼台县水利事业发展中心，运行情况良好。

工程设计功能已达到，设计灌溉面积 5066.67hm^2，实际灌溉面积5186.59hm^2，库容 760 万 m^3。污水处理厂尾水已全部截住，污水处理厂设计规模为 3 万 t/d，实际 3 万 t/d；设计回用为 1 万 t/d。回用工程已完成，截污导流工程实际蓄存中水 1056 万 m^3。

工程有效解决中水排入到南水北调东线干线输水渠道问题，达到了"截、蓄、导、用"目的。设计工程全部完成，设计功能基本达到。鱼台县污水处理厂和企业达标排放的中水

通过中水管道全部蓄存于唐马拦河闸上游，利用河道的自净能力对中水进行再处理，美化区域环境，提高水质标准；通过现有排灌设施改善了农田灌溉条件，提高了农田灌溉保证率，增加了工程所在地的防洪效益、除涝效益、灌溉效益、生态效益及城乡景观效益；同时在一定程度上改善了当地的基本生活设施，提高了当地居民的生活水平，推动了当地的经济发展，也有利于维护鱼台县经济、社会的稳定和发展，具有十分显著的经济效益、社会效益和环境效益。

（山东省水利厅）

【武城县中水截污导流工程】　该工程位于山东省德州市的武城县和平原县境内。工程利用武城县六六河和利民河东支、赵庄沟等建闸拦蓄中水，并经河道沿岸灌溉回用工程引水灌溉，在南水北调调水期间保证中水不进入六五河，非调水期间将中水泄入减河。工程内容包括：六六河及马减竖河清淤工程，新建重建拦河闸 5座、节制闸 6 座、交通桥 2 座，维修9 座涵闸 5 座生产桥，新建倒虹 1 座、穿函 1 座。总投资 2905.96 万元，已于 2011 年完工。

武城县水利局作为该工程项目管理单位，负责工程各项运行管理工作，对工程管理范围内渠道及建筑物进行安全巡查及维护保养，确保工程正常运行。

工程共拦蓄水量 1052.83 万 m^3，

其中回用中水量 890.32 万 m³，用于农业灌溉 751.41 万 m³，生态 138.91 万 m³。既能保证七一·六五河水质长期稳定达到Ⅲ类地表水水质标准，又能解决水资源短缺与水环境严重污染的尖锐矛盾，做到节水、治污、生态保护与调水相统一，形成"治、截、用"一体化的工程体系。

（山东省水利厅）

【夏津县中水截污导流工程】 工程是将县污水处理厂处理后的中水经三支渠输送到城北改碱沟及青年河，利用河道上的节制闸对中水实现层层拦蓄，形成竹节水库，在农田灌溉季节实现中水灌溉回用。主要工程建设内容包括：清挖三支渠 6.23km，重建桥梁 16 座、提水泵站 2 座、涵管 12 座、节制闸 3 座，维修节制闸 1 座，工程等级为Ⅳ等，抗震强度为 6 度。核定工程总投资 2505.86 万元，已于 2011 年完工。

夏津县水利局作为截污导流工程项目管理单位，负责工程各项运行管理工作，对工程管理范围内渠道及建筑物进行安全巡查及维护保养，确保工程正常运行。

2021 年夏津县中水截污导流工程共调节水量 1742 万 m³，其中回用中水量 1465 万 m³，用于生态回用 480 万 m³，农业灌溉 985 万 m³。

既能保证七一·六五河水质长期稳定达到Ⅲ类地表水水质标准，又能解决水资源短缺与水环境严重污染的尖锐矛盾，做到节水、治污、生态保护与调水相统一，形成"治、截、用"一体化的工程体系。

【临清市汇通河中水截污导流工程】 主要工程建设内容包括：新建红旗渠入卫穿堤涵闸 1 座；北大洼水库至大众路口铺设管线长度 417m（单排 φ2000mm 管），顶管管线长度 85.15m（双排 φ1500mm 管）；大众路口至石河铺设管线长度 2159.25m（双排 φ2000mm 管）；红旗渠 4.03km 河道清淤疏浚及红旗渠纸厂东公路涵洞、红旗渠纸厂 1 号公路涵洞、红旗渠纸厂 2 号公路涵洞、红旗渠纸厂 3 号公路涵洞 4 座过路涵改建。工程于 2008 年 12 月 27 日开工，2010 年 7 月 30 日完工，2011 年 12 月 30 日通过山东省南水北调工程建设管理局组织的竣工验收。

新增工程主要是在临清十八里干沟入口及临夏边界建设节制建筑物，主要包括：十八里干沟入口闸工程、西支渠北朱庄闸工程、中支 1 渠小屯西闸工程、中支 2 渠小屯闸工程、东支渠柴庄闸工程、相关沟渠清淤 11.42km。2016 年 6 月 5 日开工建设，2017 年 12 月 13 日通过完工验收。

工程项目由山东省南水北调工程建设管理局委托临清市南水北调工程建设管理局为项目法人。工程建成后，由临清市市政管理处实际运行管理，纳入整个城市公共设施管理范围，机构改革后，市政管理处隶属于临清市综合行政执法局（临清市城市管理局）。2021年度闸门启闭正常，渠道、管道、水库水流平稳，工程运行情况一切正常。

工程的建成，使污水处理厂处理后的中水，通过红旗渠、北大洼水库、北环路埋管、大众路埋管、汇通河（小运河）、胡家湾水库连成一体，形成城区大水系，既改善了城区水环境，富余水量又可灌溉周围农田，具备了截污导流工程的"截、蓄、导、用"功能，削减污染物，使其在调水期间不进入调水干线，确保了调水水质。

（山东省水利厅）

【聊城市金堤河中水截蓄导用工程】

工程涉及东阿县刘集镇的7个管区、30个自然村，工程利用东阿县原有郎营沟，通过治理改造进行导流。东阿段全长22km，其中新开段3.7km，工程征地1129.67亩，其中永久占地67.44亩，弃土临时占地996.1亩。工程主要内容为桥涵闸清淤疏浚。主要任务是：为避免由河南省下排入金堤河、小运河的污废水污染输水干线——小运河，将上游下泄的污废水进行改排。该工程已于2009年12月底完工。工程竣工后，东阿县迁占移民项目中结余资金344万元。2012年

经上级主管部门同意后，结合东阿段实际情况和当地政府群众意愿要求，该结余资金用于东阿段后续完善工程，本次工程对东阿县与阳谷县交界处至油坊穿涵上游段（桩号13＋543～17＋750）4.207km的两岸堤防恢复，并配套建设两岸支沟建筑物节制闸、简易排涵14座，铺设桩号14＋950～15＋950左岸石渣道路一条，改建25＋490生产桥1座，建设刘集镇棉厂东桥至后张东桥（桩号24＋950～26＋010）1.060km的渠道衬砌工程。

东阿县水利局定期组织有关人员对截污导流工程沿线进行巡查，当地乡镇政府结合河长制工作对河道进行定期巡河，对发现的问题及时反馈整改，特别是在汛期组织人员对易堵易涝地区加大巡查力度，对淤堵严重的倒虹吸等重要河段及时进行清理，并在沿河主要位置设立安全警示标志。2021年11月对省运行管理监督检查现场发现的郎营沟倒虹吸进水段淤堵处问题进行连夜整改，并对护栏进行维修，安装安全警示标识。通过对聊城市金堤河截污导流中水截蓄导用工程进行综合治理，使聊城市东阿县排涝功能进一步提升。（山东省水利厅）

陆 中线一期工程

概　述

【工程管理】 2021年是中线工程通水第七年，中线建管局继续贯彻"精准定价、精细维护"理念，推动工程管理向精细化转变，落实高质量发展目标任务。

（1）全面深化"双精维护"，加强对土建和绿化维修养护项目实施过程的监管。依据《土建和绿化工程维修养护日常项目考核办法（试行）》（Q/NSBDZX 206.02—2018）有关要求，开展土建和绿化维修养护项目"双精维护"专项检查，组织对现地管理处土建和绿化维修养护项目预算管理及实施情况进行了专项抽查。年中多次赴现场，检查土建和绿化维修养护项目进度、质量、安全生产管理等情况，并印发《关于进一步加强土建及绿化维修养护项目实施管理的通知》（中线局工维〔2021〕139号），从过程管控、质量控制、合同计量、验收等方面提出了明确要求。

（2）不断补齐工程短板，保障工程"三个安全"。2021年，中线建管局针对淡水壳菜附着问题，开展了淡水壳菜侵蚀影响及防治措施研究和淡水壳菜水下清理设备研制及应用项目；为提高工程形象面貌，继续开展南水北调中线干线工程渠道及建筑物表面变黑原因及处理措施研究项目；开展了天津干线中瀑河河道右岸护坡滑塌修复、渠首分局桥梁三角区及引道外坡滑移变形修复、河北分局邢汾高速公路沙河特大桥跨越南水北调中线南沙河倒虹吸防护工程等项目，并分轻重缓急拟定实施计划，抓紧对汛期水毁项目进行修复处理，不断补齐工程短板，确保了工程安全、供水安全和水质安全。

（3）开展2021年度安全评估及单项、专项安全鉴定工作。根据《南水北调中线干线工程安全鉴定管理办法（试行）》（Q/NSBDZX 409.35—2020）和《南水北调中线干线工程安全评价导则》（Q/NSBDZX 108.04—2020）有关规定，中线建管局组织开展了陶岔管理处辖区桩号9＋070～9＋575、10＋955～11＋000、11＋400～11＋450、9＋585～9＋740、11＋700～11＋800深挖方膨胀土渠段，叶县管理处桩号210＋130～211＋750渠段，易县管理处辖区桩号201＋380～201＋426渠段专项安全鉴定，辉县管理处辖区、定州管理处辖区工程单项安全鉴定以及南水北调中线干线工程年度安全评估。根据工程运行管理情况的分析，结合工程安全检查、安全检测、安全监测、安全鉴定、专题研究等工作成果分析，中线工程安全状况总体稳定。　　　　（余梦雪）

【运行调度】 根据水利部统一安排部署，为充分发挥南水北调工程效益，结合丹江口水库上游来水情况和地方需求，中线工程于2021年4月

30日，将陶岔渠首入渠流量调整至350m³/s；9月3日，将陶岔渠首入渠流量调整至380m³/s，开展超设计流量输水工作；10月7日，将陶岔渠首入渠流量增至400m³/s。2021—2022年度累计入渠水量90.54亿m³，首次突破90亿m³，累计向河南、河北、北京、天津等4省（直辖市）供水89.03亿m³，占年度计划71.59亿m³的124.4%，实现连续7个年度供水量的持续攀升，并连续两年超过中线一期工程规划的多年平均供水量（85.4亿m³）。　　　　（宋吉生）

中线建管局聚焦主责主业，攻坚克难，在新冠肺炎疫情防控和特大暴雨的双重压力下，逆势而上，超额完成2021年度供水任务。全年累计下达调度指令62993次。充分利用丹江口水库腾库迎汛和汛期来水颇丰的有利时机，于2021年4月30日至11月1日实施了大流量输水工作，陶岔渠首入渠流量达到350m³/s及以上运行共计143天。针对可能发生的应急工况，组织开展多次应急演练。妥善应对"7·20"极端天气考验和其他各类突发应急情况，及时开展应急调度，转危为安，全年输水调度运行平稳、可控。积极探索输水调度值班模式优化试点工作，并取得阶段性成果。着力推进科技创新能力，持续推动智慧调度建设，开展数据与机理双重驱动的水力调控方法等一系列调度关键技术研究。以问题为导向，以实际工作为依托，启动标准规定修编工作，开展多元化、多层次业务培训，全面提升输水调度人员理论和实战能力。在确保冰期安全运行的前提下，突破冰期调度运行瓶颈，2021—2022年度实现冰期供水总量17.42亿m³，与水利部下达的年度供水计划同期相比多供水4.85亿m³。　　（孙德宇）

【经济财务】

1. 水费收入　在新冠肺炎疫情持续冲击、经济下行压力加大、地方财政收支矛盾加剧多重不利因素叠加情况下，中线建管局精准施策、多措并举，水费收入再创历史新高。

（1）根据各省（直辖市）实际情况有针对性地制定水费收取工作方案，完善不同层面的沟通协调机制，及时了解掌握、沟通水费收缴过程中出现的有关问题。

（2）完善与地方水量计量确认调整机制，动态跟踪各省（直辖市）水费筹措落实进展情况，按照收入确认原则及时确认水费收入，顺利完成年度水费收取督办任务。

（3）商请河南省、河北省和天津市有关主管部门（单位）制定往年欠交水费还款计划。

（4）深化水量调度与水费收取联动机制，实时向水利部汇报相关省、市水量调度、水费收缴情况和还款计划执行情况，适时提出年度水量调度计划制定及调整意见建议。

（5）配合国家发展改革委水利工

程成本和水价测算，及时跟进《水利工程供水价格管理办法》和《水利工程供水定价成本监审办法》修订进程。配合中咨公司开展南水北调一期工程水价执行情况分析。

2. 资金拨付

（1）建设资金。中线建管局按照资金结算和支付程序，结合已核准完工财务决算，严把建设期工程尾款支付和质保金回退审核关。

（2）运行资金。根据各分局上报的资金计划，按照确有必要的原则，严格对照年度下达预算。

3. 资金筹措 根据水利部贯彻落实国务院南水北调后续工程工作会议精神工作方案，积极开展后续工程建设资金筹措工作，做好资金统筹管理。

（1）深入开展中线后续工程筹融资机制建立及建设资金筹措方案研究，及时跟进中线后续工程规划及相关前期工作，在梳理大型基建项目筹融资现行政策的基础上，分析了工程筹融资主要渠道，按照"1＋4＋N"的总体思路，提出了筹融资相应解决建议，并与国家开发银行等协调解除中线一期银团贷款质押事宜。

（2）积极加强与银行等金融机构的对接、协作，结合融资市场行情及市场趋势，分析评估不同融资渠道的优劣，提出"拼盘"贷款方式筹集债务资金的思路。

（3）做好资金集中归集，减少资金沉淀。

（4）印发《关于加强资金风险管控有关事项的通知》（中线局财〔2021〕46号），建立健全资金管理业务流程设计和岗位控制，强化银企直联支付风险防控措施，完善资金内控制度。

4. 预算管理 落实"精准定价，精细维护"工作要求，按照"保基本、保必须、保安全""量入为出"原则，严格控制不影响工程安全的运行维护费用和压缩管理性支出。

（1）牢固树立"过紧日子"的思想，强化各级财务部门费用监督审核职能，确保 2021 年度非工资性管理费用预算在近三年预算平均数基础上压减 15％任务目标。

（2）加强维修养护专项项目立项、方案审查和预算审核及预算执行过程监督管控，完成 105 项日常申报预算审核工作。

（3）首次向财政部申请部门预算。

（4）持续优化完善预算监控信息系统，实现预算执行监管信息系统、计划合同管理信息系统、NC 会计核算系统和 OA 系统的深度融合和数据共享，充分运用信息化手段加强项目预算全过程监管。

（5）总结近年来预算管理实践成果，编制《全面预算管理实施细则》《汛期水毁项目修复处理指导意见》，形成可复制、可推广成果，组织开展基于分层价值单元的精益预算管理研究，并取得了初步成果。

5. 资产管理 按照资产管理体系建设总体方案实施步聚，扎实推进资产管理体系建设，基本完成全部资产清查工作。

（1）创新工作方法，通过"现场督导＋集中办公"等方式全力向纵深推进资产全面清查。

（2）依托资产数据管理平台，组织各分局建立全面准确和实时动态反映全线各类资产数据信息的标准资产管理台账。

（3）对标国际国内先进经验和做法，开发智能共享的资产管理信息系统。

（4）总结资产全面清查实践经验，开展资产管理制度体系研究，印发固定资产、无形资产、物资等5个分类标准与代码。同时，取得了4项软件著作权，其中电子收费系统2项，预算监控信息系统2项。

6. 完工财务决算　完工财务决算圆满收官夯实基础，竣工财务决算奋力开启全新征程。

（1）2021年，共有20个完工财务决算通过水利部完工财务决算核准，已完成中线干线工程86个完工财务决算全部任务。

（2）组织编制《南水北调中线干线工程竣工财务决算总体方案》，明确竣工财务决算的总体任务、阶段目标、成果要求、完成时限，以及完成组织保障、专业力量保障、工作机制保障。

（杨君伟　马腾飞　陈蒙　方红仁　张卫红　赵伟明）

【工程效益】

1. 经济效益　南水北调中线工程通水以后，从根本上改变了受水区供水格局，改善了城市用水水质，提高了沿线受水区的供水保证率。一方面，使北京市、天津市、石家庄市、郑州市等北方大中城市基本摆脱缺水的制约，为经济发展提供坚实保障，同时为京津冀协同发展、雄安新区建设等重大国家战略的实施提供了可靠的水资源保障。另一方面，有力促进了经济结构转型。各地大力推广工农业节水技术，逐步限制、淘汰高耗水、高污染的建设项目，加强用水定额管理，提高用水效率和效益，有力地促进了生产力的合理布局和经济结构转型。

2. 社会效益　中线工程全线通水以来，已惠及沿线24座大中城市，130多个县（市），直接受益人口达7900万人，其中河南省2400万人，河北省3000万人，天津市1200万人，北京市1300万人。北京市南水北调水占城区日供水量的70%，全市人均水资源量由原来的100m³提升至150m³，有充足的南水保障后，中心城区供水安全系数（城市日供水能力／日最高需水量）由1.0提升至1.3，城市副中心供水安全系数提升至1.5。密云水库蓄水量屡创新高，2021年最大蓄水量达35.79亿m³，创建库以来新纪录，作为首都重要地表饮用水源地、水资源战略储备基地的作用更加凸显。天津市长期以来的"依赖性、单一性、脆弱性"的供水风险得到有效化解，形成了"一横一纵"、引滦引江双水源保障的新供水格局，近两年由于引滦水质恶化，南水北调水占城市日供水的 95%，几乎已成为天津城市供水的唯一水源。

同时，优良的水质也满足了沿线老百姓对美好生活的向往，受水区对南水的欢迎度十分显著。输水水质保持Ⅱ类水质及以上标准，水质 pH 值约在 7.8 左右，有益身体健康。河北黑龙港流域 9 县开展城乡一体化供水试点，沧州地区 400 多万人告别了长期饮用高氟水、苦咸水的历史。

3. 生态效益 实施生态补水，置换出被城市生产生活用水挤占的农业和生态用水，有效缓解了地下水超采的局面，使地下水位逐步上升，区域生态环境得到有效改善修复，补水河湖生态与水质得到改善，社会反响良好。

（1）地下水位明显回升。河南省受水区地下水位平均回升 0.95m。其中，郑州市最大回升 25m，许昌市最大回升 15m，安阳市回升了 2.76m，新乡市回升了 2.2m。河北省受水区浅层地下水位回升 1.41m，与 2019 年年底相比，2020 年年底浅层地下水回升 0.52m，深层地下水回升 1.62m。北京市应急水源地地下水位最大升幅达 29.79m，平原区地下水埋深与 2015 年同期相比，平均回升 9.35m，地下水位实现连续 6 年回升。天津市 2020 年较 2015 年同期比，深层地下水水位累计回升约 3.9m。华北地下水超

采综合治理以来，河北省深层、浅层地下水平均水位均有所上升，2020 年年底浅层地下水同比回升 0.52m，深层地下水回升 1.62m。

（2）河湖水质明显提升。在对北方地区 51 条河流实施生态补水后，为河湖增加了大量优质水源，提高了水体的自净能力，增加了水环境容量，一定程度上改善了河流水质。8—9 月，通过大宁调节池退水闸向永定河实施生态补水 0.50 亿 m³，经过多水源联合调度，9 月 27 日，永定河 865km 河道实现了自 1996 年以来的首次全线通水。 （郑振华）

【科学技术】 南水北调工程事关战略全局、事关长远发展、事关人民福祉。加快构建国家水网、推动南水北调后续工程高质量发展，面临着重大战略问题的研究和重大科技问题的攻关，建设国际一流工程、一流企业、一流品牌，做水产业链的"链主"，必须要有强大的科技支撑。

作为跨流域、超大型调水企业，中线建管局深入贯彻落实党的十九届五中全会提出的创新驱动发展战略，坚持问题导向和目标引领，创新体制机制，紧贴工程实际需要，加强了科技创新管理组织机构，完善了以创新引领为导向的制度体系，形成了坚持问题导向的项目管理思路，以及注重实效的技术总结与交流机制。从科技创新体系建设、科研平台建设管理、国家级课题和局级课题实施、专项设

计方案编制、穿跨越项目技术方案审查、安全监测新技术应用、科技成果总结推广等方面做好科技管理工作，为南水北调工程高质量发展提供了强大科技支撑，为中线发展提供了源源不断的创新动力。

（高森　李玲　郝泽嘉）

【创新发展】

1. 中线建管局公司制改制

（1）出资人变更及增加注册资本金。2021 年 8 月，水利部印发通知，将中线建管局移交南水北调集团管理，由南水北调集团履行出资人职责。2021 年 11 月，在南水北调集团相关部门的大力协助下，陆续完成了中线建管局国有产权登记证出资人信息变更，以及出资人变更、增加注册资本金等工商变更备案登记事宜。其中，出资人由原国务院南水北调工程建设委员会办公室备案登记为南水北调集团，注册资金由 30000 万元变更登记为 10410389 万元。

（2）改制请示报批。

1）完善公司制改制方案。按照《中华人民共和国公司法》《中华人民共和国企业国有资产法》和《国务院办公厅关于印发中央企业公司制改制工作实施方案的通知》国企改革三年行动方案有关要求，中线建管局组织编制了公司制改制方案，改制方案共包含企业基本情况、改制目的及必要性、改制方式、改制后企业基本情况、公司治理安排、劳动人事分配制度、职工安置方案、债权债务处置、国有划拨地处置、其他有关事项和改制工作的组织与实施等 11 个部分。

2）完善公司章程（草案）。根据《中华人民共和国公司法》、《中央企业公司制改制工作实施方案》（国办发〔2017〕69 号）、《国有企业公司章程制定管理办法》（国资发改革规〔2020〕86 号）等有关要求，中线建管局结合公司制改制工作和自身实际，起草了《中国南水北调集团中线有限公司章程（草案）》，共包含总则，经营宗旨、范围和期限，履行出资人职责的机构，公司党委，董事会，经理层，监事会，职工民主管理与劳动人事制度，财务、会计、审计与法律顾问制度，合并、分立、解散和清算，附则等 11 个章节 88 个条款。

3）改制请示报批。2021 年 1 月，在完成局长办公会、局党组会和职工代表大会等局内部审议程序后将改制方案和公司章程（草案）正式上报水利部和南水北调集团。2021 年 8 月，中线建管局交由南水北调集团管理后，经与南水北调集团多次沟通修改后，于 2021 年 12 月 8 日正式上报南水北调集团《关于报送南水北调中线干线工程建设管理局公司制改制有关事宜的请示》（中线局计〔2021〕39 号）。2021 年 12 月 31 日，南水北调集团印发了《中国南水北调集团有限公司关于同意南水北调中线干线工程建设管理局公司制改制有关事项的批复》（南水北调企管〔2021〕149 号），正式批复了中线建管局公司制改制方案和中国南水北调集团中线有限公司章程。

2. 编制中线建管局"十四五"发展规划

（1）委托咨询。通过招标委托长江科学院提供"十四五"发展规划咨询服务，并于 3 月签订合同。

（2）深入访谈。3—6 月组织对分管局领导、局属 14 个部门、3 个子公司和 3 个分局开展了调研访谈。

（3）意见征集。2 月和 7 月，先后两次面向局属各部门、各单位征求发展规划意见建议，并于 6 月在全局范围开展"我为中线发展建言献策"活动，以调查问卷形式征集广大干部职工对中线建管局未来发展的看法和建议。

（4）规划编制。2021 年 4 月 30 日，向南水北调集团报送《中线建管局关于报送"十四五"规划编制有关内容的报告》，5 月 8 日向水利部南水北调司报送《中线建管局关于"十四五"时期南水北调中线发展规划初步研提意见建议的报告》（中线局计〔2021〕21 号）。6 月 10 日，完成规划阶段性成果并提交水利部。同时，结合习近平总书记"5·14"重要讲话精神、水利部"三对标、一规划"学习研讨成果和南水北调集团改革三年行动实施方案和南水北调集团 2021 年度重点工作督办事项等有关任务落实要求，继续修改完善规划报告，2021 年 11 月 26 日，向南水北调集团

报送了《关于报送南水北调中线建管局"十四五"发展规划阶段成果的报告》。后续将按照南水北调集团印发的"十四五"发展规划进一步修改完善中线建管局规划报告。

3. 开展企业经营管控模式研究

（1）委托专业咨询公司。5 月初完成中线建管局企业经营管控模式研究咨询服务项目的采购和合同签订，充分与中标单位"北大纵横"交流了项目工作计划、思路、重点，并提出有关要求。

（2）开展调研访谈。5—6 月对局属 5 个部门、3 个子公司和 1 个分局进行了调研访谈，并在全局范围内开展了"我为中线发展建言献策"活动，以调查问卷形式广泛征集广大干部职工对企业经营管控模式方面的意见建议。

（3）编制研究报告。在前期调研访谈和收资的基础上，编制完成了企业经营管控模式研究报告。

4. 开展中线建管局改革三年行动

（1）梳理任务。按照南水北调集团 2021 年 6 月印发的《中国南水北调集团有限公司改革三年行动实施方案（2021—2022 年）》分 4 个类别对南水北调集团提出的 128 条任务举措进行分类梳理：方案中明确需配合完成的事项 27 条；根据工作需要协助配合的事项 42 条；后续需关注和跟进落实的事项 56 条；暂无需中线建管局配合和落实的事项 3 条。7 月 6—9 日，对梳理成果征求了局属各有关部

门、单位的意见。

（2）编制清单。按照南水北调集团有关要求，7月及时研究制定了"中线建管局改革三年行动任务清单"，细化了任务措施、工作计划、完成标志及责任分工。

（3）印发工作方案。2021年10月正式印发了《中线建管局改革三年行动工作方案》，成立了中线建管局全面深化改革领导小组，方案明确了工作要求、工作目标、工作举措，形成改革三年行动任务清单，并建立台账进行动态管理。任务清单从中线建管局涉及的8个方面提出了30项重点任务和78项工作举措。截至2021年年底，共完成工作举措55项，占任务总量的70%。　（武晓芳　李文斌）

【生产安全】　2021年，南水北调中线建管局以习近平新时代中国特色社会主义思想为指导，深入贯彻落实习近平总书记关于安全生产重要论述和"5·14"重要讲话精神，牢固树立安全发展理念，坚持风险意识和底线思维，以"从根本上消除事故隐患"为重点，高标准、高起点、严要求，确保工程安全、供水安全、水质安全，全线工程安全平稳运行，无生产安全事故。

（1）明确年度目标及工作要点，强化安全生产责任落实。全面落实安全生产责任制，从目标职责、制度化管理、教育培训、现场管理、安全风险管控及隐患排查治理、应急管理、事故管理、持续改进等8个方面，明确51项安全生产重点工作任务，通过层层分解实现安全责任全覆盖。中线建管局与机关各部门、二级单位签订24份安全生产责任书，二级单位与下级部门、单位签订129份安全生产责任书，全体员工3817人均签订了安全生产责任书，落实安全责任，强化安全意识。

（2）巩固水利安全生产标准化达标成果并持续改进，安全生产标准化成果丰硕。组织开展中线建管局2021年安全生产标准化绩效评定工作，对《水利工程管理单位安全生产标准化评审标准》中8个一级项目、28个二级项目和126个三级项目完成情况进行评定，并编写自评报告。在全国水利安全生产标准化建设成果评选展示活动中，中线建管局推荐的18项成果，获奖8项。申报成果获奖率为44.4%，高出全国申报获奖率15.9个百分点。

（3）持续集中攻坚，深化专项整治三年行动。按照中线建管局安全生产专项整治三年行动方案，成立专项整治三年行动领导小组，组织开展相关工作。2021年度现地管理处问题自主发现率达99.85%，自查问题整改率为97.56%，有效控制和化解了安全风险，及时消除了事故隐患。针对西沟水库漫坝事故和湖北十堰燃气爆炸事故，及时组织开展了安全隐患排查治理专项行动和"安全生产百日行动"，通过开展安全隐患自查自纠、督导检查、回头看和安全宣教等活动，及时进行全面总结和巩固提升，安全生产专项整治三年行动取得显著效果。

（4）提高政治站位，推动安全专项工作有序开展。首都安全专项工作时间紧、任务重、要求高，中线建管局高度重视，精心组织、狠抓严管，在克服诸多困难的条件下，高标准完成京津冀段隔离网加固 346km、拦物网生产制造 696 节、加装视频监控 94 个点位等的年度工作内容，10 项专项工作全部完成消号验收，完善了京津冀地区安全防范措施，提高了工程安全防范能力。

（5）以双重预防机制为基础，防范化解安全风险。组织开发南水北调中线安全风险分级管控系统，通过"红橙黄蓝"四色安全风险数据库，直观展示安全风险分布情况，实现了安全风险数据的维护、查阅、动态预警等功能，提高动态管控水平，提升安全风险管控的便捷性和时效性，为各级领导及时掌握风险项目和决策提供了基础。组织开展安全隐患排查，对检查发现的共性问题和影响工程安全的突出问题，及时会商研判，制定处置方案，按期整改。通过安全风险分级管控和隐患排查治理，共同构建起预防事故发生的双重机制，构筑两道安全保护屏障。

（6）强化冰期输水管理，确保冰期输水安全。在冰期来临之前，中线建管局对拦冰、融冰、扰冰、排冰等设施进行了维护保养，对重点部位安排应急队伍驻守，并开展冰冻应急演练和技能比武。编制完成冰期输水工作手册，完成冰冻灾害应急预案和现场处置方案的修订，开展冰冻灾害应急演练和专项检查，做好了应对冰期输水极端严寒天气的各项准备。

（7）实施安全加固措施，加强安保管理工作。在全国"两会"、建党 100 周年及国庆节期间，以工程重要部位、重要设施为重点，对沿线 61 座节制闸、45 座控制闸、54 座重点桥梁实施全天 24 小时值守。在此期间的节假日、公休日，现地管理处超过 25% 的职工在岗坚守，保安公司、警务室人员加密巡逻频次，有效防止外部无关人员进入工程管理范围，保证了特殊时期的供水安全。

（8）规范安全警示标识标牌设置，组织推广维修养护安全作业设施。组织对全线安全警示标识标牌进行排查，梳理并编写相关情况材料。结合统计情况，对安全警示标识设置样板工程建设工作进行安排部署，以河南分局宝丰管理处为试点开展样板工程建设。印发《关于开展安全警示标志牌设置规范化及场内交通安全防护设施完善试点工作的通知》（中线局安全〔2021〕82 号），正式下发试点工作方案。按照方案要求，河南分局及时分解下达试点工作预算，组织宝丰管理处开展试点相关工作，中线建管局以视频形式组织召开试点工作验收会，同意通过验收。组织召开维修养护安全作业设施推广讨论会，对具备条件的维修养护安全作业设施进行了全线推广。

（9）强化监督检查，严格责任追究。坚持以问题为导向，以强化监督为手段，充分应用科技新手段，创新监管方式方法，建立"运行监管＋信息化"新模式，组织开展远程视频飞检，对工程全线运行管理情况、新冠肺炎疫情防控措施落实情况和现场维护作业管理情况等进行监督检查。对屡查屡犯和可能对人身安全和工程安全造成威胁的问题，加大了处罚力度。截至 2021 年年底，共对责任单位追责 305 家次，其中约谈 1 家次，通报批评 6 家次，经济处罚 318400 元。

（10）配合水利部监督检查，认真落实问题整改。积极配合水利部和相关流域机构监督检查各项工作，明确台账建立、问题整改、信息报送等工作程序。截至 2021 年年底，中线公司安全生产部组织各责任单位进行整改，整改问题 151 项，整改率达96.17％，相关整改报告按要求及时报送水利部和相关流域机构。

（11）开展安全培训教育与宣传，提高全员安全意识。中线建管局组织开展两期安全生产管理培训，全局共组织培训 857 人次、新入职员工教育培训 227 人次、特种作业人员教育培训 1223 人次、其他人员教育培训 12243 人次。组织开展"安全生产月"主题演讲比赛、防汛应急抢险技能比武、安全生产大练兵等活动。开展系列安全宣传教育，统一发放 15 套各类展板、187 套宣传画及挂图、43 套安全宣教片和 1852 本图书画册等安全宣教用品；开展"6·16 安全宣传咨询日"活动 164 场，参与安全咨询 33515 人次；发放宣传海报和预防溺水宣传单共计 38000 余份、"防溺水"作业本 20 余万本，其他"防溺水"宣传品 5 万余份。组织参加全国水利安全生产知识网络竞赛——《水安将军》，取得单位总分全国第 1 名的优异成绩，并荣获优秀集体奖。组织举办工程开放日、安全宣传"五进"等活动，在报、端、网、微等多个平台推出重点报道、学习文章、访谈评论 214 篇，开展习近平总书记重要论述宣讲 194 次，开展安全宣传进企业、进农村、进社区、进学校、进家庭"五进"活动 1070 次，开展警示教育 771 次，营造了和谐稳定的运行环境。

（鹿星）

干 线 工 程

【工程概况】　南水北调工程是缓解我国北方地区水资源严重短缺局面的重大战略性基础设施，中线一期工程是南水北调工程的重要组成部分，通水 7 年多来，有效缓解了受水区水资源短缺的状况，有力支撑了受水区经济社会发展，有效推动了受水区地下水压采进程，显著改善了受水区人民的用水品质以及受水区过度开发水资源带来生态环境问题。

中线一期工程以 2010 年为规划

水平年,工程任务为"向北京、天津、河北、河南四省(直辖市)的受水区城市提供生活、工业用水,缓解城市与农业、生态用水的矛盾,将城市挤占的部分农业、生态用水归还农业与生态"。

中线干线工程从位于丹江口库区的陶岔渠首枢纽引水,输水总干渠沿唐白河平原北部及黄淮海平原西部布置,经伏牛山南麓山前岗垄与平原相间的地带,沿太行山东麓山前平原及京广铁路西侧的条形地带北上,跨越长江、淮河、黄河、海河四大流域。

中线总干渠采用明渠单线输水、建筑物多槽(孔、洞)输水的总体布置方案。总干渠陶岔渠首至北拒马河段主要采用明渠输水,北京段采用管涵加压输水与小流量自流相结合的方式输水,天津干渠自河北省徐水县西黑山村北总干渠上分水向东至天津外环河,采用明渠与箱涵相结合的无压接有压自流输水方式。总干渠全长1432km,其中陶岔渠首至北京团城湖全长1277km,天津干线从西黑山分水闸至天津外环河全长155km。

陶岔渠首设计流量为350m³/s,加大流量为420m³/s。总干渠渠首设计水位147.38m,北京段末端的水位为48.57m,总水头98.81m。

陶岔渠首枢纽工程和中线总干渠包含众多建筑物,其中中线总干渠共有各类建筑物2387座,包括:输水建筑物159座(其中渡槽27座、倒虹吸102座、暗渠17座、隧洞12座、泵站1座),穿越总干渠的河渠交叉建筑物31座,左岸排水476座,渠渠交叉建筑物128座,控制建筑物304座,铁路交叉建筑物51座,公路交叉建筑物1238座。　　　　(余梦雪)

【工程投资】

1. 投资批复

(1)项目批复情况。截至2021年年底,中线建管局建管的中线干线9个单项76个设计单元工程的初步设计报告已全部批复。其中,批复土建设计单元工程67个,自动化调度系统、工程管理等专题或专项设计单元工程9个。

批复的设计单元工程按时间划分:2003年批复2个、2004年批复9个、2005年批复1个、2006年批复4个、2007年批复2个、2008年批复16个、2009年批复22个、2010年批复19个、2011年批复1个,分别占批复总量的2.63%、11.84%、1.32%、5.26%、2.63%、21.05%、28.95%、25%、1.32%。

(2)投资批复情况。截至2021年年底,中线干线9个单项工程批复总投资1556.40亿元。按投资类型和时间划分详情如下。

1)按投资类型划分。批复总投资1556.40亿元。其中,静态投资1256.85亿元,动态投资299.55亿元。动态投资中贷款利息86.54亿元,价差132.16亿元,重大设计变更51.70亿元,征迁新增投资12.65

亿元，待运行期管理维护费 6.09 亿元、防护应急工程 4.93 亿元、京石段漕河渡槽和邢石段槐河（一）渠道倒虹吸防护动用特殊预备费 0.53 亿元、中线干线安防系统 4.95 亿元（2014 年批复、2019 年下达计划）。

2）按时间划分。2003 年批复投资 8.26 亿元，2004 年批复 166.15 亿元，2005 年批复 36.06 亿元，2006 年批复 25.59 亿元，2007 年批复 9.81 亿元，2008 年批复 195.71 亿元，2009 年批复 379.24 亿元，2010 年批复 455.33 亿元，2011 年批复 45.92 亿元，2012 年批复 52.67 亿元，2013 年批复 74.92 亿元，2014 年批复 35.01 亿元，2015 年批复 15.99 亿元，2016 年批复 5.46 亿元，2017 年批复 9.47 亿元，2018 年批复 40.82 亿元。各年度批复投资分别占批复概算总投资的比例为 0.53%、10.68%、2.32%、1.64%、0.63%、12.57%、24.37%、29.26%、2.95%、3.38%、4.81%、2.25%、1.03%、0.35%、0.61%、2.62%。

3）按项目划分。京石段应急供水工程批复投资 231.13 亿元，漳河北—古运河南段工程批复投资 257.11 亿元，穿漳工程批复投资 4.58 亿元，黄河北—漳河南段工程批复投资 260.13 亿元，穿黄工程批复投资 37.37 亿元，沙河南—黄河南段工程批复投资 315.81 亿元，陶岔渠首—沙河南段工程批复投资 317.15 亿元，天津干线工程批复投资 107.41 亿元，中线干线专项工程批复投资 25.20 亿元，利用特殊预备费工程批复投资 0.53 亿元。各项目批复投资分别占批复总投资的比例为 14.85%、16.52%、0.29%、16.71%、2.40%、20.29%、20.38%、6.90%、1.62%、0.03%。

2. 投资计划 截至 2020 年年底，国家累计下达中线干线工程投资计划 1556.40 亿元。

（1）按资金来源划分。累计下达投资 1556.40 亿元。其中，中央预算内投资 114.27 亿元，中央预算内专项资金（国债）80.85 亿元，南水北调工程基金 180.20 亿元，银行贷款 329.71 亿元，重大水利工程建设基金 851.37 亿元。各资金来源下达投资计划占累计下达投资计划的比例分别为 7.34%、5.19%、11.58%、21.18%、54.70%。

（2）按时间划分。累计下达投资 1556.40 亿元。其中，2003 年下达投资 2.30 亿元，2004 年下达投资 35.69 亿元，2005 年下达投资 48.51 亿元，2006 年下达投资 71.52 亿元，2007 年下达投资 72.10 亿元，2008 年下达投资 100.75 亿元，2009 年下达投资 114.02 亿元，2010 年下达投资 181.34 亿元，2011 年下达投资 227.21 亿元，2012 年下达投资 344.12 亿元，2013 年下达投资 234.80 亿元，2014 年下达投资 45.81 亿元（含水利部下达的前期工作经费 3.15 亿元），2015 年下达投资 16.62 亿元，2016 年下达投资 0.53 亿元，2017 年下达投资 15.14 亿元，2018 年下达投资 37.13 亿元，2019 年下达投资 8.80 亿元。各年度下达投资计划分别占累计下达投资计划的比例为 0.15%、2.29%、

3.12%、 4.60%、 4.63%、 6.47%、
7.33%、 11.65%、 14.60%、 22.11%、
15.09%、 2.94%、 1.07%、 0.03%、
0.97%、2.39%、0.57%。

（3）按项目划分。累计下达投资
1556.40亿元，占批复投资的100%。
其中，京石段应急供水工程下达投资
计划231.13亿元，漳河北—古运河
南段工程下达投资计划257.11亿元，
穿漳工程下达投资计划4.58亿元，
黄河北—漳河南段工程下达投资计划
260.13亿元，穿黄工程下达投资计划
37.37亿元，沙河南—黄河南段工程
下达投资计划315.81亿元，陶岔渠
首—沙河南段工程下达投资计划
317.15亿元，天津干线工程下达投资
计划107.41亿元，中线干线专项工
程下达投资计划25.20亿元；利用特
殊预备费项目下达投资计划0.53亿
元。各项目下达投资计划分别占批复
投资的100%。

3.投资完成 截至2021年年底，
中线干线工程累计完成投资1549.15
亿元，占批复总投资的99.53%，占
累计下达投资计划的99.53%。

（1）按时间划分。累计完成投资
1549.15亿元。其中，2004年完成投
资1.91亿元，2005年完成投资3.60
亿元，2006年完成投资73.69亿元，
2007年完成投资62.23亿元，2008年
完成投资33.00亿元，2009年完成投
资111.10亿元，2010年完成投资
208.10亿元，2011年完成投资231.03
亿元，2012年完成投资387.14亿元，

2013年完成投资312.22亿元，2014年
完成投资48.41亿元，2015年完成投资
10.29亿元，2016年完成投资1.88亿
元，2017年完成投资13.89亿元，2018
年完成投资38.97亿元，2019年完成投
资9.84亿元，2020年完成投资1.84亿
元。各年度完成投资占累计完成投资
（下达计划）的比例分别为0.12%、
0.23%、 4.76%、 4.02%、 2.13%、
7.17%、 13.43%、 14.91%、 24.99%、
20.15%、 3.12%、 0.66%、 0.12%、
0.90%、2.52%、0.64%、0.12%。

（2）按项目划分。累计完成投资
1549.15亿元。其中，京石段应急供水
工程完成投资233.23亿元，漳河北—
古运河南段工程完成投资252.12亿
元，穿漳工程完成投资4.25亿元，黄
河北—漳河南段工程完成投资267.29
亿元，中线穿黄工程完成投资36.62
亿元，沙河南—黄河南段工程完成投
资312.38亿元，陶岔渠首—沙河南段
工程完成投资314.92亿元，天津干线工
程完成投资103.55亿元，中线干线专项
工程完成投资24.45亿元，利用特殊预
备费工程完成0.35亿元。各项目完成投
资占累计完成投资（下达计划）的比例
分别为 100.91%、98.06%、92.85%、
102.75%、97.99%、98.91%、99.30%、
96.40%、97.02%、66.67%。

（宋广泽 蔡琰 郑安琪）

【工程验收】 2021年度工程验收工
作任务繁重、专业性强，涉及自动
化、永久供电、跨渠桥梁等工程验收

工作，同时面临新冠肺炎疫情考验，验收任务艰巨。此外，提前谋划 2022 年设计单元工程完工验收任务，确保后续验收工作顺利开展。

中线建管局高度重视验收工作，2021 年年初组织召开了南水北调中线干线工程全线验收工作会议，对 2021 年验收工作进行了安排部署，做好新冠肺炎疫情防控的同时，全面推动验收工作；组织编制《南水北调中线干线工程验收工作手册》，明确设计单元工程完工验收详细计划安排、职责分工及验收工作报告编制重点注意事项等内容；设计单元工程技术性初步验收前组织开展了遗留问题专项检查，对工程完成情况、遗留问题处理、尾工、专项验收和决算等内容进行检查；2021 年 6 月底组织编报完成了河南境内设计单元工程完工工作方案（不含焦作段工程、焦作工段工程、穿黄工程），进一步明确验收工作计划安排，提出验收保障措施，并按计划提前完成了河南境内设计单元工程完工验收工作（不含焦作段工程、焦作工段工程、穿黄工程）。2021 年度完成了 13 个项目法人验收、16 个技术性初验和 16 个完工验收，同时积极协调跟进穿黄验收和焦作段沉降处理工作，协调推进北京段工程管理设施和自动化调度系统剩余尾工建设，为 2022 年验收工作顺利开展奠定了坚实基础。

及时跟进、协调各有关单位和部门组织做好各专项验收、完工财务决算以及尾工建设等工作，为设计单元工程完工验收创作条件。截至 2021 年 12 月底，全线水保、环保、征迁专项验收和完工财务决算均已完成；全线消防专项验收剩余 1 个设计单元工程、档案专项验收剩余 2 个设计单元工程，其余均已完成。

2021 年积极协调各方，大力推动跨渠桥梁竣工验收工作，通过主动与各级桥梁主管部门沟通，建立互联互通机制，多角度多途径推动桥梁竣工验收顺利开展。截至 2021 年 12 月底，1238 座跨渠桥梁累计完成竣工验收 1223 座，完成率达 99%。　（窦天身）

【运行管理】

1. 建立高效的供水协调机制　主动对接地方用水需求，做好月度水量调度方案制定及执行，总结形成了供水计划调整申请、分析、执行等规范化工作流程，并建立了生态补水协调机制。组织开展全线流量计率定工作，并运用相关成果协调解决水量计量争议问题，同时，与地方各省（直辖市）建立供水量逐月滚动修正和年度内水量计量定期协商机制，定期解决水量计量差异并完成水量修正，确保准确计量，为圆满完成供水任务，充分发挥中线工程效益保驾护航。

2. 完善输水调度规范化管理体系

（1）优化和完善输水调度管理标准制度。从中线工程的实际出发，本着切实指导和服务调度生产的原则，搭建输水调度管理标准框架，包括技术标准、管理标准、岗位标准及制度办法共计 15 项，促进输水调度各项工作规范化。同时根据调度生产和管理的需求变化，优化和完善分水调度管理办法、工程运维调度配合管理标准、南水北调中线干线工程突发事件应急调度预案等 5 项相关输水调度管理标准制度，并全线宣贯落实。

（2）深度开展中控室标准化建设创优争先工作。以安全为目标，以问题为导向，分阶段有序推进达标、优秀、先进中控室创建评选活动，2021 年度全线 44 个现地管理处中控室全部达标，17 个获得"优秀中控室"称号。

（3）规范输水调度业务管理。全面梳理日常输水调度业务工作事项，编制输水调度业务手册，推进重点材料模板化。

（4）探索建立大流量输水调度长效机制。随着大流量输水常趋于常态化，编制印发南水北调中线大流量输水常态化工作标准，规范大流量输水运行工作，确保大流量输水具备条件时各项工作快速启动，保障大流量输水期间运行安全。

3. 开展调度生产模式和管理机制优化工作　赴国内类似调度业务的大型企业调研，结合全线调度生产模式的系统摸排情况，制定调度生产模式和管理机制优化方案，选取河南分局、河北分局先后开展试点。建立调度值班模式优化试点工作月总结机制，定期对试点过程中累计的经验和发现的问题进行分析总结。结合试点

成效、发现问题等，形成中线调度生产模式和管理机制优化阶段性工作报告。

4. 大力抓好调度人员专业能力提升

（1）编制输水调度典型案例教材。总结凝练输水调度工作经验，编制覆盖调度生产和管理各项业务的实用案例教材，并不断更新和完善。

（2）分类开展人员培训。结合人员特点，分层次开展业务培训、岗位练兵、技能比武等，全方位提升各级调度人员业务能力。

（3）建立人员轮岗交流锻炼机制。深化"两个所有"（所有人查所有问题），总调度中心内部打破处室壁垒，建立员工交互到其他专业处室进行学习锻炼机制，力争做到总调度中心所有人精通所有调度业务；组织机关新入职员工、各分调度中心及中控室输水调度骨干人员分批次先后到总调度中心进行见习和轮训，通过输水调度实战，大幅提升调度人员的专业能力。

　　　　　　　（郑振华　赵慧）

【规范化管理】　（1）编发中线建管局 2021 年度运行管理标准化建设工作实施方案，明确年度工作任务、责任部门和时间节点要求。

（2）赴中国电力建设集团有限公司、国家电网公司、南瑞集团有限公司等单位开展标准化建设调研，参加水利部标准化管理培训班，充分学习汲取先进管理经验和做法。

（3）组织开展中线运行管理现状标准化管理体系评估，并在此基础上编制完成中线建管局2021—2025年标准化建设五年规划，为后续标准化建设提供指导和遵循。

（4）进一步完善中线运行管理标准体系，制修订制度标准35项，其中技术标准27项，管理标准3项，规章制度5项。

（5）统筹结合各专业工作实际，围绕工程安全、调度精准、水质保障、管理规范、智慧协同、文化卓越等6个方面，深入研究高标准样板工程的基本内涵、目标任务和标准要求，谋划提出打造中线高标准样板工程的实施路径，为中线企业发展规划编制和中线事业高质量发展提供借鉴指导。

（王峰）

【信息机电管理】　2021年，南水北调中线信息科技有限公司（以下简称"信息科技公司"）按照南水北调集团和中线建管局工作部署要求，在持续做好新冠肺炎疫情防控相关工作的同时，扎实推进信息机电及安全监测运维工作。

1. 全面开展信息机电日常维护工作　信息科技公司采取专业整合、人员复用、优化工作流程等创新措施，全面平稳开展通信网络、信息自动化、闸站监控、电力、消防、安全监测自动化及外观测量等专业运维工作。2021年，实现安全生产零事故，全年共发现各类问题89633项，已整改89325项，问题整改率达99.66%。节制闸非测试指令共下发51892条，远程执行成功率达99.55%，较2020年增长0.37%，创下远程成功率历史新高；供电保障率实现99.87%，和往年相比又上新台阶。

2. 持续推进专项业务工作实施　2021年，信息科技公司共实施重点专项项目14项，完成天津段通气孔（检修孔）加装封闭设施及视频监控项目和京津冀段5个重点区域技防专项加固项目建设工作并顺利通过水利部验收；组织开展南水北调中线干线工程长葛管理处视频监控智能分析系统搭建工作，提升中线安全管控能力；升级改造消防联网系统，确保接收与传输信息的实时性，增强消防报警、预警和火灾事故的应急处理能力；组织开展南水北调中线干线工程京津冀段32座倒虹吸进出口86孔168处增设拦物网建设项目，顺利通过上级部门销号验收；数据平台和数据管理标准体系建设试点、云平台扩容、网络安全代码审计等项目的实施以及智慧中线前期工作，有力推动了公司数字化、智能化转型工作的开展，信息化管理水平、项目自主实施能力、自主运维能力、运维保障能力获得显著提升。

3. 强化应急保障与突发事件响应能力

（1）应对极寒灾害。为充分做好极寒之夜信息机电设备设施保障工作，信息科技公司在京津冀地区共投入巡查、维护和值守人员约 130 名。启动辖区全部融扰冰设备，随时关注冰情；组织闸站值守 24 小时轮流值守，人员每小时巡视一次融扰冰设备运行情况；组织维护人员进行现场拦污栅前排冰除险；中心开关站每小时汇报一次供电情况；办公室值班人员负责应急物资调配等协调工作；其他人员随时待命，做足应急处置准备。

（2）经受特大暴雨考验。汛前，开展防汛组织机构调整、防汛方案编制、专项检查、业务维护、应急演练、备品备件储备等方面的备汛备防工作。

汛中，现场 1200 余名工作人员全天候在岗待命，各事业部共派出 108 名技术人员日夜值守 54 座退水闸，确保调度指令下达 8 分钟内可执行成功。同水利部信息中心建立信息互通共享机制，应急引接了水利部气象及水情会商系统，直观展示中线范围雨水情信息及左排区域主要河流、水库情况。预警期间组成应急保障小组，确保工程防洪系统和中线天气系统运行稳定，提供实时雨水情数据。强降雨发生期间，发布每小时一次的强降雨区域雨水情快报 37 期。主汛期内，编制每日的中线雨水情信息简报 22 期。北拒工程抢险过程中，编制拒马河雨水情专报 15 期。编制中线河南段雨水情专报 6 期。重点关注闸控系统、物联网锁、视频监控系统、雨情、水情情况，实时 24 小时运行监控。组织全线 63 个闸站的值

守人员增加 1 次夜间巡视，暴雨期间增加设备巡检维护，全面驻守退水闸站，确保设备设施运行工况良好，保障应急退水需要。安排中心开关站值班人员 24 小时实时监控，密切关注全线供电系统运行情况。

汛后，组织开展电力抢修、电缆沟（井）抽排、视频安防系统与安全监测测站故障处置工作。协调供电部门，实现 35kV 河南、河北电力互供，增强安阳段、磁县段供电保障能力。通过协调调配应急通信车、加装高性能夜视摄像机和全景摄像机、加装临时动力电源和照明灯具、编制拒马河雨水情专报等，配合开展北拒马河抢修保障工作。

（3）隐患排查解难题。针对陶岔电厂投运以来非计划停机暴露出的问题隐患进行全面排查，并利用电厂甩负荷试验后停机时机，完成 16 项机组停机启动条件优化工作，减少了电厂非计划停机风险，促进了电厂安全稳定运行。

4. 组织开展中线信息化建设

（1）推动网络安全等级保护工作。2021 年完成 4 个应用系统（含 15 个子系统）的定级备案，完成 4 个系统（含 16 个子系统）等保测评，其中三级系统 1 个，二级系统 3 个（含 15 个子系统）。

（2）应用系统安全检测。2021 年共对 35 个应用系统进行网络安全专项测试，发现信息系统漏洞 103 个，其中高危系统漏洞 42 个，已全部完

成漏洞修复整改。对 3 个应用系统开展代码审计，发现代码问题 80 余项，已全部完成整改。

（3）参与网络安全攻防演练。参加水利部网络安全攻防演练，防守方面，共封禁 1698 个恶意 IP，阻断 27649 次扫描攻击，未发生业务系统被攻陷的情况；攻击方面，组建一支网络安全攻击队伍参与攻击任务，取得 35 个水利行业单位 70 个信息系统权限。代表水利部参加公安部组织的网络安全攻防演习，开展网络安全防御，期间抵御 1090571 次网络攻击，封禁 14400 条恶意 IP，未发生业务系统被攻陷的情况。

（4）完成 CMMI3 体系建设工作，并顺利通过认证。参照 CMMIv2.0 模型，完成从需求分析到服务部署的 8 个能力域，共 19 个过程域的软件开发流程管理体系建设，编制完成 103 个软件开发模板文件。根据中线建管局相关部门业务需求，基于 CMMI 研发管理体系，自主开发南水北调中线输水调度综合管理平台、安全风险分级管控系统和审计管理信息系统，涵盖了输水调度、工程安全和审计管理等核心业务领域。

（5）开展基于物联网平台的雨量监测系统研发，已具备独立自主生产雨量站 RTU 的技术能力。

（6）开展北斗技术在变形监测项目中的应用研究，已完成 GNSS 接收机第一代样机制作，为推进提升安全监测外观测量自动化水平奠定技术

基础。

（7）自主开展中线数据管理服务，南水北调中线数据管理实践，已作为行业国有企业数字化转型发展重点案例，被收录进《2021 国有企业数字化转型发展指数与方法路径白皮书》。

5.增强企业资质建设与创新发展能力　着力推动 ISO 体系落地，顺利通过 ISO9001 质量、ISO14001 环境、ISO45001 职业健康安全管理体系年度监督审核，实现体系标准与实际工作的有效融合。信息科技公司"基于水位、开度自动识别等场景的视频智能分析系统"技术成果入选水利先进实用重点技术推广指导目录。聚焦聚力深化创新驱动发展战略，全面启动"小微创新"活动，共收集推荐项目 54 个。2021 年新增电力工程施工总承包三级、通信工程施工总承包三级、信息技术服务标准符合性证书（三级）、电子与智能化工程专业承包二级、安全生产许可证、CMMI3 级等 6 项资质，新增已授权发明专利 1 项、实用新型专利 4 项。

6.积极推进各项尾工验收工作　顺利完成自动化调度系统两个设计单元 61 个合同的完工结算工作；完成两个设计单元的完工财务决算报告并通过水利部办公厅核准；通过京石外设计单元工程的档案专项验收、法人验收、技术性初步验收和完工验收；梳理全线 61 个施工合同的遗留问题，完成 53 个合同质保金退还工作，配合中线建管局资产办开展设备资产全

面清查工作；北京分局办公楼自动化系统建设项目已进场施工并完成设备安装工作。　　　　（姜斯妤）

【档案创新管理】

1. 档案验收

（1）督促验收整改进度，加强验收协调管理。通过制定年度验收计划、落实档案验收时间节点与负责人、召开专项工程档案专题会等形式，督促参建各单位加快整改进度，加强整改质量检查。2021年上半年配合水利部调水局完成河北管理专题检查评定。同时，根据实际情况档案馆积极联系水利部办公厅、南水北调司、调水局等单位，协调列入2021年验收任务的河北段生产桥工程、北京永久供电工程两个设计单元的验收工作，鉴于两个设计单元已经行业主管部门完成竣工验收，验收鉴定书中对工程档案资料已有明确结论，经水利部办公厅、南水北调司等4家单位会商，形成签报经部领导审签，档案不再组织专门档案验收。完成河北管理专题、北京永久供电工程、河北段生产桥工程、河北段其他工程、中线穿黄工程5个设计单元档案专项验收。

（2）积极推进项目法人验收工作。根据验收工作要求，加强项目法人验收工作。根据南水北调工程档案管理规定，结合工程建设实际及新冠肺炎疫情防控要求，适时组织专家对档案实体进行现场检查，确保档案质量。先后完成北京永久供电工程、中线穿黄工程、河北管理专题等3个设计单元工程档案法人验收。

2. 档案业务管理与指导　有序开展中线建管局计划发展部、水质保护中心、总调中心、财务资产部等机关所有档案整编业务指导工作，并分别召开机关各部门及各分局、直属公司文件材料归档工作推动会、沟通会，部署档案归档时间节点，督促指导各部门有序开展归档工作。

合理组织开展大流量输水、防洪抢险期间文件材料的收集、整理和归档工作，确保归档的专项资料完整、准确、系统，最大化发挥档案资源的基础支撑作用。

3. 档案信息化建设

（1）档案信息化管理平台建设。继续完善档案信息化管理平台一期建设有关功能，实现OA电子公文推送功能；深入优化档案系统资源配置、检索速率、归档及借阅流程；召开南水北调中线建管局档案信息化管理平台功能展示会，做好一期建设的总结工作；对机关各部门、各分局开展档案信息化管理平台使用培训；指导机关各部门使用系统对本部门文书、运行档案进行数据著录及导入工作，已顺利导入会计档案、部分运行档案及文书档案至系统并打印报表。

（2）馆藏档案数字化加工。完成中线建管局档案馆馆藏档案数字化加工项目工作方案，并组织召开专家咨询会，为下一步实施工作打下良好基础。开展档案信息化数字化加工调研工作，前往北京汉龙思琪数码科技有限公司调研档案信息化及数字化加工相关工作。

4. 加强档案安全管理工作　日常严格执行档案安全管理各项制度规定，针对2021年汛期中线沿线降雨较多的实际情况，档案馆召开汛期档案安全工作会，对档案安全工作进行了全面部署和安排，面对河南雨情险情，三级联动确保档案安全和及时调用；同时安排检查组于9—10月对全线各分局及重点管理处就档案安全工作进行了现场检查和指导，有效加强了各级管理单位档案安全意识，进一步完善了各项管理制度，将档案"安全第一，预防为主"落实到位，确保档案安全。主动宣传，正面发声，在《中国档案报》、《中国水利报》、《中国南水北调报》、中线建管局网站等媒体发稿报道。

5. 库房管理

（1）组织开展馆藏实体档案盘点、档案装具盒脊背打码工作，依据线下备份Excel格式档案条目著录信息，逐一进行校核完善目录数据。

（2）及时开展档案库房配套设备设施维修维护，确保安全运行。

（3）档案库房基本满足"八防"管理要求。

6. 档案利用　为保障汛期档案紧急利用，档案馆召开汛期档案工作会，对档案汛期利用工作进行了全面部署和安排，三级联动确保档案安全

和及时调用。同时为应对河南特大汛情，全馆人员集体值班，保障了档案的紧急利用。截至2021年累计借阅纸质档案资料158余人次，涉及929余卷/件，复印7420余页。

7. 档案移交接收　完成永定河倒虹吸工程、西四环暗涵工程、北京市穿五棵松地铁工程、北京段铁路交叉工程档案移交接收3451卷。完成天津市1段设计单元工程档案5064卷、京石段釜山隧洞（古运河枢纽工程档案577卷、唐河工程档案610卷、釜山隧洞635卷、滹沱河1384卷）等4个设计单元工程档案移交检查工作，确保档案统一保管；安排部署各单位做好2022年移交准备工作，并报送移交接收计划。

完成中线建管局局机关综合部、计划发展部、人力资源部、稽察大队等多个部门2020年前档案归档接收2900余件、资料315件；协助局机关财务资产部做好财务凭证保管工作。

（陈斌　王浩宇）

【防汛应急管理】　2021年中线建管局思想上高度重视，严格落实防汛责任制，提早安排部署。结合新冠肺炎疫情防控要求，汛前组织开展防汛专项检查、局领导分片防汛督查、防汛检查回头看，参与水利部、南水北调集团流域机构和地方政府防汛工作检查。汛前、汛中和"七下八上"关键期多次召开防汛专题会，及时传达落实各级防汛指示精神和部署防汛工

作。修订中线工程防汛风险项目等级判定标准，组织全面系统排查防汛风险项目，编制2021年工程度汛方案、防汛应急预案和超标洪水防御预案。组织开展渠道沿线水库坑塘排查复核，印发2021年度防汛工作任务清单，完成首届防汛应急抢险知识竞赛和技能比武活动。主汛期前采用 $3m^3$ 四面体对部分大型河渠交叉建筑物裹头进行防护。强化风险管控，保证工程设施设备汛期安全运行。汛期严格执行值班管理制度，实行防汛值班抽查制度，密切关注天气预报及水文汛情信息，保证汛情、工情、险情信息及时汇总传递分析研判，及时发布预警、启动应急响应会商。强化汛期巡查排险，发现险情及早处置。2021年，面对中线工程全线通水以来多地超历史记录暴雨洪水考验，中线建管局积极应对、科学组织、精准调度，有效保障了工程安全、供水安全和水质安全。

2021年，按照水利安全生产达标创建相关工作，组织开展应急预案评估修订工作。完善分局应急抢险突击队，落实应急抢险队伍采购及抢险物资、设备配备，并开展存储年限到期编织袋处置相关工作。编制2021年汛期重点大型河渠交叉建筑物抢险备防方案，主汛期实施现场驻守与临时备防相结合。汛期发布预警响应通知，结合实际提前安排抢险人员、设备入驻重要风险点及防汛重点部位，提前就近布设抢险物资。利用中线防汛管理系统实现应急抢险物资、设备、队伍信息化实时动态管理，及时完成跨区域应急抢险物资调拨。制定防汛应急演练计划，开展防汛应急演练培训，突击进行跨区域调动拉练，不断提高各级人员应急抢险处置能力，保证险情发生时能够快速处置。强化突发事件信息报告制度，积极应对各类突发事件及事后调查工作。组织与河南省和河北省地方政府开展防汛应急联合演练，强化各级运行管理单位与沿线省、市、县防汛应急部门的联动机制建设，充分依靠地方政府做好防汛应急工作，包括汛前联合检查、联合召开防汛会议、共享水文气象信息、抢险物资保障机制、汛情险情信息通报、抢险救援机制等。

（马晓燕）

【工程抢险】 2021年，中线工程经历了多轮强降雨袭击，尤其是7月中下旬的超历史记录特大暴雨，是自全线通水以来，覆盖范围最广、降雨强度最大、持续时间最长、破坏力最强的特大暴雨洪水，导致中线工程发生了大量水毁项目，发生较大险情30处，中线工程左岸上游发生了郑州郭家咀水库漫坝险情，直接威胁中线工程安全运行。2021年汛期，共发布预警通知9次，启动防汛应急响应6次。发生了特大暴雨洪水后，建立前后方防汛指挥抢险协同联动机制，前方工程现场建立了分片督导局领导为指挥长的前方现场指挥部，负责所管片区工程现场一线防汛抢险工作；在后方专门成立局领导为主的后方防汛指挥部，负责防汛应急响应、工程调度、上传下达、支撑保障、舆情应对和宣传报道等工作，及时上传下达防汛信息和指示，形成前、后方防汛联动协同机制，保证全线防汛抢险工作有序有力进行，确保了工程安全平稳运行，供水正常有序，水质稳定达标，实现了工程安全度汛的目标。

2021年，中线工程采用应急项目方式处置的项目共计44项，包括汛前项目4项及汛期因暴雨洪水共造成水毁险情应急项目40项。现场及时采用相关工程措施进行处置，及时降低风险消除隐患，工程总体安全可控、运行平稳。

（马晓燕）

【运行调度】 全线输水调度人员严格按照输水调度相关制度、标准要求，认真做好日常调度值班工作。履职尽责，科学调度，确保全年输水调度安全、平稳。

（1）科学制定月水量调度方案及调度实施方案、专项调度方案，优化渠道运行水位，全力配合水毁工程修复有序开展，确保工程安全平稳运行。2021年4月30日至11月1日实施了加大流量输水工作，超350m³/s以上运行共计143天，此次加大流量输水工作为中线工程提质增效、超额完成年度供水任务奠定了基础。

（2）充分响应预报、预警、预演、预案（四预）要求，开展临时启用备调度中心、河北分调度中心、南阳中控室指挥控制全线输水调度、模拟输水调度自动化系统失效等4次应急演练，检验了应急预案，磨炼了应急救援队伍，提升了应急水平，取得了预期成效。成功应对多起突发应急事件，2021年共接到并及时处置突发事件44起，信息快速报告单共103份，应急处置及时有效，未造成不良影响。妥善应对汛期河南郑州"7·20"极端强降雨，科学研判、快速反应、高效调度，2021年7月17—23日，紧急调整陶岔渠首入渠流量23次，全线累计下达调度指令4300多门次，通过开展应急调度，中线干线水位、流量安全、可控，向沿线各省（直辖市）供水未受影响。

（3）2021年6月23日至9月30日，在南水北调中线全线范围内开展输水调度"汛期百日安全"专项行动。活动期间组织输水调度专项检查2次，建立分层次、立体化的监管机制，及时整改消除各类输水调度问题。

（4）注重人员能力提升。持续推进输水调度值班轮训轮岗制度，组织各分调度中心及中控室输水调度骨干人员分4批共计31人次先后到总调度中心进行轮训，建立上下贯通的输水调度值班和人才培养体系，编制输水调度业务生产手册，明确和细化调度业务流程。

（5）以科技创新为引领，破解调度难题。开展数据与机理双重驱动的水力调控方法研究、南水北调中线工程典型渡槽建筑物输水能力提升研究、南水北调中线冬季冰期调度优化方案研究等多个调度关键技术研究，启动《南水北调中线干线工程输水调度暂行规定》等标准规定修编，组织开发南水北调中线输水调度综合管理平台，持续推动智慧调度建设。

（6）在保障安全的前提下，科学实施动态调度，突破冰期调度运行瓶颈，加大向华北地区生态补水流量，最大限度地满足地方用水需求，2021—2022 年度实现冰期供水总量 17.42 亿 m³，与水利部下达的年度供水计划同期相比多供水 4.85 亿 m³。

（孙德宇）

【工程效益】

1. 经济效益 南水北调中线工程通水以后，从根本上改变了受水区供水格局，改善了城市用水水质，提高了沿线受水区的供水保证率。一方面，使北京、天津、石家庄、郑州等北方大中城市基本摆脱缺水的制约，为经济发展提供坚实保障，同时为京津冀协同发展、雄安新区建设等重大国家战略的实施提供了可靠的水资源保障。另一方面，有力促进了经济结构转型。各地大力推广工农业节水技术，逐步限制、淘汰高耗水、高污染的建设项目，加强用水定额管理，提高用水效率和效益，有力地促进了生产力的合理布局和经济结构转型。

2. 社会效益 中线工程全线通水以来，已惠及沿线 24 座大中城市，130 多个县（市），直接受益人口达 7900 万人，其中河南省 2400 万人，河北省 3000 万人，天津市 1200 万人，北京市 1300 万人。南水北调水占北京城区日供水量的 70%，全市人均水资源量由原来的 100m³ 提升至 150m³，有充足的南水保障后，中心城区供水安全系数（城市日供水能力/日最高需水量）由 1.0 提升至 1.3，城市副中心供水安全系数提升至 1.5。密云水库蓄水量屡创新高，2021 年最大蓄水量达 35.79 亿 m³，创建库以来新纪录，作为首都重要地表饮用水源地、水资源战略储备基地的作用更加凸显。天津长期以来的"依赖性、单一性、脆弱性"的供水风险得到有效化解，形成了一横一纵、引滦引江双水源保障的新供水格局，近两年由于引滦水质恶化，南水北调水占城市日供水的 95%，几乎已成为天津城市供水的唯一水源。

同时，优良的水质也满足了沿线老百姓对美好生活的向往，受水区对南水的欢迎度十分显著。输水水质保持Ⅱ类水质及以上标准，水质 pH 值约在 7.8 左右，有益身体健康。河北黑龙港流域 9 县开展城乡一体化供水试点，沧州地区 400 多万人告别了长期饮用高氟水、苦咸水的历史。

3. 生态效益 实施生态补水，置换出被城市生产生活用水挤占的农业和生态用水，有效缓解了地下水超采的局面，使地下水位逐步上升，区域生态环境得到有效改善修复，补水河湖生态与水质得到改善，社会反响良好。

（1）地下水位明显回升。河南省受水区地下水位平均回升 0.95m。其中，郑州市最大回升 25m，许昌市最大回升 15m，安阳市回升了 2.76m，新乡市回升了 2.20m。河北省受水区浅层地下水位回升 1.41m，与 2019 年年底相比，2020 年年底浅层地下水回升 0.52m，深层地下水回升 1.62m。北京市应急水源地地下水位最大升幅达 29.79m，平原区地下水埋深与 2015 年同期相比，平均回升 9.35m，地下水位实现连续 6 年回升。天津市 2020 年较 2015 年同期比，深层地下水水位累计回升约 3.90m。华北地下水超采综合治理以来，河北省深层、浅层地下水平均水位均有所上升，2020 年年底浅层地下水同比回升 0.52m，深层地下水回升 1.62m。

（2）河湖水质明显提升。在对北方地区 51 条河流实施生态补水后，为河湖增加了大量优质水源，提高了水体的自净能力，增加了水环境容量，一定程度上改善了河流水质。8—9 月间，通过大宁调节池退水闸向永定河实施生态补水 0.50 亿 m^3，经过多水源联合调度，9 月 27 日永定河 865km 河道实现了自 1996 年以来的首次全线通水。　　　　（郑振华）

【环境保护】　　为有效保障中线输水水质安全，2021 年中线建管局加大了辖区内污染源的整治，全面推进全线污染源处置工作，积极多方协调地方政府及有关部门，对各类污染源进行解决，在各地地方政府及有关部门大力支持及推动下，南水北调中线总干渠水源保护区范围内多处污染源得到了合理解决。

结合全线复杂的系统工程，跨流域、跨区域、跨部门、跨专业，涉及上下游、干支线、左右岸等关系，涉及水生态、水环境、水安全等多专业，以及全线污染源管理实际，修订了 2018 年下发的《污染源管理办法》，并于 2021 年 12 月印发了《污染源管理办法"修订版"》，继续加大沟通协调力度，完善沟通协调机制，继续联合各省南水北调办公室和环保厅开展沿线污染源治理，参与其联合执法、联防联控等专项活动，尽快解决总干渠两侧各类污染源。　（王鹏飞）

【水质保护】　　根据批复的监测方案，2021 年定期开展水质常规监测、藻类日常监测、地下水监测等工作，全年累计获取 334310 组水质数据，其中人工监测数据 12606 组、自动监测数据 321704 组。监测数据表明：中线一期工程 2021 年水质稳定达到或优于地表水 Ⅱ 类标准，明显好于《关于印发〈南水北调中线一期工程水量调度方案（试行）〉的通知》（水资源〔2014〕337 号）中"中线总干渠水质按地表水 Ⅱ～Ⅲ 类水质标准控制，不低于 Ⅲ 类水标准"的水质目标，水质安全有保障。

浮游藻类密度年度均值为240.90万个/L（显著低于藻类预警值3000万个/L），与2020年421万个/L相比，降低42.8%，密度较低，总体可控。

做好汛期、新冠肺炎疫情防控期等关键期水质安全保障工作，组织编制并印发《2021年度汛期水质安全保障工作方案》（中线局水环〔2021〕13号），明确2021年度汛期水质保障的工作目标、组织机构、主要风险、重点工作、保障措施等；建立汛期水质安全保障组织体系、加强加密常规和自动监测、逐级划分风险重点、协调联动地方、细化应急监测预案等措施，切实保障汛期水质安全，2021年汛期输水水质稳定达标。2021年组织各分局开展突发水污染事件应急演练，并采取"四不两直"的方式组织开展应急拉练，有效推进应急管理补短板工作。通过加密监测、本底值调查、增设水质监测断面、梳理应急物资、信息共享、舆情监控、应急调度等措施及时应对上游水源区突发事件，有效保障了总干渠输水水质安全。

持续开展人员培训、上机操作等措施，不断提高各分局监测技能水平。积极开展水生态采样监测专业技能培训、分子生物学检测技能培训，拓宽水生态指标监测技能，为开展水生态监测工作奠定基础。创新开展高锰酸盐指数监测专业技能比武，实现了以赛促学、以赛促练、以赛促干的

目的。调研国内水质自动监测站运行维护管理工作，完成水质自动监测站运行维护招标采购工作，做好水质自动监测站维护、监督检查及考核工作，确保水质自动监测站连续稳定运行，充分发挥预警功能；组织完成天津分局王庆坨连接井10参数微型水质自动监测站试点建设；持续开展水质自动监测站标准化建设达标及创优争先工作，全面提高全线水质监测保障能力。

以问题为导向，梳理水质与环境保护规章制度清单，组织开展已有制度适用性评估，提出新增规章制度和拟修订规章制度清单，组织完成规章制度的编制和已有制度的修订工作，持续做好水质运行管理标准化、规范化建设工作。印发《南水北调中线干线工程水体藻类防控方案》（Q/NSBDZX 409.21—2021）《南水北调中线干线工程突发水污染事件应急预案》（Q/NSBDZX 409.20—2021），持续提升全线水质应急保障能力。

立足管理、结合实际，在总结水生态调控一期工作成果的基础上，多次论证水生态调控后续工作，制定后续工作实施方案，继续完善水生态防控科研工作。圆满完成国家"十三五"水体污染控制与治理科技重大专项"南水北调中线输水水质预警与业务化管理平台"课题研究工作；为有效防范总干渠藻类生长、底泥淤积等问题，完成全线淤积情况排查，开展退水清淤实验，编制清淤工作总结报

告，统筹开展全线清淤工作；组织开展高温高压射流设备清除边坡底泥可行性实验；完成河南分局边坡除藻项目合同采购。组织开展移动清淤作业；截至2021年年底累计清淤400余t，同时淤泥进行有效处理，未产生二次污染，有效防范了底泥淤积风险。

在科技创新方面，承担国家"十三五"水体污染控制与治理科技重大专项"南水北调中线输水水质预警与业务化管理平台"课题，国拨资金3000余万元，开创公司牵头组织开展国家重大水专项科学研究的先例，2021年12月，课题顺利通过住房城乡建设部水专项管理办公室组织的综合绩效评价工作。

组织开展了"十四五"重点专项2021年度项目申报工作，中线建管局作为项目牵头单位，联合北京大学、清华大学、中国水利水电科学研究院、北京市自来水集团等9家单位，共同完成项目申报工作。通过立项评审、考核指标评审完成合同任务书的签订工作，申请国拨经费2965万元，开创中线建管局作为项目牵头单位，承担科技部国家重大专项的先例。

（黄绵达）

【科学技术】　2021年，贯彻落实创新引领发展理念，坚持问题导向，克服新冠肺炎疫情影响，强化需求牵引，精心部署，加强协调，创新体制机制，紧贴工程实际需要，推进科技管理工作全面提升。

1. 科技创新体系建设有序开展

组织开展了对中线科技创新管理制度体系、项目管理、激励机制、交流总结、平台建设等方面的梳理工作。组织编制了《中线建管局科技创新五年规划（2021—2025）》，提出了至2025年中线科技创新重点任务和工作内容，拟定了实施路径。

2. 科研平台建设管理

（1）2021年，南水北调水质微观检测实验室暨水环境科创中心完成了中线典型危险有机物基本信息整理，建立样本质谱采集与数据分析方法，建立危险有机物标准品的一级、二级谱图库43种，通过实际采样，匹配到中线水体本底存在的溶解性有机物7000余个。

（2）积极与相关科研院校开展合作，共建创新平台。与国家大坝安全工程技术中心签订了合作共建协议，成为该中心合作共建单位，这也是中线建管局参与的首个国家级科技创新平台。与黄河职业技术学院共同创建河南省跨流域区域引调水运行与生态安全工程研究中心，充分利用双方优势，共同创建水工程安全、水生态安全等示范基地。

3. 国家重点研发计划项目组织实施

（1）根据"十三五"国家级重大科研项目工作安排，完成了牵头承担课题"南水北调工程运行安全监测与检测体系融合技术研究及检测装备和预警系统示范"项目研究任务，组织编制完成项目验收科技报告，配合项目牵头单位完成课题绩效评价。

（2）完成了牵头承担的国家重大水专项"南水北调中线输水水质预警与业务化管理平台建设"项目研究任务及验收工作。

（3）积极参与课题"应急抢险和快速修复关键技术与装备研究项目"现场应用示范，配合完成课题绩效评价。

4. 年度重点科技项目管理和实施

及时对各直属单位等提出的科技项目进行立项和实施方案进行审查。顺利开展并完成了典型输水渡槽流态优化试验研究、重点建筑物抗震分析专题研究、基于卫星 InSAR 技术的区域性地面沉降监测项目研究、无人机的高精度渠坡变形巡测系统研究与建设，持续开展了冰期冰情原型观测研究。一批年度重点科技项目成果的现场应用，取得了显著的成效，为工程运行管理提供了有力科技支撑。

5. 科技成果总结及奖项申报　中线建管局牵头或参与完成的 6 项科技成果入选水利先进实用技术重点推广指导目录；完成了中线建管局第一个水利技术示范项目的任务书签订和实施；中线科技成果的转化推广，扩大了中线建管局在全国的影响力和辐射力。

6. 技术标准管理　2021 年制修订技术标准 27 项。中线建管局现行有效技术标准为 105 项，相关标准在工程运行管理过程中得到充分检验。

中线建管局主编或参编团体标准 6 项，分别为《长距离大型引调水渠道工程运行管理规程》《膨胀土边坡工程技术规范》《水利工程白蚁光波诱杀技术导则》《输水工程沼蛤防治系统技术导则》《基于北斗卫星导航定位系统的水利水电工程安全监测系统》和《基于北斗卫星导航定位系统的水利水电工程安全监测技术规范》，均已通过立项评审，其中 3 项已完成初稿编制并向社会广泛征求意见。

7. 技术研讨和交流

（1）通过视频会和现场座谈等形式组织开展内部技术交流，积极拓展外部交流，组织参与"发展中国家水资源管理及社会经济发展部级研讨班（线上）"交流会，让南水北调工程走向世界，让更多的人知道南水北调工程。

（2）与中国水利学会、水力发电工程学会联合承办了水利水电工程水下检测与修复技术论坛有关工作，遴选出 53 篇优秀论文入选论坛论文集。

（3）与水利部计量办公室联合承办了中国水利学会 2021 学术年会检验检测分会场并参与技术讨论和交流。

（4）参加了南水北调集团举办的与中国三峡集团科技创新工作座谈会。

（5）组织参加了第七届水利土木国际学术论坛暨智慧水利与智能减灾论坛、2021 年全国水工混凝土建筑物检测与修补加固技术交流会、全国隧道与地下工程智能建造暨盾构施工前沿技术创新交流观摩会、水利信息化及数字化线上研讨会等。

8. 科技奖励与考核激励　根据中线建管局《科技创新奖励办法（试行）》（Q/NSBDZX 404.01—2019）的规定和安排，2021 年 7 月，启动了第三届科技创新奖评选活动，收到各单位推荐项目 112 份。经过评选，最终 27 个优秀项目获奖。活动首次采用网络申报的方式，保证了评选过程公平公正，有效激发了中线科技创新活力。

9. 技术方案审查审批　组织完成了水毁修复项目设计方案编审，保障了中线水毁修复后续工作。积极协调各方完成引江补汉、雄安调蓄库、观音寺调蓄库等工程前期工作，顺利完成了雄安调蓄库初步设计报告等重大项目设计审查，有力推进了南水北调后续工程各项工作的开展。组织修编了 3 项已有穿跨邻规定，发布了 1 项油气管道穿跨邻技术规定，印发了 1 项办事指南。有力提高了中线建管局对穿跨邻接项目的技术管理力度，加强了各级管理人员风险防范意识，保障了中线工程安全，同时为服务地方，调整了办事流程，提高了工作效率。

10. 安全监测管理　瞄准安全监测重大异常问题处置，建立安全监测重大异常问题报告制度。针对焦作高填方沉降异常、长葛半挖半填沉降异常等关键重点问题，一事一策，做出对工程安全运行的基本判断，初步掌握了问题原因，制定了处置方案，解决了制约工程验收的关键难题。

全面推进自动化改造和应用系统升级，充分发挥预警和前哨作用，切实解决了极端条件下的数据采集难题，初步构建了智慧化安全监测体系。

完善了冰情原型观测信息化平台，提升了冬季冰期输水安全能力。在应对 2021 年年初突发寒潮中，提前 7 天准确发出冰情预警。

（王峰　李乔　高林）

【工程审计】

1. 聚焦主责，全面实施内部审计　按照审计对象、审计内容、审计时点全覆盖和主要经济财务活动事前、事中、事后监督全覆盖的原则，统筹安排审计项目，通过年度审计、巡查审计、重点项目跟踪审计、专项审计、经济责任审计、日常经济财务风险防控等 6 种审计形式，全面实现审计全覆盖。2021 年，对局机关、5 个分局、3 个直属公司实施审计 21 批次，审计资金总额约 34.2 亿元。发现和整改问题 390 个、风险事项 33 个、管理性建议 53 条，挽回经济损失 134.81 万元，促进新建和修订管理制度 14 个，优化完善业务流程 45 个。

2. 多措并举，进一步提升内部审计质量和效率

（1）组织开展内部审计业务培训和政策宣贯。围绕内部审计"审什么、怎么审"，引导各单位进一步提升风险意识、制度意识、合同意识。

（2）印发内部审计"一手册、两清单"，提升内部审计的规范化、标准化水平。

（3）以"一手册、两清单"为依据，扎实开展审前调查和审计实施方案编审工作。

（4）深度介入，严控审计取证单质量。

（5）加强沟通协调，指导和协助被审计单位充分理解问题实质并找到有效解决措施。

3. 狠抓问题整改，确保审计取得实效　强化审计整改协同、复核审计、整改销号、案例警示等整改工作机制，扎实做好审计问题分析研判，严格落实问题整改"四明确"（明确原因、明确责任、明确措施、明确时限）要求，通过边审边改、立查立改、集中整改、复核审计协助整改等举措，确保问题快速整改到位。

4. 严格责任追究，促进管理责任落实　根据审计发现问题责任追究办法，对直接责任人、领导责任人、直接责任单位、主管责任单位等实施责任追究，既严肃追责又保护各级人员干事创业的积极性。在问责的同时加大典型案例总结和通报，通过警示教育推动各级单位规范管理、提高水平、堵塞漏洞。

5. 建设审计管理信息系统，提升审计信息化水平　结合南水北调中线建管局 OA 系统、预算监控系统、计划合同管理系统等已有信息系统，开发审计管理信息系统，聚焦审计基础数据收集、审计项目信息管理、审计取证单办理、审计数据采集与统计分析、审计档案管理等功能，包括基础

信息、审计项目、问题整改、责任追究、统计分析、典型案例、政策法规、中介机构及文档中心等模块。

6. 以政治建设为统领，加强审计队伍建设　持续做好党建和业务工作的互融互促，扎实开展"三对标、一规划"专项行动、党史学习教育、建党 100 周年专题学习、廉政风险警示教育月等活动。将学习和研讨成果融入业务工作，指导审计实践。以问题为导向，从思想上、政治上、组织上全面加强党的领导，积极改进完善审计业务，提升审计工作质效，提高服务和支撑运行管理工作的能力和水平。

（宋湘）

汉江中下游治理工程

【工程投资】　截至 2021 年年底，汉江中下游治理工程累计完成投资 112.15 亿元，占批复总投资 98.13%，占累计下达投资计划的 98.13%。其中，兴隆水利枢纽 33.54 亿元，引江济汉工程（含引江济汉自动化调动运行管理系统工程）68.01 亿元，部分闸站改造工程 5.63 亿元，局部航道整治 4.61 亿元，汉江中下游文物保护 0.36 亿元。　（袁静　谢录静）

【工程管理】

1. 强化监督检查　充分运用"四不两直"和"互查互纠"方式，赴工程现场，检查指导 2021 年度南水北

调工程安全运行管理重点工作。邀请江苏水源公司的专家，组织开展了兴隆水利枢纽工程和引江济汉工程运行管理工作监督检查，并结合检查情况调研标准化建设工作。

2. 落实防汛措施　受长江委委托组织开展湖北省南水北调工程汛前准备工作检查，并督促相关单位落实问题整改工作。密切关注水雨工情，积极参与厅防汛会商，现场检查指导湖北省南水北调工程防汛抢险工作，保障了工程安全度汛。

3. 抓好安全生产　以安全生产专项整治三年行动和"安全生产月"活动为抓手，持续推进安全风险管控和隐患排查治理双重防控机制体系建设。组织召开了兴隆水利枢纽工程安全鉴定评审会，为其安全生产标准化一级达标打好基础。倡导"人人都是安全员"理念，指导管理单位开展多形式、全覆盖的安全培训宣传活动，增强干部职工的安全生产意识。

（袁静　谢录静）

【工程审计与稽察】　2021年工程建设任务全面收尾，合同验收和结算工作全部完成。通过各方努力，先后通过了水利部对兴隆水利枢纽工程和引江济汉工程的档案专项验收，以及对兴隆水利枢纽工程、引江济汉主体工程和引江济汉工程自动化调度运行管理系统3个完工财务决算报告的核准工作；完成了兴隆水利枢纽工程和引江济汉工程2个设计单元工程技术性

初步验收和完工验收，湖北省南水北调汉江中下游4项治理工程完工验收工作圆满收官。　（袁静　谢录静）

【引江济汉工程】

1. 工程概况　引江济汉工程主要是为了满足汉江兴隆以下生态环境用水、河道外灌溉、供水及航运需水要求，还可补充东荆河水量。引江济汉工程供水范围包括6个灌区，现有耕地面积645万亩，总人口889万人。引江济汉工程进水口位于荆州市李埠镇龙洲垸，出水口为潜江高石碑。渠道全长67.23km，设计流量350m³/s，最大引水流量500m³/s，其中补东荆河设计流量100m³/s，补东荆河加大流量110m³/s，多年平均补汉江水量21.9亿m³，补东荆河水量6.1亿m³。进口渠底高程26.5m，出口渠底高程25m，设计水深5.72～5.85m，设计底宽60m，各种交叉建筑物共计78座，其中涵闸16座，船闸5座，倒虹吸15座，橡胶坝3座，泵站1座，跨渠公路桥37座，跨渠铁路桥1座，另有与西气东输忠武线工程交叉1处。穿湖长度3.89km，穿砂基长度13.9km。　（付泾泽　罗逸帆）

2. 工程管理　引江济汉工程管理局积极践行习近平总书记"两个坚持，三个转变"的防灾救灾理念，细化落实水利部、湖北省委、省政府和省水利厅水旱灾害防御会议精神，按照"预字当先、关口前移，依法防控、科学防控"要求，立足防大汛、

抢大险，提早落实责任，超前谋划部署，夯实工程基础，严格隐患整改。及时调整防汛工作领导小组。组织编印了《引江济汉工程 2021 年防汛应急抢险预案》和《引江济汉工程 2021 年汛期调度运用计划》。成立了应急抢险队，储备了防汛物资，与地方防汛部门建立联系机制，将引江济汉工程防汛纳入地方防汛体系。协调通航部门禁航、模拟汛期各类工况，组织开展了全线联动防汛演练、消防演练等 10 余次演练。坚持开展汛前检查，督促完成水毁工程修复。为防止工程沿线建筑物上游水草等杂物淤塞影响行洪，相关分局采用清污船配合挖机作业等方式对沿线倒虹吸进行了多次水草集中打捞，确保沿线河渠过流通畅，两岸堤防安全无虞。抓好重点部位防汛，分门别类制定了相应的应对方案和措施，及早安排、多措并举，扎实做好各项准备。

2021 年 9—10 月，受汉江上游强降雨及区间来水影响，汉江中下游水位持续上涨，引江济汉工程高石碑出水闸防汛形势较为严峻，高石碑出水闸下游汉江水位超设防水位 25 天，超警戒水位 11 天，引江济汉工程管理局干部职工勇于担当、尽职尽责、全力以赴，打赢了这场硬仗，确保了工程安全和堤防安全。

（付泾泽　罗逸帆）

3. 运行调度　2021 年，引江济汉工程管理局对运行管理标准化建设工作进行了全面梳理、学习和研究，明确了引江济汉工程管理局运行管理标准化建设的推进方向，即以水利部运行管理标准化工程评价标准为基本标准，以上级部门其他专项标准化制度作为补充要求，对标南水北调东线工程的标准化体系从管理组织等 10 个方面实施管理标准化创建工作；明确了全面推进"例行化的工作标准化，标准化的工作流程化，流程化的工作自动化"的引江济汉标准化管理目标。主要从完善标准体系、明确岗位设置、优化管理条件、强化监督考核等 4 个方面推进标准化建设，促进标准化工作不断扎实有序推进。

（付泾泽　罗逸帆）

4. 工程验收　截至 2021 年 1 月 22 日，575 个分部工程全部完成验收；2 月 2 日，104 个单位工程全部完成验收；2 月 23 日，全部合同项目完成验收；4 月 20—22 日，完成设计单元工程完工验收项目法人验收；8 月 30 日至 9 月 3 日，完成设计单元工程完工验收技术性初步验收；9 月 22—24 日，完成设计单元工程完工验收；10 月 20—21 日，迎接了湖北省水利厅工作组对南水北调中线一期引江济汉工程设计单元工程完工验收质量的复核工作，并针对验收质量复核发现的 25 个问题集中组织进行修改，最终完成整改并形成《问题整改报告》上报湖北省水利厅，同时通过了湖北省水利厅于 12 月 3 日组织的完工验收复核问题整改情况"回头看"检查。

（付泾泽　罗逸帆）

5. 工程效益　2021 年，引江济汉工程全年调水 27.31 亿 m³，其中向汉江补水 22.90 亿 m³，汉江兴隆以下河段生态、航运、灌溉、供水条件得以改善；向长湖、东荆河补水 3.53 亿 m³，及时满足了荆州市江陵县、监利县等 160 万亩农田灌溉和渔业用水需求；向荆州古城护城河补水 0.80 亿 m³，极大改善了城区水环境。通航方面，已累计通航船舶 47338 艘次，船舶总吨 3591 万 t。其中，2021 年通航船舶 4536 艘次，船舶总吨 384 万 t。

（付泾泽　罗逸帆）

6. 尾工建设　2021 年度工程设施完善项目，合同总金额 174.231839 万元，项目验收结算已完成，完成投资 176.518139 万元；2021 年度引江济汉工程水工建筑物修缮项目，合同总金额 531.267018 万元，项目验收结算已完成，完成投资 468.057409 万元；进口段口门区清淤维护工程，合同总金额 341.2996 万元，项目验收结算已完成，完成投资 310.6679 万元。

（付泾泽　罗逸帆）

工 程 运 行

京石段应急供水工程

【工程概况】

1. 北京分局　北京分局管辖段工程自釜山隧洞进口开始，沿太行山东麓和京广铁路西侧北行，先后经过河北省保定市的徐水区、易县、涞水县、涿州市及北京市房山区等 5 个县（市、区），最后至惠南庄泵站出口，线路全长 71.944km，包括各类建筑物 156 座。其中，大型河渠交叉建筑物 10 座，渠渠交叉建筑物 17 座，大型渠路交叉倒虹吸 1 座，隧洞 3 座，左岸排水建筑物 37 座，应急入水口 1 个，跨渠桥梁 75 座，分水口 3 座，退水闸 4 座，节制闸 4 座，泵站 1 座。北京分局下设易县、涞涿、惠南庄 3 个管理处。

2. 河北分局　京石段应急供水工程起点位于石家庄市西郊田庄村以西古运河暗渠进口前，起点桩号 970＋293，终点至北京市团城湖，终点桩号为 1277＋508。渠线长 307.215km。其中明渠长度 201km（全挖方渠段长 86km，半挖半填渠段长 102km，全填方渠段长 13km），建筑物长度 26.34km。建筑物共计 448 座，其中控制性建筑物 37 座，河渠交叉建筑物 24 座，隧洞 7 座，左岸排水建筑物 105 座，渠渠交叉建筑物 31 座，公路交叉建筑物 243 座，铁路交叉建筑物 1 座。渠段始端古运河枢纽设计流量为 170m³/s，加大流量 200m³/s；渠道末端北拒马河中支设计流量为 60m³/s，加大流量为 70m³/s。

京石段工程沿线共布置 13 座节制闸、7 座控制闸、13 座分水闸、11 座退水闸、37 座检修闸。通水运行管理期间，通过闸站联合调度，实现渠道输水水位和流量控制、突发事件应急处置退水及建筑物检修隔离等功能。此外，工程沿线还布置了 29 座排水泵站，定时抽排渠道高地下水位段集水，保护渠道衬砌板不受扬压力破坏。京石段工程沿线共布置安全监测 1 万多个观测基点，4200 多个工程埋设内观测点。

南水北调中线建管局河北分局为京石段应急供水工程（部分）运行管理单位，分局内设综合处、计划合同处、人力资源处、财务资产处、党群工作处（纪检处）、分调度中心、工程处、安全处、水质监测中心（水质实验室）和稽察二队等 10 个职能处室。河北分局在京石段应急供水工程范围内设 6 个现地管理处，分段负责工程现场运行管理工作，分别为石家庄管理处、新乐管理处、定州管理处、唐县管理处、顺平管理处、保定管理处，每个管理处内设合同财务科、安全科、工程科、调度科 4 个专业科室。

3. 天津分局　天津分局负责管理总干渠西黑山段工程，该段工程长 14.15km。其中深挖方渠段 3.1km，高填方渠段 3.3km。除渠道外还有各类建筑物共 35 座，其中包括 1 座管理用房、1 座节制闸、2 座检修闸、1 座水质自动监测站、1 座防汛应急仓库、11 座左（右）岸排水建筑物、15 座跨渠桥梁（其中 2 座后跨越桥梁）、1 座交通涵洞、1 座渠渠交叉建筑物、1 座分水口。

（李冕　郭海亮　王海燕　王晓光）

【工程管理】

1. 北京分局

（1）土建及绿化维护。2021 年年初，根据中线局预算下达情况，将土建绿化日常项目分解至管理处，并通过公开招标选定 5 个土建绿化日常养护队伍，全面开展工程范围内土建维护项目，确保了 2021 年度工程设施正常发挥作用。为了全面落实"双精"维护工作要求，北京分局克服新冠肺炎疫情影响，通过视频会议、视频调研等多种手段组织管理处开展工程量排查，确定年度重点维护项目。根据中线建管局下发的工程量清单及预算定额编制年度预算。维护过程中管理处安排专人现场监管，确保工程质量满足运行要求，安全始终处于可控状态。针对安全风险大，技术要求高的工程维护项目，采用定期检查和不定期抽查方式对工程施工质量进行检查，确保了质量、安全管理体系运行持续有效，工程质量安全可靠。

（2）防汛与应急。北京分局防汛工作实行一把手负责，分局领导分片督导制度，将防汛责任落实到位。加强与地方水利等相关部门的联动和配合，管理处对上游水库、河道进行了排查，与地方应急部门建立了联系，能及时掌握汛情信息。组织各管理处对防汛风险项目进行了认真排查。确定辖区内防汛风险项目 16 个，其中 2级 2 个、3 级 14 个（大型河渠交叉建筑物 4 座，左岸排水建筑物 2 座，全填方渠段 8 段，全挖方渠段 2 段）。组织修订完善了工程度汛方案和防洪应急预案，上报地方应急管理局和水务局备案。开展了超标准洪水防御预案编制工作，着力防范和应对可能发生的流域性大洪水。补充采购了手动翻斗车、装配式围井、帐篷等物资设备，并及时录入"防汛管理App"系统。加强对周边社会应急物资和设备调查统计，并建立联系方式。按照中线建管局统一部署，对部分大型河渠交叉建筑物裹头进行四面体专项防护，汛前增加 $3m^3$ 四面体 100 个。配备了应急保障队伍 1 支，以应对防汛突发事件的应急保障任务。

组织开展了北京分局防汛应急知识竞赛，其中易县管理处代表队取得了中线建管局首届防汛应急抢险知识竞赛第一名的优异成绩。组织参加了中线建管局防汛应急抢险技能比武活动，获得了比武活动三等奖和装配式围井优胜奖。

汛期，辖区工程经历了通水以来降雨强度最大、范围最广、历时最长的暴雨洪水考验。沿线节制闸累积降雨量较近年平均偏多近 7～9 成，较大降雨过程有 2 次，分别是 7 月 11—12 日、7 月 17—18 日。辖区内共有 8座大型河渠交叉建筑物过流；辖区 37座左排有 34 座过流，其中卓家庄沟排水倒虹吸超过警戒水位。北京分局共排查水毁险情 33 处，包括特别严重险情 1 处、严重险情 5 处、其他险情 27 处。北京分局立足于"防大汛、抗大洪、抢大险"，全力开展防汛应急抢险，并在汛后完成了日常项目和清单项目的处理工作，保障了汛期工程的安全运行。

722 北拒中支抗洪抢险：7 月 15日 21 时北拒马河中支暗渠管身段顶部开始过流，7 月 17—18 日，拒马河流域出现大暴雨，张坊水文站洪峰流量达到 $147m^3/s$，7 月 18 日 17 时，惠南庄管理处雨后巡视发现北拒马河中支河道下游巡视路临河道侧排水沟滑塌，长度约 45m。7 月 23 日 1 时，北拒马河中支出现约 $492m^3/s$ 的洪峰流量。7 月 23 日 6 时，发现北拒马河暗渠中支穿河段防护加固工程原 25m长铅丝石笼防护已基本冲毁，防冲桩连梁下游出现跌坎，15 时河床下切加剧，初步判断已出现防冲桩外露情况，局部可能存在达到设计外露安全深度 7.5m 的风险。若进一步溯源冲刷可能对防冲桩造成破坏，进而导致暗渠防护加固工程结构失稳，危及暗渠管身段结构安全，危及南水北调中线工程运行安全。北京分局第一时间立即启动预案组织力量进行抢险，组织应急抢险队伍落实抢险人员和设备，快速开展应急抢险，在防汛风险点和重点部位增加 15 个驻守点进行24 小时应急驻守，共投入临时备防人员 120 余人，投入人工 5000 余人，投入各类抢险设备 800 余台，设备近 60台（套）。中线建管局启动Ⅲ级应急响应，进行安排部署：①立即成立了北拒马河中支防汛应急抢险现场指挥部；②紧急调集三支应急抢险队伍参与现场应急抢险；③组织设计单位编制应急抢险设计方案；④紧急调配防汛设备和物资，全力做好应急抢险工作。主要采取的临时处置措施包括：采用四面体、条石、块石及石笼对桩后冲槽进行抛投回填，减少防冲桩外露长度，在桩后形成消力池。在过水河道处增设梯级消能围堰。在消力池下游采用石笼对河床进行护砌。8月2日，现场应急抢险处置工作基本结束，工程安全输水没有受到影响。

（3）冰期输水。组织在北易水倒虹吸进口、南拒马河倒虹吸进口和北拒暗渠渠首3个驻守点进行驻守。每个驻守点配有挖掘机1台（涞涿和惠南庄管理处驻点配备长臂反铲挖掘机），20t自卸汽车1台，驻守人员21名。工程范围内渠道内水体最低水温接近5℃左右开始备防（2021年度备防时间为2021年12月20日至2022年2月22日）。组织对扰冰、拦冰、融冰、破冰设施设备进行了检查维护。组织开展冰期应急抢险设备技能比武活动和突发冰冻灾害应急演练，主要包括应急抢险车操作、高压热水枪融冰、油锯切冰、长臂挖掘机捞冰、北拒排冰闸排冰等科目，进一步提高应对冰冻灾害的应急处置能力。将北拒马河南支倒虹吸进口第三道拦冰索由木质拦冰索替换为钢浮筒式拦冰索。各现地管理处储备了适量融雪剂，配备可加热高压水枪2台，并对高压水枪进行了保温改造。组织对辖区内可能发生冻胀的衬砌板部位、水

北沟渡槽采取增设保温措施。对25座左排倒虹吸和左排涵洞进出口采取挂帘保温措施，避免形成穿堂风。2021年冰期输水期间，由于气温、水温偏高，仅有岸冰形成，没有流冰、冰盖和水内冰形成。

（4）安全监测。克服新冠肺炎疫情干扰，组织安全监测人员按照属地和中线建管局疫情防控要求开展外观监测和内观数据采集工作。在汛期出现险情情况下，加密观测频次，为应急抢险工作提供了技术保障。组织完成了辖区内安全监测人工观测测压管自动化改造项目。

（5）技术与科研。组织完成了中线建管局科技创新奖申报工作，完成了惠南庄管理处基于高次谐波的离心泵组健康状态在线监测诊断系统预算申报工作。完成了惠南庄BIM系统入网安全检测工作，系统正式布设在惠南庄管理处。

（6）水质监测。定期对沿线保护范围污染源进行排查，跟踪台账内污染源变化情况。按要求组织完成辖区内水质监测设备设施的维护，对消耗的物资及时进行补充。

根据分局辖区内总干渠淤积情况排查结果以及现场的实际情况，在水北沟退水闸开展退水清淤试验。结合试验结果以及沿线退水闸扰动装置运行情况，在水北沟退水闸前进口连接段安装1套静水扰动装置。为配合惠南庄泵站年度冬季检修工作，开展惠南庄泵站前池及进水间清淤项目，确

保了水质安全。

配合中线建管局对多源生物预警设备开展试运行工作。该设备于2021年7月在中易水水质自动监测站完成安装及调试。9月开始由管理处水质专员配合长江水环境监测研发中心开展日常维护及鱼类等生物培养工作。每月对仪器运行情况进行记录，对预警情况进行统计、分析。

2. 河北分局

（1）土建及绿化维护。2021年年初，根据中线建管局预算下达情况将土建绿化日常项目预算分解至各管理处并通过公开招标选定5个土建绿化日常维护队伍，全面开展工程范围内土建绿化维护项目，确保了2021年度京石段应急供水工程正常发挥效益。为落实"高效干事不出事、逢事必审"的工作要求，探索审计稽察程序前置、贯穿于项目实施过程的新办法，针对安全风险大、技术要求高、工期任务紧、协调关系多的工程维护项目，抽调职能处、管理处骨干人员，组建了南水北调中线干线工程京津冀段隔离网加固和安保驻点建设管理项目部，提高了项目建设管理水平，推动了项目管理全面有序开展。

2021年年底，根据中线建管局统一安排，组织相关处室及管理处完成了2022年度土建和绿化维修养护项目预算编报工作，保证了2022年土建绿化维修养护工作的正常开展。

绿化工作中，完成了京石段工程渠道各部位除草及草体修剪；乔木、灌木、绿篱色块、地被植物浇水、修剪等日常养护；绿化区域场地整理、垃圾清理等工作。京石段树种更新项目完成养护期满验收，并开始后续养护工作。

成立了土建工程水下衬砌板修复管理分部，实施河北分局重点渠段水下衬砌板修复项目，为更好指导水下衬砌板修复方案，河北分局牵头编制《南水北调中线干线工程渠段衬砌水下修复（预制混凝土）施工技术导则》（中线局总工办〔2021〕152号），并印发实施。2021年9月30日全部完成水下衬砌板修复约1723m^2，完成工程投资约664万元。11月30日通过合同验收，修复后效果满足合同要求。

（2）安全生产。开展安全生产大练兵活动，2021年共分2阶段。4—8月为第一阶段，9—12月为第二阶段，管理处及分局两个层级分别开展，设置了安全知识应知应会、安全技能实操练兵、安全问题联查促改、安全知识竞赛与技能比武4个环节。通过对114项法律法规、标准规范及规章制度的深入学习，切实提高了自有人员的安全生产管理能力，有力促进了河北分局运行管理工作高质量发展。通过节制闸、控制闸、退水闸、排冰闸、分水口门及融冰等6类设备操作项目，开展了装配式围井、应急电源车、应急抽排水、高压热水枪、抛投器、现场排查信息机电自动化及消防问题查找应急项目的实操比武，有效提升了一线员工在应急情况下设施设备的实操能力。

联合河北省教育厅开展南水北调中线中小学生安全教育专项活动。

1）共同举办专项活动线上启动仪式，宣布每年 6 月 16 日为"南水北调中线中小学生防溺水主题宣传日"，以后每年定期开展主题活动。河北省教育厅、河北分局、天津分局、北京分局有关负责同志，河北省各市及工程沿线各县（区）教育局负责同志等 900 余人参加了启动仪式。

2）专门设计了中小学生防溺水作业本（22 万册）、宣传海报（5400 套）及安全教育宣传片，通过各种方式或媒体介绍宣传南水北调中线工程知识、工程效益、水质保护、节水知识安全风险和安全要求等，图文音像并茂、通俗易懂。

3）组织沿线中小学校暑假前向学生监护人发放《致学生家长的一封信》，提醒学生家长增强安全意识和监护意识，切实尽到监护人的责任，教育和管理孩子严禁进入南水北调工程管理范围，严防意外。

4）开展安全主题教育公开课优秀课件有奖征集、安全教育线上竞赛答题活动。河北省累计 15715 所学校、329770 名中小学生参与了答题及竞赛，征集了 502 件公共安全课专题课件、254 件音视频教材、624 件绘画作品，活动取得了良好成效。

织织开展合同相关方安全管理标准化示范班组创建活动。班组是企业内部最基层的劳动和管理组织，处在劳动作业的前沿阵地，是开展生产活动的最小管理单元，是贯彻落实各项安全生产规章制度的行为主体。活动总体由准备、创建、初评及终评 4 个阶段组成，共有 31 个日常维护项目班组、9 个合作绿化项目班组及 4 个专项项目班组参与了创建活动。5 个日常维护项目班组、1 个合作绿化项目班组、2 个专项项目班组获得了"安全管理标准示范班组"称号。通过创建活动，进一步夯实了作业班组在安全生产工作中的基础地位。

推广应用相关方作业管理系统。河北分局在系统开发、试用测试、使用培训、修改完善、全面推广等方面广泛听取各方意见及建议，与开发单位进行沟通协调，提出了解决方案，并持续对系统功能进行完善、优化。期间共对相关方作业管理系统进行了 5 次升级，由最初的 V1.6 版本完善、优化升级至 V1.11 版本，完成了合同内容及系统规划的全部功能。相关方作业管理系统的推广应用，既规范了程序，提高了效率，减少了纸质文件的数量，又通过备案、审核等环节，把住了入场关，对土建绿化日常维护项目实现了审核发证、教育培训、作业审批、监督管理、奖惩评价等环节的信息化管理。　（朱明远　刘四平）

（3）防汛与应急。河北分局防汛工作实行一把手负责制，从分局到各管理处，均由各单位一把手对防汛负总责。分局成立防汛指挥部，全面负责河北分局所辖工程的安全度汛工作。各管理处成立安全度汛工作小组，明确防汛重点部位责任人与巡视责任人，压实各方责任。

2021年河北分局组织对京石段影响工程度汛安全的各种工程隐患进行了全面排查，并对查出的问题逐一登记备案，动态监控，及时组织处理。按照南水北调中线建管局五类三级的划分原则，排查梳理出京石段工程防汛风险项目4个，均为3级，其中：大型河渠交叉建筑物3座，全挖方渠段1段。河北分局按照南水北调中线建管局编制大纲要求，对工程防汛风险项目排查结果，完成了"三案"编制并报河北省应急厅和水利厅备案。京石段各管理处将"两案"报送地方有关防汛机构备案。

对内，积极备防，组织检查整改。

1）河北分局通过招标选择了河北省水利工程局作为应急抢险保障队伍。

2）汛前组织维护队伍对防洪信息系统、无线电应急通信系统等设备设施进行全面排查和维修保养，在京石段新乐、定州、保定管理处布各置了一部卫星电话，确保了汛期雨情测报和应急通信系统的正常运行。组织机电服务、35kV管理维护队伍及各管理处进行一次电力供应和备用发电机及其连接电缆、配电箱、应急光源、燃油储备等的安全检查，保证汛期及其应急电力供应安全可靠；对通信光缆进行全面检查，发现问题及时抢修。汛期各运维单位对所辖段内的供电线路和固定、移动发电机组进行定期检查维护，保证处于良好状态。新乐、定州、保定管理处各配备了一台120kW应急发电车，确保应急抢险的供电需要。

3）各管理处按照南水北调中线建管局印发的《南水北调中线干线工程应急抢险物资设备管养标准（试行）》，物资仓库保持通风、整洁，并建立健全防火、防盗、防水、防潮、防鼠等安全、质量防护措施；应急抢险物资设备进行分类存放，按要求进行汛前和汛后等检查保养，有破损或损坏及时维修和更换；物资储量不足时及时进行补充采购。

4）对于影响工程安全的防汛隐患，分局积极开展风险治理工作。2021年完成了桥梁桥头挡墙及挡水坎修复完善和左岸截流沟、防汛道路、边坡增设排水孔项目；对左排建筑物、边坡排水系统、截流沟、导流沟、排水沟等排水系统进行清淤和清理；对输水建筑物裹头处和左排建筑物进口水尺字体不清晰、局部脱落等问题，进行修复处理。上述汛前项目的实施，保证了工程度汛安全。

对外，加强与地方联系互动。

1）河北省防办将南水北调工程列入河北省防汛重点，同时将南水北调各管理处列为河北省防汛成员单位。

2）参加2次河北省防指召开的南水北调工程防汛专题调度会，同河北省水利厅召开河北段工程防汛工作协调会，组织召开 2 次防汛专题会议，重点推进大江大河及高风险左排建筑物的防洪影响治理工作，主要解决了 3 级防汛风险项目放水河渡槽上游显口报废水库风险隐患，将溢流坝全部挖除，恢复河道过流能力，保证了放水河渡槽汛期运行安全。

3）联合河北省水利厅组织完善各级政府与南水北调各级管理机构联络沟通机制，协调制定工程沿线省、市、县、乡、村五级联络协调体系，明确相关责任人。确保在汛情预警、水库泄洪时及时通报，在抢险时能够互助联动。

河北分局及各管理处对周边社会物资和设备进行调查，建立联系，以应对突发险情。如遇有紧急情况，自有防汛物资储备不足时，分局防汛指挥部将对自有防汛物资进行统一调配，并向当地政府及防汛指挥机构汇报并请求物资支援。分局和管理处共组织防汛应急演练 3 次，其中分局层面防汛演练 1 次，管理处防汛演练 2 次。重点对大型河渠交叉建筑物、左岸排水建筑物、高填方膨胀土渠段等防汛重点部位开展演练。

京石段工程沿线汛期共经历 8 次大范围强降雨过程，河北分局根据现场实际情况及时发布分局汛期预警通知，认真落实局预警通知各项要求，并明确了临时备防地点、设备和人员情况，确保备防人员和设备及时到位。河北分局领导按照防汛负责范围和职责分工分片督导，强降雨天气到

来前进驻现地管理处指导防汛工作。各管理处明确防汛重点部位责任人与巡视责任人，安排雨中、雨后巡查工作，压实各方责任。

2021 年汛期强降雨未对工程运行造成影响，工程通水运行正常。河北分局建立了水毁问题台账，组织各管理处对水毁问题及时进行处置，做到抢护及时，措施得当。

（4）水质监测。按照监测方案和计划，持续开展水质监测工作，每月完成月常规 26 项参数的检测，每周完成一次藻类监测，并在大流量输水和汛期期间增加监测频次。月常规监测完成检测数据 4992 组，出具检测报告 16 批次。藻类监测完成检测数据 388 组，出具检测报告 44 份，Ⅰ类水占比 62.9%，水质稳定达标。

7 月，为应对特大暴雨应急事件，河北水质监测中心冲锋在前，冒雨赶赴现场开展应急监测工作。同时加密自动监测站、应急监测车监测频次。向中线建管局出具应急监测报告 9 份，实验室出具检测数据 780 组，自动站出具应急监测数据 1860 组，应急监测车出具应急监测数据 139 组。

南水北调中线工程作为重要输水工程，由于其涉及范围广，水质风险凸显，水质安全尤为重要。影响水质安全的众多因素中，毒害性、放射性、传染性病原微生物等危险物质危险性高。河北水质监测中心利用气相质谱仪、液相质谱仪、电感耦合等离子体质谱仪等设备，积极开展 27 类

305 种典型危化品图谱库建设工作，编制完成《南水北调中线干线工程典型危化品图谱库报告》，并建立典型危化品图谱库合集，以提升中线应急检测能力，构建危险物质应急响应机制。

（5）安全监测。对各管理处安全监测月报进行初审，对异常问题提出处理方案，并监督落实。2021 年度内完成了计划合同系统和预算监管系统数据录入、安全监测专业预算编制和预算执行、南水北调中线河北分局基于无人机的渡槽外观检测技术研究项目及南水北调中线河北分局重点风险渠段安全监测测斜管自动化改造项目现场实施。

组织开展、参加安全监测自动化应用系统全面排查、安全监测异常问题复核和风险排查、安全监测资料整编分析培训、安全监测自动化应用系统二期功能培训等。组织编制 2021 年 7 月强降雨安全监测评估报告。组织对信息科技公司承担安全监测专业相关考核工作。签订南水北调中线河北分局 2022 年安全监测内观数据采集分析技术服务项目合同。

（6）技术与科研。渠道防护林带病虫害绿色防控技术研究项目通过技术评审和合同验收。通过研究调查，明确了主要病虫害种类及发生规律，针对不同的病虫害种类研制出了绿色防治技术，制定出了综合防治方案和防治年历。

基于无人机的渡槽外观检测技术研究项目通过技术评审和合同验收。研发了渡槽检测无人机和地面站、缺陷识别与测量软件 CDAMS、支座检测无人机，现场实施漕河渡槽槽底外观检测、槽侧外观检测和渡槽支座外观检测。

南水北调中线干线水体特征与溯源分析研究项目初步掌握特征值空间稳定性，对拟选示范点的水体进行初步的差异分析和归类分析，初步筛选出适宜作为特征值的理化参数和同位素参数。

3. 天津分局

（1）土建及绿化维护。2021 年度，土建维护项目全面落实"双精"管理要求，不断提升工程形象。重点完成岗头浆砌石挡墙翻修、防汛块石整理、曲水沟下游外坡干砌石护砌以及排水沟、截流沟、左排清淤等工作，为安全度汛打下基础；完成新建防护网基础混凝土挡墙、不锈钢防护栏杆安装、波形护栏安装等项目，有效消除安全隐患；完成西黑山管理处场区火烧石铺设及旗台建设。

西黑山管理处辖区隔离网加固项目专项项目合理规划，积极组织协调，在 3 个月较短工期内更换新隔离网及刺丝滚笼 18.9km，另外开展了西黑山节制闸现场值班房和安保驻点建设项目。西黑山管理处辖区隔离网加固项目的实施解决了以往旧隔离网耐久性差、普遍存在锈蚀和高度不足等安全隐患。西黑山管理处进一步加强了工程安保措施，促进了京津冀

"一项一策"安全专项加固工作的顺利开展。

绿化维护项目完成了管理处工程渠道各部位除草及草体修剪;乔木、灌木、绿篱色块、地被植物浇水、修剪等日常养护项目;绿化区域场地整理、垃圾清理等工作。

(2)防汛与应急。天津分局成立防汛指挥部,统一指挥分局防汛工作,对防汛工作负总责。汛前,对工程度汛安全的各种工程隐患进行了全面排查,并对查出的问题逐一登记备案,动态监控,及时组织处理。按照中线建管局五类三级的划分原则,排查梳理出天津分局京石段工程防汛风险项目5个,均为3级,其中左岸排水建筑物3座,全填方渠段2段。组织编制防汛"两案"并报送地方有关防汛机构备案。

通过招标方式选择应急抢险保障队伍,现场驻守在西黑山管理处防汛驻守点。汛前组织应急队伍对抢险设备进行全面排查和维修保养,汛中组织开展雨中、雨后巡查。组织信息科技公司天津事业部开展信息机电自动化设备安全检查,保证设备设施处于良好状态。按照有关要求进行应急抢险物资设备管理,及时更新台账。完成曲水沟排水涵洞进口边坡干砌石砌筑项目,部分防护网基础浇筑混凝土挡墙项目,西黑山管理处办公楼屋面防水修复项目,岗头隧洞出口左岸坡顶浆砌石重新砌筑项目,对工程安全防洪度汛起到重大作用。

加强与地方联系互动。协调保定市防汛抗旱指挥部办公室将南水北调工程列入防汛重点,同时将天津分局列为保定市防汛成员单位,确保人员、机械、物资、设备以及雨情、水情、汛情等信息共享。

2021年汛期,经历大雨等级以上的降雨5次,其中大暴雨级别降雨2次。暴雨洪水未对工程运行造成影响,工程通水运行正常。梳理水毁项目22项,主要为边坡冲坑、喷锚段边坡渗水、桥梁引道边坡滑塌等问题,截至11月30日,以上问题全部处置完成。

(3)水质监测。完成了2021度水污染应急事件演练,完成了排冰闸附近区域渠底淤泥清理工作,完成水质自动监测站运行维护交接工作,积极开展协调解决辖区污染源风险源问题,2021度辖区内污染源风险源问题已全部解决完成。

(4)穿跨越项目。完成雄安新区建材运输通道容城至易县公路建设工程跨越南水北调中线干线工程及35kV迁建项监管工作。

与河北南水北调中线调蓄库建材有限公司签订穿跨项目监管协议,加强项目监管工作,完成南水北调中线雄安调蓄库骨料加工系统建设运行项目10kV供电工程跨越邻接南水北调中线干线河北段其他工程监管工作,加强南水北调中线调蓄库施工供电工程暨骨料加工系统供电二期35kV施工变电站新建工程项目监管工作,继续推进雄安调蓄库工程骨料加工系统建设及下库一期（含沉藻池）石方开挖工程相关监管工作。

（5）安全监测。及时汇总编制安全监测月报，对异常问题提出处理方案，并监督落实。辖区内工程安全巡查、内外观数据采集、日常维护、异常分析、问题查改等安全监测工作开展正常。对监测自动化应用系统中的历史数据进行完整性和准确性检验，强化数据异常分析和处置。定期对安全监测数据异常问题进行研判处理。

（6）安全生产。全年安全生产形势总体平稳，未发生生产安全事故，安全生产监管保持高压态势。

1）明确安全生产目标，压实安全生产责任。

2）落实安全生产管理机构职责，安全生产领导小组每季度组织召开一次安全生产会议，总结分析上季度安全生产管理工作的开展情况，研究解决安全生产工作中的重大问题，决策安全生产的重大事项，跟踪上一季度会议各项工作落实情况，部署下一季度安全生产工作重点和管理要求。安全管理人员定期组织安全生产检查，每月组织召开一次安全生产月例会，沟通解决现场安全问题消除安全隐患。

3）加强安全生产教育培训，深入学习习近平总书记关于安全生产重要论述，专题学习《生命重于泰山——学习习近平总书记关于安全生产重要论述》电视专题片；组织员工积极参与水利部"水安将军"知识竞赛活动；组织开展内部安全生产培训。

4）严格执行安全生产奖惩机制，健全安全违规行为责任追究办法，对施工现场安全违规行为进行相应处罚。

5）加强重大关键期安全加固工作，及时编制加固方案并督促落实。

6）开展"安全生产月"活动，举办"安全生产月"活动启动仪式、开展安全宣传"五进"活动、开展安全知识宣传活动，受到徐水区教育局和学校师生的一致好评，"安全生产月"活动期间向沿线乡（镇）、学校发放宣传单3000份，营造了良好的安全生产氛围。

7）积极开展自评及改进工作，按时完成安全风险辨识评估，对上级检查发现的问题及时进行整改，梳理典型问题，统一整改要求。

（王海燕　余海燕　王亚琦　朱炳　江兴泊　刘建深　赵伦　崔铁军　赵跃彬　董婧怡　宗华超　李根　宋彦兵　张钧）

【运行调度】

1. 北京分局　在分局党委和中线建管局总调度中心有力领导下，北京分局分调度中心以目标为引领，以问题为导向，对标"五确保""五提升"工作任务，将工作任务分解为具体行动、具体举措，紧密联系实际，真抓实干，再接再厉，守住安全防线，筑牢安全底线，促进了输水调度工作更快更好发展。

（1）输水调度。

1）狠抓调度值班纪律。严格调度指令落实。严禁擅自操作闸门，或删改自动化调度系统相关软件和数据。累计执行调度指令 3416 门次，惠南庄泵站机组操作指令 17 次。

2）强化调度数据监控。熟练掌握辖区内水情、工情，了解设备设施运行状态，紧盯辖区风险点，发现异常数据及时核实、报告。累计审核水位、流量、闸门开度等水情、工情信息 8760 次。

3）从严调度警情操作。熟悉掌握水位超限预警值与目标水位调整原则，对预警保持高度敏感性。累计处理核实调度类警情 193 次，设备类警情 105 次。

4）扎实开展应急演练。分别参加总调度中心组织的启用河北分调度中心临时指挥全线调度应急演练、总调度中心切换备调度中心应急演练、南阳管理处临时指挥全线调度应急演练共计 3 次；分调度中心组织开展北京分局新冠肺炎疫情造成调度生产场所封闭情况下的应急调度演练、新冠肺炎疫情造成北京分局分调值班室封闭应急调度演练、瀑河至泵站段工程事故应急调度演练共计 3 次；参与惠南庄泵站机组故障停机应急演练 1 次。

5）加强值班过程监督与考核。采用日常检查、集中检查和季度检查方式，从调度值班方式、值班要求、交接班要求、工作内容和环境面貌 5 个方面，对辖区中控室进行全面过程监督考核，发现问题督促其及时整改，检查情况纳入输水调度年度绩效考核结果。

6）做好冰期输水工作。密切监视辖区天气、气温、水温和流速变化，准确把握辖区内流冰、岸冰、冰盖形成和消融情况，统计形成冰情日报，对水情冰情观测、分析、预判，防止罕遇极寒恶劣天气下形成冰塞、冰坝和冰冻等不利情况。上报冰期日报 91 期，辖区内未形成冰盖情况。

7）加强汛期值班工作。汛期严格落实 24 小时值班制度，通过工程防洪信息管理系统，密切关注强降雨天气与降雨区域发展趋势，及时掌握雨情、汛情、工情、险情等信息，确保上情下达、下情上知，为工程现场迅速会商研判和开展险情处置提供决策依据。上报《防汛日报》136 期。

8）通过自动化监测系统，盯紧重要工程节点、关键枢纽、风险部位，做到在线及时预警，将隐患消灭在萌芽状态；对辖区输水调度业务安全隐患开展再排查、再整治，做到无遗漏、无死角，确保工程安全平稳运行。

9）坚持"调度安全、管理高效、操作规范"的原则，严格辖区设备设施检修维护需调度配合事宜工作流程管理，确保输水调度安全、平稳。累计受理管理处需调度配合申请事项 233 件。

（2）探索培训学习新模式。依托自建"调水先锋"小程序，陆续设立

"输水调度业务工作手册""输水调度应急工作手册"图文资料专栏，利用小程序"作业模式"和"打卡模式"，开展输水调度知识题库练习和输水调度能力线上网络竞赛。输水调度图文资料专栏已累计打卡721次；输水调度能力线上网络竞赛累计参赛700余人次。

（3）编制运行调度典型案例。以输水调度业务能力活动为契机，组织对正式通水运行以来辖区调度运行中出现的各类问题尤其是惠南庄泵站历次停机事件进行梳理，形成《北京分局运行调度典型案例手册》，组织全员学习，做到引以为戒，举一反三，进一步提高调度人员工作业务水平。

（4）深挖调度业务新问题。积极参与南水北调中线输水调度技术交流与创新微论坛。通过集思广益、深度思考、认真研究和分析总结，从不同角度、不同方向，挖掘了调度业务存在的新问题以及相关解决措施，形成《浅析泵站运行机组转速变化的原因和影响》《南水北调中线干线涞涿段冰期输水调度的影响因素及应对措施》《浅谈南水北调中线干线闸站监控系统功能完善》《惠南庄泵站机组停机应急调度策略思考》等成果报告，有效促进北京分局输水调度业务向纵深发展。

（5）惠南庄泵站运行情况。根据《惠南庄泵站2020—2021年度冬季检修实施方案》（信息公司电力函〔2021〕1号），惠南庄泵站于2020年12月6日至2021年2月24日，完成了重要设备运行情况检查、需停机条件下的缺陷处理、定期检修试验、技术改造等工作，期间采用旁通管23m³/s小流量输水方式输水运行。

2月24—28日，开展了机组技术供水系统冷水机组性能测试及带主水泵机组负荷试运行等工作，期间将泵站运行工况由双线小流量自流输水转为左线单侧3台机组加压输水，向北京供水总流量保持23m³/s。

根据《2021年北京段工程检修完成恢复流量专项方案》，3月1日开始，入京流量由23m³/s调增至35m³/s，惠南庄泵站由左线3台机组加压运行转为双线4台机组加压运行；3月15日至4月30日，采用一侧3台机组、一侧2台机组运行加压运行，输水流量为45m³/s。

5月1日，惠南庄泵站进入6台机组加压输水状态，输水流量为47m³/s。6月1日至10月31日，保持输水流量为50m³/s。

11月29日至12月7日，惠南庄泵站进行了输水调度运行方式优化研究试验，探究单侧2台机组的最大输水能力，优化机组运行台数和流量匹配关系，提高泵站设备运行效率，有效解决单侧3台机组运行出现故障时，备用机组不足的状况。同时，为后续分析、探究水锤效应在调压塔投运前后对机组影响的变化收集基础数据，优化机组事故停机应急处置措施，提高供水保障率。根据泵站实际运行工况，分别在单侧 2 台机组运行、单侧 3 台机组运行时进行机组 A 级效率测试和振动、噪声、压力脉动等稳定性测试。选取右线 6 号、7 号机组作为试验对象，各安装 1 套测试仪器。在右线 3 台机组运行 5 种转速和右线 2 台机组运行 10 种转速的工况下，通过安装的高精度仪器设备采集流量、扬程、功率、振动、噪声、压力、转速等参数，并分析整理。单侧 2 台机组运行测试流量区间控制在 17.5～23m³/s。单侧 3 台机组运行测试流量区间控制在 21.5～25m³/s。

通过不同工况运行的实践，收集、整理出了辖区水情、工情信息数据，为今后研提运行调度建议，积累了宝贵的历史数据。

2. 河北分局　2021 年，河北分局及京石段各现地管理处认真贯彻落实习近平总书记讲话精神，紧紧围绕大流量、汛期、冰期输水等中心工作，面对极寒天气、暴雨洪水、新冠肺炎疫情以及持续的大流量输水等多重挑战，积极筹备，科学应对，各项工作稳步推进，员工综合素质持续提升，辖区内运行调度系统、信息自动化、金属结构机电及永久供电系统整体运行平稳，2021 年度内未发生设备系统运行安全事故，圆满完成年度供水任务。

（1）水量调度。河北分局京石段辖区共包含 8 座节制闸，2 座控制闸，9 座分水口，8 座退水闸。截至 2021 年年底，总干渠入京石段断面输水总水量 239.95 亿 m³，出京石段岗头隧洞断面输水总水量 161.37 亿 m³。2021 年内河北分局京石段输水调度工作正常，其中汲河倒虹吸出口节制闸因高地下水位影响，运行水位控制在设计水位以上 0.10m，其余节制闸控制在设计水位附近运行。河北分局京石段 8 座节制闸均参与调度，2021 年共执行调度指令 7247 条，指令执行成功率为 100%，远程指令执行成功率为 99.39%。各处值班人员调度台账填写规范，指令执行到位，遵守时限；闸控系统报警接警、现场核实、警情分析及消警工作有序、规范，全年未发生运行调度违规行为。输水调度总体平稳安全，有序开展。尤其是 2021 年 5 月总干渠进入大流量输水阶段以来，河北分局京石段各现地管理处进一步严格值班纪律、严密调度监控、加强预警响应，配合其他部门有效提升大流量输水工况下的调度运行管控力度，确保了输水安全。河北分调度中心加强日常检查及考核工作。利用电话、视频设备、现场检查等方式加强京石段各处日常业务自查工作，利用各自动化系统加强辖区内水情数据的审核工作，发现异常及时上报并组织核实整改。

2021 年汛期，河北分调度中心按要求组织编制分局机关及各处防汛值班表，督导各管理处严格执行防汛值班纪律、每日报表、天气情况掌握与预警上报工作，分局机关及各处防汛值班工作开展良好，各类报表按时报送，信息传达及时准确，防汛预警应对得当。

2021年水量确认工作圆满完成，全部分水口的确认单均由管理处按时确认完成，退水闸生态补水的确认单交付分调度中心。由河北分调度中心和河北省水利厅调水管理处共同确认。2021年度分水确认量水量与会商系统统计数据完全一致。

（2）冰期输水。河北分局京石段为冰期重点区段，2021年全段未形成冰封，冰期输水工作顺利完成。河北分局对京石段各管理处冰期准备工作进行了专项检查，发现问题由管理处督促信息科技公司及时完成了整改。为应对极寒天气，在应急设备及物资方面，河北分局在各管理处分别配置2台高压热水机，并储备足量-10号柴油、抗凝剂。在工程措施方面，河北分局对风险较大的唐县管理处（含）以北未设保温板的阴面渠道衬砌板铺设棉被，非通行左排建筑物进出口采取挂帘保温措施。在应急处置方面，河北分局组织各管理处对冰期现场应急处置方案进行了修订，并组织相关人员进行了冰期设备操作大比武活动，最后通过应急演练达到检验方案、锻炼人员的目的。通过积极开展冰期准备工作，有力地保障了冰期输水工作顺利进行。

（3）调度值班模式优化。南水北调中线干线工程自正式通水以来，已安全运行近7年，河北分局始终按照"统一调度、集中控制、分级管理"

的原则，着力保障工程安全、供水安全、水质安全，调度工作平稳有序。经多方沟通，参照渠首分局、河南分局试点工作经验及成果，河北分局选取石家庄、新乐管理处作为调度试点，开展调度值班模式优化工作。试点期间试点处中控室按照"职责不变、人员不减"原则，分调度中心增加5人（从试点处抽调）补充到原班次中，补充人员负责试点管理处中控室原调度业务，形成以分调度中心为主，中控室监督、提醒的双重保障机制。

以调度值班模式优化为契机，全面提升员工综合素质，督促河北分调度中心全体员工及管理处值班人员熟练掌握输水调度所有常用制度、标准，熟练操作各种自动化调度系统，熟悉工程基本情况，了解实时水情、工情，保障输水调度安全及输水调度值班模式优化工作顺利开展，编制《河北分局输水调度业务能力提升活动细化方案》，明确学习内容及考核流程，活动评选出优秀管理处6个，分别荣获河北分局关于输水调度业务能力提升活动评比奖一、二、三等奖，突出集体1个，成绩突出个人6名，并对优秀管理处及个人颁发了奖杯和证书。

3. 天津分局

（1）输水调度。西黑山节制闸设计流量为 $100m^3/s$，加大 $120m^3/s$，2020—2021调度年度，通过西黑山节制闸累计向北京市供水 13.16 亿 m^3

385

（全年计划 12.28 亿 m³），完成计划供水任务的 103.1%。西黑山节制闸最大瞬时过闸流量为 89.55m³/s，出现于 2021 年 8 月 29 日。

为切实提高值班人员输水调度业务水平及突发事件应急调度响应能力，组织开展应急演练（桌面推演）1 次，输水调度知识竞赛 2 次，积累了实战经验，夯实了业务基础，切实提升了调度人员应急反应能力及综合素质。

持之以恒加强调度队伍建设，推进调度人员考试考核常态化，以考促学、以学促进、以进促改，按月组织调度人员培训考试，集中开展业务能力考核 12 次，积极参加输水调度季度培训 4 次，在中控室设立学习角，搭建学习交流平台，圆满完成 2021 年输水调度"汛期百日安全"专项行动及冰期输水任务。通过月度自查自纠、不定期抽查、汛期冰期集中检查等多种方式，综合运用现场、电话、视频等检查手段，对调度值班工作持续加力，切实提高调度人员责任意识，不断强化调度防控能力，牢牢守住安全运行底线。

（2）闸站标准化建设。按照中线建管局工作部署，持续推进闸站标准化建设。按照《闸（泵）站生产环境技术标准（修订）》相关要求，在 2020 年闸站全部达标的基础上不断完善提升，本着"高标准、严要求"的原则，重点对建筑设施、标识系统、闸站日常环境、生产工器具、消防设

施等进行了完善，陆续完成了刘庄分水口电缆沟整治、不锈钢灭火器箱更换、闸口包封、部分闸室防火门门口包封等项目，极大提高了辖段内闸站标准化水平及整体形象。

积极参加 2021 年度南水北调中线输水调度技术交流与创新微论坛活动，组织投稿 3 篇，其中《西黑山枢纽历年冰情数据分析及冰情预警建议》被评为优秀论文。

（3）冰期输水。针对冰期运行存在冰塞、冰坝、设备故障、冻胀破坏等冰冻灾害风险，不断完善冰期输水工作方案和应急预案，对融冰、扰冰、拦冰、排冰、捞冰等设备设施进行全面检修、保养及调试，做好冰期应急队伍的备防和拉练，及早排查处理各类隐患。加强冰情观测研判，及时应对突发情况，确保冰期输水安全。

采购智能无线远程温度监控设备，用于实时监测节制闸前（总干渠）表面水体温度及进口闸保温棚内外温度。根据 2021—2022 年度中线公司冰期输水工作布置视频会有关要求，在 2021 年 12 月先后完成左排建筑进出口位置悬挂保温帘、刘庄渡槽上游适当位置增设 1 道枕木式拦冰索、西釜山西桥右岸下游 200m 至容易县上游 100m（共计 1.2km）渠道混凝土衬砌板铺设保温被、购置新型高压热水抢等工作。

冰期内应急抢险单位在西黑山驻守点配置人员 16 人，25m 长臂反铲

挖掘机1台，5t自卸汽车2辆24小时驻守。组织开展了2021年冬季抢险演练，通过模拟不同场景，开展了破冰、捞冰、锯冰、融冰、拦冰等科目的实操，检验了应急预案的可操作性和实用性，提高了冰期应对突发事件的处置能力。

（4）设备设施管理。先后完成了节制闸降压站35kV成套高压开关柜升级更换、进口闸电动葫芦年检、35kV系统及设备春检消缺、进口闸拦污栅前水下摄像头安装及试运行、安防电源迁改、流量计换能器清洗及维保、进口闸闸前夜间应急照明系统、闸控系统优化、消防联网系统升级改造等设备设施维护工作，提高了设备运行稳定性，降低了安全风险，提升了管理处安全管理水平。

（邱玉岭　赵翠然　曹瑞森　宗华超　张希鹏　吕睦　杜威　王培坤）

【工程效益】　南水北调中线已成为京津冀沿线地区的主力水源，是受水区生活用水、生态补水的生命线。2020—2021供水年度，累计向北京供水12.28亿 m^3，超额完成供水计划0.88亿 m^3，完成比例达107.17%；通过荆轲山分水口、下车亭分水口、三岔沟分水口累计向河北省易县、高碑店、涿州、廊坊等县（市）供水2.04亿 m^3，圆满完成年度输水调度任务。通过永定河生态补水工程进口节制闸向北京永定河生态补水0.5亿 m^3，助力永定河865km河道自1996年以来首次实现了全线通水；利用辖区瀑河退水闸、北易水退水闸、北拒马河退水闸，累计向河北生态补水1.81亿 m^3，生态环境得到有效改善，工程生态效益明显，有效发挥了生态补水功能。

2020—2021供水年度，河北分局辖区用水量需求快速增长，河北分局京石段段共开启分水口和退水闸14座，累计分水10.75亿 m^3，其中累计通过4座退水闸（分水口）为河北沿线生态补水6.64亿 m^3。按计划满足地方供水要求且通过生态补水大幅改善了区域水生态环境。根据水利部和河北省人民政府共同印发的2021年生态补水工作方案安排，全力做好向滹沱河、大清河（白洋淀）等重点河道生态补水工作计划，向滹沱河退水闸补水0.66亿 m^3，超额完成补水任务。经初步测算，与补水前相比，滹沱河沿线周边2km范围内地下水位平均回升0.42m，生态效益显著。干涸多年的试点河道，恢复了水清、岸绿、景美的良好水生态环境，彰显了南水北调工程的良好效益。

实施生态补水，有力修复改善区域生态环境，更是形成了多方协作的强大合力。生态补水前，受水河段沿线各市、县有关部门清理河道垃圾、障碍物和违章建筑，治理非法采砂问题，整治河道边坡及沙坑，封堵排污口，为生态补水和地下水回补提供稳定、清洁的输水廊道，促进了河长制、湖长制落地见效。河北省制定了地下水超采量全部压减、地下水位全面回升的总体目标，还把开展节水增效行动、引足用好外调水、持续推进补水蓄水等纳入工作重点，助力供给侧结构性改革，利用长江水置换地下水，将脱贫攻坚和高氟水问题同步解决。

京石段工程持续生态补水，助力沿线建立起功能完善、环境优美、人水和谐的城市水生态。在石家庄，滹沱河生态修复后成为市民休闲娱乐的后花园；在雄安新区，白洋淀重放光彩，增强了地方人民的获得感、幸福感、安全感。　　（邱玉岭　赵翠然）

【环境保护与水土保持】

1. 北京分局　定期对沿线保护范围污染源进行排查，跟踪台账内污染源变化情况。按要求组织完成辖区内水质监测设备设施的维护，对消耗的物资及时进行补充，修订并印发了北京分局水污染应急预案。汛期特大暴雨期间，为实时掌握水质情况，北京分局加密水体巡查频次和3个自动监测站监测频次。

根据北京分局辖区内总干渠淤积情况排查结果以及现场的实际情况，在水北沟退水闸开展退水清淤试验。结合试验结果以及沿线退水闸扰动装置运行情况，在水北沟退水闸前进口连接段安装一套静水扰动装置。为配合惠南庄泵站2021—2022年度冬季检修工作，北京分局开展惠南庄泵站前池及进水间清淤项目，确保了水质安全。

配合中线建管局对多源生物预警设备开展试运行工作。该设备于2021年7月在中易水水质自动监测站完成安装及调试工作。9月开始由管理处水质专员配合长江水环境监测研发中心开展日常维护及鱼类等生物培养。每月对仪器运行情况进行记录，对预警情况进行统计、分析。

2. 河北分局

（1）自动监测站管理。水质自动监测站的实时在线监测能力，在干渠水质预警预报方面发挥着重要作用。日常管理工作中水质中心严格按照相关技术规范和技术标准监管自动站的运维工作，督促维护人员定期开展标准物质核查、标准溶液核查、仪器校准、精密度测试、人工比对工作，并不定期开展抽查工作，确保设备维护到位、人员操作规范、药品管理规范、数据上传及时准确。

在汛期特大暴雨期间，为实时掌握浑水团分布情况，水质中心第一时间启动应急加密监测工作，田庄每6分钟采集一次数据，自动监测车每1小时采集一次数据。为保障设备持续稳定运行，要求维护人员24小时驻守站点，关注仪器运行状况及数据上传情况，同时加密维护频次，在保障数据准时准确上传的同时，做好突发状况的即时响应。2021年，田庄水质自动监测站共上传2989组数据，采集率为100%。

（2）消除污染源。水质监测中心

始终坚持把消除水源保护区污染源、保证南水北调中线水质安全作为重要任务抓紧抓实，在推动污染源整治方面创新思路、多措并举，将"谋一域"与"谋全局"结合起来，建立起多部门联动合作模式，协调各单位，形成了齐抓共治的良好格局。特别是2021年5月以来，借力南水北调中线工程建设管理局向河北省人民政府致函《关于恳请协调解决南水北调中线总干渠两侧污染源的函》（中线局移函〔2021〕2号）的大好机遇，积极主动对接各级政府部门，周密部署，合力共为，形成了"行政＋司法"的工作模式，搭建了"大保护，大配合"工作平台。在各级政府的大力支持下，河北辖区污染源整治工作取得显著成效，水源保护区内污染源治理成果显著。

（3）水质保护应急准备。河北水质中心积极组织开展水质应急演练工作，2021年共实施各类水质演练15次，参加外部演练2次，通过演练，检验预案，查找不足，锻炼队伍，建立了与沿线政府各级应急处置部门的协同应急处突机制。完成了《南水北调中线干线工程河北分局突发水污染事件应急预案》修订；编制完成《汛期水质保障工作手册》，梳理出6处汛期Ⅱ类水质风险点，并编制了应急处置和应急监测方案；完成应急物资盘点补充和应急设备物资的保养，补充活性炭40t、围油栏400m、吸油索700m、吸油毡1000kg、防化服50套、防毒面具50套等应急物资。

（4）开展清淤研究。根据各退水闸的淤积情况，2021年结合现场各退水闸生态补水实际情况，按清淤程度轻、较重、严重三种工况条件选取了浭河退水闸、蒲阳河退水闸2座退水闸作为退水清淤试验试点。试验内容主要包括淤积规律试验、退水清淤试验、抽排清淤及各种清淤方式成本核算4个部分。试验4月开始，8月完成各项试验内容，并编制试验研究报告。通过试验，初步摸清各类退水闸静水区域淤积规律，探索出各种退水条件下退水清淤经验，测算出各种清淤方式清淤成本，为南水北调清淤工作深入开展奠定了基础。

（5）完成督办项目。根据《关于下达中线建管局2021年督办任务的通知》（中线局综〔2021〕19号）及《河北分局关于落实2021年督办任务有关事宜的通知》（中线局冀综〔2021〕6号）的通知，水质监测中心共有3项督办事项，完成了分水口拦漂导流设施研制、石家庄地区污染源消缺、水体中抗生素检测方法研究。分水口拦漂导流设施完成全部安装调试工作并验收；水体中抗生素检测方法研究，完成了适用于水中的28种大环内酯类抗生素的快速筛查与精准定量分析，该方法前处理简单、灵敏度高、准确度好；完成了51种β内酰胺类抗生素的质谱参数的确证工作，并对色谱条件（色谱柱、流动相、洗脱条件）进行了比较和选择，开展了前处理方法的实验比较与分析研究工作，并形成检测方法；完成了26种喹诺酮类抗生素的质谱参数的确立与色谱条件的优化、前处理工作，形成检测方法。 （王乃卉　闫梦瑶）

【验收工作】

1. 北京分局　2021年5月25日，组织完成惠南庄—大宁段工程、卢沟桥暗涵工程、团城湖明渠工程的项目法人验收工作。12月8日，配合北京市水务局完成了惠南庄—大宁段工程、卢沟桥暗涵工程、团城湖明渠工程设计单元完工验收。

5月26日，完成了易县防汛物资仓库消防备案。

7月23日，配合河北分局完成了河北段工程管理专题设计单元法人验收。9月9日，配合河北分局完成了河北段工程管理专题设计单元技术性初步验收。

8月12日，配合河北分局完成了河北段其他工程设计单元法人验收。10月15日，配合河北分局完成了河北段其他工程设计单元技术性初步验收。

2. 河北分局　按照水利部验收工作计划安排，2021年共完成南水北调中线京石段应急供水工程（石家庄至北拒马河段）3个设计单元工程完工验收。其中，生产桥设计单元工程经南水北调规划设计管理局复核于2021年6月通过设计单元完工验收。工程管理专题设计单元工程于2021年7月

通过了设计单元完工验收项目法人验收，2021年9月通过了南水北调规划设计管理局组织的设计单元完工验收技术性初步验收，2021年11月通过了水利部组织的设计单元完工验收。

河北段其他设计单元工程于2021年7月通过了设计单元完工验收项目法人验收，2021年10月通过了南水北调规划设计管理局组织的设计单元完工验收技术性初步验收，2021年11月通过了水利部组织的设计单元完工验收。完成南水北调中线京石段应急供水工程（石家庄至北拒马河段）河北段其他设计单元完工验收安全监测工作。 （李晃　孟佳）

【尾工建设】　北京段工程管理设施位于北京市丰台区羊坊村，占地面积用地面积7713.118m²，总建筑面积5952m²（其中地上建筑面积5502m²、地下建筑面积450m²）。建筑高度为28m，层数为地上6层，地下1层。北京段工程管理设施建设进展影响着中线工程竣工验收进度，北京分局将工作计划层层分解，落实到人，针对工期紧、任务重，且受新冠肺炎疫情影响等因素，北京分局多次组织召开现场进度协调会、质量专题会、安全生产专题会等，确保工程顺利设施。3月24日，北京段工程管理设施取得"施工登记函"，完成了"一会三函"手续的办理，项目正式开工建设；7月18日，主体结构封顶；12月10日，办公楼建设完成。 （程曦）

漳河北—古运河南段

【工程概况】　南水北调中线工程总干渠河北省漳河北—古运河南段工程，起自冀豫交界处的漳河北，沿京广铁路西侧的太行山麓自西南向北，经河北省邯郸市、邢台市，穿石家庄市高邑、赞皇、元氏3县，至古运河南岸，线路全长238.546km，共分为12个设计单元。该渠段设计流量为235～220m³/s，加大流量为265～240m³/s。

漳河北—古运河南段工程共布设各类建筑物457座。其中，大型河渠交叉建筑物29座、跨路渠渡槽1座、输水暗渠3座、左岸排水建筑物91座、渠渠交叉建筑物19座、控制性建筑物53座、公路交叉建筑物253座、铁路交叉建筑物8座。

南水北调中线建管局河北分局为漳河北—古运河南段工程运行管理单位，分局内设综合处、计划合同处、人力资源处、财务资产处、党群工作处（纪检处）、分调度中心、工程处、安全处、水质监测中心（水质实验室）和稽察二队等10个职能处室。河北分局在漳河北—古运河南段工程范围内设8个现地管理处，分段负责工程现场运行管理工作，分别为磁县管理处、邯郸管理处、永年管理处、沙河管理处、邢台管理处、临城管理处、高邑元氏管理处、石家庄管理处，每个管理处内设合同财务科、安全科、工程科、调度科4个专业科室。　　　　　　（王乃卉）

【工程管理】

1. 土建绿化及维护　2021年年底，根据中线建管局统一安排，组织相关处室及管理处完成了2022年度土建和绿化维修养护项目预算编报工作，保证了2022年土建绿化维修养护工作的正常开展。

漳河北—古运河南段绿化工程采用合作绿化方式，日常养护完成草体维护1230万m²；已有乔木、灌木养护29万株，绿篱2.1万m²，草坪地被12万m²。通过绿化工程日常养护，防止了渠道两侧水土流失，涵养了水源，提高了绿化率，保障了输水水质安全。

2. 安全生产　开展安全生产大练兵活动，全年共分2阶段。4—8月为第一阶段，9—12月为第二阶段，管理处及分局两个层级分别开展，设置了安全知识应知应会、安全技能实操练兵、安全问题联查促改、安全知识竞赛与技能比武4个环节。通过对114项法律法规、标准规范及规章制度的深入学习，切实提高了自有人员的安全生产管理能力，有力促进了河北分局运行管理工作高质量发展。通过节制闸、控制闸、退水闸、排冰闸、分水口门及融冰等6类设备操作项目，开展了装配式围井、应急电源车、应急抽排水、高压热水枪、抛投器、现场排查信息机电自动化及消防问题查找应急项目的实操比武，有效提升了一线员工在应急情况下设施设备的实操能力。

联合河北省教育厅开展南水北调中线中小学生安全教育专项活动。

（1）共同举办专项活动线上启动仪式，宣布每年6月16日为"南水北调中线中小学生防溺水主题宣传日"，以后每年定期开展主题活动。河北省教育厅、河北分局、天津分局、北京分局有关负责同志，河北省各市及工程沿线各县（区）教育局负责同志等900余人参加了启动仪式。

（2）专门设计了中小学生防溺水作业本（22万册）、宣传海报（5400套）及安全教育宣传片，通过各种方式或媒体介绍宣传南水北调中线工程知识、工程效益、水质保护、节水知识安全风险和安全要求等，图文音像并茂、通俗易懂。

（3）组织沿线中小学校暑假前向学生监护人发放《致学生家长的一封信》，提醒学生家长增强安全意识和监护意识，切实尽到监护人的责任，教育和管理孩子严禁进入南水北调工程管理范围，严防意外。

（4）开展安全主题教育公开课优秀课件有奖征集、安全教育线上竞赛答题活动。全省累计15715所学校，329770名中小学生参与了答题及竞赛，征集了502件公共安全课专题课件、254件音视频教材、624件绘画作品，活动取得了良好成效。

组织开展合同相关方安全管理标准化示范班组创建活动。班组是企业内部最基层的劳动和管理组织，处在劳动作业的前沿阵地，是开展生产活动的最小管理单元，是贯彻落实各项安全生产规章制度的行为主体。活动总体由准备、创建、初评及终评4个阶段组成，共有31个日常维护项目班组、9个合作绿化项目班组及4个专项项目班组参与了创建活动。其中5个日常维护项目班组、1个合作绿化项目班组、2个专项项目班组获得了"安全管理标准示范班组"称号。通过创建活动，进一步夯实了作业班组在安全生产工作中的基础地位。

推广应用相关方作业管理系统。河北分局在系统开发、试用测试、使用培训、修改完善、全面推广等方面广泛听取各方意见及建议，与开发单位进行沟通协调，提出了解决方案，并持续对系统功能进行完善、优化。期间共对相关方作业管理系统进行了5次升级，由最初的V1.6版本完善、优化升级至V1.11版本，完成了合同内容及系统规划的全部功能。相关方作业管理系统的推广应用，既规范了程序，提高了效率，减少了纸质文件的数量，又通过备案、审核等环节把住了入场关，对土建绿化日常维护项目实现了审核发证、教育培训、作业审批、监督管理、奖惩评价等环节的信息化管理。

3. 防汛与应急管理　河北分局防汛工作实行一把手负责制，从分局到各管理处，均由各单位一把手对防汛负总责。分局成立防汛指挥部，全面负责河北分局所辖工程的安全度汛工作。各管理处成立安全度汛工作小组，明确防汛重点部位责任人与巡视责任人，压实各方责任。

2021年河北分局组织对漳河北—古运河南段工程影响工程度汛安全的各种工程隐患进行了全面排查，并对查出的问题逐一登记备案，动态监控，及时组织处理。按照南水北调中线建管局五类三级的划分原则，排查梳理出工程防汛风险项目13个，其中：2级3个，3级10个；大型河渠交叉建筑物2座，左岸排水建筑物2座，全填方渠段2段，全挖方渠段7段。按照工程防汛风险项目排查结果，完成了"三案"编制并报河北省应急厅和水利厅备案。漳河北—古运河南段7个管理处将"两案"报送地方有关防汛机构备案。

对内，积极备防，组织检查整改。

（1）河北分局通过招标选择了邢台水利工程处作为应急抢险保障队伍。

（2）汛前组织维护队伍对防洪信息系统、通信基站接地等设备设施进行全面排查和维修保养，在漳河北—古运河南段的磁县、永年、沙河和临城管理处各布置了一部卫星电话，确保了汛期雨情测报和应急通信系统的正常运行。组织机电服务、35kV管理维护队伍及各管理处进行一次电力供应和备用发电机及其连接电缆、配电箱、应急光源、燃油储备等的安全检查，保证汛期及其应急电力供应安全可靠；对通信光缆进行全面检查，发现问题及时抢修。汛期各运维单位对所辖段内的供电线路和固定、移动

发电机组进行定期检查维护，保证处于良好状态。为进一步确保应急抢险的供电需要，在磁县、邢台、高邑元氏管理处各配备了1台120kW应急发电车。

（3）各管理处按照中线局印发的《南水北调中线干线工程应急抢险物资设备管养标准（试行）》（Q/NSB-DZX 111.04—2019），物资仓库保持通风、整洁，并建立健全防火、防盗、防水、防潮、防鼠等安全、质量防护措施；应急抢险物资设备按要求分类存放，按要求进行汛前和汛后等检查保养，有破损或损坏及时维修和更换；并在物资储量不足时进行补充采购。

（4）对于影响工程安全的防汛隐患，分局积极开展风险治理工作，制定了专项处理方案，提高工程抗风险能力。2021年完成了邢汾高速公路沙河特大桥跨越南沙河倒虹吸防护工程、邯郸管理处陆港桥右岸渠段及编号5647号35kV塔基下方2处防洪（护）堤缺口加高项目，对工程防洪度汛起到重大保障作用。

对外，加强与地方联系互动。

（1）河北省防汛抗旱指挥办公室将南水北调工程列入河北省防汛重点，同时将南水北调各管理处列为河北省防汛成员单位。

（2）河北分局参加2次河北省防指召开的南水北调工程防汛专题调度会，同河北省水利厅召开河北段工程防汛工作协调会，组织召开2次防汛

专题会议，就建立雨水情信息资源共享、重大调度决策相互通报、抗洪抢险协调联动、防汛联络员、防汛风险隐患消除等防汛事宜进行会商协调，从而实现与地方构建自上而下，横向联系的防汛协调机制。

（3）河北分局联合河北省水利厅组织完善各级政府与南水北调各级管理机构联络沟通机制，协调制定工程沿线省、市、县、乡、村五级联络协调体系，明确相关责任人。确保在汛情预警、水库泄洪时及时通报，在抢险时能够互助联动。

河北分局及各管理处对周边社会物资和设备进行调查，建立联系，以应对突发险情。如遇有紧急情况，自有防汛物资储备不足时，分局防汛指挥部将对自有防汛物资进行统一调配，并向当地政府及防汛指挥机构汇报，请求物资支援。分局和管理处共组织防汛应急演练4次，其中分局层面防汛演练1次，管理处防汛演练3次。重点对大型河渠交叉建筑物、左岸排水建筑物、高填方膨胀土渠段等防汛重点部位开展演练。

漳河北—古运河南段工程沿线汛期共经历8次大范围强降雨过程，7—8月4次强降雨特点是覆盖范围广，降雨强度大，邯郸、邢台大部分地区达到特大暴雨级别，为工程建成运行以来首次经历。河北分局根据现场实际情况及时发布分局汛期预警通知，认真落实南水北调中线建管局预警通知各项要求，并明确了临时备防

地点、设备和人员情况，确保备防人员和设备及时到位。分局领导按照防汛负责范围和职责分工分片督导，强降雨天气到来前进驻现地管理处指导防汛工作。各管理处明确防汛重点部位责任人与巡视责任人，安排雨中、雨后巡查工作，压实各方责任。

2021年汛期强降雨未对工程运行造成影响，工程通水运行正常。分局建立了水毁问题台账，组织各管理处对水毁问题及时进行处置，做到抢护及时，措施得当。

4. 水质监测　按照监测方案和计划，持续开展水质监测工作，每月完成月常规26项参数的检测，每周完成1次藻类监测，并在大流量输水和汛期期间增加监测频次。月常规监测完成检测数据4992组，出具检测报告16批次。藻类监测完成检测数据388组，出具检测报告44份，I类水占比62.9%，水质稳定达标。

7月，为应对特大暴雨应急事件，水质监测中心冲锋在前，冒雨赶赴现场开展应急监测工作。同时加密自动监测站、应急监测车监测频次。向中线建管局出具应急监测报告9份，实验室出具检测数据780组，自动站出具应急监测数据1860组，应急监测车出具应急监测数据139组。

南水北调中线工程作为重要输水工程，由于其涉及范围广，水质风险凸显，水质安全尤为重要。影响水质安全的众多因素中，毒害性、放射性、传染性病原微生物等危险物质危

险性高。河北水质监测中心利用气相质谱仪、液相质谱仪、电感耦合等离子体质谱仪等设备，积极开展27类305种典型危化品图谱库建设工作，编制完成《南水北调中线干线工程典型危化品图谱库报告》，并建立典型危化品图谱库合集，以提升中线应急检测能力，构建危险物质应急响应机制。　　　　　　　　　（冯策）

5. 安全监测　对各管理处安全监测月报进行初审，对异常问题提出处理方案，并监督落实。对咨询标月报审核意见进行落实。完成计划合同系统和预算监管系统数据录入工作。组织开展、参加安全监测自动化应用系统全面排查、安全监测异常问题复核和风险排查、安全监测资料整编分析培训、安全监测自动化应用系统二期功能培训等。组织编制2021年7月强降雨安全监测评估报告。组织对信息科技公司承担安全监测专业相关考核工作。

完成南水北调中线河北分局重点风险渠段安全监测测斜管自动化改造项目现场实施。签订南水北调中线河北分局2022年安全监测内观数据采集分析技术服务项目合同。

6. 技术与科研　开展南水北调中线总干渠水体中抗生素检测方法研究项目，完成30种大环内酯类抗生素的色谱、质谱条件及前处理方法优化工作，已开展方法验证。

"环境DNA检测技术在中线河北段水生态监测中的应用研究"项目获南水北调中线建管局批复，并开展科研工作。

（王晓光　郭海亮　王海燕　朱明远　刘四平　刘建深　崔铁军）

【运行调度】　2021年，河北分局及漳河北—古运河南段各现地管理处认真贯彻落实习近平总书记讲话精神，以党建为引领，紧紧围绕大流量、汛期、冰期输水等中心工作，面对极寒天气、暴雨洪水、新冠肺炎疫情以及持续的大流量输水等多重挑战，积极筹备，科学应对，各项工作稳步推进，员工综合素质持续提升，辖区内运行调度系统、信息自动化、金属结构机电设备及永久供电系统整体运行平稳，2021年度内未发生设备系统运行安全事故，圆满完成年度供水任务。

1. 水量调度　河北分局漳河北—古运河南段辖区共包含11座节制闸，6座控制闸，21座分水口，11座退水闸。截至2021年年底，总干渠入漳河北断面输水总水量271.86亿m^3，出古运河南段断面输水总水量239.95亿m^3。2021年度内河北分局漳河北—古运河南段输水调度工作正常，其中南沙河北段倒虹吸进口节制闸因高地下水位影响，运行水位控制在设计水位以上0.10m，其余节制闸控制在设计水位附近运行。河北分局漳河北—古运河南段11座节制闸均参与调度，2021年共执行调度指令8452门次，指令执行成功率为100%，远程指令执行成功率为99.69%。各管理处值班人员调度台账填写规范，指令执行到位，遵守时限；闸控系统报警接警、现场核实、警情分析及消警工作有序、规范，全年未发生运行调度违规行为。输水调度总体平稳安全，有序开展。尤其是2021年5月总干渠进入大流量输水阶段以来，河北分局漳河北—古运河南段各现地管理处进一步严格值班纪律、严密调度监控、加强预警响应，配合其他部门有效提升大流量输水工况下的调度运行管控力度，确保了输水安全。河北分局分调度中心加强日常检查及考核工作。利用电话、视频设备、现场检查等方式加强河北分局邯石段各处日常业务自查工作，利用各自动化系统加强辖区内水情数据的审核工作，发现异常及时上报并组织核实整改。

2021年汛期，河北分局按要求组织编制分局机关及各处防汛值班表，督导各管理处严格执行防汛值班纪律、每日报表、天气情况掌握与预警上报工作，分局机关及各处防汛值班工作开展良好，各类报表按时报送，信息传达及时准确，防汛预警应对得当。

2021年水量确认工作圆满完成，全部分水口的确认单均由管理处按时确认完成，退水闸生态补水的确认单交由河北分调度中心。由河北分调度中心和河北省水利厅调水管理处共同确认。2021年度分水确认量水量与会商系统统计数据完全一致。

2. 冰期输水　顺利完成2021年度冰期输水任务，期间漳河北—古运河南段工程全线未形成冰封，冰期输水工作顺利完成。入冬以来，河北分局对各管理处冰期准备工作进行了专项检查，发现问题由管理处督促信息科技公司及时完成了整改。为应对极寒天气，在应急设备及物资方面，河北分局在各管理处分别配置1台高压热水机，并储备足量-10号柴油、抗凝剂。在应急处置方面，河北分局组织各管理处对冰期现场应急处置方案进行了修订，并组织相关人员进行了冰期设备操作大比武活动，最后通过应急演练达到检验方案、锻炼人员的目的。通过积极开展冰期准备工作，有力地保障了冰期输水工作顺利进行。

3. 调度值班模式优化　南水北调中线干线工程自正式通水以来，已安全运行近7年，河北分局始终按照局"统一调度、集中控制、分级管理"的原则，着力保障工程安全、供水安全、水质安全，调度工作平稳有序。经多方沟通，参照渠首分局、河南分局试点工作经验及成果，河北分局选取高邑元氏管理处作为调度试点，开展调度值班模式优化工作。试点期间试点处中控室按照"职责不变、人员不减"原则，分调度中心增加5人（从试点处抽调）补充到原班次中，补充人员负责试点管理处中控室原调度业务，形成以分调度中心为主，中控室监督、提醒的双重保障机制。

（赵翠然）

【工程效益】 南水北调中线已成为京津冀沿线地区的主力水源，是受水区生活用水、生态补水的生命线。2020—2021供水年度，河北分局辖区用水量需求快速增长，河北分局漳河北—古运河南段共开启分水口和退水闸28座，累计分水18.95亿 m^3 ，其中向滏阳河、七里河、泜河、午河等4条河流生态补水任务为4.37亿 m^3 ，超额完成生态补水计划。通过生态补水，尤其是地下水超采综合治理以来，河北省深层、浅层地下水平均水位均有所上升，生态补水为河湖增加了大量优质水源，提高了水体的自净能力，大幅度改善了区域水生态环境。实施生态补水，有力修复改善区域生态环境，更是形成了多方协作的强大合力。生态补水前，受水河段沿线各市、县有关部门清理河道垃圾、障碍物和违章建筑，治理非法采砂问题，整治河道边坡及沙坑，封堵排污口，为生态补水和地下水回补提供稳定、清洁的输水廊道，促进了河长制湖长制落地见效。河北省制定了地下水超采量全部压减、地下水位全面回升的总体目标，还把开展节水增效行动、引足用好外调水、持续推进补水蓄水等纳入工作重点，助力供给侧结构性改革，利用长江水置换地下水，将脱贫攻坚和高氟水问题同步解决。漳河北—古运河南段工程持续生态补水，助力沿线建立起功能完善、环境优美、人水和谐的城市水生态。

（赵翠然）

【环境保护与水土保持】

1. 自动监测站管理 水质自动监测站的实时在线监测能力，在干渠水质预警预报方面发挥着重要作用。日常管理工作中水质中心严格按照相关技术规范和技术标准监管自动站的运维工作，督促维护人员定期开展标准物质核查、标准溶液核查、仪器校准、精密度测试、人工比对工作，并不定期开展抽查工作，确保设备维护到位、人员操作规范、药品管理规范、数据上传及时准确。

在汛期特大暴雨期间，为实时掌握浑水团分布情况，水质中心第一时间启动应急加密监测工作，南大郭水质自动监测站每半小时采集1次数据，田庄水质自动监测站每6分钟采集1次数据，自动监测车每1小时采集1次数据。为保障设备持续稳定运行，要求维护人员24小时驻守站点，关注仪器运行状况及数据上传情况，同时加密维护频次，在保障数据准时准确上传的同时，做好突发状况的即时响应。

2021年全年，南大郭水质自动监测站共上传1739组数据，采集率为100%。

2. 消除污染源 水质监测中心始终坚持把消除水源保护区污染源、保证南水北调中线水质安全作为重要任务抓紧抓实，在推动污染源整治方面创新思路、多措并举，将"谋一域"与"谋全局"结合起来，建立起多部门联动合作模式，协调各单位，形成了齐抓共治的良好格局。特别是2021年5月以来，借力南水北调中线建管局向河北省人民政府致函《关于恳请协调解决南水北调中线总干渠两侧污染源的函》（中线局移函〔2021〕2号）的大好机遇，积极主动对接各级政府部门，周密部署，合力共为，形成了"行政＋司法"的工作模式，搭建成了"大保护，大配合"的工作平台，激发了南水北调中线水源保护区生态环境保护活力。在各级政府的大力支持下，河北辖区污染源整治工作取得显著成效，水源保护区内污染源治理成果显著。

3. 水质保护应急准备　河北水质中心积极组织开展水质应急演练工作，2021年共实施各类水质演练15次，参加外部演练2次，通过演练，检验预案，查找不足，锻炼队伍，建立了与沿线政府各级应急处置部门的协同应急处突机制。水质监测中心完成了《南水北调中线干线工程河北分局突发水污染事件应急预案》修订；编制完成《汛期水质保障工作手册》，梳理出的6处汛期Ⅱ类水质风险点，并编制了应急处置和应急监测方案；完成应急物资盘点补充和应急设备物资的保养，补充活性炭40t、围油栏400m、吸油索700m、吸油毡1000kg、防化服50套、防毒面具50

套等应急物资。

4. 开展清淤研究　根据各退水闸的淤积情况，2021年结合现场各退水闸生态补水实际情况，按清淤程度轻、较重、严重三种工况条件选取了沁河退水闸、李阳河退水闸2座退水闸作为退水清淤试验试点。试验内容主要包括淤积规律试验、退水清淤试验、抽排清淤及各种清淤方式成本核算4个部分。试验4月开始，8月完成各项试验内容，并编制试验研究报告。通过试验，初步摸清各类退水闸静水区域淤积规律，探索出各种退水条件下退水清淤经验，测算出各种清淤方式清淤成本，为南水北调清淤工作深入开展奠定了基础。

5. 完成督办项目　根据《关于下达中线建管局2021年督办任务的通知》（中线局综〔2021〕19号）及《河北分局关于落实2021年督办任务有关事宜的通知》（中线局冀综〔2021〕6号）的通知，水质监测中心共有3项督办事项。分别为完成分水口拦漂导流设施研制、石家庄地区污染源消缺、水体中抗生素检测方法研究，三个督办项目均已完成。分水口拦漂导流设施完成全部安装调试工作并验收；水体中抗生素检测方法研究，完成了适用于水中的28种大环内酯类抗生素的快速筛查与精准定量分析，该方法前处理简单、灵敏度高、准确度好；完成了51种β内酰胺类抗生素的质谱参数的确证工作，并对色谱条件（色谱柱、流动相、洗脱条件）进行了比较和选择，开展了前处理方法的实验比较与分析研究工作，并形成检测方法；完成了 26 种喹诺酮类抗生素的质谱参数的确立与色谱条件的优化、前处理工作，形成检测方法。

6. 培训教育　河北水质监测中心于 2021 年 6 月 16—18 日组织开展了水质保护专项培训，邀请到多位国内权威专家进行授课，内容聚焦现场实际，结合当前南水北调水质与环境保护相关工作面临的形势和存在的突出问题，精心安排了水污染防控、水污染应急处置、饮用水及污水处理工艺、水生态调控技术等方面课程。通过培训，拓宽了水质管理人员视野，提高了理论与实践相结合的能力。　　（冯策）

黄河北—漳河南段

【工程概况】　　穿黄工程起点位于河南省黄河南岸荥阳市新店村东北的 A 点，桩号 474＋285；终点为河南省黄河北岸温县马庄东的 S 点，桩号 493＋590。渠线长 19.305km，其中输水隧洞长 4.709km、明渠长度 13.900km。输水建筑物 2 座，其中输水隧洞 1 个，倒虹吸 1 个。穿黄工程段跨（穿）总干渠建筑物共 18 座，其中渡槽 2 座、倒虹吸 2 座、公路桥 9 座、生产桥 5 座。该段共有控制工程 2 座，其中节制闸 1 座、退水闸 1 座。

黄河北—漳河南段起点位于河南省温县北张羌村总干渠穿黄工程出口 S 点，桩号 493＋590，终点为安阳县施家河村东、豫冀两省交界的漳河交叉建筑物进口，桩号 730＋664。渠线长 237.074km，其中明渠长度 220.365km。输水建筑物 37 座，其中渡槽 2 座、倒虹吸 30 座、暗渠 5 座。该段有穿总干渠河渠交叉建筑物 2 座（倒虹吸）。该段有左岸排水建筑物 77 座，其中渡槽 15 座、倒虹吸 60 座、隧（涵）洞 2 座。该段有渠渠交叉建筑物 23 座，其中渡槽 7 座、倒虹吸 16 座。该段有控制建筑物 58 座，其中节制闸 10 座、退水闸 10 座、分水口门 15 座、检修闸 19 座、事故闸 4 座。该段有铁路交叉建筑物 14 座。该段公路交叉建筑物 238 座，其中公路桥 154 座、生产桥 84 座。

穿漳工程起点位于河南省安阳市安丰乡施家河村的漳河南，起点桩号 730＋664，终点位于冀豫交界处河北省邯郸市讲武城的漳河北，终点桩号 731＋746。渠线长 1.082km，其中明渠长 0.313km。穿漳河倒虹吸 1 座、节制闸 1 座、退水闸 1 座、排冰闸 1 座、检修闸 4 座。　　（李珺妍）

【工程管理】

1. 土建绿化工程维护　现场管理机构为穿黄、温博、焦作、辉县、卫辉、鹤壁、汤阴、安阳（穿漳）等 8 个管理处，负责现场土建和绿化工程日常维修养护项目的管理。年度日常维护项目涉及渠道、各类建筑物及土建附属设施的土建项目维修养护；渠道及渠道排水系统、输水建筑物、左岸排水建筑物等的清淤；水面垃圾清理；渠坡草体修剪（除草）、防护林带树木养护、闸站保洁及园区绿化养护；桥梁日常维护等内容。黄河北各管理处面对7—10月强降雨对工程造成的水毁危害，采取措施积极应对，完成边坡滑塌、截流沟冲毁、左排建筑物淤堵、防洪堤冲毁等水毁项目修复。截至2021年年底，黄河北—漳河南段各管理处日常维护项目已基本完成，剩余的为按月进行计量的固定总价合同项目。现场维修养护项目落实"双精维护"要求，全年预算执行合理有效，工程形象得到进一步提升，工程安全得到进一步保证。

2020年10月，河南分局启动孤柏嘴控导工程剩余段及中铝取水补偿工程建设，项目建设管理委托河南黄河河务局工程建设中心，参建各方克服工程建设时间紧、任务重、新冠肺炎疫情防控等不利影响，加大资源投入，部分时段昼夜连续施工，经多方共同努力，现场施工质量优良、安全生产、文明施工形象好、施工进度可控，主体工程于2021年6月30日前建设完成，2021年9月30日现场工程建设全部完成，2021年10月10日前完成合同项目验收工作。

2. 工程应急管理 调整河南分局防汛指挥部和领导分片包干人员组成，防汛领导分片包干责任到人。督促辖区管理处成立安全度汛工作小组，明确各小组人员及岗位职责。加强与河南省水利厅、应急管理厅等政府部门的联络，认证落实地方政府部署的工作任务；辖区段各管理处主动与当地政府和有关部门建立互动联系，互通组织机构、防汛风险、物资设备、抢险队伍，发现汛情、险情及时报告。配合中线建管局研究制定2021年防汛风险项目划定标准；根据防汛风险项目标准，结合工程运行管理情况，组织排查、梳理、上报河南分局辖区段防汛风险项目，河南分局结合2021年工程运行管理情况，黄河北—漳河南段共排查21个风险项目，均为3级防汛风险项目。根据辖区段防汛风险项目情况，4月29日重新修订了《河南分局防汛应急预案》《河南分局超标准洪水防御预案》，编制完成了《河南分局2021年工程度汛方案》，6月18日，分局"三案"向河南省防汛抗旱指挥部办公室进行了报备。2021年组织防汛应急实战演练5次，其中，7月6日，水利部、河南省人民政府、中国南水北调集团有限公司联合举办南水北调中线穿黄工程防汛抢险综合应急演练。此次演练全方位展现预警预报、应急避险、工程抢险、应急救援、应急保障等5大类工作内容16项演练科目，对中线工程防汛抢险准备工作、防汛队伍协同作战以及快速反应能力进行了实战检验。2021年汛前补充了块石、砂砾料等应急抢险物资；现地管理处储备有急电源车、发电机等设备及工器具，做好抢险物资设备保障工作。2021年工程范围内发布暴雨预警9

次，启动防汛应急响应 3 次，启动高地下水位工程突发事件应急响应 1 次，特别是 7 月 19—23 日，沿线普降暴雨，导致工程多处发生严重水毁，进入 10 月以后，受秋汛影响，黄河以北沿线地下水位持续升高，对工程造成一定的影响。

（魏红义　徐永付　李建锋）

【运行调度】

1. 运行调度工作机制　南水北调中线干线工程按照"统一调度、集中控制、分级管理"的原则实施。由总调度中心统一调度和集中控制，总调度中心、分调度中心和现地管理处中控室按照职责分工开展运行调度工作。

2020 年 12 月，河南分局组织开展调度值班模式优化试点工作，将现地管理处中控室调度业务集中至分调度中心，同步强化中控室安全监控职能。试点工作分两个阶段展开，第一阶段期间中控室调度业务任务不减、人员不减、责任不减，实行"双线"运行；第二阶段期间，由分调度中心试点承接调度相关工作，中控室开展安全监控等相关工作。首批试点选取宝丰、郏县、禹州、长葛 4 个管理处作为试点片区，经过一年的试运行，成效显著。第二批试点工作于 2021 年 11 月 18 日启动，选取新郑、港区、郑州、卫辉、鹤壁、汤阴、安阳 7 个管理处作为试点开展第一阶段试点工作，宝丰、郏县、禹州、长葛 4 个管理处开始开展第二阶段试点工作。

2. 运行调度主要工作　2021 年辖区运行调度工作主要围绕"深入践行总基调，筑牢守好生命线"工作总要求，深入贯彻落实习近平总书记视察南水北调工程时的重要讲话精神，牢记"三个事关"，立足"三个安全"，推进高质量发展，以安全生产为中心，以问题为导向，以督办为抓手，以规范化和信息化为手段，规范内部管理，创新工作方法，提高人员素质，上下联动，圆满完成年度各项工作任务。

（1）经受极端暴雨天气、新冠肺炎疫情、大流量多重考验，年度供水再创新高。2021 年辖区工程经受了历时最长、范围最广、破坏力最强的特大暴雨考验，经过了 3 次新冠肺炎疫情突袭，经历了为期 6 个月的大流量输水考验，工程平稳运行、水质稳定达标。

（2）应急调度能力经受实战检验，为确保"三个安全"提供坚强支撑。受强降雨影响，黄河以北沿太行山前地下水位急剧上升，总调度中心紧急投运白马门河、东河暗渠、山庄河、永通河 4 座控制闸参与调度，抬升渠段运行水位蓄水平压，避免险情进一步发生，为应急抢险争取了宝贵时间。

（3）调度集中值班模式优化工作成效显著，辖区卫辉、鹤壁、汤阴、安阳 4 管理处纳入试点第二阶段。基于第一阶段实践经验，第二阶段试点工作有序推进，工作效率显著提高，现场监控能力有效提升。

（4）组织开展"输水调度汛期百日安全行动"。根据总调度中心安排，结合河南分局实际，从组织机制、人员安排、风险防范、业务学习、应急能力等方面开展了"输水调度汛期百日安全行动"，确保汛期输水调度安全。

（5）开展庆祝中国共产党成立100周年输水调度加固工作。根据河南分局统一部署，严格落实值班制度，加强应急力量，严格信息报送，有力保障了建党100周年期间的安全平稳运行。

（6）完成大流量输水工作。黄河南—漳河北段工程大流量输水共分两个节点。第一次大流量输水自2021年4月30日陶岔渠首入渠超350m³/s，7月11日陶岔渠首入渠流量调减至约330m³/s。第二次大流量输水自2021年9月3日起陶岔渠首入渠超350m³/s输水，10月7日，陶岔渠首入渠流量约400m³/s，11月1日陶岔渠首入渠流量调减至约310m³/s。

（7）开展备调度中心启用演练。2021年5月25日至6月4日，按照总调度中心工作安排开展了总调度中心切换备调度中心应急演练，期间较好地完成了全线输水调度任务，检验了备调度中心自动化系统运行情况，检验和提高了备调度中心人员指挥全线输水调度的能力。

2021年，黄河南—漳河北段工程累计接收总调度中心指令操作闸门12964门次，工程全年运行平稳、安全，自通水运行以来，工程已累计安全运行2576天。

（刘梦圆 李效宾 雷曦 张祥）

【工程效益】 截至2021年12月31日，辖区工程累计过流314.93亿m³，其中2021年度过流70.40亿m³。2021年度内先后通过闫河、峪河、黄水河支、香泉河、鹤壁淇河、汤河退水闸及府城分水口向地方生态补水0.82亿m³。

2021年1—12月辖区工程累计向地方分水62451.04万m³，其中，正常分水54281.75万m³，生态补水8169.29万m³，极大改善了工程沿线的供水条件，优化了受水区水资源分布，保障了工程沿线居民生活用水，提升了沿线居民用水品质，使诸多干涸河段重现碧波，使地下水得到回补，促进了河道生物多样性的改善，促进了受水区的社会发展和生态环境改善。特别是大流量输水期间，向工程辖区累计生态补水8169.29万m³，取得了良好的社会和生态效益，较好地发挥了中线工程的供水效益。

（刘梦圆 李效宾 雷曦 张祥）

【环境保护与水土保持】 工程建设期间弃渣均运至弃渣场堆置，临时占地均进行了复耕或生态恢复，满足环境影响评价及批复的相关要求。施工期间施工人员生活垃圾运至附近垃圾转运站，产生的固体废弃物未对周围环境产生不利影响。工程建设活动未对地表水体造成明显影响。施工期间噪声已落实环保措施，对周边环境影响较小。环境空气质量监测结果显示，施工区空气质量基本达到《环境空气质量标准》（GB 3095—1996）二级标准，对周围大气环境没有造成明显影响。

自2014年通水运行以来，建设单位实施的污染防治措施、水土保持措施和生态保护措施合理、有效，对区域生态环境未造成不利影响，较好发挥了环境保护效果。工程建设及运行期间未发生环境污染和生态破坏事件。

工程建设期水土保持项目各项水土保持措施与主体工程同步实施，建设单位落实了水土保持方案及批复文件要求，项目建设区水土保持措施总体布局合理，防护效果明显，各项水土流失防治指标均达到设计的目标水平，完成了水土流失预防和治理任务，水土流失防治指标达到水土保持方案确定的目标值。

自2014年通水运行以来，中线建管局组织完成了后续渣场整治、总干渠沿线绿化带及办公区域的绿化提升，水土保持各项措施完备，水土保持设施功能正常、有效，各项水土保持措施运行情况良好，达到了水土保持效果。

（李志海）

【验收工作】

1. 施工合同验收

（1）2021年3月3日，南水北调中线一期穿黄工程Ⅴ标通过建管单位组织的合同项目完成验收。

（2）2021年3月4日，南水北调中线一期穿黄工程Ⅱ-A标（上游线）隧洞工程土建及设备安装标通过建管单位组织的合同项目完成验收。

（3）2021年3月5日，南水北调中线一期穿黄工程Ⅱ-B标（下游线）隧洞工程土建及设备安装标通过建管单位组织的合同项目完成验收。

（4）2021年9月30日，南水北调中线一期穿黄工程孤柏嘴控导工程剩余段施工合同项目通过建管单位组织的合同完成验收。

（5）2021年10月10日，南水北调中线一期穿黄工程中铝河南分公司取水补偿工程施工合同项目通过建管单位组织的合同完成验收。

（6）2021年12月8日，南水北调中线河南分局辉县管理处2021年汛期水毁修复处置项目通过建管单位组织的合同项目完成验收。

（7）2021年12月10日，南水北调中线河南分局穿黄管理处2021年汛期水毁修复处置项目通过建管单位组织的合同项目完成验收。

（8）2021年12月28日，南水北调中线河南分局鹤壁管理处2021年汛期水毁修复处置项目通过建管单位组织的合同项目完成验收。

（9）2021年12月31日，南水北调中线河南分局焦作管理处2021年汛期水毁修复处置项目通过建管单位组织的合同项目完成验收。

2. 设计单元工程完工验收

（1）2021年4月28日，完成南

水北调中线一期工程新乡和卫辉段设计单元工程完工验收。

（2）2021年6月23日，完成南水北调中线一期工程鹤壁段设计单元工程完工验收。

（3）2021年6月23日，完成南水北调中线一期工程汤阴段设计单元工程完工验收。

3. 跨渠桥梁竣工验收

（1）概况。自南水北调中线工程跨渠桥梁建成通车以来，已经试运行7年多，黄河南—漳河北段总计涉及各类跨渠桥梁253座，其中省干线21座，农村公路214座，城市道路17座，厂区道路1座，分布于河南省焦作、新乡、鹤壁、安阳等4个地（市）的17个县（区）。

（2）竣工开展情况。黄河南—漳河北段跨渠桥梁竣工验收作为南水北调中线干线工程完工验收的重要组成部分，中线建管局、河南分局高度重视，自2019年年初开始，开展了包括与河南省交通运输厅定期座谈讨论工作布置，与专业设计、检测单位签订合同开展桥梁病害处治检测和设计工作，组织管理处积极对接辖区交通主管单位开展病害处治委托、桥梁建设档案整编等。2021年总计完成5座国省干线、3座城市道路跨渠桥梁竣工验收。8座跨渠桥梁病害处治施工均由河南分局自行组织实施，共计完成桥梁竣工检测8座次。截至2021年黄河南—漳河北段还剩余1座城市道

路跨渠桥梁未竣工验收移交。

（王金辉　张超　刘阳）

【"7·20"特大暴雨工程安全度汛】2021年7月18—23日，河南分局辖区工程经历了建成以来降雨强度最大、范围最广、历时最长的特大暴雨洪水考验，辖区沿线大部分地区普降大暴雨或特大暴雨，其中7月20日16—17时郑州本站降雨量达201.9mm，超过我国陆地小时降雨量极值。此外，2021年秋汛的严重程度、持续时间之长也是历史罕见，整个汛期历时长、强度大、范围广、雨区重叠、地下水位高，防汛任务复杂严峻。河南分局汛前完成69个防汛风险项目等级划分，补充四面体、砂砾料、手持GPS、测距仪、救生衣等14项物资设备。配合组织防汛备汛检查74次，对各级检查发现的问题建立台账及时整改。成立了防汛应急抢险突击队，落实3支应急抢险队伍、5个重点部位驻汛点的人员设备布防。组织开展防汛应急演练15次，其中7月6日承办水利部、河南省人民政府、南水北调集团联合举办的穿黄工程防汛抢险综合应急演练。汛期发布暴雨预警9次，增加临时备防人员1065人次，设备301台次。加强与河南省水利厅、应急管理厅等政府部门的联络协作，汛期与河南省水利厅联合办公，参与省防汛抗旱指挥部办公室防汛值班。在强降雨应急处置中，累计投入抢险人员2300余名，抢险

设备 240 余台，在南水北调集团和中线建管局坚强领导下，在地方政府和部队民兵的协作配合下，广大干部职工顽强拼搏，夺取了"7·20"特大暴雨应急处置工作的胜利，成功完成了超长汛期的防汛任务，实现了工程安全度汛。

（张茜茜）

沙河南—黄河南段

【工程概况】　沙河南—黄河南段工程起点位于河南省鲁山县薛寨村北，桩号 239＋042（分桩号 SH－0＋000），终点为河南省荥阳市新店村东北，与穿黄工程段进口 A 点相接，桩号 474＋285（分桩号 SH－234＋746）。渠线长 235.243km，其中明渠长度 215.892km；输水建筑物 28 座，其中渡槽 6 座、倒虹吸 21 座、暗渠 1 座。该段有穿总干渠河渠交叉建筑物 7 座，其中渡槽 2 座、倒虹吸 5 座。该段有左岸排水建筑物 91 座，其中渡槽 19 座、倒虹吸 59 座、隧（涵）洞 13 座。该段有渠渠交叉建筑物 15 座，其中渡槽 8 座、倒虹吸 7 座。该段有控制建筑物 41 座，其中节制闸 13 座、退水闸 9 座、分水口门 14 座、检修闸 4 座、事故闸 1 座。该段有铁路交叉建筑物 9 座。该段公路交叉建筑物 254 座，其中公路桥 174 座、生产桥 80 座。

（李珺妍）

【工程管理】

1. 土建绿化维护　现场管理机构为鲁山、宝丰、郏县、禹州、长葛、新郑、航空港区、郑州、荥阳、穿黄等 10 个管理处，负责现场土建和绿化工程日常维修养护项目的管理。年度日常维护项目涉及渠道（包括衬砌面板、渠坡防护、运行维护道路、渠外防护带等）、各类建筑物（河渠交叉建筑物、左岸排水建筑物、渠渠交叉建筑物、控制性工程等）及土建附属设施（管理用房、安全监测站房、设备用房等）的土建项目维修养护；渠道及渠道排水系统、输水建筑物、左岸排水建筑物等的清淤；水面垃圾清理；渠坡草体修剪（除草）、防护林带树木养护、闸站保洁及园区绿化养护、桥梁日常维护等内容。主要完成了土建绿化日常维修养护项目有路缘石缺陷处理、排水系统清淤及修复、左排淤积疏浚、雨淋沟修复、闸站及场区缺陷处理、渠道边坡草体修剪及除杂草、防护林带绿化树木养护、闸站及渠道环境保洁等。沙河南—黄河南总干渠遭遇 7 月、8 月多轮强降雨袭击，发生边坡滑塌、截流沟冲毁、左排建筑物淤堵、防护林带积水等多处水毁，现场各管理处采取应对措施，完成了汛期水毁修复项目，确保了工程安全运行。

2. 工程应急管理　调整河南分局防汛指挥部和领导分片包干人员组成，防汛领导分片包干责任到人。督促辖区管理处成立安全度汛工作小组，明确各小组人员及岗位职责。加强与河南省水利厅、省应急管理厅等政府部门的联络，认证落实地方政府部署的工作任务；辖区段各管理处主动与当地政府和有关部门的建立互动联系，互通组织机构、防汛风险、物资设备、抢险队伍情况，发现汛情、险情及时报告。配合中线建管局研究制定2021年防汛风险项目划定标准；根据防汛风险项目标准，结合工程运行管理情况，组织排查、梳理、上报河南分局辖区段防汛风险项目，河南分局结合2021年工程运行管理情况，沙河南—黄河南段组织排查梳理了38个风险项目，其中2级项目1个，3级项目37个。根据辖区段防汛风险项目情况，4月29日，重新修订了《河南分局防汛应急预案》《河南分局超标准洪水防御预案》，编制完成了《河南分局2021年工程度汛方案》，6月18日，分局"三案"向河南省防汛抗旱指挥部办公室进行了报备。2021年组织防汛应急实战演练3次。2021年汛前补充了块石、砂砾料等应急抢险物资；现地管理处储备有急电源车、发电机等设备及工器具，做好抢险物资设备保障工作。2021年工程范围内发布暴雨预警9次，启动防汛应急响应3次，尤其是7月19—23日，沿线普降暴雨，导致工程多处发生严重水毁。

3. 科研项目——输水渡槽流态优化试验研究 2020年4月29日起，南水北调中线工程正式启动加大流量输水以来，由于部分建筑物流态紊乱增加了水头损耗以及桥墩密集阻水等各种原因，导致总干渠沿线壅水，影响整体过流能力。

此次以澧河渡槽为例开展相关研究，通过摸清澧河渡槽现状流态变化规律，有针对性地提出流态优化工程措施，再进行结构设计、安全复核和施工方案的研究，待实施后进行总体评价和验证，形成一套输水建筑物流态优化分析、模拟计算、优化措施体型设计、动水环境施工工法的成套技术和完整解决方案。

项目于2021年3月4日正式开工，2021年7月底完工。经过大流量输水验证表明，澧河渡槽进出口导流墩实施后，渡槽进出口流态显著改善，水流更加平顺，渡槽水头损失有所降低，消除了因自身原因引起的槽内水位异常波动，渡槽过流能力大幅提升。　　（姚永博　李建锋　侯艳艳）

【运行调度】

1. 运行调度工作机制 南水北调中线干线工程按照"统一调度、集中控制、分级管理"的原则实施。由总调度中心统一调度和集中控制，总调度中心、分调度中心和现地管理处中控室按照职责分工开展运行调度工作。

2020年12月，河南分局组织开展调度值班模式优化试点工作，将现地管理处中控室调度业务集中至分调度中心，同步强化中控室安全监控职能。试点工作分两个阶段展开，第一阶段期间中控室调度业务任务不减、人员不减、责任不减，实行"双线"

运行；第二阶段期间，由分调度中心试点承接调度相关工作，中控室开展安全监控等相关工作。首批试点选取宝丰、郏县、禹州、长葛4个管理处作为试点片区，经过一年的试运行，成效显著。第二批试点工作于2021年11月18日启动，选取新郑、港区、郑州、卫辉、鹤壁、汤阴、安阳等7个管理处作为试点开展第一阶段试点工作，宝丰、郏县、禹州、长葛等4个管理处开始开展第二阶段试点工作。

2. 运行调度主要工作　2021年辖区运行调度工作主要围绕"深入践行总基调，筑牢守好生命线"工作总要求，深入贯彻落实习近平总书记视察南水北调工程时的重要讲话精神，推进高质量发展，以安全生产为中心，以问题为导向，以督办为抓手，以规范化和信息化为手段，规范内部管理，创新工作方法，提高人员素质，上下联动，圆满完成年度各项工作任务。

（1）经受极端暴雨天气、新冠肺炎疫情、大流量多重考验，年度供水再创新高。2021年辖区工程经受了历时最长、范围最广、破坏力最强的特大暴雨考验，经过了3次新冠肺炎疫情突袭，经历了为期6个月的大流量输水考验，工程平稳运行、水质稳定达标。

（2）应急调度能力经受实战检验，为确保"三个安全"提供坚强支撑。

（3）调度集中值班模式优化工作成效显著，辖区新郑、航空港区、郑州等3个管理处纳入试点第二阶段。基于第一阶段实践经验，第二阶段试点工作有序推进，工作效率显著提高，现场监控能力有效提升。

（4）组织开展"输水调度汛期百日安全行动"。根据总调度中心安排，结合河南分局实际，从组织机制、人员安排、风险防范、业务学习、应急能力等方面开展了"输水调度汛期百日安全行动"，确保汛期输水调度安全。

（5）开展庆祝中国共产党成立100周年输水调度加固工作。根据河南分局统一部署，严格落实值班制度，加强应急力量，严格信息报送，有力保障了建党100周年期间的安全平稳运行。

（6）完成大流量输水工作。沙河南—黄河南段工程大流量输水共分两个节点。第一次大流量输水自2021年4月30日陶岔渠首入渠超$350m^3/s$，7月11日陶岔渠首入渠流量调减至约$330m^3/s$。第二次大流量输水自2021年9月3日起陶岔渠首入渠超$350m^3/s$输水，10月7日，陶岔渠首入渠流量约$400m^3/s$，11月1日陶岔渠首入渠流量调减至约$310m^3/s$。

（7）开展备调度中心启用演练。2021年5月25日至6月4日，按照总调度中心工作安排开展了总调度中心切换备调度中心应急演练，期间较好地完成了全线输水调度任务，检验了备调度中心自动化系统运行情况，检验和提高了备调度中心人员指挥全线输水调度的能力。

2021年，沙河南—黄河南段工程累计接收总调度中心指令操作闸门13057门次，工程全年运行平稳、安全，自通水运行以来，工程已累计安全运行2576天。

（刘梦圆　李效宾　雷曦　张祥）

【工程效益】　截至2021年12月31日，辖区工程累计过流363.76亿 m^3，其中2021年度过流78.27亿 m^3。年度内先后通过兰河、颍河、双洎河、十八里河、贾峪河、索河退水闸向地方生态补水1.66亿 m^3。

2021年全年辖区工程累计向地方分水102032.04万 m^3，其中正常分水85440.34万 m^3，生态补水16591.70万 m^3，极大改善了工程沿线的供水条件，优化了受水区水资源分布，保障了工程沿线居民生活用水，提升了沿线居民用水品质，使诸多干涸河段重现碧波，使地下水得到回补，促进了河道生物多样性的改善，促进了受水区的社会发展和生态环境改善。特别是大流量输水期间，向工程辖区累计生态补水16591.70万 m^3，取得了良好的社会和生态效益，较好地发挥了中线工程的供水效益。

（刘梦圆　李效宾　雷曦　张祥）

【环境保护与水土保持】　工程建设期间弃渣均运至弃渣场堆置，临时占地均进行了复耕或生态恢复，满足环境影响评价及批复的相关要求。施工期间施工人员生活垃圾运至附近垃圾转运站，施工期间产生固体废弃物未对周围环境产生不利影响。工程建设活动未对地表水体造成明显影响。施工期间噪声已落实环保措施，对周边环境影响较小。环境空气质量监测结果显示，施工区空气质量基本达到《环境空气质量标准》（GB 3095—1996）二级标准，对周围大气环境没有造成明显影响。

自2014年通水运行以来，建设单位实施的污染防治措施、水土保持措施和生态保护措施合理、有效，对区域生态环境未造成不利影响，较好发挥了环境保护效果。工程建设及运行期间未发生环境污染和生态破坏事件。

工程建设期水土保持项目各项水土保持措施与主体工程同步实施，建设单位落实了水土保持方案及批复文件要求，项目建设区水土保持措施总体布局合理，防护效果明显，各项水土流失防治指标均达到设计的目标水平，完成了水土流失预防和治理任务，水土流失防治指标达到水土保持方案确定的目标值。

自2014年通水运行以来，中线建管局组织完成了后续渣场整治、总干渠沿线绿化带及办公区域的绿化提升，水土保持各项措施完备，水土保持设施功能正常、有效，各项水土保持措施运行情况良好，达到了水土保持效果。

（李志海）

【验收工作】

1. 施工合同验收

(1) 2021 年 11 月 25 日，南水北调中线河南分局郏县管理处 2021 年汛期水毁修复处置项目通过建管单位组织的合同项目完成验收。

(2) 2021 年 11 月 26 日，南水北调中线河南分局宝丰管理处 2021 年汛期水毁修复处置项目通过建管单位组织的合同项目完成验收。

(3) 2021 年 12 月 29 日，南水北调中线河南分局新郑管理处 2021 年汛期水毁修复处置项目通过建管单位组织的合同项目完成验收。

2. 设计单元工程完工验收

(1) 2021 年 6 月 23 日，完成南水北调中线一期工程新郑南段设计单元工程完工验收。

(2) 2021 年 6 月 24 日，完成南水北调中线一期工程郑州 2 段设计单元工程完工验收。

(3) 2021 年 9 月 10 日，完成南水北调中线一期工程禹州和长葛段设计单元工程完工验收。

3. 跨渠桥梁竣工验收

(1) 概况。自南水北调中线工程跨渠桥梁建成通车以来，已经试运行将近 7 年，沙河南—黄河南段总计涉及各类跨渠桥梁 264 座，其中高速公路 2 座、国省干线 30 座、农村公路 171 座、城市道路 61 座，分布于河南省平顶山、许昌、郑州等 3 个地（市）的 14 个县（区）。

(2) 竣工开展情况。沙河南—黄河南段跨渠桥梁竣工验收作为南水北调中线干线工程完工验收的重要组成部分，中线建管局、河南分局高度重视，自 2019 年年初开始，开展了与河南省交通运输厅定期座谈讨论工作布置；与专业设计、检测单位签订合同开展桥梁病害处治检测和设计工作，组织管理处积极对接辖区交通主管单位开展病害处治委托、桥梁建设档案整编等。2021 年总计完成 1 座国省干线、1 座高速公路跨渠桥梁竣工验收。桥梁病害处治项目由河南分局自行组织实施，完成桥梁竣工检测 1 座次。截至 2021 年沙河南—黄河南还剩余 2 座高速公路、5 座国省干线跨渠桥梁未竣工验收移交。

（王金辉　刘阳）

陶岔渠首—沙河南段

【工程概况】　陶岔渠首—沙河南段为南水北调中线一期工程的起始段，该段起点位于陶岔渠首枢纽闸下，桩号 0+300；终点位于平顶山市鲁山县杨蛮庄桩号 239+042 处。沿线经过河南省南阳市的淅川县、邓州市、镇平县、方城县 4 县（市）及卧龙区、宛城区、高新区、城乡一体化示范区 4 个城郊区和平顶山市的叶县、鲁山县。陶岔—沙河南段线路长 238.742km，其中渠道长 226.597km，输水建筑物长约 10.935km。起点段设计流量为 350m³/s，加大流量为 420m³/s；终点段设计流量为 320m³/s，加大流量为

380m³/s。

陶岔渠首—沙河南段起点位于陶岔渠首枢纽闸下，终点位于沙河南岸鲁山县薛寨北，桩号 239＋042（分桩号 238＋742），渠线长 238.742km，其中明渠长度 227.855km；输水建筑物 25 座，其中渡槽 9 座、倒虹吸 14 座、暗渠 2 座。该段有穿总干渠河渠交叉建筑物 10 座，其中渡槽 1 座、倒虹吸 7 座、隧（涵）洞 2 座。该段有左岸排水建筑物 107 座，其中渡槽 4 座、倒虹吸 82 座、隧（涵）洞 21 座。该段有渠渠交叉建筑物 44 座，其中渡槽 7 座、倒虹吸 35 座、隧（涵）洞 2 座。该段有控制建筑物 56 座，其中节制闸 12 座、退水闸 9 座、分水口门 13 座、检修闸 17 座、事故闸 5 座。该段有铁路交叉建筑物 4 座。该段公路交叉建筑物 238 座，其中公路桥 146 座、生产桥 92 座。陶岔渠首—沙河南段建设过程中共划分为 11 个设计单元，分别为淅川段、镇平段、南阳段、方城段、叶县段、鲁山南 1 段、鲁山南 2 段、澧河渡槽、白河倒虹吸、澧河渡槽、膨胀土（南阳）试验段，其中淅川段、澧河渡槽、鲁山南 1 段、鲁山南 2 段为直管项目，镇平段、叶县段、澧河渡槽为代建项目，南阳段、方城段、白河倒虹吸、膨胀土（南阳）试验段为委托项目。

南水北调中线干线工程建设管理局渠首分局（以下简称"渠首分局"）负责淅川段至方城段 185.545km 工程运行管理工作。

淅川县段为陶岔渠首—沙河南段单项工程中的第 1 单元，线路位于河南省南阳市淅川县和邓州市境内。渠段起点位于淅川县陶岔闸下游消力池末端公路桥下游，桩号 0＋300，终点位于邓州市和镇平县交界处，桩号 52＋100，淅川县段线路长 50.77km（不含湍河渡槽工程），其中占水头的建筑物累计长 1.2km，渠道累计长 49.57km。

湍河渡槽工程位于河南省邓州市冀寨村北，距离邓州市 26km。起点桩号 36＋289，终点桩号 37＋319，总长 1030m，主要由进口渠道连接段 113.3m、进口渐变段 41m、进口闸室段 26m、进口连接段 20m、槽身段 720m、出口连接段 20m、出口闸室段 15m、出口渐变段 55m、出口渠道连接段 19.7m 组成。工程主要建筑物级别为 1 级，设计流量为 350m³/s，加大流量为 420m³/s，槽身为相互独立的三槽预应力现浇混凝土 U 形结构，共 18 跨，单跨 40m，单跨槽身重量达 1600t，采用造桥机现浇施工。

镇平段工程位于河南省南阳市镇平县境内，起点在邓州市与镇平县交界处严陵河左岸马庄乡北许村，桩号 52＋100；终点在潦河右岸的镇平县与南阳市卧龙区交界处，设计桩号 87＋925，全长 35.825km。渠道总体呈西东向，穿越南阳盆地北部边缘区，起点设计水位 144.375m，终点设计水位 142.540m，总水头 1.835m，其中建筑物分配水头 0.43m，渠道分配水头 1.405m。全渠段设计流量为340m³/s，加大流量为410m³/s。

南阳市段工程位于南阳市区境内，涉及卧龙、高新、城乡一体化示范区等 3 行政区 7 个乡镇（街道办）23 行政村，全长 36.826km，总体走向由西南向东北绕城而过。工程起点位于潦河西岸南阳市卧龙区和镇平县分界处，桩号 87＋925，终点位于小清河支流东岸宛城区和方城县的分界处，桩号 124＋751。南阳段工程 88%的渠段为膨胀土渠段，深挖方和高填方渠段各占约 1/3，渠道最大挖深26.8m，最大填高 14.0m。

膨胀土试验段工程起点位于南阳市卧龙区靳岗乡孙庄东，桩号 100＋500；终点位于南阳市卧龙区靳岗乡武庄西南，桩号 102＋550，全长2.05km。试验段渠道设计流量为340m³/s，加大流量为 410m³/s。渠道设计水深 7.5m，加大水位深8.23m，设计渠底板高程 134.04～133.96m，设计渠水位 141.54～141.46m，渠底宽 22m。最大挖深约19.2m，最大填高 5.5m。

白河倒虹吸工程位于南阳市蒲山镇蔡寨村东北，起点桩号 115＋190，终点桩号 116＋527，总长度为1337m。设计洪水标准为 100 年一遇，校核洪水标准为 300 年一遇。工程设计流量为 330m³/s，加大流量为400m³/s，退水闸设计退水流量为165m³/s。白河倒虹吸埋管段水平投影长 1140m，共分 77 节，为两孔一联共 4 孔的混凝土管道，单孔管净尺寸 6.7m×6.7m。其中，白河倒虹吸管身、进口渐变段、进口检修闸、出口节制闸及退水闸等主要建筑物为 1级建筑物，退水渠、防护工程、附属建筑物等次要建筑物为 3 级建筑物。

方城段工程涉及方城县、宛城区等两个县（区），起点位于小清河支流东岸宛城区和方城县的分界处，桩号 124＋751，终点位于三里河北岸方城县和叶县交界处，桩号 185＋545，包括建筑物长度在内全长 60.794km，其中输水建筑物 7 座，累计长 2.458km，渠道长58.336km。方城段工程 76%的渠段为膨胀土渠段，累计长 45.978km，其中强膨胀岩渠段 2.584km，中膨胀土岩渠段19.774km，弱膨胀土岩渠段 23.62km。方城段全挖方渠段 19.096km，最大挖深18.6m，全填方渠段 2.736km，最大填高 15m；设计输水流量为 330m³/s，加大流量为 400m³/s。南水北调中线渠首分局和河南分局负责辖区内运行管理工作。

（李强胜　李珺妍）

【工程管理】　根据中线建管局《南水北调中线干线工程建设管理局组织机构设置及人员编制方案》（中线局编〔2015〕2 号），2015 年 6 月 30 日，在河南直管建管局基础上分别成立河南分局和渠首分局，分别承担中线干线工程河南省境内工程运行管理工作。其中渠首分局负责陶岔—方城段（全长 185.545km）工程运行管理工作。

1. 现地管理机构 陶岔渠首—沙河南段共设 7 个管理处和 1 个电厂，其中渠首分局管辖 5 个现地管理处和 1 个电厂，河南分局管辖 2 个现地管理处，为叶县管理处和鲁山管理处。各现地管理处负责辖区内运行管理工作，确保工程安全、供水安全、水质安全；负责或参与辖区内直管和代建项目尾工建设、征迁退地、工程验收工作。

2. 工程维护管理 渠首分局聚焦工程安全补短板，2021 年组织完成黄金河倒虹吸裹头渗水处理施工、11＋700～11＋800 段右岸变形体处置、刁河渡槽出口渗水处理、水下衬砌面板修复处理、渠首分局填方渠道大流量输水期间渗水点处理等重点项目实施，并加快推进汛后截流沟水毁项目修复，完成水毁日常项目 348 项，提升工程安全运行系数。按照"双精维护"工作要求，组织开展了工程计量技能培训、组织维护单位开展了防浪墙技术比武，促进维护作业规范化。

3. 防汛应急管理 编制 2021 年度汛方案和防汛应急预案并在河南省水利厅、河南省应急管理厅等备案，修订超标准洪水防御预案，针对 1 级风险防汛风险项目编制专项应急处置方案。与河南省防汛抗旱指挥部办公室、南阳市防汛抗旱指挥部办公室、丹江口水库水利枢纽工程防汛指挥部及所在县（市）防汛抗旱指挥部办公室联络，建立防汛联防联动机制。共组建 6 支抢险队伍，并在防汛现场设置 2 支专业驻汛队伍。先后组织开展 2 次防汛演练、3 次防汛拉练、19 次防汛培训。2021 年汛期，接强降雨预警预报 22 次、应急响应 11 次，渠首分局启动 Ⅳ 级应急响应 2 次，并利用防洪系统和"中线防汛"等 App，随时掌握辖区天气变化趋势，提前做好强降雨防范工作。2021 年，渠首分局妥善应对"7·20""8·22""9·24"等 9 轮强降雨过程，保障了工程安全度汛。

4. 工程穿跨越管理 2021 年，渠首分局完成 3 个穿跨越项目施工图及施工方案审查，并完成施工审批手续办理；积极参与穿跨越各项规章制度及规范性文件制订，参与完成《穿跨邻接南水北调中线干线工程项目管理规定》《油气管道穿跨邻接南水北调中线干线工程项目设计技术规定》等 6 个穿跨越相关规定编写。

5. 基建项目实施 渠首分局调度生产用房建设项目于 2021 年 6 月 23 日举办项目开工仪式，7 月 1 日正式开工建设，截至 12 月 31 日完成主楼主体工程地面以下施工。渠首分局物资设备仓库建设项目于 2021 年 3 月 11 日正式开工，在建设过程中克服强降雨、新冠肺炎疫情防控等不利因素影响，于 12 月 31 日完成项目建设。

（李强胜 刘鹏）

【运行调度】 2021 年，渠首分局分调度大厅和各管理处中控室严格落实工作职责，做好 24 小时运行调度值班工作。2021年累计完成总调库中心下达的调度指令3162条,其中执行远程调度指令2956条,现地和其他调度指令206条。2021年辖区闸门动态巡视及检修调度指令979条。组织开展输水调度专业安全生产检查3次,参加综合性安全生产检查4次,专项督导检查1次,共检查发现问题34项,监督管理处及时整改,立查立改,确保调度安全运行。全年未发生调度生产安全事件。

4月30日,陶岔渠首入渠流量达到350m³/s,总干渠进入大流量输水阶段。陶岔渠首入渠流量保持350m³/s及以上运行共计144天,其中保持380m³/s及以上59天,保持400m³/s及以上26天。渠首分局管辖着中线工程起始段,过量流量最多,经受考验最大。作为大流量输水的第一站,渠首分局成立大流量输水工作领导小组,制定细化大流量工作实施方案,提前组织排查辖区各类设备、设施运行情况,加密大流量输水期巡查与维护,做好生态补水及应急退水准备等工作,保障了大流量输水调度安全。

2021年,渠首分局加强汛期运行调度管理,开展输水调度"汛期百日安全"专项行动,制定汛期应急调度预案,强化雨前准备、雨中调度和防汛应急值班,加密视频监控和水情雨情信息上报;编制《渠首分局运行调度典型案例手册》,开展5次应急调度桌面推演,进一步提高输水调度人员的应急处置能力和风险防范意识;针对汛期方城段高地下水位情况,优化渠道运行水位,遏制高地下水突出问题,有效应对了工程通水以来降雨强度最大、影响范围最广、破坏强度最强的特大暴雨考验。

（李强胜　金涛）

【工程效益】　自中线工程正式通水运行以来,截至2021年12月31日,入渠水量累计达445.98亿m³,累计向南阳市供水56.66亿m³(含生态补水9.98亿m³)。2021年,渠首分局辖区开启8个分水口门,通过肖楼分水口向南阳引丹灌区分水约7.19亿m³,通过望城岗分水口向邓州市、新野县分水约3873.23万m³,通过谭寨分水口向镇平县分水约1412.01万m³,通过田洼分水口向南阳市分水约3167.61万m³,通过大寨分水口向南阳市分水约2066.41万m³,通过半坡店分水口向唐河县、社旗县分水约2864.47万m³,通过十里庙分水口向方城县分水约1059.55万m³,主要满足南阳市生活用水和引丹灌区农业用水,供水范围覆盖南阳市中心城区和邓州、新野、镇平、唐河、社旗、方城,惠及人口达310万。同时,利用辖区5座退水闸,向地方河流实施生态补水,向刁河补水约1.28亿m³,向湍河补水约8588.05万m³,向潦河补水约1322.10万m³,白河补水约7686.15万m³,向清河补水约9346.68万m³,沿线河流生态明显改善。

（李强胜　金涛）

【环境保护与水土保持】 工程建设期间弃渣均运至弃渣场堆置，临时占地均进行了复耕或生态恢复，满足环境影响评价及批复的相关要求。施工期间施工人员生活垃圾运至附近垃圾转运站，施工期间产生固体废弃物未对周围环境产生不利影响。工程建设活动未对地表水体造成明显影响。施工期间噪声已落实环保措施，对周边环境影响较小。环境空气质量监测结果显示，施工区空气质量基本达到《环境空气质量标准》 （GB 3095—1996）二级标准，对周围大气环境没有造成明显影响。

自 2014 年通水运行以来，建设单位实施的污染防治措施、水土保持措施和生态保护措施合理、有效，对区域生态环境未造成不利影响，较好发挥了环境保护效果。工程建设及运行期间未发生环境污染和生态破坏事件。

工程建设期水土保持项目各项水土保持措施与主体工程同步实施，建设单位落实了水土保持方案及批复文件要求，项目建设区水土保持措施总体布局合理，防护效果明显，各项水土流失防治指标均达到设计的目标水平，完成了水土流失预防和治理任务，水土流失防治指标达到水土保持方案确定的目标值。

自 2014 年通水运行以来，中线建管局组织完成了后续渣场整治、总干渠沿线绿化带及办公区域的绿化提升，水土保持各项措施完备，水土保持设施功能正常、有效，各项水土保持措施运行情况良好，达到了水土保持效果。

2021 年，渠首分局按照中线建管局"双精维护"要求，对辖区范围内绿植进行精准维护，总投资 2283.16 万元。截至 2021 年，渠首分局已基本完成绿化任务，辖区现有乔木31.61 万株、灌木约 55.4 万株、渠坡植草面积 659.56 万 m^2、绿化带80.10 万 m^2、防护林带 311.71 万m^2、绿篱（色块）4.69 万 m^2，沿线绿树成荫，绿化覆盖率高，对总干渠沿线区域生态环境起到了很大的改善作用。 （李强胜　李志海）

【验收工作】
1. 渠首分局 2021 年，渠首分局深入推进工程验收阶段任务。按照中线建管局设计单元完工验收计划，3 月，配合完成南阳市段、方城段的完工验收技术性初步验收；4 月，配合完成南阳市段、方城段的完工验收任务，至此，渠首分局配合水利部、河南省水利厅，完成辖区全部 7 个设计单元项目法人验收、技术性初验、完工验收任务；5 月，配合淮委完成水利部对陶岔渠首枢纽工程设计单元完工验收任务；6 月，完成朱营西北跨渠公路桥竣工验收，至此，渠首分局辖区桥梁 191 座全部完成竣工验收，其中涉及国省干道跨渠桥梁 12座，城市道路桥梁 5 座，县、乡、村道 174 座。

2021年12月1日，南水北调中线河南分局鲁山管理处2021年汛期水毁修复处置项目通过建管单位组织的合同项目完成验收。2021年6月23日，完成南水北调中线一期工程叶县段设计单元工程完工验收；2021年6月23日，完成南水北调中线一期工程鲁山南1段设计单元工程完工验收。

2. 跨渠桥梁竣工验收

（1）概况（叶县—沙河南段）。自南水北调中线工程跨渠桥梁建成通车以来，已经试运行将近7年，沙河南—黄河南段总计涉及各类跨渠桥梁54座，其中高速公路1座、国省干线2座、农村公路51座，分布于河南省平顶山市的2个县（区）。

（2）竣工开展情况。叶县—沙河南段跨渠桥梁竣工验收作为南水北调中线干线工程完工验收的重要组成部分，中线建管局、河南分局高度重视，自2019年年初开始，与河南省交通运输厅定期开展座谈讨论工作布置，与专业设计、检测单位签订合同开展桥梁病害处治检测和设计工作，组织管理处积极对接辖区交通主管单位开展病害处治委托、桥梁建设档案整编等。2021年总计完成2座国省干线跨渠桥梁竣工验收。桥梁病害处治项目由河南分局自行组织实施，完成桥梁竣工检测2座次。截至2021年叶县—沙河南段还剩余1座跨渠桥梁未竣工验收移交。

（李强胜 王金辉 刘阳）

【水质保护】 2021年渠首段水质长期稳定在Ⅱ类及以上。

（1）在水质监测方面，主要开展17次地表水检测，出具2125组检测数据；2次地下水检测，出具324组检测数据；44次藻类检测，出具362组检测数据；4次113条总干渠交叉河流检测，出具6052组检测数据；利用陶岔、姜沟两个水质自动监测站，全年在线自动监测，共出具检测数据14万多组。

（2）在污染源治理方面，加强与地方沟通协调，建立省、市、县（区）三级联合督查整改机制，开展2次联合督查行动，推动辖区水质污染源全部整改销号，实现动态清零；2021年9—12月，根据《河南省南水北调中线工程水源保护区生态环境保护专项行动方案》，渠首分局在总干渠两侧保护区排查确认生态环境问题，经与南阳市督察局、生态环境局联合督导，已完成全部问题整治工作。在水污染应急管理方面，2021年开展5次水污染应急演练，汛前和汛中开展2次监测人员应急拉练，完成3次水质应急监测任务。

（李强胜 何建刚）

【安全生产】 2021年，渠首分局以持续推进水利安全生产标准化为契机，深化安全风险管控和隐患排查治理体系建设，动态开展安全风险辨识，借助"风险管控"系统，提高安全风险动态管控便捷性。开展常态化排查、专业化整治，促进"两个所有"（所有人查所有问题）问题查改与安全生产专项整治三年行动集中攻坚、"安全生产百日行动"融合实施。

加强 2021 年全国"两会"和"建党 100 周年"安全加固工作，制订专项安全加固方案，全方位开展隐患排查整治，针对河渠交叉建筑物、膨胀土及高填方渠段、跨渠桥梁、自动化调度系统、输变电系统等工程项目和设备设施重要部位，开展安全隐患集中排查 3 次；对 5 座无人值守闸站、11 座重点桥梁增设值守人员，做到全天 24 小时值守；与南阳市、县（区）公安部门加强警企合作，筑牢重要时期和特殊时段的安全屏障。

扎实开展安全生产培训，有针对性开展安全知识技能培训，组织开展了高空、临时用电、脚手架等专题知识技能培训 4 期。以"水安将军"等安全知识竞赛为契机，组织全员深入学习水利安全生产知识，持续夯实全员安全管理"基本功"。组织开展安全警示教育 10 场次，覆盖 260 人次。常态化开展"防溺水"安全宣传进企业、进农村、进社区、进学校、进家庭"五进"活动，覆盖沿线 24 个乡（镇）、80 余所中小学校。拓宽安全宣传渠道，投放微信朋友圈公益广告 40 万次，发送安全宣传公益短信 327 万条。　　　　　　（李强胜　李会军）

【科研创新】　2021 年，渠首分局"一种膨胀土渠道渠坡土体内排水结构"和"一种新型河流渠道扶坡廊道式快速拆装组合围堰"获得国家实用新型专利，"扶坡廊道式钢结构装配围堰修复水下衬砌板技术"被水利部科技推广中心在水利系统推广。2021 年，渠首分局 1 项技术创新项目获得中线建管局科技创新奖 2 等奖，3 项技术创新项目获得中线建管局科技创新奖 3 等奖。此外，着力推进运行期膨胀土渠坡变形机理及系列处理措施研究项目，持续开展"基于 BIM 技术的陶岔渠首枢纽工程运行维护管理系统研究"项目研究；开展北斗自动化变形监测系统应用试点、基于 INSAR 技术的膨胀土深挖方渠段滑坡风险排查试点项目等，进一步提升安全监测能力。　　　　　　　　（李强胜）

天津干线工程

【工程概况】　天津干线工程采用无压接有压地下箱涵输水，西起河北省保定市徐水区西黑山村附近的南水北调中线一期工程总干渠西黑山进口闸，东至天津市西青区中北镇外环河出口闸。起点桩号 XW0＋000，终点桩号 XW155＋206.667，全长 155.207km。途径河北省保定市的徐水区、高碑店市，雄安新区的容城、雄县，廊坊市的固安县、霸州市、永清县、安次区和天津市的武清区、北辰区、西青区，共 11 个县（区）。

天津干线工程以现浇钢筋混凝土箱涵为主，主要建筑物共 268 座，其中通气孔69座、分水口门9处，控制建筑物17座、河渠交叉建筑物49座、灌渠交叉建筑物13座、铁路交叉建筑物4座、公路交叉建筑物107座。

根据初步设计，天津干线工程设计流量50～18m³/s，加大流量60～28m³/s。工程建成后，多年平均向天津市供水10.15亿m³（陶岔水量），向天津市供水8.63亿m³（口门水量），向河北省供水1.2亿m³（口门水量）。

（杨炳炎　于静雅）

【工程管理】

1. 土建及绿化维护　持续深入推进"双精维护"管理，编制了《天津分局2021年双精维护工作指导意见》，对22个维护项目全部制定了"双精维护"实施方案，细化了维护内容，明确了责任人，加强过程管控，将"双精维护"落到实处，组织开展2021年度"双精维护"项目评优活动，全面检验各维护项目实施成效。

土建绿化日常以重点场区和渠道维护为主，土建维护项目主要有渠道排水沟截流沟修复、闸站保洁、保水堰墙面及柱面维护、混凝土路面维护、办公楼内墙及地面维护、通气孔围墙维护等日常项目。绿化维护项目主要渠道边坡除草，渠道沿线乔灌木、草坪日常维护，场区绿化维护等。

完成了中瀑河河道右岸护坡滑塌修复，6～7号保水堰段箱涵变形缝维修，天津干线5处箱涵渗水修复，大清河倒虹吸防护加固、水毁专项修复等专项项目。

2. 技术管理　组织编制《南水北调中线天津干线部分检修闸上部钢结构启闭机室维修设计报告》《南水北调中线西黑山管理处桥梁防抛网更换工程专题设计报告》《西黑山管理处辖区左岸刘庄南桥至白堡桥路面维修项目专题设计报告》《南水北调天津分局和天津管理处车辆阻挡装置实施方案》《南水北调中线天津干线3号至4号保水堰段箱涵右边孔排空检修实施方案》《南水北调中线天津干线东黑山村东检修闸至文村北调节池无压箱涵段右孔排空检查实施方案》等9项设计方案。

3. 科研管理　完成箱涵变形缝内部处理生产性试验项目，通过对箱涵变形缝内部处理止水材料选取及施工工艺技术的研究，比选总结出适用于天津干线工程箱涵内部变形缝渗水处理方案。

4. 防汛应急

（1）健全组织机构。天津分局成立了突发事件应急指挥部和防汛指挥部，明确了岗位职责，防汛指挥部定期召开会议，安排部署2021年度防汛应急工作。现地管理处成立了现场抢险处置小组，明确防汛联系人，强化责任落实。

（2）开展汛前检查。开展汛前拉网式排查和风险项目专项检查，建立问题台账，配合上级单位开展汛前检查。汛前完成了容雄管理处大清河倒虹吸主河槽段应急加固项目。

（3）编制防汛"三案"。组织编制《天津分局 2021 年工程度汛方案》《天津分局 2021 年防洪度汛应急预案》《天津分局 2021 年超标洪水防御预案》，并上报地方政府部门备案。与河北省、天津市防汛抗旱指挥部办公室、应急办等相关部门建立联动机制。按照中线建管局防汛风险项目分级标准，天津分局防汛风险项目共 7 个，其中 II 级风险项目 1 个，III 级防汛风险项目 6 个，无 I 级风险项目。

（4）组建应急队伍。组建 1 支应急抢险队伍，备防人员 20 人，设备 5 台（套）。组织对应急抢险物资设备开展日常维护，确保物资设备正常运行。成立了分局防汛应急抢险突击队，参加有关防汛应急专业的培训和演练，切实提升应急处置能力，确保度汛安全。

（5）采购应急物资设备。补充采购了多功能应急抢险车、通风机、遥控复合式脱钩器、土工滤垫、救生衣、防护服等应急设备和物资。主要防汛物资共 12 种，含块石、反滤料、砂子、复合土工膜、土工布、钢丝笼、救生圈、救生衣等。设备主要有 15 种，含移动式发电机、水泵、应急照明灯、无人机等。

（6）组织开展防洪系统维护。组织信息科技公司天津事业部开展工程防洪信息系统硬件维护，确保设备正常运行。

（7）开展应急演练拉练。5 月 15 日，组织应急抢险队伍进场，并开展安全生产交底工作。汛前、汛中共组织开展防汛演练 2 次、防汛应急拉练 2 次。

（8）加强特殊时期备防及驻守。汛期和冰期各安排 1 个驻守点，位于西黑山公路桥处附近，人员 15 人、4 台（套）设备。

（9）严格应急值班。分调中心和各现地管理处中控室负责 24 小时防汛值班，每日报送防汛日报和应急值班记录。各现地管理处负责管辖工程沿线汛情收集，及时报送防汛信息。

（10）强化汛期预警备防。汛期共接收到汛期预警及响应信息 20 余次，其中，中线建管局预警信息 8 次（4 次启动、4 次解除），河北省预警信息 4 次（2 次启动、2 次解除），河北省响应信息 2 次（1 次启动、1 次解除），天津分局汛期发布临时备防信息 3 次。接到预警及响应信息后，分局和现地管理处及时在内部进行通报，并启动相应预警及响应。

（11）加大汛期巡查排险。积极开展雨前、雨中、雨后巡查。2021 年中雨及以上级别降雨 39 次，降雨量 10.5～144.1mm，组织自有人员及驻汛、工巡人员开展雨中、雨后巡查 50 余次。

（12）开展防汛应急培训。组织防汛应急培训 2 次，参加中线建管局组织的防汛业务视频培训 4 次。

5. 工程巡查　组织编制《工程巡查手册》《工程巡查管理办法（试

行）》，规范、指导工程巡查工作。

通过工巡 App 软件系统和视频回放，检查工巡人员 App 手持终端工作执行情况。加强现场检查，进一步规范了巡查人员装备、手持终端使用、问题报送、整改等管理环节，逐步形成了立体常态化巡查机制，及时且规范的处理检查发现的问题。建立了工巡管理群，巡查管理人员能及时相互交流巡查问题整改经验，提高了问题整改效率。

按照有关要求，组织做好国庆节、全国"两会"、建党 100 周年、大流量输水期间等重大时间节点工程巡查工作，全面保证巡查内容无遗漏、重点部位全覆盖，进一步保障了工程平稳运行。

6. 穿跨越邻接项目　印发《天津分局穿跨邻接南水北调中线工程项目监督管理办法（试行）》，进一步规范了穿跨邻接项目监督和管理工作。按照有关规定及时开展审查、审批环节工作；主动沟通服务，理清后穿越项目办事程序，及时跟进后穿越项目实施；强化现场监管，加强巡查监控，严防非法穿越，确保工程安全。

按照中线建管局部署，多次组织排查天津干线燃（油）气穿跨邻接项目情况，组织与有关燃（油）气穿跨邻接项目运营方补签了"互保协议"，建立沟通联络机制，进一步加强了对燃（油）气穿跨邻接项目的风险管控。

7. 安全监测　2021 年共完成内观数据采集 81.6 万余点次，外观数据采集 8 千余点次，共发现主要数据异常问题 8 项，经分析研判，未出现影响工程运行安全的异常问题，各建筑物和渠道运行状态总体正常。安全监测外观观测工作移交信息科技公司，完成了天津干线工程大范围沉降分析评价工作，组织对王庆坨连接井不均匀沉降问题进行专题分析，组织完成基于卫星 InSAR 技术的区域性地面沉降监测项目。

8. 水质保护　水质实验室每月围绕 6 个（其中天津干线 4 个、北京段 2 个）监测断面持续开展 36 项参数检测，截至 2021 年 12 月底共计出具 15 份 36 项全指标监测报告。监测结果显示，各断面水体多呈现 II 类地表水状态，超 I 类水指标主要为高锰酸盐指数和氨氮。针对辖区藻类监测，水质实验室定期对惠南庄、西黑山及外环河断面水体开展 5～14 项参数的藻类观测，全年出具 44 份藻类监测报告。完成流动注射分析仪、烷基汞分析仪、高效液相色谱质谱联用仪的采购和设备操作技能培训工作。精心打造中线首款水质应急监测全自动移动实验室，实现大型科学仪器的车载化应用，为行业内检测技术最先进、检测指标最全的水质监测移动实验室。围绕辖区工程运行过程中遇到的水质相关问题，开展了"南水北调中线天津干线工程底泥资源化利用技术及措施研究""长距离地下箱涵输水的水生态系统效应评估""中线大流量输水及调减期藻类分布及特征分析"等课题研究。

西黑山及外环河两个自动监测站每天开展针对12参数的4次监测，总体运行状态平稳，全年辖区内水质数据平稳。坚持采取"日监控、周巡检、月质控、季比对"的方式对辖区两个水质自动监测站进行规范化管理，顺利完成两家运维单位的工作交接、监督检查及考核工作，确保水质自动监测站连续稳定运行。在"7·20"郑州特大暴雨时期，适时调节西黑山及外环河自动站至最高监测频次，高强度监测辖区水体水质，充分发挥其水质预警功效。为加强对天津干线王庆坨国控省界断面的水质监测，7月完成王庆坨水质10参数微型自动监测站建设，8月起开始试运营，设备运行情况良好。

（屈亮　刘晓垒　贾玉亮　王亚光　刘运才）

【运行调度】

1. 调度特点　天津干线参与调度任务的建筑物主要有地下箱涵、西黑山进口闸、分水口门、王庆坨连接井、子牙河北分流井等，全线采用首闸（西黑山进口闸）控制，全箱涵无压接有压自流方式进行调度供水。

天津干线河北省境内工程设有9个分水口门向河北省供水，分水口最小设计流量为 $0.1m^3/s$，最大设计流量为 $2.1m^3/s$，总分水规模为 $7.5m^3/s$，同时分水流量不超过 $5m^3/s$，多年平均口门年供水量为 1.2 亿 m^3；天津市境内工程通过子牙河北分流井、外环河出口闸向天津市供水，设计流量为 $45m^3/s$，加大流量为 $55m^3/s$，多年平均口门年供水量为 8.63 亿 m^3。

天津干线 2019 年开始向王庆坨水库供水，实现了王庆坨水库的"在线"调节功能，进一步保证了天津市供水安全。

2. 调度模式　天津干线工程按照"统一调度、集中控制、分级管理"的调度要求开展运行调度工作。天津分局设置分调度中心（二级调度机构），负责天津干线工程运行调度管理工作。沿线设置西黑山管理处、徐水管理处、霸州管理处、容雄管理处、天津管理处等 5 个调度中控室（三级调度机构），负责各辖区内运行调度管理工作，分调度中心、中控室实行 24 小时调度值班制度。

3. 调度安全

（1）提升人员专业素质。

1）开展日常学习，定期组织学习调度相关制度办法，每月中旬及月底以现场问答形式，对调度值班人员进行业务知识考核。

2）组织开展集中培训，每季度进行集中培训，对输水调度相关制度办法进行宣贯落实，现场讲解工程、金结机电相关业务知识。

3）在冰期和汛期前组织工作专题会，剖析可能发生的风险，制定相关应对措施。

（2）做好日常调度安全管理。

1）做好调度安全检查工作。

a. 分调度中心、各现地管理处自查自纠，每月检查自身在工作中的不足并及时整改。

b. 分调度中心采取定期现场检查、视频检查的方式对各现地管理处输水调度工作进行检查。

c. 分调度中心在冰期、汛期前组织专人进行集中检查，发现问题形成清单并及时督促整改，确保在特殊时期的调度安全。

2）落实各项专项安全活动。

a. 贯彻执行输水调度"汛期百日安全"专项行动，加强调度风险管控，结合以往调度实情，对已经发生过的安全风险案例进行梳理，形成了输水调度典型案例手册。

b. 开展"两个所有"活动，全面查摆问题，规范调度工作，提升形象面貌。

c. 结合天津干线实际情况，制定大流量输水安全保障措施。

d. 做好冰期汛期等特殊时期调度安全管理工作稳。

3）加强调度应急管理工作。

a. 保持调度值班人员稳定，细化调度工作流程，制作日常输水调度工作明白卡。

b. 加强输水调度、应急（防汛）值班管理工作，结合实际梳理输水调度风险点，做好调度数据监控和视频监控工作，及时做好重要调度数据分析和突发事件信息上报工作。

c. 做好闸站监控系统接警、消警工作，强化调度值班人员安全意识，时刻保持高敏感，确保输水运行安全。

4）完成新增分水口门分水有关调度工作。1月30日，安次区得胜口分水口正式启用。5月21日，雄县口头分水口正式向雄安新区起步区1号水厂供水。9月6日，启用牤牛河东保水堰退水闸进行临时分水，分水流量 $3 \sim 5 m^3/s$，12月28日关闭退水闸，累计分水2856.17万 m^3。

5）配合做好输水调度的硬件、软件保障工作。

a. 配合做好天津干线流量计率定工作。

b. 针对日常调度系统过程中出现的问题提出相关建议，汇总形成清单并及时监督整改，确保报送各项水情信息及时准确。

c. 利用WPS建立了分水数据云文档，汇总了年度供水计划，各分水口门日分水量、月分水量、年分水量并进行每日更新，确保了数据的及时性和准确性，随时掌握最新分水数据和输水调度数据。 （开双武　李成）

【工程效益】　截至2021年年底，累计向河北省供水2.37亿 m^3；累计向天津市供水已达到70.49亿 m^3，其中2014—2015调水年度供水3.31亿 m^3，2015—2016调水年度供水9.10亿 m^3，2016—2017调水年度供水10.41亿 m^3，2017—2018调水年度供水10.43亿 m^3，2018—2019调水年度供水11.02亿 m^3，2019—2020调

水年度供水 12.91 亿 m³，2020—2021
调水年度供水 11.35 亿 m³，2021—
2022 调水年度供水 1.96 亿 m³（2021
年 11—12 月），工程效益发挥显著。

（开双武　李成）

【环境保护与水土保持】　根据中线
建管局环境保护、水土保持相关规章
制度，进一步加强环境保护、水土保
持管理工作，对辖区内污染源、可能
引发水土流失的薄弱部位进行了排查
和处理。组织现地管理处开展水质巡
查和水环境的日常监控，定期巡查、
重点排查，确保水质安全。

在绿化方面，积极组织员工开展
义务植树活动；组织绿化维护单位对
枯死树苗进行了更换、补植，对绿化
工程进行了提升和改造，工程形象进
一步提升。　　　　　　（许兆雨）

中线干线专项工程

陶岔渠首枢纽工程

【工程概况】　　陶岔渠首枢纽工程位
于河南省南阳市淅川县九重镇陶岔
村，是南水北调中线总干渠的引水渠
首，也是丹江口水库的副坝。初期工
程于 1974 年建成，承担着引丹灌溉
任务。2010 年 3 月南水北调中线一期
工程陶岔渠首枢纽工程于下游 70m 处
重建，坝顶高程由 162.00m 提高到
176.60m，正常蓄水位由原来的
157.00m 提高到 170.00m。陶岔渠首
枢纽工程由引水闸和电站两部分组
成，工程主要任务是引水、灌溉兼顾

发电，担负着向河南、河北、天津、
北京等省（直辖市）输水的任务。

工程设计引水流量为 350m³/s，
加大流量为 420m³/s，年设计供水量
95 亿 m³。枢纽工程设计标准为千年
一遇设计、万年一遇加 20% 校核。工
程主要包括上游引水渠、挡水建筑物
（混凝土重力坝、引水闸及电站）、下
游水闸消力池及尾水渠、护坡工程等
内容。混凝土重力坝总长 265m，引
水闸坝段布置在渠道中部右侧，采用
3 孔闸，孔口尺寸 7m×6.5m（宽×
高），底板高程 140.00m。渠首枢纽
工程 2010 年开工建设，主体工程
2013 年年底完工。2014 年 12 月 12 日
正式向北方输水。

陶岔电厂为河床灯泡贯流式发电
机组，装机容量为 2×25MW，水轮机
设计水头为 13.5m，正常运行水头范
围为 6.0～24.86m，水轮机直径
5.10m，电站设计最大过水能力
420m³/s。陶岔电厂接入国家电网（南
阳），出线电压等级为 110kV，陶岔电
厂设计平均年发电量 2.4 亿 kW·h。
2010 年 3 月电厂厂房主体开始建设，
2014 年机组安装完成，2018 年 6 月
通过水利部机组启动验收。（王伟明）

【工程管理】

1. 安全生产　2021 年，陶岔电
厂和陶岔管理处持续完善安全生产管
理制度体系，对各项安全生产管理制
度进行分类梳理，细化执行要求，明
确管理目的。以安全责任制为中心，

坚持精细化管理，促进安全工作向规范化、制度化迈进。陶岔电厂和陶岔管理处严把合同相关方进场关，在完成安全生产协议签订、安全交底、人员和设备检查等工作同时，严格检查"班前五分钟"和岗前安全教育执行情况。按照反恐怖工作要求，完善内部安全管理，落实重点部位反恐防范措施，组织开展反恐怖应急演练，定期向属地公安机关和有关部门报告反恐怖工作开展情况。

2. 工程巡查　2021年，陶岔电厂和陶岔管理处加强工程巡查管理，按月组织业务培训，引导工巡人员对渠道沿线围网、钢大门、排水沟、截流沟等重要部位开展全面排查，保障工程安全、供水安全和水质安全。修订完善《陶岔管理处工程巡查工作手册》《陶岔电厂和陶岔管理处"两个所有"问题查改工作手册》及《陶岔电厂和陶岔管理处"两个所有"问题查改实施细则》，强化自有职工"两个所有"查改问题，提升问题发现率和整改率。

3. 安全监测　完成高水位运行期间陶岔渠首枢纽工程安全监测数据整理、分析，配合完成深挖方5处变形体处理方案编制。配合基于InSAR技术的膨胀土深挖方渠段边坡稳定风险排查项目阶段验收。做好安全监测日常数据采集，不断完善陶岔大坝及上下游岸坡外观监测自动化建设项目、陶岔枢纽工程渗流监测及大坝变形监测自动化改造项目和渠首分局安全监测可视化试点项目系统功能。

4. 防汛应急　做好辖区防汛工作，汛前完成防汛物资设备盘点整理和补充，完成2021年水毁项目修复加固处理，及时沟通协调左排建筑物排水问题，完成深挖方渠道11＋700～11＋800右岸边坡等5处变形体降排水应急处理。

5. 标准化建设　2021年12月底，陶岔渠首枢纽工程标准化项目建设完成并验收，建设内容主要包括完成电厂及厂区整治项目、厂房外部整治项目、陶岔渠首枢纽工程区道路整治、大坝坝体氟碳喷涂整治、引水闸工作门和出口检修门金结结构防腐处理、绿化苗木种植项目和陶岔渠首枢纽亮化工程等合同清单项目。施工完成后，进一步提升了陶岔渠首枢纽工程标准化、规范化运行管理水平。

6. 综合管理　2021年，完成中央企业爱国主义教育基地和县级文明单位申报并挂牌。截至12月31日，在严格执行新冠肺炎疫情防控要求前提下，2021年累计接待各级政府部门、企事业单位271批次、7222人次。与此同时，充分利用陶岔渠首枢纽全国中小学生研学实践教育基地，广泛开展水情教育和爱国主义教育，2021年共开展中小学生研学活动17批次、人数2524人次。　　（王伟明）

【运行调度】

1. 输水调度　2021年4月30日，陶岔渠首入渠流量达到350m³/s，10

月 7 日调增至 400m³/s。2021 年 10 月 10 日，丹江口水库水位首次达到正常蓄水位 170m（吴淞高程）。为保证大流量输水期输水调度顺利开展，详细掌握总干渠的水位、流量等水情数据，陶岔电厂和陶岔管理处新增水尺 6 部，改造水尺 1 部，新增水尺辅助照明设施 2 处，新增安防摄像头 15 个，新增全景视频摄像头 2 个。陶岔电厂和陶岔管理处严格按照"五班二倒"工作方式开展日常输水调度工作，开展"汛期百日安全"专项行动，调度指令执行成功率为 100%。

2. 电厂管理　按要求开展电厂设备巡检、消缺工作，保证机组及附属设备正常运行。完成电厂年度 C 级检修工作。完成特种设备定期检验及相关检测试验。完成电厂计算机监控系统风险评估及等保测评。完成高压输配电线路维护，陶岔电厂 10kV 九陶线张家村段 80～82 号杆间隔线路改造项目改造工作。开展电厂应急能力建设评估项目，推动陶岔电厂应急管理制度化、规范化和标准化建设。完成电厂制度标准化项目，编制陶岔电厂技术标准（检修规程、运行规程、操作规程、调度规程）、管理标准、岗位标准、规章制度 4 类 121 项。

（王伟明）

【工程效益】　截至 2021 年 12 月 31 日，自中线工程通水以来累计入渠水量 445.98 亿 m³；陶岔电厂年度发电量 2.48 亿 kW·h，累计发电量 6.60 亿 kW·h，累计安全运行 2576 天。

（王伟明）

【环境保护与水土保持】　配合渠首分局水质监测中心、高校科研单位开展水质采样、底栖藻类采样、地下水采样、交叉水体采样等各类采样 100 余次。每月定期对辖区定点渠段左岸下游地下水井水位进行测量，并及时上报数据。排查发现辖区内各类环境问题 5 项，联合地方环保部门督促解决。完成坝前 2km 引渠地层剖面、水下地形和淤泥分布、厚度精准测量，为下一步坝前引渠淤泥处置奠定基础。

（王伟明）

【验收工作】　2021 年 3 月，配合开展南水北调中线一期陶岔渠首枢纽工程设计单元工程完工验收技术性初步验收。2021 年 5 月，配合完成南水北调中线一期陶岔渠首枢纽工程设计单元完工验收。

（王伟明）

【尾工建设】　2021 年 11 月，完成南水北调中线一期陶岔渠首枢纽工程功能完善项目施工任务。主要建设内容包括坝前引渠增设巡视道路、引水闸下游检修门止水改造检修、管理园区污水处理设施改造、陶岔渠首枢纽工程绿化灌溉控制系统泵房改造、户外电子屏幕增设、陶岔渠首枢纽工程安全报警设施和照明系统增设。功能改善项目实施后，陶岔渠首枢纽工程在筑牢"三个安全"和对外形象宣传展示方面有了一定程度提升。（王伟明）

汉江中下游治理工程

【工程概况】　丹江口水库多年平均入库径流量为 388 亿 m³，南水北调中线工程首期调水 95 亿 m³，丹江口水库每年将减少近 1/4 的下泄流量，为缓解中线调水对汉江中下游的影响，国家决定兴建汉江中下游 4 项治理工程：①兴隆枢纽筑坝，行成汉江回水 76.4km，缓解调水对汉江中下游的影响；②引江济汉年引 31 亿 m³ 长江水为汉江下游补水；③改造汉江部分闸站，保障农田灌溉；④整治汉江局部航道，通畅汉江区间航运。

1. 汉江兴隆水利枢纽工程　兴隆水利枢纽位于汉江下游湖北省潜江、天门市境内，上距丹江口水利枢纽 378.3km，下距河口 273.7km。其作为南水北调汉江中下游 4 项治理工程之一，是南水北调中线工程的重要组成部分，其开发任务以灌溉和航运为主，兼顾发电。

该工程主要由泄水闸、船闸、电站、鱼道、两岸滩地过流段及交通桥等组成。水库库容约 4.85 亿 m³，最大下泄流量 19400m³/s，灌溉面积 327.6 万亩，规划航道等级为 Ⅲ 级，电站装机容量为 40MW。工程静态总投资 30.49 亿元，总工期 4 年半。

2009 年 2 月 26 日，兴隆水利枢纽工程正式开工建设。2014 年 9 月 26 日，电站末台机组并网发电，标志着兴隆水利枢纽工程全面建成，其灌溉、航运、发电三大功能全面发挥，工程转入建设期运行管理阶段。

2. 部分闸站改造工程　汉江中下游部分闸站改造工程共计 185 处。分布于汉江中下游两岸，建筑物类别主要有进水闸（穿堤涵闸）、节制闸（分水闸）、泵站、倒虹吸、部分渠系等。其中单项设计的闸站有 31 处、典型设计的小型闸站共 154 处。工程范围分布于襄阳市（谷城县、樊城区、宜城市）、荆门市（钟祥市、沙洋县）、潜江市、天门市、仙桃市、孝感市（汉川市）境内。项目于 2011 年 11 月开工，2016 年 3 月完工。工程对因南水北调中线一期工程调水影响的闸站进行改造，恢复和改善汉江中下游地区的供水条件，满足下游工农业生产的需水要求。

2018 年 12 月 14 日，原项目法人湖北省南水北调管理局主持召开了南水北调中线一期汉江中下游部分闸站改造工程竣工环境保护验收会。2019 年 3 月 14 日，现项目法人湖北省汉江兴隆水利枢纽管理局将验收成果在湖北省水利厅门户网站上予以公示，并向湖北省生态环保厅报备。

2018 年 12 月 14 日，原项目法人湖北省南水北调管理局在武汉市主持召开了南水北调中线一期汉江中下游部分闸站改造工程水土保持设施验收会议。2019 年 4 月 30 日，现项目法人湖北省汉江兴隆水利枢纽管理局在湖北省水利厅门户网站上将验收成果予以公示，并向水利部水土保持司报备。

2019 年 8 月 26—30 日，湖北省水利厅主持召开了南水北调中线一期汉江中下游部分闸站改造设计单元工程完工验收技术性初步验收会。

2019 年 10 月 29—30 日，湖北省水利厅主持进行了南水北调中线一期汉江中下游部分闸站改造设计单元工程完工验收。验收委员会认为，本设计单元工程已按批准的设计规模全部按期完成，工程质量合格，投资控制合理，工程已按批准设计投入使用，工程档案、环境保护、水土保持、消防设施、征地拆迁及移民安置等通过专项验收，验收委员会一致同意通过设计单元工程完工验收。

2021 年 12 月 20—21 日，湖北省汉江兴隆水利枢纽管理局组织襄阳、钟祥、天门、仙桃、汉川等地闸站改造工程建设管理单位以及设计、监理等单位代表赴合肥日建工程机械有限公司，对南水北调中线一期汉江中下游部分闸站改造工程完善项目履带式液压反铲挖掘机采购项目进行设备出厂验收。履带式液压反铲挖掘机项目通过出厂验收，标志着实施的部分闸站改造工程完善项目全部圆满收官。

（郑艳霞）

3. 局部航道整治工程　根据南水北调中线工程规划，局部航道整治工程作为汉江中下游 4 项治理工程之一，是南水北调中线一期工程重要组成部分，是为解决丹江口水库调水后汉江中下游航运水量减少、通航等级降低，恢复现有 500t 级通航标准的一项补偿工程，全长 574km。其中丹江口至兴隆河段 384km 按Ⅳ级航道标准建设，兴隆至汉川长 190km 河段结合湖北省兴隆至汉川 1000t 级航道整治工程按Ⅲ级航道标准建设。根据各河段特点，其主要工程内容是采用加长原有丁坝和加建丁坝及护岸工程、疏浚、清障和平堆等工程措施，以维持 500t 级航道的设计尺度，达到整治的目的。

局部航道整治工程兴隆至汉川段（与汉江兴隆至汉川段 1000t 级航道整治工程同步建设）于 2010 年 5 月开工建设，2014 年 9 月施工图设计的工程项目全部完工，并通过交工验收，工程进入试运行，基本达到 1000t 级通航标准。

局部航道整治工程丹江口至兴隆段于 2012 年 11 月开工建设，截至 2014 年 7 月施工图设计的工程项目分 7 个标段全部按照设计要求建设完成，并通过交工验收，工程进入试运行。交工验收后，委托设计单位对全河段进行了多次观测，根据观测资料及沿江航道管理部门运行维护情况分析，库区部分河段仍存在出浅碍航、航路不畅或航道水流条件较差等情况，根据航道整治"动态设计、动态管理"的原则，湖北省南水北调局又对不达标河段进行了 2 次完善设计，已于 2017 年 3 月底完工。

2018 年 8 月 14—15 日，湖北省南水北调管理局在襄阳市主持召开了南水北调中线一期汉江中下游局部航道整治工程竣工环保验收会。10月16日，湖北省南水北调局召开汉江中下游局部航道整治工程设计单元工程项目法人验收会议。11月27—28日，湖北省南水北调办在钟祥市主持召开了南水北调中线一期工程汉江中下游局部航道整治设计单元工程完工验收技术性初步验收会议。11月29日，湖北省南水北调办在钟祥市组织召开了南水北调中线一期工程汉江中下游局部航道整治工程设计单元工程完工验收会议。

航道整治程概算总投资4.61亿元，截至2018年年底，已到位资金4.61亿元，已完成投资4.61亿元，该项目已经完成完工决算，且已经过水利部审核通过。 （郑艳霞）

【工程管理】

1. 防洪度汛 2021年8—10月，汉江发生超20年一遇秋季洪水。为确保兴隆枢纽安全度汛，兴隆枢纽管理局主要做出以下几点：

（1）压实防汛工作责任。提前编制防汛预案，并将全年的防汛工作列清单进行责任分解，确保防汛人人有责、人人尽责。与地方政府对接，在工程现场设立防汛责任牌，细化防汛责任区域，实现水雨工情信息共享，强化防汛联动机制。

（2）强化安全监测与水情观测。汛情形势严峻时，加密防汛信息测报频次，每日更新枢纽水位流量图，时刻关注汛情变化。

（3）精心调度指挥。汛期召开防汛协调会6次，下达防汛指令8次，发布防汛简报12期，干部职工上下一心、严阵以待。经过60余个日夜连续作战，成功应对了3轮洪峰的侵袭，夺取了2021年迎击秋汛的重大胜利。

2. 安全生产

（1）将习近平总书记关于安全生产重要论述和《生命重于泰山》电视专题片纳入党委中心和支部主题党日学习内容之中，树牢"人民至上、生命至上"的安全发展理念。

（2）全面构建风险分级管控与隐患排查治理双重预防机制，完成了危险源辨识及风险评价报告的编制，推动"安全监管＋信息化"安全生产，以开发的安全生产管理软件为抓手，深入开展安全生产专项整治三年行动，全年开展各类安全检查10余次，发现问题162个，已全部整改。

（3）利用"全国防灾减灾日""安全生产月""贯彻落实新《安全生产法》"等活动，营造浓厚安全生产氛围。开展安全生产标准化创建工作，取得了安全生产标准化二级证书。

3. 水利法治建设

（1）深入推进平安水利创建。开展"世界水日"、"中国水周"、"4·15"国家安全教育日和"宪法宣传周"等系列普法宣传活动，在潜江市和天门市开展长江保护法、南水北调工程保护办法宣教活动，与周边群众互动，向他们讲解水利法规。

（2）强化反恐工作，修订治安保卫工作管理办法、兴隆水利枢纽反恐怖防范预案和大院管理制度。

（3）规范工作桥社会通行管理，保证了桥面车辆和人员通行安全。

（4）认真开展扫黑除恶专项行动、打击非法捕捞等活动，以多种方式对破坏渔业资源的非法捕捞行为进行制止和打击。

（5）及时处理阳光信访事件，维护和谐稳定的工作环境。

（6）严格执行国家保密法，切实维护水利信息安全，进一步提升水利治理能力。

【运行调度】

1. 工程调度　2021 年年初，按照长江委设计院枯水期调度优化方案，兴隆水利枢纽泄水闸实行"中间优先、隔孔开启"调度，控制泄流水跃距离，有效减轻了河床冲刷；1 月兴隆水库水质颜色逐渐变深，泄水闸管理所白天加大下泄、晚上调蓄补库容，冲蓄结合共计 12 天，改善了枢纽河道水力学条件，水质也明显好转；8 月接到湖北省水利厅生态调度指令，8 月 9 日开始按上游水位每日均匀下降 0.9m 控制预泄，12 日 56 孔闸门全部敞泄，15 日按照出库小于入库流量 $100\sim200m^3/s$ 控制调度，泄水闸开始平稳回蓄，兴隆水利枢纽 2021 年生态调度任务顺利完成。通过生态调度，恢复汉江兴隆段自然流态，为鱼类洄游产卵创造条件。

2. 运行管理标准化建设　兴隆水利枢纽管理局加强运行管理违规行为监督检查，以问题为导向，2021 年共开展了 10 次"四不两直"运行管理检查，发现问题 79 项并全部整改完成，现场面貌焕然一新。2021 年打造了 3 个标准化建设试点并向全局推广，力争将兴隆水利枢纽工程打造为环境优美、设施完备、管理规范的示范工程。

组织 18 名一线职工赴金口、樊口、田关 3 个泵站和高关、吴岭、漳河 3 个水库管理单位开展运行管理考察学习，取长补短，共促发展。完成了枢纽坝下水位流量关系率定课题研究，形成最终率定报告。编制了船闸运行方案，并经湖北省交通厅审查通过，率先在湖北省汉江流域实现了船闸标准化管理零的突破。

3. 水利信息化工作　着力补齐兴隆水利枢纽工程运行管理信息化短板，不断提升网信工作水平。建立和完善了人员管理、机房管理、运维管理、通信管理、应用系统管理等规章制度，编制了网络安全考核评分细则，开展国家网络安全宣传周宣传活动，规范网络安全管理工作。制定了等级保护建设整改方案，增设了防火墙、安全网关、网闸等网络安全软硬件设备，对全局的网络结构进行了整体调整。兴隆水利枢纽管理局网络安全工作取得了一定成效，在水利部 2021 年网络安全攻防演练和全国护网行动中，兴隆水利枢纽管理局各项水利关键基础设施和重要信息系统均运行平稳，未遭受攻击破坏。

【工程效益】 兴隆水利枢纽电站安装 4 台（套）灯泡贯流式水轮发电机组，单机容量 10MW，总装机容量 40MW，设计多年平均年利用小时数为 5646h，多年平均发电量 2.25 亿 kW·h。2013 年 10 月 28 日电站首台机组发电，截至 2021 年 12 月 31 日，兴隆电站累计年发电量 2.28 亿 kW·h，完成年度发电目标 2.25 亿 kW·h 的 101 ％，累计总发电量 18.06 亿 kW·h，为区域经济高质量发展，提供了稳定的清洁能源和支撑。

兴隆水利枢纽库区有天门罗汉寺灌区、兴隆灌区、沙洋引江灌区等大型灌区，现有灌溉面积近 300 万亩。自 2013 年 4 月 1 日枢纽下闸蓄水以来，上游水位长年保持在 36.20m 左右，兴隆灌区水位保障率达到 100％，控制范围内灌溉水源保证率达到设计要求。截至 2021 年 12 月底，兴隆水利枢纽工程为潜江、天门灌区供水保障率达 100％；潜江市粮食种植面积达 154.74 万亩，粮食总产量在 5.9 亿 kg；天门市粮食种植面积达 238 万亩，粮食总产量 8 亿 kg，为地方农业生产作出了积极贡献。

兴隆水利枢纽工程蓄水后，渠化汉江航道 76km，将原Ⅳ级航道（500t 级）提高至Ⅲ级（1000t 级），大大提高了库区航运速度和运载能力，极大促进汉江航运的发展。2013 年 4 月 10 日船闸正式通航，截至 2021 年 12 月 31 日，船闸年累计过船 10279 艘，载货量 6560539t。总累计过船 74194 艘，累计总载货量 35943892t，为湖北"水运强省"注入了新动力。

汉江中下游部分闸站工程共实施改造项目 185 处，其中较大闸站 31 处，小型泵站 154 处。工程完工后，稳定发挥排灌效益，为两岸农业发展和粮食稳产高产提供了有力支撑。东荆河倒虹吸工程将谢湾灌区 30 万亩农田灌溉调整为自流灌溉，使潜江市自流灌溉达 90％以上。徐鸳口泵站承担着仙桃市、潜江市共 180 万亩农田灌溉任务，并多次在抗旱排涝的关键时刻，发挥重要作用。　　（郑艳霞）

【环境保护与水土保持】 兴隆水利枢纽持续实施长江大保护，深入推动长江生态环境保护修复。

（1）保障供水。兴隆枢纽工程使周边 29 条河流等湖泊水质整体提升，天门市、潜江市城区用水得到保障。其中天门市引水能力达 136m³/s，受益人口 120 多万。

（2）保护汉江水生物。有计划敞泄，为鱼类洄游产卵创造条件，2021 年秋季实施汉江增殖放流活动，共投放 41 万尾鱼苗入汉江，其中胭脂鱼、蒙古鲌、翘嘴鲌、团头鲂、黄颡鱼等珍稀特有鱼类占六成，改善了汉江水域生态环境，保护汉江水生生物多样性。

（3）配合开展护岸护堤林林木资源调查统计工作。经调查统计，兴隆水利枢纽 51.55hm² 绿地保有意杨、香樟、垂柳等 1.9 万余株，蓄积量达 1900 余 m³。

（4）开展饮用水和生活污水检测，饮用水各项指标达标，生活污水基本达到城镇污水排放一级 A 标。兴隆库区两岸滩地绿草茵茵、白鹭群飞，汉江水质清澈，良好的生态吸引了中华秋沙鸭、黑鹳等多种珍稀鸟类来兴隆水域安家落户。潜江兴隆水利枢纽风景区自 2016 年成为省级水利风景区后，瞄准"骑客公园""特色小镇"目标，投资 6 亿元建设兴隆绿道自行车赛道及高石碑千亩桃林，同时开展兴隆河生态护岸、汉江堤段整治及绿化草坪、休闲广场等基础设施建设，使汉江兴隆水利枢纽工程、引江济汉工程成为网红打卡地；2020 年 8 月，景区举办"露营帐篷音乐节"活动，社会反响热烈。2021 年年底兴隆水利枢纽工程入选了水利部第十九批国家水利风景区名录。

（郑艳霞　陈奇）

【验收工作】（1）2021 年 3 月 9 日，湖北省汉江兴隆水利枢纽管理局主持召开蓄水影响整治工程姚集中闸泵站机组试运行验收，项目法人、建管、监理、设计、施工、运管、主要设备供应商等单位参加了验收，南水北调工程湖北质量监督站对验收进行了监督。依据《南水北调工程验收工作导则》（NSBD 10—2007）的规定，试运行验收工作组同意南水北调中线一期兴隆水利枢纽蓄水影响整治工程姚集中闸泵站机组试运行通过验收。

（2）2021 年 3 月 22—24 日，湖北省汉江兴隆水利枢纽管理局在潜江市主持召开南水北调中线一期工程汉江兴隆水利枢纽设计单元工程完工验收项目法人验收。项目法人验收工作组由项目法人、设计、监理、建管、施工、运管代表和特邀专家组成，同意汉江兴隆水利枢纽设计单元工程通过完工验收项目法人验收。南水北调工程湖北质量监督站列席会议。

（3）2021 年 3 月 31 日，湖北省汉江兴隆水利枢纽管理局主持召开南水北调中线一期兴隆水利枢纽蓄水影响整治工程（沙洋部分二）施工合同项目完成验收，质量评定为优良，项目法人、建管、监理、设计、施工、运管等单位代表参加了验收，南水北调工程湖北质量监督站对验收进行了监督。

（4）2021 年 5 月 10—13 日，水利部南水北调规划设计管理局组织验收组在潜江市对该设计单元工程进行了档案专项验收，验收组认为南水北调中线一期汉江中下游兴隆水利枢纽设计单元工程档案基本符合《南水北调东中线第一期工程档案管理规定》的要求，验收结果为合格，同意通过验收。

（5）2021 年 5 月 24—27 日，湖北省水利厅在潜江市主持召开了南水北调中线一期工程汉江兴隆水利枢纽设计单元工程完工验收技术性初步验收会议。会议成立了完工验收技术性初步验收专家工作组，下设水工组、施工组、机电组、综合组等4个专业组。验收专家组同意南水北调中线一期工程汉江兴隆水利枢纽设计单元工程通过完工验收技术性初步验收，具备设计单元工程完工验收的条件。

（6）2021年6月22—23日，湖北省水利厅对南水北调中线一期工程汉江兴隆水利枢纽设计单元工程进行了完工验收。会议首先成立了验收委员会，与会委员和代表查看了工程现场，观看了工程声像资料，听取了工程建设管理、运行管理、质量监督和技术性初步验收等工作报告。验收委员会在查阅验收资料的基础上，进行了充分讨论，一致同意兴隆水利枢纽设计单元工程通过完工验收，并形成了《南水北调中线一期工程汉江兴隆水利枢纽设计单元工程完工验收鉴定书》。　　　　（姜晓曦　郑艳霞）

【尾工建设】

1. 兴隆水利枢纽蓄水影响整治工程　兴隆水利枢纽工程开始蓄水后，由于各种原因，库区部分地区仍然出现堤外岸坡崩塌、堤内低洼积水及排涝不畅等问题。蓄水影响涉及潜江市、天门市、钟祥市、沙洋县及沙洋监狱管理局等县（市），为保障库区人民生命安全、改善农业生产基础条件，2017年8月，原国务院南水北调办批复同意实施南水北调中线一期兴隆水利枢纽蓄水影响整治工程。兴隆水利枢纽蓄水影响整治工程包括崩岸治理工程、排渍（渗）水系工程和闸站改扩建工程三大部分，共划分为6个施工标段。2019年蓄水影响整治工程陆续开工，2020年先后完工并开展了验收工作。2021年3月9日，蓄水影响整治工程姚集中闸泵站通过机组试运行验收。3月31日，蓄水影响整治工程（沙洋部分二）施工合同项目通过完成验收。

2. 南水北调中线一期汉江中下游部分闸站改造工程完善项目　南水北调中线一期汉江中下游部分闸站改造工程包括31处单项设计的闸站改造，通过几年运行，工程总体情况良好，但同时也发现一些问题，比如进、出泵站的交通道路等工程管理设施需进一步完善；部分泵站外江取水口受河势影响发生冲淤变化，需采取一定的工程措施，进行冲刷防护或避免淤积，利于工程安全和正常发挥效益。2020年闸站改造完善项目主体工程已完工。

2021年4月30日，南水北调中线一期汉江中下游闸站改造工程完善项目襄阳部分通过单位工程验收。5月20日，闸站改造工程钟祥市闸站改造工程配套设施建设项目通过单位工程验收。6月29日，闸站改造工程天门市闸站改造工程配套设施建设项目通过单位工程验收。7月28日，闸站改造工程完善项目第1标段（襄阳、钟祥部分）施工合同项目通过完成验收。7月29日，闸站改造工程钟祥市闸站改造工程配套设施建设项目合同项目通过完成验收。9月9日闸站改造工程天门市闸站改造工程配套设施建设项目施工合同项目通过完成验收；闸站改造工程完善项目新增天门市杨家月泵站抛石护岸施工合同项目通过完成验收。9月18日，闸站改造工程仙桃市泽口闸站改造项目管理设施工程（二期）通过单位工程验收。11月5日，闸站改造工程汉川市闸站改造工程配套设施建设项目及完善项目单位工程通过验收。12月9日，闸站改造工程仙桃市泽口闸站改造项目管理设施工程（二期）第一标段施工合同项目通过完成验收。12月9日，闸站改造工程仙桃市泽口闸站改造项目管理设施工程（二期）第二标段施工合同项目通过完成验收。12月28日，部分闸站改造工程完善项目第2标段（天门、仙桃、汉川部分）施工合同项目通过完成验收。12月20—21日，闸站改造工程完善项目履带式液压反铲挖掘机采购项目进行设备出厂验收。该项目通过出厂验收，标志着施行的部分闸站改造工程完善项目全部圆满收官。

（郑艳霞　姜晓曦）

生 态 环 境

北京市生态环境保护工作

【南水北调中线向永定河生态补水工程】　积极落实永定河生态补水任务，完成永定河生态补水工程建设及实施，累计接收上游来水约1.48亿m^3，通过大宁调蓄水库向永定河生态补水约8300万m^3，向稻田、马厂水库补水约5100万m^3，向干线反向应急输水18.3万m^3，水库调蓄约2700万m^3，水位上涨近13m，为实现永定河全线贯通、回补地下水、调蓄南水北调来水发挥了重要作用，切实做到了藏水于地、蓄水于库。（马翔宇）

【团城湖调节池水生态监管】　强化水质水生态监管，建立水质数据联络机制。在调节池区域，引入关键物种营造微生境，进行生态控藻试验。开展增殖放流，净化水体水质；在泵站区域，利用自动监测站开展水质监测，实时掌握水质动态。巩固绿化美化成果，作为首都绿化美化先进单位，在计划方案、项目组织、日常监管和病虫防治等多方面持续发力。确保各区域台账清晰、植株健康、维护到位、防治有效，池区景观持续提升，站点绿化继续提高。（马翔宇）

湖北省生态环境保护工作

（1）强化污染防治，确保水质稳定达标。坚持"截、控、清、减、治"，系统进行水污染防治，严格落实河湖长制和"十年禁渔"，开展碧水保卫战"净化行动""清四乱"专项整治和"守好一库碧水"专项整治行动，整改122个"千吨万人"集中式饮用水源地问题，完成401个长江入河排污口排查分类、溯源、整治，出台入河排污口"一口一策"整治方案。建立水质自动监测站数据跟踪和应用机制，开展泗河口、神定河口、浪河口等入库河流回水区水华问题研究和水质监测预警，强化水华防控。基本建成丹江口市化工园区、竹山鱼岭工业园区、十堰经济技术开发区污水处理厂，从根本上抓好工业园区污染治理。2021年，十堰市23个国控考核断面水质达到或好于Ⅲ类的比例95.7%，剑河、犟河、官山河水质稳定保持在Ⅲ类，泗河水质提升至Ⅲ类，神定河水质达到Ⅳ类。中心城区空气质量优良天数比例达92.3%，PM2.5平均浓度31μg/m³，达到历史最优。

（2）坚持山水林田湖草一体化治理，加快生态系统修复。坚持"治污、降碳、添绿、留白"，以保护优先、生态修复为主开展生态示范创建，大力保护自然生态，统筹推进山水林田湖草系统治理，全面推进国土绿化，实施汉江防护林、生物多样性保护、林相季相改造等重大工程。2021年，十堰市划定110个生态环境分区管控单元，多措并举抓好青山保护，全年营造林73.81万亩，治理裸露山体162处88.29万m²，治理水土流失面积81.8km²，树林覆盖率达到73.5%。十堰市郧阳区成功创建成为国家生态文明建设示范区，十堰市新增10个省级生态乡（镇）、40个省级生态村、5个市级生态乡（镇）、66个市级生态村。

（3）加快绿色低碳发展，推动"两山"创新实践。坚持减污降碳协同增效，加快推动产业结构、能源结构、交通运输结构、用地结构调整促进经济社会发展全面绿色转型。抢抓碳达峰、碳中和的机遇，积极探索碳汇、碳交易、"绿色银行"等创新举措，大力发展绿色经济，突破性发展大旅游、大健康、大生态产业，着力构建产业生态化、生态产业化的生态经济体系，提高经济发展的"含新量""含金量""含绿量"。十堰市成立"两山"实践工作专班，制定《十堰市"绿水青山就是金山银山"实践创新基地建设2021年重点任务清单》和《十堰市"绿水青山就是金山银山"实践工作考核细则》，挖掘29个"两山"转化典型案例，竹溪县成立十堰市首家"两山银行"，启动近零碳和低碳试点建设，完成温室气体清单编制和排放量初步核算，变生态要素为生产要素、生态优势为发展优势、生态财富为经济财富，打造绿色崛起先导区，使绿色成为水源区"经济倍增、跨越发展"的鲜明底色。

（4）加强生态文明制度建设，健全水质保护长效机制。加快构建减污降碳一体谋划、一体部署、一体推进、一体考核的制度机制，健全完善以绿色GDP为导向的生态文明考核、自然资源资产负债表、领导干部自然资源资产离任审计、环境保护损害责任终身追究、"党政同责、一岗双责"

责任制考核、环境保护"一票否决"等考核约束机制。探索建立市场化、多元化的生态补偿机制，推进南水北调中线水源区生态保护协作体制机制改革，加快生态环境损害赔偿制度改革、碳排放交易、排污权交易等制度落实。制定《十堰市生态环境保护责任清单》，基本完成县级环保垂管改革，修订《十堰市水环境质量横向生态补偿实施办法》，探索建立碳汇贷等多元化市场投入机制，推进排污权交易 51 次。　　　（李文才　苏道伟）

陕西省生态环境保护工作

【概况】　　陕西地处我国内陆腹地，跨越黄河与长江两大流域，处于承东启西，连接南北的战略地位。全省总土地面积 20.56 万 km^2，秦岭以南属长江流域，总面积 7.21 万 km^2，占全省面积的 35.1%，其中汉江、丹江流域在陕西省流域面积 6.27 万 km^2，是我国水资源配置的战略水源地。丹江口水库总入库水量中有 70% 源自陕西境内，在实现经济社会发展的同时，切实保护好水资源，做好水污染防治和水土保持工作，是陕西省将长久面对的任务，也是义不容辞的职责。

【南水北调中线工程陕西段水土保持工作】　　2021 年，陕西省丹江口水源区各项工作取得明显成效，长江流域 46 个国控断面水质全部达到Ⅲ类以上，优良率为 100%，优于全国长江流域平均水平 2.9 个百分点。汉江、丹江、嘉陵江水质保持为优，出陕断面水质持续保持Ⅱ类，有效保障"一泓清水永续北上"。

（1）坚持系统思维，完善健全政策体系。2021 年，陕西省政府印发了《关于推进陕西省生态环境监测体系与监测能力现代化的实施意见》、《关于建立和完善陕西省生态环境综合执法体系的实施意见》（陕政函〔2021〕80 号），陕西省水利厅、陕西省发展改革委联合印发《陕西省"十四五"水利发展规划》（陕水发〔2021〕9 号），陕西省水利厅印发《陕西省"十四五"水土保持规划》，陕西省生态环境厅编制了《陕西省水生态环境保护"十四五"规划》，制定了《陕西省重点流域水生态环境保护"十四五"补偿实施方案》，为推进秦岭及水源地生态保护和高质量发展奠定了政策基础。

（2）坚持两手发力，水土保持成效显著。2021 年，陕西省水利厅以中央、省级水土保持项目带动为抓手，以小流域为单元，山水林田湖草系统整治。根据全口径统计，陕南 3 市全年完成新增水土流失治理面积 1159km^2，建成太白县翠矶山国家级水保示范园和汉滨区牛蹄、宁陕县悠然山、旬阳县太极城和岚皋县杨家院子等 4 个省级水保示范园。依据 2021 年水土流失动态监测成果，陕南 3 市水土流失面积比 2020 年减少 184.57km^2，水土保持率达到 78.14%，高于全省 9

个百分点，实现了水土流失面积和侵蚀强度"双下降"。当好秦岭生态卫士，2021年通过水土保持遥感监管，核查区内626个扰动图斑，认定违法违规项目199个，下发监督整改意见195份。先后开展以秦岭地区为重点的生产建设项目水土保持监督检查，携手省级相关部门开展秦岭生态环境保护联合执法检查。

（3）坚持项目带动，推进中小河流治理。加强安全、水生态、水环境"三水统筹"，2021年，陕西省水利厅下达汉江、嘉陵江、丹江等主要支流治理项目（3000km² 以上）中央预算内资金18800万元、省级专项资金5000万元，安排新建、加固堤防、护岸19.15km；下达陕南3市中小河流治理（200～3000km²）中央水利发展资金4.93亿元，综合治理河长177.5km，在全面提高秦巴山区中小河流防洪能力、减小山洪灾害损失的同时，沿河周边生态环境得到极大改善，加快了城镇基础设施建设，发挥了显著的防洪效益、经济效益、生态效益。

（4）坚持履职尽责，加强河湖管理保护。陕西省各级水利系统深入贯彻落实"节水优先、空间均衡、系统治理、两手发力"的治水思路，强化落实河长制湖长制，推动河长制湖长制从"有名"向"有实""有能""有效"转变。陕南3市共设立河湖长7755名，实现省、市、县、乡四级河湖长全覆盖。把水环境治理作为优先

任务，巩固提升重点领域水污染治理成果，强化水污染流域协同防治，统筹水上岸上污染治理，加强河湖水域岸线管控，先后开展汉江清澈行动、"携手清四乱、修复母亲河"等多个专项行动。实施了国家节水行动，持续推进国家级和省级节水型社会示范区、县域节水型社会达标和节水示范单元建设。

（5）坚持多措并举，强化水资源管理。认真落实最严格水资源管理制度，强化水资源刚性约束，加强水生态保护治理，水安全保障能力迈出新的步伐。开展省内水量分配，完善水资源配置体系。按计划完成汉江省内跨市水量分配方案编制，确定省内汉江流域主要断面最小下泄流量、下泄水量控制指标，并印发相关地（市），作为陕西省汉江流域水资源配置管理的依据。同时，规范管理，有效保护水资源。

1）科学实施水资源调度，组织制定省内汉江流域水量调度方案和调度计划，实施水量统一调度、流域用水总量控制与主要断面下泄水量控制，汉江6个断面最小流量保证率均满足水量调度要求，石泉水电站等4个水利水电工程最小下泄流量保证率全部达标。

2）加强饮用水水源保护，配合出台《陕西省饮用水水源保护条例》，开展陕西省长江流域饮用水水源地摸底调查工作，流域内3个国家重要水源地安全保障达标建设评估均为优良

以上。对包括长江流域 3 个水源地在内的全省 19 个城市集中式水源地开展水质动态监测，均达到或优于Ⅲ类标准。

3）积极配合做好突发水污染事件有关工作。积极落实水利部要求，深入调查了解丹江老君河、王山沟河水文要素、水利工程以及沿线饮用水等有关情况，为水污染事件提供水利支撑服务。部门联动，对汉中市嘉陵江流域水污染事件进行了调查，提升水污染联防联控工作能力。

（6）坚持合作双赢，津陕协作助推高质量发展。印发《天津市对口协作陕西省水源区"十四五"规划（2021—2025 年）》及《津陕对口协作项目资金管理办法》，进一步规范津陕对口协作项目建设管理，充分发挥资金使用效益。2021 年落实资金 3 亿元，支持陕南 3 市生态环境、产业转型、公共服务、经贸交流等四大类别项目 41 个（其中生态环保类 21 个），为持续推动水源区水质保护、产业转型发展及民生改善和进一步密切深化津陕合作起到积极促进作用。

（7）坚持问题导向，陕南硫铁矿污染专项整治有序推进。陕西省始终坚持科学精准系统彻底的治理思路，《白河县硫铁矿区污染综合治理总体方案》通过省部联合审查，4 处矿点清污分流应急处置工程和白石河流域综合治理项目二期工程发挥效益，酸性废水处理新技术试验项目稳定试运行，废石中转站项目建成投用。精心

编制《陕西省汉江丹江流域涉金属矿产开发生态环境综合整治规划（2021—2030 年）》，筹集专项资金 10 亿元，积极开展专项整治。监测显示，陕南硫铁矿区 33 个水质预警监测断面均达到或优于Ⅲ类水质，南水北调中线水源地水质安全稳定。

（陕西省水利厅 惠波）

河南省生态环境保护工作

【邓州市】 2021 年邓州市水利部门对中线干渠左岸排水防洪影响问题进行摸排，发现隐患 24 处，协同邓州市水利部门和河南省水利勘测设计公司对影响中线干渠左岸排水防洪隐患处理进行规划设计，提高防洪能力。

（王业涛）

【漯河市】 2021 年，漯河市严格地下水开发利用总量控制，落实用水总量和用水强度"双控"方案，制定地下水井封闭计划，加大节水型社会建设力度，不断提高用水效益，地下水压采工作取得积极成效。

2021—2022 年，河南省定漯河市压采任务是压采非城区地下水量 739 万 m³，其中，浅层水压采 58 万 m³，深层承压水压采 681 万 m³。2021 年全市共完成非城区地下水压采水量为 508.83 万 m³。其中，关闭农灌井 412 眼，压采浅层地下水量 245.88 万 m³；城乡一体化配套管网延伸工程关停地下水井 43 眼，压采深层地下水量 262.95 万 m³。同时，城市建成区内

关停自备井 46 眼，压采地下水量 55 万 m³。

根据河南省水利厅公布 2021 年 7 月、10 月、11 月全省平原区地下水超采区水位变化情况显示，漯河市浅层地下水位呈连续上升趋势，尤其是 11 月，浅层地下水位较 2020 年同期上升 6.36m，上升幅度在全省 14 个平原区浅层地下水超采区的地（市）中排名第一。　　　　　　（张洋）

【周口市】　2021 年，周口市南水北调办水政监察大队贯彻落实《水法》《南水北调工程供用水管理条例》及《河南省南水北调配套工程供用水和设施管理办法》等法律法规，加大执法查处力度，提高执法水平，通过多渠道、多形式宣传南水北调有关知识和保护范围。2021 年共查处南水北调供水管道保护范围内穿越邻接工程 39 起，其中办理报备手续 10 起，制止惠济康复医院电缆线路改迁、交通路银龙水务供水管道扩建、杨脑干渠电力电缆铺设等 8 起管道穿越违法行为，其他 21 起各类施工经过现场督办协调移至管理范围外，有效保障了中心城区和淮阳、商水县城 104 万市民的用水安全。　　　　　（朱子奇）

【许昌市】

1. 干渠水生态风险防控

（1）积极汇报沟通，做好南水北调跨渠桥梁安全保障工作。针对许昌市南水北调工程跨渠桥梁存在安全隐患影响南水北调工程安全运行问题，

2021 年 3 月和 7 月，先后两次提请许昌市政府召开跨渠桥梁安全管护工作推进会，明确跨渠桥梁管理和维护责任主体，督促管养维护单位履职尽责，开展维护和管理工作，确保南水北调跨渠桥梁安全、工程安全和水质安全。

（2）配合生态环境部门开展总干渠两侧饮用水水源保护区范围内的工业企业、畜禽养殖、违章建筑、污水排放、固废垃圾堆存等水污染风险隐患排查整治，提请许昌市政府并与禹州市、长葛市政府签订目标责任书，建立问题台账夯实责任，确保"一泓清水安全北上"。

（3）配合自然资源部门做好南水北调总干渠两侧生态廊道建设工作。配合许昌市自然资源和规划局开展总干渠两侧生态廊道作业设计工作，要求禹州市水务保障中心和长葛市南水北调工程运行保障中心积极配合各级自然资源和规划部门，完成南水北调工程许昌段生态廊道建设工作。

2. 水资源司法保护建设　为全面贯彻落实习近平总书记在推进南水北调后续工程高质量发展座谈会上重要讲话精神，2021 年 9 月，许昌市南水北调工程运行保障中心联合许昌市、县两级人民法院先后在南水北调中线干线长葛管理处设立总干渠沿线首家"水资源司法保护示范基地"和"水环境保护巡回审判基地"；10 月，又在南水北调中线干线禹州管理处设立司法保护和巡回审判基地。依托"水

资源司法保护示范基地"，两级法院将延伸审判职能作用，通过设置显著标志等，彰显人民法院通过司法手段保护南水北调水生态环境的决心和意志。"水环境保护巡回审判基地"是河南省首个南水北调水环境保护巡回审判基地，依托此基地，两级法院定期选取涉南水北调水资源保护典型案例进行巡回审判，充分发挥典型案例的行为指引、警示教育作用。通过设立联席会议机制，及时研究、协调、解决影响南水北调许昌段沿线水生态环境的各类纠纷；定期选取涉南水北调水资源保护典型案例开展巡回审判，为"一泓清水北送"和南水北调许昌段水资源水生态环境提供了强有力的司法支撑。 （盛弘宇）

【焦作市】 2021年，贯彻习近平总书记在推进南水北调后续工程高质量发展座谈会上的重要讲话精神，全面落实党中央、国务院和省委、省政府决策部署，按照《河南省人民政府办公厅关于印发南水北调中线工程水源保护区生态环境保护专项行动方案的通知》（豫政办明电〔2021〕29号）要求，焦作市印发《关于印发焦作市南水北调中线工程水源保护区生态环境保护专项行动方案的通知》（焦政办明电〔2021〕37号），深入开展南水北调中线干渠生态环境保护工作。

（1）焦作市排查过程中共出动578人于2021年9月18日在河南省率先完成2506个疑似图斑排查，占

全省比例8.39%，其中居民建筑类929个，农业面源类563个，服务业类307个，工业企业类145个，线状穿越类123个，排污口类35个，矿上开采类25个，固体废物类15个，规范化建设类4个，其他类型360个。

（2）经省、市、县层层审核、筛选，焦作市确定初核问题71个，11月初河南省水利厅反馈需整改问题68个，合计86个（重复53个）。其中农业面源类26个、线状穿越类22个、服务业类8个、工业企业类8个、固态废物类7个、居民建筑类2个、排污口类1个、其他类型12个。

（3）组织召开专题会议，严格对照水污染防治法等法律法规、技术规范和专项行动工作要求，分类确定各类问题整治标准。2021年存在问题均已全部完成整治并上报销号，在河南省率先完成任务。

（4）焦作市政府于12月2—5日组成4个考核组，分别由相关市直部门分管局长担任组长，通过现场考核、听取汇报、查阅资料3个步骤对全市南水北调生态环境保护工作进行严格考核评分。通过考核，推动专项行动进一步取得实效。 （王惠）

【安阳市】 按照河南省环境攻坚办紧急通知和安阳市政府专题会议精神，安阳南水北调中心于2021年5月2日开展南水北调总干渠两侧水源保护区环境问题排查整治专项行动。

（1）压实责任，加强宣传。安阳

市政府召开专题会议进行了安排部署，与相关县（区）政府签定了目标责任书，并到南水北调总干渠沿线进行了现场调研。多次召开专题推进会进行再安排再部署，进一步夯实县（区）政府责任，限期排查整治到位，实现动态清零。同步加大宣传力度，通过横幅、宣传页、宣传栏、宣传车等形式开展广泛深入的宣传，大力营造"一渠清水永续北送，保护水源永不放松"的浓厚氛围。

（2）上下联动，全面排查。与南水北调中线局现场管理单位主动对接，联合开展拉网式排查。以徒步排查方式为主，充分利用南水北调中线局现场管理单位的视频监控系统，确保排查纵向到底、横向到边，无缝隙、无死角。在县（区）政府组织排查的基础上，组织相关部门和单位参与，多次对县（区）排查情况进行现场核实。针对排查出来的问题，坚持立行立改，边查边改，对无法立即整治到位的问题制定整治方案，明确具体措施、任务分工、完成时限、责任单位和责任人，建立领导督办制度，限期整治到位。

（3）加强督导，确保实效。成立联合督导组每天深入南水北调总干渠沿线开展现场督导，发现问题立即交办处理。对排查不全面、整改不彻底的县（区）由安阳市环境攻坚办下达督办通知进行专项督办。坚持日报告、日通报和定期调度制度，实时掌握各县（区）排查整治情况，对工作

中发现的问题及时研究提出处理意见，并跟踪落实到位。对排查出的10个问题，已于5月中旬全部整改到位。

2021年9月初，按照安阳市政府印发的《安阳市南水北调中线工程水源保护区生态环境保护专项行动方案》（安政办明电〔2021〕59号）文件，协调总干渠沿线各县（区）南水北调办事机构配合安阳市环境攻坚办执法人员对南水北调干渠两侧保护区内的环境风险隐患开展拉网式排查，现场排查点位1605个，经省级审核，全市共确定涉及工业企业、畜禽养殖、仓储物流、排污口、线状穿越等方面的环境问题39个。总干渠沿线各县（区）政府对已认定的39个环境问题实施分类整治，并于12月中旬全面完成南水北调干渠保护区污染风险源整治任务。（孟志军　董世玉）

【栾川县】　栾川县是洛阳市唯一的南水北调中线工程水源区，水源区位于丹江口库区上游栾川县淯河流域，包括三川、冷水、叫河3个乡（镇），流域面积320.3km²，区域辖33个行政村，370个居民组，总人口6.6万人，耕地2133hm²，森林覆盖率达83.51%。

1.淯河流域生态治理和高质量发展相关规划　2021年，为认真贯彻落实习近平总书记关于推进南水北调后续工程高质量发展座谈会上讲话精神，栾川县迅速行动部署，编制淯河

流域生态保护和高质量发展战略规划、栾川县京豫对口协作"十四五"规划，建立栾川县淯河流域生态保护和高质量发展"十四五"规划项目库、丹江口库区及上游水污染防治和水土保持"十四五"规划项目库。

2. 申报创建全国第二批流域水环境综合治理和可持续发展试点　2021年，栾川县作为南水北调水源地，同河南省其余 5 个县（市）将丹江口库区及上游代表河南省申报创建全国第二批流域水环境综合治理和可持续发展试点。经过多次资料征集和征求意见，流域试点方案形成并申报成功，涉及栾川县项目 14 个，总投资 6.3592 亿元。其中城乡污水处理及配套管网建设工程 2 个、河道水环境综合治理工程 4 个、水土流失防治项目 2 个，农村环境整治项目 1 个，农业面源污染控制项目 1 个，生态产业集群培育工程 4 个。

（栾川县发展和改革委）

【卢氏县】　2021 年，卢氏县纳入河南省丹江口库区及上游流域水环境综合治理与可持续发展试点实施方案项目共 27 个，总投资 33.26 亿元，其中城乡污水处理及配套管网建设工程 3 个 1.4 亿元、绿色生态屏障带建设工程 1 个 0.5 亿元、河道水环境综合治理工程 19 个 22.54 亿元、生态产业集群培育工程 1 个 5 亿元、水资源集约节约保护利用工程 3 个 3.82 亿元。

项目完成后，可进一步完善水源

区乡镇污水处理设施，提升污水日处理能力 0.7 万 t，新铺设污水管网 34.72km，新增 31 个垃圾收运站，提升 19 个乡村污水处理能力；新增 3.4km^2 水源涵养林，增加绿色生态屏障；通过对 23 条河道系统治理、水土流失治理 146.74km^2、开展清洁小流域治理 81.96km^2，进一步提高河道水环境综合治理水平；新建规模化水厂 6 座，新建农村供水水源工程 35 处，巩固提质农村供水工程 95 处，提高水源地水资源集约节约利用能力。

（崔杨馨）

天津市生态环境保护工作

【概况】　截至 2021 年年底，南水北调中线一期工程累计向天津安全输水 68.14 亿 m^3，在有效缓解天津水资源短缺问题、改善城镇供水水质的基础上，大大提升了城市水生态环境，对加快地下水压采进程起到了强大助推作用。

（侯亚丽）

【城市水生态环境】　2021 年，累计利用引江水向中心城区及环城四区生态调水 14.6 亿 m^3，其中 2020 年引江生态补水 1.75 亿 m^3。同时，由于引江水有效补给了城市生产生活用水，替换出一部分引滦外调水，有效补充农业和生态环境用水，同时水系循环范围不断扩大，水生态环境得到有效改善。2021 年 1—12 月，天津市 36 个国考断面优良水体比例为 41.7%；劣 V 类水体比例为 2.8%。截至 2021

年年底，天津市 12 条入海河流水质总体达到Ⅳ类以上，达到历史最佳水平。

（侯亚丽）

【超采综合治理】　制定印发《2021年地下水超采综合治理计划》，从强化各业节水、严控地下水开采、做好水源调度、严格用水管控 4 方面，着力推进地下水水源转换，2021 年转换深层地下水 0.1 亿 m³，关停机井 1070 眼，地下水位同比抬升 2.60m，有效减缓地面沉降。同时强化地下水压采后关停取水井管理，制定印发《天津市水务局关于加强关停取水井管理的通知》，按照应关尽关、先通后关、关管并重、能管控可应急的原则，明确取水井关停方式，包括填埋、常规封存、应急封存、热备 4 类，建立台账、严格管控，对关停取水井定期检查，严查违法违规行为。

与 2020 年同期相比，2021 年天津市浅层地下水水位整体呈稳定态势，平均上升约 1.0m；深层地下水整体呈现稳定及弱上升态势，平均上升约 3.0m。浅层地下水监测井出现回升、稳定和下降速率变缓的监测井数为 96 眼，深层地下水监测井出现回升、稳定和下降速率变缓的监测井数为 244 眼。根据水利部办公厅全国地下水超采区水位变化情况的通报，第一季度、第二季度、第三季度天津市超采区地下水水位较 2020 年同期上升 2.18m、2.04m、2.66m。

（张伟　沈强）

征 地 移 民

湖北省征地移民工作

【移民乡村振兴工作】　（1）推动移民产业扶持转型升级。积极推动南水北调移民后扶投资重点从基础设施向产业发展转变，移民资金安排从小而散、全覆盖向突出重点、集中整合转变。大力支持移民村发展优势特色产业，促进移民产业转型升级，鼓励发展移民物业经济、飞地经济，不断发展壮大移民村集体经济，建立健全产业扶持项目的收益分配机制，增加经营性收入和财产性收入。

（2）深化移民美丽家园创建。紧紧围绕乡村振兴战略，大力推进美丽家园建设，按照"整村推进，分步实施；集中资金，打捆使用"的思路，重点开展村容村貌的整治改善，基础设施配套改造，历史文化、自然景观保护修复，促进农旅融合发展。为进一步加大对南水北调丹江口水库移民后续帮扶力度，湖北省在落实正常移民后扶资金分配的基础上，从省级大中型水库库区基金中对 18 个南水北调移民美丽家园省级示范村每个村奖补 300 万元。

（3）着力提升移民就业创业能力。围绕产业发展和美丽家园建设需要，开展多层次、多渠道、多形式的技能培训、创新创业带头人培训、移民综合素质培训等，力争做到应培尽培，全力助推移民发展。

【移民信访稳定工作】 湖北省水利厅进一步压实移民信访维稳工作属地管理的主体责任和职能部门主管责任，建立完善全省移民信访系统维稳联动机制和进京赴省集访情况通报督办制度，落实领导干部阅信、接访、包案、检查督办、考评问责等信访制度，将信访工作与其他工作同部署、同检查、同考核，将任务量化到岗、责任到人。高度重视移民初信初访，及时受理，跟踪督办，坚持一盯到底，把问题解决在当地、把矛盾化解在基层，减少信访上行。加强矛盾纠纷排查和化解，完善预案措施，加强重点人员管控，确保不发生群体性事件，不发生大规模进京上访，为建党100周年营造和谐稳定的良好环境。

【移民安全度汛工作】 （1）提高政治站位。按照水利部的统一部署和《丹江口水库2021年汛末提前蓄水计划》，丹江口水库将逐步蓄水至170m正常蓄水位。湖北省水利厅进一步加强领导，压实移民工作主体责任，切实加强对丹江口水库消落区的管理，确保移民群众生命财产安全和调水安全。

（2）全面进行排查。湖北省水利厅印发了《关于做好丹江口水库170m正常蓄水位下人口及房屋排查清理工作的通知》（鄂水利函〔2021〕569号），重点排查蓄水至170m后的库周交通、移民生产耕地、库岸涉水地灾等影响移民生产生活的隐患，开展了库区移民安置点高切坡、高边坡的安全检查，加强对31处监测点的监测预警和群测群防工作，梳理问题清单，逐一整改，确保库周群众的生命财产安全。

（3）妥善做好应急处置。十堰市丹江口库区县（市、区）人民政府制定了应急处置预案，公安、应急、水利、交通、农业等部门密切协作，对蓄水过程中出现的问题及时采取应急措施。2021年9月以来，受汉江秋汛影响汉江水位上涨影响，丹江口水库汉江库尾的陈家咀滑坡出现多处拉裂缝险情。郧阳区紧急采取措施，将滑坡影响地段33户127人紧急避险转移，迅速制定防治方案措施，抓紧除险处置。湖北省水利厅还会同项目法人委托专业单位开展了巡库，按照轻重缓急的原则，梳理紧急需治理地灾项目54个，上报南水北调中线水源有限公司。

（郝毅）

河南省征地移民工作

【财务决算】 2021年，配合开展中线干渠完工财务决算有关工作。会同财务处督促有关县（市）全面完成南水北调征地移民完工财务决算问题整改，并通过水利部的核准；安排部署库区移民和中线干渠竣工财务决算准备工作，督促有关县（市）加快核销未核销资金，并对有关县（市）包干经费 2020 年至 2021 年 10 月使用情况进行审核汇总。召开南水北调中线干渠竣工财务决算资金清理工作会议、未核销资金整改工作会议，约谈安阳市、鹤壁市、平顶山市、南阳市，为编制竣工财务决算做准备。

【地质灾害防治】 为保障库区移民群众生命财产安全，向水利部申请先行实施两个受灾严重的移民村地灾防治项目，水利部批复同意并投资 3242 万元，2021 年南阳市、淅川县组织实施。同时对干线征迁穿越干渠的专项设施进行全面排查统计，消除安全隐患，保障"三个安全"。

【《河南省南水北调丹江口水库移民志》出版】 2021 年完成编撰出版《河南省南水北调丹江口水库移民志》。经多次修订完善，专家审查和统稿，最终出版发行。

【信访稳定】 2021 年开展信访稳定工作，按照"属地管理、分级负责""谁主管、谁负责"的原则，进行矛盾纠纷排查化解，及时协调解决征地移民有关问题。开展政策宣传和解释，并协同开展专项行动。2021 年 11 月河南省水利厅、省公安厅、省司法厅、省信访局联合印发《关于持续化解南水北调丹江口库区移民遗留问题维护社会稳定的实施方案》（豫水安〔2021〕18 号），计划采取 9 项措施，全省有关县（市）正在贯彻落实。疏通渠道，引导群众依法信访，

通过司法途径解决问题。 （刘斐）

文 物 保 护

河南省文物保护工作

【概述】 2021 年，南水北调文物保护工作主要为报告出版、资料整理等后续保护工作。

2021 年根据受水区供水配套工程文物保护初步验收后专家意见整理完善备验资料，准备受水区文物保护项目的最终验收。协助南水北调干部学院、南阳市渠首博物馆、焦作市方志馆等单位完成开馆及展览工作，为其提供南水北调文物保护工作相关资料。完成《河南省南水北调工程区域古代居民饮食研究》等 4 项课题的验收结项工作并颁发结项证书。"丹江口库区消落区文物保护项目裴岭墓地""李家山根墓地" 2 个项目通过专家组验收；总干渠文物保护项目安阳韩琦家族墓地搬迁复建主体工程基本完成。接收丹江口库区贾湾 1 号旧石器地点、马岭 1 号旧石器地点、王庄 1 号旧石器地点等文物保护项目发掘资料。

【项目成果】 新出版考古发掘报告 1 本：《漯河临颍固厢墓地》；《平顶山黑庙墓地（二）》考古发掘报告交出版社，进入出版流程；《淅川沟湾遗址》《禹州崔张、酸枣杨墓地》等报告已完成校稿工作；《博爱西金城》

已签订出版合同。　　　　（王蒙蒙）

对 口 协 作

北京市对口协作

【南水北调对口协作】　　深化南水北调对口协作工作，积极对接联系水源区水利部门，指导和支持做好南水北调水质保护工作，发挥挂职干部桥梁纽带和联络员作用，积极推广北京先进水利工作经验，推动水务交流和对口协作工作，为河南省开设水利干部培训班，开展汉江流域水文水生态调研，组织赴南水北调京堰协作交流中心调研，为水源区促进水质保护，推进产业扶持发挥积极作用。（朱向东）

湖北省对口协作工作

【配合制定对口协作规划】　　2021年6月，《国家发展改革委、水利部关于推进丹江口库区及上游地区对口协作工作的通知》（发改振兴〔2021〕924号）印发，明确水源区受水区结对关系不变，支持政策不减，延长协作时限至2035年。十堰市进一步聚焦水质安全保障，产业转型升级、生态环保、人才交流等领域合作，积极配合支援方编制对口协作规划，制定《十堰市南水北调对口协作"十四五"规划》《十堰市南水北调对口协作三年行动计划》，明确了"十四五"对口协作六个方面的重要工作任务和拟支

持的64个重点项目，深化多领域交流合作。

【合力抓好水源区水质保护】　　北京市直接投入协作资金5.3亿余元开展小流域综合治理、生态修复和农村环境综合整治。十堰市梳理了17个政策项目争取事项，组织赴国家部委、北京市以及首都大型企业进行对接，争取资金政策倾斜，并在推进建立完善库区生态补偿机制、丹江口库区库滨带治理及水资源配置工程、丹江口库区及上游水土保持治理、农业产业化合作、库区基础设施建设等领域争取国家部委支持和企业合作。

【强化项目支撑，助力乡村振兴】　　十堰市成立专门驻京招商机构，依托挂职干部、驻京联络处，组建招商网络，强化协作招商。梳理前期北京地区对接企业42个，共引进北京项目11个，总投资30.25亿元。发挥对口协作工作平台优势，安排协作资金4000万元，建设丹江口农副产品综合交易市场、郧阳区优质油橄榄三产融合示范园、竹溪对口协作示范园区、武当山民俗文化村等一批农业示范园区。联合举办农村致富带头人、镇村干部培训2期80人次；"十堰礼物"品牌在北京亮相发布，11款产品依托北京消费扶贫双创中心湖北馆、十堰市消费扶贫双创中心，开展线上线下同步展示展销，实现销售收入6300万元。

【做实人才智力交流支撑】　　组织开

展"京堰循环农业技术对接"，促成十堰8家企业与中国农业科学院、北京科技大学等高校院所达成合作。与中国工程院共建湖北省中国工程科技十堰产业技术研究院，已入驻各领域创新团队12个、相关技术人员106人，累计对接企业120余家，签订合同46项、金额2157万元，帮助企业建立技术研究所9个、企业研究室31个，成功争取湖北省科技厅2021年省级产业技术研究院资助项目1项，获得省级"揭榜挂帅"项目1项；推进首都科技条件平台十堰合作站建设；协调北京市医疗机构抽调10名医疗专家赴十堰市参加"6·13"事故医疗救治。

（吴辉）

河南省对口协作工作

【栾川县对口协作】

1. 对口协作项目　栾川县争取2021年河南省南水北调对口协作项目1个，总投资1200万元，使用协作资金1000万元，该项目为栾川县叫河镇水源区京豫合作生态经济示范项目。主要建设内容：实施叫河村河道沿线2.5km范围环境综合治理及40户居民环境提升改造，修缮修复叫河村至桦树坪村河道2.5km堰坝，实施叫河村至桦树坪村5km道路沿线两侧1.5m范围绿化提升，打造绿色生态景观廊道。该项目于2021年11月开工建设，项目建成将有力带动叫河村、桦树坪村及周边区域乡村旅游业

的发展，促进当地农民的收入和生活、文化水平的提高，有利于叫河村、桦树坪村旅游业实现跨越式发展，对栾川"全域旅游示范区"建设起到积极的促进作用，建成后还可改善所在区域的生态环境，并且通过景观设计还可有效地提高区域的旅游价值。

2. 昌平区对口帮扶资金　争取2021年对口帮扶项目4个，总投资914.7万元，其中争取对口帮扶资金440万元，分别是昌平职业学校栾川班项目补贴学习费用114.7万元，栾川印象农产品供应链服务中心建设项目使用帮扶资金205.3万元，叫河镇乡村振兴生态环境整治提升项目使用帮扶资金100万元，康庄田园生态农业开发合作社乡村振兴调整种植结构农业产业补贴项目使用帮扶资金20万元。2021年项目已全部实施完成。通过京豫对口协作和昌平区援助项目的实施，对持续改善水源区生态环境、保护水质、提升公共服务能力、促进当地经济社会发展具有重要意义。

3. 交流互访　2021年3月3—4日，北京市驻南阳市市委常委、副市长刘建华带队一行共4人莅洛阳市（栾川县）考察对口协作工作。洛阳市人民政府副秘书长、洛阳市人民政府驻北京联络处副主任付涛到栾川县南水北调水源区调研南水北调水源地保护及对口协作工作。南阳市政府党组成员、副秘书长邹顺华带领北京市挂职团队等一行9人赴栾川考察南水

北调及对口协作工作。　　（范毅君）

【卢氏县对口协作】

1. 项目实施　2021 年下达卢氏县南水北调对口协作项目 5 个，总投资 9044 万元，其中对口协作项目资金 4287 万元。2021 年总投资 7960 万元卢氏县高效优质蜂产业生产加工基地建设项目、总投资 501 万元的卢氏县瓦窑沟乡娑椤花生态养蜂示范园、总投资 503 万元卢氏县汤河乡小沟河小流域水生态综合治理项目已开工建设，总投资 30 万元的河南省南水北调对口协作"十三五"工作评估项目全部完工，投资 50 万元的结对区县协作项目正在实施。

2. 结对区县合作　2021 年，卢氏县和北京共开展交流互访 20 次，其中高层互访 2 次，经贸交流 11 次，教育交流活动 5 次，开展培训 2 次。原国家卫生部部长、健康中国 50 人论坛组委会主任张文康亲临卢氏参加连翘花节调研指导，为卢氏大健康产业发展提出许多建设性的意见。北京市怀柔区经济和信息化局副局长沈志欣带领商务考察团，深入卢氏县考察了解产业发展前景、企业发展运营及投资环境等，进一步加强两地联系。5 月 24—30 日，卢氏县开展京豫对口协作乡村振兴专题培训班，由县级领导带队，组织 19 个乡镇主管领导、30 个乡村振兴示范村村支部书记及 17 个县直单位主管领导、业务骨干共计 66 人到怀柔学习乡村振兴、全域

旅游、招商引资等内容，学员反馈良好，及时更新基层管理理念，有力推进乡村振兴。10 月 10—13 日，怀柔党校受邀组织北京市有关专家和优秀教师到卢氏开展送课活动和生态文明建设及现场教学点指导调研活动，送教活动主题鲜明、重点突出，具有很强的理论性、指导性和实践性，为卢氏县巩固拓展脱贫攻坚成果、全面推进乡村振兴提供了重要遵循，并捐赠价值 5000 元的书籍及价值 15000 元的中国知网会员卡。10 月 17—23 日，卢氏县 30 名优秀特岗教师赴北京怀柔区开展学科教学能力提升培训。10—12 月，卢氏县发改委与怀柔区发改委克服新冠肺炎疫情影响，就卢氏特色产品入驻怀柔双创中心进行多次沟通，怀柔区方面精心安排企业多次来卢对接，卢氏县认真筛选优质产品送往双创中心，为双方的商贸交流创建了良好的平台。

通过多种形式交流互访，加强了双方干部人才交流、产业发展、生态旅游、招商引资、教育教学等领域的合作，为卢氏县经济社会高质量发展奠定了坚实基础。

3. 项目效益　2021 年，卢氏县委、县政府把蜂产业列入全县五条产业链主导产业之一，在近三年南水北调对口协作资金的大力支持下，在中国农科院蜜蜂研究所的指导下，全县强力推动蜂产业提质升级增效，着力打造生态优势品牌。

按照"一园一游两区四社"的蜂

产业发展规划，计划总投资 5 亿元的蜂产业园占地 13.3hm²，总建筑面积超过 8 万 m²，建设内容包括蜂产品加工厂房、集散交易中心、科研检测中心、电商展销中心、冷链物流仓储中心等。一期超过 2 万 m² 的成品仓库、物流仓库、1～2 号标准化厂房、质检楼已建成投用；160 个标准化示范蜂场相继建成，100 多个村 3000 余名养蜂户得到蜂箱扶持，30 多个重点村和养蜂合作社获得养蜂扶贫产业奖补，300 名养蜂骨干受到各级各类养蜂技术培训。良好的生产条件和完备的服务设施已吸引西峡德森、河南多甜蜜、南阳草庐、福建百花 4 家蜂业企业在卢氏新成立合资公司，入驻蜂产业园区，"龙头企业＋协会＋合作社＋养蜂基地"的发展模式逐步形成。经过近三年的发展全县蜂群数达 5.3 万箱，蜂业总产值 1.2 亿元，预计到 2025 年可达到 5 亿元。　　（崔杨馨）

天津市对口协作工作

【概况】　2021 年，"十四五"开局之年。天津市与陕西省深入总结评估"十三五"规划实施情况，天津市合作交流办联合陕西省发展改革委，科学编制实施《对口协作陕西水源区"十四五"规划》《津陕对口协作项目资金管理办法》，进一步拓展合作对接领域，持续巩固深化区域协作合作成果，实现"十四五"良好开局。

　　"十三五"期间天津投入对口协作资金 15 亿元，累计支持各类项目224 个，大力实施生态环境保护、产业转型升级、社会民生改善等项目，带动投资达 319.5 亿元，为南水北调陕西省水源区经济社会发展提供了强力支撑。"十四五"时期天津计划安排对口协作资金 15 亿元，重点在生态环境保护、创新驱动、乡村振兴等领域推动项目建设，推进津陕协作水平进一步提升。2021 年，天津市安排对口协作陕西省水源区财政资金 3 亿元，实施项目 41 个，其中水质保护及生态环境建设类项目 21 个，资金1.6 亿元；产业转型类项目 6 个，资金 0.43 亿元；社会事业类项目 11 个，资金 0.92 亿元；经贸交流项目 3 个，资金 0.05 亿元。　　（陈冠燃）

【合作对接】　为深化天津市对口协作陕西水源区工作，天津市选派 5 名党政干部到陕西省发展改革委和汉中市、安康市、商洛市、宝鸡市相关市级部门交流挂职，促进津陕党政干部深度交流互动。2021 年 5 月，天津市人大常委会副主任张庆恩带领市级有关单位到陕西省调研对接，与陕西省委、省政府主要领导和省级相关部门负责人座谈交流，共同推进对口协作工作向纵深发展；推动天津市武清区与陕西省汉中市、天津市津南区与陕西省商洛市、天津市滨海新区与陕西省安康市结对合作，组织天津结对区到陕西水源区开展对接交流，促进优势互补、资源共享；拍摄"十三五"

津陕对口协作成果宣传片，并在天津电视台播出，宣传对口协作工作成果，广泛凝聚社会合力。 （陈冠燃）

【项目建设进展】 2021 年，津陕协作实施的 41 个项目，资金使用安全规范，有效改善汉丹江流域水环境质量，推进陕西水源区水质稳定达标，确保"一泓清水永续北上"，同时在促进转型、改善民生和撬动投资等方面发挥了明显作用，助力陕西水源地经济社会事业高质量发展。其中，汉中市西乡县幼儿园扩建项目、安康市恒口示范区飞地经济园污水主干管工程、商洛市镇安县兰花特色产业园项目带动性强、效益明显，示范引领作用突出。 （陈冠燃）

柒　东线二期工程

概　　述

【科学技术】　积极组织科研攻关。

（1）组织开展二级坝泵站后置灯泡贯流泵装置模型及机组结构研发。提前筹划，及早介入项目前期工作。2021年3月，协同组织二期工程二级坝泵站水泵研发方案专家咨询会，与高校、水利水电规划设计总院、中水淮河规划设计研究有限公司等单位的水泵专家咨询交流，掌握项目进展。2021年5月、11月，东线总公司领导带队赴相关高校、科研院所、水泵水轮机制造厂、同台测试单位等开展实地考察，形成了建议方案和调研报告，为二级坝泵站工程招标和建设提供技术支撑。

（2）根据东线二期工程可行性研究列入的专题研究项目和前期工作进展，适时会同有关单位组织开展穿黄隧洞盾构机设备选型、区域化沉降变形预测等重大专题研究工作。

（3）依据东线一期工程及北延应急供水工程等引调水工程，推进BIM项目底层需求研究，为东线二期工程智慧化建设奠定坚实基础。（孙德朝）

【创新发展】

1. 三维查勘系统技术　南水北调东线二期工程在项目前期设计阶段，创新的应用三维查勘系统技术，可以从底图上直观看到沿线走势是否合理、已有工程布局和地形地貌的变化等，达到不去现场就能宏观查勘线路的目的。缩短了工期，提高了效率，避免了新冠肺炎疫情带来的不利影响。

2. 正射影像和地表点云相结合　采用正射影像和地表点云相结合的方式开展线路设计工作，初步布置沿线建筑物和土方量填挖平衡计算，为设计工作提供了快捷便利的技术手段，有效缩短了前期工作周期，推进了项目整体进度。

3. 倾斜摄影技术　在南水北调东线二期工程穿黄河段设计中，应用倾斜摄影技术建立地表三维立体模型，通过在立体模型上开展穿黄工程设计和施工布置，避免了平面设计的局限与不足，有效缩短了设计时间，提高了工作效率。　　　（慕然）

前 期 工 作 进 展

【规划设计】

1. 工作计划　2021年2月，根据水利部部署和中国国际工程咨询有限公司（以下简称"中咨公司"）提出的《南水北调东线二期工程规划咨询评估报告》，淮委会同海委制定了东线二期工程规划修订工作计划；3月4日，淮委会同海委组织召开规划修订工作方案讨论会；3月9日，淮委印发南水北调东线二期工程规划修订工作方案；5月27日，淮委会同海委修改完成东线二期工程规划，并报送水利部规计司。

按照习近平总书记"5·14"重要讲话精神和水利部工作部署，6—7月，淮委会同海委开展了南水北调工程总体规划（东线部分）评估、南水北调东线后续工程方案论证和南水北调后续工程规划评估重点问题论证工作，编制完成了《南水北调工程总体规划东线部分评估报告》《南水北调东线后续工程方案论证报告（"短东线"方案）》《南水北调东线后续工程规划评估重点问题论证报告》，9月，上述3项工作成果通过水利部党组推进南水北调后续工程高质量发展工作领导小组验收。

8月3日，水利部召开部长办公会讨论南水北调东线二期工程规划修订工作。根据部长办公会会议精神，在东线规划评估、重点问题论证、后续方案论证等工作成果基础上，淮委会同海委组织召开规划修订工作方案讨论会，8月12日印发了规划修订工作方案。8月24日，淮委会同海委修订完成《南水北调东线二期工程规划（2021年修订）》，并报送水利部规计司。

9月8—9日，水利部水规总院组织对《南水北调东线二期工程规划（2021年修订）》进行审查。会后，淮委会同海委组织对规划报告进行了修改完善，于9月底提出了修改后的规划报告。

10月21日，水利部召开部长办公会，再次听取南水北调东线二期规划修改情况汇报并部署下一步工作。会后，淮委会同海委组织对规划报告进行了修改完善，于10月底提出了修改完善后的规划报告。

10月26日，国务院召开推进南水北调后续工程高质量发展领导小组办公室第二次会议，提出由水利部会同国家发展改革委、中国工程院等单位开展南水北调后续工程东、中线多方案比选工作。会后，淮委会同海委开展了概念性设计和方案比选工作。

（胡志毅）

2. 报告编制报批　按照水利部安排部署，淮河水利委员会、海河水利委员会负责组织开展东线二期工程规划报告、可行性研究报告的编制工作，东线总公司配合。2019年12月，水利部向国家发展改革委报送了《水利部关于报送南水北调东线二期工程规划报告及其审查意见的函》（水规计〔2019〕419号）；2020年12月，水利部向国家发展改革委报送了《水利部关于报送南水北调东线二期工程可行性研究报告及其审查意见的函》（水规计〔2020〕309号）；2020年同步完成了东线二期工程二级坝泵站、穿黄工程的初步设计报告编制和技术审查；2020年，国家发展改革委委托中咨公司开展东线二期工程规划报告评估工作；2021年2月，国家发展改革委向水利部印送了中咨公司关于东线二期工程规划的咨询评估报告；2021年10月，东线总公司配合淮委、海委组织完成《南水北调东线二期工

程规划报告（2021 年修订）》，报送
水利部。

3. 前置要件办理　按照水利部工作安排，东线总公司牵头负责组织开展东线二期工程前置要件办理工作。2020 年 4 月，东线总公司向生态环境部报送了《南水北调东线总公司关于申请审查南水北调东线二期工程规划环境影响报告书的函》（东线计函〔2020〕52 号）。2021 年 2 月，生态环境部向东线总公司印发了《关于〈南水北调东线二期工程规划环境影响报告书〉的审查意见》（环审〔2021〕21 号），批复了东线二期工程规划环境影响评价。2020 年 11 月至 2021 年 6 月，东线总公司主动与地方主管部门沟通对接，完成了东线二期二级坝泵站工程地质灾害评估、地震安全评价、用地预审及规划选址、穿黄工程地质灾害评估等 4 项要件办理；组织完成了东线二期总体可研的地震安全评价、航评、地灾、环保、水保等要件报告初稿的编制工作，开展了江苏省、山东省、河北省、天津市的停建令下达申请以及山东境内工程建设用地范围内涉及已知文物的函询等工作。

4. 加快推进前期工作

（1）积极推动先期开工项目前置工作要件办理工作。两项先期开工项目共 15 项 27 个前置要件需要办理，2021 年度完成 3 项 4 个前置要件办理工作，其他前置要件取得阶段性进展。

（2）研究形成二期工程建管机构组建方案。在分析一期工程经验与教训，研究国内类似工程成熟经验基础上，积极向公司领导请示汇报，加强与各部门沟通协调，编制完成了二期工程建管机构组建建议方案供上级单位研究决策，明确了管理机制与实施路径，为东线二期工程全面开工及后续高质量发展提供强有力的组织保障。

（郭建邦　孙德朝）

【专题研究】

1. 海河流域受水区海（咸）水入侵效应分析和地下水回灌措施研究　针对东线二期工程海河流域受水区距离海洋较近，同时地下水超采严重，成为海水入侵多发区域的问题，组织开展了东线二期工程对海河流域受水区海（咸）水入侵效应分析和地下水回灌措施研究。

2. 南水北调东中线受水区水资源供需分析与配置方案　统筹流域治水，坚持节水优先、保护修复生态，科学预测供水目标需水量；立足东中线后续工程特点，充分考虑东中互济，多水源联合配置，提出东中线需调水量方案，为南水北调后续工程高质量发展提供了有力支撑。　（慕然）

3. 做好技术准备工作　南水北调东线公司组织开展专题研究，通过市场调研、实地走访、会议研讨、专家咨询等方式，结合东线二期工程特性、东线一期及中线工程建设经验，就如何科学高效组织工程建设，参建各方形成合力、合理安排建设工期工序、优化配置施工力量、运营前介提高工程投产达效等施工组织问题，形成技术报告。协助完善施工技术方案，加快有关核心技术的研发进度，助推工程技术创新，为下阶段工程建设的组织与管理提供参询。

4. 开展组织准备工作　南水北调东线公司加快推进二期工程建管机构组建工作，谋划机构设置、岗位编制、人才培养，落实绩效考核、薪酬分配、激励方案，配齐配强干部职工，为工程正式开工建设提前储备干部人才。

5. 推进制度准备工作　南水北调东线公司在研究上位规章制度、调研同质单位的基础上，结合东线二期工程特点，梳理工作流程与内控风险点，按照处室设置与工作模块，制定制度清单。建立覆盖工程建设、招标采购、质量安全、征迁移民、风险防控、计划财务、行政薪酬等工程建设管理全生命周期的制度体系。

为深入贯彻落实习近平总书记在推进南水北调后续工程高质量发展座谈会上的重要讲话精神，东线总公司第一时间组织专班开展了《南水北调东线工程建设运行管理经验总结》，于2021年6月形成成果报告报送南水北调集团和水利部；支撑南水北调集团完成了《南水北调工程建设运营管理体制研究》《南水北调后续工程东、中线多方案比选报告》《南水北调工程东中线成网互济调配及中线扩容总体潜力评估研究报告》《多业态提升南水北调工程综合效益研究报告》等重大专题研究；分别配合中咨公司、黄委和海委完成了总体规划实施情况评估（东线）、水量消纳能力研究、东线一期工程优化运用方案等相关专题研究。

（孙德朝）

捌　中线后续工程

在线调蓄工程

【前期工作组织】 2018 年 12 月，国务院批复《河北雄安新区总体规划（2018—2035 年）》，提出建设南水北调调蓄水库。2019 年 5 月，京津冀协同发展领导小组会议将雄安调蓄库及配套工程项目列入雄安新区 67 个重点项目建设计划。2019 年 8 月 22 日，雄安调蓄库工程取得了河北省发展和改革委员会（以下简称"河北省发展改革委"）同意开展雄安调蓄库工程前期工作的函。2020 年 12 月 30 日，河北省发改委对雄安调蓄库工程进行了项目核准批复，建设单位为南水北调中线建管局。2021 年完成雄安调蓄库初步设计报告编制、审查和修改完善，取得环保、使用林地等相关要件批复，完成雄安调蓄库现场灌浆试验研究，实施雄安调蓄库智慧管理平台先期建设项目。 （刘洋 王辉）

【雄安调蓄库工程】 南水北调中线雄安调蓄库工程是保障雄安新区供水安全、提高中线供水保障能力的重大基础设施。

1. 完成初设报告编制审查修改根据中线建管局审查后的雄安调蓄库工程可行性研究报告和河北省发展改革委项目核准意见，组织设计单位编制完成了雄安调蓄库工程初步设计报告，并委托技术咨询单位对设计报告进行了审查。2021 年 9 月审查单位出具初步设计报告审查意见，认为初步设计报告基本达到初步设计阶段工作深度要求。组织设计单位根据审查意见对初步设计报告进行了修改、补充和完善。

2. 完成灌浆试验研究 雄安调蓄库工程上库库盆岩体主要为可溶岩，水库蓄水后存在向低邻谷渗漏及沿断层渗漏的可能，调蓄库设计库盆防渗采用以库周垂直帷幕灌浆为主、对贯穿性断层采用帷幕灌浆与地表防渗封堵相结合的方案。2020 年 7 月，南水北调工程专家委员会对《南水北调中线雄安调蓄库工程上库岩溶渗漏及防渗措施优化专题研究报告》进行了技术咨询，认为应尽早开展现场灌浆试验研究。2020 年 11 月，组织开展了雄安调蓄库灌浆试验工程及研究项目。2021 年 5 月，组织对项目研究中期成果进行了评审，根据评审意见进一步完善优化试验方案，7 月初灌浆试验现场施工全部完成，9 月中旬编制完成南水北调中线雄安调蓄库灌浆试验工程及研究成果报告。2021 年 10 月 12 日，南水北调工程专家委员会对试验研究成果报告进行了技术咨询，咨询意见认为试验研究目的明确，研究路线正确，成果内容丰富，提出的施工工艺和参数适用该工程的地质条件，试验成果为工程设计和施工提供了技术支撑。

3. 实施智慧管理平台先期建设雄安调蓄库工程规模大、建设任务繁重，是一项复杂的系统工程，需有一个标准规范的智慧化管理平台，对建设过程进行统一管理。按照水利部智慧水利和中线建管局智慧中线要求，结合雄安调蓄库现场先期智慧管理需要，按照"急用先试、分步实施、控制投资"的原则，实施了雄安调蓄库智慧管理平台先期建设项目，组织项目承担单位与现场建管单位深入进行项目需求分析和任务对接，编制完成项目实施方案。2021年5月，组织专家对项目实施方案进行了审查，已完成智慧管理先期应用平台试用版本，并对有关功能模块进行试用。

4. 做好其他重点工作　中线建管局全力做好雄安调蓄库相关工作。

（1）紧盯要件跑办。专人负责紧盯项目所需要件办理，现场跑办使用林地、环水保等专项审批。2021年6月24日取得国家林业和草原局出具的《使用林地审核同意书》，8月10日取得河北徐水经济开发区行政审批局关于雄安调蓄库工程环境影响评价报告书的批复。

（2）抓实关键技术问题。雄安调蓄库防渗至关重要，组织设计单位对库区内的工程地质情况开展进一步摸排，在库区范围内新增多个钻孔进一步探清了地质情况，尤其是断层和破碎带等防渗薄弱环节，为后续细化完善水库防渗方案做好基础工作；雄安调蓄库沉藻池工程措施无工程先例可循，在组织开展雄安调蓄库沉藻沉沙工程措施研究基础上，结合沉藻池设计方案进行了沉藻池数值模拟分析，

为沉藻池布置和流态优化提供技术支撑；调蓄库开挖支护及爆破施工专业性较强，施工安全管理要求高，关系到调蓄库建设和工程安全，委托南水北调工程专家委员会对调蓄库下库开挖支护工程爆破施工专项方案及安全影响评价报告进行技术咨询。

（3）做好移民征迁准备工作。与地方征迁部门密切联系，积极了解移民安置有关政策，提前掌握占地范围内的人口、房屋、土地、专项等基本情况，取得办理用地所需的规划图、林地意见、基本农田补划方案等相关要件。

（4）协调解决施工用水用电。积极协调解决雄安调蓄库工程施工用水、用电事宜，既满足设计要求，又节约建设资金，简化审批程序。

（5）开展项目经济效益初步分析。组织开展雄安调蓄库项目经济效益初步分析工作，综合考虑各项收益，对雄安调蓄库项目经济效益进行评估测算。

（刘洋　路蕴琪　王辉　李许燕）

【重大事件】　2021年1月27—29日，委托技术咨询单位对雄安调蓄库工程初步设计报告进行了审查。

2021年3月22日，中线建管局向南水北调集团报送了关于南水北调中线雄安调蓄库工程有关情况的报告。

2021年3月28日，水利部党组书记、部长李国英到雄安调蓄库工程

现场调研。

2021年5月10日，河北省委书记王东峰、省长许勤一行到雄安调蓄库工程现场调研检查。

2021年6月3日，组织完成了雄安调蓄库使用林地申请及相关材料准备，并报送至河北省林业和草原局审批。

2021年7月3日，灌浆试验工程及研究项目现场施工全部完成。

2021年8月10日，取得河北徐水经济开发区行政审批局关于南水北调中线雄安调蓄库工程建设项目环境影响评价报告书的批复。

2021年8月25—27日，水电水利规划设计总院召开会议对雄安调蓄库抽水蓄能电站可行性研究报告进行了审查。

2021年10月12日，南水北调工程专家委员会在北京召开会议对《南水北调中线雄安调蓄库灌浆试验工程及研究成果报告》进行了技术咨询。

（刘洋　李许燕）

引江补汉工程

【工程概况】　南水北调工程是党中央决策建设的重大战略性基础设施，是优化水资源配置、畅通南北经济循环的生命线和大动脉，事关战略全局、事关长远发展、事关人民福祉。2021年5月14日，习近平总书记在河南省南阳市主持召开推进南水北调后续工程高质量发展座谈会并发表重要讲话。习近平总书记立足党和国家事业发展全局，高度评价南水北调这项世纪工程的重大意义，充分肯定了工程已发挥的巨大效益，深刻总结了工程建设的宝贵经验，明确了后续工作的总体要求，为推进南水北调后续工程高质量发展凝聚了思想共识，注入了强大动力，提供了科学指引和根本遵循。

为落实《南水北调工程总体规划》《长江流域综合规划（2012—2030年）》等规划安排，缓解汉江流域水资源承载能力，支撑京津冀协同发展、雄安新区等国家战略实施，近年来，长江委开展了南水北调中线后续水源方案研究工作，规划建设引江补汉工程。工程规划从长江三峡库区龙潭溪自流引水至丹江口水库坝下汉江干流，通过水量置换增加中线北调水量；工程多年平均引江水量39亿m³，由输水总干线和汉江影响河段综合整治工程两部分组成。　（蔺秋生）

南水北调中线工程是缓解我国北方水资源严重短缺局面的重大战略性基础设施，中线一期工程自2014年通水以来，为北方受水区经济社会发展提供了有力支撑，极大缓解了北方受水区的用水矛盾，取得了显著的经济效益、社会效益和生态效益。按照2002年国务院批复的《南水北调工程总体规划》要求，在南水北调中线后续水源方案研究工作的基础上，建设引江补汉工程，有序推进连通长江和汉江的补水工程建设，可提高汉江流域的水资源调配能力，增加南水北调中线工程北调水量，提升中线工程供水保障能力，并为引汉济渭工程达到远期调水规模、向工程输水线路沿线地区城乡生活和工业补水创造条件。

引江补汉工程供水范围为南水北调中线工程受水区、汉江中下游（含清泉沟供水区）、引汉济渭受水区及工程输永线路沿线补水区。工程多年平均年引江水量为 39 亿 m³，其中向南水北调中线一期工程总干渠补水 24.9 亿 m³（中线一期工程总干渠多年平均年北调水量 115.1 亿 m³），向汉江中下游补水 6.1 亿 m³，补充引汉济渭工程 5.0 亿 m³，工程输水线路沿线补水 3 亿 m³。

引江补汉工程自三峡水库库区左岸龙潭溪取水，采用有压单洞自流输水，经湖北省宜昌市、襄阳市和丹江口市，终点位于丹江口水库大坝下游汉江右岸安乐河口；对丹江口水库坝下长约 5km 的汉江影响河段进行综合整治，包括羊皮滩右汊出水渠、航道整治和河道整治等；在输水总干线预留向输水线路沿线补水的分水口门。引江补汉工程总干线进水口设计水位采用三峡防洪限制水位 145.00m（吴淞高程），相应设计引水流量 170m³/s，预留输水线路沿线补水分水口门设计流量 40m³/s；汉江影响河段综合整治工程按照影响河段现状Ⅳ级航道保证畅通，并具备实现远期规划Ⅱ级航道条件进行整治。引江补汉工程由输水总干线和汉江影响河段综合整治工程组成。输水总干线由进口建筑物、输水隧洞、石花控制建筑物、出口建筑物、检修排水建筑物和检修交通洞等组成，输水总干线长约 194.8km，采用有压单洞自流输水方式。

2021 年，引江补汉工程处于工程前期可行性研究阶段，主要工作任务为前期要件办理、编制可行性研究报告、准备先期开工项目。

（宁昕扬　韩东方）

【工程投资】　按 2021 年第二季度价格水平，工程静态总投资为 5981439 万元，总投资为 6620906 万元。其中工程部分投资 5552588 万元，建设征地移民补偿投资 157108 万元，环境保护工程投资 160194 万元，水土保持工程投资 111549 万元，建设期融资利息 639467 万元。

（宁昕扬　贾茹）

【工程规划】

1. 工程建设的必要性　2014 年 12 月 12 日，南水北调中线一期工程正式建成通水，截至 2021 年年底已累计向北方调水超 447 亿 m³。中线一期工程极大缓解了受水区城市严重缺水的制约问题，受水区经济发展格局因"南水"而不断优化，但华北平原水资源承载能力不足的问题依然突出。随着京津冀协同发展战略和雄安新区建设、中原城市群建设的推进，以及华北地区地下水超采综合治理的实施，北方受水区用水量将进一步增长，给北调水供给提出了新的要求。

然而，汉江来水丰枯不均，枯水年来水偏少，近年来遭遇多个连续枯水年份，流域水资源供需矛盾不断加剧，面临水资源开发与保护协同共生的难题。因此，从水量相对丰沛的长江调水，连通三峡水库、丹江口水库两大战略水源地，提高汉江流域水资源承载能力，落实规划战略安排已显得十分必要和紧迫。

引江补汉工程是提升中线一期工程供水保障能力、保障受水区供水安全的重大举措，是应对汉江流域来水减少、缓解汉江流域生态环境与社会压力、提高流域及区域水资源调配能力的重要措施，是支撑国家水网主骨架和大动脉的重大基础设施。

2. 工程任务　引江补汉工程是南水北调中线工程的后续水源，从长江三峡库区引水入汉江，提高汉江流域的水资源调配能力，增加南水北调中线工程北调水量，提升中线工程供水保障能力，并为引汉济渭工程达到远期调水规模、向工程输水线路沿线地区城乡生活和工业补水创造条件。

3. 工程规模　引江补汉工程1956—2018年多年平均年引水量39亿 m^3，其中，补北调水量24.9亿 m^3，补引汉济渭水量5亿 m^3，补汉江中下游水量6.1亿 m^3，输水工程沿线补水量3亿 m^3。工程实施后，中线多年平均年北调水量增加到115.1亿 m^3。

4. 工程布局　工程总体布局比选了引水入丹江口坝上、坝下和坝上坝下结合三类方案。坝上方案从三峡水库提水经汉江支流入丹江口水库；坝下方案从三峡库区自流引水至丹江口水库坝下汉江干流；坝上坝下结合方案，坝上从三峡库区长江北岸支流大宁河提水至汉江支流从而进入丹江口水库，坝下从三峡库区自流引水至丹江口水库坝下汉江干流。三类方案技术、经济均可行，坝上方案一次性投资较省，但提水运行费用高，技术经济均无优势，且存在使丹江口水库水质降类的风险；坝上坝下结合方案投资最大，且运行费用相对较高，由于涉及坝上和坝下两条线路，工程技术难度和工程风险也高于其他两个方案；坝下方案的技术风险相对可控，全程自流，经济性最好，供水成本最低，因此推荐坝下方案。

需要说明的是，引江补汉工程建成后，仍不能完全满足中线受水区规划水平年需水要求。远期可根据北方受水区需水增长，以及汉江中下游生态经济带建设进展，结合三峡水库水质改善情况，进一步研究从长江三峡、嘉陵江、大宁河等增加后续水源的可能性。

5. 推荐方案　引江补汉工程推荐的坝下方案（龙安1线）工程建设项目包括输水总干线工程和汉江影响河段综合整治工程两部分，并在输水总干线预留向输水线路沿线补水的分水口门。

输水总干线工程：从三峡大坝上游约7.5km左岸龙潭溪取水，输水至丹江口坝下约5km右岸安乐河口，全程采用有压单洞自流输水，线路全长194.8km，等效洞径10.2m，设计流量170m³/s，最大流量212m³/s。

汉江影响河段综合整治工程：为减缓工程通水后，丹江口水库下泄流量减小对坝下局部河段航道影响，保障出水口河段河势稳定，对坝下长约5km的汉江影响河段进行综合整治。

沿线补水分水口：在输水总干线桩号17+224附近预留乐天溪分水口，为沿线补水创造条件，预留段长度100m，设计流量40m³/s。

6. 施工方案　根据隧洞沿线地形地质条件、环境保护要求和施工工法特点，采用"TBM法＋钻爆法"组合的施工方案，对埋深较大且地质条件较好的洞段，采用先进的TBM施工，以发挥其掘进速度快、施工质量稳定、安全作业条件好的优点；对规模较大的区域断层破碎带、可能产生突发性涌水突泥、软岩大变形等问题的不良地质洞段，采用常规的、经验成熟的钻爆法施工，以充分发挥钻爆法的机动性和灵活性。钻爆法施工段长约75km、占比38%；TBM法施工段长约120km、占比62%。采用9台TBM施工。施工总工期108个月。

7. 建设征地与移民安置　引江补汉工程建设征地范围包括永久征地和临时用地。永久征地范围包括输水总干线和汉江影响河段综合整治工程建筑物占地、检修及对外交通占地、工程管理区占地等，范围根据工程布置和管理规划成果拟定。临时用地包括弃渣场、料场、施工营地和场地、临时道路、其他临时设施等用地，范围根据施工布置方案拟定。

引江补汉工程建设征地涉及宜昌市夷陵区，襄阳市保康县、谷城县，十堰市丹江口市等3个市、4个县（区）、17个乡（镇）、52个村。建设征地总面积19590.17亩，其中耕地1842.16亩（永久基本农田984.41亩）、园地607.63亩、林地9447.00亩、其他类别的土地7693.38亩。征地范围内有农村居民261户996人，各类房屋64356.64m²；涉及道路31.51km，电力线路40.10km，通信线路40.99km，广播电视线路357.36km，供水管道4.44km，污水管道2.34km，抽水泵站3座，涉及采矿权和探矿权11处，涉及文物点3处。估算的引江补汉工程建设征地补偿费用总计157108.44万元。

8. 管理体制　遵循"政府宏观调控、准市场机制运作、现代企业管理、用水户参与"的基本原则，长江委对长江流域水资源管理及水利工程建设具有综合管理职能，实行水资源统一调度和管理；项目法人全面负责工程建设管理和运行管理，其中汉江影响河段综合整治工程竣工验收后交由湖北省地方原有河道、水利主管部门管理。

9. 资金筹措及水价测算　工程有一定的融资能力。鉴于引江补汉工程是中线工程的后续水源，其融资方案以中线工程项目法人为财务核算主体进行测算，结合中线一期现行的水价政策和运营实际，以"成本水价＋计入发电影响＋考虑一期融资能力"方案进行资金筹措，引江补汉工程可利用银行贷款 204 亿元（占工程静态总投资的 34%），建设期利息 64 亿元，资本金 394 亿元，工程总投资 662 亿元。

按全部以北调水新增水量计价，北调水价格为 1.65 元/m³。若与中线一期统筹考虑，按总干渠多年平均输水量 115.1 亿 m³ 计，北调水水价为 1.17 元/m³，与一期工程现行水价相比，平均提高 0.11 元/m³。经测算，引江补汉工程具有财务生存能力，并可如期偿还贷款，但盈利能力弱。

（李波）

【环境保护】 引江补汉工程实施具有显著的经济、社会、环境效益，但同时也会对周围环境产生一定不利影响，除工程永久占地影响为不可逆影响外，其他影响可通过生态环境保护措施予以减缓或消除。从环境保护角度，引江补汉工程无重大生态环境制约因素，工程建设可行。

1. 工程方案环境比选 引江补汉工程可行性研究阶段，环境影响评价工作对工程方案环境进行比选、对合理性进行分析。从环境角度综合分析，坝下龙安 1 线方案、坝上坝下结合方案，环境可行且无明显制约因素。

2. 环境现状调查与评价 环境影响评价工作对水源区及水源下游区、输水沿线区、受水区的环境现状进行调查和评价，并提出对应的环境保护目标。

3. 环境保护措施 环境影响评价工作对水源区及水源下游区、输水沿线区、受水区的环境影响进行了预测评价。根据预测针对水源区、受水区、工程管理区、地下水、陆生生态、水生生态、施工环境、环境敏感区等不同影响程度，分别做出具体的环境保护措施。

4. 环境管理与监测 环境影响评价工作对工程环境保护管理的体系、职责、施工管理、运行监测等各个环节做出详细规划设计。

5. 综合评价结论 引江补汉工程施工期"三废"和噪声等会对周围环境产生不利影响；输水隧洞穿越沿线断裂带和裂隙密集带存在岩溶突涌水风险，可能导致局部地下水水位短时期下降；工程永久占地影响区域土地资源和土地利用；工程建设运行会对三峡坝下河流生态环境产生一定影响；汉江中下游总磷负荷增加，存在一定水环境风险；中线受水区供水量增加，造成区域退水量和污水处理量增加；工程取水的卷吸效应会导致取水口局部水域一定的鱼卵、鱼苗损失。上述不利影响，除工程永久占地损失为不可逆影响，其他影响可通过生态环境保护措施予以减缓或消除。从环境保护角度，引江补汉工程无重大生态环境制约因素，工程建设可行。

（徐志超　韩东方　刘扬扬）

6. 水源区与水源下游区

(1) 水资源保护。

1) 优化水资源调度。以三峡及上游干支流控制性水库群为对象,制定长江流域上游水库群联合调度方案,优化水库调度,保障三峡坝址下游河段生态需水。在5—6月择机开展生态调度,提高三峡水库下泄流量,宜昌断面流量需满足:持续涨水时间≥3天、流量日上涨率>1000m³/s,以满足"四大家鱼"繁殖需要的水流条件。

2) 加强水资源节约。扩大大型灌区的节水灌溉面积,提高农田灌溉水有效利用系数。限制高耗水企业的发展,推行节水工艺和技术、工业废水回用,普及节水器具和减少城市管网漏损率。严格贯彻落实水资源管理控制指标要求,确保水源下游区沿岸各地市用水总量、用水效率满足分解指标的要求。

(2) 生态保护。

1) 陆生生态。取水口永久占地区采取植被和景观恢复措施,取水口临时占地区结合水保措施进行植被恢复。开展水源下游区湿地动植物监测与科学研究。

2) 水生生态。在龙潭溪取水口修建拦鱼设施,在取水口附近建设鱼类增殖放流站,放流赤眼鳟、蒙古鲌、鳊、拟尖头鲌、花䱻、胭脂鱼、长吻鮠、岩原鲤、中华倒刺鲃等。制定三峡水库5—6月试验性生态调度方案时,充分考虑工程实施后水文情势变化的影响,缓解对长江中游鱼类的影响,加强渔政管理,规范增殖放流活动以及河道采砂活动,维护区域鱼类良好栖息生境。

3) 环境敏感区。优化施工布置,进行风景名胜区内永久占地区景观恢复设计,依托风景名胜区管理部门进行定期巡视。依托自然保护区管理部门进行中华鲟、江豚、麋鹿种群结构以及湿地生物多样性定期巡视,采取湿地植被恢复和湿地鸟类保护措施。

7. 输水沿线区

(1) 生态保护。

1) 陆生生态。对施工人员开展野生动植物保护的宣传教育,典型施工区设置宣传牌,植被较好路段设置警示牌。加强施工期隧洞上方地表植被保护,依托地方林业部门,开展可溶岩分布区隧洞上方地表植被生长状况的定期观测。加强施工期野生动物保护措施,依托地方野生动物保护部门,对施工中受伤的野生动物及时采取救护措施。

2) 环境敏感区。在自然保护区边界设立宣传牌和围栏,禁止施工人员越界施工。依托保护区管理站,在施工区附近开展野生动物定期观测。

(2) 施工环境保护。

1) 声环境。选用符合国家有关标准的施工机具和运输车辆,合理进行施工布置,将高噪声源设备布置在远离居民点侧,并在临居民点侧设置临时隔声屏障,在施工道路临居民点附近道路两侧设置限速标志等措施。

2) 空气环境。采取优化施工工

艺，施工区配备洒水车，隧洞施工作业面配备除尘设备进行洒水降尘，运输车辆安装尾气净化器，现场作业人员配备防尘用具等。

3）固体废弃物。在施工营地内设置垃圾桶，施工期间弃渣活动严格执行水土保持方案报告书提出的各项措施。在设计深化后对土石方调配进行优化设计，并研究弃渣综合利用，降低工程弃渣量。

8. 受水区

（1）水资源保护。

1）优化丹江口水库调度，保障减水河段生态基流。在丹江口水库调蓄能力允许范围内，应尽可能保证引水后丹江口下泄流量不小于生态基流 $174\text{m}^3/\text{s}$，以丹江口水库 150m 死水位和 145m 极限死水位为控制水位，优化枯水年丹江口水库调度。

2）大力推进工业节水改造，定期开展水平衡测试及水效对标，对超标取用水的企业，限期实施节水改造。全面推进节水型城市建设，提高城市节水工作系统性，将节水落实到城镇规划、建设、管理各环节，落实城市节水各项基础管理制度，实现优水优用、循环循序利用。优化调整产业布局和结构，鼓励创新性产业、绿色产业发展。

（2）生态保护。

1）陆生生态。开展工程运行期丹江口坝下至安乐河出口汉江河段湿地生态定期巡视，发生减水引起的湿地植被问题及时采取措施。

2）水生生态。加强施工管理，设置水生生物保护警示牌。采取生态护岸等生境修复措施，为产粘沉性卵鱼类的栖息、繁殖等提供适宜生境条件。依托丹江口鱼类增殖放流站开展补偿性增殖放流，放流对象包括鲢、鳙、鲂、长吻鮠、黄尾鲴、唇鲴、蒙古鲌、中华倒刺鲃等。开展汉江中下游梯级枢纽联合生态调度，促进汉江中下游产漂流性卵鱼类自然繁殖。落实长江十年禁渔政策，加强渔政管理，规范区域采砂等活动，维护区域良好水域生态环境。持续加强中线受水区相关水域水生生物监测，开展跨流域调水对中线受水区长期生态学效应研究力度，采取救护措施。

（刘扬扬）

【水质保护】

1. 水源区与水源下游区

（1）水源区。划定饮用水水源保护区，开展水源保护区规范化建设，对水源保护区进行物理隔离防护和生态隔离防护，建立水源区水质在线监测和预警系统，制定水环境风险防控机制及突发事件应急预案。定期开展主要污染源及入河排污口调查评估，从工业污染防治、生活污染防治、面源污染防控、重要支流水污染综合防治等方面，加大三峡库区及其上游氮磷污染治理力度。

（2）水源下游区。加强水资源保护，严格控制入河排污量，沿江主要城镇应进行污水处理设施除磷脱氮升级改造。加快推进三峡水源下游区沿岸城镇垃圾收集、转运及处理处置设施建设。加强农业面源治理，推广节水灌溉，采用高效节水灌溉工程、生态沟渠治理工程、生态缓冲带、生态坑塘治理工程等工程措施和种植结构及方式调整等非工程措施，严格控制畜禽养殖污染，开展畜禽养殖清粪方式改造，规范和引导养殖废弃物资源化利用。

2. 输水沿线区　在设计方案、施工工法、施工超前地质预报以及施工支洞具体位置的优化等方面，开展更深入的具体设计和施工方案的优化。在工程建设过程中要加强监测，及时进行突涌水灾害预报以及水源水位下降、流量减少等情况的预警。针对可能突发隧洞涌水导致区域地下水水位下降影响周边居民取水问题，采取短期异地送水、异地抽水替代原水源地、合理安排用水补偿经费等措施，尽量避免因施工排水而带来严重生态环境问题。

3. 受水区

（1）汉江受水区。加快城镇污水处理设施升级改造，开展污水处理厂除磷脱氮改造升级。推进乡镇污水收集管网及处理厂（站）建设与改造，形成配套管网、在线监测、运行稳定的乡镇污水治理体系。实施工业污染治理工程，对汉江中下游干支流沿岸现有工业企业污染进行整治，削减污染物排放量。加强受水区水质动态监测与管理，建设受水区水质在线监测

和预警系统。加强汉江中下游重要支流流域的水环境治理和内、面源污染防治。实施丹江口坝下河段生态修复工程，辅以生态技术恢复湿地功能，维持减水河段湿地生态系统结构与功能完整性。

（2）中线受水区。推进河南、河北、北京等中线工程受水区水污染防治工作，加快污水管网建设，加大现有污水处理厂配套管网建设和规范管理力度，加强运行监管。加快中线受水区污水处理厂建设，扩大污水处理规模，提高污水处理效率。加快再生水厂的建设，提高再生水利用率。在完成现有污水处理提标改造的基础上，执行更严格的污水排放标准，提高重点污染物去除率。　　（刘扬扬）

4. 水质监测

（1）地表水监测。引江补汉工程可行性研究阶段，对工程建设和运行管理中的地表水环境监测做出规划设计。主要在工程进口、出口分别设置地表水人工监测断面和自动监测站点，并对水质监测项目与频次做出明确要求。针对重大或突发性污染事故、对环境造成重大影响的自然灾害等事件，以及在水质监测过程中发现异常情况时，通过移动监测车的方式开展加密、补充、定点等现场水质应急监测。

（2）地下水监测。地下水监测分为三种类型：①施工排水监测，在沿线所有施工排水口设置监测点，开展隧洞排水量监测；②地下水集中供水

源地监测，在沿线 5 个岩溶深井或岩溶泉集中供水源地开展供水水量监测；③分散供水源地监测，对沿线 3 个村庄的水井或泉水的供水水量进行监测，随时掌握地下水情况。

（韩东方）

【专题研究】 引江补汉工程前期工作阶段，就水资源配置、工程规模、总体布局、方案比选、不良地质处理、施工方案、环境影响评价、调水影响等引江补汉工程涉及的重大技术问题进行了深入分析论证。

在 2020 年工作的基础上，2021年，为贯彻落实习近平总书记在推进南水北调后续工程高质量发展座谈会上的重要讲话精神，对工程方案进行了全面检视和修改完善，相应对《坝下方案岩溶水文地质初步研究》《坝下方案地应力场特征初步研究》《水资源配置与规模专题》《汉江右岸水资源配置和节水评价专题》《南水北调中线一期总干渠过流能力复核》《中线受水区新增北调水量分配方案专题》《工程方案比选专题》《大流量输水隧洞水力过渡过程研究》《调水对丹江口坝下水位非衔接段航道影响及综合治理对策研究》《调水对梯级电站发电影响研究》等 10 项专题研究成果进行了完善，另外补充增加了《超长深埋隧洞施工方案及 TBM 选型初步研究》《深埋长隧洞不良地质处理初步研究专题》《工程区断裂活动性研究》《坝下方案深埋长隧洞物探 AMT 法解译研究》《坝下方案工程区岩石（体）力学特征研究》《引江补汉工程信息化总体方案研究专题》等 6 个专题。本年度多次开展专题成果技术讨论会，中国国际工程咨询有限公司、水利部水利水电规划设计总院、生态环境部环境工程评估中心等单位组织对部分专题研究成果进行了技术讨论或技术咨询。专题研究成果有力支撑了引江补汉工程规划设计工作。

（王磊）

1. 水资源配置与规模 输水总干线渠首设计水位采用三峡防洪限制水位 143.30m，相应向汉江设计补水流量 170m³/s；最高引水位采用三峡正常蓄水位 173.30m，相应向汉江最大补水流量 212m³/s。预留的沿线补水工程分水口设计流量为 40m³/s。引江补汉工程 1956—2018 年多年平均引水量 39.0 亿 m³，其中中线陶岔渠首多年平均补水 24.9 亿 m³，补水后多年平均北调水量 115.1 亿 m³；向汉江中下游补水 6.1 亿 m³，并具备利用工程空闲时段应急补水的潜力；补充引汉济渭工程按远期规模引水后丹江口水库入库径流减少量 5.0 亿 m³；向输水工程沿线补水约 3.0 亿 m³。

2. 工程方案比选 引江补汉工程布局综合比选了提水至汉江丹江口水库坝上的方案（坝上方案）、引水自流至丹江口水库坝下的方案（坝下方案）和坝下自流引水和坝上提水相结合的双线引水方案（坝上坝下结合方案）等三类方案。通过对水源水质、对调入区水质的影响、地质条件、施工条件、移民征地、补水效益、经济性等方面比选，三个方案技术上均有较大难度；坝上方案技术经济无优势，还存在水质风险；结合方案投资最高，经济性差；坝下方案技术风险相对可控，经济性最好，供水成本最低，因此推荐坝下方案。

3. 汉江右岸水资源配置和节水评价　2035水平年输水线路沿线补水区生产生活需水量约25.0亿 m³，采用较先进的用水指标，充分挖潜当地水源供水能力，并提高再生水利用水平后，预测输水线路沿线补水区2035水平年总缺水量5.8亿 m³。引江补汉工程在优先满足汉江补水需求的前提下，为输水线路沿线城乡生活和工业补水创造条件，有助于提升区域水资源调配能力，缓解水资源供需矛盾。多年平均补水量约3亿 m³。

4. 南水北调中线一期总干渠过流能力复核　不考虑丹江口水库可引水量和受水区需求限制，南水北调中线一期工程总干渠渠首段年过流能力132.5亿 m³；受冰期过流能力和北方受水区用水需求的限制，1956—2018年系列中线一期总干渠多年平均输水能力约126亿 m³。进一步考虑可调水量条件，中线一期总干渠输水能力的发挥程度与引江补汉工程布局和规模相关；引江补汉采用坝下方案时，不同引江流量规模下相应的中线多年平均北调水量约为114亿～119亿 m³。

5. 中线受水区新增北调水量分配方案　引江补水后，将总补水量24.9亿 m³ 分为两大部分，第一部分为补亏水量4.8亿 m³，即补齐中线一期引江前因系列延长等原因造成的北调水量亏缺；第二部分为新增分配水量20.1亿 m³，因受制于中线总干渠输水能力，新增北调水量有限，不能满足受水区各省（直辖市）2035年用水缺口。按照天津是否参与水量分配可将新增水量分配方案分为两大类方案，选定其中4种方案进行水资源配置，并以天津不参与新增水量分配并考虑东中线互济原则方案作为代表方案，代表方案中河南新增陶岔水量7.4亿 m³，河北（不含雄安）新增3.3亿 m³、雄安新增3.3亿 m³、北京新增6.1亿 m³。

6. 大流量输水隧洞水力过渡过程研究

（1）引江补汉工程输水隧洞长达194km，采用有压输水方式，设计流量170m³/s，最大工作水头达100m，水头高，变幅大，为国内外罕见的大流量超长有压输水隧洞。针对工程输水流量大、隧洞超长的工程特点，通过对有压输水洞过渡过程分析和水锤防护措施研究，避免有压隧洞水锤产生可能导致的衬砌破坏。

（2）控制闸采用锥阀控制启闭方式，可降低闸门启闭对水力过渡过程的影响；利用沿线布设的11条检修交通洞作为调压井，并在闸前设溢流调压井，可达到控制沿线最大压力水头"不大于1.3倍最大工作压力"的标准。

（3）控制闸启闭过程中，闸前164km洞段、控制段及其下游30km洞段内的压力、流速、流态等水力指标相互耦合、动态变化，水动力特性尤为复杂。研究控制段三维水气两相流与上、下游有压隧洞一维水锤耦合数学模型，开展有压隧洞与控制闸段水动力特性演化过程研究，为输水系统水锤防护、控制段设计以及系统调度运行提供支撑。

7. 超长深埋隧洞施工方案及TBM选型初步研究

（1）引江补汉工程输水隧洞长194.3km，最大埋深1182m，TBM最大开挖断面12.2m，穿越多条主要区域性断裂，存在涌水突泥、高外水压力、软岩变形、硬岩岩爆等不良地质问题，具有超长、深埋、大断面、穿越地质条件复杂等特点，受地形地质条件的限制，布置施工支洞条件较差。

（2）隧洞采用"钻爆法＋TBM法"组合的施工方案，输水隧洞TBM法施工段长约119.51km、占比61.51%。对岩性均一的良好地质洞段，提高岩爆施工安全性，选择工期和投资更具优势的护盾式TBM；对岩性较复杂存在较大范围深埋软岩洞段，从降低卡机风险、方便不良地质预报与处理方面考虑，选择敞开式TBM。本工程初选2台护盾式TBM、7台敞开式TBM。

8. 深埋长隧洞不良地质处理初步研究 引江补汉工程除取水口、石花控制闸及出口建筑物外，全线由深埋长隧洞构成，沿线地质条件复杂，工程地质问题较多，通过采取综合措施保障洞室结构稳定和施工期人员及设备安全是工程建设顺利进行的重要前提，甚至在一定程度上决定了工程的成败。

对不良地质问题，按照"超前预报、超前灌浆、超前支护"的原则，针对不同地质问题和灾害等级，及时、合理处置。本阶段厘清输水隧洞及施工支洞沿线各段地质问题，逐段提出相应结构措施和施工措施。主体工程开工前以勘探试验洞形式开展科学试验和现场生产性试验，查明岩体物理力学性质，获取超前灌浆等施工工艺参数，为设备制造、结构设计、施工管理提供可靠的基础信息。

9. 工程区断裂活动性研究

（1）引江补汉工程区处于中国地势第二阶梯东缘向第三阶梯过渡地带，大地构造上位于秦岭褶皱系和扬子准地台两个一级构造的交汇部位，区内构造较为发育。新构造断裂活动包括断裂的继承性活动和新生的第四纪断层作用，绝大部分区域主干断裂，新构造期都有不同程度的新活动，其活动强度总体上是由北向南有减弱的趋势；区域新构造活动主要表现为拗陷活动、穹状隆起运动、掀斜活动、块断差异升降活动、断裂活动、温泉等形式；区域新构造运动的基本特征，主要表现在继承性与新生性、整体性与差异性、新构作运动的阶段性，新构造运动强度并不强烈。

（2）坝上方案引水线路穿过区域性断裂 1 条，坝下方案引水线路穿过区域性断裂 7 条。坝上方案引水线路穿过 12 条主要断裂；坝下方案引水线路穿过 50 条主要断裂。

（3）综合运用预测震级转换法、滑动速率法、断层长度转换法等方法综合评价城口-房县断裂房县以东段及通城河断裂未来百年位移量值，结果显示与线路相交的城口-房县断裂房县以东段百年位移设防水平向量值 0.172m，垂直向量值 0.205m，通城河断裂带未来百年位移设防水平向量值 0.0228～0.118m，垂直向量值 0.066～0.205m。

（4）城口-房县断裂房县以东段及通城河断裂带位于 6.0 级地震潜在震源区，潜在最大震级地震造成的变形带影响带宽带小于 100m。

10. 坝下方案深埋长隧洞物探 AMT 法解译研究　可行性研究阶段坝下方案深埋长隧洞地球物理勘察，在充分考虑工作任务、工程特点、地球物理条件、地形地貌特征、工作量及工期要求等因素的情况下，进行了方法选择、AMT 法工作参数选取、地质要素地球物理响应特征及物探解译原则研究，取得的解译成果得到了验证，提高了 AMT 法资料解译水平，深化了解译成果。

11. 坝下方案岩溶水文地质初步研究

（1）引江补汉工程位于湖北省西北部，从地质构造上可以分为南、中、北三段，其中南段主要位于黄陵断穹核部崆岭群碎屑岩分布区；北段主要位于秦岭褶皱系武当群碎屑岩分布区，其中谷城县石花镇一带超覆有少量白垩系～第三系红色砂砾岩沉积；中部为扬子准地台震旦系～三叠系沉积盖层组成，该沉积盖层主要为海相碳酸盐岩夹页岩、粉砂岩等碎屑岩组成的层状地层结构。线路的南段和北段总体都以碎屑岩裂隙水为主，该地层本身岩石致密、裂隙不发育，含水层及富水性极差，水量十分贫乏，仅表层风化裂隙带和断裂构造带赋存有少量基岩裂隙水，水文地质条件相对比较简单；中部震旦系～三叠系沉积盖层区以碳酸盐岩岩溶裂隙水为主，受地层岩性、地质构造和岩溶发育的不同，地层含水性、赋水性及导水性都有显著差异，4 条隧洞线路方案的水文地质条件各不相同。

（2）根据 4 个引水方案的水文地质条件及突涌水条件、突涌水量等的评价以及不同方案之间的综合对比分析认为：归安线与龙安 1 线两个方案穿越的可溶岩长度较短，且以埋藏型岩溶为主，隧洞整体以渗涌水为主，而龙安 2 线和 3 线两个方案穿越的可溶岩长度较大，且以裸露型岩溶为主，线路穿越多个大型向斜汇水构造、地下水集中排泄区以及长距离穿越青峰断裂带，存在多处严重的岩溶水害问题。因此，从水文地质条件和突涌水灾害风险分析，归安线和龙安

1线两个方案相近，龙安1线较归安线方案略优；龙安2线和龙安3线两个方案相近，涌水量要明显大于龙安1线和归安线。

（3）综上所述，结合区域地质构造、岩溶含水岩组结构、岩溶发育控制因素、岩溶发育程度、岩溶地下水系统特征及其与隧洞的空间关系等地质、岩溶水文地质条件，参考隧洞涌水量定量评价结果综合分析对比，龙安1线和归安线要明显比龙安2线和龙安3线优越，从岩溶水文地质角度龙安1线引水方案相对最优。

12. 坝下方案地应力场特征初步研究

（1）通过工程整个区域的次级构造单元分区、地应力测试及推荐线路重点区域地应力场回归反演，揭示了工程区应力分布特征。

（2）引江补汉工程输水线路位于秦岭褶皱系（Ⅰ）和扬子准地台（Ⅱ）两个一级构造单元交汇区域，线路穿越了多个次级构造单元，各次级构造单元构造地质特征差异明显。坝下方案共布置了18个地应力测孔，历经5个月完成了可行性研究阶段的水压致裂法地应力测试工作，同时搜集了工程区其他项目的地应力测试资料。总体上，主应力量值呈现出 $\sigma_H > \sigma_h > \sigma_v$ 或 $\sigma_H > \sigma_v > \sigma_h$ 的关系特征，而且最大水平主应力侧压系数明显较大，说明工程区受到较强的水平向构造挤压作用影响。结合次级构造单元来看，最大水平主应力方向呈现明显

的分区特征。

13. 坝下方案工程区岩石（体）力学特性初步研究 较系统地开展室内岩石力学特性试验研究，获取不同年代地层、不同风化程度的各种岩石的物理、单轴抗压强度、变形模量、声波、三轴强度、直剪强度、点荷载强度、膨胀特性等参数，为设计提供可靠的地质依据。

14. 调水对梯级电站发电影响研究 各引江方案，均将影响长江干流的三峡、葛洲坝，汉江干流的丹江口、王甫洲、新集、崔家营、雅口、碾盘山、兴隆；坝上方案、坝上坝下结合方案还将影响堵河的潘口、小漩、黄龙滩，受影响梯级电站共12级。依据长江干流和汉江流域的各依据水文站，分别推求了各受影响梯级电站1956—2018年的坝址径流系列，资料系列较长、代表性较好，与规划阶段成果相比，多年平均流量偏差在1%以内。以各受影响梯级电站调度规程为基础，结合相关专题研究和实测拟定成果，对各受影响梯级电站关键参数及水库调度运行方式进行了分析与复核，复核情况与实际情况基本相符。

15. 调水对丹江口坝下水位非衔接段航道影响及综合治理对策研究

（1）工程实施后，丹江口水库调度调整，丹江口大坝枯水期下泄流量将减小，丹江口坝下至引江补汉出水口之间河段流量相应减少，导致丹江口至黄家港段水位下降，引航道口门

和步行桥附近航道局部水深进一步减小；羊皮滩中上段流速稍微增加，安乐河出口及羊皮滩尾段流速显著增加，引起羊皮滩右汊冲刷，同时整个羊皮滩右缘、羊皮滩头和尾部都可能受冲刷崩退。针对引江补汉工程实施后丹江口水库调度的调整及补水出流与汉江的衔接产生的不利影响，提出本工程的治理目标为：保证工程影响河段现状Ⅳ级航道畅通，并具备通过后续工程措施实现规划Ⅲ级航道建设标准的条件；抑制丹江口坝下减水段水位下降，基本恢复工程影响河段水面线，最大限度减少对生态、滨水景观影响；协调安乐河出流与羊皮滩综合治理需求，河道疏挖与湿地营造相结合，塑造较为完整的羊皮滩滩型，促进工程治理与生态的有机融合。

（2）基于实现航道尺度、控制沿程水位、合理布局补水汇流及羊皮滩修复的目标，分别研究论证了补水出口与汉江衔接工程、航道治理工程、河道整治工程的分项工程治理思路、工程措施及实施效果，在此基础上提出了本工程河段的综合治理方案。

16. 引江补汉工程信息化总体方案研究

（1）数字孪生引江补汉工程充分运用新一代信息技术，建立覆盖工程全域的空-天-地感知网，提升引江补汉工程建设阶段隧洞超前地质预报、支护方案动态优化、施工过程进度仿真、质量管控、安全评价、投资预算管控，以及运营阶段水量联合调度、生态环保、安全监测等物联感知操控、全要素数字映射、可视化呈现、数据融合供给、分析计算、模拟仿真推演、虚实融合互动以及自学习自优化的核心能力，实现工程的数字化映射、智慧化模拟、精准化决策和"四预"功能，从而减少工程在物理空间的试错和建设成本，提升工程建设效率，保证工程安全和质量。

（2）总体架构由工程基础设施、数字底座、智能运行中枢、数字孪生应用体系四大横向层，以及工程安全防线（保障平台网络信息安全等）和标准规范（保障与长江委、中线建管局、三峡、丹江口以及工程沿线相关单位的信息共享交换，如平台内数据、服务交互等）两大纵向层构成。其中，基础设施建设为数字孪生引江补汉工程提供必要的基础环境，数字底座是数字孪生引江补汉工程的"算据"，为上层应用提供数据支撑，智能运行中枢是数字孪生引江补汉工程的能力中台，也是工程大脑，工程数字孪生应用体系是工程全生命期各阶段信息化、数字化、智能化和智慧化应用。

（黄云辉）

【前期工作组织】 按照水利部工作部署和分工安排，长江委负责组织开展引江补汉工程可行性研究及先期开工项目初步设计工作。长江委党组高度重视，切实强化组织协调，采取超常规举措，确保了各项工作按照既定目标有序推进，工作成果得到了各级领导、业内专家及相关单位的高度认可。在工作过程中，长江委有关部门、单位密切协作配合，形成强有力工作合力；水利部及有关司局、国家发展改革委、自然资源部、生态环境部、国家林草局、水规总院、中咨公司、南水北调集团、湖北省人民政府及有关厅（局）等，给予了大量业务指导、工作协调和技术支持。

2021年，长江委继续深化引江补汉工程前期工作，特别是5月14日习近平总书记主持召开推进南水北调后续工程高质量发展座谈会以来，长江委深入贯彻落实习近平总书记重要讲话精神，认真学习部长李国英在考察南水北调中线工程座谈会上的讲话精神，贯彻落实副部长魏山忠关于引江补汉工程的讲话精神，对表对标水利部工作部署和要求，全面检视和修改规划设计方案，配合水利部、水规总院扎实有序推进引江补汉工程规划修订、南水北调中线工程规划评估、中线后续工程方案论证、东中线多方案比选和概念设计，以及引江补汉工程可行性研究报告修改完善等各项工作，配合中咨公司、生态环境部环评中心开展现场调研、专题咨询等工作，配合南水北调集团做好前置要件审查审批相关工作。

成立推进南水北调后续工程高质量发展工作领导小组，及时研究制定实施意见和重点工作安排，牵头和配合的16项工作任务全部纳入委督办考核事项，建立工作任务台账，及时督促任务落实；组织完成引江补汉工程规划报告、可行性研究报告修订，经长江委委内审查和主任专题办公会讨论后按期报水利部，配合做好水规总院技术审查工作；组织做好有关重大问题研究、南水北调中线工程规划评估、中线后续工程方案论证、东中线多方案比选和概念设计等报告编制工作，派人员参加水利部工作专班和水规总院集中办公，参加有关成果技术讨论和审查会议；建立周例会制度和周报制度，全力推进引江补汉工程可行性研究前置要件报告编制，全年共编制周报17期，截至2021年年底已完成6项前置要件审批工作；协调自然资源部、生态环境部、湖北省等有关部门办理要件审查审批，及时向水利部报告工作进展、更新工作台账；组织做好外业勘察、先期开工项目初步设计和开工技术准备工作，为工程尽早开工积极创造有利条件；开展引江补汉工程专题宣传，加强日常新闻宣传，为工程建设营造良好舆论氛围。

（廖小永）

1. 加强组织领导，建立协调推进机制

（1）建立健全组织领导机制。第一时间成立南水北调集团党组推进南水北调后续工程高质量发展工作领导小组，董事长、总经理任双组长，下设办公室和前期工作组，并组建前期工作专班，配备精干力量，全力推进引江补汉工程前期工作。

（2）建立健全项目法人责任机

制。加快推进引江补汉工程项目法人组建，先后成立由南水北调集团直管的项目法人筹备组、江汉水网建设开发有限公司。加强人员力量配置，先后从南水北调集团内外抽调 60 名精干人员，常驻武汉，及时开展现场工作，落实项目法人主体责任。

（3）建立健全协调推进机制。通过召开协调推进会，系统梳理制约要件办理和先期开工的重点难点问题，形成"一表两图"调度机制，倒排工期、挂图作战，先后组织召开 7 次协调推进会议，研究项目法人筹建、前置要件办理、重大技术攻关、施工合同准备等各项工作，确保第一时间分析解决问题。

2. 注重沟通协调，大力推进要件办理

（1）认真按照水利部部署开展要件办理各项工作，及时请示汇报，定期向南水北调工作专班报送工作进展和要件办理台账。

（2）加强向国家发展改革委、生态环境部、自然资源部等有关部委汇报沟通。南水北调集团党组书记、董事长蒋旭光带头，南水北调集团领导先后 8 次赴相关部委沟通协调项目移民征地、环评、用地手续等事项，努力争取理解支持，取得良好效果。相关部委均表态予以支持，并提出了建设性、可操作的建议，有力推进了工作进度。

（3）加强与湖北省政府和有关部门沟通协调。项目法人筹备组常驻武汉，全面对接设计单位和有关地方政府，现场推进要件办理工作，遇到问题及时沟通解决；南水北调集团领导多次赴湖北省水利厅、湖北省生态环境厅沟通协调征地移民和环境影响评价要件办理工作。经积极协调，停建通告等要件办理取得实质性进展，停建通告已于 11 月 11 日正式对外发布，为推动后续工程开工实施迈出了关键一步。

3. 深化前期工作，力争尽早开工

（1）加大经费资金支持。在 2020 年年底为设计单位先期垫付前期工作经费 2.3 亿元基础上，2021 年又垫付前期经费 2.15 亿元。

（2）超前开展基础工作。在停建通告尚未下发的情况下，多次与长江委、湖北省水利厅和工程沿线市县政府沟通协调后，采取先期开展实物调查方式基本完成征迁移民实物调查工作。同时各类要件的报告编制等基础性工作也已基本完成。

（3）深化重大问题研究。针对工程高埋深、长距离、大洞径和地质条件复杂等重点、难点问题，切实发挥企业创新主体作用，组织开展加密勘探和有关重大技术专题研究，为工程设计和建设提供技术支撑。（宁昕扬）

【重大事件】 1 月 4 日，中国国际工程咨询有限公司印发《关于引江补汉工程规划（2020 年修订）的咨询评估报告》（咨农地〔2021〕60 号）。

2 月 18 日，生态环境部印发《关于

〈引江补汉工程规划环境影响报告书〉的审查意见》（环审〔2021〕11号）。

3月28日，水利部部长李国英赴丹江口市考察引江补汉工程出口现场，李国英指出：中线工程不仅建设得好，而且运行管理得好、作用和效益发挥得好。要充分认识到中线工程正在经历供水地位由辅变主、目标达效由慢变快、用水需求从弱到强、工程网络由缺到全的重大变化，要求要确保"三个安全"，切实抓好后续水源工程建设，增强供水保障能力。

4月29日，长江委以长规计〔2021〕180号文将《引江补汉工程规划》（修订稿）正式报送水利部。

5月9日，引江补汉工程黄陵断穹核部千米深孔LAK01顺利终孔，该孔历时81天，终孔孔深1010.10m。

6月7—9日，南水北调集团党组书记、董事长蒋旭光查勘引江补汉工程现场。

7月26日，南水北调中线干线工程建设管理局印发《关于申请发布禁止在引江补汉工程建设征地范围内新增建设项目及迁入人口通告的函》（中线局计函〔2021〕12号），报至湖北省人民政府。

8月31日，水利部印发《关于报送引江补汉工程可行性研究报告修订成果及审查意见的函》（水规计〔2021〕262号），报至国家发展改革委。

8月31日，完成引江补汉工程地质灾害评估要件办理。

9月5日，湖北省委副书记、省长、省防汛抗旱指挥部指挥长王忠林赴丹江口市检查汉江防汛工作并现场调研引江补汉工程。

9月6日，《引江补汉工程环境影响报告书》（征求意见稿）在湖北省人民政府、河南省人民政府、河北省人民政府、北京市水务局、重庆市人民政府、陕西省人民政府、南水北调中线干线工程建设管理局等7个门户网站进行第二次公示。

9月6—18日，完成夷陵区、保康县、谷城县、丹江口市征迁移民现场实物调查工作及社会稳定风险现场调查工作。

9月8日，南水北调集团党组成员、副总经理耿六成带队赴生态环境部沟通协调引江补汉工程环境影响评价编报工作，并就主体工程规模和布局、规划环境影响评价审查意见落实、项目环境影响评价重点内容、有关问题处理建议等事宜进行交流座谈。生态环境部环评司、环境工程评估中心和南水北调集团环保移民部、中线建管局等单位负责同志参加座谈。

9月14—15日，南水北调集团党组成员、副总经理耿六成带队赴长江委、湖北省水利厅和生态环境厅、河南省生态环境厅协调引江补汉工程征地移民和环境影响评价要件办理工作。南水北调集团有关部门和单位负责同志参加。

9月16日，南水北调集团党组成

员、副总经理耿六成带队赴湖北省保康县、丹江口市现场查勘引江补汉工程7号、8号支洞和出口段。南水北调集团有关部门和单位负责同志陪同查勘。

9月16日，完成引江补汉工程地震安全性评价、节能专题2项要件办理。

9月22—26日，生态环境部环境工程评估中心赴湖北省丹江口市、潜江市、宜昌市，重庆市巫溪县开展引江补汉工程环境影响技术评估现场踏勘。

9月30日，水利部副部长魏山忠一行检查指导丹江口水库防汛蓄水工作，并现场调研引江补汉工程。

10月13日，南水北调集团引江补汉工程项目法人筹备组（以下简称"引江补汉筹备组"）在武汉成立，负责履行引江补汉工程项目法人职责。

10月15日，完成引江补汉工程项目招标方案要件办理。

10月15—16日，引江补汉筹备组组长高必华带队，调研引江补汉工程沿线现场。

10月19日，中国工程院组织开展南水北调后续工程高质量发展调研，现场考察引江补汉工程出口、丹江口水库及中线总干渠陶岔渠首和膨胀土渠段。长江委副主任王威、规计局局长马水山、长江设计集团董事长钮新强、汉江集团董事长胡军陪同考察调研。

10月22日，南水北调集团党组书记、董事长蒋旭光带队赴生态环境部，就南水北调水质和生态环境保护、引江补汉工程前期开工准备等事宜进行汇报座谈。生态环境部部长黄润秋出席座谈并讲话。生态环境部总工程师张波，南水北调集团党组成员、副总经理孙志禹，党组成员、总会计师余邦利，以及双方有关部门和单位负责同志参加座谈。

11月11日，引江补汉工程停建令要件办理完成。

11月25日，水利部以水许可决〔2021〕69号文印发《引江补汉工程水土保持方案审批准予行政许可决定书》。引江补汉工程水土保持方案要件办理完成。

11月28日，完成引江补汉工程资金筹措方案及证明文件要件办理。

12月15日，湖北省文化和旅游厅以鄂文旅函〔2021〕324号文印发《关于引江补汉工程文物保护工作的意见》。

12月20日，南水北调集团党组书记、董事长蒋旭光带队赴自然资源部，就引江补汉工程前期工作、南水北调中线一期工程不动产权证办理等事宜进行汇报座谈。自然资源部副部长王广华出席座谈并讲话。南水北调集团党组成员、副总经理孙志禹，党组成员、副总经理耿六成，以及双方有关部门和单位负责同志参加座谈。

12月31日，南水北调集团党组成员、副总经理孙志禹在武汉听取引江补汉筹备组工作汇报。

（蔺秋生　宁昕扬　郝亚茹　韩东方）

【重要会议】　2月24日，水利部党组书记李国英主持召开专题办公会，听取规计司、长江委关于南水北调中线引江补汉工程前期工作情况汇报，长江委主任马建华、副主任胡甲均、长江设计院院长钮新强参加会议。

4月15日，长江委组织召开引江补汉工程规划（修订稿）内审会，长江委副总工程师陈桂亚主持会议。

4月26日，长江委组织召开主任专题办公会，审议《引江补汉工程规划（修订稿）》，长江委副主任胡甲均主持会议。会议形成会议纪要（2021年第13期）。

5月23—24日，水利水电规划设计总院在北京组织召开引江补汉工程规划（修订稿）技术审查会，长江委副主任胡甲均参加会议。

7月4日和8月5日，水利部副部长魏山忠先后两次主持召开专题办公会，研究部署加快推进引江补汉工程前期工作，长江委副主任胡甲均参加上述会议。

8月11日，长江委副主任胡甲均主持召开专题办公会，审议《引江补汉工程可行性研究报告（修订稿）》。

8月12—15日，水利水电规划设计总院在北京组织召开引江补汉工程可行性研究报告审查视频会议，长江委副主任胡甲均在长江委分会场参加会议。

8月19日，南水北调集团党组书记、董事长蒋旭光在北京主持召开推进南水北调后续工程高质量发展工作领导小组第八次会议。

8月27日，水利部副部长魏山忠在武汉主持召开南水北调中线引江补汉工程前期工作推进会，研究引江补汉工程前期工作中的重大问题，部署下一阶段工作。国家发展改革委农经司副司长、一级巡视员李明传，长江委主任马建华，中国南水北调集团有限公司副总经理于合群出席会议。

9月8日，南水北调集团党组书记、董事长蒋旭光在北京主持召开推进南水北调后续工程高质量发展工作领导小组第十次会议。

9月14日，湖北省委副书记、省长王忠林主持召开省政府专题会议，研究引江补汉工程影响、工程用地、占补平衡、政策支持等有关事项，湖北省政府秘书长蔚盛斌出席会议，长江委规计局局长马水山、长江设计集团董事长钮新强参加会议。

9月15日，湖北省委常委、常务副省长李乐成主持召开省政府专题会议，落实省委、省政府决策部署，研究推进引江补汉工程前期工作，长江委副主任胡甲均参加会议。

9月15日，中国南水北调集团有限公司副总经理耿六成一行赴长江委，就进一步加快推进引江补汉工程前期工作进行交流座谈，长江委副主任胡甲均主持座谈。

9月17日，中咨公司农村经济与地区业务部副主任姜富华一行赴长江委，就引江补汉工程前期工作进行座谈，长江委总工程师仲志余出席会议。

9月23日，南水北调集团党组成员、副总经理孙志禹在北京主持召开引江补汉工程协调推进预备会。

9月26日，南水北调集团党组成员、副总经理孙志禹在北京主持召开引江补汉工程第一次协调推进会。

10月7日，南水北调集团党组成员、副总经理孙志禹在北京主持召开引江补汉工程第二次协调推进会。

10月9日，中国工程院组织召开南水北调后续工程专家咨询委员会第二次会议，水利部介绍南水北调工程总体规划、东线一期、中线一期工程现状及问题、拟建南水北调后续工程规划等情况。长江委副主任胡甲均在长江委分会场参加会议。

10月10日，南水北调集团党组成员、副总经理孙志禹在北京主持召开引江补汉工程第三次协调推进会。

10月11日，南水北调集团党组成员、副总经理孙志禹在北京主持召开引江补汉工程前期关键技术科研专题会。

10月13日，国务院办公厅副秘书长郭玮主持召开会议，听取水利部、国家发展改革委关于南水北调中线工程有关情况，长江委副主任胡甲均汇报了南水北调中线后续工程规划设计有关工作情况。

10月13日，南水北调集团党组成员、总会计师余邦利在武汉与湖北省水利厅召开座谈会。

10月14—15日，中咨公司在北京组织召开引江补汉工程可行性研究报告工程规模专题技术咨询会，会议对北方受水区需水预测、水资源配置、新增水量分配方案、汉江中下游生态需水等工程规模相关问题进行了讨论和研究。

10月16日，南水北调集团党组成员、副总经理孙志禹在北京主持召开引江补汉工程第四次协调推进会。

10月21日，引江补汉筹备组组长高必华在武汉与长江设计集团召开座谈会。

10月22日，南水北调集团党组成员、副总经理孙志禹在北京主持召开引江补汉工程第五次协调推进会。

10月29日，南水北调集团会同生态环境部环评司召开南水北调后续工程环境影响评价工作座谈会，就进一步推进南水北调东中线一期工程和后续工程环境影响评价等事宜进行沟通交流。南水北调集团党组成员、副总经理孙志禹出席座谈会，党组成员、副总经理耿六成主持座谈会。生态环境部环评司司长刘志全，二级巡视员常仲农，水利部南水北调司、生态环境部环境工程评估中心、长江水保所、长江设计集团以及南水北调集团有关部门和单位负责同志参加座谈。

11月5日，南水北调集团党组书记、董事长蒋旭光在北京主持召开南水北调东中线后续工程前期工作进展专题会。

11月16日，南水北调集团党组副书记、总经理张宗言在北京主持召开引江补汉工程第六次协调推进会。

11月23日，中国南水北调集团有限公司联合生态环境部环境工程评估中心在北京组织召开《引江补汉工程方案环境论证专题报告》技术咨询视频会议。

11月24日，中咨公司在北京组织召开引江补汉工程可行性研究报告工程设计方案专题技术咨询会，与会专家基本认可将龙安1线作为推荐方案。

（蔺秋生　宁昕扬　伊璇　韩东方）

玖　西线工程

工　程　概　况

　　南水北调西线工程是我国"四横三纵、南北调配、东西互济"水资源战略格局中的重大战略性工程，是国家水网主骨架和大动脉的重要组成部分。西线工程从长江上游干支流调水入黄河上游，具有入黄位置高、调水规模大、覆盖面广等优势。工程的实施可有效缓解黄河流域水资源短缺问题，提高黄河流域水安全保障能力，为黄河流域生态保护和高质量发展战略提供水资源支撑。

　　西线工程研究与论证工作始于1952年，先后历经初步研究、超前期研究、规划、一期工程项目建议书和规划方案比选论证等阶段，取得了丰富的研究成果。

　　2002年国务院批复的《南水北调工程总体规划》提出：西线工程主要解决涉及黄河上中游青海、甘肃、宁夏、内蒙古、陕西、山西等6省（自治区）的缺水问题，还可以向临近黄河流域的河西走廊地区供水，必要时也可相机向黄河下游补水。西线规划总调水规模170亿 m³，从大渡河支流、雅砻江干支流及通天河干流调水到黄河支流贾曲。

　　2012年以来，针对社会各方面关注的重大问题，水利部组织开展了南水北调工程与黄河流域水资源配置的关系研究、黄河上中游地区节水潜力研究、新形势下黄河流域水资源供需分析、西线调入水量配置方案细化研究、调水对水力发电影响研究、调水对水资源开发利用影响分析、调水对生态环境影响研究等7个专题研究。2016年，水利部组织开展西线工程规划方案比选论证，结合生态环境保护的新形势和新要求，对规划方案进行了调整优化，2020年水利部将《南水北调西线工程规划方案比选论证报告》报送国家发展改革委。

　　《南水北调西线工程规划方案比选论证报告》推荐的调水方案，从金沙江、雅砻江、大渡河调水入黄河上游，经龙羊峡、刘家峡、黑山峡等水库调节后向黄河上中游地区供水，采用上下线组合方案。其中上线从雅砻江和大渡河干支流调水40亿 m³ 在甘肃玛曲县贾曲河口入黄河干流；下线从金沙江、雅砻江和大渡河干流调水130亿 m³ 在甘肃岷县入洮河。其中，一期工程方案调水80亿 m³，上线从雅砻江和大渡河干支流联合调水40亿 m³ 入黄河，新建水源水库6座，线路长326km；下线从大渡河双江口水库（在建）调水40亿 m³ 入洮河，线路长414km。

重大事件及重要会议

【技术咨询会】

　　1. 黄委召开贯彻落实推进南水北调后续工程高质量发展领导小组第一次会议　2021年5月25日，黄委召开党组扩大会议，成立了黄委党组推进南水北调后续工程高质量发展领导小组，部署安排黄委南水北调后续工程高质量发展工作任务及工作分工。要求各承担单位组织骨干技术力量集中攻关，高质量完成7项重点工作和12项配合工作。

2. 南水北调后续工程高质量发展重点专题工作大纲讨论会议　2021年5月31日，黄委在郑州召开南水北调后续工程高质量发展重点专题工作大纲讨论会议，对近期安排的黄河流域节水潜力评价研究，黄河流域需水预测研究，黄河远期来沙量和输沙需水量研究，"八七"分水方案调整研究，西线工程的必要性、紧迫性及不可替代性研究，西线工程调水规模研究，总体规划西线部分评估等7项专题研究工作大纲进行了讨论。参加会议的有黄委领导以及黄委规划计划局（以下简称"规计局"）、黄委水资源管理与调度局（以下简称"水调局"）、黄委水资源节约与保护局（以下简称"节约保护局"）、黄河水利科学研究院（以下简称"黄科院"）、黄河水资源保护科学研究院（以下简称"科研院"）、黄委水文局（以下简称"水文局"）、黄河勘测规划设计研究院有限公司（以下简称"黄河设计院"）等单位的领导及代表。会议听取了黄河设计院关于7项重点专题工作大纲汇报，对各专题的重点工作内容进行了讨论，明确了下阶段工作的重点。

3. 南水北调后续工程高质量发展专题研究初步成果技术讨论会议　2021年6月15日，黄委在郑州召开南水北调后续工程高质量发展专题研究初步成果技术讨论会，对黄河设计院编制完成的黄河流域节水潜力评价研究，黄河流域需水预测研究，黄河远期来沙量和输沙需水量研究，"八七"分水方案调整研究，西线工程的必要性、紧迫性及不可替代性研究，西线工程调水规模研究，总体规划西线部分评估等7项专题研究初步成果进行了讨论。参加会议的有黄委领导以及黄委规计局、水调局、节约保护局、黄委水土保持局（简称"水保局"）、黄河上中游管理局（以下简称"上中游管理局"）、水文局、黄科院、科研院、黄河设计院等单位的领导及相关人员。会议听取了黄河设计院关于7项专题研究初步成果汇报，对相关内容进行了讨论，提出了修改意见和建议。

4. 南水北调西线工程规划评估及后续工程方案论证报告技术审核会议　2021年6月22日，水规总院在北京召开技术审核会，对黄委完成的《南水北调西线工程规划评估报告》《南水北调西线后续工程方案论证报告》及《"八七"分水方案调整研究》等专题成果进行了技术审核。参加会议的有特邀专家，水利部规划计划司、南水北调工程管理司、南水北调规划设计管理局，水利部黄委、长江水利委员会、淮河水利委员会、海河水利委员会，黄河设计院、科研院等单位的领导、专家和代表。会议听取了编制单位的汇报，并进行了认真审核和讨论。审核认为评估论证内容较全面，并提出了补充修改意见。

5. 南水北调后续工程高质量发展专题研究成果审查会议　2021年7月10日，水规总院在北京组织召开成果审查会议，对黄委组织编制的《黄河远期沙量和输沙需水量研究报告》《"八七"分水方案调整报告》专题进行了审查。参加会议的有特邀专家，水利部规划计划司、南水北调工程管理司、南水北调规划设计管理局，水利部黄委、长江水利委员会、淮河水利委员会、海河水利委员会，黄河设计院、科研院等单位的领导、专家和代表。会议听取了编制单位的汇报，并进行了认真讨论。审查认为，承担单位基本完成所要求的研究内容。

6. 南水北调西线工程有关工作黄委主任办公会议　2021年9月6日，黄委主任汪安南主持召开会议，对南水北调西线工程有关工作进行研究。参加会议的有黄委领导及黄委规计局、水调局、节约保护局、黄河设计院、科研院等单位的领导及代表。会议听取了规计局、黄河设计院关于南水北调西线工程背景情况和规划方案比选论证工作情况的汇报，对有关问题进行了讨论，明确了下阶段工作的重点。

7. 南水北调西线工程规划方案补充论证工作专题办公会议　2021年9月22日，黄委在郑州召开专题办公会议，对南水北调西线工程规划方案补充论证工作情况进行讨论。参加会议的有黄委领导及黄委规计局、水调局、节约保护局、黄河设计院、科研院等单位的领导及代表。会议听取了黄河设计院关于南水北调西线工程规划方案补充论证工作进展情况的汇报，对相关问题进行了讨论，明确了下阶段工作的重点。

8. 南水北调西线工程规划方案补充论证成果咨询会议　2021年9月28—29日，黄委科技委在郑州召开南水北调西线工程规划方案补充论证成果咨询会，对黄河设计院编制完成的《南水北调西线工程规划方案补充论证工作报告》成果报告进行了技术咨询。参加会议的有特邀专家，黄委领导及黄委规计局、国科局、科技委、黄河设计院、科研院等单位的领导及代表。会议听取了黄河设计院关于南水北调西线工程规划方案补充论证工作报告成果的汇报，进行了认真讨论，提出了咨询意见。

9. 南水北调西线工程规划方案补充论证成果技术讨论会议　2021年10月5—6日，黄委规计局在郑州召开南水北调西线工程规划方案补充论证成果技术讨论会，对黄河设计院编制完成的《南水北调西线工程规划方案补充论证工作报告》及《南水北调西线工程供需成果对比分析材料》进行了技术讨论。参加会议的有黄委规计局、黄河设计院、科研院等单位的分管领导、项目组主要成员及相关人员。会议听取了黄河设计院关于南水北调西线工程规划方案补充论证工作等成果的汇报，进行了认真讨论，明确了下阶段工作的重点。

10. 南水北调西线工程规划补充论证工作专题办公会议 2021年11月4日，黄委主任汪安南主持召开专题办公会议，研究南水北调西线工程规划补充论证工作。参加会议的有黄委领导及黄委规计局、水调局、节约保护局、黄河设计院、科研院等单位的领导及代表。会议听取了黄河设计院关于南水北调西线工程规划方案补充论证工作进展情况的汇报，对相关问题进行了讨论，明确了下阶段工作的重点。

11. 南水北调西线一期工程规划任务书审查会议 2021年11月12日，黄委在郑州召开审查会议，对黄河设计院编制的《南水北调西线一期工程规划任务书》进行了审查。参加会议的有黄委领导及黄委规计局、水调局、节约保护局、黄河设计院、科研院等单位的领导及代表。会议听取了黄河设计院关于南水北调西线一期工程规划任务书主要内容的汇报，并进行了认真讨论，提出了修改意见。会后，编制单位根据会议讨论意见，对任务书报告进行了修改和补充。

12. 南水北调西线干渠工程补充方案研究报告技术讨论会议 2021年11月17日，黄委在郑州召开技术讨论会议，对黄河设计院编制完成的《南水北调西线干渠工程补充方案研究报告》进行了技术讨论。参加会议的有黄委规计局、水调局、节约保护局、黄河设计院、科研院等单位的分管领导及项目组主要成员。会议听取了黄河设计院关于南水北调西线干渠工程补充方案研究主要成果的汇报，对相关问题进行了讨论，明确了下阶段工作的重点。

13. 水利部研究南水北调西线工程规划方案比选论证成果 2021年11月26日，水利部在北京组织召开会议，对黄委组织编制的《南水北调西线工程规划方案比选论证》等成果进行研究。参加会议的有水利部副部长魏山忠，规划计划司、水资源管理司、调水局，黄委等单位的领导、代表及相关人员。会议听取了黄委关于南水北调西线工程规划方案比选论证成果的汇报，并进行了认真讨论。会后，黄委根据会议讨论意见，组织编制单位对报告进行了修改和补充。

（刘梦琪）

拾　配套工程

北　京　市

【资金保障工作】　2021年在批复财政资金65.4亿元基础上，完成预算追加调整资金6.26亿元，保障了智慧水务、百项节水标准、水旱灾害防御和应急度汛、南水北调中线调水（26亿元）、永定河生态补水（1.73亿元）、水利工程和南水北调干线及配套工程安全运行（7.99亿元）、污水处理厂运行（3.77亿元）、机构改革（0.26亿元）和后勤保障等资金需求，落实汛后水毁修复及能力提升（1.3亿元）等资金需求。　（樊为国）

【建设管理】

1. 亦庄调节池二期工程　通过蓄水阶段技术预验收，已具备蓄水条件并投入使用，管理设施基本建设完成。

2. 团城湖至第九水厂输水工程（二期）　团城湖至第九水厂输水工程（二期）3.8km的输水管线，输水隧洞为北京市地下水位最高、埋深最大的盾构工程，已于9月中旬实现一衬隧洞贯通；开始进入二衬及永久结构施工，2021年完成总工程量的87%。

3. 南水北调河西支线工程　河西支线工程18.7km的输水管线一衬已基本贯通，中堤泵站、园博泵站2座泵站已基本完工，中门泵站、管线正在有序推进，2021年完成总工程量的80%。

4. 南水北调大兴支线工程　大兴支线工程主干线主体完工，具备通水条件；泵站外电源土建工程已完成；机场连接线工程已完成围挡和临建并进场施工，新机场线于2021年12月30日开工建设。

5. 大宁调蓄水库外电源工程　大宁调蓄水库外电源工程电力管沟全长5284m，浅埋暗挖段一衬贯通，总体完成95%。　（马翔宇）

【运行管理】

1. 加强安全管理　加强南水北调工程安全管理，建立穿跨邻接南水北调工程情况清单，推进干线等南水北调工程保护范围占压问题整改。

（李丽雯）

2. 水资源调度　按照《水利部关于印发南水北调中线一期工程2020—2021年度水量调度计划的通知》，编制《北京市南水北调工程2020—2021年度水量调度实施方案》，2021年调度年南水累计入京13.16亿m^3，比年度调水计划多调水0.88亿m^3，超额完成年度调水计划。2021自然年调入水量12.51亿m^3，其中水厂"喝"7.60亿m^3，水库、重要地下水源地"存"3.41亿m^3，向城市河湖生态环境"补"1.50亿m^3。

3. 运行标准化工作　北京市南水北调团城湖管理处通过水利部水利工程管理考核验收，加强运行标准化管理，先后召开专题调度会3次、现场会1次，组织开展中期检查1次，督促各单位做好历年标准化检查问题的整改落实，增进单位之间工作交流，掌握单位工作进展。充分发挥市属水管单位运行管理标准化建设经验，围绕运行管理制度体系及"厂区文明、人员行为规范、工程运行安全"3项工作，指导各区做好水利工程运行管理标准化建设工作。

（李丽雯　王振宇）

【文明施工监督】

1. 文明绿色施工　推动文明施工和绿色工地建设，提升工地现场管理的规范化标准化水平，确保工程质量和施工安全。

2. 质量监督管理

（1）加大质量监督检查力度和频次，"四不两直"对在建、新建的工地进行走访排查，及时掌握真实工地信息、工程进度及工地负责人的相关情况，更新台账，并主动向参建单位传达施工工地管理的最新要求，提高南水北调工程建设高质量发展的认识，自觉规范施工行为。

（2）开展施工扬尘、渣土存放、车辆运输、质量安全管理、农民工工资等专项检查，并在日常巡查的基础上，加大随机检查力度，一旦发现问题立即责令施工单位整改，并强化监督，确保整改到位，推进南水北调工地管理规范化。

（3）落实新冠肺炎疫情防护常态化管理，要求各工地每日报送疫情排查情况表，及时掌握各单位疫情防护

措施落实，日常巡查时加强对工地出入管控、健康情况登记、工地消毒记录等工作的监督检查，实现工地人员"零感染"，疫苗接种率达95％。2021年，共组织现场抽查52次、专项检查12次、质量大检查1次，共发现问题330个，全部整改完成。工程现场管理日趋规范，并持续稳定向好；工程质量始终处于可控状态。（马翔宇）

【安全生产】

1. 风险评估预防为主　开展南水北调设施综合风险评估和防控能力评查试点，开展了安全生产标准化评审，组织"三类人员"考核3批次。紧盯主汛期、补水期、防火期和重大活动、节日，加强安全防范，组织第三方对施工企业、监理企业、供排水企业、北京市水务局系统各单位开展安全检查评估指导，发现整改问题隐患1451项（建设企业593项、供排水企业458项、局系统单位400项）。推动首都重大安全隐患整改，修订北京市水务局局属单位反恐怖应急预案。

2. 反恐联动演练　2021年内，分别组织南水北调团城湖管理处、南水北调环线管理处（原南水北调东干渠管理处）开展防冲闯、防投毒、防爆炸等内容的反恐怖应急演练。通过演练，检验了反恐怖预案的实操性，提升了安防力量的应急处突能力，夯实了与属地公安部门应急联动机制，有效地促进了水务反恐怖防范工作落实。

3. 南水北调典型工程反恐工作
2021 年内，为贯彻落实市领导检查调研南水北调工程（北京段）指示精神，做好首都地区安全风险隐患治理管控，进一步推进南水北调中线工程（北京段）反恐怖防范标准化建设，局安全监督管理处和水利工程运行管理处联合市北京反恐办、市公安局内保局、相关区公安（内保）等单位，对南水北调中线工程（北京段）水利设施反恐怖防范设施开展检查评估，编制了《北京市南水北调典型工程反恐怖防范提升方案》，为有效落实首都重要水务基础设施安全防范工作提供专业支撑，确保重要水利工程设施和重要水源地安全运行。

（卢功科 王俊）

【工程验收】 2021 年，南水北调干线北京段 5 个设计单元工程完工验收全部完成。

（1）水利部委托北京市水务局主持进行干线北京段工程 5 个设计单元验收工作，北京市水务局提前谋划，积极协调解决设计单元验收的制约因素，督促中线局和建管中心及早准备、及早申请，克服新冠肺炎疫情影响，创新工作方式，按时完成 5 个设计单元的全部验收工作。

（2）梳理北京市内配套工程验收情况，对具备条件的及时督促进行法人验收和专项验收。完成了亦庄调节池扩建蓄水验收、大兴支线主干线单位工程完工验收，协调启动东水西调工程的竣工验收工作。 （马翔宇）

【巡视整改】 中央巡视整改任务全部按年度目标办结。积极主动与北京市委整改办沟通协调整改任务办理情况，并及时将有关要求传达给各责任主体，确保北京市水务局针对 2 项中央巡视反馈整改意见提出的 16 项具体整改措施全部按年度目标办结。

（马翔宇）

【南水北调后续规划编制】 配合水利部、中咨公司等开展东中线后续规划编制与评估，参加水利部南水北调东线二期工程可行性研究方案审查会，加强与河北省协调对接，并提出北京市的诉求，积极争取新增外调水指标，为北京长远发展提供水资源保障。北京市水务局向市长陈吉宁专题汇报南水北调后续规划，按照要求深入开展全市用水需求分析。组织技术工作营制定水资源、中线扩能等 7 个专项规划工作大纲，落实市领导要求，系统谋划后续规划编制工作。经市政府和专班工作小组同意，制定印发南水北调后续规划建设工作专班组建方案、工作机制和工作方案。

（朱铭捷）

天 津 市

【建设管理】 自 2006 年 6 月，结合城市路网建设，天津市在南水北调中线沿线各省（直辖市）中率先启动配套工程建设，实现了配套工程建设质量、安全、进度协调发展。2014年中线一期工程通水前，与中线一期工程通水直接相关的6项骨干输配水工程全部建成并投入运行，天津市南水北调配套工程与干线工程同期建成、同步发挥效益。通水后，又陆续建成并投入运行10项工程，累计完成配套工程建设投资124.4亿元，逐步扩大了天津市南水北调工程的输水范围。

引江通水后，天津市以完善城乡供水体系为重点，全力推进引江配套工程建设，建成并投入运行北塘水库完善工程、王庆坨水库工程2座水库工程，作为南水北调天津干线和天津市配套工程的"在线"调节水库，有效调蓄库容6100万 m³，联合运用可满足中心城区和滨海新区的供水要求。受引滦上游潘家口、大黑汀水库库区水质恶化影响，2017年天津市建成并投入使用引江向尔王庄水库供水联通工程，将引江水向北输送至尔王庄水库，通过尔王庄枢纽覆盖除蓟州区以外的引滦供水区，实现引江或引滦供水工程发生突发事件被迫停水情况下，互为应急切换水源的双水源互通。之后又陆续建成宁汉供水工程、武清供水工程等配套工程，逐步扩大了天津市南水北调工程的输水范围，截至2021年，天津市南水北调配套工程建设接近尾声，已有16项工程建成并投入使用，累计完成配套工程建设投资124.4亿元，单元工程质量

合格率达到100％，优良率保持在93％以上，安全生产始终处于受控状态，逐步形成引江、引滦输水工程为骨架，于桥、尔王庄、北大港、王庆坨、北塘5座水库互联互通、互为补充、统筹运用的供水新格局，城市供水"依赖性、单一性、脆弱性"的矛盾得到有效化解。

（天津市水务局建管处）

【运行管理】　天津市始终以"确保安全供水"为核心，自觉践行"南水北调工程事关人民福祉"的政治担当，主动进位、积极作为，强化运行管理监督指导，不断深化南水北调配套工程分类管理、分层管理和细节管理，加大工程运行管理力度。以曹庄泵站、西河泵站等一批配套工程作为南水北调运行管理标准化试点，持续推动完善工程运行标准化管理。通过制定泵站、水闸、水库等设施设备运行管理工作标准建设，夯实设备管理基础工作，减少设备维修费用和停机时间，降低设备故障率，设备完好率达98％以上，安全输水保证率达100％，为安全供水提供有力保障。

2020—2021年度（2020年11月1日至2021年10月31日），水利部批复天津市引江调水总量11.03亿m³，中线建管局向天津市输水量11.35亿m³，完成调水计划的103％。天津市以抓好调度管理、确保供水安全、解决工程运行管理中存在的薄弱环节和突出问题为重点，针对郑州

"7·20"特大暴雨灾害给南水北调中线工程造成的影响,制定应急措施,修订并印发了《天津市供水突发事件应急预案》,明确当南水北调中线出现紧急情况时,优先启用尔王庄水库、王庆坨水库、北塘水库供水,后续切换于桥水库采用引滦水源供水,辅以启用西龙虎峪、宁河北、宝坻石化、武清下武旗备用水源,保障城市供水安全。调度人员24小时在岗值守,密切关注上游来水情况及沿线各用水户用水情况,依照年度调水计划及时与中线建管局沟通,调整引江上游来水流量和下游供水模式,确保天津市原水供给平和。同时,不断加强全面排查整治各类安全隐患,促进南水北调各项运行安全工作有效落实,持续推动工程运行标准化建设,全面强化两会、国庆等重点时段的监管,统筹新冠肺炎疫情防控和供水安全,确保南水北调工程运行安全平稳,调水水质稳定达标,为天津市用水安全提供了有力保障。

(天津市水务局建管处)

【安全生产及防汛】 天津市主动适应防汛应急体制改革,厘清并落实责任,从应急组织体系、应急救援队伍建设、应急物资装备、应急预案、应急演练、教育培训、应急处置等7个方面全面加强配套工程应急能力建设,结合整体供水体系,逐步加强工程抢险、安全度汛和突发事件处置能力建设,组建了6支超130人的配套

核查应急抢险队伍,与2支专业抢险队伍签订了抢险协议,并加强了与中线建管局的应急协调联动,狠抓监测预警、防汛调度、抢险技术支撑3项职能落实,并针对多次强降雨过程,组织对南水北调中线天津干线工程退水通道堤防水情开展常态化巡视巡查,确保防汛安全和供水安全。

(天津市水务局建管处)

河 北 省

【工程建设】 为深入贯彻落实习近平总书记推进南水北调后续工程高质量发展重要讲话精神,按照河北省政府要求,组织起草了贯彻落实意见,以河北省政府办公厅名义正式印发,将习近平总书记重要讲话精神落实到河北省涉水工作各方面、各环节。为推动南水北调后续工程高质量发展,着力谋划多项省内南水北调供水工程建设,翠屏山宾馆供水工程5月1日前如期具备通水条件,红星小区供水工程建设完成并通水,协调推进石津干渠改造提升项目实施。印发了《河北省重点地区江水置换供水工程推进方案》(冀水南调〔2021〕11号),加快推进定州、固安、宁晋等南水北调供水工程建设,成立了领导小组,明确了工作思路、主要目标和保障措施。对定州、固安、宁晋等南水北调供水工程前期工作开展了合规性审查,按

程序和规定进行了完善。印发了《关于加强河北省南水北调供水工程建设管理工作的通知》（冀水南调〔2021〕34号），切实加强供水工程资金使用、建设程序、材料选购和工程质量监管，制定工作台账，倒排工期，加强督办，确保工期。

【配套工程安全监管】　印发了《穿跨邻接河北省南水北调配套工程项目管理和监督检查办法（试行）》（冀水南调〔2021〕44号），为保障工程安全提供了政策依据。召集受水区各市召开安全生产现场调度会议，要求各市、县水行政主管部门深入开展配套工程安全隐患排查治理，督导各市、县和运行管理单位落实风险隐患整改，实行问题清单管理和风险分级管控，建立健全安全生产事故责任追究制度，确保南水北调配套工程安全供水。启动配套工程管理和保护范围划定及明渠段饮用水水源保护区划定工作。

【工程验收】　稳步推进南水北调配套工程验收工作，制定了《河北省南水北调配套工程验收工作推进方案》（冀水南调〔2021〕2号），成立了工作领导小组，落实了任务分工，明确了各专项工作验收时限要求，按时间节点，加强督办，有序推进。保定市南水北调配套工程征迁安置市级验收率先完成，为河北省南水北调配套工程征迁安置市级验收工作探索了路径、积累了经验。　　（胡景波）

河　南　省

【前期工作】

1. 政府管理　2021年，河南省水利厅南水北调处紧紧围绕"全省水利工作会议"和"全省南水北调工作会议"安排部署，以扩大供水范围、提高南水北调效益为目标，坚持水利改革发展总基调，健全管理体系、强化运行监管，在运行管理、配套工程验收、水费征缴、新增供水项目建设等方面，较好地完成了各项工作目标任务。

在运行管理方面，①健全运管制度，规范运行管理；②加强人员培训，提升运管水平；③强化运行监管，确保配套工程运行安全。

在配套工程验收方面，①制订验收计划，指导配套工程验收；②坚持验收标准，严把验收质量关。

在水费征缴方面，通过采取通报、约谈、暂停审批新增供水项目、减少供水量等一系列措施，水费征收到位率逐年提高。

在新增供水项目建设方面，以"城乡供水一体化"为目标，协调加快新增配套供水工程建设。

在供水效益方面，2020—2021调水年度，南水北调中线工程累计向河南省供水29.99亿m³，顺利完成年度供水目标任务。累计生态补水7.74亿m³。

2. 运行管理

（1）健全运管制度，规范运行管理。印发了《河南省南水北调配套工程运行管理预算定额（试行）》和《河南省南水北调配套工程维修养护预算定额（试行）》（豫水调〔2021〕3号），进一步规范完善运行管理制度。

（2）加强人员培训，提升运管水平。10月18—22日，举办了"2021年南水北调工程运行管理培训班"，共有58人参加培训。改进培训手段，增强培训效果，进一步提升参训人员的业务水平。

（3）强化运行监管，确保配套工程运行安全。委托第三方对配套工程全年组织运行管理巡（复）查17次，发现问题376个，并及时印发《巡（复）查报告》30份。督促问题整改，消除运行安全隐患。

（4）加强新冠肺炎疫情防控，确保工程正常供水。贯彻落实厅党组新冠肺炎疫情防控各项要求，统筹做好疫情防控和复工复产工作，落实"六稳六保"要求，加强安全生产监督检查，确保了生产安全、供水安全。

3. 配套工程验收

（1）制订验收计划，指导配套工程验收。组织河南省建管局编制《2021年配套工程验收计划》，制定印发《河南省水利厅办公室关于印发南水北调配套工程2021年设计单元工程完工验收计划的通知》（豫水办调〔2021〕1号），细化验收事项，明确节点要求。

（2）坚持验收标准，严把验收质量关。加强配套工程验收工作的监管，遵循验收导则，严守验收程序，落实验收质量要求，保证验收质量。发现问题，及时研究解决，针对部分输水线路通水验收等问题，依据验收导则基本规定，妥善解决相关问题，促进配套工程验收。

截至2021年年底，配套工程的合同验收（管理处所除外）、通水验收、泵站启动验收、档案预验收、征迁县级验收基本完成。濮阳、焦作、漯河、博爱、调度中心等5个设计单元完工结算评审已完成；设计单元完工验收的项目法人验收、技术性验收等工作正扎实推进。　　（雷应国）

4. 新增供水目标　为充分发挥工程效益，用足用好南水北调水，以"城乡供水一体化"为目标，加快推进南水北调新增供水工程前期工作，目前，周口市淮阳区、舞钢市、濮阳县、台前县、范县城乡供水一体化等供水工程已建成通水，濮阳市已实现了全域覆盖南水北调水；内乡县、平顶山城区等18个县（市）新增供水工程正在加紧建设；巩义市、新乡"四县一区"东线等9个县（市）供水工程正在开展前期；研究向商丘5县（市）新增供水工程论证，合理增加供水目标。　　（赵艳霞）

5. 招投标监管　为了规范招标投标活动，保护国家利益、社会公共利益和招标投标活动当事人的合法权益，严格遵循公开、公平、公正和诚实信用的原则，履行南水北调招投标监管工作。2021年共参加南水北调运行管理项目招投标监督5次，没有发生不良影响。　　　　（张明武）

6. 水费征缴　为保证工程运行、还贷所需，及时上缴水费，我处多措并举，加大力度催缴水费。

（1）在全省南水北调工作会议上通报相关情况，做出专题部署，提出明确要求。

（2）对有关省辖市、直管县（市）印发关于收缴欠缴水费的通知（豫水调函〔2021〕1—12号），加大水费征缴力度，按时足额交纳水费，解决历史欠费问题。

（3）每月通知市南水北调机构报缴费计划，明确各市、直管县月水费应缴金额。

（4）对欠缴水费的县（市），采取"暂停审批新增供水项目与供水量"等措施，促使有关县（市）及时足额缴纳水费。

截至2021年年底，共收到各市缴纳水费68.36亿元，完成比例为64.6％。应交中线局水费59.59亿元，已交中线局水费45.45亿元，完成比例为76.3％。　（雷应国）

7. 通水效益　在水利部、南水北调中线工程管理单位的大力支持下，河南省南水北调工程运行安全平稳，工程的经济、社会、生态效益显著。截至2021年，供水目标覆盖11个省辖市市区、43个县（市）城区和101个乡（镇），通水水厂92个，受益人口2600万人，农业有效灌溉面积8万hm²。另外，在保障正常供水外，河南省通过南水北调总干渠退水闸和配套工程管线持续向南阳、漯河、周口、平顶山、许昌、郑州、焦作、新乡、鹤壁、濮阳、安阳11个省辖市和邓州市的26条河流和8个湖库实施生态补水。工程的经济、社会、生态效益同步发挥，有效保证了居民用水，改善了生态环境，缓解了受水区水资源短缺的困局，为河南省锚定"两个确保"、实施"十大战略"、促进全省经济社会高质量提供了有力的水资源支撑，发挥了重大作用。

2020—2021调水年度，南水北调中线工程累计向河南省供水29.9亿m³，顺利完成年度供水目标任务。其中，农业用水（南阳引丹灌区）6亿m³、城镇用水16.16亿m³、生态补水7.74亿m³（含河南省自行组织生态补水1.16亿m³）。　（赵艳霞）

【运行管理】　按照河南省委、省政府机构改革决策部署，原省南水北调办并入省水利厅，有关行政职能划归省水利厅。省南水北调建管局5个项目建管处在承担原项目建管处职责的基础上，分别接续省南水北调建管局机关综合处、投资计划处、经济与财务处、环境与移民处、建设管理处等5个处室职责。截至2021年12月31日，河南省南水北调配套工程运行平稳、安全，河南省共有39个口门及

26 个退水闸开闸分水。

1. 职责职能划分 河南省南水北调建管局负责南水北调配套工程运行管理的技术工作及技术问题研究；组织编制工程技术标准和规定；协调、指导、检查省内南水北调配套工程的运行管理工作；提出河南省南水北调用水计划；负责配套工程基础信息和巡检智能管理系统的建设工作；负责科技成果的推广应用工作；负责与其他省配套工程管理的技术交流相关事宜；负责调度中心运行管理，按照河南省南水北调配套工程年度调水计划执行水量调度管理；负责承办领导交办的其他事务。

各省辖市、省直管县（市）南水北调办（中心、配套工程建管局）负责辖区内配套工程具体管理工作。负责明确管理岗位职责，落实人员、设备等资源配置；负责建立运行管理、水量调度、维修养护、现地操作等规章制度，并组织实施；负责辖区内水费征缴，报送月水量调度方案并组织落实；负责对河南省南水北调建管局下达的调度运行指令进行联动响应、同步操作；负责辖区内工程安全巡查；负责水质监测和水量等运行数据采集、汇总、分析和上报；负责辖区内配套工程维修养护；负责突发事件应急预案编制、演练和组织实施；完成河南省南水北调建管局交办的其他任务。

2. 制度建设 国务院第 647 号令颁布《南水北调工程用水管理条例》，河南省政府第 176 号令颁布《河南省南水北调配套工程供用水和设施保护管理办法》，为河南省南水北调工作提供了法律保障。河南省先后制定印发《河南省南水北调受水区供水配套工程泵站管理规程》《河南省南水北调受水区供水配套工程重力流输水线路管理规程》等 61 项运行管理制度，架起"四梁八柱"制度框架体系；各省辖市、省直管县（市）南水北调办（中心、配套工程建管局），结合工作实际进一步细化完善规章制度，并针对具体工程项目制定运行管理作业指导书，明确工程管理内容、程序、方法、步骤。河南省南水北调配套工程运行管理已建立起较为完善的制度体系。2021 年，河南省水利厅印发河南省南水北调建管局组织编制的《河南省南水北调配套工程运行管理预算定额（试行）》（豫水调〔2021〕1 号）和《河南省南水北调配套工程维修养护预算定额（试行）》（豫水调〔2021〕3 号）并实施，进一步加强配套工程运行和维修养护费用管理，提高资金使用效率，提升配套工程运行管理标准化水平。

3. 计划管理 2020 年 10 月 28 日，水利部印发《南水北调中线一期工程 2020—2021 年度水量调度计划》（水南调函〔2020〕152 号）；2020 年 12 月 4 日，河南省水利厅、河南省住房城乡建设厅联合印发《关于印发南水北调中线一期工程 2020—2021 年度水量调度计划的函》（豫水调函

〔2020〕13 号），明确河南省 2020—2021 年度计划用水量为 22.55 亿 m³（含南阳引丹灌区 6 亿 m³）。河南省南水北调建管局严格按照批准的水量调度计划开展工作，督促各省辖市、省直管县（市）南水北调办（中心、配套工程建管局）规范编报月水量调度方案，研审汇总后，制定全省月用水计划，报河南省水利厅并函告南水北调中线建管局作为每月水量调度依据。截至 2021 年 10 月 31 日，河南省 2020—2021 年度正常供水 23.41 亿 m³，为年度计划 22.55 亿 m³ 的 103.8%，顺利完成年度水量调度计划。

根据河南省水利厅工作安排，河南省南水北调建管局提前谋划，充分准备，科学调度，克服新冠肺炎疫情以及"7·21"暴雨带来的不利影响，2021 年 4 月 29 日至 10 月 31 日，通过南水北调中线工程总干渠 21 座退水闸和肖楼、府城口门向工程沿线南阳、平顶山、许昌、郑州、焦作、新乡、鹤壁、安阳等 8 个省辖市和邓州市生态补水 6.58 亿 m³，完成同期生态补水计划 3.24 亿 m³ 的 203.1%。

4. 水量调度　河南省南水北调配套工程设 2 级 3 层调度管理机构：省级管理机构、市级管理机构和现地管理机构。省级管理机构负责全省配套工程的水量调度工作；在省级管理机构的统一领导下，市级管理机构具体负责本区域内的供水调度管理工作；在市级管理机构的统一领导下，现地

管理机构执行上级调度指令，具体实施所管理的配套工程供水调度操作，确保工程安全平稳运行。

为保障配套工程安全、运行安全，河南省南水北调建管局建设管理处每月初向河南省水利厅南水北调处上报上月水量调度计划执行情况，结合地（市）用水实际，分析存在问题，及时督促整改；每月上旬编发全省配套工程运行管理月报，通报工程运行管理情况；每月底及时向受水区各市、县下达下月水量调度计划，计划执行过程严格管理，月供水量较计划变化超出 10% 或供水流量变化超出 20% 的，应通过调度函申请调整。2021 年，累计编报河南省南水北调工程月用水计划 12 份、计划执行情况 12 份，编发配套工程运行管理月报 12 份，编发调度函 185 份。

5. 水量计量　克服配套工程流量信息采集尚未实现自动化、部分供水线路存在计量争议等困难，河南省南水北调建管局建设管理处组织各省辖市、省直管县（市）南水北调办（中心、配套工程建管局）每月按时与干线工程现地管理单位、用水单位进行水量签认，留存水量计量资料，及时汇总统计水量计量情况，提交河南省南水北调建管局经济与财务处作为河南省计量水费核算依据。2020—2021 年度，河南省正常供水与南水北调中线建管局结算水量为 17.41 亿 m³、与受水区各县（市）结算计量水量为 17.44 亿 m³（不含引丹灌区

6 亿 m³），生态补水双方结算水量为 3.17 亿 m³（不含计划外生态补水 3.41 亿 m³）。

6. 运行操作 配套工程运行操作主要有泵站运行、重力流线路调流调压阀管理房运行、工程巡视检查 3 类。2021 年，由各县（市）南水北调管理机构负责管理，河南省共有 1366 名运行操作人员，聘用方式主要有劳务派遣、购买社会服务或外聘等；除郑州市的 19 号李垌泵站、24 号前蒋寨泵站、24-1 号蒋头泵站分别由新郑市、荥阳市、上街区南水北调机构负责自行管理外，泵站采用购买社会服务的方式委托代运行；重力流线路调流调压阀管理房和工程巡视检查主要采用劳务派遣的方式招聘人员自行管理。

7. 维修养护 配套工程维修养护主要包括日常维修养护、专项维修养护和应急抢险。2017 年 7 月以来，通过公开招标选择专业维护队伍，探索形成省督导检查、县（市）组织并监管、维护单位具体负责的配套工程维护模式，注重日常维修养护工作，养重于修，并随时维修，保障工程完好。2021 年，配套工程维修养护单位有三类：①输水线路维修养护，以郑州为界分两个标段，郑州以南为第 1 标段，由河南省水利第二工程局承担，郑州以北（含）为第 2 标段，由河南省水利第一工程局承担；②自动化系统第 1 标段基础设施维护项目由中国电信集团系统集成有限责任公司

河南分公司承担，第 2 标段应用系统维护项目由河南华北水电监理有限公司；③泵站维修养护由各有关市招标选择的泵站运行单位承担。2021 年，配套工程输水线路维修养护累计完成阀井维护 33462 座次，阀件维护 92183 件、机电设备维护 9323 台（套）、专项维养项目 28 次，设备与建（构）筑物功能性部位完好率在 90% 以上。

8. 水毁修复 2021 年 7 月，河南省多地遭遇强降雨，极端气候及洪涝灾害造成郑州及黄河北新乡、鹤壁、安阳等市部分配套工程设施进水、设备损毁，造成郑州市中原西路泵站、白庙水厂线路、前蒋寨泵站以及安阳市汤阴县二水厂线路、安钢冷轧水厂线路暂停供水。河南省南水北调建管局提前分析研判，成立配套工程防汛应急领导小组，及时通知各省辖市、省直管县（市）南水北调办（中心、配套工程建管局）做好配套工程安全度汛工作，分赴现场督导检查，快速恢复供水，有序开展配套工程水毁工程修复工作，保障了配套工程安全、供水安全。截至 2021 年年底，河南省配套工程共有 47 处水毁项目，25 处已修复，7 处正在修复，7 处的实施方案正在审批中，8 处的实施方案正在编制。

9. 基础信息、巡检智能、病害防治管理系统 为积极推进配套工程智慧管理，在原设计自动化系统基础上，2016 年 4 月以来，河南省南水北

调建管局组织研发配套工程基础信息管理系统、巡检智能管理系统和病害防治管理系统，并为巡检智能管理系统配置的 342 台移动巡检仪配备 342 张物联网卡，2020 年 7 月 30 日开始试运行，2021 年系统运行平稳，基本实现配套工程基础信息数据的数字化、信息化管理，动态掌握配套工程设施、设备的运行状态，快速查询、统计、分析和监管工程病害信息，进一步规范了运行管理工作，较大提升了工程管理信息化水平。2021 年 10 月，南水北调供水配套工程全要素信息管理技术创新及应用项目获地理信息科技进步奖一等奖。

10. 泵站精细化运行调研　2021 年 4—5 月，河南省南水北调建管局组织开展全省配套工程泵站精细化运行调研工作，各省辖市、省直管县（市）南水北调办（中心、配套工程建管局）高度重视，成立专项领导小组，结合工程实际，采取有力措施，泵站调度运行逐步规范，用电管理逐步精细。其中，郑州市优化泵站基本电费缴纳方式，预计每年节约电费 100 万元；鹤壁市改进泵站调度运行方案，降低电价高峰段运行时间，预计节约 20% 用电量。

11. 站区环境卫生专项整治　为进一步提升配套工程形象，营造和谐、优美、文明、整洁的站区环境，河南省南水北调建管局于 2020 年 10 月 30 日以"豫调建建〔2020〕22 号"文印发通知，组织开展配套工程站区环境卫生专项整治活动。2021 年先后组织 10 个批次暗访组对河南省配套工程 11 个省辖市、2 个省直管县（市）的 65 处站区进行暗访并印发通报，督促各县（市）以环境卫生为抓手，提升配套工程运行管理水平。从暗访情况看，河南省配套工程站区环境卫生有较大改观，站区环境卫生整治效果较好、暗访站区基本达标的县（市）有：南阳市、许昌市和邓州市；但仍有 21 个站区卫生脏乱差、整治力度不够。

12. 供水效益　自南水北调中线一期工程 2012 年 12 月 12 日正式通水以来，截至 2021 年 12 月 31 日，河南省南水北调工程累计有 39 个口门及 26 个退水闸开闸分水，向引丹灌区、92 座水厂供水、6 个水库充库及南阳、漯河、周口、平顶山、许昌、郑州、焦作、新乡、鹤壁、濮阳和安阳等 11 个省辖市和邓州市生态补水，供水累计 150.61 亿 m^3，占中线工程供水总量 429.13 亿 m^3 的 35.1%，供水目标涵盖南阳、漯河、周口、平顶山、许昌、郑州、焦作、新乡、鹤壁、濮阳、安阳 11 个省辖市市区、43 个县城区和 101 个乡（镇），全省受益人口达 2600 万人，农业有效灌溉面积 8 万 hm^2。

在保障配套工程正常供水的情况下，根据水利部部署，按照河南省水利厅工作安排，结合各地实际需求，河南省南水北调建管局与南水北调中线建管局积极沟通协商，实施科学调度，2021年4月29日至10月31日，通过21座退水闸和肖楼、府城口门向南阳、平顶山、许昌、郑州、焦作、新乡、鹤壁、安阳等8个省辖市和邓州市的23条河流生态补水6.58亿 m^3。 （庄春意）

【建设管理】 2021年，继续执行《河南省南水北调中线工程建设管理局关于各项目建管处职能暂时调整的通知》（豫调建〔2018〕13号）规定，河南省南水北调建管局建设管理处职责仍由平顶山段建管处接续。平顶山段建管处除负责南水北调中线一期工程总干渠宝丰至郏县段、禹州和长葛段2个设计单元工程的财务完工决算、工程验收、变更索赔处理等原平顶山段建管处的工作外，还履行原建设管理处的职责，负责河南省南水北调配套工程防汛度汛、安全生产、尾工建设、工程验收、运行管理等工作。同时，原建设管理处党员纳入平顶山段建管处党支部。

【防汛度汛】 2021年7—10月初，河南省夏秋雨水不断，特别是7月中下旬，多地遭遇极端强降雨。平顶山段建管处深入贯彻习近平总书记关于防灾减灾救灾的重要指示批示精神，严格按照河南省水利厅统一部署，压紧压实防汛责任，科学调配人员力量，狠抓防汛措施落实，全力做好南水北调各项防汛工作，保证工程度汛安全和沿线人民群众生命财产安全。7月20日，成立了"河南省南水北调工程防汛应急领导小组"，领导小组下设综合组、后勤保障组、自动化组和现场组，全面负责南水北调工程的防汛应急抢险工作。在调度中心实行24小时防汛调度值班和领导带班制度，科学研判汛情，及时传达贯彻上级对防汛工作的指令和要求，积极对接河南省11个市级运行管理单位和总调中心，督促各市配套工程运行管理单位加大巡查力度，及时报告和处置险情，保证南水北调配套工程安全运行。

7月20日下午，郑州市突降罕见特大暴雨，郑州市南水北调配套工程荥阳前蒋寨泵站因雨水倒灌，主厂房泵坑进水，机组全部被淹。河南省南水北调建管局立即组织抢险队伍奔赴现场，抽排积水、拆卸机组、联系电器元件供应商、寻找专业厂家烘干设备，经过41个小时的紧急排涝、抢险维修，南水北调前蒋寨泵站于2021年7月22日11时起开始正常运行。7月27日起，河南省南水北调建管局组织5个检查组，对全省南水北调工程防洪度汛情况进行全面检查，实地查看配套工程水毁和处置情况，干线工程左岸排水建筑物进出口行洪情况，督促、指挥应急抢险和恢复重建，保障工程安全、供水安全、水质安全。

【安全管理】 以"安全生产月"活动为契机，以现地管理站、泵站安全隐患排查整治为重点，采取"四不两直"检查方式，狠抓南水北调配套工程安全管理。

1. 开展"安全生产月"系列活动

2021年6月是第20个全国"安全生产月"，按照河南省水利厅安排，河南省南水北调建管局组织开展了以"落实安全责任，推动安全发展"为主题的"安全生产月"系列活动。

（1）把习近平总书记关于安全生产重要论述制作成PPT和专题视频，自6月1日起，在河南省调度中心一楼大厅电子屏幕上循环播放，普及安全知识，增强全体员工防范安全事故的意识。

（2）印发《河南省南水北调中线工程建设管理局关于开展2021年水利"安全生产月"活动的通知》（豫调建建〔2021〕12号），明确总体要求、活动内容、具体安排等，组织并督促各省辖市南水北调运行管理机构扎实开展"安全生产月"活动。

（3）6月16日，以视频形式开展安全生产教育培训，河南省南水北调系统120余人参加，共同观看《生命重于泰山》《安全用电》等专题视频，通报重大及典型事故案例，列举南水北调配套工程典型隐患照片，宣讲消防安全"四个能力"、安全生产"四懂四会"、安全生产"八安八险"、安全生产"十杜绝"等安全知识，讲解安全用电常识、触电急救技能及电气火灾的扑救措施。

（4）6月28日，召开安全工作专题会议，传达河南省水利厅对安全生产工作的部署，对全省南水北调配套工程的安全工作进行具体安排，对办公场所安全用电、职工食堂燃气的使用管理等提出明确要求，要求全体员工加强学习，提升重大危险源辨识和日常安全应急处置能力，提高触电急救及电气火灾的扑救能力，营造"人人讲安全、时时想安全，处处要安全、事事为安全"的良好氛围。

2. 开展2021版《安全生产法》专题培训　2021年9月下旬，邀请河南省应急管理厅专家，对全省南水北调配套工程运行管理人员以视频会议的形式进行新《安全生产法》宣贯培训，参训人数达700余人。授课老师围绕新《安全生产法》的制定修改变迁、修改背景、修改的总体思路、修改的主要内容等进行宣教，重点解读了立法内容、主体责任、责任追责、处罚力度，并结合近年来发生的典型安全事故，"以案说法"进行警示教育。

3. 开展配套工程安全隐患排查整治活动　对河南省南水北调配套工程泵站、现地管理站和调流调压阀室进行全面排查，建立了避雷设施、机电设备接地、消防水泵系统、电缆沟、电缆敷设等安全隐患清单，明确责任单位、责任人和整改时限。以"四不两直"方式（不发通知、不打招呼、不听汇报、不用陪同接待、直奔基层、直插现场），多次深入现场，督促并指导各省辖市南水北调办（中心、建管局）对安全隐患进行整改，保证配套工程安全运行，有效防范安全事故发生。

【配套工程施工及验收】

1. 配套工程输水线路尾工施工及合同验收　21号口门尖岗水库向刘湾水厂供水工程剩余的尾工于2021年上半年全部完成。截至2021年12月底，河南省南水北调配套工程输水线路除河南水建集团有限公司承建的郑州21号口门尖岗水库至刘湾水厂输水线路施工12标外，其余标段施工合同验收全部完成。该施工标段工程已完工，静水压试验未全部完成，验收资料尚未整理完毕，暂不具备合同验收条件。

2. 管理处（所、中心）施工和合同验收　河南省共规划建设51处（62座）配套工程管理处（所、中心）。截至2021年12月底，累计建成46处（54座），占比90.2%；4处（7座）尚处于规划、用地等前期手续办理阶段，分别是：平顶山市管理处、石龙区管理所、新城区管理所3座合建，漯河市舞阳县管理所、临颍县管理所，新乡市管理处、市区管理所2座合建。其中2021年新完工2处（4座），分别是黄河南仓储和维护中心合建项目、安阳市管理处和市区管理所合建项目；2021年新开工建设1座，即焦作市博爱县管理所，1月发布招标公告，3月完成招投标工作，施工单位进场，截至12月底主体工程已完成，剩余内外墙漆、门窗、室外管网及道路等项目未实施。截至2021年年底，已建成的46处（54座）中，45处（52座）完成了单位工程验收，剩余周口市管理处和市区管理所2座合建项目未验收。

3. 配套工程设计单元工程完工验收准备工作　平顶山建管处对濮阳、安阳、鹤壁市南水北调配套工程设计单元完工验收准备情况进行现场检查，指导省辖市配套工程建管单位开展建设管理工作报告、历次验收遗留问题处理情况报告、工程建设大事记等的编制工作。召开专题视频会议，协调解决漯河、许昌、平顶山设计单元完工验收准备工作中存在的问题，督促加快水土保持、环境保护、消防设施、征地拆迁、工程建设档案等专项验收进度，提前为设计单元工程完工验收创造条件。2021年12月22—24日，河南省南水北调建管局主持，对焦作市供水配套工程设计单元工程进行了项目法人完工验收自查，形成了《河南省南水北调受水区焦作供水配套工程设计单元工程完工验收项目法人验收自查工作报告》。

【配套工程管理及保护范围划定】
根据《河南省南水北调配套工程供用水和设施保护管理办法》（河南省人民政府令第176号）等文件规定，河南省南水北调建管局于2021年1月通过公开招标，选择河南省水利勘测有限公司为"河南省南水北调配套工程管理与保护范围划定项目"中标单位。2月，双方签订合同，具体工作内容包括资料收集及分析、无人机航摄、3D产品生产、地下管线探测、输水管线及建筑物位置测定、管理范围和保护范围线划定、资料整理与图册编绘、数据库建设、管理与保护范围划定报告的编制等。

为加快配套工程管理与保护范围的划定工作，河南省南水北调建管局共召开12次专题会议，协调解决配套工程资料收集、外业探测、数据整理和图纸绘制等工作中存在的问题，推进工作进度。截至2021年12月底，南阳市配套工程管理与保护范围划定报告和图册已完成并上报至河南省水利厅；平顶山、鹤壁、濮阳、安阳4市的报告和图册全部编制完成，并通过了河南省南水北调建管局组织的专家评审，正在征求相关市政府及有关部门的意见；许昌、焦作、漯河、周口4市配套工程资料收集和外业探测工作全部完成，正进行数据整理和图纸绘制；新乡和郑州2市的配套工程资料基本收集完毕，正在进行拟探测范围分析。　　　　　　（刘晓英）

【投资计划】

1. 自动化与运行管理决策支持系统建设　自动化系统已全部完成合同验收，并已具备财政评审条件。2021年10月组织自动化系统招标工作，优选了2家自动化系统运行维护单位，并于2021年12月1日进场开始工作，自动化系统目前已进入运行阶段，正在组织水调系统、泵阀监控系统等核心业务系统与前端电气控制系统、设备的联调联试，逐条线路调试，计划2022年上半年实现完全正常化运行。

2. 配套工程投资管控　基本完成南水北调配套工程2028项变更索赔处理工作，截至2021年12月底，仅余鹤壁市2项、新乡市1项合同变更因资料不完善未处理完成，其余均已完成审批工作。

2021年以来，组织各省辖市配套工程建管单位开展了投资控制分析工作，据统计，截至2021年11月底，河南省配套工程共完成投资投资144.18亿元（不含鄢陵设计单元，但含从配套工程结余资金支持的8000万元投资，下同），其中工程部分完成投资99.41亿元，征迁部分完成投资38.54亿元，建设期贷款利息6.23亿元。预计河南省配套工程结余资金9.63亿元，其中工程部分结余3.93亿元，征迁部分结余9.1亿元，建设期贷款利息结余-3.4亿元。

3. 其他工程穿越审批　为贯彻落实习近平总书记在南水北调后续工程高质量发展座谈会上提出的三个"事关"和三个"安全"要求，按照2020年12月修订的《其他工程穿越、邻接河南省南水北调受水区供水配套工程设计技术要求》和《其他工程穿越邻接河南省南水北调受水区供水配套工程安全评价导则》，严格其他工程穿越、邻接配套工程专题设计和安全影响评价审批。

2021年以来，共完成其他工程穿越、邻接配套工程专题设计和安全评价报告审查23个（其中公路11个，铁路1个，各类管涵11个），批复9个。

4. 配套工程新增供水工程相关前期工作 完成新乡市"四县一区"南水北调配套工程东线项目、濮阳市范县及台前县供水工程、濮阳市城市供水调蓄池工程、安阳市汤阴县东部水厂引水工程、平顶山城区南水北调配套工程等5个新增供水目标连接南水北调配套工程专题设计和安全评价报告的审批工作。完成7号分水口门增加唐河县乡村振兴优质水通村入户工程、10号口门漯河市五水厂支线增加城乡一体化供水项目、24—1分水口门增加巩义第一水厂供水目标、25号分水口门增加焦作市城乡一体化管网项目（沁阳市和孟州市）、29号分水口门增加修武县农村饮水集中式供水工程等5个新增供水目标可行性论证评审工作。完成安阳市西部调水工程、淮阳县供水工程、项城和沈丘南水北调供水工程、新郑第一水厂改造工程等4个供水工程连接配套工程专题设计和安全评价报告审查工作。

5. 配套工程水毁修复 为消除水毁隐患，高质量完成南水北调配套工程水毁修复工作，确保工程安全和供水安全，专门印发《关于进一步做好南水北调配套工程水毁修复工作的通知》（豫调建投〔2021〕66号），进一步细化责任分工、完善审批程序，组织设计单位完成水毁复建项目实施方案和概算编制工作，并及时审查批复了6个省辖市12处水毁工程的修复设计方案，为汛前完成水毁修复工作奠定了坚实基础。

6. 配套工程阀井加固及提升改造 河南省南水北调配套工程共有各类阀井3569座，由于地形、地貌发生变化，部分阀井出现渗水、漏水现象，甚至出现人为破坏情况，为消除安全隐患，加强运行管理，确保配套工程设施及运行安全，2021年11月完成了设计招标工作，中标单位是河南省水利勘测设计研究有限公司，并已完成了合同谈判工作，明确了工作任务、完成方式和工作完成时限。

7. 配套工程管理设施完善 为规范配套工程运行管理，完善工程管理设施，改善运行管理工作人员工作条件，按照确有需要、保证安全、保障生产的原则，完成了郑州管理处运行管理设施完善改造实施方案的审批工作；完成许昌管理处及其下辖6个管理所和2个现地管理站、漯河管理处和清丰管理所管理设施完善实施方案的审查工作。 （王庆庆）

【资金使用管理】

1. 运行管理费预算及水费收缴 根据预算定额，结合往年预算执行情况，编制河南省11个省辖市、2个直管县2021年度运行管理费支出预算，经河南省水利厅厅长专题办公会研究、厅党组会审议后印发执行。2021年度运行管理费支出预算18.00亿元，实际支出11.27亿元。

截至2021年年底，共收缴南水北调水费68.09亿元。其中：2014—2015供水年度收缴8.25亿元水费；2015—2016供水年度收缴6.85亿元水费；2016—2017供水年度收缴1.08亿元水费；2017—2018供水年度收缴12.77亿元水费；2018—2019供水年度收缴13.95亿元水费；2019—2020供水年度收缴14.34亿元水费；2020—2021供水年度收缴10.85亿元水费。截至2021累计上缴中线建管局水费45.45亿元。其中：2014—2015供水年度上缴水费5.99亿元；2015—2016供水年度上缴水费2.01亿元；2016—2017供水年度上缴水费4亿元；2017—2018供水年度上缴水费7亿元；2018—2019供水年度上缴水费8.6亿元；2019—2020供水年度上缴水费11.87亿元；2020—2021供水年度上缴水费5.98亿元。

2. 配套工程建设资金管理及财务决算　2021年度共支付配套工程建设资金16620.88万元，其中工程建设支出14160.33万元，征迁补偿支出2460.55万元。河南省南水北调配套工程财政评审18个工程项目，上半年，调度中心、漯河、焦作、濮阳市、博爱县配套工程完成评审。完成配套工程合同债权债务清理及投资分摊工作。完成完工财务决算审核与竣工财务决算编制的招标工作。完成河

南省南水北调配套工程竣工完工财务决算编制及培训工作。

3. 干线工程完工财务决算编制及资产处置工作　中线建管局委托河南省建设管理的16个设计单元完工财务决算报告已按照水利部、原国务院南水北调办和原中线建管局完工财务决算编制计划要求全部报送原中线建管局。截至2021年年底，16个设计单元完工财务决算已由水利部全部核准。

按照《中线建管局固定资产报废处置批复意见》（财函〔2019〕4号）和《河南省省级行政事业单位国有资产处置管理暂行办法》有关规定，以及河南省南水北调建管局国有资产处置领导小组鉴定意见，截至2021年12月底，使用中线分公司总干渠建设资金购置的固定资产共计451项，原值1003.95万元，已处置309项，原值600.41万元。

4. 事业经费使用核算　做好预决算编制和预算执行管理工作、2022—2024年度财政规划预算编制送审工作。完成在职人员"五险一金"等社会保障费用调标定基与申报缴纳以及调动人员工资及住房公积金转移等工作。配合完成各项审计工作。固定资产管理方面，完成水利厅布置的重点资产信息核查整改及国有资产考核工作，完成原省南水北调办1车辆向水利厅移交申报工作、原省南水北调办2车辆报废申报工作。

5. 审计与整改　2021年，完成

河南省南水北调建管局本级及 11 个省辖市、2 个直管县（市）2020 年的运行管理费使用情况的全面审计及整改工作；组织完成 2020 年河南省南水北调建管局财政资金、配套工程建设资金及干线建设资金的内审和整改工作；完成事业费 2020 年度河南省审计厅联网审计核查工作；完成河南省水利厅组织的 2020 年度预算执行情况监督检查工作。　　（王冲）

江 苏 省

【前期工作】　　江苏省南水北调配套工程主要任务是围绕消化干线供水能力、提高水资源配置水平、发挥东线南水北调工程整体效益的目标，完善江苏供水配套工程体系，提高输配水系统的节水、管水和水质保护能力，实现对南水北调供水区的科学调度和科学管理，更好满足经济和社会发展对水资源的保障需求。2015 年 12 月，江苏省南水北调一期配套工程实施方案编制完成。　　（薛刘宇）

【资金筹措和使用管理】　　江苏南水北调一期配套工程规划中先期实施的 4 项尾水导流工程，建设资金主要由省级财政投资和地方配套组成，其中省级投资约 67%，地方配套约 33%。郑集河输水扩大工程批复概算总投资 8.3 亿元，其中省级财政资金采取定补形式投资 5.36 亿元，其余建设资金由工程所在地徐州市及所属区（县）地方财政自行筹措、配套到位。

　　（薛刘宇）

【建设管理】　　江苏南水北调一期配套工程规划中共有 4 项治污工程，其中新沂市尾水导流工程、丰县沛县尾水资源化利用及导流工程、睢宁县尾水资源化利用及导流工程等 3 项，已全部建成并移交管理运行；宿迁市尾水导流工程已完成全部建设投资，4 项治污工程累计完成投资 15.05 亿元。2021 年，宿迁市尾水导流工程开展试运行和验收，工程 12 个标段中有 10 个标段完成审计，已完成征迁移民验收、水土保持验收。郑集河输水扩大工程已于 2020 年年底建设完成，累计完成投资 8.32 亿元。

　　（薛刘宇　宋佳祺）

【运行管理】　　2021 年，江苏南水北调一期配套工程运行管理工作，主要体现在已完建的治污工程中。

　　1. 明确管理机构　　截至 2021 年，4 项治污工程均明确运行管理单位。其中丰县、沛县尾水导流工程中县（区）交界的闸站由徐州市截污导流工程运行养护处运行管理，其余工程由丰县、沛县水利部门成立管理所进行管理；睢宁尾水导流工程由睢宁县尾水导流工程管理服务中心负责运行管理；新沂市尾水导流工程由新沂市尾水导流管理所负责运行管理；宿迁市尾水导流工程通水试运行由宿迁市区河道管理中心负责、宿迁市水务集团参与。

2. 参与调水运行　配套工程中的4项治污工程与主体工程中的4项截污导流工程共同参与2020—2021年度江苏南水北调工程向省外调水运行，为江苏境内输水干线的水质保障起到重要作用。

3. 抓好运管监督　江苏省南水北调办7次赴徐州、宿迁开展尾水导流工程运行管理、监测断面水质情况调研，及时了解工程运行管理现状，对发现的隐患矛盾第一时间组织整改。

4. 落实维修经费　江苏省南水北调办协调将尾水导流工程列入省级维修养护范围，组织市、县编制年度南水北调工程维修养护项目方案。

（聂永平　宋佳祺）

【质量管理】　通过"严抓关口前移、严抓过程控制、严抓整改落实、严抓长效管理"，做好工程质量控制管理。2021年12月，睢宁县尾水资源化利用及导流工程通过竣工验收。经徐州市水利工程质量监督站核定，工程5个单位工程、31个分部工程、564个单元工程施工质量全部合格，工程施工质量为合格等级。　（宋佳祺）

【文明施工监督】　自开工建设以来，江苏省南水北调建成和在建工程质量和安全总体受控良好，未发生一起等级以上质量、安全事故，单位工程优良率为80%以上，工程实体质量居全国领先水平。　（宋佳祺）

【征地拆迁】　2021年江苏南水北调一期配套工程无征地拆迁。2021年通过竣工验收的睢宁县尾水资源化利用及导流工程，实际完成永久征地1.32hm²，临时占地54.17hm²，土地复垦54.47hm²，拆除各类房屋6564.83m²，搬迁补助及过渡期补助人员36人，一般树木196555棵，恢复电缆线路6.4km、光缆线路0.8km、低压线路11.6km。

（聂永平　宋佳祺）

山　东　省

【前期工作】　2015年6月底，山东省续建配套工程38个供水单元工程已全部完成前期工作。　（孙玉民）

【资金筹措和使用管理】　2016年配套工程资金筹措已到位，2021年无变化。　（孙玉民）

【建设管理】　按照计划开展了南水北调配套工程监督检查工作，针对检查发现的问题，印发文件督促责任单位举一反三，限期完成问题整改落实工作。各单位按期完成了问题整改落实工作，并将整改结果报山东省水利厅备案。

1. 济南市配套工程　按照山东省批复的《南水北调东线一期工程山东省续建配套工程规划济南市调整规划》，济南市南水北调续建配套工程由市区单元、章丘单元两部分组成，估算总投资 9.78 亿元，年调引江水量 1 亿 m³。市区单元包括玉清湖引水、玉清湖水库供水管线改造、贾庄分水闸至卧虎山水库输水、卧虎山水库供水线路改造（以下简称"五库连通"）、东湖水库输水工程 5 个单项工程，估算总投资 9.43 亿元，年调引江水量 8300 万 m³；章丘单元估算总投资 0.35 亿元，年调引江水量 1700 万 m³。

（1）市区单元工程。

1）玉清湖引水工程。该工程位于玉清湖水库南围坝外侧，自南水北调东线济平干渠新五分水闸引水，通过新建 1.04km 单孔钢筋混凝土输水暗涵和 1 座装机为 4 台共 560kW 水泵机组的泵站提水入玉清湖水库，工程日调水能力 77 万 m³。玉清湖引水工程于 2012 年 12 月 15 日开工建设，2013 年 9 月 28 日工程主体完工，并投入试运行完全具备引水条件，2014 年 7 月 24 日顺利通过竣工验收。玉清湖引水工程也成为山东省南水北调续建配套工程中首个开工建设、首个投入运行和首个竣工验收的工程。

2）玉清湖水库供水管线改造工程。该工程为维修玉清湖水库 3 号泵站出水管道配件及输水管道上部阀门井及检查井，保障供水正常进行。该工程于 2013 年 11 月开工建设，2013 年 12 月完成设备更换改造，2014 年 7 月底通过竣工验收。

3）贾庄分水闸至卧虎山水库输水工程。该工程自南水北调济平干渠贾庄分水闸引水，沿北大沙河、济菏高速、玉符河，穿过京沪铁路、京沪高铁等设施，铺设 29.6km 输水管线，将南水北调的长江水和田山灌区的黄河水逆势而上调入卧虎山水库。工程新建长清、文山和龙门 3 座泵站，总扬程 178m，工程日调水能力 30 万 m³。工程于 2013 年 5 月开工建设，2014 年 11 月完成主体工程建设，一级、二级泵站投入运行，于 2015 年 11 月全线正式通水。

4）卧虎山水库供水线路改造工程。该工程利用卧虎山、锦绣川两座水库的地表水源以及黄河水、长江水客水资源，通过改造、新建供水线路，实现向南郊和分水岭两座水厂及兴隆、浆水泉、孟家 3 座水库和兴济河、全福河、洪山溪、大辛河 4 条河流补水。工程主要包括维修加固原有供水线路 8.07km，新建隧洞 6.38km 和管道 6.89km，改建南康泵站。工程日总供水能力 15 万 m³。2015 年 12 月，卧虎山水库供水线路改造工程主体建设完成，2018 年 9 月顺利通过竣工验收。

5）东湖水库输水工程。通过新建引水工程、泵站工程和输水工程，将东湖水库的长江水、平阴田山经南水北调干线工程输送的黄河水调引至东湖水厂，并与东联供水工程连接，为济南市东部城区增添供水水源，工程日输水能力 30 万 m³。2016 年 6 月东湖水库输水工程全面开工建设，

2017 年 7 月完成工程建设，2018 年 9 月顺利通过竣工验收。

（2）章丘单元工程。章丘单元工程从东湖水库东南放水洞引水，通过新建东湖泵站及铺设 9300m 供水管道，输水至章丘化工工业园。工程自 2014 年 6 月全面开工建设，2016 年 6 月通过竣工验收。

1）引调水情况。

a. 贾庄分水闸至卧虎山水库输水工程。2021 年，通过贾庄分水闸至卧虎山输水工程从卧虎山水库放水向玉符河反向供水回灌补源 1005.94 万 m^3；从济平干渠通过贾庄分水闸至卧虎山水库输水工程调引长江水共 2254.32 万 m^3，其中，向玉符河补源 1852.7 万 m^3，向兴济河补水 362.86 万 m^3，向南郊水厂供水 38.76 万 m^3。

b. 五库连通工程。2021 年，通过五库连通工程从锦绣川水库和卧虎山水库分别放水 978.71 万 m^3、404.67 万 m^3，其中，向兴隆水库及兴济河补水 763.8 万 m^3，向浆水泉水库补水 14.51 万 m^3，向孟家水库补水 394.88 万 m^3，向南康水厂供水 204.14 万 m^3，向中井洪沟补水 6.05 万 m^3；2021 年完成南康泵站扩建工程并正常投入使用，南康泵站供水能力由 10 万 m^3/d 提升至 16 万 m^3/d。

c. 玉清湖引水工程。2021 年，通过玉清湖引水工程从济平干渠调水共 6626 万 m^3，其中，调引长江水 4415.1 万 m^3，调引东平湖水 2210.9 万 m^3。

d. 东湖水库输水工程。2021 年，通过东湖水库输水工程向东湖水厂供水 913.69 万 m^3。

2021 年执行大区域调水指令 35 次，准确率、及时率达 100%，运行安全零事故。水质全分析 63 次，合格率为 100%。

2）机电设备维护及大修。

a. 机电设备保养维护。定时巡查保养设备及附属设施。根据标准化规范及泵站实际情况完善设备点检制度、设备保养计划，泵站运行人员严格执行设备进行盘车、更换润滑脂、清洗过滤网等保养维护工作并填写设备维护保养记录，对设备进行动态化监控，出现问题及时解决并上报。

b. 机电设备维修。维修小组每周到泵站巡检并解决设备出现的问题，建立良好的泵站上报与维修反馈机制。停机期间根据运行台时及设备情况，全年维修水泵 4 台、液控阀 1 台，设备保障率为 100%。

3）供水供电线路管理。每周对 81.5km 供水管线、33km 供电线路进行彻底巡查 2～3 次，形成记录，并上传电子版巡视资料，确保巡查的真实性、及时性及可追溯性。

a. 供水线路管理。巡查发现异常时逐级反馈并积极采取措施；及时向南康片区安置房项目、兴隆片区百合园林项目、长清热力管线拉管项目等相关单位下达告知书，并在施工区域坚持安排专人每天轮流巡查盯守，确保供水管线安全。针对长清区北大沙河治理工程影响贾庄线输水管线段的情况，现场与项目管理单位及施工单位进行技术交底，并按照水利工程技术规范要求设计，出具了施工图纸及施工方案，切实为管线安全提供了有力的保障。为掌握小岭隧道内汛期期间情况，8月组织人员徒步巡查6km，重点查看渗透带部位的结构，未发现安全隐患。

b. 供电线路管理。针对供电线路出现的隐患情况，确保不留死角，及时制定有效措施，有效保证了线路安全运行。因交叉施工，济郑高铁项目建设迁改10kV城水线150m，京台高速扩建工程迁改10kV潘南线220m，为确保改迁工作顺利进行，安排专人现场监督、协调完成迁改工作。

c. 及时维护配套设施，保障工程发挥效益。为确保工程充分发挥效益，确保管件无锈蚀、无损坏，完成维护保养贾庄分水闸至卧虎山水库输水工程和五库连通工程闸门、阀门115部，井室渗水修缮10处，抢修东湖输水工程排气阀5处。为使沿线阀门井室、护栏更有效起到警示作用，安装警示牌371个，补充警示桩50个，切实保障了供水设施发挥效益。

3月，因京台高速施工导致10kV潘南线电缆损坏抢修1次，最短时间解决了突发情况，恢复了正常供电。针对供电线路存在的安全隐患，修复仲北线电缆井盖8座，恢复佛南线电缆警示桩，砍伐影响潘南、高魏、仲北、城水高压线树木200余棵，清理鸟窝16处，保障了供电线路安全生产平稳畅通。

4）业务能力专业培训。举办了有限空间作业、双重预防体系、自动化操作等培训30余次，职工技能技术比武1次，通过理论与实操相结合的形式强化安全意识，增强专业知识水平。2021年度新增1名经济师、1名工程师、1名政工师、2名助理馆员、24名助理工程师，13人考取高压电工特种作业操作证，提升了企业职工专业素养。鼓励职工加强继续教育，培养专业人才，2021年，7人完成学历提升，1人正在进行进修。

2. 青岛市配套工程

（1）棘洪滩水库。棘洪滩水库引水复线工程自棘洪滩水库南泄水洞取水，经提升后送至黄岛区净水厂进行净化处理。主要建设内容包括取水泵站工程、输水管线工程和净水厂工程3部分。建设规模为新取水泵站设计总规模22.4万 m^3/d（最高日）。输水管线工程包括棘洪滩水库至净水厂输水管线工程、解家水库至净水厂事故输水管线工程。棘洪滩水库至净水厂输水管线工程全长约37km，解家水库至净水厂事故输水管线工程长3.1km；净水厂工程位于黄岛区红石崖街道办事处，一期工程规模10万 m^3/d，于2015年投产运行，二期扩建规模为12万 m^3/d，预计于2022年投产运行。工程实施方案为泵站至大沽河段输水管线长约17.0km，采用DN1600钢套筒混凝土管；大沽河至红石崖水厂段输水管线长约19.45km，采用 DN1400 玻璃钢管；跨大沽河段输水管线长约 0.6km，采用 DN1600 钢管。解家水库至净水厂事故输水管线工程长 3.1km，采用 DN1200 钢筋混凝土管。净水处理工艺采用常规处理工艺＋深度处理工艺，污泥处理工艺采用浓缩＋脱水处理工艺。

根据供需水平衡分析，工程设计规模为 20 万 m³/d。工程分两期进行，其中一期规模 7.5 万 m³/d。运行管理单位为青岛碧海水务有限公司。棘洪滩水库引水复线工程于 2015 年投产运行，向青岛市黄岛区供水水质稳定达标，工程运行安全平稳。公司建立完善的管理制度，并按巡查制度定期对工程进行巡视，并建立巡查台账。保障工程运行安全，公司在巡查基础上，充分发挥技术防范优势，在泵站水厂安装无死角的视频监控系统，保证出现问题时能及时发现，及时解决。

工程自 2015 年至 2021 年累计供水 196717.54 万 m³，其中 2021 年供水 3019.10 万 m³，有效保证黄岛区经济持续稳定发展，加强基础建设，增加城市供水能力。

工程项目建设贯彻执行"百年大计、质量第一"的方针，按照"政府监督、项目法人负责、监理控制、企业保证"的要求，建立健全质量管理体系。项目法人、监理、设计、施工、材料和设备供应等单位严格执行

《建设工程质量鉴定条例》（国务院 279 号令）和《水利工程质量管理规定》（水利部第 7 号令），对因工作质量所产生的工程质量承担责任。建设期间工程设立专职质量管理机构，施工单位在工地设立了独立的质量检查机构，配备足够力量，监理单位在监理过程中负责质量监理和必要的检测手段；参建各方的质量检查、检测等人员均持证上岗；坚持质量评定制度，及时对单元工程、分部工程、单位工程进行评定。项目划分和质量评定按水利部《水利水电工程施工质量评定规程》（试行）（SL 176—1996）、《堤防工程施工质量评定和验收规程》（SL 239—1999）执行。质量评定表按水利部《关于颁发水利水电工程施工质量评定表》（建地〔1995〕3 号）、《关于颁发水利水电工程施工质量评定表补充表的通知》（建管监〔2001〕17 号）执行；工程所用原材料、设备，必须有出厂合格证书或试验资料，到工地后按有关规定进行必要的复检。2015 年 1 月 9 日，经施工单位自评，监理单位检验，质检单位全程第三方检测，验收专家组评定，质量监督单位核定，棘洪滩水库引水复线工程通过了竣工验收。

1）建立健全文明工地创建组织机构。成立棘洪滩水库引水复线工程文明工地创建领导小组。坚持以人为本建设理念，抓好文明施工现场创建工作，规范文明施工行为，强化文明施工责任目标，形成齐抓共管的格

局，做到"三个到位"；形象进度图、工程布置图等施工图表齐全并上墙；积极协调施工外部环境，建设和谐文明工地；做到与参建各方及地方关系融洽；对参建单位规章制度落实情况和参建单位履行合同职责进行经常性监督检查，记录齐全；信息管理规范，报送及时、准确，不瞒报、不漏报、不迟报；认真开展廉政文化活动，打造廉政工程，确保"工程安全、资金安全、干部安全"。严格按照 ISO14000 环境管理体系有关规定执行，要求现场材料堆放、施工机械停放有序、整齐；施工道路布置合理，路面平整、通畅；施工现场做到工完场清；施工现场安全设施及警示提示齐全；办公室、宿舍、食堂等场所整洁、卫生；生态环境保护及职业健康卫生条件符合国家标准要求，防止或减少施工引起的粉尘、废水、废气、固体废弃物、噪声、振动和施工照明对人和环境产生危害，防污染措施得当。

工程建设必须坚持"安全第一、预防为主"的方针，做到安全生产、文明施工。项目公司和施工单位设置安全检查机构，健全安全生产制度，加强安全生产教育，提高安全生产意识，并由领导分管，落实安全生产责任制。所有的工程合同均有安全管理条款，所有的工作计划均有安全生产措施。工程设置专职安全检查员，安全检查人员必须持证上岗。各工地除进行经常性的安全检查外，每月进行一次全面安全生产检查，发现隐患，立即解决。

2）扎实开展安全生产检查活动。工程施工过程中，开展了不同层面的安全生产检查。除日常检查、巡查、专项检查等安全生产检查外，每月进行一次大检查，对设计、监理、施工单位进行了安全生产目标考核，对发现的问题及时要求各有关单位进行整改。

3）防汛度汛措施。提高对暴雨洪水、防汛突发事件应急快速反应和处置能力，保证防汛工作高效有序进行，确保工程度汛安全，减轻灾害损失，采取以下措施：①加强对防汛工作的领导，成立防汛度汛领导小组；②制定工程度汛方案和防汛抢险应急预案，落实防汛实战演练，提高突发险情应急处置能力；③组织储备各类防汛抢险器材，为抢险提供物资保障；④防汛领导小组定期和不定期组织防汛大检查，对存在的问题和防汛安全隐患，及时提出整改措施，限期整改；⑤同时对防汛器材、人员及应急防汛机械设备数量、保养与维修情况进行严格检查落实，发现问题及时整改，确保汛期能够投入使用。

在防汛工作制度上，①强化防汛责任制，保证信息畅通、政令畅通；②在汛期值班领导和人员上岗，保持电话 24 小时畅通，24 小时有人值守，保证信息及时收集、准确上报，组织专人巡逻检查；③与当地防汛部门要积极配合，及时通报雨水情等防汛信息，做好相关协调调度工作；④加强降雨监测，公司防指在收到气象部门的强降雨信息后，立即发出警报，并组织员工作好相关准备工作。

净水厂占地面积 55762m²，位于青岛市黄岛区红石崖街道黄张路北侧、环湾高速东侧，占地范围内一般耕地 32668m²，其他农用地 23094m²。输水管线长度 37km，开挖面及堆土区宽度按 20m 考虑，临时占地 740000m²。

（2）平度市配套工程。南水北调东线一期工程平度市配套工程位于山东省青岛市平度市，主要任务是为青岛新河生态化工科技产业基地供水。

1）工程位置及等别。南水北调东线一期工程平度市配套工程位于双山河以南，友谊河以东，李家铺村西 600m，占地面积为 1169996m²。水库围坝为均质坝，围坝轴线长度 3874m，总库容 995.3 万 m³，其中，调节库容 945.8 万 m³，死库容 49.5 万 m³。水库日供水量 5.3 万 m³/d。年引水量 2000 万 m³。工程规模为小（1）型，工程等别为 IV 等，主要建筑物级别为 4 级，次要建筑物级别为 5 级。

工程引水水源为南水北调东线长江水，取水口位于胶东调水输水渠双友分水口，由引水管线经提水泵站入调蓄水库，设计引水流量 1.29m³/s，加大引水流量 1.67m³/s，线路总长 0.717km。自取水泵站向北，穿越双山河后，沿现有生产路向北敷设，穿越淄阳河后，沿淄阳河右岸向西北铺

设至海汇路东，再向北偏东方向铺设至青岛新河生态化工科技产业基地净水厂，线路总长度 12km。

主要建筑物包括围坝、输水洞、泄水洞、入库泵站、取水泵站、引输水管线等。工程于 2015 年 7 月 16 日开工建设，至 2017 年 6 月 26 日完工。2017 年 7 月 18 日通过竣工验收。

工程由青岛蓝海水务有限公司运行管理。平度市配套工程于 2017 年 12 月正式引水入库，向平度市胶东调水水厂供水水质稳定达标，工程运行安全平稳。公司按照内部巡查制度安排专人进行工程日常巡查工作，做到每天至少巡查一遍，遇到特殊情况增加巡查次数，建立了巡查记录台账。为保障工程运行安全，公司在人防基础上，充分发挥技术防范优势，在水库围坝安装无死角的视频监控系统，保证出现问题时能及时发现，及时解决。公司定期在周边村镇、居民中开展以保护南水北调工程为主题的普法宣传活动，切实增强周边群众保护南水北调工程的意识。

2021 年调引客水 1107.54 万 m³，供水量 829.29 万 m³，实现营业收入 3180 万元，有效解决了青岛新河生态化工科技产业基地以及周边镇村的水质性缺水问题，发挥了良好的经济效益和社会效益。

建设期工程严格实行项目法人负责、监理单位控制、施工单位保证和政府监督相结合的质量管理体系。在工程建设管理过程中，重点检查施工

单位质量保证体系的建立及"三检制"的落实情况，包括检查监理单位的质量控制体系，检查质量抽检情况、设备和材料进场验收情况。加强检验工作，督促建立要求施工单位将各种材料送指定部门进行检验；督促严格按照规程规范验收核查单元工程。第三方质检单位全程质量检测。对进场材料进行抽检，对存在的问题或不足及时提出并要求整改。各施工单位实行项目经理负责制，推行全面质量管理，设置质安部，配备专职质量检查技术人员，对各施工部位及作业班组严格实施"三检制"，严把材料进场关、施工技术关和工序关。成立质量管理领导小组，严格把控外购原材料、生产过程、产品检验，确保产品质量满足设计要求符合标准。设计单位负责现场技术服务工作，随时解决施工中遇到的技术难题，保障工程质量得到落实。

2017年7月，南水北调东线一期工程平度市配套工程通过了竣工验收，经施工单位自评，监理单位检验，质检单位全程第三方检测，验收专家组评定，质量监督单位核定，3173个单元工程全部合格，其中3032个优良，优良率为95.6％；52个分部工程全部优良；10个单位工程全部优良。

2）建立健全文明工地创建组织机构。成立南水北调东线一期工程平度市配套工程文明工地创建领导小组。建立健全文明工地建设管理办

法，明确职责和创建目标，为文明工地创建提供了制度上的保证；形象进度图、工程布置图等施工图表齐全并上墙；积极协调施工外部环境，建设和谐文明工地；做到与参建各方及地方关系融洽；对参建单位规章制度落实情况和参建单位履行合同职责进行经常性监督检查，记录齐全；信息管理规范，报送及时、准确，不瞒报、不漏报、不迟报；认真开展廉政文化活动，打造廉政工程，确保"工程安全、资金安全、干部安全"。公司严格按照《山东省南水北调东线一期工程工程文明工地建设管理办法》中施工区环境管理有关规定执行，要求现场材料堆放、施工机械停放有序、整齐；施工道路布置合理，路面平整、通畅；施工现场做到工完场清；施工现场安全设施及警示提示齐全；办公室、宿舍、食堂等场所整洁、卫生；生态环境保护及职业健康卫生条件符合国家标准要求，防止或减少施工引起的粉尘、废水、废气、固体废弃物、噪声、振动和施工照明对人和环境产生危害，防污染措施得当。

3）建立健全安全生产组织机构和各项规章制度。为做好安全生产工作，成立了以建设、监理、设计、施工等单位负责人参加的安全生产领导小组，设立了质量安全科，具体负责安全生产工作。监理、施工等单位也都成立了安全生产管理机构，配备了安全监理工程师和专职安全员，明确了职责；制定了安全生产管理办法、

安全生产例会制度、安全生产检查制度、安全生产事故报告制度、安全生产操作规程等安全生产管理文件；建立了安全交底制度，施工前对所有从业人员进行安全操作交底，从制度上保证了生产安全。

a. 建立健全安全生产责任制。各参建单位都建立了安全生产责任制度，签订了责任书。将安全生产责任层层分解落实到具体单位、具体岗位、具体环节和具体人员，明确了安全生产目标，落实了责任制度，形成纵向到底，横向到边，一级抓一级、层层抓落实的安全生产工作管理格局。

b. 制定应急预案。根据《南水北调东中线一期工程建设安全事故应急预案编制导则》（国调办建管〔2008〕141号）的要求，编制了《青岛蓝海水务有限公司安全生产应急预案》，为应急工作提供良好的保障，最大限度地减少事故造成的损失。

c. 加强隐患排查和危险源监管。为做好事故隐患排查治理工作，及时掌握危险源动态，开展了隐患排查专项治理行动，制定了隐患排查治理专项实施方案，建立了隐患排查整改制度和危险源登记制度，建立了隐患排查登记表、隐患排查月报表、重大危险源登记表和重大危险源统计表，落实了重大危险源安全管理和监控责任，明确重大危险源现场专职管理人员，确保安全生产处于受控状态。

d. 扎实开展安全生产检查活动。

工程施工过程中，开展了不同层面的安全生产检查。除日常检查、巡查、专项检查等安全生产检查外，每月进行一次大检查，对设计、监理、施工单位进行了安全生产目标考核，对发现的问题及时要求各有关单位进行整改。安全生产环境良好，现场特种作业人员能够持证上岗，施工人员能够正确佩戴安全帽，取土坑、沟、临时用电设施等危险处有警示标志和防护标志，休息场所卫生和防火情况良好，冬季保温措施安全、可靠，无违章指挥现象。

e. 防汛度汛措施。提高对暴雨洪水、防汛突发事件应急快速反应和处置能力，保证防汛工作高效有序进行，确保工程度汛安全，减轻灾害损失，采取以下措施：加强对防汛工作的领导，成立防汛度汛领导小组；防汛领导小组定期和不定期组织防汛大检查，对存在的问题和防汛安全隐患，及时提出整改措施，限期整改。同时对防汛器材、人员及应急防汛机械设备数量、保养与维修情况进行严格检查落实，发现问题及时整改，确保汛期能够投入使用。在防汛工作制度上，强化防汛责任制，保证信息畅通、政令畅通；在汛期值班领导和人员上岗，保持电话24小时畅通，24小时有人值守，保证信息及时收集、准确上报，组织专人巡逻检查；与当地防汛部门要积极配合，及时通报雨水情等防汛信息，做好相关协调调度工作；为了确保防汛度汛工作的顺利进行，准备了编织袋、土料、铁锹、交通车、发电机等防汛抢险物料、设备。应急器材在雨季前备齐，专库专项保管。防汛设备在防汛期间集中存放，并保持良好状态随时调用。未经批准，任何人不得擅自动用防汛物资；加强降雨监测，公司防汛抗旱指挥部在收到气象部门的强降雨信息后，立即发出警报。公司得到强降雨警报后，立即组织员工作好相关准备工作。

根据1∶2000地形图，结合实地调查，平度市配套工程库区、上坝路、入库管道占地面积为115.54万 m²，管理区占地14620m²，总占地面积117万 m²。所占土地为平度市田庄镇（原张舍镇）李家铺村、祝家铺村、穆家村及新河镇房家村4村土地，占地范围内基本农田100.21万 m²，一般农田16.79万 m²。平度市配套工程库址处地形平坦，本着挖填平衡，少占土地的原则，将库区内开挖土直接用作大坝回填，弃土区、取土区和施工组织区均安排在库区永久占地范围内，因此，本工程临时占地主要为临时施工道路、施工综合办公及生活区、施工管道开挖及临时堆土区，共434.45亩。水库围坝外围临时施工道路4356m，宽6m，临时占地26133m²。施工综合办公及生活区占地4000m²。引水管道长度0.73km，输水管道长度12km，开挖面及堆土区宽度按15m考虑，临时占地25.46万 m²。另外管理区至取水口

段现有道路长度815m，宽度2m，土质路面，凹凸不平不满足施工运输要求，对现有道路进行拓宽，宽度6m，临时占地4886m²。

3. 淄博市配套工程　南水北调东线一期工程淄博市配套工程，依托淄博市引黄供水工程设施进行建设，工程主要位于淄博市张店区、桓台县。工程建设内容包括引水工程、调蓄工程和输水管道工程3部分。①引水工程：维修改建11.41km引黄干渠；②调蓄工程：扩建新城水库至2144万 m³，新增兴利库容1138万 m³，兴利库容达1857万 m³；③新建输水管道工程43.55km。工程于2012年9月开工，2016年9月完工。

南水北调一期配套输水明渠工程自建成运行以来，达到设计要求，完成输水任务。2021年运行情况如下：

（1）渠道情况：渠道引水时过水正常，水流平稳，无明显阻水、冲刷现象。2019年"利奇马"台风期间地下水位暴涨，导致部分渠段渠坡鼓包塌陷，2021年6—7月，维修桓台县马桥镇部分渠段，未影响正常引水。2020年8月因高青沉沙条渠，来水浊度异常增高，五庄闸以上渠段淤积严重，2021年年初已清理部分淤泥，仍有部分淤泥待清理。

（2）闸门设备情况：正常情况下沿渠各节制闸均处于全开状态，南水北调分水闸及五庄闸视引水情况进行启闭。定期对闸室进行清理，对各闸门、启闭机进行维护保养点检。各闸

室启闭机等机械设备润滑正常，状况良好，电气设备工作正常。

2021年度共计引用南水北调水2次：①2021年3—4月，引水35天，引水量1339.4万 m³；②2021年11月，引水4天，引水量129.6万 m³。2021年计划引水量2000万 m³，实际完成1469万 m³，年度引水完成率为73%。

4. 东营市配套工程　南水北调配套工程是东营市战略性水源保障工程，分广饶供水单元和中心城区供水单元，总设计年引江水量2亿 m³。

（1）广饶供水单元：该供水单元工程位于广饶县南部，设计引江流量2m³/s，年引江水量2500m³，渠道总长度17.66km，工程概算投资5800万元。于2013年6月开工，2018年9月13日完成竣工验收。

（2）中心城区供水单元：该供水单元工程跨广饶县丁庄镇、陈官乡和东营区六户镇，设计引江流量13m³/s，年引江水量1.75亿 m³，年引水天数为172天。渠道总长度32.1km，其中输水干渠22.8km、高店水库支线5.2km、耿井水库支线4.1km。新建建筑物82座。另外建设调度管理中心1处，配套建设信息化系统，概算总投资5.366亿元。工程于2015年6月开工，2021年5月31日完成竣工验收。

2021年5月31日，组织了南水北调东线一期工程东营市续建配套（中心城区供水单元）工程竣工验收会。山东省水利厅、东营市水务局、东营市发展改革委、东营市财政局和工程参建单位代表及特邀专家参加会议。通过查看现场、听取汇报、查阅资料、论证质询，经专家组审议，南水北调续建配套工程（中心城区供水单元）通过竣工验收。

2021年3月3日，中心城区供水单元建成以来首次调引长江水，截至6月30日，分两次向广饶县高店水库调引长江水1500万 m³。

通过调引长江水，为广饶县南部工业用水提供了水源保障，促进了当地社会经济发展。

5. 潍坊市续建配套工程

（1）南水北调东线第一期工程山东省昌邑市续建配套工程。南水北调东线第一期工程山东省昌邑市续建配套工程位于潍河西岸，由胶东调水潍河西小章分水闸引水经200m输水渠至潍河主河道；利用金口橡胶坝调蓄，由小营口放水闸引水沿河西引水总干输水至昌邑城区李家埠社区东（石渠北端），建设泵站1座，采用DN800、DN600玻璃钢管道供水至柳疃经济项目区水厂。工程总投资6227.54万元，于2014年10月13日开工，2015年12月15日竣工。主要建设内容包括输水渠（管）道工程、泵站工程及渠系建筑物工程。

1）输水渠（管）道工程：引黄济青潍河倒虹出口西小章分水闸至潍河主河道段0.2km的泄水渠和小营口放水闸后河西引水总干3.27km的输

水渠防渗衬砌；新铺设 DN800 玻璃钢供水管道 3.55km，DN600 玻璃钢供水管道 14.05km，管道全长 17.6km。

2）泵站工程：新建泵站 1 座，设计流量 0.35m³/s。

3）渠系建筑物工程：新建、改建建筑物共 9 座，其中维修进水涵闸 1 座，维修橡胶坝 2 座，维修节制闸 2 座，重建生产桥 1 座，维修生产桥 3 座。

2013 年 11 月 30 日，潍坊市发展改革委以潍发改农经〔2013〕559 号文对《南水北调东线第一期工程山东省昌邑市续建配套工程可行性研究报告》进行了批复。2013 年 12 月 23 日，潍坊市水利局以潍水许字〔2013〕12 号文对《南水北调东线一期工程山东省昌邑市续建配套工程初步设计报告》进行了批复。

潍坊市水利局以潍水发许字〔2013〕12 号文对《南水北调东线一期工程山东省昌邑市续建配套工程初步设计报告》进行了批复，批复概算总投资 6227.54 万元。

本工程所有资金为上级资金和地方配套资金。其中中央预算内到位资金 400 万元，山东省级财政到位资金 820 万元，潍坊市级财政资金投资 766 万元，剩余资金全部由昌邑市配套。

工程分两个标段实施，其中泵站工程、泵站附属及上游工程、输水管道工程于 2014 年 10 月 5 日开工，2014 年 12 月 25 日竣工；渠道衬砌工程、沿渠建筑物工程、沿渠道路工程于 2015 年 7 月 20 日开工，2015 年 12 月 13 日竣工。

主要工程量为砌筑浆砌石 34100m、混凝土护底 11596.66m³、安装压顶石 6940m、石柱铁锁栏杆 6940m、新建 C30 混凝土路面 16350m、东大营桥 1 座、维修生产桥 2 座、泵站 1 座，铺设 DN800 玻璃钢管道 3.55km、DN600 玻璃钢管道 14.05km。

工程投入使用后，在一定程度上解决了昌邑市水资源短缺的困境，充分利用衬砌渠道为昌邑市河西灌区输送灌溉用水。2018—2020 年连续 3 年为潍河上游泄洪分流，其中 2020 年经工程衬砌渠道输送 5410 万 m³ 淡水资源。

工程建设过程中各参建单位均建立了质量体系，均按照质量体系要求完成了工程中的建设任务确保了工程质量，2019 年 12 月 27 日，通过了潍坊市南水北调工程建设管理局主持的山东省南水北调续建配套工程潍坊市昌邑供水单元工程竣工验收，工程质量评定为合格。

开工建设及投入运行以来，昌邑市续建配套工程建设局始终坚持"安全第一、常备不懈、以防为主、全力抢险"的防汛工作方针，立足于防大汛、抗大洪、抢大险，认真做好工程建设及运行期间的防汛度汛工作。

工程永久占地全为公共建设用地，不需征地补偿；临时占地地面附着物补偿 1671021 元，补偿资金已全部兑付，无移民安置。

南水北调东线一期潍坊滨海开发区续建配套工程。

（2）南水北调东线一期潍坊滨海开发区续建配套工程是山东省人民政府批复确定的南水北调配套项目，是山东省南水北调胶东输水干线的重要组成部分。该工程主要包括：①白浪河调蓄工程（白浪河海港路桥至白浪河港营路桥），建设内容为改建 3 座穿堤涵闸，开挖河槽 12.2km，左堤综合治理长度 12.025km；②西分干输水治理工程，建设内容为干渠清淤护砌 5.5km，新建西分干南一横节制闸 4 座。工程总投资约 4.9 亿元。工程于 2012 年 4 月开工，2016 年 1 月完工并通过完工验收，2019 年 12 月通过竣工验收。

2013 年 2 月 19 日，潍坊市发展改革委以潍发改农经〔2013〕89 号文批复了对南水北调东线一期配套工程可行性研究报告；3 月 25 日，项目法人潍坊滨海区南水北调续建配套工程建设局成立；6 月 13 日，潍坊市水利局以潍水规字〔2013〕28 号文批复了工程初步设计报告，核定工程概算总投资为 49136 万元。项目中央资金 480 万元，省、市配套资本金共 9503 万元，其余资金地方配套。工程投入使用验收完成后，由评审中心委托专业机构完成审计，审定额 4.639 亿元。

该工程采用河道蓄水，蓄水主要用途为生态用水，河道蓄水量约 1000

万 m^3，有效改善了滨海区生态环境。

建设过程中各参建单位建立了质量体系，2019 年 12 月通过了潍坊市水利局主持的南水北调东线一期潍坊滨海开发区续建配套工程竣工验收，工程质量评定为合格。

工程建设及投入使用以来运行良好，未发生安全生产事故和汛期险情。

（3）南水北调东线一期工程潍坊滨海经济技术开发区续建配套工程（二期）（以下简称"第二平原水库"）。工程位于潍坊滨海经济技术开发区荣乌高速以北，星海大街以南，峡山灌渠西分干以东，淮河入白浪河河口以西。设计总投资 4.98 亿元，占地 214.8hm²，设计库容 1842 万 m^3，水库下挖 3m，筑坝 10m，设计最大蓄水深度 11.9m，引水渠、入库泵站及入库涵闸设计流量 8m³/s，工程主要内容包括水库围坝工程、水库防渗工程、入库泵站及入库涵闸工程、出库涵闸工程、南一横改道工程及水库管理设施等。工程 2015 年 4 月正式开工建设，2016 年 6 月工程批复建设内容全部完成。

2013 年 8 月完成可行性研究报告编制，2014 年 6 月 26 日山东省水利厅以鲁水发规字〔2014〕58 号文出具了审查意见。2014 年 11 月 13 日山东省发展改革委以鲁发改农经〔2014〕1216 号文对可行性研究报告进行了批复。2014 年 12 月 4 日，山东省南水北调工程建设管理局以鲁调水局计财字〔2014〕49号文下发初步设计审查意见。2014年12月29日，山东省水利厅以鲁水许字〔2014〕296号文对初步设计进行了批复。

2014年12月29日，山东省水利厅以《山东省水利厅关于南水北调东线一期工程潍坊滨海经济技术开发区续建配套工程（二期）初步设计的批复》（鲁水许字〔2014〕296号）对初步设计进行了批复。工程概算计划总投资为49828万元，其中工程部分投资为23726.84万元，移民环境投资为26101.16万元。

第二平原水库中央配套资金为2000万，省级配套资金为2403万，市级配套资金为1726万，已全部拨付到位，其余为企业自筹。工程施工审计工作已完成，费用总计为18537万。

工程于2015年4月开工，2015年12月主体工程已全部完成，具备蓄水条件。工程于2016年6月完成全部合同内容，后因黄水东调项目需求，工程作为调蓄水库，于水库增加入库涵闸和出库涵闸工程，工程已全部完工，并于2018年9月完成蓄水工作。第二平原水库建设严格按照合同管理程序开展工作，合同管理工作符合要求，未发生合同纠纷事件。

第二平原水库作为黄水东调应急工程的调蓄水库，从东营市取水，经水库调入胶东地区青岛、烟台、威海。应急工程的主要供水对象为潍坊市，通过与引黄济青渠道连通兼顾向青岛市等其他3市供水。调水线路涉及东营市垦利县、东营区、广饶县、寿光市、潍坊滨海区共5个县（市、区），应急工程直接受水区为潍坊市及潍坊市北部地区，主要有潍坊市、寿光市、潍坊滨海经济技术开发区等。第二平原水库自2018年9月正式蓄水运行，未发现安全隐患，未发生事故。水库于2021年1月1日至2021年12月31日期间总调蓄水量为9377.63万m³。

依据《水利水电建设工程验收规程》（SL 223—2008）和《水利水电工程施工质量检验与评定规程》（SL 176—2007），南水北调东线一期工程潍坊滨海经济技术开发区续建配套工程（二期）的工程质量达到了质量控制目标：即单元工程合格率为100%，优良率为92.9%，且主要单元工程优良；分部工程质量合格率为100%，优良率为86.5%，且主要分部工程优良；单位工程优良率为100%；外观质量得分率均在90%以上；工程质量达到优良等级，无工程质量事故。

开工建设及投入运行以来，第二平原水库建设过程中始终坚持"安全第一、预防为主"，加强项目安全生产工作，明确安全生产责任，杜绝安全事故的发生，最大限度地减少人员和财产损失。2021年全年未发生安全事故。

（4）南水北调东线一期工程寿光市续建配套工程。南水北调东线一期工程寿光市续建配套工程建设内容包括水源工程、供水枢纽、供水管线、变电站等，工程总投资 4.38 亿元，设计供水能力 22.1 万 m³/d，主要依托南水北调双王城水库调蓄长江水，向寿光市各大工业园区，各大用水企业提供稳定生产生活和农业用水。

2014 年 9 月 5 日，潍坊市发展改革委以《关于寿光润圣水务有限公司建设南水北调东线一期工程山东省寿光市续建配套工程可行性研究报告的批复》（潍发改农经〔2014〕324 号）对配套工程的可行性研究报告进行了批复。2014 年 9 月 11 日，潍坊市水利局以《潍坊市水利局关于南水北调东线一期工程山东省寿光市续建配套工程初步设计报告的批复》（潍水许字〔2014〕21 号）对配套工程的初步设计报告进行了批复。2014 年 10 月 14 日，潍坊市水利局组织专家对配套工程施工图进行了审查，根据审查结果，设计单位对施工图进行了调整，并上报潍坊市水利局。潍坊市水利局以《关于南水北调东线一期山东省寿光市续建配套工程施工图设计的批复》（潍水许字〔2014〕24 号）进行了批复。

2014 年 9 月 11 日，潍坊市水利局以《潍坊市水利局关于南水北调东线一期工程山东省寿光市续建配套工程初步设计报告的批复》（潍水许字〔2014〕21 号）对配套工程的初步设计报告进行了批复，批复金额为 44979.75 万元。2017 年 8 月 25 日，潍坊市水利局《关于南水北调东线一

期工程山东省寿光市续建配套工程水源工程变更方案的批复》（潍水规字〔2017〕16 号），批复概算投资 1284.89 万元。水源工程变更批复后，总概算调整为 45147.16 万元。

南水北调东线一期工程山东省寿光市续建配套工程资金来源分为两部分，配套资金 18019 万元，其余资金由寿光润圣水务有限公司自筹。南水北调东线一期工程山东省寿光市续建配套工程已结算完成并经财务决算审计，金额为 43818.76 万元。

工程于 2014 年 11 月 4 日正式开工，2015 年 12 月底主体工程基本完成；水源工程 2017 年 10 月 30 日开工，2017 年 12 月 22 日完成。完成主要工程量为土方开挖 98.53 万 m³，土方回填 91.68 万 m³，管道安装 9.62 万延米，阀门 271 个，混凝土及钢筋混凝土 2.09 万 m³，钢筋制作安装 534.2t，水泵电机 13 台（套）。寿光市续建配套工程建设严格按照合同管理程序开展工作，合同管理工作符合要求，未发生合同纠纷事件。

2015 年南水北调东线一期工程寿光市续建配套工程实现通水，从根本上解决了寿光市水资源短缺的困境，为寿光市经济社会发展注入新的活力。2021 年工程向寿光市供水 2354.03 万 m³，工程从 2015 年开始向寿光市供水 1007.8 万 m³，到 2021 年向寿光市供水总计 11719.89 万 m³，累计协议用水企业达到 35 家。2021 年向寿光市城乡居民地表水厂紧急供

水，解决原水水量供应不足问题，为寿光市民的饮用水保驾护航。工程自2015年试通水以来，工程安全运行平稳，水质稳定达标，持续稳定向寿光市提供生产生活和农业用水，率先发挥南水北调的经济效益，为寿光市社会经济发展提供了重要保障，有效地改善了寿光市生态环境。

建设过程中各参建单位均建立了质量体系，均按照质量体系要求完成了工程中的建设任务确保了工程质量，2018年6月30日，通过了潍坊市南水北调工程建设管理局主持的山东省南水北调续建配套工程潍坊市寿光供水单元工程竣工验收，工程质量评定为合格。

开工建设及投入运行以来，南水北调东线一期工程寿光市续建配套工程建设过程中始终坚持"安全第一、常备不懈、以防为主、全力抢险"的防汛工作方针，立足于防大汛、抗大洪、抢大险，认真做好工程建设及运行期间的防汛度汛工作。寿光南水北调供水有限公司高度重视安全生产隐患排查治理工作，在每月进行安全检查的基础上，还先后开展了新冠肺炎疫情防控、汛期、电气设备、消防等专项安全检查。开展防汛演练及消防演练，提高实战水平和能力。

项目法人本着尽量少占耕地、保护农田、及时还耕的原则，结合寿光市续建配套工程实际情况，合理确定了工程的范围和占地，永久征地主要包括2座供水枢纽占地。征地拆迁工作由寿光市人民政府负责。2018年3月24日，通过了由寿光市人民政府组织的配套工程征地拆迁验收。

6. 济宁市南水北调续建配套工程

济宁市南水北调续建配套工程是发挥南水北调东线一期工程调水效益的重要工程措施。工程由济宁高新区供水单元、邹城供水单元、兖州和曲阜供水单元3个供水单元组成。工程设计年供水量为4500万 m^3，工程主要由泵站、供水主管道和供水支管道组成，通过一级泵站从南水北调东线干线南四湖取水后，沿湖东堤、泗河埋设供水主管道向邹城市供水2000万 m^3、向济宁高新区供水800万 m^3，再经二级泵站向兖州区供水600万 m^3 和向曲阜市供水1100万 m^3。济宁市南水北调续建配套工程由引水工程和输水工程构成。引水工程包括清淤工程、一级泵站工程；输水工程包括泗河二级泵站、输水主管道及支管道工程组成。工程主要建设内容为2座提水泵站，37.59km 主管道、39.77km 支管道及其附属设施建设。

济宁市南水北调续建配套工程是发挥南水北调东线一期工程调水效益的重要工程措施。2011年7月山东省政府以鲁证字〔2011〕175号文件批复《南水北调东线一期工程山东省续建配套工程规划》；2012年11月济宁市发展改革委以济发改农经〔2012〕498号文对济宁市南水北调续建配套工程可行性研究报告进行了批复；2012年12月市水利局以济水规计字

〔2012〕55 号文对济宁市南水北调续建配套工程初步设计批复。

2015 年 8 月，济宁市发展改革委以济发改农经〔2015〕244 号文对济宁市南水北调续建配套工程变更调整进行了批复，批复概算总投资由47422.17 万元调整为 56096.67 万元（工程部分投资 46545.66 万元、移民部分投资 9551.01 万元）。工程根据实际情况，计划共分两期实施，2014 至 2015 年年底完成一期工程，投资计划为 31663.61 万元（工程部分投资为 26960.56 万元，移民部分投资为 4703.05 万元）；2015 年年底至2016 年年底完成二期工程，投资计划为 24433.06 万元（工程部分投资为19585.10 万元、移民部分投资为4847.96 万元）。

2019 年 12 月竣工验收，施工单位、监理单位上报的结算报告中，完成工程投资总计为 50548.82 万元。

该项目共使用南水北调续建配套工程资金 4163 万元，剩余的 46385 万元资金均由济宁市南水北调供水有限公司自行筹资，济宁市政府将济宁市南水北调续建配套工程特许经营权授予济宁市南水北调供水有限公司，公司按照济宁市物价局约定的价格收取供水费用。

济宁市南水北调建设管理局成立了济宁市南水北调续建配套工程建设管理处，负责项目整个建设期的工作，工程建设完成竣工验收后移交给济宁市南水北调供水有限公司进行运营管理，所有工程资金均由济宁市南水北调续建配套工程建设管理处支配使用。

建设管理工程分两期实施，2014 年 3 月一期工程开工建设，主要内容包括：一级泵站及引水工程、0＋000～20＋940 段管道及其附属建筑物工程、邹城市支管道及其附属建筑物工程、高新区支管道及其附属建筑物工程，工程于 2015 年 11 月基本建设完成。2015 年 11 月二期工程开工建设，主要建设内容包括二级泵站、20＋940～37＋590 段主管道及其附属建筑物工程、兖州支管道及其附属建筑物工程、曲阜支管道及其附属建筑物工程，工程于 2016 年 12 月基本完工，2017 年 9 月完成试通水工作，2018 年 1 月完成全部单位工程验收。2019 年年底竣工验收。

工程按批复的内容全部完成工程建设，泵站主体工程及机电设备、供水主管道、供水支管道及其附属设施已完成；工程累计完成主要工程量为：土方开挖 245.18 万 m³、土方回填 227.42 万 m³、砂石回填 12.17 万 m³、混凝土及钢筋混凝土 1.52 万 m³、砌石量 2548.56m³、钢筋制作安装 1536.29t。

济宁市南水北调续建配套工程由济宁市南水北调供水公司负责运行。工程运营正常，供水设施维护良好，2021 年总供水量 2005 万 m³。

在水价和水量消纳方面，济宁市地区南水北调长江水终端水价为 2.4

元/m³，其中包括水资源税 0.4 元/m³，南水北调基本水费 0.33 元/m³，南水北调计量水费 0.4 元/m³，南水北调续建配套建设及运营费用 1.27 元/m³。济宁市分配的南水北调水量总计 4500 万 m³/年，其中兖州区分配指标 600 万 m³/年，2021 年实际用量 598 万 m³；邹城市供水指标 2000 万 m³/年，2021 年实际用量 1268 万 m³；济宁市高新区供水指标 800 万 m³/年，2021 年实际用量 139 万 m³；曲阜市供水指标 1100 万 m³/年，2021 年实际没有用水。济宁市在使用南水北调江水的县（区），一定程度上置换了当地地下水水源。

施工现场整洁有序，标牌齐全。在施工现场，反映质量、进度、安全生产、文明施工以及环境保护等各类标语、标识、标牌齐全完善；施工人员保护用品齐全；施工场地平整，道路平坦通畅，施工区排水畅通无积水现象。项目部配置了洒水车经常对道路进行洒水，避免扬尘造成污染。施工弃土、弃渣堆放整齐，施工垃圾和生活垃圾集中堆放并及时清运。建立了完善的环境保护体系和职业健康保护措施，建设单位、监理单位和项目部不定期组织人员，检查环境保护和职业健康保护措施的落实情况。没有随意践踏、砍伐、挖掘、焚烧植被现象。教育广大职工遵守相关法律法规，施工中如发现有文物或古物应妥善保护，并应立即报请监理人和当地有关部门，经处理后，方可施工。

工程实施过程中，监理单位对工程进行全过程质量跟踪监控，施工单位严格实行"三检制"，工程没有发现任何质量事故，进入运营期后，工程运营基本正常。

参建各方均健全了安全生产与文明施工管理机构，认真贯彻落实安全生产法，坚持"安全第一、预防为主、综合治理"的方针，遵循"谁主管、谁负责"的原则，采取形式多样的方式，对职工进行安全生产教育和培训。建设单位对施工现场安全生产负总责，监理单位具体负责各施工单位的安全检查工作，施工单位是安全生产的第一责任人。各标段安全工作一直处于受控状态，未发生任何事故。根据项目实际情况，建管处和运营单位制定和完善了度汛方案和防洪抢险预案。定期召开防汛工作会议，对防汛工作进行了周密部署。认真做好防汛准备，包括思想准备、组织准备、防御洪水方案准备、气象与水文工作准备、防汛通信准备、防汛物资和器材等准备，接受相关地方政府及防汛部门的监督指导，主动沟通有关部门，及时掌握洪水、降雨等信息，确保工程安全度汛。

济宁市南水北调续建配套工程一期、二期工程建设征地补偿及移民安置批复概算总投资 7855.3 万元。工程永久占地 17.13hm²，临时占地 219.69hm²；主要地面附着物：清除乔木 258337 棵、果树 26714 棵、拆迁各类房屋 2576.83m²，迁移坟墓 3521

座。工程共完成征地移民投资7832.077万元，其中农村补偿投资6976.04万元、专项设施复建补偿投资510.02万元、管理费用（含征地移民管理费、机构开办费、征地移民培训费等）346.017万元。工程由济宁市南水北调续建配套工程建设指挥部协调相关县（市、区）人民政府，按照属地管理原则，组织各县（市、区）内征地移民工作的实施。工程施工用地分阶段提供，基本满足了工程建设需要。工程完成后，施工单位对施工临时占地进行整平，最后将表层土均匀回覆，并由地方政府验收合格后以村为单位交还施工临时用地；济宁市续建配套工程主管道桩号28＋684～30＋584段变更项目改线工程建设征地补偿及移民安置问题由兖州煤业股份有限公司鲍店煤矿全部负责。

7. 德州市南水北调续建配套工程

德州市南水北调续建配套工程是南水北调东线一期工程鲁北段工程的重要组成部分，是充分发挥南水北调工程效益的工程建设项目。工程与德州市饮水安全工程和德州水网建设的结合实施对于缓解德州市水资源总量不足、改善水环境、加快工农业发展、改善民生、保障安全用水具有十分重要的意义。

根据德州市南水北调配套工程总规划，德州市南水北调续建配套工程涉及8个县（区），计划年调江水量20000万m^3，分为夏津县供水单元、旧城河供水单元（平原、陵城、宁津、乐陵、庆云）、德州市区供水单元、武城县供水单元4个供水单元。德州市南水北调续建配套工程引水线路总长243.79km，共需新挖（扩挖）渠道1.44km（大部分利用现状），新建水库6座，泵站13座，埋设供水管道172.48km。工程规划总投资259569万元，其中移民环境投资142221万元。工程投资确定按资本金和融资两部分筹措，资本金占40%、融资占60%，资本金筹措方案为省级财力总体负担资本金的40%，省财政直管县再加10个百分点，市级分担不少于剩余资本金的40%，其余由所在县（市、区）政府解决。乐陵市、庆云县使用农村饮水安全项目资金，工程投资不在南水北调续建配套工程中计列。

德州市南水北调工程2015年5月5日正式通过续建配套工程调引长江水，截至2021年12月共引水1.6亿m^3，主要供水目标为德城区企业、武城县自来水厂以及夏津县白马湖水库。

（1）德州市区供水单元。

1）供水情况：新建供水泵站从大屯水库提水，设计流量4.0m^3/s，年供水量10919m^3，通过新铺设管道输水到德州市区受水户华鲁恒升集团。

2）工程情况：德州市区供水单元2013年3月正式开工，2014年7月、8月两次成功试通水，2015年5月完工并正式投入运行。2018年1月通过竣工验收。德州市区配套工程包括出库泵站工程和输水管道工程，供水泵站位于大屯水库德州市区供水洞东北约 200m 处，泵站设计流量 $4.0m^3/s$，总装机功率 3155kW；管道工程线路全长 26.505km，设计流量 $3.5m^3/s$。工程批复总投资 40607.39 万元。

（2）武城县供水单元。

1）供水情况：新建供水泵站从大屯水库提水，设计流量 $0.47m^3/s$，年供水量 1583 万 m^3，通过新铺设管道输水到武城县受水户。

2）工程情况：武城供水单元于 2013 年 10 月开工，2014 年 12 月完工，2019 年 12 月通过工程投入使用验收。武城县续建配套工程主要内容包括供水泵站和供水管道工程，供水位置位于大屯水库武城供水洞 100m 处，设计流量 $0.47m^3/s$，总装机功率 396kW；管道工程线路全长 23.251km，设计流量 $0.4m^3/s$。工程批复总投资 13510.93 万元。

（3）夏津县供水单元。

1）供水情况：由六五河引水至白马湖水库，供水时间为每年 4 月、5 月与 10 月、11 月，分水量为 1034 万 m^3，供水流量 $1m^3/s$。

2）工程情况：2013 年 12 月正式开工，2015 年 12 月水库主体完工，2016 年 5 月 16 日通过白马湖水库蓄水验收，2019 年 12 月通过工程投入使用验收。新建夏津县白马湖水库，水库占地面积 1757 亩，围坝坝轴线

总长 8.55km，总库容 571 万 m^3。主要建设内容为围坝、入库泵站、入库涵闸、出库泵站、放水洞、供水管道等。工程批复总投资 38255.73 万元。

（4）旧城河供水单元。

1）宁津县供水工程。

a. 供水情况：由马颊河引水至大柳水库，供水时间为每年 4 月、5 月与 10 月、11 月，分水量为 1246 万 m^3，供水流量为 $6.5m^3/s$。

b. 工程情况：工程于 2013 年 4 月开工，2014 年 12 月完工并于 12 月 22 日通过蓄水验收，2019 年 12 月通过工程投入使用验收。新建大柳水库，占地面积 2489 亩，总库容 996 万 m^3，坝轴线总长 4274m。建设内容包括水库围坝、入库泵站、出库泵站、泄水洞、大柳水厂、供水管道、管理单位及输变电工程等。工程批复总投资 29041.51 万元。

2）平原县供水工程。

a. 供水情况：由与马颊河相连的马洪干沟引水至龙门水库。供水时间为每年 4 月、5 月与 10 月、11 月，分水量为 1193 万 m^3，供水流量为 $6.5m^3/s$

b. 工程情况：工程于 2013 年 12 月开工建设，2014 年年底完工。2014 年 12 月 22 日通过蓄水验收，2019 年 12 月通过工程投入使用验收。新建平原县龙门水库，水库占地总面积 2475 亩，总库容 689 万 m^3。主要建设内容包括筑堤工程、河道清淤工程、节制闸工程、涵洞工程、泵站工程、供水管道工程和管理局工程等。工程批复

总投资 35205.75 万元。

3）陵城区供水工程。

a. 供水情况：由与马颊河相连的小庄沟引水至新隔津河水库。供水时间为每年 4 月、5 月与 10 月、11 月，分水量为 1174 万 m³，供水流量为 6.5m³/s。

b. 工程情况：工程于 2014 年 9 月开工建设，2014 年年底完工，2015 年 1 月 6 日通过蓄水验收，2019 年 12 月通过工程投入使用验收。新建新隔津河水库，水库占地总面积 3604 亩，总库容 983 万 m³。主要建设内容包括筑堤工程、河道清淤工程、节制闸工程、涵洞工程、泵站工程、供水管道工程和管理局工程等。工程批复总投资 30735.19 万元。

4）乐陵供水工程。

a. 供水情况：由马颊河北岸提水至丁坞水库。供水时间为每年 4 月、5 月与 10 月、11 月，分水量为 2355 万 m³，供水流量为 6.5m³/s。

b. 工程情况：工程于 2014 年 9 月开工，2015 年 6 月完工。新建丁坞水库，水库占地总面积 2553 亩，总库容 1037 万 m³。主要建设内容包括筑堤工程、河道清淤工程、节制闸工程、涵洞工程、泵站工程、供水管道工程和管理局工程等。工程批复总投资 23080 万元（工程投资不在南水北调续建配套工程中计列）。

5）庆云供水工程。

a. 供水情况：由马颊河提水至南侯水库。供水时间为每年 4 月、5 月

与 10 月、11 月，分水量为 813 万 m³，供水流量为 6.5m³/s。

b. 工程情况：工程于 2014 年 11 月开工，2015 年 12 月完工。新建南侯水库，总库容 990 万 m³。主要建设内容包括筑堤工程、河道清淤工程、节制闸工程、涵洞工程、泵站工程、供水管道工程和管理局工程等。工程批复总投资 31070 万元（工程投资不在南水北调续建配套工程中计列）。

8. 聊城市续建配套工程

（1）江北水城旅游度假区。望岳湖水库位于聊城江北水城旅游度假区境内，引水及调蓄工程位于度假区徒骇河以南、聊阳路以东、位山二干渠以西、李海务街道东曹村以北的三角形区域，望岳湖布置大体呈矩形。涉及湖西街道、李海务街道两个镇街的 10 个村，占地面积 4886.10 亩，湖区位于南环路赵王河桥南北区域，纵跨南环路，南环路北湖区较小，大部分湖区位于南环路以南。望岳湖水库为中型平原水库，最大蓄水库容 2062.30 万 m³，对应最大蓄水位 33.92m，死库容为 333.20 万 m³，对应死水位 28.00m。水库每年充库水量 5741.40 万 m³，其中南水北调长江水计划充库水量 1614.0 万 m³，黄河水计划充库水量 3127.40 万 m³，雨洪水计划充库水量 1000.00 万 m³，以上来水均采用自流入库方式。水库年供水量 5183.00 万 m³，供水规模 14.20 万 m³/d。望岳湖工程等别均为Ⅲ等，工程规模为中型。其主要水工建筑物

级别为 3 级，次要建筑物为 4 级，临时建筑物为 5 级。供水保证率为 95%。工程概算总投资 103862.93 万元。该工程开工日期为 2016 年 9 月 20 日，完工日期为 2020 年 4 月 15 日，工程计划竣工验收时间为 2022 年 6 月。

望岳湖水库日常管理工作目前由聊城鑫瑞投资集团有限公司承担，该公司目前建立健全相关管理制度，对望岳湖水库日常运行进行全面管理。

2021 年度，望岳湖水库共引蓄长江水 400.10 万 m^3，年蒸发量 347.50 万 m^3，年渗漏量 163.60 m^3，无输水损失，度假区长江水利用率约为 72.93%。

（2）临清市。临清市城北水库是南水北调东线一期工程临清市续建配套水库，位于临清市城北，京九铁路以东，南水北调干渠以西，卫运河以南，邢临高速以北，主要包括分水闸、引水涵洞、入库泵站、入库闸、围坝、出库泵站以及管理用房等部分。水库占地 4454.21 亩，围坝总长 6571.5m，最大坝高 4.50m，平均坝高 3.65m，库容 2293 万 m^3。水库设计每年充库水量 5999 万 m^3，其中，南水北调充库水量 3684 万 m^3，黄河水充库水量 2315 万 m^3。水库设计年供水量 5475 万 m^3，日供水能力 15.0 万 m^3，供水流量 1.74m^3/s。水库工程规模中型，等别为 Ⅲ 等。水库于 2016 年 3 月开工建设，2018 年 2 月完工，总投资 94719.11 万元。水库 2018 年 6 月正式对外供水，主要为大

唐临清热电有限公司、中冶纸业有限公司、临清三和纺织集团、中色奥博特铜铝业有限公司等 12 家企业供水，日供水量为 5 万 m^3 左右。城北水库实现了南水北调东线一期工程在临清市的分水任务，调蓄长江水，解决干线分水与用户用水之间的时空分配矛盾，提高供水保证程度；同时根据黄河来水和城市用水情况，调引部分黄河水，与长江水联合调度。减少了区域地下水开采量，缓解了由于地下水超采引发的诸多生态环境和地质问题，逐渐改善区域生态环境状况，为临清市社会经济又好、又快发展提供水源保障。

2014 年 4 月 30 日，山东省发展改革委以鲁发改农经〔2014〕404 号文对工程可行性研究报告予以批复。2014 年 10 月 30 日，山东省水利厅以鲁水许字〔2014〕250 号文对工程初步设计予以批复。

征地移民资金主要靠省、市、县补助资金和贷款解决，工程部分投资采用 PPP 模式筹集。确保资金专款专用，切实用于项目建设。

2016 年 3 月 15 日开工建设，2017 年 10 月完成单位工程验收，2017 年 12 月 28 日完成蓄水验收，2018 年 2 月 28 日完成合同完工验收，2018 年 12 月 19 日完成泵站机组试运行验收。2019 年 12 月 17 日完成消防验收，12 月 20 日完成征地移民验收，12 月 22 日完成水保验收，12 月 24 日完成工程档案验收，12 月 29 日完成

环保验收。2020 年 8 月 21 日通过了聊城市南水北调工程建设管理局组织的竣工验收。

工程由临清北控水务有限公司负责运行管理。2021 年累计蓄水 2253.56 万 m^3，累计对外供水 1792 万 m^3，截至 12 月 31 日库区剩余水量约为 1570 万 m^3。

建设、监理、施工单位分别建立了质量检查体系、质量控制体系和质量保证体系并严格执行。质量监督机构根据工程建设特点制定了质量监督计划和相关制度，对工程质量进行全过程监督检查。运行管理单位定期开展大坝变形监测、地下水水位监测、泵站等基础设施完好率统计、设备完好率统计、安全设施率完好统计，对工程质量进行不间断监测。

运行单位指定专人对施工现场进行监督，每周至少开展 1 次重点部位检查，每月至少开展 1 次全面检查，《检查记录》及《问题台账》每月上报备案。

1）三级安全检查。一级巡检，泵站人员按照巡检步骤巡检，每 2 小时巡检一次；运行人员按照巡检步骤现场巡检，每天至少巡检 5 次，重点巡检视频巡检不到的设备或场所；机修人员按照巡检步骤设备巡检，重点巡检正在运行的设备。二级巡检，由班长带队，携带必要的检查工具，对主要的设备、设施进行简单保养式检查，每周 1 次。三级巡检，由部门经理带队，对全部的设备、设施状态进行全面检查和评价，每月 1 次。

2）每周召开安全例总结本周安全工作经验并对下周工作会涉及的安全风险进行评估和培训；每月开展安全培训或安全演练，切实提升人员的基本素质和能力。

3）严格落实"三个责任人"与"三个重点环节"，责任人公示牌在显著位置张贴，《汛期运行调度方案》《防汛应急预案》于 4 月上报临清市水利局并在 4 月 19 日取得批复，4 月 16 日按照《汛期运行调度方案》和《防汛应急预案》开展了防汛演练。

工程永久征地 296.75hm^2，生产安置人口 3170 人。2021 年 11 月临清市张官屯水库率先通过聊城市范围内水利工程标准化管理示范工程省级复验。

（3）冠县。为解缓冠县水资源紧张状况，提升饮水水质，冠县县委、县政府实施了南水北调冠县续建配套工程。该工程主要包括引水工程（加压泵站、引水管道）、冉海水库两大部分。引水工程包括加压泵站和引水管道两部分，加压泵站在南水北调干线冠县分水闸后，设计流量为 1.6m^3/s；引水管道从加压泵站开始，到冉海水库，全长 42.5km。冉海水库位于县城正北 6.5km 处，设计总库容 717 万 m^3，调节库容 566 万 m^3，死库容 151 万 m^3，年供水量 1394 万 m^3，水库占地面积 2152 亩，水面面积 1500 亩。设计年供水水量 1460 万 m^3，日供水 4 万 t。南水北调冠县续建配套工程总投资 70719.47 万元，其中，工程部分投资 45888.42 万元，移民投资 24831.05 万元。

2012 年 12 月 13 日，聊城市发展改革委以《关于南水北调东线一期工程冠县续建配套项目可行性研究报告的批复意见》（聊发改审〔2012〕153 号）对该可行性研究报告进行了批复。2013 年 11 月 1 日，聊城市水利局以《关于南水北调东线一期工程冠县续建配套工程初步设计的批复》（聊水发规字〔2013〕1 号）对该初步设计进行了批复。2014 年 11 月 8 日开工，2016 年 10 月蓄水验收。

冠县成立了冠县水务集团有限公司负责水库和冠县冉海水库净水处理厂调度及运行，2020 年 1 月 1 日水库净水处理开始试运行，日供水 4 万 t，承担着冠县 18 乡（镇）办事处 65 万群众的生活用水供水任务。

汛前为了顺利度汛，首先是进行了汛前大检查，发现问题及时处理，同时对各水库放水闸、泄洪洞等泄洪设备进行了养护，落实了抢险供电和应急供电设备，修订了《冠县冉海水库制定防汛应急预案》与《冠县冉海水库调度运行方案》，并加强了防汛物料和抢险队伍建设。按照防汛抢险的需要，对防汛物料的责任人进一步明确，确保安全度汛。

（4）莘县。莘州水库是南水北调续建配套工程的一部分。工程主要分为阳谷七级引水加压泵站、输水管道和莘州水库三大部分。工程设计年引水量 1871 万 m³，年供水量 1671 万 m³。总投资约 6.8 亿元。工程起始于阳谷县七集镇田庄村，终点为莘县城南 2km 莘州水库，其中提水加压泵站位于南水北调东线输水干渠左岸 12＋800 处设分水口（阳谷县七集镇田庄村），设计流量 1.804m³/s；输水管道全长 36.8km，途径七级镇、阿城镇、安乐镇、阎楼镇、大布乡 5 个乡（镇），在大布乡的李化真村西北进入莘县，再向西经莘县东鲁办事处、莘州办事处和十八里铺镇至莘县莘州水库；莘州水库位于莘县规划南外环路以南、莘州办事处境内。由围坝、入库穿坝涵洞、安全泄水涵洞和出库泵站组成；占地面积 2100 亩，水面面积 1600 亩，水库死水位 33.5m，最高蓄水位 39.80m，高出周围地面高程 2.30m 左右，库底高程 32.00m，设计水深 7.8m，坝轴线总长 4.507km，平均坝高 4.0m，总库容 787.6 万 m³。围坝为复合土工膜防渗体均质土坝，坝顶宽 7.5m。水库工程采取开挖截渗沟拦截渗漏水量，以减小坝后浸没的影响。工程于 2014 年 11 月全面动工，2016 年 12 月底全部完工，共完成土方外调 560 万 m³、截渗沟开挖 6.16 万 m³、库区铺塑 120 万 m²、围坝护砌 20 万 m²、坝顶道路 4.5km。

根据机构改革意见，莘县水利项目服务中心具体负责南水北调莘县续建配套工程的运行管理。根据工程运行管理的有关要求，服务中心制定了调度规程、标准化管理手册、防汛预案、安全监测、维修养护、安全生产等规章制度，2021年11月底通过了市级组织的标准化达标验收。坚持24小时值班，全天候进行不定时巡查，做好巡查记录，发现问题及时解决，确保工程安全运行，2020—2021年度共引水1843万 m³。

建立健全安全生产管理机构，成立以莘县水利项目服务中心主任为组长的安全生产领导小组，全面负责并领导本项目的安全生产工作。按照莘州水库颁布的《安全生产责任制》的要求，落实各级管理人员和操作人员的安全生产责任制，各自作好本岗位的安全生产工作。编制了莘州水库抢险防汛预案，落实了水库防汛"三个责任人"，组建了防汛抢险应急队伍，明确了防汛值班制度，坚持24小时值守，随时观察雨情、水情、工情变化，确保水库度汛安全。

（5）阳谷县。陈集水库（南水北调东线一期工程阳谷县续建配套项目），共包括七级提水加压泵站、入库输水管线、引黄入库泵站、库区、出库泵站及管理设施等6部分组成。整个工程于2015年开工建设，2016年主体基本完成，2016年底通过蓄水验收，2017年4月开始蓄水。水库设计总库容1031万 m³，年长江水充库量2278万 m³，年黄河水充库量972万 m³，年供水量2920万 m³。设计日供水量8万 m³，其中，工业供水4万 m³，生活供水4万 m³。为尽快使南

水北调续建配套工程发挥效益，阳谷县对工业用水消纳采取特许经营的办法，阳谷县森泉水厂有限公司获得特许经营权，负责批复工业供水的经营，2019年4月工业水厂已建成。为实现城乡一体化供水任务，生活饮用水厂已建成，于2020年5月开始运行。2019年供水试运行，2020年9月通过竣工验收，2020年9月阳谷县人民政府第48次常务会议决定将续建配套工程移交城乡供水服务中心管理、运行。

2021年南水北调阳谷县续建配套工程在运行管理方面主要做了以下工作。①2021年5月，按照调水计划引蓄长江水300万 m³；②2021年工业供水115.9万 m³，生活供水264.3万 m³；③编制完成了《阳谷县陈集水库标准化管理手册》，指导陈集水库以"制定标准，建立机制并对照检查，整改提高，严格考评，促进达标"的步骤推进标准化建设，通过开展达标考评验收，不断完善工作机制，提升了管理水平，提高了人员能力，2021年11月顺利通过省标准化示范单位验收。

2021年南水北调阳谷县续建配套工程在安全生产及防汛方面主要做了以下工作。①2021年5月编制了《南水北调东线一期工程阳谷县续建配套工程陈集水库2021年防汛应急预案》；②2021年5月编制了《南水北调东线一期工程阳谷县续建配套工程陈集水库调度运用计划》；③2021

5月24日在陈集水库进行了水上搜救项目实战演练；④2021年5月底，主汛期到来之前，组织全体工作人员对阳谷县南水北调续建配套工程进行了全方位安全隐患排查；⑤2021年10月，秋汛期间，在配合防汛排涝的同时，调蓄涝水充库100万 m³。充分发挥了水库的调蓄功能。

（6）东阿县。大秦水库位于东阿县西偏南约1.0km，S324路与老S329交叉处、大秦村、张大人集村东、马安沟、韩堂沟北。该工程于2013年6月立项，2015年7月东阿县成立配套工程征迁指挥部开始征迁工作，2016年4月正式开工建设。2016年12月完成水库主体工程建设，2017年5月完成向园区供水管道建设，2017年8月完成向开发区水厂供水管道建设，至此水库工程全部建设完成。2016年12月通过省级蓄水验收，2017年4月开始向库区蓄水，2017年5月开始向鲁西化工园区供水，2019年12月底，水库通过竣工验收。水库设计总投资6.24亿元，实际总投资6.4亿元，设计总库容722万 m³，调节库容583万 m³，死库容139万 m³，年出库水量2956.5万 m³，充库水量3183.7万 m³。设计蓄水位34.90m（1956黄海高程，下同），死水位29.80m，水库设计库底高程21.50m。库区占地2351亩，水面面积约1800亩。主要建设内容为：水库1座，取水加压泵站1座，出库泵站1座，入库涵闸1座，输水管道

21km，供水管道14.3km，班滑河节制闸1座，截（排）渗沟，管理设施等。围坝轴线长度4.3km，设计蓄水深度6.4m，其中地面以下5.3m，地面以上1.1m。地面以上筑坝高度为2.1m，防浪墙高0.9m。调节库容为583万 m³，输供水管线全长35.3km，设计年供水量2957万 m³。水库每年4—5月、10—11月两次充库，供水方式为全年直供。水库运行管理由东阿鲁西水务股份有限公司负责，自2017年建成以来，运行情况良好，未发现重大隐患，每逢夏季雨季便充分发挥水库调洪蓄洪能力，有效减轻马安沟上游洪水压力。

2021年度水库蓄水1142.57万 m³，供水1297.13万 m³。定期组织人员对水库泵站及管线进行巡检，在输、供水管道沿线栽种标桩，标示管道位置，逐一排查阀门井、排气井，确保其中阀门可正常使用，建立水库工程标准化管理体系并通过验收。

为保证水库安全度汛，4月编制完成《大秦水库防洪应急预案》《大秦水库汛期调度运行方案》，经东阿县水利局审核通过并批复，在汛期前编制完善库区巡检、汛期值班、水位监测等制度文件，落实好水库防汛"三个责任人"，主要负责人通过培训取得"巡检责任人"证书，并于2021年5月底完成水库防汛应急演练，6月完成防溺水应急演练，确保水库安全。汛期加强巡检，雨水冲刷未形成较大隐患，在库区护栏附近形成部分

雨淋沟，于 10 月全部回填完成。

（7）茌平县。南水北调东线一期工程茌平县续建配套工程位于茌平县西部，贾寨镇东南。主要建设内容为：引水工程、水库枢纽工程、供水管道工程。工程自南水北调干渠引水，经引水泵站提水由引水管道送水至东邢水库调蓄，然后由出库泵站加压经供水管道输水至茌平县水厂。水库工程位于聊夏公路（S254）以西、东邢村以东、邢郭沟以南、贾寨分干渠以北。水库围坝轴线长 5.126km，设计总库容 949 万 m³，死库容 130 万 m³，调节库容 819 万 m³，水库设计蓄水位 33.80m，设计库底高程 24.00m，水库死水位 25.50m。年充库水量 2201 万 m³，年供水量 2068.7 万 m³，设计日供水量 10 月到翌年 5 月为 5 万 m³、6—9 月日供水量为 6.0 万 m³。工程于 2015 年 12 月 9 日正式开工建设，2018 年 10 月 18 日完工，2017 年 5 月 8 日水库蓄水。2020 年 10 月 29 日完成竣工验收。

2014 年 6 月 19 日，聊城市发展改革委下达了《关于茌平县水务局南水北调东线一期工程茌平县续建配套项目可行性研究报告的批复》（聊发改审〔2014〕57 号）。2014 年 12 月聊城市水利局以聊水发规字〔2014〕6 号文对《南水北调东线一期工程茌平县续建配套工程初步设计报告》进行了批复。2015 年 6 月聊城市水利局以聊水发规字〔2015〕3 号文对《南水北调东线一期工程茌平县续建配套工程初步设计变更》进行了批复。2016 年 7 月聊城市水利局以聊水发规字〔2016〕8 号文对《南水北调东线一期工程茌平县续建配套工程初步设计变更》进行了批复。工程已按批复设计全部完成，无遗留问题。

工程批复概算总投资 58128.94 万元，调整增加征地移民投资 13807.79 万元，相应投资总概算调整为 71936.73 万元。截至 2021 年，批复的投资已全部完成。

本工程投资来源包括：财政专项资金 24270.63 万元，财政拨入 58990.22 万元。合同价款以审计审定造价为准，所有单位审核报告均编制完成。施工标段标段按照合同约定先支付审定金额的 90%，剩余 10% 质保金，质保期结束无质量问题，质保金已支付到位；设备标段按照合同约定先支付审定金额的 80%，剩余 20% 质保金，质保期结束无质量问题，质保金已支付到位。

工程于 2015 年 12 月 9 日正式开工建设，2018 年 10 月 18 日完工。工程单位、合同工程、阶段验收、专项验收已完成。2020 年 10 月 29 日进行了工程竣工验收。

水库 2017 年 5 月开始蓄水，2021 年调引长江水 100.1 万 m³，已累计入库 1254 万 m³，运行效果良好。工程改善了区域生态环境，提高了用水保证率。

法人单位成立了工程建设质量管理小组，建立了质量组织管理机构，配备了质量管理负责人和专职质量管理人员，制定了工程质量管理规章制度，对参建单位的质量行为和实体质量进行了监督检查，组织了关键部位和重要隐蔽单元工程、分部工程等验收，及时组织了设计交底。在工程建设过程中按照项目法人管理、监理单位控制、施工单位保证与政府监督相结合的质量管理体系，确保项目建设质量，定期组织监理单位、检测单位、施工单位对施工质量和施工资料进行检查，明确各单位的质量责任人和质量管理措施，签订质量终身责任制。

施工单位资质等级符合要求，成立了项目经理部，制定了质量管理制度和岗位责任制，项目经理常驻施工现场，建立了试验室，检测设备较为齐全并通过计量认证，管理人员关键岗位持证上岗，质检员专业、数量配备基本满足施工质量检验的要求，在施工过程中严格执行初、复、终"三检制"，确保施工质量，完成了工序、单元等质量评定和工程资料的整理归档工作，质量缺陷按照规程规范要求及时进行处理。

监理单位资质满足要求，成立了施工现场监理部，配备了40余名监理人员，现场监理人员持证上岗，总监理工程师常驻工地，编写了监理规划、监理实施细则，制定了质量检验、评定和验收工作程序，施工现场跟踪检查，关键部位的施工实施了旁站监理，原材料和中间产品见证取

样，监理日志、监理月报等资料的编写和整编较为规范。

该项目工程质量监督机构为茌平南水北调续建配套工程质量监督项目站，根据水利部《水利工程质量监督管理规定》对有关参建单位质量保证体系及工程实体质量履行政府监督职能，认真、规范地开展质量监督工作。

本项目严格落实安全生产有关规定，确保了工程安全顺利，未发生任何事故。编制了《安全度汛应急抢险预案》和《汛期调度运用方案》，茌平县防汛抗旱指挥部进行了批复。

该工程范围内的征地补偿和移民安置已按批复的方案基本完成。征迁工作按照国家、省及地方有关征迁法规和政策，附着物补偿基本完成，生产安置措施落实到位，临时用地已完成复垦并交付使用。2019年1月25日，通过了移民专项验收。该工程永久占地为2869.788亩，临时占地3361.5亩。建设占用土地已经征收完毕。

（8）高唐县。南水北调高唐县续建配套工程建设内容包括：输水管道工程、太平水库围坝工程和供水管道工程3部分。输水管道工程为直径2.4m PCCP管道，设计输水流量2.89m³/s，管线全长41.5km，沿线纵跨3县，其中茌平、临清两县境内全长21.4km，高唐境内20.1km；太平水库围坝工程包括围坝工程、入库泵站主副厂房及其附属工程、管理区

工程，主坝轴线长度 4655m，坝高 10.1m，库区占地面积 2577.61 亩，总库容 1141 万 m^3，调节库容 1028 万 m^3，死库容 113 万 m^3；供水管道工程，铺设直径 1m 到 0.1m 的各类供水管线全长 25.2km，设计年消纳长江水量 3018 万 m^3，年供水量 2792.7 万 m^3，日供水规模 7.65 万 m^3。工程概算总投资 8.32 亿元，其中工程投资 5.45 亿元，移民环境投资 2.87 亿元。

2015 年 6 月 25 日，山东省发展改革委以鲁发改农经〔2015〕659 号文对工程可行性研究报告予以批复。2015 年 6 月 30 日，山东省水利厅以鲁水许字〔2015〕117 号文对工程初步设计予以批复。

征地移民资金、工程部分投资主要靠省、市、县补助资金解决。确保资金专款专用，切实用于项目建设。

2015 年 12 月开工建设，2016 年 12 月完成蓄水验收，2017 年 12 月 30 日完工，2021 年 5 月完成水保验收。

工程由高唐县金城水利工程有限公司负责建设及管理，2021 年引蓄长江水水 242.78 万 m^3，累计蓄水 1381 万 m^3。

建设、监理、施工单位分别建立了质量检查体系、质量控制体系和质量保证体系并严格执行。质量监督机构根据工程建设特点制定了质量监督计划和相关制度，对工程质量进行全过程监督检查。运行管理单位定期开展大坝变形监测、地下水水位监测、泵站等基础设施完好率统计、设备完好率统计、安全设施完好率统计，对工程质量进行不间断监测。

运行单位指定专人对施工现场进行监督，每周至少开展 1 次重点部位检查，每月至少开展 1 次全面检查，《检查记录》及《问题台账》每月上报备案。

（1）三级安全检查。一级巡检，泵站人员按照巡检步骤巡检，每 2 小时巡检 1 次；运行人员按照巡检步骤现场巡检，每天至少巡检 5 次，重点巡检视频巡检不到的设备或场所；机修人员按照巡检步骤设备巡检，重点巡检正在运行的设备。二级巡检，由班长带队，携带必要的检查工具，对主要的设备、设施进行简单保养式检查，每周 1 次。三级巡检，由部门经理带队，对全部的设备、设施状态进行全面检查和评价，每月 1 次。

（2）每周召开安全例总结本周安全工作经验并对下周工作会涉及的安全风险进行评估和培训；每月开展安全培训或安全演练，切实提升人员的基本素质和能力。

（3）严格落实"三个责任人"与"三个重点环节"，责任人公示牌在显著位置张贴，编制了《汛期运行调度方案》《防汛应急预案》，按照该方案和预案开展了防汛演练。

工程永久征地 171.8hm^2，生产安置人口 1844 人。

（各市配套续建工程单位）

533

【安全生产及防汛】

1. 安全生产 开展"安全生产月""安康杯"活动，解决安全隐患83余个，深化安全文化建设和安全教育，安全生产零事故。顺利通过水利安全标准化（一级）2021年度续审工作，不断巩固建设成果，参加了水利部组织的水利安全生产标准化建设成果展评活动。举办20余次安全专项培训，开展了消防、防汛、触电及反恐应急演练5次，切实提高了职工的应急处置能力。落实可视化操作，工作现场张贴开、停机操作流程图及应急处理办法，确保职工操作更加安全规范。加强安全文化建设，更新安全生产标语、安全宣传栏，创办安全主题板报。组织特殊天气应急演练、防汛演练、反恐演练、消防演练，加强值班值守，做到了突发情况迅速响应、处置。

2. 防汛工作 为保障汛期安全生产，结合上级主管部门防汛工作要求，汛前部署，成立了防汛领导小组，落实防汛工作职责，认真研究修订了《2021年度汛方案及防汛预案》，积极组织防汛培训和演练，并组织开展防汛隐患排查与整治，严格坚持防汛24小时值班制度，建立健全防汛度汛档案，制度化管理明确主体责任，及时补充防汛仓库物资；进入主汛期后，根据上级下发的各项通知文件，利用现有的监控设备及新闻广播进行监测预警，加强值班值守，做到突发降雨迅速响应，加大对各泵站、供水管线、高压线路的巡查力度，切实保障人员安全和运行安全。汛期过后，整理归纳防汛档案，编制汛后总结，吸取经验教训，切实做到汛前部署、汛中预警、汛后总结的闭环管理。

自动化升级改造系统正式应用于2021年度调水工作，远程动作控制、机组状态监测及视频实时监控功能稳定，增加部分检测点，功能性、数据传输效率进一步优化，大大提高运行工作效率。

拾壹　党建工作

水利部相关司局

【政治建设】 （1）坚定践行"两个维护"，加强政治建设。始终站稳政治立场，把讲政治放在各项工作的重中之重。提高政治站位，强化政治学习。聚焦学习习近平总书记关于治水工作的重要讲话指示批示精神，组织司内各类学习活动30余次，重点学习习近平总书记一系列重要论述指示批示和党中央重要会议、重大部署精神，特别是深入学习贯彻六中全会精神，深入交流研讨，结合实际贯彻落实，确保全会精神学习深入、持续、有效。通过学习，进一步深化了对"两个确立"重大意义的深刻理解和把握，不断增强"四个意识"、坚定"四个自信"、做到"两个维护"。

（2）深入贯彻落实"5·14"重要讲话精神。把习近平总书记在推进南水北调后续工程高质量发展专题座谈会上的重要讲话精神作为支部学习的重中之重，按照部党组工作部署，组织做好6项由南水北调司牵头的重点项目办理，5项已顺利通过部长办公会验收，剩余1项作为长期任务也取得了实质进展。

（3）从严推进中央巡视反馈问题整改落实。按照部党组工作部署和驻部纪检监察组的有关要求，严肃认真抓好巡视反馈问题整改，制定工作方案，逐一明确时间表、责任人、具体措施等，由专人跟踪督办，各项工作均完成节点目标。具体情况为：南水北调司整改任务共14项（其中2项为协助部党组整改任务，12项为司内整改任务），13项已完成整改，其余1项按进度推进。　　　（袁凯凯　闫祥科）

【干部队伍建设】 （1）南水北调司立足能力提升，创新工作机制，激发党员干部干劲和活力。坚持目标导向，明确支部建设"六个红色目标"，从政治、思想、组织、队伍、作风和文化等方面明确目标任务，提出推进措施，推动工作落实。充分发挥功能作用，由理论和业务知识扎实的党员讲党课和业务课，处级以上党员干部全覆盖；带头开展课题研究，相关课题成果被部党建办评为2021年度党建课题研究成果三等奖。

（2）加强规范管理。制定并下发《支部学习管理规则》《党费收缴、使用和管理规定》等规章制度，全年全员学习学时达标，全年全员足额收取党费34983.4元；严格党员管理，转出党组织关系12人，转入党组织关系10人；注重梳理总结，形成"一六三三"支部工作法，规范化水平不断提升，成效明显。

（袁凯凯　闫祥科）

【党风廉政建设】 南水北调司严格落实抓党建主体责任。

（1）研提"一要点三计划"。制定年度党建工作要点，明确年度党建工作事项；列出支部工作计划、支部学习计划、支部讲党课（业务课）计划等，明确责任人和时间节点并持续跟进落实。

（2）制定"四个清单"。研究制定党支部主体责任清单、支部书记主体责任清单、支委委员主体责任清单、党小组主体责任清单，明确各方责任，确保落实到位。

（3）推进"三联三促"。持续做好党务会与业务会"联席"，促进党建与业务深度融合；党员与非党员"联系"，加强交流协作；党风与政风"联抓"，改作风、树清风，持续提升机关形象面貌。

（4）严抓"三会一课"。既抓思想自觉更抓行动自觉，教育引导党员干部深刻认识"三会一课"的重要性，提高参与积极性和主动性；既抓继承传统又抓大胆推进创新，在践行以往实践中成熟的经验作法的基础上，充分利用信息化工具，创新形式，与时俱进开展活动；既抓关键少数更抓全员参与，发挥支部书记、支委模范带头作用，动员全员参与，在互学互鉴中实现支部建设水平和党员党性修养的双提升。

（袁凯凯　闵祥科）

【三对标、一规划】　南水北调司按照水利部党组统一安排，高效组织、突出重点，全力部署做好专项行动工作。

（1）提高政治站位。第一时间组织全员传达学习部党组有关会议精神，明确提出要把巡视整改工作作为当前南水北调各项工作的重中之重，切实提高政治站位，严肃对待、全面对照、举一反三、认真整改，坚决把整改落到实处。

（2）加强组织领导。南水北调司领导班子切实担负起巡视整改领导职责，根据整改工作要求，南水北调司召开专项行动部署会，成立巡视整改专项领导小组，明确南水北调司领导和各处室负责同志的责任，有力的组织领导和明晰的责任分工为有效开展专项行动奠定坚实基础。

（3）细化工作措施。结合实际研究制定行动方案，细化各阶段集中学习内容、学习时间、重点研讨课题、重点交流人员等相关安排。期间，组织参加部党组各类学习活动6次，各类学习研讨6次，各类部署会议10余次，各项工作按期、保质、保量顺利完成。

（4）强化过程监督。将专项行动列为南水北调司督办事项重点推进，明确提出将党员干部的综合表现作为年度考核的重要依据，形成倒逼机制，确保全员参与、全程参与、全方位参与，努力高质量完成专项行动确定的各项工作任务，不断提高政治站位、理论水平、业务能力。通过深入集中学习交流和研讨，全司上下政治站位进一步提高、工作思路进一步清晰、工作任务进一步明确，为做好南水北调各项工作打下了坚实基础。

（袁凯凯　闵祥科）

【党建业务融合】　南水北调司以党建为引领，深化党建业务融合。围绕打造"世界一流工程"目标，重点抓好工程运行管理和党的建设标准化、规范化。以党建标准化、规范化建设引领业务标准化、规范化建设，把支部建设放在党的建设伟大工程的大局中审视，自觉把南水北调工作放在构建"四横三纵、南北调配、东西互济"国家水网格局中来推进，增强大局意识，强化责任感和使命感。以业务标准化、规范化建设促进党建标准化、规范化建设。南水北调工程在规划设计、建设运行期间形成了一套独具特色的管理体系，在工程进度管理、质量监管、投资控制、水量调度等方面，积累了丰富的标准化、规范化建设经验做法，通过深化党建业务融合，实现工作经验的有效互鉴、相互促进，共同提升。全面通水近7年来，工程已累计调水接近500亿 m³，直接受益人口超 1.4 亿人。工程运行安全平稳，水质稳定达标，中线工程水质一直优于Ⅱ类，东线工程持续稳定保持Ⅲ类水标准，为服务和改善民生、保障冬奥会等国之大事、助力国家重大战略实施、支撑生态文明建设、推进经济社会高质量发展提供了重要支撑。

2021年，南水北调司党支部工作也存在一些问题，如在标准化、规范化建设方面还存在台账整理不够规范等短板；支委会作用发挥不够充分，各支委之间未能形成抓党建工作的有效合力；党建与业务关系还需进一步深化融合、互促共进；党建工作整体影响力不够，与南水北调工程形象地位不匹配等。需要从强化组织领导、注重工作谋划、严格日常管理等方面进一步加强，确保以高质量党建推进南水北调工程高质量发展。

2022年是党的二十大召开之年，也是南水北调工程伟大构想提出70周年、南水北调工程开工建设20周年等重要节点，做好南水北调司党建工作责任重大、意义重大。围绕迎接、宣传、贯彻党的二十大这条主线，坚持系统思维、坚持目标导向、坚持问题导向，聚焦推进"制度化建设、标准化管理、规范化实施、清单化落实"，扎实做好党建工作，为推动新阶段水利和南水北调工程高质量发展，加快建设南水北调工程"四条生命线"和"世界一流工程"提供坚实的组织支撑和作风保障。

（1）进一步提高政治站位，抓好政治理论学习。聚焦迎接、宣传和贯彻党的二十大，全面加强政治理论学习，重点围绕习近平新时代中国特色社会主义思想、习近平总书记关于治水和南水北调工程系列重要论述指示批示精神、习近平总书记关于党建工作重要论述精神以及党中央关于全面从严治党各项重大决策、部署，组织开展持续、深入、全面、深刻、系统的专题学习研讨等工作，不断提高党员干部政治理论素养，进一步深化对"两个确立"重大意义的理解和把握，增强"四个意识"，坚定"四个自信"，做到"两个维护"。

（2）进一步加强思想建设，坚定理想信念信仰。常态抓好党史学习教育后续相关工作，持续巩固党史学习教育成效，进一步增强全体党员干部的理想信念和宗旨意识。组织做好水利史和南水北调史的学习宣传工作，利用南水北调工程伟大构想提出70周年的契机，组织开展南水北调史专题学习，提高党员干部调水为民、治水兴邦的思想自觉和行动自觉。组织宣传贯彻南水北调精神，把南水北调精神作为塑造党员干部外在精气神和内在理想信仰的重要抓手，不断凝聚干事创业的强大合力。

（3）进一步深化从严治党，加强组织建设管理。加强制度化建设，组织全面梳理支部工作中存在的制度短板，结合支部工作实际，研究制定切实可行的管理制度，充分发挥制度管根本、管长远的作用。强化规范化管理，进一步明确党建各项不同工作的不同特点、不同要求，形成统一的组织实施流程并按流程开展工作。严格标准化实施，形成支部工作的具体实施标准并严格按照标准实施。推动清单化落实，形成支部工作目标动态清单管理机制，挂单作战。

（4）进一步抓实纪律作风，打造清正廉洁队伍。坚持把纪律和规矩挺

在前面，常态抓好廉政教育，严格执行《廉政风险防控手册》，通过谈心谈话、组织生活等多种形式，及时发现和制止存在的苗头性、倾向性问题，把廉政风险处置在萌芽状态。持续改进作风、优化环境，加强党员干部服务意识、服务能力建设，在工程水量调度、运行管理、后续工程建设等工作中，主动对接、靠前服务，提升党员干部服务为民的积极性、主动性。

（袁凯凯　闵祥科）

有关省（直辖市）南水北调工程建设管理机构

北 京 市

【政治建设】 （1）通过开展"三会一课"、"学习强国"、专题培训班等形式深入学习贯彻党的十九届五中、六中全会精神。牵头举办"永远跟党走·奋进新时代"主题宣讲等活动，以实际行动庆祝中国共产党成立100周年。落实好市直机关工委、市水务局防控办关于新冠肺炎疫情防控要求，做好机关新冠肺炎疫情防控相关工作，全员完成疫苗接种。坚持政治标准，做好统战、反邪教等相关日常工作。落实区域化党建要求，牵头做好市人大选举等工作。组织开展"党务外包"、党费收缴使用管理专项检查。

（2）深入推进党支部标准化规范

化建设。落实好《北京市基层党组织换届选举工作规定》等要求，实现事业单位改革与党组织建设同步开展，及时调整党组织设置、推动换届选举，确保涉及改革的单位党组织正常运转，相关工作得到市直机关工委肯定。开展党支部标准化规范化建设集中整改，提高"三会一课"等组织生活质量、党支部政治功能发挥更加明显。通过视频方式，对全局党组织书记、委员等党务工作者进行培训，增强培训针对性，提高党务干部政治素质和业务能力。严格流程接收101名预备党员和66名预备党员转正。严把党员入口关，对100名党员发展对象进行统一集中培训。加强典型引领，牵头组织开展"两优一先"评选表彰工作，拍摄《向党说句心里话》等纪录片，营造全系统争先创优的良好氛围。加强关爱帮扶，向局系统233名"光荣在党50年"老党员颁发纪念章，发放慰问金23.3万元。对34个艰苦偏远党组织进行走访慰问，向35名困难党员、13名特困群众、5名烈属发放慰问金23.7万元。

（3）协助党组落实主体责任。牵头制定2021年局党组落实全面从严治党主体责任清单并根据新要求及时予以完善，进一步细化局、处、所三级清单体系，推动压力层层传导、责任层层落实。坚持完善"书记抓、抓书记"工作机制，进一步拓展深化基层党组织书记月度工作点评，把机关处室纳入点评范围，2021年实现34

个局属单位和26个处室全覆盖，指出问题174个，有力督促了整改落实。研究制定了2021年度局《全面从严治党（党建）考核方案》和《局属单位（处室）党委（总支、支部）书记抓基层党建述职评议考核工作方案》，压实全面从严治党（党建）责任落实。　　　　（王欣冉）

【组织机构及机构改革】

1. 局属事业单位改革　聚焦水务主责主业，以深化职能转变、理顺管理体制、优化力量配备、提升管理效能为重点，按照"党政支撑、技术支持、运行管理、公众服务"职能划分，研究提出局属单位改革方案，明晰单位职责定位和功能布局。北京市委机构编制委员会办公室批复同意，北京市水务局局属单位职责、权属、编制及职数进一步明确，职责明晰、运转顺畅、协同高效、系统完备的水务治理体系调整改革方案。调整后，属北京市南水北调名称的单位由14家变为现在的4家，单位为：北京市南水北调大宁管理处、北京市南水北调环线管理处、北京市南水北调团城湖管理处、北京市南水北调干线管理处。原来14家单位的职责、任务分解到保留下来的34家局属单位，做到了"编随事走、人随编走"的调整改革原则。

2. 优化岗位设置　北京市水务局局属事业单位按照调整优化岗位设置方案，实现了同类单位管理、专技、工勤三类岗位设置比例相当，专业技术高级、中级、初级比例基本一致。改革后，事业单位岗位设置总数4836个，其中管理岗位1757个、专业技术岗位2537个、工勤岗位542个，专业技术岗位设置得到优化，高级、中级比例大幅提高。其中，正高级岗位增加43个，副高级岗位增加139个。

（孙志伟）

【干部队伍建设】

1. 处级领导班子调配　考察调研、分析研判局属单位领导班子和干部队伍建设情况。严格按照领导职数、能力素质、现实情况等，配齐配强领导班子，共计交流调整处级领导干部130名，占比69.1%。28名同志根据工作需要免领导职务，进一步改善干部结构，强化整体功能。

2. 干部选拔晋升　研究制定年度干部交流调整和提拔使用工作计划，修订完善处级领导干部选拔任用工作流程，扎实做好处级干部选拔任用、交流调整、职级晋升等工作，完成3名二级巡视员晋升、25名处级领导干部提拔、21名同志交流、7名同志调任、7名同志退休、3名同志核职等，组织局机关2批10人次职级晋升，审核批复2个单位职级晋升方案，完成4个单位、30人岗位等级套转，向市委组织部推荐提拔2名"88"后优秀年轻处级干部。

3. 处级领导班子和领导干部考核　首次组织完成对机关处室、局属单位领导班子及处级领导干部的年度考核工作。考核局属单位领导班子43个，机关处室26个，处级领导干部249人。严格按程序确定了2020年度处级领导班子和领导干部考核结果，其中优秀处级领导班子13个，优秀处级干部41人。做好处级干部企业兼职清查、裸官清理和社会团体兼职审批等工作，组织276名处级干部报告年度个人有关事项，如实报告率为100%。

4. 专业化人才调配　聚焦水务中心工作，分析研判未来几年人才需求，制定人才引进计划。主动对接高校，进一步扩大选人视野。全年通过优培计划、公开招聘、专项招聘共招聘40人。开展系统内人员选聘工作，选聘调配人员49名，解决部分新设立单位人员紧张问题。

5. 加强人才培养　坚持内外"双循环"，发挥优秀水务青年科技进修、军转干部水务综合素质提升对人才培养引领作用。选拔第二批11名青年骨干，开展为期一年的青年人才科技进修培养。组织首批军转干部水务综合素质提升培训，帮助军转干部尽快适应新的岗位需要。坚持"聚焦水务、注重实效，统筹协调、分类指导"原则开展年度培训。组织全局237名处级领导干部开展学习贯彻十九届五中全会精神专题研讨培训。组织100名新入职同志参加入职培训，为水务系统输送合格新生力量。协调2名同志到外省市挂职、2名同志到

冬奥组委会工作。全局 1 人获得"北京学者"称号、1 人获得水利部青年拔尖人才奖。 （孙志伟）

【纪检监察工作】 （1）围绕水务中心工作，强化监督执纪职责。2021 年共受理信访举报线索 16 件，落实驻局纪检监察组处分建议 6 件，落实纪检监察建议 1 件，坚持对违纪问题进行全局通报曝光，达到办理一件警示一片的目的。

（2）积极运用监督执纪"第一种"形态。2021 年，全局对 102 名干部进行谈话提醒、红脸出汗，将问题消化在萌芽状态，防止小问题演化为大问题。

（3）充分发挥主观能动性，积极履行监督职责。如北京市水科学研究院坚持制度促廉、文化育廉、活动倡廉、课堂讲廉，"四廉并举"强化廉政教育；北京市水科学研究院开展"严作风、强学风、知荣辱"专项教育活动，进行"自我画像"和"相互画像"，形成个人问题清单、提出整改措施，不断强化水务事业发展同心同行的认同感；水务执法总队结合新机构新职能，制定廉政风险防控管理手册，从三重一大、行政执法等方面厘清廉政风险点，制定防控措施，提醒队员树牢从政风险意识，明确行为底线。 （温爽）

【党风廉政建设】 （1）定期开展信访形势分析，筹办局党组"以案为鉴、以案促改"警示教育大会，开展

分级分类警示教育，不断强化党员干部廉洁自律、秉公用权意识。

（2）坚持把"节点"当"考点"，在国庆、中秋、元旦、春节等重要节点，对局属单位"四风"问题进行抽查检查，对发现的问题，及时提醒整改。

（3）强化日常监督，对局属单位干部竞争上岗、军转干部招聘、公务用车等进行监督提醒。

（4）开展全局党员干部违法占地、违法建设统计，开展违规发放津补贴（福利）、违规收送名贵特产和礼品礼金、违规吃喝、违规配备使用公务用车等问题专项整治工作，对发现的问题谈话提醒、推动及时整改。

（5）对 24 名拟提任的处级干部进行任职前廉政法规知识测试，达到了以考促学、以考促廉的目的。

（6）对全局外出学习培训考察纪律提出明确要求，实行外出审批备案制。 （温爽）

【作风建设】 深化作风建设，深入贯彻落实"机关接地气 干部走基层"的相关要求以及习近平总书记给建设和守护密云水库的乡亲们的回信精神，牵头研究制定了《局基层党支部联系密云水库一级保护区各村党支部工作方案》，并开展相关调研。发挥好党支部作用，联合有关处室、单位到嘉诚花园社区开展"回天有我 清管为民"主题党日活动，服务社区居

民。与共建支部永定河管理处水源工程管理所党支部开展"结对谋合力，党建促发展"主题党日活动，听取基层党建需求和建议。深化"双报到"机制，支部党员积极参与社区新冠肺炎疫情防控、垃圾分类桶前值守、周末大扫除等活动，参与社区治理，强化水务为民服务意识。做好第五批第一书记驻村帮扶和第六批第一书记推荐工作，到派驻村开展走访慰问、帮贫助困等工作。

（王欣冉）

【精神文明建设】

1. 落实意识形态责任　严格落实意识形态责任制，2021年北京市水务局党组专题研究意识形态工作1次，研究修订《北京市水务局党组意识形态工作责任制实施细则》。局意识形态小组各成员单位召开每季度会商研判会，综合分析局系统意识形态领域风险，共同研究化解风险的方法和措施。

2. 宣传先进树立典型　做好精神文明创建工作，水务建管中心薛文政同志获得第三届"最美水利人"提名，团城湖管理处被授予第九届"全国水利文明单位"称号；为北京市水文总站、中国水利水电科学研究院等11家获得全国"文明单位""首都文明单位标兵""首都文明单位"称号的单位挂牌；并对获得荣誉称号的单位进行宣传报道，整体带动提升全局干部职工精神文明风貌，塑造北京市水务行业向上向好发展势头。

（王欣冉）

天　津　市

【全面从严治党】　深入学习贯彻落实习近平新时代中国特色社会主义思想，党的十九大和十九届历次全会精神，贯彻落实党中央关于加强新时代党的思想理论建设的部署要求，坚持全面从严治党，发挥党建引领指导作用，贯穿南水北调工作的始终和每个环节。严格执行理论学习中心组集体学习、党政领导干部带头宣讲等制度，充分发挥学习强国、天津干部在线学习等网络学习平台优势，推动学习教育制度化、常态化，不断提高全局广大党员干部政治判断力、政治领悟力、政治执行力。

全面加强党的政治建设，坚决捍卫"两个确立"，自觉做到"两个维护"。严明党的政治纪律和政治规矩，认真落实习近平总书记对天津工作"三个着力"重要要求和一系列重要指示批示精神，自觉落实党中央各项决策部署和市委决定，严格执行《市委关于进一步做好习近平总书记重要指示批示贯彻落实工作的若干意见》，推动建立传达贯彻、分工协作、跟踪督办、考核问效的抓落实闭环机制，坚决纠正有令不行、有禁不止。

（天津市水务局建管处）

【党风廉政】　围绕南水北调中心工作，紧盯重点领域、关键岗位、重要人员，严肃查处腐败问题，始终保持反腐败高压震慑。聚焦群众"急难愁盼"，持之以恒纠治"四风"，惩治基层微腐败问题，严肃查处贪污侵占、吃拿卡要等行为。

强化基层廉政风险防控，强化对重点领域、重大工程、重要岗位和关键环节的廉洁风险监督管理，动态排查权力运行、制度机制等方面廉政风险，重点是压实基层闸站所廉政风险点排查工作，堵塞漏洞，完善制度机制，强化对基层权力运行的制约和监督。　　　（天津市水务局建管处）

【作风建设】　持之以恒落实中央八项规定及其实施细则精神，坚持寸步不让、露头就打，对反复出现、普遍发生的问题，注重从制度机制上找原因，加大治理力度，防止反弹回潮。紧盯新问题新表现，通报典型案例，坚决防止隐形变异。树牢真过紧日子思想，坚决制止餐饮浪费，切实培养节约习惯。

深入开展讲担当促作为抓落实、持续深入治理形式主义官僚主义不担当不作为问题专项行动，对照市级机关处长大会"三处理""三不等"要求，全面检视、靶向纠治，集中整治"官爷"文化、"中梗阻"等问题，做到力度不减、尺度不松。建立健全基层减负常态化机制，巩固拓展治理文山会海、优化改进督查检查考核等成果。　　　（天津市水务局建管处）

【政治建设】　深入落实巩固深化"不忘初心、牢记使命"主题教育成果具体措施，制定年度计划清单，建立并落实学习党章、为党员过政治生日、经常性政治体检、"向群众汇报"等长效机制。深入开展"我为群众办实事"实践活动，紧密围绕民心工程中涉水任务、结对帮扶困难村、党支部结对共建、供水排水、河长制湖长制、南水北调东线前期及南水北调市内配套工程建设等工作，通过基层调研、提案热线、入列轮值、"双报到"、志愿服务等多种形式，深入了解民情民意，真心实意解决群众急难愁盼问题。

坚持遵规守纪，深入贯彻有关党内法规，梳理建立贯彻落实党内法规、抓基层党建工作清单，确保各项党纪党规刚性执行。落实好全局各级党组织书记抓基层党建工作述职评议考核工。认真贯彻党员教育培训五年规划，制定年度党员教育培训计划，分类分级做好党员教育培训工作，举办党组织书记、党务干部、党员发展对象、新党员培训班，将习近平新时代中国特色社会主义思想，党的十九届五中、六中全会精神和党史学习教育作为重要内容，突出政治之训、党性之训、能力之训。

　　　（天津市水务局建管处）

【纪检监察】　坚持把监督融入治理，重点强化监督的再监督、检查的再检查职责定位，紧盯重点人、重点事和重点问题，把更多的精力放到监督职能部门依法依规履行职责上来。充分发挥纪检协作片区制作用，采取自查、互查、联查、抽查相结合的方式，跟进监督、精准监督、全程监督，促进治理能力提升。

认真落实进一步加强基层监督工作意见，健全组织体系，配齐配强监督力量，制定《加强纪检干部配备保障纪检干部履职有关具体措施》，明确配齐配强纪检干部，充实纪检工作力量；加强纪检干部交流轮岗，鼓励纪检干部放开手脚、大胆工作，充分发挥作用；严格落实纪检干部调整备案制度，确保纪检工作有效衔接。定期组织开展纪检干部业务培训和工作经验交流座谈会，提升纪检工作水平。发挥纪检监察工作联络站作用，引导群众参与监督、主动监督。

（天津市水务局建管处）

【精神文明建设】　深化精神文明建设，积极培育和践行社会主义核心价值观，加强爱国主义、集体主义、社会主义教育，大力宣传弘扬新时代水利精神和"引滦精神"，推进理想信念教育常态化、制度化。加强典型宣传，按照中央和天津市委统一部署做好"3个100杰出人物"宣传工作，落实《天津楷模选树学习宣传工作方案》，注重发掘基层一线先进人物，大力选树宣传天津市水务局"最美水利人"、"天津好人"、志愿服务"六个一批"等先进典型。继续做好全域创建文明城市工作和市级文明单位、全国水利文明单位创建工作。

（天津市水务局建管处）

河 北 省

【政治建设】　河北供水有限责任公司切实做到学史明理、学史增信、学史崇德、学史力行，守正创新抓住机遇，锐意进取开辟新局，以优异成绩庆祝党的百年华诞。

（1）征订编制学习资料。为全体党员发放《论中国共产党历史》等学习书目714本。结合公司实际，编制《建党100周年》等中国共产党党史学习知识手册并发放给公司每名党员干部职工。结合历史上的今天发生的党史事件，每天制作1期《党史百年天天读学习期刊》，截止2021年已编制印发296期。

（2）启用了"河北供水有限责任公司智慧党建平台"，平台包含党史专题、"三会一课"、党建大学等模块，公司党委和各党支部已通过该平台开展党史宣讲、学习等主题活动70余次。

（3）以党史学习教育为主线，深入开展"我为群众办实事"实践活动，结合建党100周年相继开展了"百篇雄文齐赞党"征文活动、重走"红色主题之路"、重温"入党誓词"、"学党史　守初心　担使命"庆祝建党100周年党史学习知识竞赛、"三亮　三比　三评"创先争优、"读党史　谈心得"主体座谈交流会、唱响红色歌曲、"红心向党"演讲诵读、"守初心　担使命　保供水　为民生"党员践诺行动、党史宣讲等主题活动。积极参加上级部门组织的各项活动，并取得了可喜的成绩。2021 年 6 月获得河北省水利厅直机关党委"奋进百年路　水利铸辉煌"演讲比赛一等奖，以及"学党史守初心　诵经典担使命"诵读比赛二等奖，演讲作品代表水利厅参加省直工委"创先争优"作品展演。　　　　（胡景波）

【干部队伍建设】　（1）河北供水有限责任公司根据公司发展需要成立了河北泓安、泓杉、泓宁供水有限责任公司临时党支部。

（2）严把党员发展关，2021 年发展入党积极分子 11 名、预备党员 10 名、正式党员 1 名。

（3）加强学习阵地建设，强化设施到位。印发了《关于规范党员活动室建设的通知》，充分利用现有学习室，建设党员干部党史学习教育"新阵地"，打造标准"党员活动室"11 个，建设"奋斗百年路　启航新征程"党建主题走廊 1 个。学习室和党建主题走廊挂有"入党誓词""党的光辉历程　党的成长故事""党的一大至十九大重要精神""经典习语""党史学习重要思想""时代先锋　榜样力量""党建引领　展望未来"等展板 300 余块，进一步促进广大党员干部的学习提升。

（4）制定印发公司党委《关于召开 2020 年度组织生活会的通知》《关于召开党史学习教育专题组织生活会的通知》，按要求召开了 2020 年度民主生活会、组织生活会以及党史学习教育专题组织生活会，形成问题整改清单，认真抓好整改落实。　　（崔硕）

【党风廉政建设】　（1）始终加强党的领导。河北供水有限责任公司严格按照《中国共产党国有企业基层组织工作条例（试行）》《机关基层组织工作条例》等相关文件规定，牢固确立党委在公司法人治理结构中的法定地位，明确党委研究讨论是董事会、经营管理层决策重大问题的前置程序。2021 年召开党委会 30 余次，研究涉及"三重一大"各类事项，确保实现党委在公司发展运营中决策、执行、监督等各个环节的全面领导。

（2）牢牢守住廉洁底线。进一步加强党的纪律建设，持续改善政治生态，强化纪律刚性约束，守住廉洁从业底线红线。2021 年，公司党委负责人听取党支部书记党建述职 10 人次，同下级党政主要负责人集体廉政谈话 1 次。公司纪委负责人听取各管理处、项目公司党风廉政建设工作汇报 4 次，同下级党政主要负责人集体廉政谈话 4 次，党支部集体廉政谈话 1 次，谈心谈话 15 人次，提醒谈话 8 人次，新员工入职集体岗前廉政谈话 1 次，脱贫攻坚岗前廉政谈话 1 人次，比选监督 4 次，合同谈判会议监督 2 次，竞争性磋商谈判监督 8 次，文件审查会监督 15 次，项目完成验收会监督 1 次，招投标监督 14 次，协助上级处理举报线索 1 件，直接受理举报线索 1 件。

（3）发挥党建引领，做好新冠肺炎疫情防控，保障供水安全。为应对 2021 年河北省多次爆发的局部新冠肺炎疫情，公司党委积极响应上级党组织"抓党建、防疫情、惠民生、保安全、促发展"活动要求，印发了《关于在新冠肺炎疫情防控中充分发挥基层党组织战斗堡垒作用和共产党员先锋模范作用的通知》，党委、支部书记（副书记）亲自挂帅、靠前指挥，实施 24 小时全天候工作机制。公司 10 个党支部发挥战斗堡垒作用，党支部委员下沉一线，分头负责任务最重的所站。全体党员充分发挥先锋模范作用，涌现出了一批"舍小家、顾大家、讲奉献、保供水"的优秀事迹。在实现公司全体职工新冠肺炎疫情"零感染零疑似"的同时，牢牢守护住了供水生命线。

（王腾）

河 南 省

【政治建设】 2021 年，在河南省水利厅党组的正确领导下，郑州南水北调建管处党支部以习近平新时代中国特色社会主义思想为指导，深入贯彻落实习近平总书记黄河流域生态保护和高质量发展重要讲话精神、推进南水北调后续工程高质量发展座谈会上的重要讲话精神，坚持党建工作与业务工作共抓同促，取得较好成效。

1. 提升政治引领力 党支部把贯彻落实习近平总书记重要讲话和指示批示精神、落实党中央决策部署作为首要政治任务，坚持"第一议题"学习贯彻。严格执行民主集中制，确保"三重一大"事项由集体讨论决定。落实"三会一课"、组织生活会等制度。严格要求党员每月按时缴纳党费、党内会议活动戴党员徽章，树立起党内政治生活抓在经常、严在平常的导向。

2. 提升思想带动力 编制印发《2021 年度党建工作计划》《2021 年度学习计划》，将学习党的十九届五中全会精神、习近平总书记在庆祝中国共产党成立 100 周年大会上的讲话精神、习近平总书记调研河南召开推进南水北调后续工程高质量发展座谈会上的重要讲话精神作为学习重点，坚持每周二、周五下午自学和集中学习制度。开展党史学习教育，印发《党史学习教育方案》，围绕"学党史、悟思想、办实事、开新局"的总体要求，落实党员个人自学、集中学习、研讨交流、实践活动等上级党组织要求的"规定动作"。结合庆祝建党 100 周年开展系列学习活动，"七一"当天组织党员职工观看庆祝中国共产党成立 100 周年大会盛况，组织开展"唱国歌升国旗"仪式、"四史"学习专题研讨、赴巩义市竹林镇开展党史学习教育主题党日活动、党史小故事分享会、"七一"慰问老党员、支部书记讲党课等形式多样的系列活动。完善党员培训制度，运用"五种学习方式"，联系实际学、笃信笃行学，把学习贯彻习近平新时代中国特色社会主义思想与党史学习教育结合起来。7月9日，组织党员干部参观"百年恰是风华正茂"党史党性主题教育展，7月12—18日，组织河南省南水北调系统处级干部赴信阳大别山干部学院开展学习贯彻党的十九届五中全会精神暨党史学习教育。组织党员干部参加干部学习、主题征文、主题党日等实践活动，用好"学习强国"、河南水利机关党建网、"水润中原微党建"微信公众号等新媒体学习平台，打造学习型机关建设。

3. 提升组织执行力　党支部围绕学习教育、组织建设、严肃党内政治生活、党员队伍建设、党建责任落实等，找准党建工作着力点大力推进党支部规范化建设，不断强化政治功能、组织功能和服务功能。党支部书记坚持一手抓业务，一手抓党建，党支部委员抓好分管科室的党建工作，推动党建工作各项任务的落实。向水利厅机关党委推荐评选"优秀共产党员""优秀党务工作者"，并受到表彰。

4. 提升政治影响力　党支部落实党管意识形态原则，支部书记是第一责任人，其他班子成员坚持"谁主管、谁负责"的原则，将支部意识形态工作细化分解。党支部全年专题研究意识形态工作2次。组织《河南日报》等省内主流媒体对南水北调工程各项效益开展宣传报道，为南水北调工作营造良好舆论环境。加强网络信息监控，对苗头性、倾向性问题及时引导纠偏，及时回应和解决人民群众关心的热点问题。建立网络信息审核制度，下发通知要求全省各地（市）南水北调机构、机关各处室明确1名信息员管理本单位（处室）的信息专区，规范信息发布流程和格式要求，严禁发布涉密信息、政治敏感信息等。2021年河南省南水北调建管局对官方网站进行改版升级。

5. 提升纪律震慑力　党支部不断加强党员思想修养，努力提高党员干部对廉政建设的认识，持续保持反腐倡廉高压态势，贯彻落实党风廉政建设责任。2021年年初组织召开党风廉政建设专题会，印发《2021年党风廉政建设工作计划》，6月4日，组织举办党风廉政教育专题讲座，邀请河南省纪委监委主任张国芝讲授《准确把握新阶段反腐败斗争形势与任务》。6月30日，组织党员干部赴省廉政文化教育中心开展警示教育活动，观看廉政教育影片。7月2日，组织召开全处职工会议，对《豫水清风》（第58期）曝光的4起典型问题深入开展以案促改工作，引导支部党员干部从中汲取深刻教训，切实举一反三，引以为戒。

（崔堃）

【**精神文明建设**】　2021年，郑州南水北调工程建设管理处精神文明建设工作始终围绕中心服务大局，持续完善工作机制，深入开展群众性精神文明建设活动，逐步形成常态化的创建工作格局，提升全处干部职工的文明素质，为推进河南省南水北调工程运行管理，助力水资源优化配资，助推郑州国家中心高质量建设和经济社会高质量发展贡献力量。

1. 着力完善机制建设，夯实创建工作基础

（1）思想上重视。始终把精神文明建设工作列入重要议事日程，做到与党务、业务工作同部署、同检查、同考核、同奖惩。党支部书记定期听取情况汇报，亲自研究解决创建工作中遇到的困难和问题。

（2）健全组织机构。成立支部书记任组长的文明建设领导小组，配备1名专职人员和2名兼职人员，成立3个工作组，明确具体工作职责，加强创建工作的组织推动。

（3）落实工作责任。2021年年初制定创建工作方案，将创建工作细分为97个小项，每项工作任务明确主要责任人、工作要求和完成时限；建立月初提醒、月末通报制度，通过推进会、现场检查指导等措施推动工作落实。在全处形成领导带头，各组各司其职，人人参与创建、关心创建的工作格局。

2. 立足理想信念建设，着力培育文明新风

（1）抓学习型机关建设。2021年年初研究制定理论学习计划，严格落实月学习制度，确保人员、时间、地点、内容"四落实"。以开展党史学习教育为契机，通过个人自学、专家辅导、集体研讨、撰写个人思想小结和网络答题、实地参观、观影等丰富多彩的形式，不断加强干部职工理想信念教育、党风廉政教育。开展党史学习教育30余次，组织赴竹林镇博物馆、竹沟革命纪念馆、"百年风华正茂"党史馆和河南廉政文化教育基地参观学习。开设"文化大讲堂"，邀请专家讲授国际形势、政策法规、文化传统等方面的知识。

（2）抓职业道德建设。按照《公民道德建设实施纲要》，制定干部职工培训计划，通过组织参加《实施纲要》知识答题、身边好人宣传学习、郑州好人馆参观学习、大别山干部学院培训、水利精神宣贯会、职业道德教育实践活动和安全生产专题培训等活动，培育干部职工爱岗敬业、诚实守信、办事公道、热情服务、奉献社会的高尚职业道德情操。2021年，郑州南水北调工程建设管理处获厅2020年精神文明建设工作"先进集体"称号，1人获厅精神文明建设"先进工作者"称号；郑州南水北调工程建设管理处获建管局2020年"文明处室"称号，3名职工和2个家庭获"文明职工"和"文明家庭"荣誉称号；并对获奖的先进集体和个人进行表彰宣传，把学习宣传过程变成促进干部职工道德养成的过程，进一步加强干部职工社会主义核心价值观教育。

（3）抓文明新风建设。通过开展生态文明、垃圾分类、节约用水等专题讲座和学习交流会，组织生态环保

实践、春季植树、"珍惜水、爱护水"中国水周志愿宣传等活动,大力开展生态文明思想学习教育,培养干部职工简约适度、绿色低碳的生活和工作方式。通过开展"六文明"(文明交通、文明旅游、文明餐桌、文明观影宣传实践活动,文明行为促进条例学习答题活动和文明健康生活方式宣传教育活动),进一步促进干部职工文明礼仪养成。积极参加"诚信,让河南更加出彩"宣传教育活动,开展诚信践诺及自查行动,促使干部职工自觉践行《河南省文明诚信公约》,培养诚信理念、规则意识和契约精神。认真开展《民法典》核心要义及习近平总书记法治思想学习教育讲座,增强干部职工尊法学法守法用法意识。

3. 丰富文明创建载体,着力形成浓厚氛围

(1)持续开展学雷锋志愿服务活动。组织开展省直义务植树、清除白色垃圾、"关爱山川河流 保护母亲河"、全城大清洁等以关爱自然为主题的志愿活动;组织开展青少年夏季防溺水宣传、关爱环卫工、春运暖程等以关爱他人为主题的志愿活动;组织开展义务献血、文明交通、地铁送福、普及新冠肺炎疫情防控小知识等以关爱社会为主题的志愿活动;在"7·20"的防汛救灾行动中,紧急采购一批饮用水援助受灾群众,志愿者们积极投身到就近社区救灾物资的搬运、受灾小区抢险及求援需求信息的转发和扩散行动中,用自己的行动全力抗击

灾情;开展志愿河南网上注册及任务发布工作,在职干部职工和在职党员注册率达双百,活动参与率达100%。

(2)开展群众性文体活动。组织开展"我们的节日"主题活动,包括春节"写对联、送祝福"、清明节"网上云祭扫"、端午"粽飘香、端午情"包粽食粽活动、中秋文化民俗活动、重阳慰问老干部等活动,传承和弘扬民族优秀传统文化。在妇女节、世界读书日和10月底组织参加趣味运动会、"读党史 品书香"好书品鉴会和全民健步走等活动。组建的乒乓球、羽毛球业余爱好者微信群,定期开展交流活动,相互帮、促、进,丰富的文化娱乐生活,凝聚干部职工干事创业的热情和精神。

(3)营造浓厚文化氛围。在13楼党群活动室设计制作6面党史教育文化墙,营造了学史明理、学史增信、学史崇德、学史力行的浓厚氛围;在一楼大厅安装大屏幕电子显示屏,在职工花园打造社会主义核心价值观宣传雕塑,广泛开展习近平新时代中国特色社会主义思想宣传教育;在办公楼外设置12块固定宣传栏,用于创建工作和活动的宣传展示,定期更新;在官网、微博编发精神文明建设专栏简报、信息40余条,营造浓厚创建氛围。

4. 汇聚文明力量,全力打赢疫情防控阻击战

(1)领导重视严部署。第一时间部署各项新冠肺炎疫情防控工作,就各项活动进行明确责任分工,细化工

作措施，成立疫情防控临时党支部党员，组建疫情防控党员突击队，建立党员志愿服务站，多举措确保疫情防控工作万无一失。

（2）物资捐赠显担当。紧急采购600包口罩、500双橡胶手套、150kg 84消毒液、150件矿泉水、10箱面包等防疫物资和慰问品，以实际行动支援社区疫情防控工作，用责任和爱心凝聚抗击疫情的正能量。

（3）疫情慰问送关怀。领导通过微信、电话和座谈会等形式分别走访慰问社区工作人员、参与疫情防控一线的工作人员和有医护家属的干部职工，为他们送去暖心的慰问信和慰问品，及时关心他们的家庭生活和心理动态，给他们加油打气，缓解因疫情带来的焦躁不安等情绪。

（4）下沉社区助防控。积极参与普惠路社区第四、第五轮全员核酸检测工作。10余名志愿者按照社区分工分别下沉到3个小区，5个核酸检测点配合社区抓好核酸检查过程中的信息注册、局部消毒、体温监测、秩序维护和疫情防控宣传等工作，志愿者们不畏辛苦，坚守岗位，用实际行动彰显党员的先锋模范作用，展示南水北调人的良好社会形象。　（龚莉丽）

湖 北 省

【政治建设】

1. 党史学习教育

（1）提高政治站位抓推进。制定

了《湖北省水利厅党史学习教育实施方案》，成立了厅党史学习教育领导小组并组建工作专班，先后组织召开4场不同层次的工作推进会、部署会、培训会，对党史学习教育作出全面安排部署，组建8个巡回指导组对全厅党史学习教育进行督促指导。

（2）深化思想武装抓推进。以党史学习教育和庆祝中国共产党成立100周年为主题，开展对党忠诚教育，定期对水利干部职工思想动态分析，结合召开党史学习教育专题组织生活会、民主生活会等形式，严格落实谈心谈话制度，广泛开展了交心谈心。结合实际研究制定了《湖北省水利厅党组理论学习中心组2021年度学习计划》，先后开展12次厅党组中心组集中学习，其中聚焦党史学习教育专题学习8次以上，举办了党史学习教育专题读书班，专题学习习近平总书记"七一"重要讲话精神和党的十九届六中全会精神。

（3）兴办民生实事抓推进。制定《湖北省水利厅关于开展"我为群众办实事"实践活动实施方案》，厅党组成员每人带头领办1～2件实事，广大党员干部也结合下沉社区、新冠肺炎疫情防控等开展志愿服务，特别是结合"七一"、国庆、端午、重阳等重要节点，定期开展慰问困难党员、老党员和因公殉职党员家属，向老党员代表颁发"光荣在党50年"纪念章，切实把党组织的温暖送到群众心中，把党员的先锋模范作用发挥到履职尽责之中，充分展示了水利政治机关建设的成效。

2. 全面从严治党

（1）突出党建引领。以党建引领水利事业发展，将党建工作与湖北省水利业务同部署、同安排、同考核，把机关党建工作列入水利年度工作要点，把党建活动经费列入行政预算之中，切实为机关党建工作创造条件、提供保障。及时跟进学习中央和省委、省直机关工委的有关安排部署，推动党中央决策部署和省委工作要求落地落实。

（2）突出主体责任。制发了2021年湖北省水利厅党组全面从严治党主体责任清单、党建工作要点和项目清单等文件，年中听取党建及党风廉政建设半年工作情况汇报，将党建工作放在心中、抓在手上。

（3）突出责任传导。厅党组成员结合基层党建联系点赴厅直单位调研，加强分类指导，落实好"一岗双责"。认真落实机关党委委员、纪委委员联系指导基层党组织制度，严格执行《湖北省直机关基层党建"三级联述联评联考"实施办法》，结合水利党建实际，通过厅直机关党委书记、支部书记抓党建工作述职评议会等载体，切实推动抓党建责任层层传导、层层夯实。　　（湖北省水利厅）

【组织机构及机构改革】

1. 湖北省水利厅机关内设机构共20个，分别是：办公室（行政审批办公室）、规划计划处、政策法规处（水政执法处）、财务处、人事处、水文水资源处、节约用水处（省节约用水办公室）、建设处、河道处、湖泊处、水库处、河湖长制工作处（省河湖长制办公室）、水土保持处、农村水利水电处、移民处、监督处、水旱灾害防御处、三峡工程管理处、南水北调工程管理处、科技与对外合作处。机关党委、离退休干部处、水利工会按有关规定设置。

2. 湖北省水利厅直属事业单位共29家。其中：公益一类24个，分别是：省农村饮水安全保障中心、厅科技与对外合作办公室、省水政监察总队（厅河道采砂管理局、省水利规费征收总站）、省水土保持监测中心、省水利经济管理办公室、厅机关后勤服务中心、厅宣传中心、省防汛抗旱机动抢险总队（厅大坝安全监测与白蚁防治中心）、厅预算执行中心、省南水北调监控中心、省水利事业发展中心、鄂北地区水资源配置工程建设与管理局、省水文水资源中心、省汉江河道管理局、省漳河工程管理局、省高关水库管理局、省王英水库管理局、省富水水库管理局、省吴岭水库管理局、省樊口电排站管理处、省田关水利工程管理处、省金口电排站管理处、省汉江兴隆水利枢纽管理局、省引江济汉工程管理局。省水文局还有市州水文勘测局、水文应急监测中心等18家直属事业单位。公益二类5个，分别是：省水利水电科学研究院、湖北水利水电职业技术学院、省水利水电规划勘测设计院、省三峡工程及部管水库移民工作培训中心、省碾盘山水利水电枢纽工程建设管理局。

3. 湖北省水利厅党组班子主要情况 2021年8月，免去刘文平同志省水利事业发展中心党委书记、主任职务。

2021年12月，湖北省水利厅党组班子成员7名

周汉奎 厅党组书记、厅长

廖志伟 党组副书记、副厅长（正厅长级），省防汛抗旱指挥部办公室常务副主任

丁凡璋 厅党组成员、副厅长

焦泰文 厅党组成员、副厅长

唐　俊 厅党组成员、副厅长

王　勇 厅党组成员、副厅长

刘文平 厅党组成员（副厅长级）

4. 人员编制 2021年，湖北省水利系统共有职工3.3558万人。其中，厅机关158人，厅直属事业单位4924人，地方水利行政机关及其管理的企（事）业单位2.8476万人。

5. 技术力量 2021年，湖北省水利系统共有正高级职称251人，高级职称1343人，中级职称5187人，初级职称4838人。 （湖北省水利厅）

【党风廉政建设】 （1）坚决落实全面从严治党主体责任。召开2021年湖北省水利党风廉政建设工作视频会议，部署全省水利系统党风廉政建设

工作。修订印发《中共湖北省水利厅党组"三重一大"议事清单》，进一步健全完善"三重一大"决策制度。

（2）扎实推进清廉机关建设。研究制定清廉机关建设实施方案，组织召开湖北省水利厅警示教育暨清廉机关建设工作推进会，将年度建设任务分解落实到机关支部，把清廉机关建设落实到水利各项工作之中。

（3）扎实推进中央巡视和省委巡视反馈意见整改。整改完成省委巡视反馈厅党组面上问题64个、全省水利部门三级联动巡视巡察反馈面上问题51个，部署开展专项治理10项，建立完善各类制度机制89个。中央巡视反馈意见牵头整改的1个问题于2021年年底销号，配合整改的8个问题全部完成。

（4）严格规范开展政治巡察工作。重新修订《中共湖北省水利厅党组巡察办法》，组织巡察人员专题培训，选派2个巡察组对湖北省水文水资源中心、湖北水利水电职业技术学院开展政治巡察。

（5）加强廉政教育。组织对新提任的26名处级领导干部举行宪法宣誓仪式和集体廉政谈话。紧盯元旦、春节、五一、端午等重要节点，下发严明纪律要求通知。制定《湖北省水利厅党组2021年形式主义、官僚主义问题集中整治工作方案》，确定14个整治重点，持续推进为基层减负。

（湖北省水利厅）

【精神文明建设】 （1）大力选树新时代水利榜样。湖北省水利水电科学研究院等4家单位获评"全国水利文明单位"，康玉辉获评水利部"最美水利人"提名奖，监察总队吴基敏"志愿故事"被湖北媒体争相报道。

（2）广泛开展水利志愿服务活动。开展形式多样护湖行动，与十堰市人民政府联合主办"关爱山川河流"志愿服务活动，在全省营造爱湖、惜湖、护湖、养湖、美湖的良好氛围。积极开展"在职党员下沉社区"等活动，在2021年迎战汉江秋汛之中，湖北省水利厅先后派出5个工作组，汉江沿线上堤巡查防守2.1万人，确保了安全度汛、人民安康。

（3）创新举办形式多样文体活动。先后开展了"学党史、颂党恩、听党话、跟党走"红色歌咏会、"我和我的共产党"党史知识竞赛、"中国梦 劳动梦 永远跟党走"主题演讲、微党课展播以及庆祝建党100周年湖北省水利系统书画巡展等"七个一"活动，各类主题活动在新华网、学习强国平台、荆楚网、水利文明网等网站多次登载。 （湖北省水利厅）

山 东 省

【政治建设】

1. 强化政治理论学习 深入学习习近平新时代中国特色社会主义思想，发挥水利厅党组领学促学作用，严格落实"第一议题"制度，组织16

次厅党组中心组学习，举办中心组读书班，对厅直属单位中心组学习列席旁听全覆盖。

2. 强化政治机关意识 研究制定关于推进党建和业务工作融合若干措施、加强干部队伍政治能力建设若干措施，举办厅直系统党务干部政治能力提升专题培训班。开展党内法规学习宣传月活动，全面规范党务公开。

3. 压实管党治党责任 制定5级年度责任清单，厅领导带头落实责任，召开履行管党治党责任情况汇报会，自觉参加双重组织生活，带头讲党课、谈心谈话等，为各级领导干部树立榜样。党组书记党课入选省直优秀案例选编。加强基层落实责任情况督导，定期召开党建工作推进会，推动责任落实。

4. 严格落实意识形态工作责任制 修订完善意识形态工作办法，成立工作领导小组。加强和改进新闻舆论工作，在省级以上媒体及时报道重点水利工作进展，报道整体客观正面，舆情态势平稳。重视网络安全，开展山东省网络安全风险隐患排查、网络文明进机关活动，筑牢水利网络安全防护墙。

【党风廉政建设】

1. 深入开展模范机关建设 将模范机关建设贯穿到党建和业务工作各方面全过程，深入推进"六大行动"，印发《关于开展"走在前列 全面开

创 我在行动"主题活动推进模范机关建设的实施方案》，从 7 个方面细化 20 条措施，扎实开展"走在前列 全面开创 我在行动"主题活动，《中国水文化》《支部生活》《机关党建》等刊登介绍经验做法。山东省水利厅被评为省直机关"模范机关建设工作表现突出单位"，山东省水利厅人事处、农村水利处、水土保持处和山东省水文中心被评为"模范机关建设工作表现突出集体"。

2. 严肃党内政治生活 严格落实"三会一课"、谈心谈话、主题党日等组织生活制度。组织开展"我来讲党课"活动，评选表彰优秀党课 21 部，其中一等奖 3 部，二等奖 6 部，三等奖 12 部。开展优秀主题党日案例申报推荐工作，编印《山东省水利厅优秀主题党日案例汇编》。组织开展党员党性体检，发放《党性体检报告》300 余份。

3. 严格党员教育管理监督 制定党员教育培训计划，举办党的十九届五中全会精神培训班、党支部书记培训班和党务干部培训班 3 期。提高党员发展质量，新发展党员 65 人。开展"两优一先"推选表彰，水利厅水旱灾害防御处于静、山东省海河淮河小清河流域水利管理服务中心赵延凤、山东省水利科学研究院王明森 3 名同志荣获"山东省省直机关优秀共产党员"称号，山东省调水工程运行维护中心赵瑾、南水北调东线山东干线有限责任公司晁清 2 名同志荣获

"山东省省直机关优秀党务工作者"称号，山东省水利厅直属机关党委、省水文中心党委 2 个集体荣获"山东省省直机关先进基层党组织"荣誉称号；167 名同志荣获"山东省水利厅直属机关优秀共产党员"称号，44 名同志荣获"山东省水利厅直属机关优秀党务工作者"称号，25 个集体荣获"山东省水利厅直属机关先进基层党组织"荣誉称号。开展创建"党员先锋示范岗"活动，设立示范岗 215 个。为老党员发放"光荣在党 50 年"纪念章 156 枚，元旦、春节和"七一"前后组织走访慰问生活困难党员、特困群众、因公牺牲党员家属 29 人次。进社区开展 7 次志愿服务活动，连续 1 个月组织文明交通执勤，制定《深化"双联共建"助力乡村振兴实施方案》，切实将党的温暖送到群众身边。

4. 强化党建工作制度保障 印发《关于进一步加强和规范党务公开工作的意见》，规范党务公开的内容、范围、程序、方式、时限、工作机制和监督考核等内容，分别制定党组、党委、党（总）支部、纪检部门党务公开目录。召开直属机关第八次党代会，选举产生新一届直属机关党委和纪委班子（马承新当选党委书记、柴均章当选党委专职副书记、程坤当选党委副书记、杨忠堂当选纪委书记、王大勇当选纪委副书记）。严格落实基层党组织按期换届督促提醒机制，2021 年内向 37 个处室单位发出换届

提醒单。严格党费收缴使用管理，加强对基层党组织经费支持。

5. 强化标准管理　根据山东省委组织部《关于在全省推行党支部评星定级管理的指导意见》和上级党组织有关工作要求，修订下发《山东省水利厅2021年党支部标准化建设及评星定级管理指标体系》。印发《省水利厅党支部标准化规范化建设提升工程实施方案》，细化13条推进措施，推动党支部工作由打基础向强功能转变。

6. 加强指导交流　调整机关党务干部联系基层党组织分组，机关党委党务干部深入基层调研指导90余次。开展党务干部培训交流观摩会2期，召开党建工作推进会，8个厅直属单位党委在会上交流发言。注重提高"三会一课"质量，坚持每月月初推送重点学习内容，月末通报e支部使用情况。开展党建品牌创新大赛，评出优秀党建品牌一等奖3个，二等奖6个，三等奖9个。

7. 党支部标准化提升工程成效显著　2021年度山东省水利厅评定过硬党支部66个，先进党支部34个，标准党支部22个，过硬党支部和先进党支部达到60%以上，其中过硬党支部达到30%以上，超额完成省直机关工委目标要求。山东省水利厅所有党支部达到三星级以上，30余个党支部党建工作典型做法被《支部生活》、学习强国宣传介绍。

8. 加强组织领导　组建由党组书记任组长的党史学习教育领导小组，制定印发《中共山东省水利厅党组开展党史学习教育实施方案》《中共山东省水利厅党组党史学习教育配档表》，明确35项重点任务。坚持党组、党委、基层党支部"三级联动"抓学习，组建工作专班、巡回指导组，定期召开工作调度会、推进会，深入基层开展多轮督查指导，推动学习教育走深走实。

9. 突出重点研学　厅党组发挥"头雁效应"，带头分阶段分专题全面系统学习党的百年奋斗史，重点学习领会习近平总书记在庆祝中国共产党成立100周年大会上的重要讲话和党的十九届六中全会精神。开展专题学习研讨11次，组织70余名正处级以上领导干部参加省委培训，举办厅直系统处级干部专题培训班，深入交流研讨，提升学习效果。

10. 开展主题活动　组织机关处室和基层单位开展专题宣讲、专题党课1880次，收听收看4万余人次。通过"三会一课"、主题党日、青年理论小组等方式组织开展专题学习研讨5600余次。举办水利职工庆祝建党100周年系列活动，组织开展文艺作品创作、主题演讲、知识竞赛等主题活动10余个，党史知识竞赛排名省直部门第6位，荣获优秀组织奖。其间在省级以上媒体、平台发稿150余篇，编发工作简报25期。

11. 推进"我为群众办实事"实践活动　制定为民服务突出问题整改

清单，重点解决水库安全运行、农业灌溉、农村供水等 10 个方面突出问题，推动完成了重点水利工程建设、水土流失综合治理、地下水超采区综合治理、引黄灌溉区节水工程建设、农村水质提升与农村饮用水工程维修养护 5 项具有水利特色的"我为群众办实事"实践活动。为群众解决饮水难题实事入选省委党史学习教育领导小组典型案例汇编，被山东卫视"齐鲁先锋"栏目介绍经验做法。

开展学习教育期间，山东省水利厅为群众办实事 1622 件，出台政策制度 134 个，推动机关和企事业单位党支部与村（社区）党支部结对共建 98 个，组织党员为身边群众办实事 1287 件。

【组织建设】

1. 工会工作　制发 2021 年群团工作要点。召开山东省水利厅机关工会第六届会员代表大会第一次全体会议，选举产生新一届厅机关工会委员会（程坤当选工会主席，马成、刘玉国当选工会副主席）、经费审查委员会（陈健当选主任）、女职工委员会（朱玉芬当选主任）。指导成立山东省水利勘测设计院有限公司工会委员会、山东省调水工程运行维护中心工会换届，协调同意水发集团有限公司工会委员会组织关系转出。

组织开展工会干部"深入学习习近平总书记在全国劳模大会上的重要讲话精神"专题网络培训班，学习《深入学习贯彻习近平总书记关于工人阶级和工会工作的重要论述》《山东省劳动法律监督条例》。开展年度省部级劳模春节慰问、疗休养、摸底评价等工作。组织开展山东省水利厅工会系统冬送温暖、夏送清凉、金秋助学工作；组织申报评选年度"全国五一劳动奖章""山东省五一劳动奖章""山东省五一劳动奖状"和"山东省工人先锋号"；申报"齐鲁最美职工""农林水牧气象系统最美职工"；上报 2020 年工会决算和 2021 年预算，完成厅基层工会经费管理监督、厅机关工会审计整改等工作；开展"奋斗百年路　启航新征程"庆祝建党 100 周年文艺汇演；山东省水利厅篮球队荣获山东省省直机关第五届男子篮球比赛亚军。山东省水利厅机关工会、省海河淮河小清河流域水利管理服务中心工会荣获"山东省省直机关群众工作先进集体"称号，省水利厅机关周含、南水北调东线山东干线有限责任公司田莹荣获"山东省省直机关群众工作先进个人"称号。周含被省委宣传部评为 2021 年度山东省"学习强国"优秀供稿员。

以职工之家建设为主线，大力推动工会工作提档升级，创新型模范职工之家逐步建立，2021 年征集厅级竞赛项目 12 个，组织开展"党建引领·守正创新·争当模范"为主题的山东省水利厅劳动和技能竞赛，与山东省总工会联合下发《关于在全省农林水牧气象系统深入开展"乡村振兴杯"争先创优竞赛活动的意见》；山东省水利厅直属系统"一支部一品牌"创新大赛被省直机关工委确定为重点支持竞赛。

2. 妇女工作 组织开展"巾帼心向党 奋进新征程"庆三八国际妇女节主题文化活动集结优秀作品制作成册，在山东省水利厅官网、微信公众平台集中展出。

3. 青年工作 组织青年干部及时学习贯彻习近平总书记"七一"重要讲话精神、在深入推动黄河流域生态保护和高质量发展座谈会上的重要讲话精神、党的十九届六中全会精神等，组织开展山东省水利厅"学党史、听党话、跟党走"青年干部交流论坛、"青年心向党，青春走基层"省市水务青年交流活动、省水利厅团员青年"我为群众办实事"主题演讲比赛、省水利青年干部"读红色经典 做忠实传人"主题阅读活动等活动，选树山东省水利厅青年理论学习标兵集体11个和个人16名；厅党组书记、厅长刘中会在省直机关党建工作会议以《深入实施青年理论学习提升工程在学思践悟中筑牢青年思想根基》为题作典型发言；完成厅直系统团员青年智慧团建系统管理。

山东省水利厅机关青年志愿服务队荣获首届省直机关"最美青年志愿服务集体"。山东省海河淮河小清河流域水利管理服务中心曹方晶被表彰为第十届"母亲河奖"绿色卫士。山东省水利厅机关第六青年理论学习小组荣获首届省直机关"青年学习标兵集体"，省水利厅人事处郑学起荣获首届省直机关"青年学习标兵"。

4. 青年文明号 山东省水利科学研究院水环境研究小组、青岛水务海润自来水集团有限公司崂山水库管理处崂山水厂中控室被命名为第20届"全国青年文明号"。

南水北调东线山东干线有限责任公司胶东管理局双王城水库管理处、淄博市水文中心水环境监测科、聊城市位山灌区管理服务中心灌溉试验站、青岛水务96111服务热线中心被命名为2019—2020年度"山东省青年文明号"。山东省水利厅行政许可处被命名为2019—2020年度省直机关"青年文明号"。 （柴均章 刘玉国）

【队伍建设】 《中共山东省委 山东省人民政府关于山东省省级机构改革的实施意见》（鲁发〔2018〕42号）精神，将山东省南水北调工程建设管理局并入山东省水利厅，其承担的行政职能一并划入山东省水利厅。山东省水利厅加挂山东省南水北调工程建设管理局牌子。

山东省水利厅《关于印发山东省水利厅机关各处室主要职责的通知》（鲁水人字〔2019〕13号），明确厅有关处室关于南水北调工作的相关职责。南水北调工程管理处目前在职人员12人。

坚持"严"字当头，坚定不移推进党风廉政建设和反腐败斗争，逐级压实党风廉政建设责任，签订党风廉政建设承诺书，层层传导压力，逐级压实责任。建立动态督导机制，对承诺践诺情况定期进行调度督导，实时掌握履职尽责和任务落实的真实情况。筑牢拒腐防变思想防线，开展警示教育活动，把监督检查落实中央"八项规定"精神及省委实施细则作为经常性工作来抓，深入开展"守纪律、讲规矩"警示教育。紧盯重要节点加强廉洁教育，在中秋、春节等传统节日及国庆、元旦节日前下发通知强调廉洁纪律，倡导文明、简朴过节，坚决防止不良风气反弹回潮。通过水利办公内网等及时转发中纪委、省纪委通报曝光典型案例，始终保持警钟长鸣。

【作风建设】

1. 推进作风建设　开展"四风"问题靶向治理，查摆整改形式主义、官僚主义问题。严格落实中央"八项规定"及其实施细则精神，重要节假日期间开展廉政提醒，组织暗访检查。大力倡树"严、真、细、实、快"的工作作风，制定下发《关于进一步加强干部队伍作风建设的实施方案》。

2. 强化政治监督　加强组织保障，完成直属机关纪委换届。全面提升巡察质量，对4个直属单位开展巡察，组织开展问题整改"回头看"，督促抓好问题整改。

3. 筑牢廉洁防线　印发《2021年度厅直属机关纪检工作要点》和《2021年山东省水利厅直属机关纪委责任清单》。健全廉政风险防控体系，组织查摆廉政风险点，修订完善纪检工作规章制度。聚焦预防惩治腐败，召开山东省水利系统党风廉政建设工作会议，组织召开厅直属机关纪检工作座谈会、纪检工作会议，分批组织参观山东省廉政教育馆、山东省工委旧址教育基地开展警示教育活动，组织观看5部警示教育片，通报典型违纪案件2件，用身边事教育身边人。

（柴均章　刘玉国）

【精神文明建设】

1. 全面推进文明单位建设工作　制发《山东省水利厅2021年精神文明建设工作要点》，制作"文明如水，善泽齐鲁"——山东省水利厅建设文明单位打造模范机关工作纪实，编印《先锋印记（2021）》，收录省级以上媒体刊发相关稿件200余篇。开展"全国水利精神文明创建管理平台"信息统计和录入工作，圆满完成省直文明办对全国、省级、省直文明单位现场全覆盖复查工作，推报山东省调水工程运行维护管理中心申报第七届全国文明单位。潍坊市水利局、烟台市水文中心、山东省调水工程运行维护管理中心、济南市水政监察支队获得第九届"全国水利文明单位"称号，引黄济青工程获评第三届水工程与水文化有机融合案例。推报成果获评2021年度水利思想政治工作及水文化优秀研究成果奖二等奖、三等奖各 1 件。根据厅属事业单位改革调整情况，山东省水利综合事业服务中心、山东省水旱灾害防御中心纳入山东省水利厅机关文明创建管理范围。

2. 大力弘扬社会主义核心价值观 开展弘扬中华民族传统文化活动，结合"我们的节日"举办迎新年、祭英烈、趣味运动会、健步走等活动近 10 次。强化先进典型选树学习宣传，评选表彰山东省水利厅"最美水利人" 10 名。开展"网络素养进机关""道德讲堂"等活动，宣传先进典型，传播文明风尚。山东省水文中心获评第二届"山东省职工职业道德建设先进单位"。

3. 组织参与志愿服务活动 充分发挥在党史学习教育"我为群众办实事"表率示范作用，组织开展"学雷锋"志愿服务月等志愿服务活动，"双报到"工作入选省直机关经验做法典型案例，山东省水利厅获街道社区"双报到"先进集体、"先进基层党组织"表彰。组织开展"关爱山川河流 保护大运河"山东分会场志愿服务，"希望小屋"关爱儿童项目捐款数额居省直部门前列，展示了山东水利的良好形象。

4. 积极开展各类文化活动 组织开展"红歌大家唱"活动，13 个优秀短视频集中在大众网展播，5 个作品受到奖励，山东省水利厅荣获优秀组织奖；以"学党史、话初心、担使命、作表率"为主题创作征集百余件优秀作品并集结成册，在水利厅微信公众号平台集中展播。举办厅直系统

党史知识竞赛，积极参加省直机关党史知识竞赛。"位山灌区""引黄济青工程"入选水利部"人民治水 百年印记"治水工程优秀案例。

（柴均章 刘玉国）

江 苏 省

【政治建设】 江苏省南水北调办公室党支部为江苏省水利厅机关党委直属党支部。2021 年，党支部坚持以习近平新时代中国特色社会主义思想为指引，把党史学习教育作为重要政治任务抓紧抓好，全面提升党建质量。

1. 开展党史教育 创新打造"领学人"学习模式，每期学习安排多个"领学人"，由"领学人"在学习前吃透原著、在学习时概括领读，既解决工学矛盾，又学有所得。参观中国共产党在江苏历史展，观摩白马庙海军诞生基地，祭奠战斗英雄杨根思烈士，全员赴连云港赣榆区开展专题党史学习教育现场调研，青年党员参观常州三杰纪念馆。就南水北调沿线群众急难愁盼问题，支部 8 名处级以上干部分别领办 1 件以上为民办实事项目，深入实地调研后形成口门管控、水质保障、征迁群众后续生产生活 3 个专题调研报告。

2. 加强理论武装 坚持主题党日活动每月一主题，在完成规定动作同时，加入南水北调后续工程高质量发展座谈会精神学习等重点业务内容学习，开展节水宣传保护健步走活动响

应"世界水日"等，将重点工作和党建学习深度融合。深入开展"五个讲坛"活动，支部成员在 2021 年江苏省水利厅机关"党史故事大家讲"比赛中取得第一名。专题学习十九届六中全会精神和江苏省第十四次党代会精神，全体党员以"争当表率、争做示范、走在前列"的使命担当践行"强富美高"新江苏建设积极交流。

（宋佳祺）

【组织机构及机构改革】

1. 江苏省南水北调工程建设领导小组办公室 2004 年 3 月，江苏省成立江苏省南水北调工程建设领导小组办公室，作为江苏省南水北调工程建设领导小组的日常办事机构，挂靠江苏省水利厅；2014 年 11 月，江苏省南水北调工程建设领导小组办公室增挂江苏省南水北调工程管理局牌子，内设综合处、建管处、拆迁办、治污处 4 个职能处室。2019 年机构改革后，江苏省南水北调办公室保留原有建制。截至 2021 年年底，江苏省南水北调办公室实有编制 17 名。

2. 沿线地方职能部门 2021 年，扬州市水利局增设"南水北调处"，核增行政编制 1 名；徐州市整合重组成立徐州市南水北调工程管理中心，设 12 个内设机构，核定编制 150 人。淮安市已于 2019 年在淮安市水利工程建设管理服务中心增挂"淮安市南水北调工程建设服务中心"牌子，增核事业编制 5 名，编制数达 23 名；宿

迁市已于 2016 年成立宿迁市南水北调工程建设管理中心，为宿迁市水利局所属公益一类事业单位，核定编制 5 名。

（宋佳祺）

【干部队伍建设】 江苏省南水北调办公室核定编制 20 名，截至 2021 年年底，实有人数 17 名，其中副厅级 1 名、处级以上 8 名、科级以上 8 名。

1. 支部队伍建设 及时按程序补选学习委员 1 名，4 名支委均按职责实行"AB 角"搭档配备，确保支部日常工作不受影响。与江苏省水文局镇江水文分局第一党支部开展结对共建，与江苏省水利科教中心党总支部开展联创联建。

2. 行政队伍建设 根据要求完成 3 名科级干部职级晋升，组织人员参加脱产培训 4 次，提醒处级干部按时完成网络课堂学习。 （宋佳祺）

【党风廉政建设】 领导干部认真履行管党治党和党风廉政建设主体责任，切实把党风廉政建设同分管工作同部署、同检查、同落实、同考核。江苏省南水北调工程建设领导小组办公室每月召开工作例会，对党风廉政建设情况进行检查提醒，确保层层抓好压力传导和责任落实，切实提升分管部门党员干部的廉洁自律和遵纪守法意识。支部在元旦、春节等重要节日前，进行廉政风险提醒，及时传达纪委、监委关于违反中央、"八项规定"精神典型案例通报及四风问题通报，组织观看廉政教育视频。 （宋佳祺）

【作风建设】 严格遵守中央八项规定和省委十项规定及其实施细则精神，坚持按法规制度办事、坚持按规定程序办事，各级负责同志在分管领域少发文、少开会，切实减轻基层负担。参与"水安民稳"为民办实事、"两在两同"建新功调研活动，在服务群众的实践中不断改进作风。全员严格执行个人重大事项报告制度，出差严格按照执行，2021 年江苏省南水北调办公室人员未受到过纪律函询。2021 年年内处理政务咨询 2 件、江苏省 12345 平台交办件 1 件，稳妥化解基层矛盾。 （宋佳祺）

【精神文明建设】 组织青年党员参加江苏省水利厅组织的"颂歌献给党"歌咏比赛，讴歌党的百年伟大历程。全员参与"慈善一日捐"活动，每位党员拿出一日工资用于捐助，为慈善事业贡献力量。"世界水日"期间，与江苏水源公司共同举办"节水中国，你我同行"公益健步走活动。 （宋佳祺）

运行管理单位

中国南水北调集团有限公司

【政治建设和组织建设】

1. 举旗铸魂、凝心聚力，推动党史学习教育走深走实

（1）2021 年 3 月 10 日，南水北调集团召开党史学习教育动员部署大会。党组书记、董事长蒋旭光作动员讲话，党组副书记、副总经理于合群传达学习习近平总书记在党史学习教育动员会上的重要讲话精神，党组成员出席会议，总部全体党员参加会议。会议要求，各级党组织和党员干部职工要通过党史学习教育，明理、增信、崇德、力行，积极推动构建国家水网，充分发挥南水北调战略性、基础性、公益性功能，凝神聚力打造国际一流跨流域供水工程开发运营集团化企业。

（2）2021 年 7 月 8 日，南水北调集团党组书记、董事长蒋旭光讲授"学党史 悟思想 办实事 开新局

全面推进南水北调事业高质量发展"专题党课，南水北调集团党组成员出席，所属企业班子成员及机关全体党员干部参加学习。蒋旭光从学习领会习近平总书记在庆祝建党 100 周年大会上的重要讲话精神出发，教育引导全体党员干部深刻认识伟大建党精神的重大意义、丰富内涵和实践要求，更加自觉从百年党史中汲取继续奋进的力量，全面推动南水北调和国家水网高质量发展。

（3）认真组织系列专题学习研讨。

1）2021 年 4 月 14 日至 6 月 2 日，公司党组围绕"新民主主义革命、社会主义革命和建设、改革开放和社会主义现代化建设、党的十八大以来的光辉历程和伟大成就"举办 4 期党史学习教育读书班，采取党组成

员领学、部门单位负责人重点发言、党组书记总结的形式，就如何将党史学习教育与南水北调后续工程规划建设等统筹推进开展研讨交流，传承发扬先烈先辈优良传统作风，努力把学习成效转化为推动南水北调事业高质量发展的生动实践。

2）2021 年 3 月 15 日至 7 月 28 日，公司党组围绕习近平总书记《论中国共产党历史》、南水北调西线工程前期论证、国企改革三年行动方案、南水北调西线工程、习近平总书记关于安全生产重要论述等，先后举办 6 期党史学习教育专题辅导报告会，引导全体党员干部贯通领会、反复研学、一体贯彻，凝聚起做国家战略践行者、高质量发展笃行者，为伟大复兴战略全局提供水资源支撑、水安全保障的信心和决心。

（4）广泛开展形式多样的主题宣传活动。

1）南水北调集团党组书记、董事长蒋旭光参与录制央视《信物百年》纪录片。2021 年 7 月 19 日，央视《信物百年》节目播出"南水北调——见证'世界调水奇迹'的一瓶水"。蒋旭光从"从南方借点水来、集中力量办大事、继往开来惠及四方"3 个方面，回顾治水治国辉煌历史，传承南水北调奋斗精神，展现南水北调时代风采。

2）南水北调中线干线穿黄工程、南水北调中线干线陶岔渠首枢纽工程入选国务院国资委首批中央企业爱国主义教育基地名录。党史学习教育期间，南水北调集团各单位累计组织党员干部职工 3000 余人前往参观学习、接受教育洗礼。

3）2021 年 12 月 24 日，蒋旭光参加人民网"党史力量 国之大业"国资央企系列访谈节目，以"心怀国之大者 担当构建国家水网主力军"为题，生动讲述守护南水北调工程"四条生命线"故事，传承与伟大建党精神一脉相承的南水北调精神，矢志赓续南水北调千秋伟业，加快构筑国家水网"世纪新画卷"。

深入推进"我为群众办实事"实践活动。南水北调集团组织各部门各单位申报"我为群众办实事"实践活动项目，经梳理遴选，确定并接续推进调水补水、应急供水、冰期输水、开化水库建设等 10 项为民办实事项目，把学习成果转化为学史力行、实干为民的生动实践，全力确保南水北调工程"三个安全"，充分发挥了"四条生命线"的重要作用，充分彰显了大国经济社会生态安全等方面综合效益，沿线群众获得感、幸福感、安全感不断提升。

2."四专题一总结"深入学习贯彻习近平总书记南阳座谈会重要讲话精神 2021 年 5 月 14 日，习近平总书记在南阳亲自主持召开推进南水北调后续工程高质量发展座谈会并发表重要讲话，为推进南水北调事业和国家水网建设发展指明了前进方向、提供了根本遵循。集团党组第一时间传达学习总书记重要讲话和系列指示批示精神，制定学习贯彻方案，作为党史学习教育重中之重，分专题分层次全覆盖集中学习。6月2日至7月1日，南水北调集团党组中心组围绕"三个事关、六条经验、三条线路、六项任务"等4个专题深入学习研讨并召开总结交流会，蒋旭光强调做好南水北调工作是党和国家赋予南水北调集团的无上光荣和重大使命，必须坚决贯彻习近平总书记提出的"节水优先、空间均衡、系统治理、两手发力"的治水思路，以"志建南水北调、构建国家水网"的一流业绩向党和人民交上一份满意答卷。通过深入学习研讨，全体党员干部职工学出坚定信念、学出绝对忠诚、学出使命担当，增强了为伟大复兴战略全局提供有力水资源支撑和水安全保障的思想和行动自觉。

3. 迅速掀起学习贯彻习近平总书记"七一"重要讲话精神的热潮　集团党组组织全体干部职工采取不同形式收听收看庆祝中国共产党成立100周年大会实况直播。第一时间召开党组扩大会议，专题学习习近平总书记在庆祝中国共产党成立100周年大会上的重要讲话精神，蒋旭光主持会议并讲话，要求全体党员干部职工要认清责任，牢记初心使命，主动担当作为，全力推进后续工程建设，加快做强做优做大南水北调集团和国有资本，努力打造国际一流的跨流域供水工程开发运营集团化企业。

4. 聚焦捍卫"两个确立"、践行"两个维护"，深入学习宣传贯彻党的十九届六中全会精神　2021年11月12日，南水北调集团组织全体党员干部以各种形式收看收听六中全会新闻发布会。及时印发南水北调集团党组深入学习宣传贯彻党的十九届六中全会精神工作方案，深入开展"七个一"学习宣贯活动。其中，党组理论中心组接连举办两次十九届六中全会精神专题学习研讨会，蒋旭光主持会议并讲话，引导全体党员干部职工坚决拥护"两个确立"，忠诚践行"两个维护"，把思想行动凝聚到学习贯彻六中全会精神上来，转化为做好改革发展各项工作的动力，高质量完成2021年既定任务，高标准谋划和推进2022年目标任务，以优异成绩迎接党的二十大胜利召开。

5. 党组定期召开思想政治暨意识形态工作专题会　2021年9月24日，党组召开2021年思想政治暨第一次意识形态工作专题会，听取相关部门单位工作汇报，研究印发《中共中国南水北调集团有限公司党组意识形态工作责任制实施细则》。12月20日，党组召开2021年意识形态第二次专题会，会议听取了南水北调集团党组2021年意识形态工作情况报告，党组成员结合分管工作进行了深入交流研讨。会议要求，各级党组织要严格落实意识形态工作责任制，牢牢掌握意识形态工作领导权和主动权，抓好各类意识形态阵地建设，加强正面宣传引导，为南水北调和国家水网高质量发展提供精神动力和思想保障。

6. 坚持强根铸魂、固本培元，全面加强基层组织建设

（1）成立南水北调集团直属党委、直属纪委。2021 年 11 月 18 日，南水北调集团召开党员大会，会议选举产生南水北调集团直属委员会和直属纪律检查委员会。水利部直属机关党委副书记张向群到会指导并对集团组建一年来党的建设和改革发展工作给予充分肯定，对南水北调集团直属党建工作提出希望和要求。蒋旭光强调要牢记国之大者、践行初心使命，弘扬伟大的建党精神，围绕党的领导与公司治理相统一、党建工作与生产经营相融合，完善党建工作体系，建强基本组织，带好基本队伍，抓实基本制度，为打造国际一流企业提供坚强的组织保障，在实现第二个百年奋斗目标新征程上谱写南水北调新篇章。

（2）成立总部各部门党支部和子公司党委。2021 年 12 月 28 日，南水北调集团直属党委印发《关于设立南水北调集团所属子公司党委纪委的通知》《关于成立南水北调集团总部内设机构党支部的通知》，设立综合服务公司、水务公司、新能源公司、江汉水网公司党委、江汉水网公司纪委，在南水北调集团总部成立 12 个党支部，标志着南水北调集团基层组织体系逐步健全优化，政治功能和组织力持续增强，基层党建工作实现从

夯基垒台向全面进步的坚实迈进。

7. 在防汛抗洪减灾、确保"三个安全"中充分发挥基层党组织战斗堡垒作用和党员先锋模范作用　2021 年 8 月 3 日，集团党组转发《中组部关于在防汛救灾中充分发挥基层党组织战斗堡垒作用和广大党员先锋模范作用的通知》，要求各部门、各单位强化政治敏锐性和政治责任感，把工程安全度汛作为当前重大政治任务，在防汛抗洪抢险中充分发挥基层党组织的战斗堡垒作用和党员先锋模范作用。各级党组织组建"党员突击队"、设立"党员先锋岗"，组织动员党员干部冲锋在第一线，战斗在最前沿，有效处置了河南段多处险情，有力确保了人民群众生命、财产和饮水安全，发挥了大国顶梁柱的关键支撑作用，彰显一切为了人民的社会担当。

8. 贯彻"两个一以贯之"，推动党建与经营生产工作深度融合　2021 年 7 月 30 日，集团党组印发《党建与业务工作融合试点实施方案》，在中线建管局和东线总公司选取 4 个基层党支部作为试点，探索党建与业务"一盘棋"工作模式。各试点党支部围绕"融合什么""怎么融合"，在制度建设、能力提升、组织建设、作风建设、文化建设等方面积极探索，取得了良好成效，为深化党建与业务工作融合积累了经验。

9. 以成立南水北调集团总部工会为契机，推动群团工作守正创新发展　2021 年 12 月 27 日，南水北调集团

召开总部工会第一次会员代表大会，选举产生总部工会第一届委员会和经费审查委员会。水利部直属机关工会主席付静波到会指导，党组副书记、副总经理于合群出席会议并讲话。会议强调要加强职工思想政治引领，履行好引导职工群众听党话、跟党走的政治责任，巩固党执政的阶级基础和群众基础；增强广大职工主人翁意识，大力弘扬劳模精神、工匠精神，为推动南水北调事业高质量发展建功立业；要坚持服务职工、维护职工合法权益，提升工会工作科学化水平，增强职工群众获得感、幸福感、安全感。

10. 落实巡视主体责任，强化巡视组织领导　南水北调集团党组坚决扛起巡视工作主体责任，在思想上、行动上切实把巡视工作作为南水北调集团组建中的大事和要事抓实抓好。召开党组会，专题学习研讨巡视工作重要文件，落实"一把手"和领导班子监督意见，研究审议巡视工作制度；党组会研究其他重要事项，始终突出巡视监督政治责任，加强重要事项、督办事项的日常政治监督；党组书记坚决扛起巡视工作第一责任人责任，召开书记专题会专门研究推进巡视工作，多次专门听取巡视办工作汇报，多次对巡视工作作出指示批示，作出部署、提出要求。（郭莹　胥昕）

【组织机构及机构改革】　（1）根据南水北调集团组建方案和发展需要，研究制定南水北调集团总部"三定"方案。组建 11 个内设部门和纪检监察组，成立 16 个相关议事协调机构，不断完善优化组织机构，推进业务有序开展和规范运作。积极协调推动南水北调中线干线工程建设管理局和南水北调东线总公司顺利划转，理顺管理关系，实现平稳交接；聚焦主责，服务涉水主业多元发展，成立水务、新能源、综合服务公司（综合服务中心），积极推进文旅发展、生态环保、智慧水网公司的筹建；及时成立中国南水北调集团江汉水网建设开发有限公司，加快推进后续工程开工建设。按照习近平总书记"先建机制后建工程"的要求，完成水利部安排的"回应江苏山东对东线建设运行体制的分歧意见"和国家发展改革委部署的"南水北调工程建设运营体制"重大专题研究，体制研究取得成效。

（2）加强巡视工作机构建设，提供坚强组织保障。2021 年 5 月，党组巡视办组建。2021 年 8 月，成立党组巡视工作领导小组，组长由党组书记担任，副组长由党组副书记、纪检监察组组长等 3 位领导担任，成员包括组织人事、党群、审计、巡视、纪检监察等部门主要负责人，领导小组办公室设在党组巡视办。

（3）注重巡视工作机制建设，保证工作衔接顺畅。在南水北调集团2022 年年底前改由国资委履行出资人职责的过渡期内，积极主动向水利部党组巡视办沟通汇报协调，做好南水北调中线建管局和东线总公司移交至南水北调集团管理后的巡视巡察工作对接，明确责任分工、落实工作安排，确保责任不缺位、工作不断档、力度不衰减。充分发挥南水北调集团党风廉政建设和反腐败工作协调小组平台作用，加强巡视与纪检、组织、审计等各类监督的协作配合，积极构建信息共享、协作配合、线索移送等机制。

（周毅群　脊昕）

【干部队伍建设】 稳妥有序开展人员补充工作，自组建以来，严格按照人选条件和选调程序，分8批次组织选调145人充实到南水北调集团总部和二级企业，为推动南水北调集团组建提供了有力的人员保障。着力加强干部队伍建设，研究制定南水北调集团职位管理和领导人员选拔任用等制度，坚持标准，规范程序，选优配强各级领导班子，先后开展37人次部门副职级以上干部交流调整和选拔任用，不断夯实领导班子建设。紧扣组建初期中心任务，立足涉水业务发展运营特点，以战略发展和现实需求为牵引，灵活开展教育培训工作。分层分级开展新入职培训、新任职培训、政治理论学习、网络培训等各类培训，共培训管理人员15544人次。积极派员参加上级调训，共选派21人次参加春季和秋季培训。持续夯实培训制度基础，制定印发《南水北调集团员工培训管理办法》，建立健全教育培训体系，严格培训管理，确保培训工作组织周密、管理有序。

积极引进优秀人才，充实党组巡视办人员力量；坚持高标准严要求，启动南水北调集团党组巡视组长库、巡视人才库建设，努力建设一支政治素养高、业务能力强、工作作风好的巡视干部队伍，为巡视工作高质量发展提供坚强的干部人才保障。

（周毅群　脊昕）

【纪检监察工作】

1. 强化政治监督，抓细日常监督

（1）持续跟进监督党史学习教育开展情况，对发现的有关问题及时反馈、督促纠正，推动充实完善"我为群众办实事"项目清单。

（2）制定学习贯彻党的十九届六中全会精神专项监督工作方案，通过印发通知、会议监督、个别谈话等方式，多层次、多维度提醒南水北调集团领导、相关部门负责同志把推动工作作为学习贯彻全会精神的出发点和落脚点，坚决避免学用脱节和形式主义。

（3）持续强化对习近平总书记关于南水北调后续工程高质量发展重要讲话精神贯彻落实情况的监督检查，定期跟进了解既定任务落地落实情况。

（4）加强对"第一议题"制度执行情况的监督，督促制定学习贯彻落实习近平总书记重要批示指示实施办法并推动落实。

（5）推动召开战略规划务虚会，

聚焦主责主业不跑偏,高标准做好南水北调集团发展战略顶层设计。督促认真落实国企改革三年行动方案、在完善公司治理中加强党的领导的意见等重要文件,主动、全面对接中央关于中管企业的要求。

(6)扎实开展中央"八项规定"精神贯彻执行情况专项检查,向有关责任单位反馈检查发现问题和工作建议,督促在纠"四风"树新风上出实招、见实效。

(7)推动强化底线思维,采取远程抽查、现场检查等方式检查输水供水、水毁修复等情况,指出潜在风险并督促整改,确保南水北调"三个安全"。

(8)贯通纪检监察组和二级单位纪检机构力量,监督保障南水北调集团管理体制平稳过渡、高效运行。因时因事确定监督重点,持续抓好常态化新冠肺炎疫情防控、"两委"选举、安全保密等工作的监督,真正做到严在日常、抓在经常。

(9)及时将监督中成熟的经验、有效的措施固化为制度,提炼归纳政治监督的 20 种方式方法,推动政治监督规范化常态化。

2. 加强对"一把手"和领导班子监督,紧盯"关键少数"

(1)认真贯彻中央纪委五次全会精神,向党组提出 5 条书面建议,协助召开 2021 年党风廉政建设工作会议,推动制定主体责任清单。

(2)就落实关于加强对"一把手"和领导班子监督的意见向党组提出 4 条工作建议,协助督促制定贯彻落实工作方案,并将纪检监察组承担任务细化为 22 项具体措施。及时将中央纪委国家监委领导同志讲话和有关文件送请南水北调集团领导班子成员传阅,帮助了解中央纪委国家监委工作部署,强化责任担当。

(3)坚持以下看上,对南水北调集团办公室开展专项监督,督促党组主体责任落实。

(4)全年共参加南水北调集团各类重要会议近百次,从监督角度就全面从严治党、输水供水、新冠肺炎疫情防控、选人用人等提出意见建议 200 余条。

(5)经常就作风建设、廉洁风险防控与党组成员交换意见,一对一当面沟通 66 次(其中党组书记 36 次),苗头性、倾向性问题及时提醒,重要情况随时向中央纪委国家监委报告。

(6)推动制定领导身边工作人员行为规范,提醒切实加强身边人员管理。

(7)强化对下级"一把手"和班子成员的监督,常态化约谈南水北调集团党组管理干部 69 人次,特别是对南水北调集团新组建 4 家二级单位的"一把手"或主持工作同志做到约谈全覆盖,督促切实履行"一岗双责"。派员对中线建管局、东线总公司领导班子专题民主生活会开展监督,向南水北调集团党组通报存在的问题,督促认真改正。对中线建管局、东线总公司领导班子开展日常集体约谈，有关领导干部主动说明问题。严把选人用人关，全年回复党风廉政意见 82 人次，就有关干部任用提出否定意见。

（8）加强任前廉政提醒，对 4 名新提拔二级单位领导班子成员个别谈话，先后 3 次对 29 名党组管理干部进行集体廉洁谈话。

3. 搞好贯通融合，形成监督合力

（1）协助建立党组与纪检监察组沟通协调机制，与党组联合排查问题线索，密切联系配合，互相通报情况。协助出台党组与纪检监察组专题会商暂行规定，细化工作程序，8 月上旬与南水北调集团党组开展首次专题会商，提出工作建议。协助党组开展"靠企吃企"问题整治，督促做好自查自纠，开展重点抽查，认真查处典型"靠企吃企"问题，努力做到补好课、开好局、见实效。成立南水北调集团党风廉政建设和反腐败工作协调小组，出台协调小组各成员单位相互支持配合、形成监督合力的意见，全年召开 4 次会议，专题研究问题。加强与党群、人事、财务、审计等部门的联系，信息互通有无，工作相互配合，把监督融于公司治理之中。

（2）坚持靠前监督，强化南水北调后续工程廉洁风险防控。以南水北调后续工程首个拟开工项目引江补汉工程为重点，提出 4 个方面 8 条措施，积极督促提前统筹考虑配备党建、纪检工作人员。协助党组举办企业合规

管理、招投标、企业并购专题讲座，提前防范各种风险。

（3）着力融合贯通各方力量，构建四维监督体系。①加强"组地"协作，探索与南水北调工程沿线省级纪委监委建立沟通协作机制；②与战略合作关系单位纪检监察机构签订廉洁共建协议，打造"工程建设＋廉洁责任共同体"，已签约 1 家（中国中铁）；③同步推进引江补汉纪检部门与水利部长江委纪检组建立协作机制，为严防后续工程设计等关键环节风险奠定制度基础；④研究制定特约监督员相关办法，为后续选聘特约监督员对引江补汉等南水北调后续工程项目开展现场监督作出制度设计。

4. 坚持标本兼治，一体推进"三不"

（1）坚决查处违纪违法案件，形成"不敢腐"的震慑。2021 年集团各级纪检监察机构共立案 9 件，已落实处分 8 人（根据纪检监察机构建议，相关基层单位对 2 名非党员人员作出处分）。坚持"一案双查"，对 1 个党组织、4 名领导人员进行问责。

（2）抓实抓深以案促治、以案促改，扎紧"不能腐"的笼子。针对案件暴露出的突出问题，向中线建管局发出监察建议书，提出 5 方面 22 项 38 条建议，督促厘清问题根源，构建长效机制，不断挤压廉洁风险空间。

（3）加强教育引导，筑牢"不想腐"的思想堤坝。在南水北调集团正

式对中线建管局、东线总公司行使出资人权利当天，协助党组召开警示教育大会，通报相关案件，以身边事教育身边人，对集团全体职工开展警示教育，引导时刻绷紧"廉洁弦"。加强对受处分人员的回访和思想教育工作，引导卸下思想包袱、轻装前行。1名受处分人员在2020年应对极端强降雨、防汛抢险救灾过程中发挥了积极作用。制定印发失实检举控告澄清、诬告陷害查处办法，为干事者撑腰，向诬告者亮剑，着力激励员工干事创业积极性。

5. 加强自身建设，深化队伍建设

（1）纪检监察组机构建设和人员配备。2021年2月，纪检监察组获中央纪委国家监委批复正式成立。截至2021年年底，纪检监察组实有正式人员6人（组长1名，部门副职级副组长1名，其他人员4人）。

（2）聚焦政治建设，确保对党绝对忠诚。扎实开展党史学习教育，全年组织28次集体学习，及时跟进学习习近平总书记最新重要讲话和指示批示精神，以及中央纪委国家监委领导同志讲话要求，进一步把思想统一到党中央的部署要求上来，坚决做到令行禁止。突出能力建设，提升纪法水平。

（3）结合中央纪委下发教材搞好全员培训。派员参加中央纪委国家监委机关组织的各类培训11人次，对集团纪检系统60名基层纪检干部、基层党组织纪检委员开展培训，进一步提升理论和实务水平。抽调有关干

部参与办案，以老带新、以干代训。不断深化纪检体制改革，加强纪检监察工作自上而下的领导。

（4）纪检监察体制改革开展情况。截至2021年年底，集团共有专职纪检监察干部38人，较改革前增长46%。督促二级单位纪检机构落实请示报告制度，加强对二级单位纪检机构查办案件工作的指导，开展问题线索、查办案件质量评查，指出问题，督促整改。印发二级单位纪委书记提名考察、年度考核管理暂行规定以及新组建二级单位纪检工作定点联系机制、基层党组织纪检委员履职尽责工作意见等一系列制度规范，推动纪检工作法治化、规范化。

（5）强化作风建设，从严自我约束。从严从实加强内部管理，不断完善健全内控机制，规范权力运行。加大纪检干部问题线索核查力度，持续整治"灯下黑"。2021年对2名三级单位纪委书记进行问责，对1名三级单位违反中央"八项规定"精神接受管理服务对象宴请的纪检干部给予处分并调离岗位。　　　　（武娇　冯辉）

【党风廉政建设】

1. 深入学习贯彻中央纪委五次全会精神，推动全面从严治党向纵深迈进

（1）2021年2月5日，南水北调集团召开2021年工作会议暨党风廉政建设工作会议，党组书记、董事长蒋旭光作《立足新发展阶段　贯彻新

发展理念 构建新发展格局，以全面从严治党引领保障南水北调事业高质量发展》讲话，党组副书记、总经理张宗言主持会议，党组成员、南水北调集团总部全体干部职工、中线建管局和东线总公司领导班子参加会议。

（2）2021年5月11日，党组召开理论学习中心组扩大会议，专题学习贯彻十九届中央纪委五次全会精神。蒋旭光主持会议并作工作部署，党组成员、纪检组长张凯领学，党组成员交流发言，各部门主要负责同志列席会议。

2. 落实全面从严治党主体责任，全面抓好党风廉政建设和反腐败工作

（1）2021年7月21日，党组制定印发《中共中国南水北调集团有限公司党组落实全面从严治党主体责任清单和2021年度重点任务安排的通知》（南水北调党〔2021〕46号），明确全面从严治党工作思路、党组共性责任、党组书记和党组成员个性责任以及各部门具体责任。

（2）建立健全党组谈话记录制度。为保障南水北调集团党组领导班子切实履行全面从严治党主体责任和领导班子成员"一岗双责"的责任，按照集团党组落实加强"一把手"和领导班子监督意见的工作方案要求，党组建立健全谈话记录制度，将提醒谈话、责任约谈、回访谈话分类型记录，进一步明确责任、关口前移、防微杜渐、强化日常监督。

（3）党组召开与纪检监察组专题

会商会议。2021年8月10日，蒋旭光主持召开党组与纪检监察组全面从严治党专题会商会议，就南水北调集团2021年上半年全面从严治党工作情况进行会商，查找问题不足，共同研究贯彻落实举措。蒋旭光通报了上半年党组落实全面从严治党主体责任情况，党组成员、纪检监察组组长张凯通报了上半年开展监督工作情况，提出工作建议。党组成员、纪检监察组和党群工作部有关负责同志参加会议。

（4）党组召开全面从严治党专题会。2021年8月31日，蒋旭光主持召开党组会议，专题研究全面从严治党工作。会议对纪检监察组提出的工作建议进行研究，并结合实际工作需要，进一步完善了2021年度下半年全面从严治党工作举措。党组成员、南水北调集团总部有关部门主要负责人参加会议。

（5）2021年12月27日，蒋旭光主持召开党内法规执行和制度建设专题党组会议。会议传达学习习近平总书记关于全国党内法规工作会议指示精神和全国党内法规会议精神；集体学习《中国共产党党内法规制定条例》《中国共产党党内法规和规范性文件备案审查规定》《中国共产党党内法规执行责任制规定（试行）》，通报有关案例；听取了有关部门关于党内法规执行和制度建设的工作汇报。党组成员分别作交流发言，蒋旭光就进一步抓好党内法规执行和制度

建设工作作出部署。党组成员、各有关部门主要负责人参加会议。

（6）加强源头治理和制度建设，推动政治监督具体化、经常化。2021年，南水北调集团党组认真贯彻落实中央"八项规定"及其实施细则精神，先后印发了《中共中国南水北调集团有限公司党组关于贯彻落实中央八项规定精神实施办法（试行）的通知》（南水北调党〔2021〕4号）《中共中国南水北调集团党组关于领导人员规范报备婚丧嫁娶事宜的通知》、《中共中国南水北调集团有限公司党组关于印发领导人员违规插手干预企业重大事项记录报告有关规定的通知》等文件，从制度源头规范用权、严格管理。

（7）认真开展"靠企吃企"专项整治，筑牢拒腐防变的思想堤坝。2021年7月，按照国务院国资委部署，南水北调集团党组开展"靠企吃企"专项整治。成立南水北调集团专项整治工作领导小组，由党组书记、董事长蒋旭光担任领导小组组长；制定工作方案，分4个阶段统筹推进各项任务，实现整治工作全覆盖。结合"零报告"情况制定抽查检查工作方案，10月11—15日，对南水北调集团总部、中线建管局和东线总公司本部及部分下属机构进行了现场抽查检查，印发检查情况反馈，督促被检查部门整改落实。

3.创新监督方式，建立预防提醒机制 针对南水北调集团新成立企业

多的特点，创新监督方式，建立提醒机制，在认真学习领会中央巡视工作要求、梳理通报的普遍性问题的基础上，形成《巡视监督重点及发现问题》1.0版，聚焦"四个落实"，围绕15个方面，列举129个问题，引导新成立企业在"起步"之初，提高政治站位，强化政治建设，树立问题意识。各单位高度重视，组织各级党组织认真落实，问题意识明显增强，对组建和运行中的一些问题主动沟通咨询，提醒预防、防患于未然的作用正逐步显现。　　　　（郭莹　胥昕）

【精神文明建设】

1.以党史学习教育为契机和抓手，深入推进企业精神文明建设

（1）南水北调集团举办"弘扬五四精神　建功新时代"青年干部座谈会。党组书记、董事长蒋旭光出席会议并讲话，党组副书记、副总经理、机关临时党委书记于合群主持会议，机关临时党委委员、各部门主要负责人、南水北调集团总部全体45周岁以下员工共40余人参加座谈。激励广大青年职工弘扬"五四"精神，不负青春韶华，不辱时代使命，不负人民期望，牢牢把握好人生际遇和人生方向，为南水北调建功立业。

（2）组织党员干部赴北京西山无名英雄纪念广场祭奠英烈。2021年6月7日，南水北调集团总部全体党员干部赴北京西山无名英雄纪念广场开展主题党日活动，以敬献花篮形式祭

奠英烈，党组副书记、副总经理于合群领读宣誓，全体党员重温入党誓词。此次活动引导广大党员干部职工学习革命先烈崇高品格，坚定理想信念，以更高的革命热情投身到中华民族伟大复兴的事业中，为南水北调后续工程高质量发展贡献更多智慧和力量。

（3）赴爱国主义教育基地——铁道兵纪念馆进行现场参观学习。2021年4月21日，南水北调集团与中国铁建股份有限公司联合开展了党史学习教育现场教学活动，参观了全国爱国主义教育基地——铁道兵纪念馆。党组书记、董事长蒋旭光，党组成员、副总经理孙志禹，以及南水北调集团相关部门主要负责人参加活动。通过生动鲜活的党史、企业史现场体验式教学，引导广大党员干部职工学史明理、学史力行，传承红色基因，坚定理想信念。

（4）开展"学党史 强党性 跟党走"春季健步走活动。2021年4月29日，南水北调集团总部全体党员干部赴团城湖管理处开展春季健步走活动，矢志学党史、强党性、跟党走，用党的奋斗历程和南水北调工程建设成就鼓舞斗志、明确方向，用党的光荣传统和南水北调人的优良作风砥砺品格、凝聚力量，以良好的精神风貌和优异成绩迎接建党100周年。

（5）组织举办《长津湖》精神专题研讨会。2021年10月9日，南水北调集团组织全体在京职工集中观看优秀影视剧《长津湖》，并以支部为单位开展专题研讨。党组书记、董事长蒋旭光听取各临时党支部交流汇报，强调要在党的百年奋斗史中感悟共产党人的崇高追求和理想情怀，深刻感悟长津湖精神内涵，赓续伟大建党精神，弘扬伟大的抗美援朝精神，发扬革命加拼命的精神，以敢做善成、艰苦奋斗的优良作风，凝聚起推动南水北调事业高质量发展的强大精神动力。

（宣传处）

2. 制作南水北调集团创建纪实纪录片《筑巢》 在南水北调集团成立一周年之际，以"传承革命理想 建功南水北调"为主题，编辑制作系列纪录片《南水北调集团创建纪实》第1集——《筑巢》，真实记录了南水北调集团在成立初期艰苦奋斗的工作场景以及乔迁新址后的新气象，展现了广大干部职工昂扬奋进、积极向上的精神风貌。

3. 2021年6月28日，杨益同志荣获水利部直属机关"优秀共产党员"称号，史文文同志荣获水利部直属机关"优秀党务工作者"称号。

（郭莹）

南水北调东线江苏水源有限责任公司

【政治建设】

1. 深化理论学习 把学习贯彻习近平新时代中国特色社会主义思想作为首要政治责任、摆到突出位置、牢牢抓在手上，2021年开展第一议题学习11次，党委中心组理论学习13次，在深入学习领悟中，坚定捍卫"两个确立"，坚决做到"两个维护"。

2. 抓好对标对表　持续深入学习贯彻习近平总书记在推进南水北调后续工程高质量发展座谈上的重要讲话精神，动员会议专门部署，工作方案列出专题，精神落实抓细抓实。在习近平总书记视察南水北调东线工程一周年前夕，举办"牢记嘱托再出发"系列活动，在江都水利枢纽召开专题学习交流会，高标准建成南水北调江苏调度运行管理系统，启用南水北调江苏集控中心，奋力交出江苏南水北调高质量发展答卷。

3. 贯彻落实部署　学习贯彻江苏省第十四次党代会精神，按照"同做一道题"工作要求，认真谋划国资国企如何在"强富美高"新江苏现代化建设新篇章中贡献力量、如何做强做优做大国有资本和国有企业等重大课题，提出"水源思路"，拿出"水源方案"，展现"水源担当"。（王山甫）

【组织机构及机构改革】　江苏水源公司于2005年3月成立是顺应南水北调东线江苏段工程建设的，是由国家和江苏共同出资成立的国有独资公司，隶属于江苏省国资委资产监管。目前公司注册资本20亿元，本级设办公室（董事会办公室、党委办公室）、调度运行部、建设管理部（安全生产办公室）、企业发展部、党委组织部（党委宣传部、人力资源部）、财务资产部、法务审计部以及纪委办公室等8个职能部门，下设扬州分公司、淮安分公司、宿迁分公司、徐州分公司以及科技信息分公司等5家分公司，江苏东源投资有限公司、江苏南水北调生态环境有限公司、南水北调江苏项目管理有限公司、江苏南水北调泵站技术有限公司等4家二级子公司，以及4家三级控参股公司。

（王山甫）

【干部队伍建设】　坚持以公司"十四五"发展规划为指引，树立"人才是水源发展第一资源"理念，系统谋划干部人才培养工作。

（1）重视顶层设计。贯彻中央和省委人才工作会议精神，广泛调研组织起草公司"十四五"人力资源发展子规划。组织开展优秀年轻干部专题调研，完善年轻干部人才库。全面打通管理、技术、技能3个发展通道，完善人才职业规划，进一步拓宽了干部人才成长空间。

（2）搭建平台机制。制定"鼓励激励、容错纠错、能上能下"3项机制，完善薪酬管理考核激励机制，激发创新创业活力。与河海大学联合成立江苏南水北调干部学院（党校），举办了首期中层干部、党务干部以及入党积极分子培训班，进一步拓宽战略规划、项目咨询、人才培养和党的建设合作空间，与扬州大学共建产学研基地和实践基地，成立泵站技能学院，建成技师工作室和技能实训室，深化产改工作，完成近90名泵站运行人员技能鉴定，持续加强"水源工匠"培养。

（3）加强引进培养。组织引才聚才和校园招聘活动，2021年内结合业务布局和发展需要，推进产才融合和校企合作，引进紧缺急需人才20人，其中博士生1名、研究生12名。2021年内3人入选江苏省333人才工程，2人被评为教授级高工，8人获评高级职称。加强泵站智能技术和水生态水环境研究方向博士后培养，首次开展选调生和管培生培养，重视干部人才交流记，有计划选派骨干人才到项目现场、乡村振兴蹲苗培养，全年举办各类培训65批次近1500人次。截至2021年年底，公司有员工533人，其中经营管理、专业技术、技能人才357名，占员工总数66.98%。其中，博士研究生7人、硕士研究生71人，占比22%；研究员级高工14人，高级职称61人，占比21%；中级职称90人，占比25%；持有各类职业资格证书人员103人，占比29%。

（王山甫）

【纪检监察工作】

1. 落实纪委监督责任

（1）推动落实从严治党责任。协助召开年度全面从严治党工作会议，党委书记与分子公司党总支（直属支部）签订全面从严治党责任清单，推动分子公司党总支（直属支部）书记、纪检委员签订党风廉政建设责任清单。

（2）加强"一岗双责"履责纪实。2021年共向江苏省纪委报送公司党委、纪委履责信息349条。

（3）强化"一把手"监督。督促各级党组织"一把手"和领导班子切实履行全面从严治党主体责任和监督责任。

（4）协助党委开展巡察。顺利完成对淮安分公司、泵站公司党组织的巡察和宿迁分公司党组织巡察"回头看"任务。

（5）增强党员干部廉洁和纪律意识。探索创新开设"水源红廉洁教育云课堂"，统筹安排基层党组织上下半年各1次在公司警示教育活动室开展警示教育活动。

2. 深化线索处置，加强执纪力度

（1）组织开展信访举报自查。根据江苏省纪委要求，组织对2019年以来办结的党纪政务案件和申诉复查案件逐卷逐项地进行了全面的自查和整理，形成台账资料并完成自查报告和自评表上报。

（2）规范处置问题线索。2021年累计处置问题线索11件，其中谈话函询6件，初步核实3件，直接了结2件。灵活运用"四种形态"，突出抓早抓小，以"零容忍"的态度追责问责，对轻微违纪的3人予以诫勉谈话或责令书面检查。

（3）注重受处分党员回访教育。

对2020年受到处分的1名党员干部开展回访教育，同步建立健全回访谈话记录、工作档案等动态管理机制。

（贾俊）

【党风廉政建设】 （1）认真落实"两个责任"。全面加强"一岗双责"履责纪实，2021年向江苏省纪委报送公司履责信息349条，各分子公司向公司报送履责信息1224条。

（2）发挥巡察利剑作用。完成2家党组织巡察和1家党组织"回头看"，推动8个方面25项问题持续整改。

（3）强化执纪问责。2021年处置问题线索11件，其中谈话函询6件。

（4）深化廉洁教育。探索建立"水源红廉洁教育云课堂"，结合警示教育宣讲11次，取得较好效果。公司持续保持风清气正、干事创业的良好氛围。 （王山甫）

【作风建设】 （1）强化"关键少数"监督。及时更新公司中层干部廉洁档案46份，对部分中层干部个人有关事项填报情况开展抽查，对拟提拔干部出具廉洁意见回函7份，坚持把提醒谈话作为加强党内监督和日常监管的重要抓手，组织对6名异地任职领导干部开展廉洁谈话。

（2）突出重点事项监督。组织20余次对本级招标代理选取、招聘面试和分子公司"三重一大"等重点事项开展现场监督，认真落实中央、省委国资委系列决策部署，围绕安全生产专项整治、国企三年改革行动、新冠肺炎疫情常态化防控等重点工作开展监督，推动各项部署不折不扣落到实处。

（3）加强作风建设常态化监督。加强对中央八项规定及其实施细则精神的监督，立足纪检监察职责定位，督促开展公务接待"吃公函"情况检查，协助修订完善相关制度。紧盯节假日作风建设，发送廉洁短信533条，对公司本级节假日期间值班情况、公车封存情况及各分公司值班员在岗情况开展现场督查和电话核查，形成书面材料上报省纪委。

（4）制定公司《政治生态监测评估工作实施办法（试行）》，组织开展2021年度政治生态评估工作形成评估报告，提出6个方面存在的问题和5个方面整改建议。

（5）发挥联动机制作用。加强与法务、审计、财务等部门协调沟通，组织召开纪检、法务审计部门联动协调小组会议2次，就各自监督和审计中发现的问题作深入交流，共同研讨监督重点、监督方向、监督办法，形成监督合力。 （贾俊）

【精神文明建设】

1. 加强意识形态管控 组织专题召开新闻宣传（意识形态）工作会议，切实加强对宣传思想和意识形态工作管理。制定印发公司《2021年度宣传思想（意识形态）工作方案》《基层党组织意识形态工作责任清单》

《关于贯彻落实党委（党组）网络意识形态工作责任制实施方案》，健全重大舆情和突发事件引导机制，与中江网合作加强对公司网站、微信公众号以及 QQ、微信群等"两微一端"的管控，确保公司网络安全和意识形态始终处于受控状态。

2. 讲好水源故事　围绕习近平总书记视察南水北调江苏段工程，策划"牢记嘱托、扛起使命——书写推动南水北调高质量发展新答卷"等 20 余个宣传专题，宣传频率大幅增加、宣传质量大幅提高，60 余篇稿件被交汇点、学习强国、《中国水利报》等主流媒体刊载，进一步增强了公司影响力。围绕习近平总书记利用大型水利枢纽积极开展国情和水情教育的重要指示，高标准建成南水北调江苏水情教育室。进一步增强南水北调东线工程规划馆功能，设立"走进大国重器，感受中国力量"党史教育台，对社会公众全面开放，全年接待参观 1000 多批次，参观人数达 2 万人次。不断优化公司自媒体功能，网站发稿 850 余篇，微信公众号发稿 600 余篇，被人民网、学习强国央企平台、中江网、"江苏国资"公众号等上级主流媒体转发 100 余篇，社会关注度持续提升。

3. 推动企业文化建设　坚持问题导向，立足员工需求，组织专业咨询机构全面梳理公司企业文化建设的意见建议，在总结公司发展历程基础上，对公司企业文化内核内涵、发展理念以及标牌标识进行策划设计，凝练形成"源远流长"企业文化体系成果。

（王山甫）

南水北调东线山东干线有限责任公司

【政治建设】

1. 基层党组织结构及党员情况

南水北调东线山东干线有限责任公司（以下简称"山东干线公司"）党委下属党支部 18 个，党小组 27 个，党员 250 名。

2. 基层党建工作情况

（1）强化政治引领，夯实思想根基。始终坚持用习近平新时代中国特色社会主义思想武装头脑、指导实践。通过组织开展 4 次专家宣讲、4 次培训学习班、21 次中心组集体学习、40 次专题党课、100 多篇宣传报道等各种方式，推动党史学习教育往实里走、往深里走。认真落实意识形态工作制，开展专题研究 2 次，切实强化对党员干部的思想政治和理想信念教育。两篇调研课题分别荣获省直机关优秀党建调研课题成果三等奖和全省机关党建优秀研究成果。积极开展庆祝建党 100 周年、"我为群众办实事"和"总部一线行"系列活动，切实把活动激发的精气神转化为推动发展的强大动力，有效解决了 120 余件群众急难愁盼的问题。

（2）强化基层功能，建强战斗堡垒。及时完成支部换届，党小组配置，举办党支部书记和党务骨干培训班，"每月一调度、每季度一检查"，督促指导各支部落实"三会一课"、主题党日，做好党费收缴、"e支部"和党员发展工作。持续推进"党建＋"工作模式，充分发挥党支部在调水调度、运行管理、安全生产方面的战斗堡垒作用。18个党支部全部达到标准要求。12个党支部被评为"过硬党支部"，其中6个党支部获厅直属机关"示范党支部"，4个党支部获"先进基层党组织"。"党群同心"在山东省水利厅直属系统党建品牌创新大赛中荣获三等奖。

（3）严格党员管理，发挥模范作用。充分发挥党员劳模示范引领作用，以9个党员命名的"创新工作室"为载体，引领全员创新，在全国及全省技能竞赛频获佳绩，56人次获得国家级和省级重要奖项。7名省派乡村振兴服务队和加强农村基层组织建设工作队党员先进事迹被学习强国作为一线亮点在全省推广。在黄河防汛最危险最关键时刻，党委带领17支党员先锋队冲锋在前，争当最美"逆行者"，涌现出一大批优秀党员典型。2名同志分别荣获省直机关"优秀党务工作者"和"群众工作先进个人"；28名同志荣获厅直机关"两优一先"表彰。　　　　（晁清）

【组织机构及机构改革】　　南水北调东线山东干线有限责任公司设董事会、监事会和经理层，实行董事会领导下的经理层负责制。

山东干线公司一级机构内设党群工作部（加挂党委办公室）、行政法务部、工程管理部、调度运行与信息化部、财务管理部、资产管理与计划部、质量安全部（加挂安全生产办公室）、技术委员会办公室8个部门。二级机构设立济南、枣庄、济宁、泰安、德州、聊城、胶东7个管理局，以及济宁应急抢险分中心、济南应急抢险分中心、聊城应急抢险分中心、水质监测预警中心、南四湖水资源监测中心5个直属分中心。三级机构设立3个水库管理处、7个泵站管理处、9个渠道管理处、1个穿黄河工程管理处共20个管理处，按属地分别由7个管理局管辖。　　　　（杨捷）

【干部队伍建设】　　（1）狠抓顶层设计，强化规划引领，制定《人力资源中长期发展规划》《员工技能等级评价体系》等多个规划，为山东干线公司系统开展工作提供了有力支撑。

（2）综合改革持续深入。修订完成《管理机构职责岗位方案》《考核管理办法》等5个办法；加强人才队伍建设，选拔（调整）任用中层副职以上管理干部8人，二级主任工程师以上技术干部26人，其他人员115人，完成两个子公司机构设置及人员配置。合理设置岗位、职级。为畅通公司员工职业发展通道，实行岗位管理，进一步细化专业技术岗的岗位、职级设置。岗位选拔任用坚持公开透明，程序公正、过程公开、结果公平、择优聘任；坚持德才兼备，既注重学历、职称、资格，更注重个人品德及工作经验和工作业绩；坚持人岗相适，个人申请与岗位需求相结合，严格选拔任用条件，人选必须满足岗位工作要求；坚持轮岗制度和工作连续的需要，坚持向现场一线、特殊岗位倾斜，提拔交流。

（3）科学严密组织完成月度、季度及年度考核、20个管理处星级评定及考核等各项工作，考核结果在公司内网进行通报，有效发挥了考核的指挥棒作用，提高了工作主动性和积极性。

（4）做好日常管理工作。完成了2021年度职称评审工作，共评审通过正高级工程师6人、高级工程师6人、高级经济师1人、工程师24人；认真做好公司员工基本养老关系转移、医疗保险关系转移、社保关系合户、社保费补缴、工伤保险申报、异地医院住院备案、生育保险报销、社会保险卡办理领取等服务工作；2021年度完成人事档案整理工作，并做好日常的档案收缴、转移等工作；完成了残疾人就业保障金缴纳、党费缴纳基数核算、各类年报统计等工作；对中层副职以上人员及财务特岗人员的因私护照进行统一管理；做好公司全体人员年休假督促落实、跟踪统计工作。

（5）有的放矢地开展员工教育培训工作。为更好地适应公司综合改革和高质量发展的要求，本着按需实施实效化、形式灵活多样化的原则，2021年度组织1期井冈山党性教育、各季度的安全生产培训、1期法律知识及预防职业犯罪讲座、1期技能大赛赛前集训、1期信息化建设及智慧化管理方面的培训，多期特殊工种岗位上岗培训，以及根据公司三标体系认证需要，就相关知识进行2期专题培训等，实现了全员参训。内容涵盖党建、企业管理、运行管理、专业技能、信息化管理等。培训计划制定科学周密，培训过程管理严格，达到了预期的培训效果。 （杨捷）

【纪检监察工作】 2021年，山东干线公司纪委认真落实中纪委、山东省纪委全会精神和省水利厅纪检工作部署，聚焦主责主业，加强对重点领域、关键环节和关键岗位的监督，推动重点领域监督机制建立和制度建设，强化权力运行制约和监督，消除腐败滋生的土壤和条件。

（1）完善廉政风险防控体系。2021年印发《关于进一步做好廉政风险排查防控工作的通知》，针对改革后各部门、各单位职能、职责的变化情况，深入分析、查摆、梳理在岗位职责、业务流程、制度机制、外部环境和思想道德等方面可能发生的廉政风险点共计774个，并制定了具有针对性的防控措施，将廉政风险防控工作责任落实到岗、分解到人，形成横向到边、纵向到底的"全覆盖"式廉政风险防控网。

（2）强化党员干部日常监督管理，加强干部廉政档案的动态管理。2021年印发了《关于做好公司干部廉政档案动态更新工作的通知》，根据各部门单位人员变动情况对廉政档案进行动态更新，及时收集干部廉政从业情况，充实档案资料，为全体党员和主管级以上干部更新了廉政档案，将干部廉政谈话纳入公司《党风廉政建设工作制度》，明确谈话内容和要求，坚持早提醒、早防范、早查纠，及时解决苗头性、倾向性问题。

（3）严格落实项目和合同与廉政合同双签制度，进一步规范公司廉政合同签订工作，把廉政监督的触角延伸到工程运行管理的各个角落。

（4）严格执纪问责。坚持有案必查、违纪必究、执纪必严，及时处置信访线索。2021年共接到信访举报7起，经认真核查，廉政谈话教育8人，并举一反三，加大教育提醒力度，发挥问责威慑作用。　（李秋香）

【党风廉政建设】　2021年，是"十四五"开局之年，又恰逢建党百年，山东干线公司党委全面贯彻党的十九大和十九届历次全会精神，加强廉政教育，强化监督执纪问责，深化全面从严治党。

（1）加强政治建设。公司党委通过深入开展党史学习教育，引导各级党组织和党员干部把"两个维护"作为最高政治原则和根本政治规矩，不断提高政治判断力、政治领悟力、政治执行力。

（2）落实党委主体责任。2021年2月5日召开党风廉政建设工作会议，坚持把管党治党与重点工作同谋划、同部署、同落实、同检查、同考核，将党风廉政建设工作融入工程运行管理全过程。自上而下层层签订党风廉政责任书，以强有力的问责倒逼主体责任落实。定期召开工作会议，研究党风廉政建设形式任务，解决存在问题，形成齐抓共管的工作格局。

（3）强化警示教育。制定年度廉政警示教育计划，各支部每月开展一次廉政专题学习，每季度观看一部警示教育片，及时转发学习上级纪委典型问题通报。利用网站、微信公众号、报纸等载体，加强法律法规、党规党纪宣传教育。

（4）加强纪检队伍建设。设立专门纪委办公室，明确专职工作人员，理顺了体制机制。组织召开了纪检委员专题工作会，安排部署今年纪检工作，明确了职责任务，推动公司党风廉政建设扎实深入开展。　（李秋香）

【作风建设】　抓紧抓实正风肃纪反腐，党风政风持续向好。

（1）紧盯元旦、春节、清明、五一、端午等重大节假日，下发廉洁过节通知，进一步提醒领导干部廉洁自律，明纪律、敲警钟、划红线。

（2）广泛开展"总部一线行"、

"我为群众办实事"、结对共建等活动，落实党员干部基层联系点制度，深入基层调查研究，倾听职工群众呼声，为工程一线解难题、办实事。

（3）结合"一线行"工作调研、模范机关建设、巡察整改回头看、专题组织生活会等，全方位监督检查中央八项规定及其实施细则精神落实和"四风"突出问题专项整治情况，开展"四风"问题靶向纠治，坚持严字当头，常抓不懈，确保风清气正。

（4）坚持"三个区分开来"，坚持失职追责、尽职免责，容错纠错，为能干事、敢干事的干部撑腰鼓劲。

（5）严格考核奖惩，培树先进典型，形成求真务实、勇于担当工作氛围。

（李秋香）

【精神文明建设】 （1）积极开展核心价值观教育实践。在办公区利用电子显示屏、展板等形式宣传社会主义核心价值观的内容；利用网站、微信公众号、微博和报纸等媒体宣传职工身边的感人故事，营造浓厚氛围。开展技能比武、"岗位标兵"评选，培养职工"忠诚、干净、担当，科学、求实、创新"的水利行业精神。大力弘扬劳模工匠精神。通过召开青年劳模工匠人才座谈会，设立"四德榜""十佳标兵"先进典型事迹展台等形式，营造对标先进、主动学习、积极工作的良好氛围。获得全国、山东省先进班组和省级青年文明号各2个，"山东省工人先锋号"2个。通过推动

综合改革，释放员工干事创业活力，4项工程获得中国水利工程优质（大禹）奖。

（2）大力弘扬中华优秀传统文化。坚持用中国优秀传统文化、革命文化、社会主义先进文化精髓教育干部职工，在春节、清明、中秋等传统节日，积极开展猜灯谜、缅怀先烈等"我们的节日"传统活动，开展经典诵读和各类文化讲座、交流活动，传播传统美德。评选"文明家庭""一封家书"，开展以"巾帼心向党"为主题的宣传教育活动，倡导和培育优良家风。加强勤俭节约教育，开展节水、节电、节约用纸等活动，在单位所属餐厅、食堂等场所实施"文明餐桌行动"。

（3）加强思想道德建设。把思想道德建设纳入职工培训教育年度计划，印发《关于干线公司贯彻落实〈新时代爱国主义教育实施纲要〉工作方案的通知》，坚持运用道德讲堂开展学习教育活动，将思想道德建设与干部队伍素质提升有机结合。加强依法治理工作的宣传教育，扎实开展法治意识、国家意识、社会责任意识教育，增强广大干部职工力行法治、遵规守纪的自觉性、积极性、主动性。举办红色经典诵读会、中秋国庆文艺汇演，承办山东省水利厅水利系统庆祝建党100周年文艺汇演，展现干线公司的形象风貌和优良作风。在山东省红歌接力赛中获得"最佳创意奖"。

（4）深入推进志愿服务。以志愿

服务队为抓手，协助社区做好新冠肺炎疫情防控、创建文明城市，开展扶贫济困、无偿献血、义务植树、"双报到""关爱山川河流"等志愿服务活动600余人次。结合每年"学雷锋志愿服务月"，开展植树、"世界水日""中国水周"志愿宣传、走访慰问困难群众、网络文明传播、节水宣传等志愿服务活动，山东南水北调形象进一步得到提升。开展防溺水、消防安全知识培训及应急演练活动，进一步提高职工安全意识和应对处置能力。

承办山东省水利厅"关爱山川河流 保护大运河"全线联动志愿服务活动取得圆满成功，体现了山东干线公司职工的集体主义精神。多名同志荣获省直机关"最美职工""道德模范"称号以及山东省水利厅"道德模范"称号。

（5）发挥群团组织纽带作用。发挥群团组织职能优势，按照"月月有动、月月有声"的工作思路，春节和"七一"前夕集中走访慰问困难党员，"夏送清凉"慰问一线员工；"七夕"组织单身职工参加国有企业单位交友联谊活动；举办关爱女职工健康知识讲座；组织员工集体接种新冠肺炎疫苗；举办健步走、趣味运动会、篮球赛等活动，丰富职工业余生活，提升职工幸福感，在庆祝建党100周年山东省农林水牧气象系统职工乒乓球比赛和第五届省直机关游泳比赛取得优异成绩。成功创建山东省农林水牧气象系统新时代职工信赖的职工之家、优秀职工书屋。以青年理论学习小组为平台，通过广泛开展"微党课""三述""青年荐书会""防汛防疫担使命，攻坚克难当先锋"、岗位创新、实战练兵、技能竞赛等活动，打造山东南水北调"青马工程"。持续开展"青年先锋岗"、"青年文明号"创建活动，激发团员青年创新创造活力。深化"南水北调一线行"、文艺汇演等南水北调团委特色品牌活动，荣获"省青年文明号"2个，"省直青年文明号"2个。 （晁清）

南水北调中线水源有限责任公司

【政治建设】

1. 坚持把党的政治建设放在首位 认真贯彻《中共中央关于加强政治建设的意见》，全覆盖开展"三对标、一规划"专项行动。把学习领会习近平总书记重要讲话指示批示精神作为中线水源公司党委会"第一议题"，做到准确把握精神实质，引领推动公司高质量发展。落实水利部党组《关于部属企业在完善公司治理中加强党的领导的意见》，按照"党建入章"新要求对公司章程进行再次修订；印发实施《中线水源公司临时党委前置研究讨论重大经营管理事项清单（试行）》（中水源党〔2021〕28号），进一步健全党委前置研究讨论重大经营管理事项制度。召开专题会议，主要领导专题听取班子成员履行管党治党责任情况汇报，公司领导班子成员2021年以普通党员身份参加所在党支部和联系点活动41人次，讲授专题党课6次，完成调研报告4篇；2021年组织召开党委会8次，研究公司发展、党的建设、干部任用、重大项目等有关议题26项，充分发挥了党的领导在公司发展中"把方向、管大局、促落实"的作用。

2. 高质量开展党史学习教育 成立党史学习教育领导小组，制定印发实施方案，组建工作指导组，确保党史学习教育实效。利用党委中心组学习会、支部主题党日等集中学习研讨，组织党员认真精读党史、深读党史、研读党史，推动学习教育走深走实。用好周边红色资源，赴红色教育活动基地接受沉浸式的教育；召开专题组织生活会，讲授专题党课；积极推进"我为群众办实事"实践活动，14件实事（包括承担的2项委党组办实事）项目全部按期完成，取得了良好进展。

3. 隆重庆祝建党100周年 制定印发工作方案，组织开展系列庆祝活动。组织全体干部职工收看庆祝中国共产党成立100周年大会，拍摄公司庆祝中国共产党成立100周年短视频，举办"红色水源印初心"庆祝建党100周年支部工作展示等，引导党员干部和职工重温党的光辉历程，营造共庆百年华诞、共创历史伟业的浓厚氛围。

4. 压紧压实主体责任 贯彻落实《长江委2021年度落实全面从严治党主体责任分类指导清单》（长党建〔2021〕3号），严格落实水利部、长江委党组工作部署。召开党史学习教育暨2021年党建廉建工作会，对党建廉建工作进行安排部署。研究制定公司党建廉建工作要点，制定《中线水源公司临时党委落实全面从严治党主体责任2021年度任务安排》（中水源党〔2021〕14号）及各支部指导清单，印发《中线水源公司临时党委中线水源公司纪委印发关于合力推进全面从严治党意见的通知》（中线水源党〔2021〕40号）、《中线水源公司党建与业务工作实行"双督导"机制的工作方案》（中水源党〔2021〕35号）等，进一步加强对中线水源公司全面从严治党各项工作的领导及任务落实，推动全面从严治党走实走深。持续深化长江委党组第二轮巡察反馈意见整改落实工作。持续推动做深做实巡察整改"后半篇文章"，以整改成效推进公司高质量发展。 （宋蕾）

【组织机构及机构改革】 南水北调中线水源有限责任公司内设办公室、计划部、财务部、党群工作部（人力资源部）、工程管理部、供水管理部、库区管理部7个部门。

南水北调中线水源有限责任公司部门领导16名，其中部门正职7名，按正处级干部配备；部门副职9名，按副处级干部配备。另设置公司纪委副书记、副总工程师各1名，均按正

处级配备。　　　　　（宋蕾）

【干部队伍建设】

1. 干部选拔任用　南水北调中线水源有限责任公司严格执行干部选拔任用工作条例，2021年度开展了2名中层管理干部选拔和2名科员晋升工作，3名中层管理人员和9名科员任职试用期满考核工作，程序严谨，管理规范。

2. 人才队伍情况　截至2021年12月31日，南水北调中线水源有限责任公司共有员工71人，其中管理类员工49人（男性39人、女性10人），辅助类员工21人（男性12人、女性9人，其中，退休返聘人员1人）。

49名经营管理人员中：公司领导4人（正局级1人、副局级3人），副局级干部1人，中层管理人员18人（正处级9人、副处级9人），科员26人（主任科员15人、副主任科员7人，其他科员4人）；博士研究生学历1人，硕士研究生学历7人，大学本科学历40人，大学专科学历1人；正高级职称4人，副高级职称35人，中级职称6人，初级职称4人。大学本科及以上占到97.96%，副高级及以上占到79.59%。　　　（宋蕾）

【纪检监察工作】

1. 推动政治监督具体化常态化公司纪委始终把"一以贯之学习贯彻习近平新时代中国特色社会主义思想，一以贯之督促党员、干部自觉做到'两个维护'，一以贯之贯彻落实

全面从严治党方针和要求"作为纪委履职尽责的总要求，深入推动政治监督的具体化、常态化。加强对落实习近平总书记各项重要指示精神的监督检查，通过理论中心组学习、支部主题党日活动，确保党中央指示精神及时传达到每一个党员。开展党史学习教育和"三对标、一规划"专项行动的指导和督促检查，特别是支部的专题组织生活会，及时提出要求和改进措施。积极协助公司党委落实好党风廉政建设的主体责任，制定了党建和党风廉政建设责任清单、纪委工作清单，明确了责任人和责任目标。协助开展了党风廉政宣传教育月活动，收看警示教育片，开展了一系列相关活动。认真落实党风廉政建设责任制，强监督严执纪，履行核心职能，做好风险管理。强化重点领域监督检查，特别是监督检查中央八项规定及其实施细则精神贯彻落实情况；持之以恒纠"四风"，特别是形式主义、官僚主义存在的突出问题；加强对重点项目、中心工作落实情况的监督检查；督促逐项完成年度工作任务清单，切实发挥全面从严治党引领保障作用。

2. 抓好日常监督，一体推进"三不"体系建设　按照"党中央决策部署到哪里，监督检查就跟进到哪里，权力运行到哪里，监督就跟进到哪里"的总要求，公司坚持抓早抓小，贯通运用监督执纪四种形态，做好工程建设、运行管理、库区管理等的监督检查，重点加强对关键部门、重要

环节的监督检查，通过对合同管理情况的抽查，对管理用房项目进行检查；新冠肺炎疫情防控工作公司纪委主动作为，深入各参建单位一线检查新冠肺炎疫情防控落实情况，层层压实防控责任。按时向长江委纪检组上报公司纪检干部违纪违法案件情况、重大网络舆情和突发性、群体性事件报告、收到问题线索或反映情况以及公司运用监督执纪"四种形态"情况等，加强重要节假日的监督，下发文件对节日期间的廉政工作提出要求，要求在关键时间节点绷紧弦，做好监督防范，建立纪委节假日值班制度，公布监督电话，开展现场检查监督。加强对公务接待、公务用车及会议费、培训费、差旅费、中央"八项规定"精神的落实等易发高发违纪行为的监督。

3. 加强专项监督　根据《中共长江委党组关于印发长江委制度执行情况自查自纠工作方案的通知》（长党〔2021〕13号）文件要求，公司高度重视，2月4日研究制定了《中线水源公司制度执行情况自查自纠工作方案》，2月18日召开落实巡察和制度执行自查自纠工作部署专题会，2月23日召开制度执行情况自查自纠和巡察迎检准备督导专题会。

4. 配合上级巡察、下沉调研及整改落实工作　2021年3月15日至4月30日，长江委党组第一巡察组对中线水源公司临时党委进行了巡察，6月25日反馈了巡察意见。公司纪委积极

配合长江委巡察组开展的巡察，成立了巡察工作联络组，召开专题会议，研究部署巡察准备相关事宜。巡察期间，积极主动配合巡察组听取汇报，查阅资料，组织个别谈话，如实向巡察组反映问题，实事求是地提供相关材料，诚实诚信接受巡察，同时全力做好服务保障工作，确保巡察工作顺利开展。公司纪委督促抓好整改落实工作，及时制定整改方案，明确责任领导及完成时限。8月11日，公司临时党委研究通过《关于落实长江委党组第一巡察组巡察反馈意见的整改方案》并上报，10月1日，公司上报了《关于巡察整改落实情况的报告》。

2021年11月28—29日，水利部党组第一巡视组下沉调研中线水源公司，公司纪委全力配合做好相关工作，按要求上报党委会议、党委理论中心组学习、公务接待、公务用车、会议统计、固定资产处置等清单材料，对下沉调研组所提问题，协调各部门积极进行解答，一一回复。

5. 加强干部队伍建设，深化作风建设成果　围绕素质提升，不断加强公司领导层及中层管理人员政治素养和业务素质能力建设，提高公司整体战斗力。加强党员干部执行政治纪律、组织纪律、生活纪律情况的监督检查，督促党组织和党员领导干部自觉承担反腐倡廉工作任务。严格执行党风廉政建设报告制度、承诺制度、约谈制度、检查考核制度和责任追究制度。加强纪检自身队伍建设，组织

支部书记、纪检委员参加各类纪检监察干部培训班。组织纪检人员学习《中纪委五次全会工作报告》《全省各级纪委加强同级监督的意见（试行）》《长江委党建工作领导小组印发关于进一步发挥党支部纪检委员作用指导意见的通知》等。通报了长江委十九大以来查处的违纪违法典型案件，收看防腐教育专题片，增强纪检人员拒腐防变的意识。　　（宋蕾）

【党风廉政建设】　　公司深入推进党风廉政建设，纪律作风持续向好。把党章党规党纪纳入党员干部教育重要内容，开展党性、党纪常态化教育。严格落实履职谈话和廉政谈话制度，开展新任职干部廉政谈话和新入职员工廉政教育。制定《中线水源公司2021年党风廉政建设宣传教育月活动实施方案》（中水源党〔2021〕31号），以"创清廉单位　树新风正气"为主题，组织开展"纪法同行"集中学习活动。7位支部书记或纪检委员讲授廉政微党课，46名党员、干部、职工参加了党纪法规知识测试线上答题活动。召开"镜鉴自省"警示教育会，组织干部职工集中观看警示教育片。对新任职干部进行廉政谈话，对新入职员工进行廉政教育。组织参加长江委"讲述红色家风、传承红色基因"活动，倡导党员干部职工及家属共同培育清廉家风。　　（宋蕾）

【作风建设】　　坚持力度不减、尺度不松、标准不降，贯彻落实好中央八项规定及其实施细则精神，逢节下发通知，重申节日期间的纪律要求，对节日期间的贯彻落实中央八项规定及其实施细则精神工作进行重点监督检查；根据长江委党组关于开展制度执行情况自查自纠工作的要求，制定工作方案，对照117项制度，对财务、人事、纪检、审计、党建、综合管理等重点领域内存在的问题开展全面自查自纠。完成公司2020年度接待费、会议费、培训费、差旅费等开支、公务用车管理、办公资产管理、小金库清查等7个方面问题的自查自纠，按要求做好制度的修改完善。强化扶贫工作监督检查，助力打赢脱贫攻坚战；开展关于违规操办"升学宴""谢师宴"专项监督检查。　　（宋蕾）

【精神文明建设】　　制定印发《2021年文明单位创建工作计划》，做好"长江委文明单位"创建申报工作，完善创建档案，展示创建成果。开展"世界水日""中国水周"节水宣传，参加"修复长江·增殖放流"等志愿者服务活动。坚持党管意识形态，印发了《中线水源公司临时党委关于落实〈党委（党组）意识形态工作责任制实施办法〉责任分工的通知》（中水源党〔2020〕29号），严格落实意识形态工作主体责任，加强公司网站、微信群、QQ群等线上工作平台管理。持续弘扬长江委精神和劳模精神、劳动精神、工匠精神，广泛学习宣传"最美水利人"郑守仁同志先进事迹，引导干部职工树立正确的价值观、事业观、单位观，在全公司唱响主旋律、汇聚正能量。扎实做好群团工作，不断提升群团组织履职能力和服务水平，凝聚职工群众的智慧力量。

（宋蕾）

湖北省引江济汉工程管理局

【政治建设】　坚持强化政治引领，夯实根基抓党建。始终把学习贯彻习近平新时代中国特色社会主义思想作为首要政治任务，用新思想武装头脑、指导实践、推动工作。紧紧围绕党的十九届六中全会精神和习近平总书记"七一"重要讲话精神等内容，2021年召开党委中心组（扩大）学习会10次，开展专题学习研讨8次，举办了为期3天的党史学习教育专题读书班，邀请党校老师、党史专家授课12次，参学人数460余人次，共发放学习资料500余册。党员学习强国日人均积分42分，在厅直18个单位中位居前列。有效推动"我为群众办实事"，全年完成7件实事，真正将党史学习教育落到实处。举办了"党史故事大家讲"、"党员过政治生日"、党史知识竞赛等活动，组织到英山县大别山红色教育基地和大悟县金岭村乡村振兴基地开展了现场教学。加强意识形态工作，全年开展党员思想动态分析2次，党委书记为全体干部职工作意识形态报告1次。结合机构改革等重要任务，党委书记带领班子成员分别到基层一线宣传政策，交心谈心，开展深入细致的思想政治教育。通过多种形式的学习教育活动，引导干部职工不断增强"四个意识"、坚定"四个自信"、做到"两个维护"。切实履行全面从严治党主体责任，推进全面从严治党向纵深发展。

（吴永浩　魏鹏　曾钦）

【组织机构及机构改革】　湖北省引江济汉工程管理局是湖北省水利厅直属的正处级公益一类事业单位，前身为湖北省南水北调引江济汉工程建设管理处，于2010年3月经湖北省机构编制委员会办公室批准成立。2014年5月，根据省编办《关于兴隆水利枢纽和引江济汉工程运行管理机构的批复》（鄂编办文〔2014〕51号）更名为湖北省引江济汉工程管理局，隶属于原湖北省南水北调工程管理局。2019年湖北省省直机关机构改革后，湖北省引江济汉工程管理局转隶湖北省水利厅。人员编制控制数为205名，内设综合科、党群科、财务科、管理与计划科、信息化科、安全生产和经济发展科6个科室，下设荆州、沙洋和潜江3个分局。主要职责是承担引江济汉工程运行管理、设备设施维修检修以及工程运行安全等工作，协调处理工程水事、环保、减灾等工作。

（吴永浩　魏鹏　曾钦）

【干部队伍建设】　湖北省引江济汉工程管理局人员编制控制数205名，

首次设岗 138 名。截至 2021 年 12 月，实有在编职工 84 人，其中正处级干部 1 名、副处级干部 6 名、正科级干部 11 名、副科级干部 17 名。本科及以上学历人员 80 人，占比 95.24%；中级及以上专业技术人员 44 人，占比 52.38%，其中高级职称 9 人；35 岁以下人员 53 人，占比 63.10%。

2021 年，局党委换届，交流任职 2 名副处级干部，选拔 15 名科级干部，轮岗交流 4 名科级干部，选派 1 名技术骨干援藏，干部队伍建设进一步增强。组织各类教育培训活动 15 次，参训人数达 330 人次，干部队伍整体素质明显提高。认真做好干部日常管理和监督，不断完善干部人事工作机制，干部职工干事创业氛围愈加浓厚。　　（吴永浩　魏鹏　曾钦）

【纪检监察工作】　坚持以抓制度、抓教育、抓监督为重点，聚焦主责主业，强化执纪监督问责。局纪委不定期开展明察暗访，重点检查节假日期间的工程巡查值守、工作纪律、公车使用、食堂管理等情况。加强干部职工落实中央八项规定及其实施细则精神、婚丧嫁娶报告等情况的监督，2021 年未发生一起违纪违规问题。贯彻落实党务政务信息公开制度，对党员发展、干部任免、岗位聘用、工程招投标、公车使用、政务值班等工作均按规定要求进行公示，主动接受干部职工的监督。加强纪检干部队伍自身建设，认真履行监督责任，为引江

济汉事业高质量发展提供坚强纪律和作风保障。　　（吴永浩　魏鹏　曾钦）

【党风廉政建设】　始终扛牢党风廉政建设政治责任，严格落实各级党组织的党风廉政建设主体责任和监督责任。把党风廉政建设和反腐败工作纳入党委中心工作和重要议事日程，做到党风廉政建设与业务工作同部署、同落实、同检查、同考核。制定《湖北省引江济汉工程管理局党委 2021 年落实全面从严治党主体责任清单》和《湖北省引江济汉工程管理局 2021 年纪检工作要点》，强化组织领导和顶层谋划，统筹推进党风廉政建设。密切关注党员干部思想动态，认真落实领导干部上廉政党课制度，着力加强经常性党风廉政教育。扎实开展“第 22 个党风廉政建设宣传教育月”活动，推进“清廉机关”建设。先后举办廉政书画展、廉政主题音视频征集、党纪法规测试等活动，发放了家庭助廉倡议书，建设了廉政文化长廊。认真落实干部任前廉政谈话制度，增强干部职工对党纪国法的敬畏之心。2021 年，引江济汉局党委书记与全体干部职工进行了 4 次集体廉政谈话，局纪委书记为全局干部职工上了廉政党课。不折不扣完成党史学习教育专题民主生活会发现问题整改，切实把民主生活会成果转化为推动工作的重要抓手。

　　（吴永浩　魏鹏　曾钦）

【作风建设】　加强组织领导，明确工作职责。认真学习中央八项规定及

其实施细则精神和省委有关作风建设的文件精神，定期召开作风建设专题会议，研究部署相关工作。认真开展党史学习教育，坚持和发扬党的优良传统和作风，坚持抓常、抓细、抓长。建立健全作风建设工作机制，大力整治形式主义、官僚主义问题。深入学习践行"忠诚、干净、担当，科学、求实、创新"新时代水利精神，以优良的党风提振干部职工干事创业"精气神"。　　（吴永浩　魏鹏　曾钦）

【精神文明建设】　　坚持以"道德讲堂"为载体，大力培育和弘扬社会主义核心价值观。加强文明创建工作的动态管理，持续巩固省直机关文明单位和武昌区最佳文明单位创建成果。大力开展"文明站所、文明职工、文明家庭"评选表彰活动，营造积极向上、争当先进的干事创业氛围，培育水利行业文明新风尚。坚持党建带群建带团建，支持群团组织充分发挥好党的桥梁纽带作用，广泛开展岗位建功、争创"青年文明号"、争当青年岗位能手等活动。紧扣建党100周年主题，相继开展了知识竞赛、演讲比赛、红色观影、红色歌咏会、书画展览等活动。积极参加湖北省水利厅"中国梦·劳动美"主题演讲、"我身边的共产党员"主题征文等活动，12人次获得表彰奖励。成功承办了湖北省水利厅第七届羽毛球赛。广泛开展了趣味运动会、素质拓展以及篮球、羽毛球等群众性体育活动。

　　（吴永浩　魏鹏　曾钦）

湖北省汉江兴隆水利枢纽管理局

【政治建设】　　湖北省汉江兴隆水利枢纽管理局始终坚持把党的政治建设摆在首位，把"讲政治"贯彻到工作的全过程、各领域，带头树牢政治机关意识。深入学习贯彻党的十九届六中全会精神，深刻理解"两个确立"的重大意义，在学懂弄通做实习近平新时代中国特色社会主义思想上下功夫。举办了习近平总书记"七一"讲话、党的十九届六中全会等专题学习，全年组织党委中心组学习11次，各类专题辅导5次。以党的历史经验启迪智慧，牢牢把握意识形态主动权，开展理想信念和社会主义核心价值观教育，定期进行思想动态分析，引导党员干部职工进一步提高政治站位，切实增强"四个意识"，坚定"四个自信"，坚决做到"两个维护"。以党史学习教育为抓手，对党的历史阶段进行4次专题学习。开展党史学习教育专题学习会，集中收看庆祝中国共产党成立100周年大会，邀请党校教授开展习近平总书记"七一"重要讲话精神专题辅导。督促各支部召开党史学习教育专题组织生活会，全体党员对"学党史、悟思想、办实事、开新局"主题有了更加深刻的认识。

　　（郑艳霞　王小冬　陈奇）

【组织机构及机构改革】　　2018年12月27日，湖北省汉江兴隆水利枢纽管理局由原湖北省南水北调管理局划入湖北省水利厅管理。2019年2月23日，承担兴隆枢纽、部分闸站改造和局部航道整治工程项目法人职责。根据原湖北省南水北调管理局《关于省汉江兴隆水利枢纽管理局机构设置和人员配置方案的批复》，机关内设综合科、党群科、财务科、管理与计划科、信息化科、安全生产和经济发展科6个科室；下设电站管理处（副处级）、泄水闸管理所、船闸管理所、后勤服务中心4个直属单位。

（郑艳霞　王小冬　陈奇）

【干部队伍建设】 根据湖北省机构编制委员会办公室《关于兴隆水利枢纽和引江济汉工程运行管理机构的批复》，兴隆水利枢纽管理局人员控制数为117名，其中局机关26名。领导职数1正3副，分别参照正、副处级干部管理；总工程师1名，参照副处级干部管理；下设兴隆水电站管理处，正职参照副处级干部管理。截至2021年12月底，共有工作人员91名。

2021年，湖北省汉江兴隆水利枢纽管理局深入学习贯彻《湖北省事业单位领导人员管理办法（试行）》，扎实做好干部选拔任用工作。①择优推荐，配合湖北省水利厅人事处选拔任用1名副处级干部；②精心选拔，提拔任用了5名科级干部，其中正科级2名，副科级3名，进一步壮大干部队伍；③加强交流，1名直属单位负责人交流到机关科室任科长，1名值班长重用为直属单位领导班子成

员，促进干部成长；④严格考核，完成5名科级干部试用期满转正考核。持续抓好干部职工教育培训。印发《干部职工教育培训管理暂行办法》，制定年度培训计划，组织开展大坝安全监测、防汛、档案、公文、财务等方面20批次培训、考察和调研。1名处级干部到党校脱产学习，处级干部在线学习参学率达100%。推荐1名职工上派厅办公室学习深造，派遣1名干部驻竹溪县参加乡村振兴工作，拓宽视野、改进思维，不断提升综合素质。

（郑艳霞　王小冬　陈奇）

【纪检监察工作】 湖北省汉江兴隆水利枢纽管理局及时传达学习了中纪委省纪委违纪典型案例，做到了以案说法，组织党员干部赴洪山监狱开展廉政警示教育活动，集中观看警示教育片6次，切实增强党员干部廉洁从政意识和拒腐防变能力。在全局持续开展"清廉机关"创建工作，坚持严的主基调不动摇，紧盯重点领域、关键环节和重点人，开展了对政府采购、工程建设、合同管理等重要事项的监督，开展监督检查、谈话提醒等60余次，2021年未发生违纪违规现象。组织党员干部赴荆州市委党校组织开展全面脱产的党务干部暨纪检干部集中培训，切实提升党务纪检干部干事创业能力。

（郑艳霞　王小冬　陈奇）

【党风廉政建设】 湖北省汉江兴隆水利枢纽管理局监督党委、党支部两级党组织落实全面从严治党主体责

任，加强对党员干部的日常教育管理监督。全年共对5名科级干部提拔任用、5名科级干部试用期满转正、12名"两优一先"拟表彰对象、5名预备党员转正向组织部门反馈了廉政审核意见。对新提拔干部开展任职前廉政谈话，上好廉政"第一课"。党委严格落实中央八项规定及其实施细则精神，紧盯重大节假日，开展节前廉政集体谈话，防控节日腐败，全年开展廉政集体谈话3次。扎实开展第二十二个党风廉政建设宣教月活动，按照制定的《纪委落实党风廉政建设监督责任清单》全面排查存在的廉政风险，扎紧预防腐败的制度笼子，强化对权力运行的监督制约。

（郑艳霞　王小冬　陈奇）

【作风建设】　持续开展形式主义官僚主义专项整治，湖北省汉江兴隆水利枢纽管理局党委班子运用监督执纪"第一种形态"开展提醒谈话共计8次，对工作推进不力、责任未落实到位等情况进行了严肃批评，使党员干部作风显著增强，党风政风持续向好。党委班子扎实推进"我为群众办实事"实践活动，主动解决季节性船舶积压过船难、天门多宝镇库区部分农田积水外排不畅等5件群众急难愁盼问题。为确保农民工工资按时到位，优化流程加快工程款支付进度，让群众有更多获得感、幸福感、安全感。

（郑艳霞　王小冬　陈奇）

【精神文明建设】　开展了2021年"世界水日""中国水周"系列宣传活动，通过悬挂横幅、摆放宣传展板、发放宣传手册及节水宣传品等方式，传播水文化，宣传《中华人民共和国长江保护法》《湖北省南水北调工程保护办法》等法规。以工会、共青团、妇委会等群团组织为依托，广泛开展各类文体活动。围绕"学习党的十九届六中全会精神"等主题开展了4期道德讲堂，组织参加庆祝建党100周年红色歌咏会、"中国梦·劳动美——永远跟党走　奋进新时代"网络宣讲比赛并取得优异成绩，开展党史学习教育专题青年读书会、"我是小小兴隆人"等活动，丰富了职工业余文化生活，开展了"文明职工、文明单位、文明家庭"评选，干部职工精神面貌焕然一新，全局上下充满了干事创业的正能量。开展了节水节电、禁毒抗艾、安全保密、垃圾分类、节约用餐等宣传教育活动，营造安全、文明、健康、向上的良好氛围。

（郑艳霞　王小冬　陈奇）

拾贰　统计资料

投 资 计 划 统 计 表

南水北调东、中线一期工程设计单元项目投资情况

（截至 2021 年年底）

序号	工 程 名 称	在建设计单元工程总投资/万元	累计下达投资计划/万元	2021年下达投资计划/万元	累计完成投资/万元	投资完成比例/%	2021年完成投资/万元
	总计	27047104	27047104		26583210	98	20877
	东线一期工程	3394110	3394110		3379662	100	2893
	江苏水源公司	1156156	1156156		1156156	100	2528
一	三阳河、潼河、宝应站工程	97922	97922		97922	100	
二	长江—骆马湖段 2003 年度工程	109821	109821		109821	100	
1	江都站改造工程	30302	30302		30302	100	
2	淮阴三站工程	29145	29145		29145	100	
3	淮安四站工程	18476	18476		18476	100	
4	淮安四站输水河道工程	31898	31898		31898	100	
三	骆马湖—南四湖段工程	78518	78518		78518	100	
1	刘山泵站工程	29576	29576		29576	100	
2	解台泵站工程	23242	23242		23242	100	
3	蔺家坝泵站工程	25700	25700		25700	100	
四	长江—骆马湖段其他工程	710961	710961		710961	100	
1	高水河整治工程	16256	16256		16256	100	
2	淮安二站改造工程	5832	5832		5832	100	
3	泗阳站改建工程	34759	34759		34759	100	
4	刘老涧二站工程	24078	24078		24078	100	
5	皂河二站工程	30567	30567		30567	100	
6	皂河一站更新改造工程	13854	13854		13854	100	
7	泗洪站枢纽工程	61928	61928		61928	100	
8	金湖站工程	41421	41421		41421	100	
9	洪泽站工程	53325	53325		53325	100	
10	邳州站工程	34450	34450		34450	100	
11	睢宁二站工程	26908	26908		26908	100	
12	金宝航道工程	103632	103632		103632	100	

序号	工程名称	在建设计单元工程总投资/万元	累计下达投资计划/万元	2021年下达投资计划/万元	累计完成投资/万元	投资完成比例/%	2021年完成投资/万元
13	里下河水源补偿工程	184639	184639		184639	100	
14	骆马湖以南中运河影响处理工程	12924	12924		12924	100	
15	沿运闸洞漏水处理工程	12252	12252		12252	100	
16	徐洪河影响处理工程	28133	28133		28133	100	
17	洪泽湖抬高蓄水位影响处理江苏省境内工程	26003	26003		26003	100	
五	江苏段专项工程	118929	118929		118929	100	2500
1	江苏省文物保护工程	3362	3362		3362	100	
2	血吸虫北移防护工程	4959	4959		4959	100	
3	江苏段调度运行管理系统工程	58221	58221		58221	100	2500
4	江苏段管理设施专项工程	44505	44505		44505	100	
5	江苏段试通水费用	4010	4010		4010	100	
6	江苏段试运行费用	3872	3872		3872	100	
六	南四湖水资源控制、水质监测工程和骆马湖水资源控制工程	17240	17240		17240	100	
1	姚楼河闸工程	1206	1206		1206	100	
2	杨官屯河闸工程	4164	4164		4164	100	
3	大沙河闸工程	6793	6793		6793	100	
4	南四湖水资源监测工程	1996	1996		1996	100	
5	骆马湖水资源控制工程	3081	3081		3081	100	
七	南四湖下级湖抬高蓄水位影响处理（江苏）	22765	22765		22765	100	
	安徽省南水北调项目办	**37493**	**37493**		**37089**	**99**	
一	洪泽湖抬高蓄水影响处理工程安徽省境内工程	37493	37493		37089	99	
	东线总公司	**22579**	**22579**		**22579**	**100**	**148**
一	东线其他专项	22579	22579		22579	100	
1	苏鲁省际工程管理设施专项工程	3793	3793		3793	100	

续表

序号	工程 名 称	在建设计单元工程总投资/万元	累计下达投资计划/万元	2021年下达投资计划/万元	累计完成投资/万元	投资完成比例/%	2021年完成投资/万元
2	苏鲁省际工程调度运行管理系统工程	14461	14461		14461	100	
3	东线公司开办费	4325	4325		4325	100	
	山东干线公司	**2177882**	**2177882**		**2163838**	**99**	**217**
一	南四湖水资源控制、水质监测工程和骆马湖水资源控制工程	46879	46879		47057	100	217
1	二级坝泵站工程	33168	33168		33168	100	
2	姚楼河闸工程	1206	1206		1326	111	
3	杨官屯河闸工程	1650	1650		1692	103	
4	大沙河闸工程	4927	4927		4849	98	
5	潘庄引河闸工程	1497	1497		1591	106	
6	南四湖水资源监测工程	4431	4431		4431	100	217
二	南四湖下级湖抬高蓄水位影响处理（山东）	40984	40984		40984	100	
三	东平湖蓄水影响处理工程	49488	49488		49488	100	
四	济平干渠工程	150241	150241		150241	100	
五	韩庄运河段工程	86785	86785		87979	101	
1	台儿庄泵站工程	26611	26611		26874	101	
2	韩庄运河段水资源控制工程	2268	2268		2268	100	
3	万年闸泵站工程	26259	26259		27190	104	
4	韩庄泵站工程	31647	31647		31647	100	
六	南四湖—东平湖段工程	266142	266142		268204	101	
1	长沟泵站工程	31301	31301		31301	100	
2	邓楼泵站工程	28916	28916		28916	100	
3	八里湾泵站工程	30393	30393		30393	100	
4	柳长河工程	53194	53194		53194	100	
5	梁济运河工程	80294	80294		80294	100	
6	南四湖湖内疏浚工程	23348	23348		24132	103	
7	引黄灌区影响处理工程	18696	18696		19974	107	

续表

序号	工 程 名 称	在建设计单元工程总投资/万元	累计下达投资计划/万元	2021年下达投资计划/万元	累计完成投资/万元	投资完成比例/%	2021年完成投资/万元
七	胶东济南至引黄济青段工程	812951	812951		813714	100	
1	济南市区段工程	311429	311429		312192	100	
2	明渠段工程	275017	275017		275017	100	
3	东湖水库工程	103259	103259		103259	100	
4	双王城水库工程	89732	89732		89732	100	
5	陈庄输水线路工程	33514	33514		33514	100	
八	穿黄河工程	72871	72871		72871	100	
九	鲁北段工程	500457	500457		500457	100	
1	小运河工程	265164	265164		265164	100	
2	七一·六五河段工程	67385	67385		67385	100	
3	鲁北灌区影响处理工程	35008	35008		35008	100	
4	大屯水库工程	132900	132900		132900	100	
十	山东段专项工程	151084	151084		132843	88	
1	山东段调度运行管理系统工程	81736	81736		79434	97	
2	文物保护	6776	6776		6776	100	
3	山东段管理设施专项工程	57521	57521		41582	72	
4	山东段试通水费用	2887	2887		2887	100	
5	山东段试运行费用	2164	2164		2164	100	
	中线一期工程	**22275794**	**22275794**		**22128958**	**99**	**17984**
	中线建管局	**15564033**	**15564033**		**15491461**	**100**	
一	京石段应急供水工程	2311299	2311299		2332311	101	
1	永定河倒虹吸工程	37138	37138		38240	103	
2	惠南庄泵站工程	87037	87037		85066	98	
3	北拒马河暗渠工程	15991	15991		19561	122	
4	北京西四环暗涵工程	117506	117506		116591	99	
5	北京市穿五棵松地铁工程	5872	5872		5823	99	
6	北京段铁路交叉工程	19595	19595		20505	105	
7	惠南庄—大宁段工程、卢沟桥暗涵工程、团城湖明渠工程	417973	417973		459461	111	

续表

序号	工程名称	在建设计单元工程总投资/万元	累计下达投资计划/万元	2021年下达投资计划/万元	累计完成投资/万元	投资完成比例/%	2021年完成投资/万元
8	滹沱河倒虹吸工程	67060	67060		63956	95	
9	釜山隧洞工程	24773	24773		24389	98	
10	唐河倒虹吸工程	33187	33187		32117	97	
11	漕河渡槽段工程	102610	102610		102387	100	
12	古运河枢纽工程	22677	22677		22445	99	
13	河北境内总干渠及连接段工程	1170788	1170788		1164962	100	
14	北京段永久供电工程	7586	7586		7624	101	
15	北京段工程管理专项	4673	4673		18434	394.48	
16	河北段工程管理专项	9369	9369		10758	114.83	
17	河北段生产桥建设	36944	36944		36675	99.27	
18	北京段专项设施迁建	26926	26926		0	0.00	
19	中线干线自动化调度与运行管理决策支持系统工程（京石应急段）	55970	55970		54330	97.07	
20	滹沱河等七条河流防洪影响处理工程	6224	6224		5777	92.82	
21	南水北调中线干线工程调度中心土建项目	22684	22684		25569	113	
22	北拒马河暗渠穿河段防护加固工程及PCCP管道大石河段防护加固工程	18716	18716		17641	94	
二	漳河北至古运河南段工程	2571061	2571061		2521214	98	
1	磁县段工程	378089	378089		381106	101	
2	邯郸市至邯郸县段工程	224446	224446		231076	103	
3	永年县段工程	143980	143980		149127	104	
4	洺河渡槽工程	39342	39342		36038	92	
5	沙河市段工程	196493	196493		191590	98	
6	南沙河倒虹吸工程	104640	104640		101995	97	
7	邢台市段工程	197490	197490		193328	98	
8	邢台县和内丘县段工程	290084	290084		285804	99	

续表

序号	工程名称	在建设计单元工程总投资/万元	累计下达投资计划/万元	2021年下达投资计划/万元	累计完成投资/万元	投资完成比例/%	2021年完成投资/万元
9	临城县段工程	247039	247039		241429	98	
10	高邑县至元氏县段工程	316964	316964		312948	99	
11	鹿泉市段工程	129802	129802		126825	98	
12	石家庄市区工程	207191	207191		207367	100	
13	电力设施专项迁建	34979	34979		34979	100	
14	邯邢段压矿及有形资产补偿	27602	27602		27602	100	
15	征迁新增投资	32920	32920		0	0	
三	穿漳河工程	45750	45750		42477	93	
四	黄河北—漳河南段工程	2601250	2601250		2672883	103	
1	温博段工程	193175	193175		192667	100	
2	沁河渠道倒虹吸工程	42636	42636		41882	98	
3	焦作1段工程	279498	279498		312794	112	
4	焦作2段工程	450111	450111		453463	101	
5	辉县段工程	519256	519256		517778	100	
6	石门河倒虹吸工程	31716	31716		29900	94	
7	新乡和卫辉段工程	231701	231701		229574	99	
8	鹤壁段工程	293142	293142		308033	105	
9	汤阴段工程	228222	228222		227917	100	
10	膨胀岩（潞王坟）试验段工程	31222	31222		34422	110	
11	安阳段工程	268964	268964		314218	117	
12	征迁新增投资	21372	21372		0	0	
13	压覆矿产资源补偿投资	10235	10235		10235	100	
五	穿黄工程	373670	373670		366169	98	
1	穿黄工程	357303	357303		364046	102	
2	工程管理专项	1527	1527		2123	139	
3	征迁新增投资	14840	14840		0	0	
六	沙河南—黄河南段工程	3158075	3158075		3123755	99	
1	沙河渡槽工程	309244	309244		307321	99	
2	鲁山北段工程	73396	73396		72577	99	

续表

序号	工程名称	在建设计单元工程总投资/万元	累计下达投资计划/万元	2021年下达投资计划/万元	累计完成投资/万元	投资完成比例/%	2021年完成投资/万元
3	宝丰至郏县段工程	477019	477019		476736	100	
4	北汝河渠道倒虹吸工程	68904	68904		66896	97	
5	禹州和长葛段工程	572356	572356		571886	100	
6	潮河段工程	554387	554387		550887	99	
7	新郑南段工程	169912	169912		168665	99	
8	双洎河渡槽工程	81887	81887		79331	97	
9	郑州2段工程	391097	391097		389887	100	
10	郑州1段工程	166467	166467		164602	99	
11	荥阳段工程	251356	251356		246695	98	
12	征迁新增投资	13778	13778		0	0	
13	压覆矿产资源补偿投资	28272	28272		28272	100	
七	陶岔渠首—沙河南段工程	3171516	3171516		3149177	99	
1	淅川县段工程	874725	874725		872805	100	
2	湍河渡槽工程	49486	49486		48221	97	
3	镇平县段工程	386393	386393		383978	99	
4	南阳市段工程	507907	507907		506212	100	
5	膨胀土（南阳）试验段工程	22291	22291		22448	101	
6	白河倒虹吸工程	56680	56680		60073	106	
7	方城段工程	619408	619408		612102	99	
8	叶县段工程	364860	364860		363833	100	
9	澧河渡槽工程	45653	45653		43189	95	
10	鲁山南1段工程	138741	138741		136867	99	
11	鲁山南2段工程	100431	100431		99449	99	
12	征迁新增投资	4941	4941		0	0	
八	天津干线工程	1074149	1074149		1035469	96	
1	西黑山进口闸至有压箱涵段工程	87354	87354		83042	95	
2	保定市1段工程	292561	292561		279729	96	
3	保定市2段工程	96940	96940		91409	94	

序号	工 程 名 称	在建设计单元工程总投资/万元	累计下达投资计划/万元	2021年下达投资计划/万元	累计完成投资/万元	投资完成比例/%	2021年完成投资/万元
4	廊坊市段工程	384505	384505		376044	98	
5	天津市1段工程	178088	178088		171319	96	
6	天津市2段工程	27081	27081		26306	97	
7	天津干线河北段输变电工程迁建规划	7620	7620		7620	100	
九	中线干线专项工程	251983	251983		244486	97	
1	中线干线自动化调度与运行决策支持系统工程	199496	199496		192080	96	
2	中线干线文物专项	41025	41025		38567	94	
3	中线干线测量控制网建设（京石段除外）	2400	2400		3524	147	
4	北京2008年应急调水临时通水措施费	9062	9062		10315	114	
十	特殊预备费	5280	5280		3520	67	
1	中线京石段漕河渡槽防洪防护工程	2723	2723		1701	62	
2	中线邢石段槐河（一）渠道倒虹吸防洪防护工程	2557	2557		1819	71	
	淮委建设局	**60161**	**60161**		**60161**	**100**	**719**
一	陶岔渠首枢纽工程	60161	60161		60161	100	719
	中线水源公司	**5489284**	**5489284**		**5455721**	**99**	**13350**
一	丹江口大坝加高工程①	317925	317925		308504	97	
二	库区移民安置工程②	5105978	5105978		5081925	100	10224
三	中线水源管理专项工程③	11356	11356		11267	99	3126
四	中线水源文物保护项目	54025	54025		54025	100	
	湖北省南水北调管理局	**1162316**	**1162316**		**1121615**	**97**	**3915**
一	兴隆水利枢纽工程④	346993	346993		335414	97	53
二	引江济汉工程	708235	708235		680114	96	
1	引江济汉工程⑤	698513	698513		670995	96	
2	引江济汉调度运行管理系统工程⑤	9722	9722		9119	94	

续表

序号	工　程　名　称	在建设计单元工程总投资/万元	累计下达投资计划/万元	2021年下达投资计划/万元	累计完成投资/万元	投资完成比例/%	2021年完成投资/万元
三	部分闸站改造	57313	57313		56313	98	3862
四	局部航道整治	46142	46142		46142	100	
五	汉江中下游文物保护	3633	3633		3633	100	
	设管中心	**17000**	**17000**		**16330**	**100**	
1	前期工作投资	8500	8500		8500	100	
2	东、中线一期工程项目验收专项费用	500	500		500	100	
3	中线一期工程安全风险评估费⑥	8000	8000		7330	100	
	过渡性资金融资费用	1360200	1360200		1058260	78.00	

① 丹江口大坝加高工程完工财务决算已经核准（办南调〔2021〕321号）。
② 库区移民安置工程（含中线水源文物保护项目）完工财务决算已经核准（办南调〔2020〕61号核准），2021年完成投资均使用特别预备费，其中湖北省丹江口库区和外迁安置区抗洪救灾专项补助资金4000万元、河南省淹没影响林地森林植被恢复费缺口资金2981.85万元、河南省丹江口水库库周地质灾害防治投资3242万元。
③ 中线水源管理专项工程完工财务决算已经核准（办南调〔2021〕371号）。
④ 兴隆水利枢纽工程新增投资为蓄水影响整治工程尾工费用。
⑤ 截至2021年年底，引江济汉工程和引江济汉调度运行管理系统工程累计完成投资额按2021年9月水利部核准的完工财务决算报告中实际完成投资计列，故与2020年相比，该两项工程实际完成累计投资分别减少5644万元和92万元。
⑥ 2020年调水局（原设管中心）已完成"中线一期工程安全风险评估费"项目，2021年水利部对该项目的完工财务决算进行了核准，该项目累计完成投资为7330万元。调水局已于2021年上缴结余资金650万元，计划2022年上缴结余资金20万元（等待财政部收回），合计上缴结余资金为670万元，故实际投资完成比例为100%。

（王新雷）

南水北调东线一期工程北延应急供水工程投资情况

（截至2021年年底）

工　程　名　称	工程总投资/万元	累计下达投资计划/万元	2021年下达投资计划/万元	累计完成投资/万元	投资完成比例/%	2021年完成投资/万元
南水北调东线一期工程北延应急供水工程	47725	47725	21725	40200	84	10023

（王新雷）

拾叁　大事记

2021 年中国南水北调大事记

1 月

11 日，水利部副部长叶建春赴南水北调中线局检查南水北调中线冬季输水安全。

2 月

5 日，水利部副部长叶建春出席中国南水北调集团公司 2021 年度工作会议。

9 日，水利部部长李国英听取南水北调司工作汇报。

24 日，水利部部长李国英主持召开部长专题办公会，听取南水北调中线引江补汉前期工作情况汇报，水利部总工程师刘伟平参加。

26 日，水利部部长李国英在南水北调司参加有关汇报会情况报告单上批示：中央确定下来的安排，要坚决落实到位。

3 月

26—28 日，水利部部长李国英赴湖北省、河南省、河北省、北京市调研南水北调中线工程。

28—30 日，驻水利部纪检监察组组长田野赴湖北郧阳调研水利定点扶贫后续帮扶工作。

5 月

1—3 日，水利部部长李国英赴山

东省、天津市调研南水北调东线工程，并在天津召开座谈会。

11—12 日，水利部部长李国英赴河南南阳考察南水北调中线工程，刘伟平同志参加。

13 日，水利部部长李国英陪同习近平总书记在河南省南阳市考察陶岔渠首枢纽工程和丹江口水库。

14 日，水利部部长李国英在河南省南阳市参加推进南水北调后续工程高质量发展座谈会并发言，刘伟平同志参加。

17 日，水利部部长李国英主持召开 2021 年第 16 次党组会议，专题传达学习贯彻习近平总书记在推进南水北调后续工程高质量发展座谈会上的重要讲话精神，水利部副部长田学斌、驻水利部纪检监察组组长田野、水利部副部长魏山忠出席，刘伟平、汪安南、程殿龙同志列席。

18 日，水利部部长李国英主持召开 2021 年第 17 次党组会议，审议《水利部党组学习贯彻习近平总书记在推进南水北调后续工程高质量发展座谈会上的重要讲话精神方案》等，水利部副部长田学斌、驻水利部纪检监察组组长田野出席，水利部总工程师刘伟平、黄委主任汪安南、水利部总经济师程殿龙列席部分议题。

19 日，水利部部长李国英主持召开部务会议，传达学习贯彻习近平总书记在推进南水北调后续工程高质量发展座谈会上的重要讲话精神并研究工作分工方案等，水利部副部长田学斌、驻水利部纪检监察组组长田野出席，水利部总经济师程殿龙参加。

24日，水利部部长李国英主持召开水利部推进南水北调后续工程高质量发展工作领导小组第一次全体会议，传达学习习近平总书记在推进南水北调后续工程高质量发展座谈会上重要讲话精神，研究部署近期重点工作任务，水利部副部长魏山忠出席，水利部总工程师刘伟平、黄委主任汪安南、水利部总经济师程殿龙参加。

28—29日，水利部部长李国英陪同胡春华副总理赴河北省考察南水北调中线有关工作。

31日，水利部部长李国英主持召开部党组理论学习中心组学习会，专题学习研讨习近平总书记在推进南水北调后续工程高质量发展座谈会上重要讲话精神，水利部副部长田学斌、驻水利部纪检监察组组长田野出席，水利部副部长陆桂华、魏山忠出席并作交流发言，水利部总工程师刘伟平、黄委主任汪安南、水利部总经济师程殿龙参加并作交流发言。

6月

1日，水利部部长李国英主持召开部长专题办公会，传达国务院副总理胡春华在河北考察南水北调中线讲话精神，研究华北地区河湖生态补水工作，水利部副部长魏山忠、水利部总工程师刘伟平出席，黄委主任汪安南、

水利部总经济师程殿龙参加。

7日，水利部副部长魏山忠赴中国工程院商谈推进南水北调后续工程高质量发展有关工作。

30日，水利部副部长刘伟平出席南水北调工程专家委员会推进南水北调后续工程高质量发展专题研讨会。

7月

2日，水利部副部长刘伟平听取南水北调工程管理司工作汇报。

14日，水利部副部长魏山忠研究南水北调后续工程高质量发展有关工作。

20日，水利部部长李国英在南水北调中线建管局呈报的《关于中线工程本次强降雨过程防御工程的报告》上批示："文广、合群同志：南水北调中线干线穿越本次暴雨中心区域，要加强工程巡查，提前预置抢险力量和物资、设备、措施，严密防范，确保工程安全、供水安全。立即撤离水库下游影响区的人员，确保人民群众生命安全。南水北调影响段前端断水。全力以赴抢南水北调工程不被冲毁，同时确保抢险人员安全。"

21日，水利部部长李国英在南水北调中线建管局呈报的《关于中线工程本次强降雨过程防御情况续保一》上批示："文广、合群同志：所有准备工作，特别是人员撤离工作、南水北调工程防护都要从细从实做在郭家嘴水库溃坝之前。"

8 月

3 日，水利部副部长魏山忠研究南水北调东线规划有关工作。

5 日，水利部副部长魏山忠研究南水北调中线引江补汉工程有关工作。

17 日，水利部部长李国英主持召开 2021 年第 30 次党组会议，审议水利部对南水北调集团公司管理职责有关事项等，水利部副部长田学斌、驻水利部纪检监察组组长田野、周学文、水利部副部长魏山忠、水利部副部长刘伟平出席，水利部副部长陆桂华列席。

24 日，水利部部长李国英主持召开 2021 年第 31 次党组会议，研究南水北调精神及内涵诠释相关事宜等，水利部副部长田学斌、驻水利部纪检监察组组长田野、水利部副部长魏山忠、水利部副部长刘伟平出席。

27 日，水利部部长李国英在监督司呈报的《关于南水北调中线干线工程惠南庄泵站突发事件专项调查的报告》上批示：坚决整改，彻底整改，杜绝此类事故再发生，确保南水北调中线工程安全、供水安全。

27 日，水利部副部长魏山忠在湖北武汉与湖北省政府有关负责同志商谈南水北调中线引江补汉工程有关工作。

9 月

2 日，水利部部长李国英主持召

开部党组推进南水北调后续工程高质量发展工作领导小组会议，水利部副部长魏山忠出席，水利部总经济师程殿龙参加。

10 日，水利部副部长魏山忠主持召开推进南水北调后续工程高质量发展工作领导小组会议，审议验收推进南水北调后续工程高质量发展有关专题项目研究成果，水利部总经济师程殿龙参加。

18 日，水利部副部长刘伟平听取南水北调司下半年重点工作情况汇报。

30 日，水利部副部长魏山忠在湖北调研南水北调中线引江补汉工程。

10 月

21 日，水利部副部长魏山忠研究南水北调有关专题报告。

11 月

8 日，水利部副部长陆桂华赴南水北调集团调研。

11 日，水利部副部长刘伟平赴南水北调集团调研。

16 日，水利部副部长魏山忠研究南水北调后续工程东、中线方案比选成果。

17—19 日，水利部副部长刘伟平赴湖北丹江口出席南水北调中线一期工程丹江口大坝加高工程和中线水源供水调度运行管理专项工程完工验收。

25 日，水利部副部长刘伟平主持

召开南水北调东、中线一期工程验收工作领导小组全体会议，水利部总经济师程殿龙参加。

30日，水利部副部长魏山忠赴国办参加南水北调后续工程有关会议。

12月

24日，水利部副部长魏山忠研究南水北调工程全面推行河湖长制有关工作。

（单晨晨）

拾肆　索引

索　引

说　明

1. 本索引采用内容分析法编制，年鉴中有实质检索意义的内容均予以标引，以便检索使用。
2. 本索引基本上按汉语拼音音序排列。具体排列方法为：以数字开头的，排在最前面；汉字款目按首字的汉语拼音字母（同音字按声调）顺序排列，同音同调按第二个字的字母音序排列，依此类推。
3. 本索引款目后的数字表示内容所在正文页的页码，数字后的字母 a、b 分别表示该页左栏的上、下部分，字母 c、d 分别表示该页右栏的上、下部分。
4. 为便于读者查阅，出现频率特别高的款目仅索引至条目及条目下的标题，不再进行逐一检索。

T